W0204873

Schoner II

1 *Fockrahtopp-Segelschoner*
2 *Zweimastschoner »ELSIE«, 1910*
3 *Zweimast-Gaffelschoner »ROMP«, 1847*
4 *Fünfmast-Schonerbark mit rahgetakeltem Mittelmast*
5 *Dreimast-Schonerbark*
6 *Schoneryacht »AMERICA«, 1851*
7 *Spantenriß der »AMERICA«*
8 *Brigantine*
9 *Sechsmast-Rahschoner*
10 *Siebenmast-Gaffelschoner*
11–17 *An Deck eines Seglers*
11 *Handwinde*
12 *Gräting*
13 *Gangspill*
14 *Mastfischung*
15 *Decksluke*
16 *Niedergang*
17 *Deckshaus mit Oberlicht*
18 *Viermast-Toppsegelschoner*
19 *Galiot*
20 *Schonerbrigg des 18. Jh.*
21 *Zweimast-Gaffelschoner*

ALFRED DUDSZUS · ERNEST HENRIOT · FRIEDRICH KRUMREY

DAS GROSSE BUCH DER SCHIFFSTYPEN

Schiffe, Boote, Flöße unter Riemen und Segel
Historische Schiffs- und Bootsfunde
Berühmte Segelschiffe

transpress Verlagsgesellschaft

Das große Buch der Schiffstypen in zwei Bänden ist für die erfreulich vielen Freunde maritimer Literatur und für alle Leser geschrieben, die sich für Schiffe und Schiffahrt von den Anfängen bis in die Gegenwart interessieren. Schiffahrt und Schiffbau haben eine etwa 5000 Jahre zurückverfolgbare Vergangenheit. Seit den frühen Hochkulturen an Nil, Euphrat und Tigris, bei den Phöniziern, Griechen und Römern bis in unsere Zeit spiegelt die Entwicklung der Schiffstypen sowohl die historischen Hintergründe und gesellschaftlichen Bedürfnisse wie den jeweiligen Kenntnisstand und das schöpferische Vermögen zur Schaffung immer vollkommenerer Wasserfahrzeuge wider. Auf die Darstellung solcher interessanten Zusammenhänge mochten wir bei einer größeren Anzahl von Schiffen nicht verzichten und wählten deshalb keine strenge lexikografische Form mit etwa gleichgewichteter Behandlung aller Objekte, um bedeutenden Schiffstypen mehr Raum geben zu können. Entsprechend diesem Anliegen war es nicht möglich und wohl auch nicht sinnvoll, eine weitgehend vollständige Aufnahme aller jemals weltweit entstandenen Schiffstypen anzustreben. Wir wollten auch in unserer Zeit noch Wissenwertes hervorheben und nicht durch unnötigen Ballast verschütten. Den Autoren steht eine über Jahrzehnte entstandene und vervollständigte Schiffstypenbibliothek mit mehr als 4400 Objekten zur Verfügung, aus der etwa die Hälfte als geeignet zur Aufnahme in dieses Lexikon befunden wurde. Darüber hinaus gibt es noch mehr als 1000 Typen von Wasserfahrzeugen mit speziellen Bezeichnungen oder von lokaler Bedeutung, die sich entweder nur geringfügig unterscheiden oder deren besondere Merkmale nicht mehr bekannt sind. Wir bitten deshalb unsere werten Leser um Verständnis, wenn sie diese oder jene Bezeichnung oder einige Schiffstypen vermissen sollten, die sie aus ihrer Sicht aufgenommen hätten. Sollten sie bei den aufgenommenen und ausführlicher behandelten Schiffstypen an weiteren Einzelheiten interessiert sein, so soll das angeführte umfangreiche Quellen- bzw. Literaturverzeichnis sie bei diesem Vorhaben unterstützen.

Des weiteren war es uns ein besonderes Anliegen, dieses große Buch der Schiffstypen reichlich mit Skizzen, Zeichnungen, Grafiken, Fotoreproduktionen, Modellaufnahmen und Bildtafeln auszustatten. Damit nehmen Text- und Bildmanuskript jedoch einen Umfang an, der zwei Bände erfordert. Um zur alphabetischen Ordnung zusätzlich eine gewisse chronologische Untergliederung zu erreichen, enthält der erste Band die mit Muskel- und Windkraft angetriebenen Ruder- und Segelschiffe und der zweite Band die mit Maschinenkraft fahrenden Wasserfahrzeuge jeweils von A bis Z. Zur zeitlichen Orientierung wurden den alphabetischen Teilen kurze historische Übersichten vorangestellt.

Im Interesse unseres breit gefächerten Leserkreises waren wir soweit wie möglich bemüht, veraltete oder zu viele spezielle Fachbegriffe zu vermeiden oder, wenn sie unerläßlich waren, unmittelbar im Text zu erklären.

Obwohl wir den Titel Das Große Buch der Schiffstypen wählten, wurden zusätzlich zu den eigentlichen Schiffstypen auch Typen von Booten, Flößen und schwimmenden Geräten aufgenommen. Die wind- und muskelangetriebenen Wasserfahrzeuge sind dem ersten Band und die maschinenangetriebenen Fahrzeuge dem zweiten Band zugeordnet.

Durch die alphabetische Folge ist eine Einzeldarstellung der Schiffstypen bedingt, so daß es zweckmäßig erschien, verschiedene zeitliche, örtliche oder technische Gemeinsamkeiten zusätzlich hervorzuheben. In einigen Fällen haben wir uns daher für die Aufnahme zusätzlicher übergeordneter Begriffe entschieden, wie beispielsweise »Antike Großschiffe« oder »Römische Schiffe«, die somit Schiffsgruppen und nicht einzelne Schiffstypen umfassen. Eine andere Objektgruppe, auf die sich viele Angaben zur Entwicklung der Schiffstypen und anderer Wasserfahrzeuge stützen, sind die Schiffs-, Boots- und Modellfunde, Felsritzungen und Sgraffiti, Reliefs und andere historische Nachweise. In verschiedenen Fällen vermitteln diese Nachweise zusätzliche Erkenntnisse und lassen Zusammenhänge sichtbar werden, auf die wir ebenfalls nicht verzichten wollten, obwohl nur ein Teil direkt den Schiffstypen zuordenbar ist.

Weiter war über die Aufnahme einer begrenzten Anzahl berühmter Schiffe zu entscheiden, die erstmals einen Schiffstyp verkörpern, in der historischen Entwicklung einen exponierten Platz einnehmen oder eine interessante eigene Entwicklungsgeschichte aufweisen. Sofern eine alphabetische Einordnung sich nicht als zweckmäßig erwies, finden Sie diese Schiffe jeweils am Ende des Buchstabens, der mit dem Anfangsbuchstaben des Schiffsnamens übereinstimmt.

Schließlich möchten wir uns bei den Grafikern, Herrn Freitag und Herrn Rost, für die gestalterische Umsetzung bedanken. Besonderen Dank schulden wir den Gutachtern Herrn Dr. Meyer, Herrn Oesterle und Herrn Dr. Fethke für ihre jederzeit förderliche Arbeit. Dem Verlag, der dieses Vorhaben in jeder Hinsicht förderte und ermöglichte, sowie den beteiligten Mitarbeitern sind wir sehr verbunden.

Die Autoren

Vorwort zur bearbeiteten 2. Auflage

Die erste Auflage hat einen erfreulich großen Leserkreis gefunden und war schnell vergriffen. Viele Zuschriften haben ein vertieftes Interesse zum Ausdruck gebracht, daß gerade in unserer Zeit des stürmischen wissenschaftlich-technischen Fortschritts eine Würdigung früherer technischer Leistungen für das Verständnis der Gesetzmäßigkeiten technischer Entwicklungsprozesse förderlich sei. Die Entwicklungsgeschichte des Schiffes, dessen Anfänge weit zurückliegen und das in einer kaum überschaubaren, mehr oder weniger zukunftsträchtigen Typenvielfalt durch eine Vielzahl von Beiträgen nahezu aller Hochkulturen in einem evolutionsähnlichen Fortschrittsprozeß vervollkommnet wurde, demonstriert eindrucksvoll die historische technische Leistung bis zum maschinenangetriebenen Schiff. Andere Leser haben Vorschläge zur Aufnahme weiterer Schiffstypen oder technischer Daten unterbreitet. Aus der Fülle der Zuschriften konnten jedoch nur solche aufgenommen werden, die dem Gesamtanliegen zur Informationsvermittlung und zum Überblick über die Entwicklungsgeschichte der Schiffstypen dienlich waren. Ich bitte dafür um Verständnis und danke gleichzeitig für alle Korrekturhinweise.

Die wiederholt anläßlich von Vorträgen und Vorlesungen zum historischen Schiffbau an mich herangetragenen Änderungsvorschläge zur Aufnahme weiterer fortschrittsbestimmender oder berühmter Schiffe als Repräsentanten der jeweiligen Entwicklungsepoche müssen dem später erscheinenden Titel »Das große Buch der Schiffstypen 2« vorbehalten bleiben.

Ihr Prof. Dr. sc. techn.
Alfred Dudszus

Der Bau von Wasserfahrzeugen und ihre Nutzung gehören zu jenen Tätigkeiten der Menschheit, deren Anfänge um Jahrtausende zurückliegen. In der Nähe von Binnengewässern, Flüssen und Meeresküsten entstanden frühzeitig günstige Bedingungen für Besiedelungskonzentrationen und von Menschenhand veränderte Schwimmhilfen. Erdgebiete wie Südostasien, Indonesien, die indischen und arabischen Küsten, Vorderasien, Mesopotamien, die Fluß- und Küstengebiete des östlichen Mittelmeeres, das Nilgebiet, die Karibik, verschiedene Gebiete Südamerikas sowie Polynesien gelten neben anderen als wahrscheinliche Entstehungsorte erster Urformen von Flößen und Booten. Im Unterschied zu den günstigeren klimatischen Bedingungen dieser Gebiete war eine Besiedelung Nordeuropas erst relativ spät nach der letzten Eiszeit und dem darauf folgenden milderen Klima etwa 10000 Jahre v. u. Z. möglich.

Unsere Kenntnisse über die frühe Entwicklungsgeschichte der Schiffahrt sowie zur Herstellung von Flößen, Booten und Schiffen beruhen auf verschiedenen ethnografischen Arbeitsergebnissen. Wenn auch manches aus den frühesten Zeiten noch unvollständig nachweisbar bleibt, so erbrachte die Alterstumsforschung unwiderlegbare Beweise, daß die Entwicklung der frühen Hochkulturen durch vielfältige Wechselbeziehungen mit den Bewässerungsmöglichkeiten, dem Fischfang und dem Wassertransport verknüpft war. In den vielen Schiffs- und Bootsfunden und Darstellungen aus der ägyptischen Hochkultur am Nil, den frühen Siedlungen an Euphrat und Tigris, von den Küsten und Inseln des Mittelmeeres und des Schwarzen Meeres, den in die Nord- und Ostsee mündenden Strömen und insbesondere von den Küsten Skandinaviens spiegeln sich bedeutsame Entwicklungsstufen der verschiedenen Kulturkreise wider.

Des weiteren verdanken wir viele historische Nachweise dem Umstand, daß die Ablagerungen der Flüsse und die entstandenen Moorgebiete über Jahrtausende eine große Anzahl von Boots- und Schiffsresten vor dem Vermodern bewahrten.

Da Wasserfahrzeuge häufig in Kulthandlungen früherer Hochkulturen einbezogen wurden, tragen Grabbeigaben und Totenschiffe, Schiffsmodelle, Skulpturen, Reliefs und Ritzungen an Grabtempeln, Bauwerken und Felsen zum frühgeschichtlichen Gesamtbild bei.

Im Zusammenhang mit der Unterwasserforschung, der Regulierung von Binnengewässern, Kanal-, Hafen-, Küsten- und Wasserbauten können an jüngeren Boots- und Schiffsfunden frühere Annahmen überprüft und durch gesicherte Nachweise belegt werden.

Lange bevor die bedeutendsten physikalischen Gesetze des Auftriebs, der Schwimmfähigkeit, des Bewegungswiderstands im Wasser oder der Festigkeit des Boots- und Schiffsrumpfes erkannt waren, entstand eine Vielzahl ausschließlich auf eigener Erfahrung und Geschicklichkeit beruhender Schwimmhilfen, Flöße, Boote und Schiffe. Nach und nach lernte man, durch Bündeln von Bambus-, Strauch- und Schilfgewächsen sowie durch eine größere Menge von hohlen Fruchtschalen, Tonkrügen oder Tierbälgen, größere Flöße zu schaffen. Je nach den örtlichen Bedürfnissen, Kenntnissen, Baustoffen, Werkzeugen und Hilfsmitteln zum Bündeln, Flechten, Überspannen, Nähen oder Abdichten entstanden gleichzeitig oder nachfolgend Stammholzflöße aus einer oder mehreren Lagen miteinander verbundener Baumstämme, Korbboote, Rindenboote, tierhautüberzogene Gerüstboote und Einbäume.

Es folgten der Einbaum mit aufgesetzten Seitenplanken, das Setzbordboot, und schließlich das aus Planken in den verschiedenen Bauweisen und Formen gebaute Plankenboot. Flöße und Boote aus den verschiedenen Baustoffen bewährten sich je nach den Bedingungen der einzelnen Siedlungsräume über Jahrtausende. Dauerhafte, größere und seetüchtige Wasserfahrzeuge baute man bei geeigneten Waldbeständen jedoch schon sehr frühzeitig ausschließlich aus Holz. Die ständige Vervollkommnung der Plankenherstellung, die feste und wasserdichte Plankenbindung, die Aussteifung und Unterteilung der Schiffskörper durch Quer- und Längsverbände sowie günstige Verbindungen der Kiele und Steven kennzeichnen bedeutende Entwicklungsfortschritte der Boots- und Schiffstypen bis über die Mitte des 19. Jahrhunderts hinaus. Die zeitlich aufeinanderfolgenden Schiffe der Ägypter, Phönizier, Karthager, Griechen, Römer und Araber, die Galeeren, Galeassen, Naos, Karacken, Karavellen, Dschunken, Dauen und viele andere Schiffe der Frühzeit, der Antike und des Mittelalters waren holzgebaute Schiffe wie auch die Normannen- und Wikingerschiffe, die Koggen, Hulks, Fleuten, holländische, englische und französische Zwei- und Dreidecker, Fregatten und Vollschiffe, Briggs, Klipper und Barken oder die Großsegler bis in die zweite Hälfte des 19. Jh. Der allgemeine Übergang von der Holz- zur Kompositbauweise bzw. zum Eisen- und Stahlschiff setzte etwa um 1850 ein. Moderne Baustoffe wie Leichtmetall oder faserverstärkte Plaste haben erst seit der Mitte dieses Jahrhunderts bei verschiedenen Boots-, Yacht- und Schiffstypen an Bedeutung gewonnen.

Analog zu den markanten Entwicklungsstufen der Boots- und Schiffsgrößen, Formen und Bauweisen zeigen sich die Tendenzen und Fortschritte im aktiven Vortrieb der Fahrzeuge durch Muskel- und Strömungskräfte. Gewiß hat der beobachtende Mensch die Strömungskräfte des Wassers für Fahrten flußabwärts zeitig zu nutzen gewußt. Gegen die Strömung setzte er seine Muskelkraft, Stakstangen, Paddel und Riemen ein. Menschen oder Zugtiere schleppten auf Treidelpfaden Wasserfahrzeuge stromauf.

Mit den Pentekoren, Dieren, Trieren, Biremen, Triremen oder Polyeren gab es große Ruderschiffe im Altertum. Normannenschiffe, Wikingerschiffe und Galeeren des frühen Mittelalters waren vorwiegend geruderte Schiffe mit Segelunterstützung ebenso wie die Galeere des späten Mittelalters.

Erste Nachweise des Segels gibt es etwa seit 5000 v. u. Z. Der Weg vom einfachen Fell- oder Mattensegel zu den vielfältigen Segelformen verlief in vielen Zwischenstufen vom Ruderfahrzeug mit Segelunterstützung bis zu den »Segeltürmen« moderner mehrmastiger Großsegler oder den Hochsegeln neuzeitlicher Yachten.

Vieles Interessante wäre noch zur Entwicklungsgeschichte des Schiffsruders, zu den Schiffsgeschützen und ihren Reichweiten, zu den historischen Hintergründen der Entstehung der Schiffstypen oder den herausragenden Beiträgen vieler Nationen zu sagen. Unter den Hilfsmitteln, die sich der Mensch in langen Entwicklungsprozessen schuf, nimmt bis in unsere Zeit das Schiff eine besondere Stellung ein. Mit Schiffen entdeckte, erschloß und besiedelte der Mensch neue Erdteile, erforschte die Weltmeere und nutzt sie zur Gewinnung von Nahrungsmitteln, Rohstoffen und für den Güteraustausch.

Der bereits mehrere Jahrtausende währende Prozeß des Entstehens neuer Schiffstypen, ihrer Vervollkommnung und schließlich ihrer Ablösung durch wiederum neue Typen vollzieht sich ohne Stillstand. Trotz der Vielzahl markanter Entwicklungen und der Vielzahl heute existierender Schiffstypen trägt weiterhin jedes einzelne Schiff seinen unverkennbaren eigenen Namen. Kaum ein Schiff stimmt in allen Merkmalen und Eigenschaften völlig mit einem anderen überein, und auch heute noch entwickelt sich häufig ein besonderes Verhältnis von Mannschaft und Schiffsführung zu »ihrem« Schiff.

Zeittafel:

Bedeutsame Entwicklungsstufen, Ereignisse, Schiffsfunde und Fortschritte aus den Anfängen von Schiffahrt und Schiffbau bis zum Ende des 19. Jh.

um 9000 v. u. Z.

In günstigen Besiedlungsräumen wie Südostasien, Mesopotamien, am Nil u. a. sind erste Schwimmhilfen aus gebündelten Schilf- und Strauchgewächsen sowie Urformen von Holzstammflößen und Einbäumen möglich.

um 8000 v. u. Z.

Küsten- und Seegebiete der Nord- und Ostsee sowie Skandinaviens werden in der zweiten Hälfte der 4. Würmeiszeit eisfrei. An den Siedlungsplätzen der Jägerfischerstämme von Norddänemark werden Reste von Hochseefischen (Kabeljau und Schellfisch) nachgewiesen, deren Fang wahrscheinlich nicht mehr von Land aus erfolgte.

um 7500 v. u. Z.

Älteste nordeuropäische Originalfunde der Reste von Holzpaddeln zur Fortbewegung auf dem Wasser. Paddel von Star Carr, Seamer/Yorkshire, nach der Radiokarbon-Zeitbestimmung aus der Zeit 7535 ± 350 Jahre v. u. Z. stammend.

um 6300 v. u. Z.

Ältester nordeuropäischer Einbaumfund aus Pesse, Groningen/Niederlande aus den Jahren 6315 ± 275 v. u. Z.

um 6000 v. u. Z.

Fund eines Einbaumes aus einem Kiefernstamm in Perth/Schottland am Firth of Forth.

Robbenjäger Schottlands und Skandinaviens benutzen Fellboote mit leichten Stützgerüsten. Auf indischen, mesopotamischen und afrikanischen Flüssen sind Korbboote bekannt, die mit Tierhäuten überzogen werden.

um 5000 v. u. Z.
Erster Nachweis des Segels in einer Felszeichnung aus Hodein-Magoll in der heutigen Nubischen Wüste. Die Darstellung eines Bootes mit Mast und Rahsegel auf einem Stier wird auf hamitische Hirtenstämme zurückgeführt, die vom 7. bis 6. Jt. aus Arabien in das seinerzeit fruchtbare Nordafrika einwanderten.

um 4200 v. u. Z.
Vereinigung Ägyptens unter einer Zentralregierung.

um 4000 v. u. Z.
Bootsförmige Papyrusflöße und bereits erste Plankenboote in der ägyptischen vordynastischen Periode auf dem Nil.

um 3500 v. u. Z.
Eridu-Bootsmodell aus Ton. Das im heutigen Irak etwa 60 km südlich der Euphrat-Tigris-Verzweigung an der Grabstätte des Eridu-Tempels gefundene, aus der Obed-Kultur um 3500 v. u. Z. stammende Bootsmodell weist einen Mastfuß und Befestigungen zur Mastabstagung auf.

um 3000 v. u. Z.
Dümmersee-Einbaumfund. Der 5,5 m lange, leichte Einbaum aus Weichholz gehört zu den ältesten Einbaumfunden Norddeutschlands.
- Ägyptische Siedlungen am Nil entwickeln sich zu Stadtstaaten.
- Darstellung und erste Modelle ägyptischer Totenschiffe aus der zweiten Negade-Kultur.
- Phönizier siedeln in Syrien und Nordpalästina.

um 2880 v. u. Z.
In Mesopotamien entstehen die Stadtstaaten Eridu, Ur, Uruk u. a.

um 2800 v. u. Z.
Schiffsdarstellungen auf der ägäischen Kykladeninsel Syros. Die Schiffe laufen vorn in einen Rammsporn aus und zeigen achtern einen hochaufragenden Achtersteven.

um 2650 v. u. Z.
Cheops-Bestattungsschiff. Weltältester erhaltenen gebliebener Schiffsfund. Das Plankenschiff hat mit 43,6 m Länge und 5,9 m Breite bereits beachtliche Abmessungen; außerdem läßt der hohe Stand der Holzbearbeitung auf längere vorangehende Erfahrungen schließen. Die weitgehende Verwendung von Zedernholz beweist die Seeverbindungen zum Libanon.
- In Ägypten werden ganze Flotten für den Tauschhandel und für Flottenexpeditionen nach Syrien gebaut.
- Ägyptische Ruder-Segelschiffe von etwa 30 m Länge mit A-Mast, Rahsegel, Trossengürtel und Spanntrosse.

um 2500 v. u. Z.
Pehenuka-Reliefdarstellung. Die Grabplatte vom Grabe des Pehenuka aus der V. Dynastie (2770 bis 2270 v. u. Z.) zeigt ein großes aus Planken gebautes Reiseschiff von etwa 80 ägyptischen Ellen (etwa 42 m), einen Zweibeinmast und schmale hohe Segel.
- **Sahu-Re-Reliefschiffe.** Die bei Abussir gefundenen Reliefs stellen ägyptische seegehende Ruder-Segelschiffe von etwa 18 m Länge und 4 m Breite dar. Pharao Sahu-Re sandte um 2500 Schiffe nach Syrien, Somalia und Ostafrika.
- Einführung drehbar aufgehängter Ruderriemen an ägyptischen Schiffen.
- Schiffsdarstellungen auf Gefäßen der Kykladeninseln aus der frühägäischen Kultur.

um 2400 v. u. Z.
Sakarra-Relief. Detaillierte Darstellung des Baues von Fahrzeugen und Werkzeugen aus Kupfer und Holz am Grabe des hohen ägyptischen Beamten Ti (2480 bis 2350) aus der V. Dynastie.

um 2300 v. u. Z.
Stromschnellen des ersten Nilkatarakts werden stromab für größere Schiffe befahrbar.

um 2200 v. u. Z.
- Allgemeine Verwendung des Segels in der Nilschiffahrt.
- In Ägypten häufigere Anfertigung vollausgerüsteter hölzerner Schiffsmodelle.

um 2040 v. u. Z.
- Expedition zum Lande Punt in der 11. Dynastie unter Pharao Mentuhotep. Dazu werden auseinandergenommene Schiffe von Koptos am Nil durch das Wadi Hammanat bis zur Küstenstadt Kosser geschafft.
- Die Sumerer graben in Mesopotamien einen 15 km langen Kanal von Ur zum Meer.

um 2000 v. u. Z.
- Fund von Jang-Shao beweist, daß in China bereits Querschotte bekannt waren.
- Pharao Senwosret läßt einen schiffbaren Kanal vom Nil zum Roten Meer graben.

um 1900 v. u. Z.
Frachtbriefe für Schiffsladungen auf Tontafeln mit Keilschrift in Mesopotamien.

um 1870 v. u. Z.
Erster Nilkatarakt durch 10 m breiten Kanal auch stromaufwärts befahrbar.

um 1850 v. u. Z.
Dahschur-Bootsfund. Nahe der Pyramide Sesostris' III. (1878 bis 1844 v. u. Z.) gefundene Holzboote von etwa 10 m Länge, die durch Querbalken ausgesteift sind.

um 1700 v. u. Z.
Die mesopotamischen Handelszentren (Mari u. a.) unterhalten ausgedehnte Handelsbeziehungen bis Zypern und Kreta und werden zu Hauptumschlagplätzen zwischen Südmesopotamien und dem Mittelmeer.

1694 v. u. Z.
In Babylon läßt der Herrscher Hammurapi eine Werft für den Bau von Lastschiffen errichten.

um 1500 v. u. Z.
Fresko von der Kykladeninsel Thera, das Schiffe mit hochgezogenen Steven und spornartigen Kielverlängerungen zeigt.

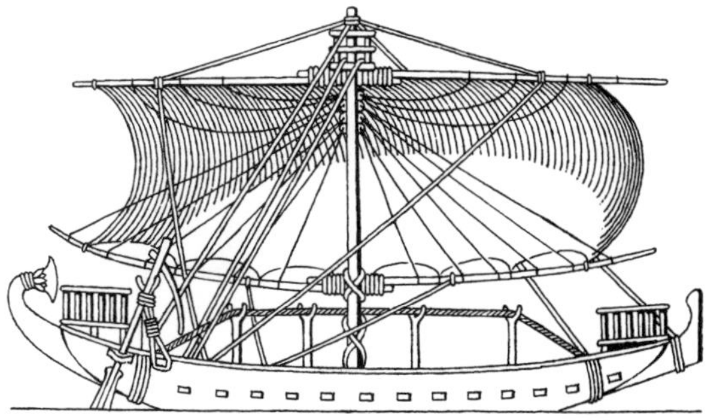

um 1490 v. u. Z.
Hatschepsut-Schiffsreliefdarstellung. Reliefdarstellung von fünf ägyptischen Schiffen, teilweise unter Segel, am Felsentempel Deir el Bahari in Theben nach einer z. Z. der Königin Hatschepsut um 1490 v. u. Z. durchgeführten erfolgreichen Reise zum Lande Punt. Die Schiffe sind auf Kiel gebaut und haben aussteifende Decksbalken, so daß der Trossengürtel nicht mehr vorhanden ist, jedoch noch eine durchgehende Längsspanntrosse.
- **Obelisken-Transportschiffe** zur Beförderung von bis zu 1200 t schweren Obelisken auf dem Nil.

um 1300 v. u. Z.
Häufige Benutzung von Schratsegeln (Längssegeln) im Mittelmeer.

um 1100 v. u. Z.
Seeschlacht Ramses' III. (1198 bis 1167 v. u. Z.) von Ägypten gegen »Völker von der See«.

1184 v. u. Z.
Vernichtung von Troja am Ende des Trojanischen Krieges (1193 bis 1184).

um 1150 v. u. Z.
Griechische Siedlungen in Kleinasien mit nachfolgender Städtebildung (980 v. u. Z.).

um 1000 v. u. Z.
- Die Phönizier errichten auf Zypern das Handelszentrum Kition.
- **Karstad-Bildstein-Schiffsdarstellung.** Am Nordfjord in Norwegen gefundene Runensteine zeigen eine Anzahl von Booten oder Schiffen mit Doppelsteven.
- **Brigg-Einbaumfund.** Der bei Brigg in Lincolnshire/England gefundene, aus einem Eichenstamm herausgearbeitete Einbaum hat eine Länge von 14,80 m und ist 1,37 m breit.

um 9. Jh. v. u. Z.
Erweiterte Berührung der griechischen und phönizischen Kulturen; weitere Besiedelung der Küste Kleinasiens von Troja bis Smyrna.

814 v. u. Z.
Gründung von Karthago am Golf von Tunis durch Phönizier aus Tyrus. Mit den nachfolgenden Kolonien werden die Phönizier zu einer das Mittelmeer beherrschenden Seemacht der ersten Hälfte des 1. Jt. v. u. Z.

um 800 v. u. Z.
Laibacher Schiffsfund. Im Moor bei Ljubljana/Jugoslawien gefundene Reste eines kraweelgebauten Flußlastschiffes von 40 m Länge.

8. Jh. v. u. Z.
- **Kujundschik-Relief.** Das an der Tempelruine am Tigrisufer gefundene Relief zeigt assyrische Flußboote und Flöße.
- **Ninive-Relief** mit dem Bug eines phönizischen Kriegsschiffes im assyrischen Dienst.
- Unterscheidung des phönizischen Lastschiffes (Gaulos) vom Kampfschiff (Hippos).

750 v. u. Z.
Griechische Städtebildungen auf Sizilien.

734 v. u. Z.
Griechische Kolonie auf Korfu.

705 v. u. Z.
Khorsabad-Schiffsrelief mit phönizischen Ruder-Segelschiffen; Kampfschiffe werden mit Rammsporn gebaut.

704 v. u. Z.
Berufung des Korinther Schiffbauers Ameinokles, dem die Erfindung des Riemen-Auslegers zugeschrieben wird, nach Samos.

681 v. u. Z.
Neapel entsteht als griechische Kolonie.

680 v. u. Z.
Gründung des makedonischen Staates in Nordgriechenland.

660 v. u. Z.
- In griechischen Machtkämpfen besiegt die Flotte von Korfu die Flotte von Korinth.
- Zweiarmige Schiffsanker werden aus Metall hergestellt.

658 v. u. Z.
Gründung von Byzanz.

537 v. u. Z.
Karthager und Etrusker besiegen die griechische Flotte in einer Seeschlacht bei Alalia, dem heutigen Aleria, vor der Ostküste Korsikas.
- Beendigung der griechischen Kolonisation im westlichen Mittelmeer.

518 v. u. Z.
Sparta vereinigt die südgriechischen Städte im Peleponnesischen Bund.

8.–6. Jh. v. u. Z.
Einreihige Ruderkampfschiffe *(Moneren)* bis zu Fünfzigruderern *(Pentekoren)* stellen die Hauptkräfte der Flotten griechischer Stadtstaaten.

6.–4. Jh. v. u. Z.
- **Akropolis-Schiffsrelief.** Attische Triere mit Auslegern.
- **Trieren** werden zu Hauptkampfschiffen des Mittelmeeres. vom 6. bis 3. Jh. v. u. Z.

492 v. u. Z.
Der erste Perserzug gegen Griechenland wird von einer phönizisch-ionischen Flotte von 600 Schiffen begleitet.

490 v. u. Z.
- Sieg Athens über die Perser bei Marathon.
- Ägyptenkanal vom Oberlauf des Nils zum Roten Meer erweitert.

483–480 v. u. Z.
Athen baut in schneller Folge eine große Anzahl Trieren.

480 v. u. Z.
Sieg Athens über die persisch-phönizische Flotte bei Salamis. 300 größtenteils neuerbaute attische Trieren besiegen die aus etwa 400 Schiffen bestehende persische Flotte.

477 v. u. Z.
»Attischer Seebund«; Athen ist mit seinen Trieren die beherrschende Seemacht des östlichen Mittelmeeres.

463 v. u. Z.
Bau von Getreideschiffen für die Versorgung von Athen. Im Jahre 440 v. u. Z. zählt Athen bereits 100000 Einwohner.

433 v. u. Z.
Seekampf von Korfu und Athen gegen Korinth.

4. Jh. v. u. Z.
- **Kyreneia-Schiffswrack.** Griechisches Frachtschiff von etwa 15 m Länge.
- Häufigere Verwendung dreieckiger Lateinsegel im Mittelmeer.

334–325 v. u. Z.
Niederwerfung Persiens durch Alexander den Großen.

um 300 v. u. Z.
Hjortspring-Bootsfund. Ein zu den ältesten Bootsfunden Nordeuropas zählendes schlankes und durch Paddel betriebenes Doppelsteven-Boot von 13,28 m Länge.
- Verwendung von Magneteisenerz als Richtungsweiser in China.

284–212 v. u. Z.
- Archimedes von Syrakus entdeckt grundlegende hydrostatische Gesetze.
- Sieg Roms über Syrakus (212 v. u. Z.).

264 v. u. Z.
Beginn des Ersten Punischen Krieges gegen Karthago und Aufstieg Roms zur Seemacht.

260 v. u. Z.
- Seesieg Roms über die karthagische Flotte vor Sizilien bei Mylae.
- Römische **Triremen** erhalten Enterbrücken.

um 200 v. u. Z.
Rom beherrscht das Mittelmeer.

150 v. u. Z.
North-Ferriby-Bootsfund. In der Humbermündung gefundenes Flußboot von 15 m Länge und 2,6 m Breite.

146 v. u. Z.
Zerstörung Karthagos und Korinths am Ende des Dritten Punischen Krieges.

1. Jh. v. u. Z.
- **Albenga-Schiffsfund.** Römisches Frachtschiff von etwa 35 m Länge und 12 m Breite.
- Nutzung der Wasserkraft für Getreidemühlen.

um 50 v. u. Z.
Pompeji-Sgraffito. Darstellung eines römischen Frachtsegelschiffes mit nachgeschlepptem Beiboot.

31 v. u. Z.
Seeschlacht bei Actium, Sieg des Octavian über die Flotten von Marcus Antonius und Cleopatra; Rom beherrscht erneut das Mittelmeer.

um die Zeitrechnungswende
Ostia-Fresko. Darstellung eines römischen Frachtschiffes im Hafen von Ostia während der Entladung von Getreide.

40 n. u. Z.
Nemisee-Schiffsfund. Prunk-Hausschiff von 70 m Länge und 17,5 m Breite des römischen Kaisers Caligula (37 bis 41).

1.–2. Jh.
Torlonia-Relief. Eine Corbita (römisches Frachtschiff) in Roms Hafen Ostia.

1.–3. Jh.
Blackfriars-Bootsfund. In der Themse gefundenes Flußboot aus der römischen Besetzungszeit Englands (43 bis 400).

2. Jh.
New-Guyse-Bootsfund. In der Themse gefundenes, kraweelgebautes flaches Eichenplankenboot von 12 m Länge aus der Zeit der Besetzung Englands durch Rom.

3. Jh.
Nydam-Bootsfund. In Schleswig-Holstein gefundenes kielloses Eichenplanken-Rojerboot von 22,84 m Länge für 28 Ruderer.

4. Jh.
Björke-Bootsfund. Ostschwedisches Setzbordboot (Einbaum mit aufgesetzten Seitenplanken) von 7,22 m Länge.

4.–5. Jh.
Frauenburg-Bootsfund. Segelbares Boot von 17,4 m Länge mit Balkenkiel der mittleren Ostsee.

5.–6. Jh.
Anfänge der Benutzung von Holzsägen in Mittel- und Nordeuropa.

6.–7. Jh.
Brügge-Schiffsfund. In Belgien gefundener einmastiger flachbodiger Wattensegler von 14,5 m Länge.

645
Aufbau einer arabischen Flotte.

655
Byzanz verliert die Seeherrschaft im Mittelmeer an die Araber.

673–678
Erfolgloser Angriff der arabischen Flotte auf Konstantinopel, zur Verteidigung der Stadt wird »Griechisches Feuer« verwendet.

7. Jh.
Kvalsund-Schiffsfund. Norwegisches klinkergebautes 20-Rojer-Schiff von 18 m Länge.

8. Jh.
Äskekarr-Schiffsfund. Nahe Göteborg gefundene Reste eines Wikingerschiffes.

762
Gründung von Bagdad am Tigris, das sich danach zu einem bedeutenden Handels- und Schiffahrtszentrum entwickelt.

um 790
Utrecht-Schiffsfund. Flachbodiges Flußschiff von 17,20 m Länge, möglicherweise eine Hulk-Urform.

um 800
- **Boro-Bodur-Schiffsdarstellung.** Dreimastiges, mehrstöckiges fernöstliches Floß, das möglicherweise bereits die Urform eines Richtungsweisers hatte.
- Wikinger und Normannen bauen schnelle seetüchtige, ruder- und segelbare Kielschiffe.

820
Wikingereinfall in Irland.

844
Wikinger dringen zur Westküste Spaniens vor.

8.–9. Jh.
- **Angkor-Bootsrelief.** Großes Ruderboot aus Kambodscha.
- **Roskilde-Schiffsfund.** Auf der dänischen Insel Seeland im Roskildefjord gefundene Wracks von Wikingerschiffen.

850
Oseberg-Schiffsfund. Großes fürstliches Ruder-Segelboot *(Karfe)* von 21,44 m Länge der Wikingerkönigin Åsa, Tochter des Königs Harald Rotbart.

851
Wikingereinfall in England, Eroberung von London und Canterbury, Plünderung und Abzug.

862
Entdeckung Islands durch Wikinger.

901
Entdeckung Grönlands durch Wikinger.

941
Russische Flotte erleidet große Verluste beim Angriff auf Byzanz.

10.–11. Jh.
- **Charbrow-Schiffsfund.** Am Lebasee gefundene Reste eines 13,5 m langen Bootes.
- **Baumgarth-Bootsfund.** Schlankes Doppelenderboot von 11,90 m Länge an der pommerschen Ostseeküste.

990
Der Stadtstaat Venedig baut eine starke Galeerenflotte.

1000
Mögliche Erstentdeckung Amerikas durch den Wikinger Leif Erikson.

11. Jh.
- Ausgangsformen der einmastigen klinkerbeplankten **Kogge.**
- Angkor-Bootsrelief, fernöstliches großes **»Drachenschiff«.**

um 1066
Bayeux-Teppich-Schiffsdarstellung. Darstellung der Invasion Englands (1066) mit Normannenschiffen durch Wilhelm den Eroberer.

1098
Beginn des ersten Kreuzzugs.

um 1200
Brösen-Schiffsfund. Klinkergebautes, mit Eisennieten und Holznägeln, jedoch noch mit Seitenruder gebautes Lastschiff.

1242
Heckruder erstmals an einem Schiffstyp, der **Kogge**, nachgewiesen.

Mitte 13. Jh.
- **Kalmar-Schiffsfund.** Offenes Segelboot von 11,2 m Länge und 4,6 m Breite mit eingepaßten Spanten und Querbalken.
- **Bergen-Schiffsfund.** Große Schiffswracks altnordischer und mittelalterlicher Schiffe.

1270
Ende der Kreuzzüge. Für den 8. und letzten Kreuzzug fahren hauptsächlich Schiffe von Venedig und Genua.

1291
Angriff einer chinesisch-mongolischen Flotte auf Japan.

um 1300
Falsterbo-Fund. Sechs prahmartige Lastkähne unterschiedlicher Größe von 13 bis 27 m Länge.

1306
Erster Nachweis des Kompasses aus der Kombination der Magnetnadel mit der Richtungsscheibe.

1340
- **Kogge** häufigster Schiffstyp Nordeuropas.
- Seeschlacht bei Sluys; Eduard III. von England besiegt die französische Flotte im ersten Jahr des Hundertjährigen Krieges.

1358
Erster Hinweis auf den Einsatz von »Pulverkanonen« auf Schiffen in Aragonien.

1370
Die Hanse hat die Vormacht in der Ostsee.

1372
Eine französisch-kastilische Flotte besiegt die englische Flotte in der Seeschlacht bei La Rochelle.

Ende 14. Jh.
Bremer Koggenfund. Schiffskörper einer aus Eichenplanken gebauten Kogge von 15,5 m Länge, 6 m Breite und 3,5 m Seitenhöhe.

1401
Die Hamburger Hanse besiegt die Flotte der »Liekedeeler«.

1418
Prinz Heinrich der Seefahrer von Portugal gründet eine Seefahrtsschule und beginnt mit der Aussendung von Schiffen zur Erkundung der afrikanischen Westküste.

15. Jh.
Erste zeichnerische Darstellungen von Schiffsrissen und -konstruktionen.

1460
Portugiesische Erkundungsschiffe erreichen an der afrikanischen Küste das jetzige Sierra Leone.

1462
Erstes großes Kraweelschiff »PETER VON ROSSELS« in der Ostsee (Gdansk) trägt zum Übergang zur Kraweelbauweise bei.

1492
Entdeckung Amerikas (Bahamas) durch Kolumbus.

1497–98
Der Portugiese Vasco da Gama umsegelt Afrika und erreicht Indien.

1498
John Cabot entdeckt Labrador, Neuschottland und Neufundland und nimmt sie für England in Besitz.

1500
Eine portugiesische Flotte von 12 Schiffen läuft unter Pedro Cabral nach Südamerika aus und begründet die portugiesischen Machtansprüche auf Brasilien. Danach segelt die Flotte zur Herstellung von Handelsverbindungen weiter nach Indien.

1509
Besiegung der arabischen durch eine portugiesische Flotte in indischen Gewässern.

1514
Die »GREAT HARRY«, eine viermastige englische Karacke von etwa 50m Länge, bestückt mit 184 Kanonen aller Kaliber, läuft als seinerzeit größtes Kriegsschiff in der Grafschaft Kent in Wolwich vom Stapel.

1517
Andrade erreicht, von Portugal auslaufend, auf dem Seewege Südchina.

1519–1522
Eine Expedition unter Ferdinand Magellan (1480 bis 1521) läuft zur ersten Weltumseglung aus und entdeckt die Philippinen und Marianen.

1552
Portugiesische Schiffe erstmals in Japan.

1566
Großes Viermaster-Kriegsschiff der Hanse »ADLER VON LÜBECK« von Stapel.

1571
Seesieg der verbündeten »Heiligen Liga« über die türkische Flotte bei Lepanto.

16.Jh.
Höhere Masten werden aus Untermast, Großer Stenge und Bramstenge gebaut.

1577–1580
Francis Drake (1540 bis 1596) umsegelt bei seinen Kaperzügen mit der »GOLDEN HIND« als erster die Erde nach Magellan.

1585
John Davis erreicht auf der Suche nach einer nordwestlichen Durchfahrt die nach ihm benannte Davisstraße.

1588
Sieg der englischen Flotte über die spanische Armada im Ärmelkanal.

1594–1597
Der Holländer Willem Barents (1550 bis 1597) erreicht auf der Suche nach einer Nordwestpassage Nowaja Semlja; dieser Meeresteil zwischen Nordeuropa und Spitzbergen trägt seinen Namen.

1597
Der spanische Invasionsversuch auf England endet mit dem Verlust der spanischen Flotte.

1600
Gründung der englischen Ostindischen Kompanie.

1602
Gründung der holländischen Ostindischen Kompagnie.

1605
Entdeckung Australiens durch Jansson.

1606
Henry Hudson (um 1550 bis 1611) sucht nach einer nördlichen Durchfahrt zum Pazifik.

1609
H. Hudson landet bei seinem dritten Versuch an der Mündung des nach ihm benannten Hudson-Flusses bei der Insel Manhattan.

1610
Erster englischer Dreidecker »ROYAL PRINCE«, erbaut von Ph. Pett.

1612
England nimmt Besitz in Vorderindien (Hafenstadt Surat).

1618–1648
Dreißigjähriger Krieg

1620
- Die »MAYFLOWER« landet in der Nähe des heutigen Boston.
- Untersuchungen zur Stabilität von Schiffen durch Simon Stevin.

1625
Holland nimmt Guayana in Besitz.

1628
Das schwedische Kriegsschiff »WASA« kentert im Hafengebiet von Stockholm.

1635
Frankreich nimmt mehrere Antilleninseln in Besitz.

1636
Bau des französischen Zweideckers »LA COURONNE« mit 46 Breitseitgeschützen.

1637
Die »SOVEREIGN OF THE SEAS« läuft als Dreidecker der englischen Marine vom Stapel. Auf den drei Decks stehen 104 Kanonen.

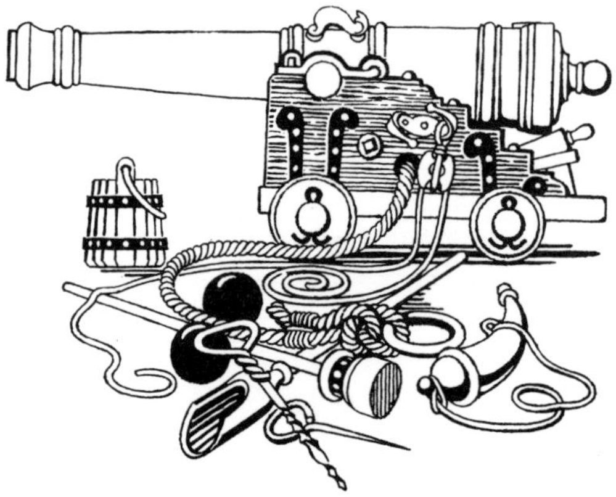

1639
Niederländisch-spanische Seeschlacht in den Downs vor Dover.

1640
Portugal sagt sich von Spanien los und wird unter João IV. selbständiges Königreich.

1642
Tasman entdeckt die Fidschiinseln.

1648
Schweden erhält deutsche Küstengebiete.

1650
- Einsetzen des über Jahrhunderte andauernden Auswandererstroms.
- Holland erhält Monopol für Sklavenlieferungen an das spanische Amerika.

1651
England verbietet mit der »Navigationsakte« die Einfuhr von Waren auf fremden Schiffen.

1659
Spanien verliert die Vormachtsstellung in Westeuropa an Frankreich.

1662–1683
Colbert modernisiert und erweitert die französische Flotte.

1663
Colbert veranlaßt die Gründung der »Académie des sciences« in Paris.

1664
Französische Ost- und Westindische Handelsgesellschaft gegründet.

1672
Die Königliche Afrikanische Gesellschaft Englands erhält das Monopol für den Sklavenhandel in Afrika.

1673
Erste Modell-Schleppversuche in Frankreich.

1676
Sternwarte Greenwich errichtet.

1691
Der Schwede Åke Classon Ralamb beschreibt in »Skeepsbyggeriet« Schiffstypen, Werkzeuge, Arbeitsgeräte und Waffen.

1695
Aufbau einer russischen Flotte.

1698
Barras de la Penne veröffentlicht in »Fabrica di galere« eine Konstruktionsbeschreibung der Galeere.

1720
Für bedeutende Leistungen zur Stabilitäts- und Widerstandstheorie von Schiffen werden erstmalig von der Pariser Académie des sciences Preise ausgesetzt.

1728
Der dänische Polarforscher Vitus Bering (1680 bis 1741) durchquert auf seiner Forschungsreise im Auftrage des Zaren Peter I. die Meeresstraße zwischen Alaska und Sibirien (Beringstraße) und beweist die Nichtexistenz einer Landverbindung zwischen den Erdteilen Asien und Amerika.

1749
Leonard Euler veröffentlicht in »Scientia Navalis« schiffstechnische Untersuchungen über Schiffswiderstand, Stabilität und Verdrängungsberechnung.

1755–1763
Englisch-französischer Kolonialkrieg, Kampf um die Vormachtstellung in den überseeischen Kolonien.

1765
»École unique des ingenieurs« in Paris gegründet.

1768
Fredrik Hendrik af Chapman gibt in seinem Tafelwerk »Architectura navalis mercatoria« Pläne und Zeichnungen unterschiedlicher Schiffstypen heraus.

1768–1771
James Cook unternimmt mit der barkähnlich getakelten »ENDEAVOUR« die erste dreijährige Entdeckungsreise in den Pazifik.

1775–1783
Nordamerikanischer Freiheitskrieg.

1787
Bau des ersten eisernen Hafenbootes von 21,5 m Länge durch J. Wilkinson in England.

1791
Von C. G. D. Müller erscheint als deutsche Übersetzung und Erweiterung einer Schrift von Louis de Hamel du Monceau »Elements de l'architecture navale« das Buch »Anfangsgründe der Schiffbaukunst«.

1798
Horatio Nelson zerstört eine französische Flotte im Hafen von Abukir.

1799
Lloyd's Register of British and Foreign Shipping (LR) in London gegründet.

1805
Englischer Seesieg unter Nelson bei Trafalgar über die vereinigte spanisch-französische Flotte.

1810
Erste Versuche zum Bau von Holz/Eisen-Kompositschiffen mit Eisenspanten und Holzplanken.

1811
School of Naval Architecture in Portsmouth eröffnet.

1812
Mit dem **Baltimore-Schoner** gewinnen nordamerikanische Staaten eine führende Position bei der Entwicklung kleinerer Schnellsegler.

1827
Besiegung der türkischen Flotte durch englische, französische und russische Geschwader in der Schlacht bei Navarino.

1828
Bureau Veritas in Antwerpen gegründet.

1830
Königliche Schiffbauschule in Stettin (Szczecin) eröffnet.

1831
Bestimmung der geografischen Lage des magnetischen Nordpols durch J. C. Ross.

1832
Bureau Veritas in Paris.

1845
In New York läuft der Klipper »RAINBOW« vom Stapel.

1849
- Aufhebung der englischen »Navigationsakte«. Schiffe jeder Flagge können von allen europäischen und überseeischen Ländern Waren nach England ein- und ausführen.
- Ausweitung des Welt-Seeverkehrs mit den Massengütern der Weltwirtschaft: Getreide, Kohle, Eisen, Salpeter, Baumwolle u. a.

1850
Erprobung des von Wilhelm Bauer entwickelten Tauchbootes »BRANDTAUCHER« in Kiel.

1851
Stapellauf des von Donald McKay entwickelten Klippers »FLYING CLOUD«.

1853
Stapellauf des größten holzgebauten Klippers »GREAT REPUBLIC«.

Mitte 19. Jh.
Die Dreimastbark wird zum häufigsten Schiff der nordeuropäischen Handelsflotten.

1861
Königliches Gewerbeinstitut in Berlin eröffnet.

1869
Eröffnung des unter Leitung des französischen Ingenieurs Ferdinand de Lesseps erbauten Suezkanals, der die Strecke London – Bombay fast um die Hälfte reduziert.

1870/74
Erste Modell-Schleppversuche von W. Froude in Torquay bei London; Schleppversuche der Korvette »GREYHOUND«.

1873
Herstellung des ersten Siemens-Martin-Stahles.

1893–1896
F. Nansen überwintert mit Forschungsschiff »FRAM« im Eis.

1904
Die »PREUSSEN«, einziges Fünfmast-Vollschiff der Welt, in Geestemünde für Reederei Laeisz erbaut.

1905
Der Dreimastschoner »ATLANTIC« von 56,4 m Länge und 1720 m^2 Segelfläche überquert den Nordatlantik in der Rekordzeit von 12 Tagen und 4 Stunden.

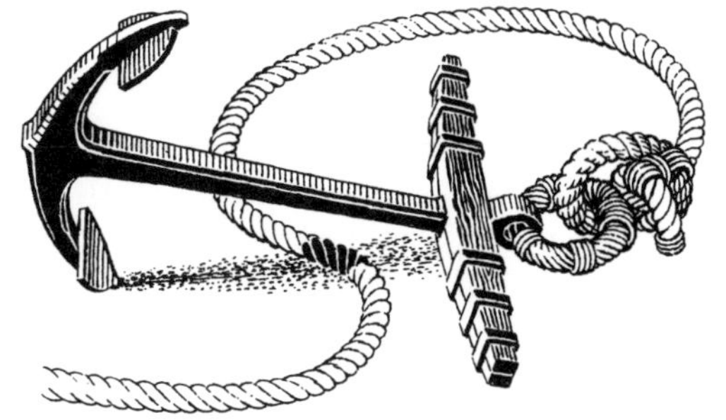

Allgemeines

Schiffe sind das Gemeinschaftswerk vieler Menschen und Berufsgruppen. In unserer Zeit müssen sich die Schiffbauer während des Baues der immer leistungsfähigeren und komplizierteren Schiffstypen untereinander wie auch mit den künftigen Eignern eindeutig verständigen können. Ist ein Schiff dann in Fahrt, so erfordert die Sicherheit von Schiff, Ladung und Besatzung schnelle unmißverständliche Verrichtungen. Insbesondere das Befahren begrenzter Schifffahrtswege, Kanäle und Schleusen, Anlege- und Festmachemanöver in den Häfen der Welt, die vielfältigen Aufgaben der Ladungsbeschaffung, des Güterumschlages und der Schiffsversorgung erfordern genaue Kenntnisse der Bauweise, des See- und Steuerverhaltens und der vielfältigen Ausrüstungen.
Droht dem Schiff auf See oder im Hafen unmittelbar Gefahr, dann sind tiefgründige Kenntnisse über das Verhalten des Schiffes beim jeweiligen Belastungszustand sowie sekundenschnelle Verständigung zur Abwendung der Gefahr auch bei schwerer See, Krängungen, Bränden oder Havarien von lebensentscheidender Bedeutung. Dieses Verständigungsbedürfnis brachte im Laufe der Jahrhunderte viele maritime Grund- und Fachbegriffe zur Bauweise und Ausrüstung von Schiffen, ihren Abmessungen, Eigenschaften und Umweltbedingungen hervor, die mehrere Bände füllen. Hinweise auf einschlägige maritime Fachlexika mit mehr oder weniger vollständigen Begriffserläuterungen finden Sie im Literaturverzeichnis dieses Buches.
In diesem Buch der Schiffstypen waren wir um eine möglichst allgemeinverständliche Darstellung unter Verwendung heute noch weitgehend gebräuchlicher Ausdrücke bemüht. Zusätzliche Fachbegriffserläuterungen wurden umittelbar in den Text eingefügt.
Somit werden nachfolgend nur einige einleitende Grundbegriffe

- zur Typensystematik,
- zur Holzbauweise,
- zu den Hauptabmessungen und Völligkeitsgraden,
- zur Schiffsvermessung,
- zur Bewaffnung und
- zur Besegelung

erläutert.

Zur Typensystematik

Unterscheidung nach dem Prinzip des Auftriebs

Die beachtliche Vielfalt unterschiedlicher Wasserfahrzeuge läßt sich nach verschiedenen Art- und Typenmerkmalen ordnen. Hinsichtlich der markantesten Eigenschaft, der Schwimmfähigkeit, stellt die Art der Auftriebserzeugung das primäre Unterscheidungsmerkmal dar. Danach gibt es

- Flöße,
- teilgetauchte Boote und Schiffe sowie
- vollgetauchte Schwimmkörper.

Flöße sind schwimmfähige Wasserfahrzeuge, bei denen der Auftrieb durch die geringe Dichte des eingetauchten Floßmaterials gegenüber der Dichte des Wassers entsteht. Dabei kann es sich um Schilf-, Strauch-, Bambus- bzw. Holzstammflöße oder auch um andere gebündelte oder starr verbundene Einzelauftriebskörper handeln. Im allgemeinen bilden bei solchen Flößen die Einzelschwimmkörper keine wasserdicht zusammengefügte Einheit, auch seitliche Wände sind meistens nicht vorhanden.
Im Unterschied zu Flößen beruht die Schwimmfähigkeit teilgetauchter Boote und Schiffe darauf, daß zumindest der getauchte und ein darüber liegender Teil des Hohlrumpfes eine wasserdichte Außenhülle haben. Die Außenhülle kann wie bei Haut- und Fellbooten aus Tierfellen, bei Korbbooten aus abgedichteten Geflechten oder wie bei der Mehrzahl aller Boots- und Schiffstypen aus Holzplanken, Metallplatten oder faserverstärkten Plasten bestehen. Die Fahrzeuge tauchen jeweils so tief ein, bis die Masse des verdrängten Wassers der Masse des gesamten Schwimmkörpers einschließlich aller Ladungen entspricht. Bei teilgetauchten Booten und Schiffen unterscheidet man weiter die Mehrrumpffahrzeuge (Auslegerboote, Katamarane, Trimarane) von den hauptsächlich gebauten Einrumpfschiffen.
Bei vollgetauchten Schwimmkörpern ist ein entsprechender Reserveauftrieb wie bei der Teiltauchung in Abhängigkeit vom Tiefgang nicht vorhanden. Die Massengleichheit wird jeweils durch Veränderung der Eigenmasse, wie Abwurf von festem Ballast bei den frühen Tauchbooten bzw. durch Wechseltanks (Luft – Wasser), erreicht.

Unterscheidung nach der Größe und dem Verwendungszweck

Im seemännischen Sprachgebrauch sind die Unterscheidungen zwischen den Bezeichnungen Boot und Schiff nicht immer einheitlich. Insbesondere werden in der Marine verschiedene Fahrzeugtypen als »Boote« bezeichnet, die alle Merkmale von Schiffen hinsichtlich der Größe und Bauweise aufweisen. Im allgemeinen Sprachgebrauch sind demgegenüber Boote kleinere, meistens ungedeckte (»offene«) oder mit Teil- bzw. Kajütendecks versehene Fahrzeuge für begrenzte Fahrbereiche. Auch bei Schiffen kennzeichnen der Fahrbereich auf Binnen- und Küstengewässern, den Randmeeren oder den Ozeanen neben der Schiffsgröße die Bauweise und den Verwendungszweck.
Schiffe haben hinsichtlich ihres Verwendungszweckes eine breit gefächerte Aufgabenpalette des Transports, der Erschließung von Nahrungsmitteln und Rohstoffen aus dem Meer, in der Technischen Flotte und der Marine zu erfüllen. Danach lassen sich die allgemeinen Hauptgruppen Handelsschiffe, Forschungs- und Fischereischiffe, Hilfsschiffe und Marinefahrzeuge unterscheiden. Jede dieser Hauptgruppen bildet sich aus mehreren Typengruppen, wie z. B. die Handelsschiffe. Sie können dem Transport von Personen, der Beförderung von Lebendgut oder Stückgütern, Schüttgütern oder Flüssigladungen dienen, also Fahrgastschiffe, Viehtransporter, Stückgut- oder Schüttgutfrachter, Wein-, Gas- oder Öltransporter oder kombinierte Schiffstypen sein.
Der ständige Anpassungsprozeß an die jeweiligen Handels- und Seetransportbedürfnisse führt zur ununterbrochenen Entstehung neuer Schiffstypen, zu ihrer Veralterung und wiederum zu Nachfolgetypen sowie zu einer fortschreitenden Spezialisierung und Kombination. So unterscheiden sich beispielsweise Passagierschiffe sowohl in ihrer Größe, dem Komfort und hinsichtlich des Einsatzes im Liniendienst, für Kreuz- und Erholungsfahrten, für Kurzstrecken oder Langreisen, für Fahrten in unterschiedlichen Temperaturzonen oder für kombinierte Passagier- und Frachtfahrten und andere Verwendungen. Eine solche Auffächerung ist in entsprechender Weise auch bei allen anderen Typengruppen vorhanden.

Unterscheidung nach Werkstoff und Bauweise

Die vorhergehenden Unterscheidungsmerkmale überlagern sich mit den vorwiegend für den Schwimmkörper verwendeten Werkstoffen. Wenn jedoch von den vielfältigen Werkstoffen anfänglicher Boote abgesehen wird, stellten über Jahrtausende verschiedene Holzarten den hauptsächlichen Schiffbauwerkstoff dar. In der ersten Hälfte des 19. Jh. folgten Kompositschiffe aus Holz und Eisen, Schiffe aus Eisen und einige Jahrzehnte später aus Stahl. Bis zur Mitte des 20. Jh. dominierte das genietete Stahlschiff. Vollgeschweißte Schiffe aus Stahl, Schiffskörper aus Leichtmetall oder faserverstärkten Plasten sind bis auf erste Vorläufer Typen der zweiten Hälfte dieses Jahrhunderts.
Mit der werkstoff- und verarbeitungsbedingten Bauweise sind jedoch diese Unterscheidungsmerkmale noch sehr unvollständig erfaßt. So stellen die Anzahl der Decks, die Konstruktion ihrer Verbände und Öffnungen, die weitere Unterteilung des Schiffskörpers durch Schotte, die Anordnung und Lage der Aufbauten und Deckshäuser, die Ausrüstung für die Schiffsführung und Ladungshandhabung u. a. m. weitere markante Unterscheidungsmerkmale der Schiffstypen dar.

Unterscheidung nach Art des Antriebs

Boote und Schiffe unterscheiden sich nach den grundsätzlichen Antriebsmöglichkeiten durch Nutzung von Muskel-, Strömungs- und Maschinenkräften. Dieser Band enthält jene Typen, die durch Paddel, Riemen, Staken, Zugtiere (Treidelschiffe), Wasserströmungen oder Segel angetrieben werden. Die Art der Riemenhandhabung als Einzel- oder Doppelriemen, die Anzahl der Ruderer bzw. der Ruderreihen bestimmt den Typ des jeweiligen Ruderschiffes wie bei den Dieren, Trieren, Galeeren u. a. In entsprechender Weise werden Segelschiffe nach der Art, Anzahl und Anordnung der Maste und ihrer Besegelung unterschieden.

Zur Holzbauweise

Der Entwicklungsweg zum holzgebauten Großsegler nahm mit dem zum Einbaum ausgehöhlten und an den Enden bearbeiteten Baumstamm seinen Anfang. Das Streben nach größeren oder seetüchtigeren Fahrzeugen führte zum Aufsetzen und Anbinden zusätzlicher Seitenplanken (dem Setzbord) und stellt damit den entscheidenden Übergangsschritt zu Booten dar, die aus mehreren Holzteilen zusammengebaut sind. Die Entwicklung gipfelt schließlich im Plankenboot oder Plankenschiff, bei dem der Schiffskörper mit seiner gesamten Beplankung aus einer entsprechend großen Anzahl angepaßter und wasserdicht miteinander verbundener Holzplanken besteht. Damit wurde ein möglichst paßgerechtes Behauen und späteres Sägen der Planken, die hinreichend feste Verbindung und die Abdichtung der Fugen und Stöße erforderlich. So waren bereits bei den älteren ägyptischen Holzschiffen wie dem Cheops-Bestattungsschiff (um 2650 v. u. Z.) die Planken an ihren Stößen miteinander verzargt und an den Längskanten durch Dübel verbunden. Über Jahrtausende bis zum Hjortspringboot (um 300 v. u. Z.), aber auch noch bis in das Mittelalter (15. Jh.), wurden Planken durch Faser-, Seil- oder Riemenbindungen verbunden oder »vernäht«. Dübel, Holznieten bzw. (aufgeschnittene und verkeilte Holznägel) später Nägel und Nieten aus Metall, bei denen sogenannte »Klinkscheiben« unter den Setzkopf der Nieten gelegt wurden, um den Anpreßdruck ohne Beschädigung der Planken zu erhöhen, unterstützten und ersetzten später das »Nähen«. Außer der immer besseren Passung und dem Dichtquellen erfolgte die Abdichtung der Planken untereinander durch Naturbitumen, wasserunlösliche Harze, Bastfasern, Tierhaare und andere Stoffe bis zum teergetränkten Kalfaterwerg.

Nach der Bauweise der Beplankung sind die Klinker- und die Kraweelbeplankung zu unterscheiden. Bei der geklinkerten Beplankung sind die Längsplanken dachziegelartig übereinander angesetzt und bei der Kraweelbauweise liegen die Längskanten der Planken unmittelbar aufeinander und ergeben eine glatte Außenfläche. Während die Kraweelbeplankung aus verschiedenen Gründen im Mittelmeerraum schon in frühester Zeit gebräuchlich war, fand sie in Nordeuropa erst im Verlaufe des 15. Jh. wegen der Vorzüge beim Bau größerer Schiffe Anwendung.

Je größer die aus Holz gebauten Schiffe wurden, desto bedeutungsvoller wurden aussteifende Verbände, um das »Herunterhängen« der Schiffsenden und Undichtigkeiten zu vermeiden. Im Altertum wurden daher bei den ägyptischen Schiffen Gürteltaue um den Schiffskörper gelegt oder Spanntrossen über Gabelstützen an Deck vom Vor- zum Achterschiff geführt. Bis in den späten Holzschiffbau (Chapman 1768, Snodgrass 1791, Seppings 1820) hatte man sich mit dem Nachlassen von Verbindungen und Dichtigkeit der Holzverbände zu beschäftigen und suchte das Problem durch Diagonalbänder bzw. Diagonalbeplankungen zu lösen, bis durch die Stahlskelettbauweise der Stahlverband die Längsfestigkeit erhöhte.

Daß man bereits versuchte, aus den gewonnenen Erfahrungen die Verbände beanspruchungsgerecht zu gestalten, zeigt sich schon an den Hauptspantquerschnitten von Fahrzeugen der Frühzeit. So wurde zunächst der oberste Plankengang, die Dollbordplanke, stärker ausgeführt und später auch der unterste Plankengang, der Kiel, gegenüber der übrigen Beplankung verstärkt. Kiel und Steven wandelten nach und nach ihre Formen vom ausgehöhlten Blocksteven über den Flachkiel bis zum mehr oder weniger ausgeprägten Balkensteven und Balkenkiel des Ruder-Segelschiffes oder des reinen Segelschiffes. Durchlaufende Decks, bei denen die Decksplanken zur Längsfestigkeit beitrugen, waren u. a. teilweise bereits bei den griechischen und römischen Kampfschiffen und dem römischen Lastschiff, der Corbita, vorhanden. Allgemein üblich wurden derartige wetterfeste Decksbeplankungen jedoch erst im Mittelalter mit der gedeckten Kogge.

Die Ägypter kannten auch bereits eine Möglichkeit der Queraussteifung des Schiffskörpers, durch die der Trossengürtel entfallen konnte. So zeigt die Schiffsdarstellung auf dem Hatschepsut-Relief (um 1490 v. u. Z.) Schiffe mit Decksbalken, die seitlich durch die Außenplanken hindurchgesteckt sind. Selbst einige frühe Einbäume weisen eine Art Schottspanten auf, die man bei der Aushöhlung stehen ließ. Bei Booten aus Nordeuropa ließ man an den Innenseiten der Planken Knaggen stehen, an die Krummholz-Querspanten angebunden wurden, ehe man zur direkten Verbindung von Planken und Spanten durch Nageln oder Nieten übergehen konnte.

Von derartigen naturgewachsenen Krummspanten, die etwa der Spantform entsprachen, über Spanten, die durch Behauen grob angepaßt wurden, bis hin zu zusammengesetzten Spanten der großen Schiffe wandelten sich im Laufe der Zeit auch die Queraussteifungen. Bei den Großseglern mit mehreren Decks wurde der untere Teil der Queraussteifung zur Bodenwrange. Daran schlossen sich an den Bordseiten bis zu 3 aufeinanderfolgende Auflangerspanten sowie ein Oberauflanger an, die mit den in der jeweiligen Spantebene befindlichen Querdecksbalken den Querrahmenverband bildeten. Durch sogenannte »Decksknie« verband man die horizontalen Querdecksbalken mit den jeweiligen Spantauflangern.

Gutes Schiffbauholz war schon bei den Ägyptern und Griechen, besonders jedoch im 18. und 19. Jh. zur Zeit der großen aus Holz gebauten Segelschiffe sehr gefragt. Die erforderlichen dicken Holzverbände der Außenhaut- und Decksbeplankung, die aussteifenden Längs- und Querverbände und nicht zuletzt die Masten, Stengen und Rahen der jährlich zu Hunderten erbauten Schiffe lassen ahnen, wie viele Wälder für den Holzschiffbau gebraucht wurden.

Zu den Hauptabmessungen und Völligkeitsgraden

Durch die Hauptabmessungen wie Längen, Breiten, Seitenhöhen und Tiefgänge und ihre Relationen zueinander werden Größe und auch bestimmte Eigenschaften eines Schiffes charakterisiert. Im einzelnen werden unterschieden:

- L — Länge des Schiffes zur allgemeinen Größenkennzeichnung, meistens entspricht die Länge L der Länge L_{KWL} oder L_{PP}.
- L_{OA} — Länge über alles, das ist i. allg. die waagerechte Länge zwischen dem vordersten und hintersten festen Punkt des Schiffskörpers oder Decks ohne Bug- oder Heckspriet.
- L_{PP} — Länge zwischen den Loten (Perpendikeln), gemessen zwischen den Schnittpunkten Mitte Ruderschaft oder Hinterkante Hintersteven und Vorkante Vorsteven mit der Wasserlinie bei Konstruktionstiefgang. Der Konstruktionstiefgang ist derjenige Tiefgang, dem die vorgesehene Verdrängung entspricht, er liegt bei einem unvertrimmten Schiff nahe der Voll-Ladelinie.
- L_{KWL} — Länge in der Konstruktionswasserlinie entsprechend dem vorgesehenen Tiefgang (T_{KWL}), d. h. Länge zwischen Vorkante Vorsteven und Hinterkante Hintersteven in der Konstruktionswasserlinie (KWL).
- L_{WL} — Länge in der Wasserlinie bei einem jeweiligen Tiefgang.
- L_K — Kiellänge des geraden Kiels.
- B — Breite des Schiffes zur allgemeinen Größenbezeichnung, meistens die Breite in der KWL oder Breite auf Spanten (B_{KWL}).
- B_{OA} — Breite des Schiffes über alles, d. h. Breite über alle seitlichen festen Anbauten wie
- B bzw. Dollbord, Scheuerleisten u. a.
- B_{SPT} — Breite zwischen den Außenkanten (Mallkanten) der Spanten an der breitesten Stelle in der KWL. Bei Holzschiffen auch die entsprechende Breite zwischen der Innenkante Außenhautbeplankung.
- B_{KWL} — Breite in der Konstruktionswasserlinie.
- B_{WL} — Breite in der jeweiligen Wasserlinie.
- B_D — Breite an Deck auf Seitenhöhe D.
- D — Seitenhöhe des Schiffes (engl. depth), gemessen an Seite Schiff auf halber Schiffslänge (0,5 L_{PP}) von der Unterkante Hauptdecksbeplattung bis zur Oberkante Kiel, i. allg. der Raumtiefe entsprechend.
- D_{FB} — Freibord; das vorgeschriebene Mindestmaß, um das die Bordwände bei voller Beladung über die Wasseroberfläche noch bei Glattwasser ausgetaucht sein müssen, gemessen auf halber Schiffslänge (0,5 L_{PP}) von der Oberkante des »Freiborddecks«.
- T — Tiefgang des Schiffes bei der jeweiligen Beladung; auf halber Schiffslänge gemessener Abstand von der Unterkante Kiel bis zur Schwimmwasserlinie.
- T_{KWL} — Konstruktionstiefgang; auf halber Schiffslänge gemessener Abstand der Unterkante Kiel bis zur Konstruktionswasserlinie.

Neben den Hauptabmessungen wird die Form des Schiffsrumpfes durch verschiedene »Völligkeitsgrade« charakterisiert, die jeweils das Verhältnis von Spant- und Wasserlinienflächen ins Verhältnis zu den umschreibenden Rechtecken setzen oder Volumenverhältnisse darstellen. Die wichtigsten Völligkeitsgrade sind:

- C_M — Völligkeitsgrad der Hauptspantfläche; Verhältnis des getauchten Teils der Hauptspantfläche zu dem umschreibenden Rechteck aus $B_{KW} \cdot T_{KWL}$.
- C_{KWL} — Völligkeitsgrad der Konstruktionswasserlinienfläche; Verhältnis der Konstruktionswasserlinienfläche zum umschreibenden Rechteck aus $L_{PP} \cdot B_{KWL}$.
- C_B — Völligkeitsgrad der Verdrängung bzw. Blockkoeffizient; Verhältnis der Wasserverdrängung des getauchten Teils des Schiffskörpers zu dem umschreibenden Quader aus $L_{PP} \cdot B_{KWL} \cdot T_{KWL}$.
- C_P — Prismatischer Koeffizient bzw. Zylinderkoeffizient bzw. Längenschärfegrad; Verhältnis der Wasserverdrängung zu

dem aus der Hauptspantfläche und der Länge L_{PP} gebildeten umschreibenden prismatischen Körper.

Zur Schiffsvermessung

Seitdem die Schiffbauer i. allg. nicht mehr gleichzeitig Eigner des selbstgebauten Schiffes sind, sondern Schiffe im Auftrage von Reedern bauen, die im voraus Hauptabmessungen, Völligkeitsgrade, Verdrängungen, Trag- und Ladefähigkeiten für verschiedene Gutarten sowie die daraus resultierenden Kosten wissen möchten, sind möglichst genaue Angaben über das Schiff schon vor dem Baubeginn erforderlich. Diese Daten müssen neben vielen anderen Aufschluß geben über die Bau- und Betriebskosten, Kanal-, Hafen-, Liegeplatz- und Umschlaggebühren, Lohnkosten, Versicherungen und Abschreibungen.
Ein altes Maß für die Ladefähigkeit und damit für die Schiffsgröße war im Mittelalter das Faß, die Tonne. Größer als die Amphoren der Griechen und Römer, waren Tonnen die wichtigsten Transportgefäße. In ihnen wurden Öle, Fette, Früchte, Wein und Bier, selbst Gewürze und Pelzwerk verpackt und sicher verschlossen. Neben dem Schiffszimmermann gehörten Böttcher zahlenmäßig an den Werft- und Hafenplätzen zur stärksten Zunft.
Eine Hamburger Commerzlast hatte z.B. 3000kg. Die Danziger und die Bremer Roggenlast entsprach etwa 2000kg und hatte einen Raumbedarf von annähernd 3,25 m^3. In der Hansezeit war außerdem die »Rostocker Tonne« für gesalzene Heringe ein allgemein anerkanntes Maß. Der Raumbedarf für eine Heringslast betrug etwa 0,8 Roggenlasten.
Im Mittelmeer und in Westeuropa hingegen war die Frachten-Weintonne (tonneau) die übliche Maßeinheit für den erforderlichen Stauraumbedarf, diese Tonne entsprach etwa einer halben Roggenlast, also 1000kg.
Seit 1872 erfolgen in den deutschen Ost- und Nordseegebieten anstelle der früheren Schiffsfrachtangaben in Lasten die Angaben der Schiffsfrachtmassen in Tonnen (t) zu je 1000kg, des Stauraumbedarfs in m^3 und des Schiffs-Nutzraums in NRT.
Die bisher allgemein gebräuchliche internationale Einheit für die Raumvermessung von Schiffen ist die Registertonne (RT). Sie entspricht 100 englischen Kubikfuß (1 engl. Fuß = 0,3048 m = 12 Zoll) und beträgt somit 2,832 m^3. Beim Schiffsraum sind die Bruttoregistertonne (BRT) von der Nettoregistertonne (NRT) zu unterscheiden. Der in BRT angegebene Bruttorauminhalt des Schiffes umfaßt den gesamten Raum unterhalb des Vermessungsdecks sowie den Rauminhalt der Luken, Schächte und Aufbauten. Demgegenüber kennzeichnet der Nettorauminhalt den gewinnbringenden Nutzraum, d.h. alle Lade- und Fahrgasträume. Der Nettorauminhalt ergibt sich somit, wenn vom Bruttorauminhalt alle Navigations- und Betriebsräume, Wohnräume der Besatzung, Messen, Provianträume, Trinkwassertanks und sonstige Vorratsräume, Store und Lasten abgezogen werden. Da die Schiffsgebühren i. allg. auf den Nettorauminhalt bezogen werden, ist man stets bemüht, ihn im Verhältnis zur Tragfähigkeit möglichst günstig zu nutzen. Neue Vermessungsvorschriften befinden sich derzeitig in der Einführung.
Die Ladefähigkeit eines Schiffes kennzeichnet sowohl in Kubikmetern (m^3) als auch in Nettoregistertonnen (NRT) die raummäßige wie in Tonnen (t) die Nutzladung, die massenmäßig möglich ist. Demgegenüber ist die Tragfähigkeit DW (engl. deadweight) diejenige Masse in Tonnen zu 1000 kg, die ein Schiff unter Beachtung der Vorschriften und Sicherheiten an Ladungs- und Vorratsmassen, Besatzung und Fahrgästen laden kann.
Bei Kriegsschiffen wird statt der Angabe des Nutzraumes i. allg. die Masse des verdrängten Wassers – kurz Wasserverdrängung – in englischen tons (ts) zu je 1016kg angegeben.
Die Verdrängung oder Wasserverdrängung ∇ gibt den Rauminhalt der vom getauchten Teil des Schiffskörpers verdrängten Wassermasse ohne Anhänge (Ruder u. a.) auf Mallkante Spant in Kubikmetern an. Bei Holzschiffen bezieht sich die verdrängte Wassermasse auf die Außenseite der Außenhaut.
Das Deplacement $\triangle$, $M_{\triangle}$ ist die Masse der vom eingetauchten Schiffskörper verdrängten Wassermasse in Tonnen zu je 1000 kg und entspricht damit gleichzeitig der Gesamtmasse des Schiffes einschließlich der jeweiligen Ladung, Tankfüllung und Vorräte. Die Größe des jeweiligen Deplacements ergibt sich aus dem Verdrängungsvolumen unter Berücksichtigung der Außenhaut und der in den einzelnen Seegebieten unterschiedlichen Dichte des Wassers. Die Differenz zwischen dem Deplacement $M_{\triangle}$ und der Tragfähigkeit DW entspricht der Masse des leeren betriebsklaren Schiffes M_{LS}.

Zur Bewaffnung

Vor der Verwendung des Schießpulvers stellten der Rammsporn, dessen Ursprung auf die Phönizier und Griechen zurückgeführt wird, Katapulte, leichte, mittlere und schwere Schleudermaschinen sowie das »Griechische Feuer« die wesentlichste Bewaffnung dar. Bereits im 13.Jh. setzte man sogenannte »Donnerbüchsen«, »Sperber« oder Falconetts ein, d.h. leichte Geschütze, die als Vorderlader oder Hinterlader in Gabeln gelagert von der Reeling oder aus dem Mars abgefeuert wurden. Im 14. und 15.Jh. kamen die ersten eigentlichen Schiffsgeschütze, die sogenannten »Kammerbüchsen« auf. Es waren Hinterlader, deren Rohr durch geschmiedete Eisenringe verstärkt und in einer Blocklafette gelagert war. Außerdem kamen die »Drehbassen«, leichte Schanzkleidkanonen, hinzu, die bis ins 18.Jh. beibehalten wurden. An leichteren Geschützen gab es vom 14. bis zur Mitte des 16.Jh. hauptsächlich noch die Bombardelle, ein Vorder- oder Hinterlader auf Zweiradlafette. Das schwerste Schiffsgeschütz dieser Jahrhunderte war die großkalibrige Bombarde auf schwerer Blocklafette. Im 14. und 15.Jh. wurden solche Bombarden bevorzugt als Vorder- oder Hinterladergeschütze auf Galeeren verwendet. Um in kürzerer Schußfolge feuern zu können, bestanden Hinterlader-Bombarden aus 2 Teilen. Während das Geschützrohr auf der Blocklafette festgezurrt war, konnte das Kammerstück nach dem Schuß gegen ein außerhalb der Kanone neu geladenes Kammerstück ausgewechelt werden.
Durch die Reichweite der Geschütze veralteten frühere Strategien des Seekriegs. Ihre große Masse ließ Ruderschiffe zu schwerfällig werden. Die Schiffe wurden größer, erhielten mehr Segel, und wegen der hochgelegenen Geschütze waren insbesondere größere Schiffsbreiten oder mehr tiefgelegener Ballast notwendig. Neben der Aufstellung der Geschütze vorn und achtern als Verfolgungs- und Abwehrgeschütze, die nur annähernd in Schiffslängsrichtung abgefeuert werden konnten, war bereits im 15.Jh. die Breitseitsordnung von Schiffsgeschützen bekannt. Zunächst begnügte man sich mit runden Geschützöffnungen für das Geschützrohr in den Außenplanken, die noch keinen Verschluß erhielten. Um 1500 begann man verschließbare Geschützpforten einzuführen, die holländischen Meistern und dem französischen Schiffbaumeister Descharges zugeschrieben werden. Die Breitseitenaufstellung der Geschütze führte im Verlaufe des 17.Jh. zum Einsatz der Kampfschiffe in Kiellinie, bei der die als »Linienschiffe« bezeichneten großen Kriegsschiffe jeweils im Kielwasser des voransegelnden Schiffes segelten und versuchten, den ebenfalls parallel in Schußweite in Kiellinie fahrenden Gegner durch Breitseitenfeuer zu vernichten.
Seit dem 17.Jh. gab es eine veränderte Einteilung der Kanonen nach den Massen der Kanonenkugeln in Pfund, das Pfund zu je etwa 0,5kg. Die Ganze Kanone hatte eine Eigenmasse von mehr als 2t und ein Kaliber von 177mm, die Halbe Kanone war ein 24-Pfünder, die Calverine ein 18-Pfünder und die Halbe Calverine ein 9-Pfünder. Bis etwa 1750 waren die meisten Schiffsgeschütze noch aus Bronze gegossen, danach beherrschte man erst allmählich die Herstellung eiserner Kanonenrohre.
Die Aufstellung der Geschütze auf mehreren Decks erforderte besonders versteifte Verbände des Holzschiffskörpers zur Aufnahme der Eigenlasten und Rückstoßkräfte. Um dem Rückstoß zu dämpfen, wurden die Kanonen durch Brooktaue über Ringe an der Bordwand gezurrt. Die starke Balkenbucht (Wölbung) der Batteriedecks erschwerte außerdem das Zurückweichen beim Schuß und erleichterte das Zurückschieben in die Feuerstellung. Um die Wirkung feindlicher Treffer zu mildern, wurden die seitlichen Schiffsverbände sehr stark gebaut, und in den Batteriedecks kamen Querabschottungen zum Einbau.
Neue Möglichkeiten des Baues leichter und schnellerer unbewaffneter Segelschiffe ergaben sich erst nach Überwindung der Piraterie und der Machtkämpfe mit Waffengewalt auf See.

Zur Besegelung

Segelschiffe sind außer den genannten Merkmalen hauptsächlich durch die Art der Segel sowie die Anzahl und Anordnung der Masten bestimmt. Die nachfolgenden Tafeln geben dazu sowie zu den wichtigsten Bezeichnungen Aufschluß. Die Zusammenhänge zwischen der Art der Besegelung, dem jeweiligen Segelschiffstyp und dem Deplacement aus der Blütezeit der Segelschifffahrt um 1900 verdeutlicht die Tabelle im Anhang.

Segelarten

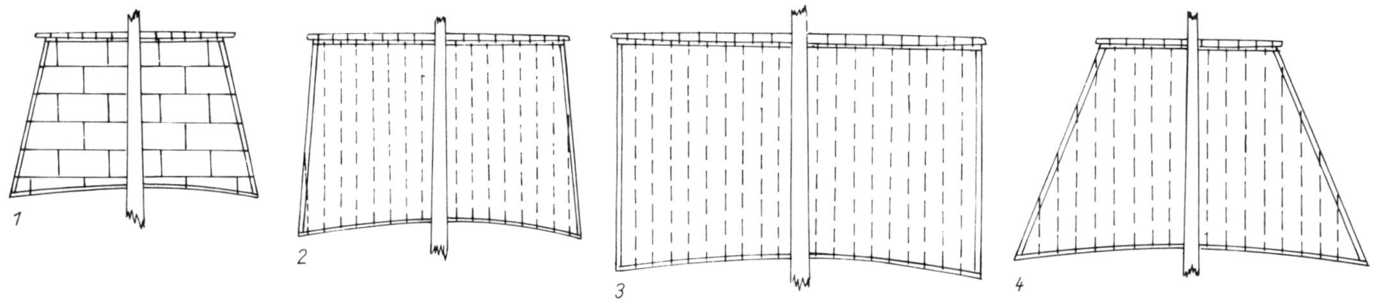

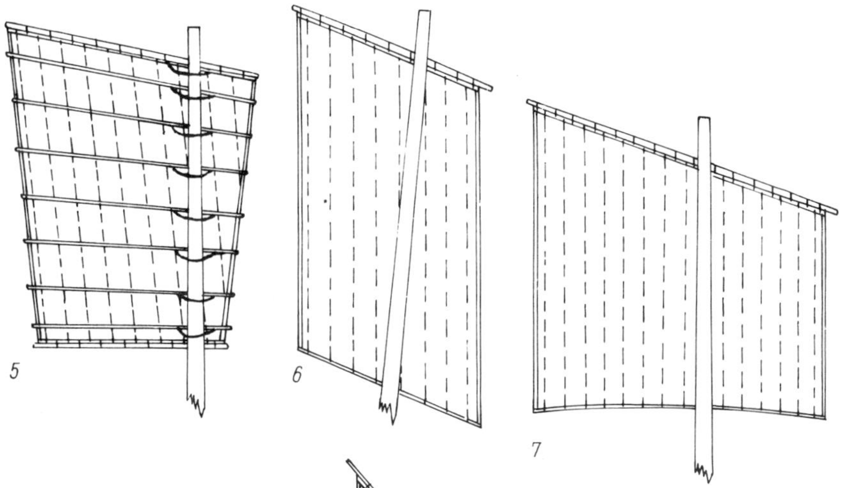

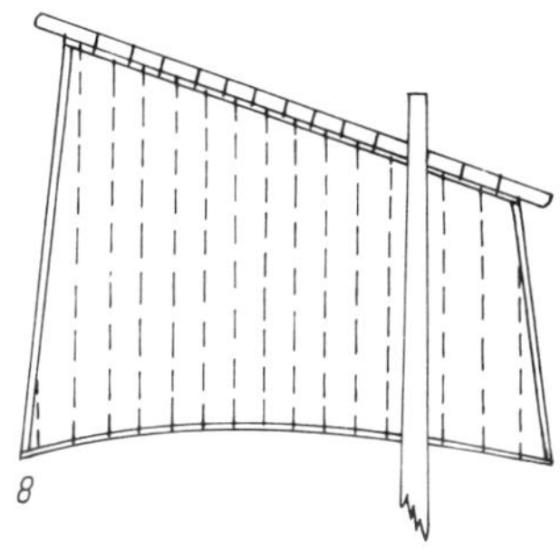

1 *Antikes Querrahsegel*
2 *Querrahsegel seit 750*
3 *Querrahsegel der Normannen und Wikinger um 1050*
4 *Spanisches Marssegel um 1500*
5 *Chinesisches Luggersegel*
6 *Indisches Luggersegel*
7 *Europäisches Luggersegel*
8 *Lugger-Viertelsegel*
9 *Mittelmeer-Lateinersegel*
10 *Spanisches Galeerensegel um 1550*
11 *Lateinersegel mit Bonnet*
12 *Arabisches Dausegel*
13 *Gaffelsegel (Kreuzlateinsegel) um 1750*
14 *Klausegel*
15 *Gaffelsegel*
16 *Stagsegel*
17 *Spriet- oder Spreizgaffelsegel*
18 *Marconisegel*
19 *Hochsegel mit Steilgaffel*
20 *Spinnaker*
21 *Spreizsegel mit zwei Gaffeln aus Melanesien*
22 *Spreizsegel mit zwei Gaffeln aus Neuguinea*
23 *Südseespreizsegel mit zwei Krummgaffeln*

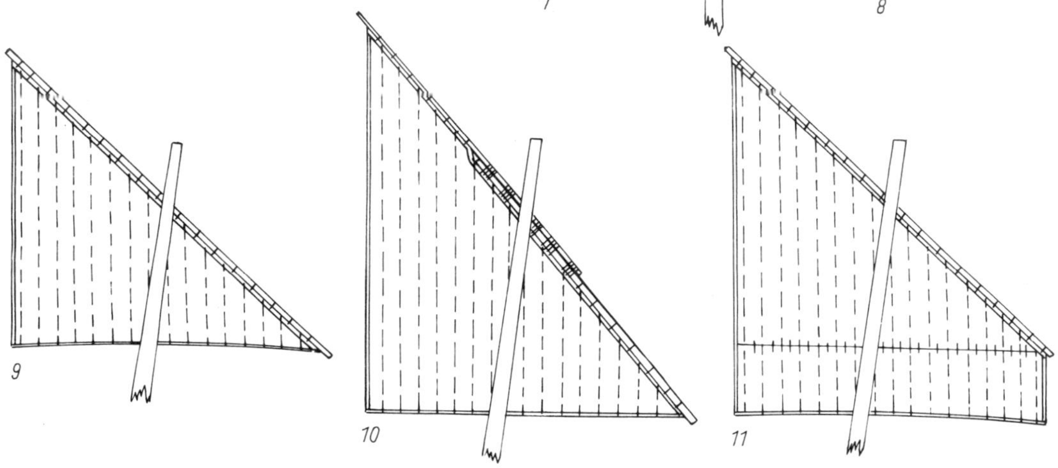

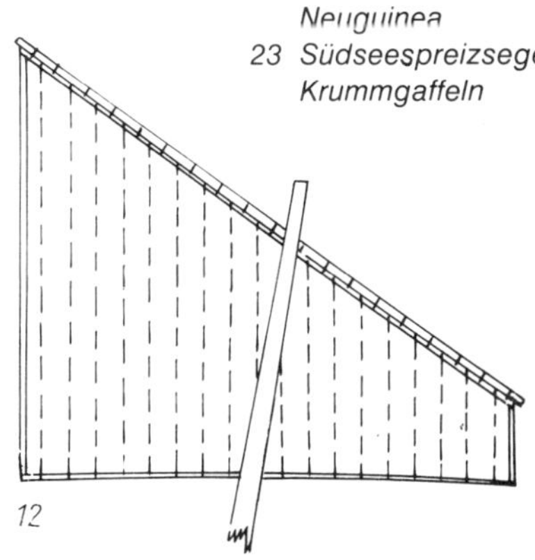

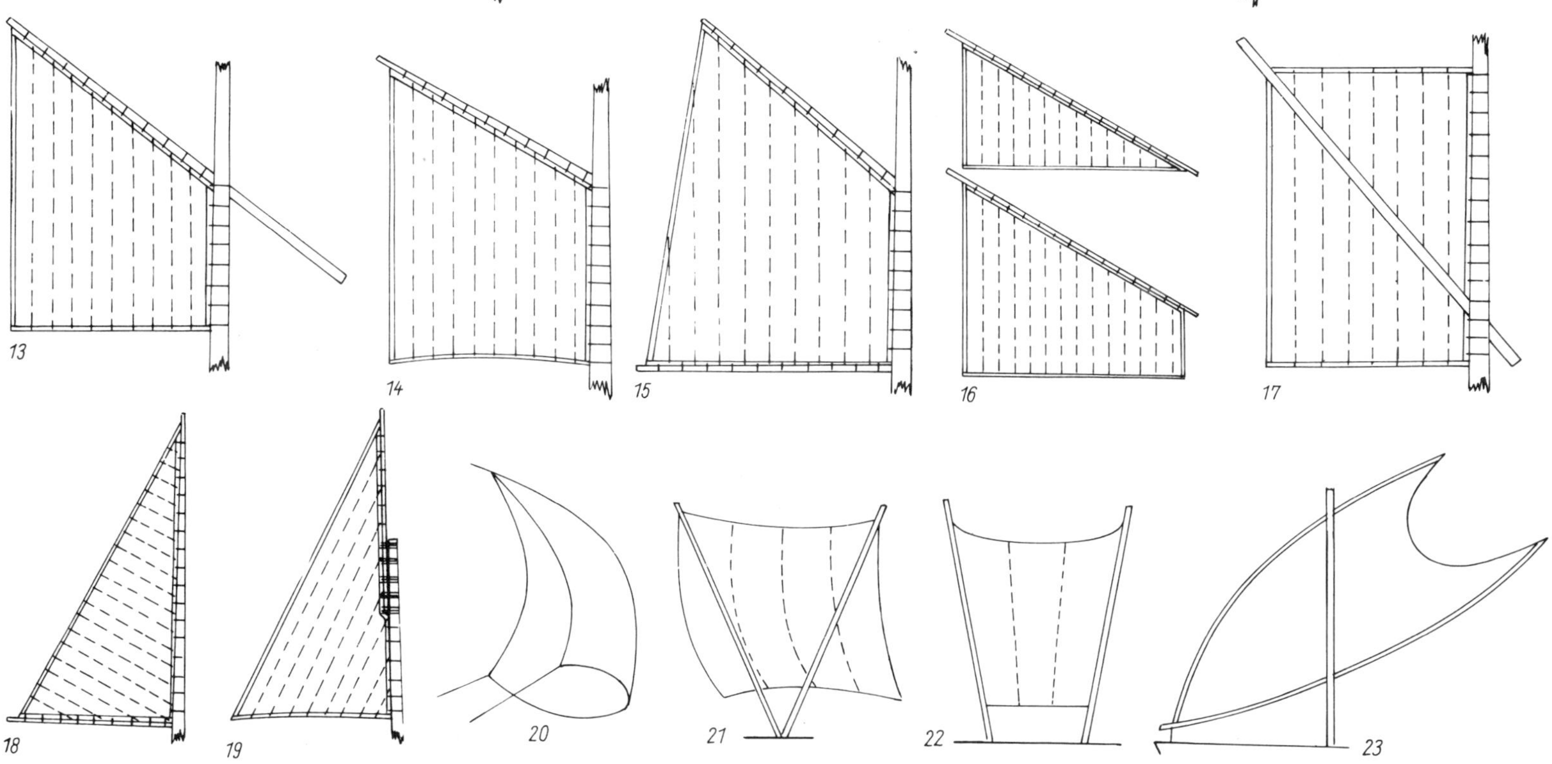

Zweimaster und Dreimaster

1 Brigg
2 Brigantine
3 Schonerbrigg
4 Zweimast-Schnau
5 Zweimast-Fock- und Großrahtopp-Schoner
6 Fockrahtopp-Segelschoner
7 Zweimast-Gaffelschoner
8 Zweimast-Stagsegelschoner
9 Vollschiff
10 Dreimast-Bark
11 Dreimast-Schonerbark

Dreimaster und Viermaster

1 Dreimast-Barkantine
2 Dreimast-Gaffelschoner mit Breitfock und Fockrahtopp
3 Dreimast-Gaffelschoner
4 Dreimast-Stagsegelschoner
5 Viermast-Vollschiff
6 Viermast-Bark
7 Viermast-Schonerbark
8 Viermast-Schonerbark mit rahgetakeltem Großmast (Jakassbark)

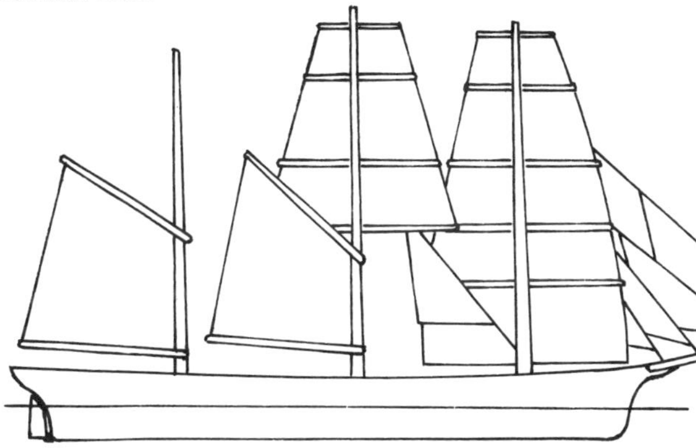
1

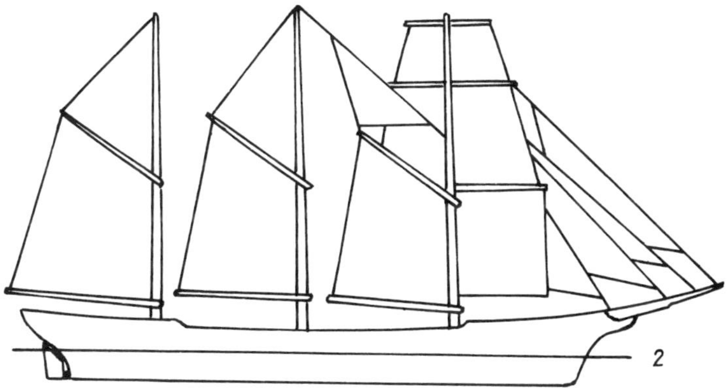
2

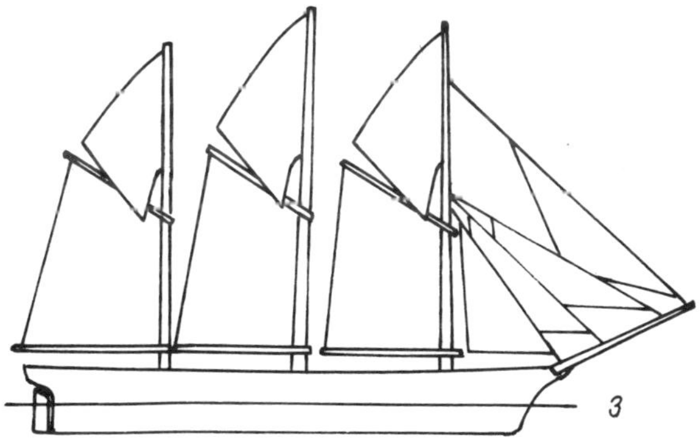
3

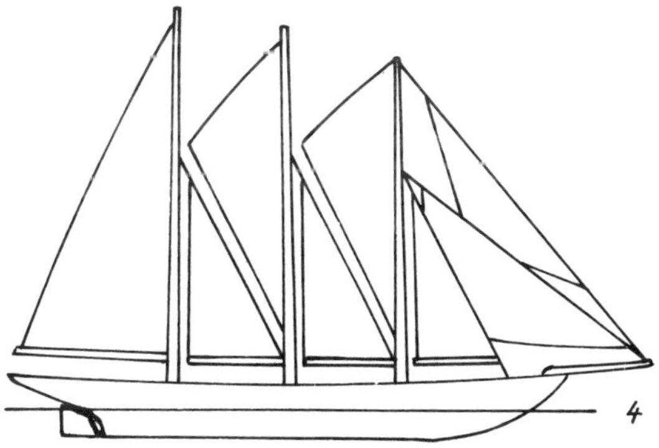
4

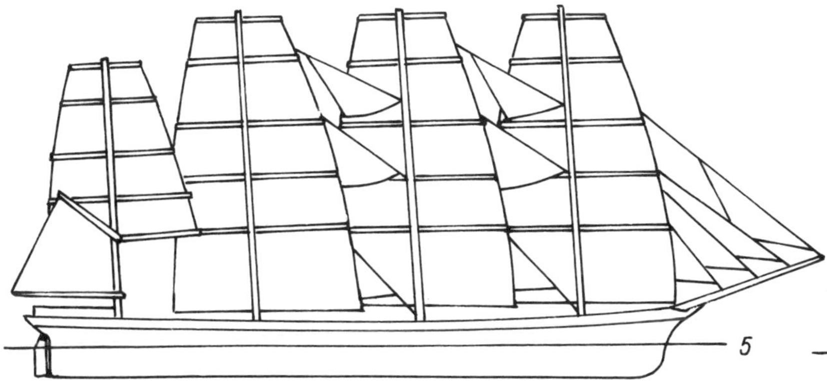
5

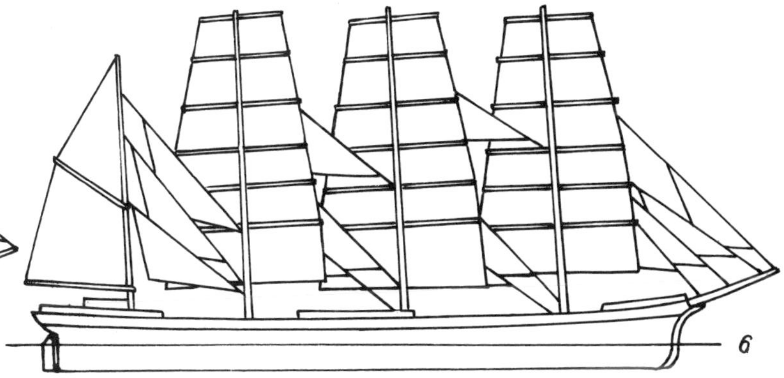
6

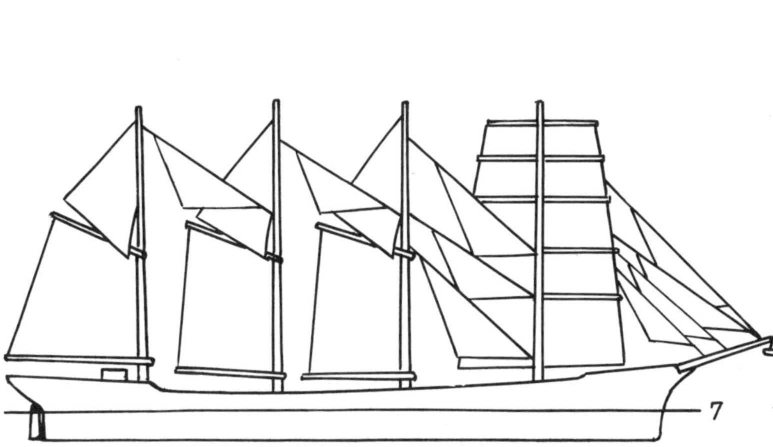
7

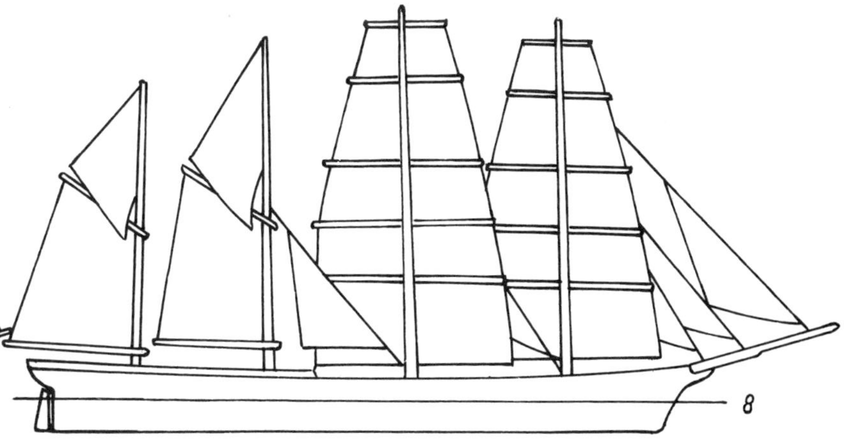
8

Viermaster und Fünfmaster

1 Viermast-Gaffelschoner mit Fockrahtopp
2 Viermast-Gaffelschoner mit Breitfock
3 Fünfmast-Vollschiff
4 Fünfmast-Bark

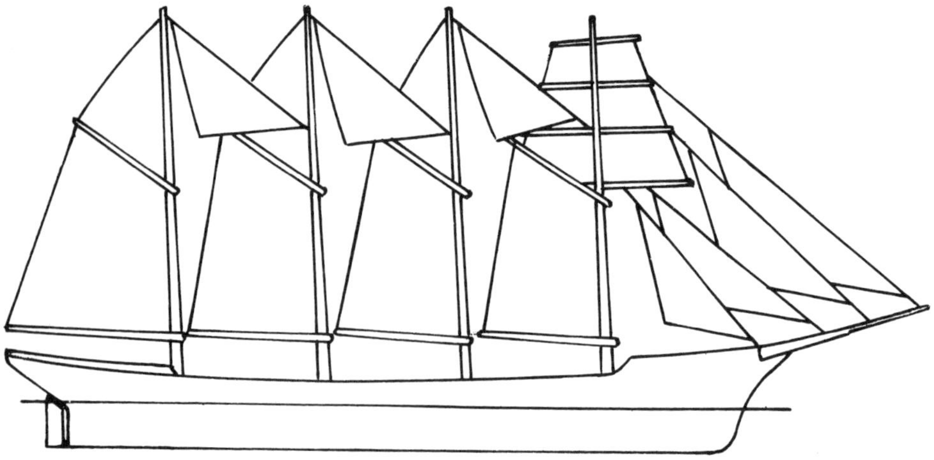

1

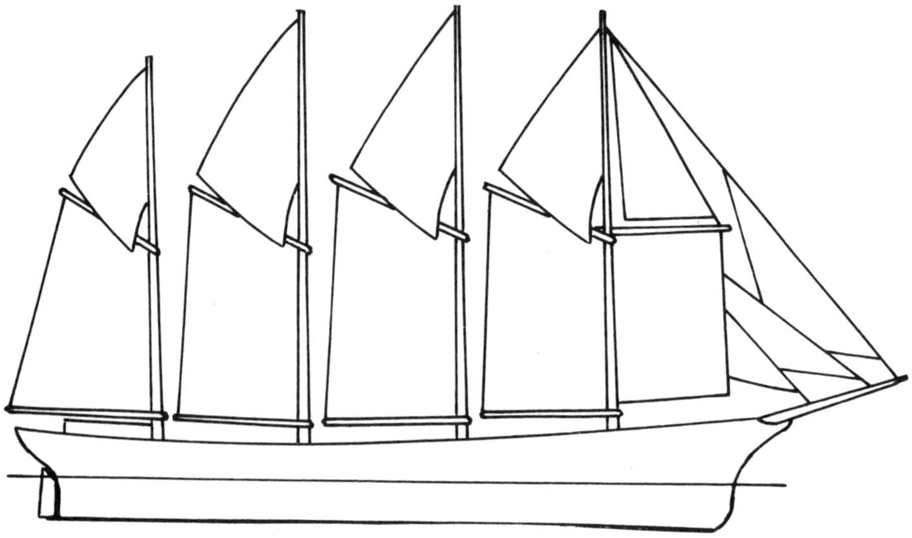

2

3

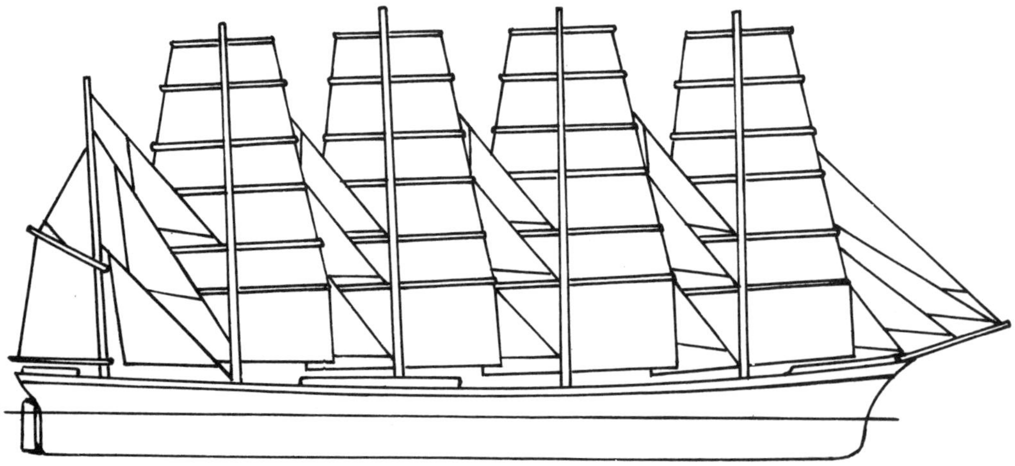

4

Fünfmaster

1 Fünfmast-Schonerbark
2 Fünfmastschoner mit Fock- und Mittelrahtopp (Vinnentakelung)
3 Fünfmast-Gaffelschoner

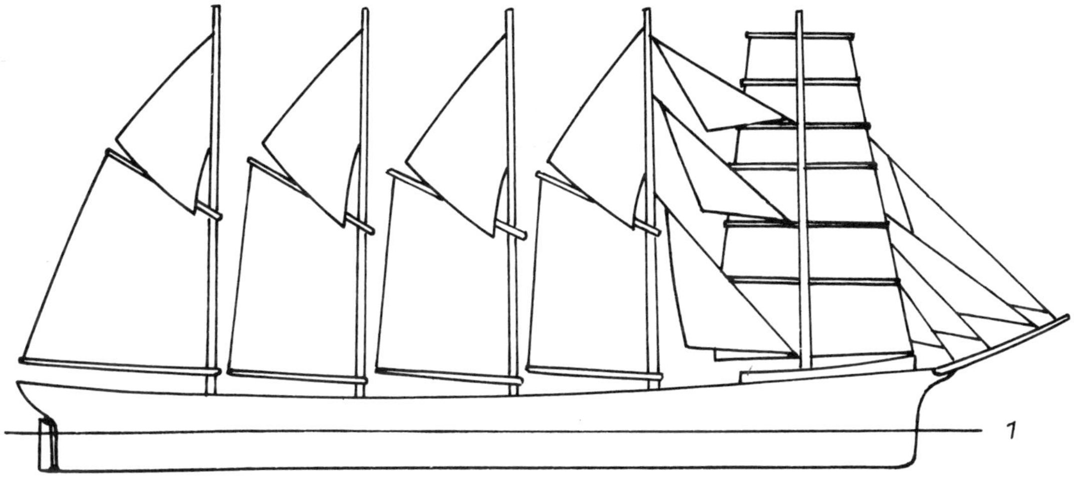

1

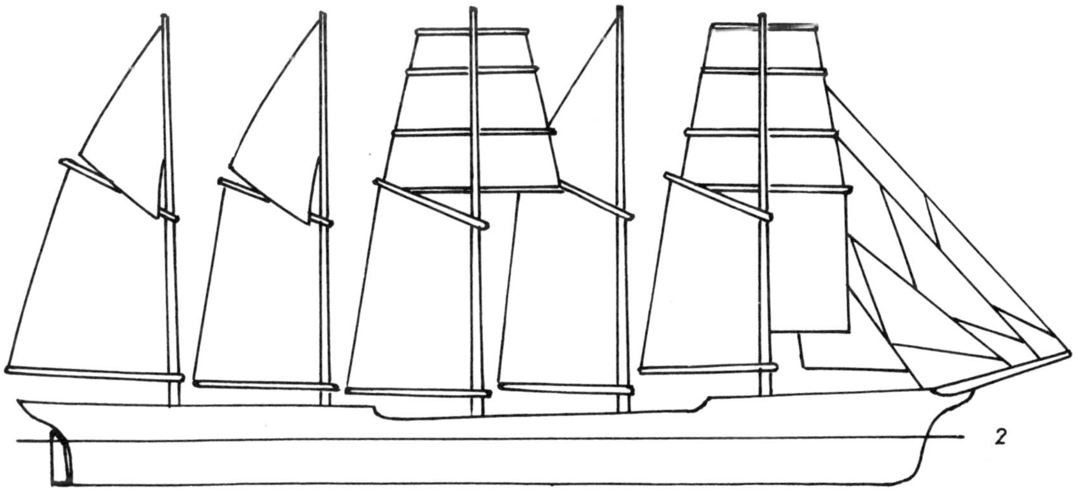

2

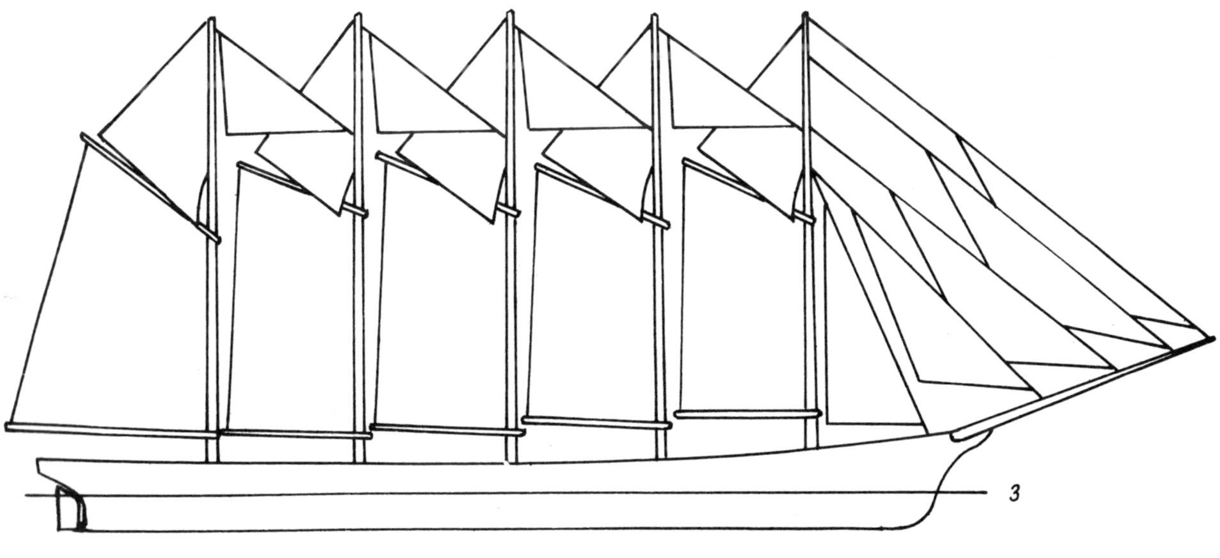

3

Mastbezeichnungen vom Zweimaster bis zum Sechsmaster

a Brigg
b Brigantine
c Zweimast-Gaffelschoner
d Zweimast-Stagsegelschoner
e Dreimast-Bark
f Vollschiff
g Dreimast-Schonerbark
h Dreimast-Gaffelschoner
i Viermast-Bark
j Viermast-Vollschiff
k Viermast-Gaffelschoner
l Fünfmast-Bark
m Fünfmast-Gaffelschoner
n Fünfmast-Vollschiff
o Sechsmast-Schonerbark
p Sechsmast-Gaffelschoner

1 Fockmast
2 Großmast
3 Besanmast
4 Kreuzmast
5 Achter- oder Hauptmast, beim Fünfmast-Vollschiff auch Laeisz-Mast
6 Mittelmast
7 Jiggermast
8 Treibermast

35 *Tonnenrack*
36 *Handperden*
37 *Vor-Bramgeitau*
38 *Leesegelbügel*
39 *Vor-Bramleesegelspieren*
40 *Nockperden*
41 *Nock*
42 *Refftaljeblock*
43 *Brasspender*
44 *Fußperden*
45 *Vor-Marsrah*
46 *Springperden*
47 *Vor-Bramschot*
48 *Refftalje*
49 *Brassblock*
50 *Vor-Marstoppnant*
51 *Marsbrasse*
52 *Drehreep*
53 *Stengewanten*
54 *Vor-Marsstenge*
55 *Eselshoofd*
56 *Träger*
57 *Mantel*
58 *Topp*
59 *Vor-Mars*
60 *Mars-Langsaling*
61 *Backen*
62 *Püttingsband*
63 *Püttingswanten*
64 *Handperden*
65 *Focktoppnant*
66 *Vor-Marsgeitau*
67 *Leesegelbügel*
68 *Leesegelspier*
69 *Nock*
70 *Refftaljeblock*
71 *Nockperden*
72 *Refftalje*
73 *Brasspender*
74 *Brassblock*
75 *Springperden*
76 *Fockrah*
77 *Fußperden*
78 *Vor-Marsschot*
79 *Rackband*
80 *Rack*
81 *Refftalje*
82 *Fockbrasse*
83 *Fockmast*
84 *Stagklampen*
84a *Groß-Stengestag*
84b *Kreuz-Royalstag*
84c *Großstag*
84d *Kreuz-Bramstag*
85 *Mastgarten*
86 *Vor-Royalbrasse*
87 *Hanger*
88 *Vorholer*
89 *Vor-Stengepardunen*
90 *Vor-Brampardunen*
91 *Vor-Royalpardunen*
92 *Vor-Marsfall*
93 *Toppreep*
94 *Läufer*
95 *Festepart*
96 *Holpart*
97 *Fockgeitau*
98 *Pender*
99 *Großtopp mit Groß-Royalrah*
100 *Groß-Royalstenge*
101 *Groß-Bramrah*
102 *Groß-Bramstenge*
103 *Groß-Bramleesegel-Spieren*
104 *Groß-Marsrah*
105 *Groß-Marsbrasse*
106 *Groß-Marsstenge*
107 *Groß-Marsgeitau*
108 *Groß-Toppnant*
109 *Groß-Rack*
110 *Groß-Rah*
111 *Groß-Ober-Leesegelspieren*
112 *Groß-Marsschot*
113 *Groß-Brasse*
114 *Groß-Geitau*
115 *Groß-Royalbrasse*
116 *Groß-Royalgeitau*
117 *Groß-Bramsaling*
118 *Groß-Bramgeitau*
119 *Groß-Brambrasse*
120 *Groß-Mars*
121 *Groß-Marsfall*
122 *Webeleinen*
123 *Spreetlatte*
124 *Jungfern*
125 *Taljereep*
126 *Großmast*
127 *Kreuz-Royalbrasse*
128 *Kreuz-Royalgeitau*
129 *Kreuz-Royalstenge*
130 *Kreuz-Brambrasse*
131 *Kreuz-Bramstenge*
132 *Kreuz-Bramgeitau*
133 *Kreuz-Bramsaling*
134 *Kreuz-Marsbrasse*
135 *Kreuz-Marsgeitau*
136 *Begientoppnant*
137 *Kreuzmars*
138 *Begienbrasse*
139 *Klaue mit Klaufall*
140 *Begienrah*
141 *Begiengeitau*
142 *Kreuz-Stengestag*
143 *Kreuzstag*
144 *Groß-Stengepardunen*
145 *Groß-Brampardunen*
146 *Groß-Royalpardunen*
147 *Kreuz-Marsschot*
148 *Kreuzmast*
149 *Rüsten*
150 *Rüstbank*
151 *Kreuztopp mit Flaggenknopf*
152 *Kreuz-Royalrah*
153 *Kreuzbramrah*
154 *Monkeygaffel*
155 *Flaggleine*
156 *Kreuz-Marsrah*
157 *Besangaffel*
158 *Piek*
159 *Besanausholer*
160 *Piekfall*
161 *Flaggleine*
162 *Gaffelgei*
163 *Dirk*
164 *Kreuz-Marsfall*
165 *Besanbaum*
166 *Kreuzstengepardunen*
167 *Kreuzbrampardunen*
168 *Kreuz-Royalpardunen*
169 *Besanschot*
170 *Brassbaum*

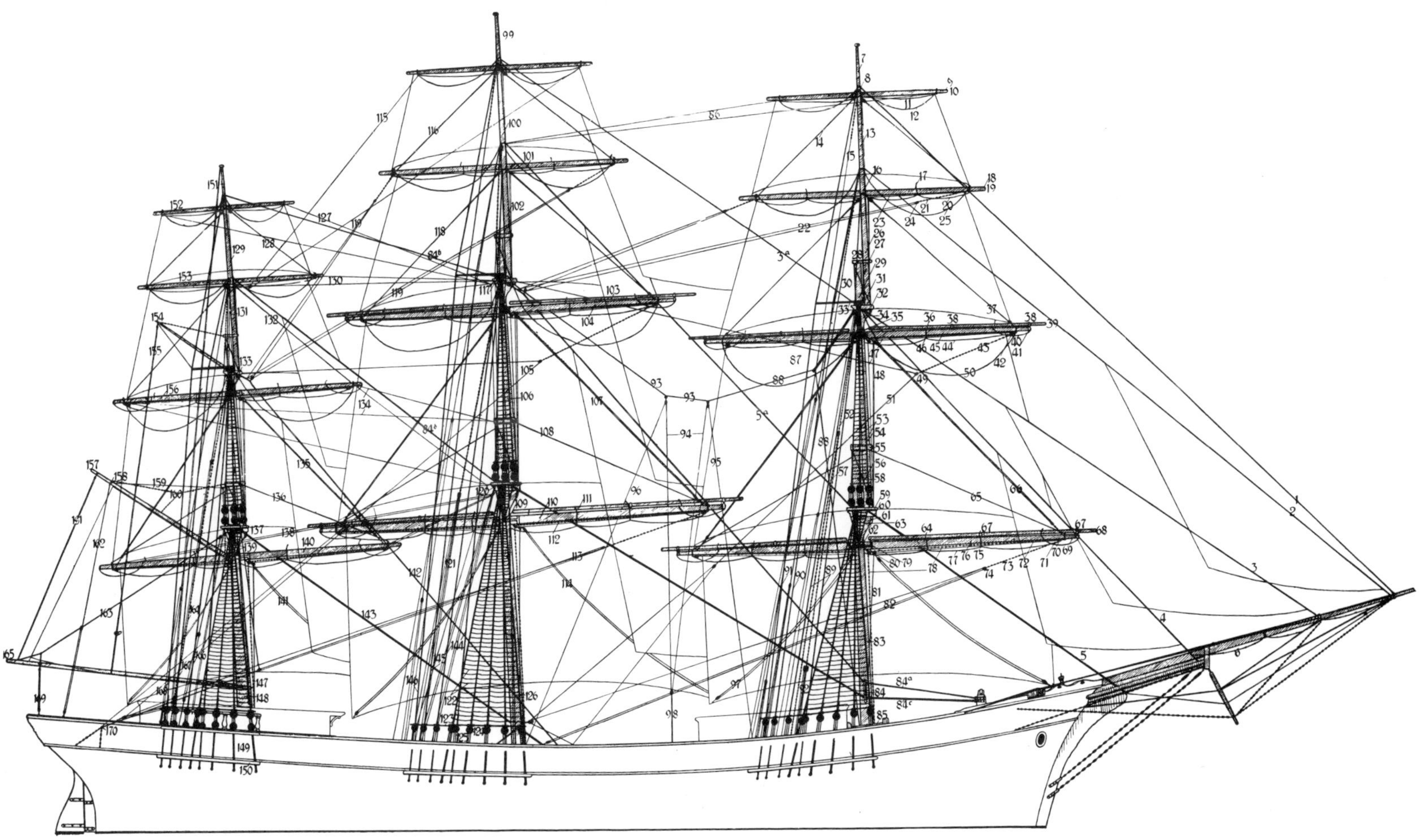

Holzschiffbau I

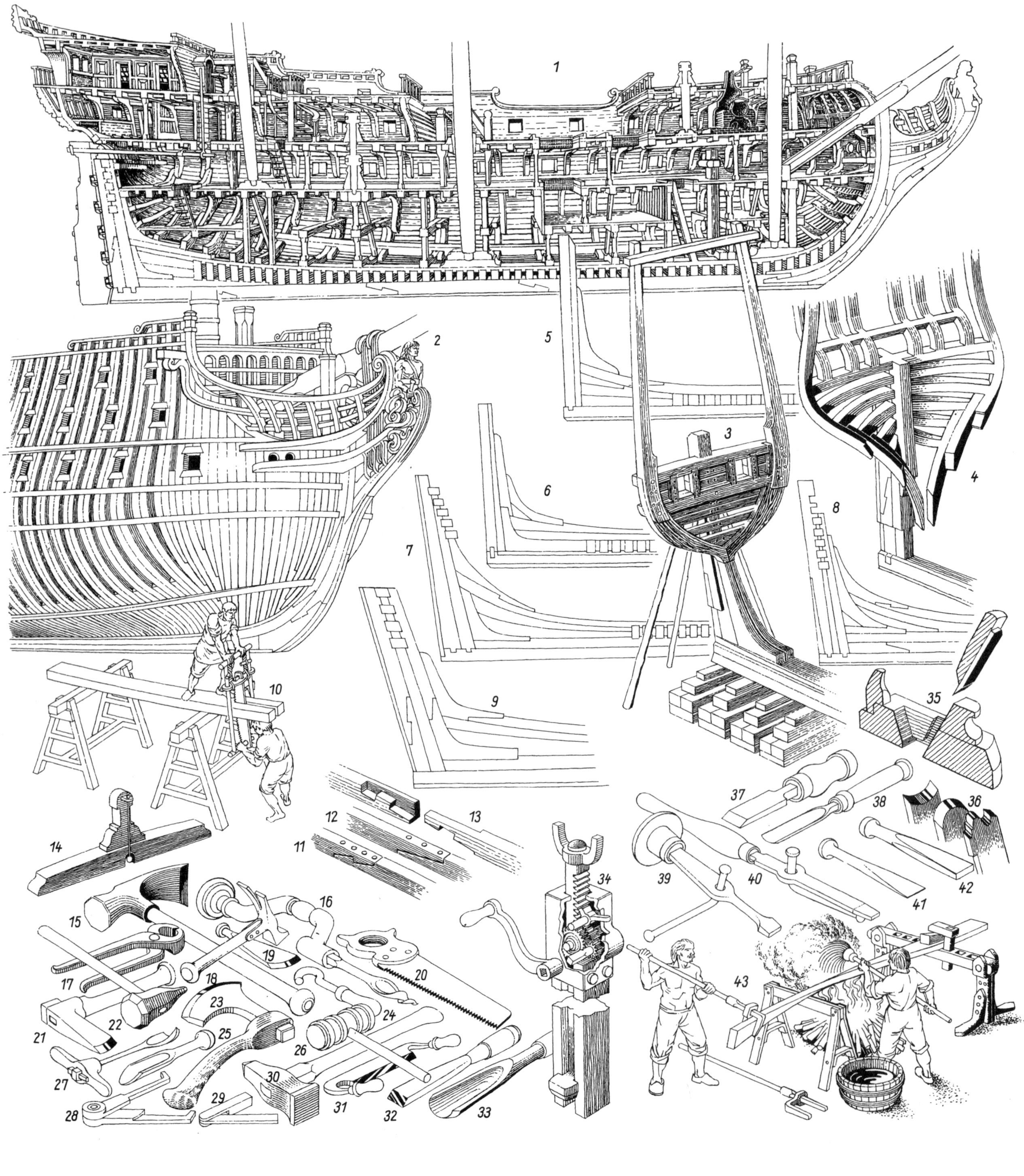

Holzschiffbau II

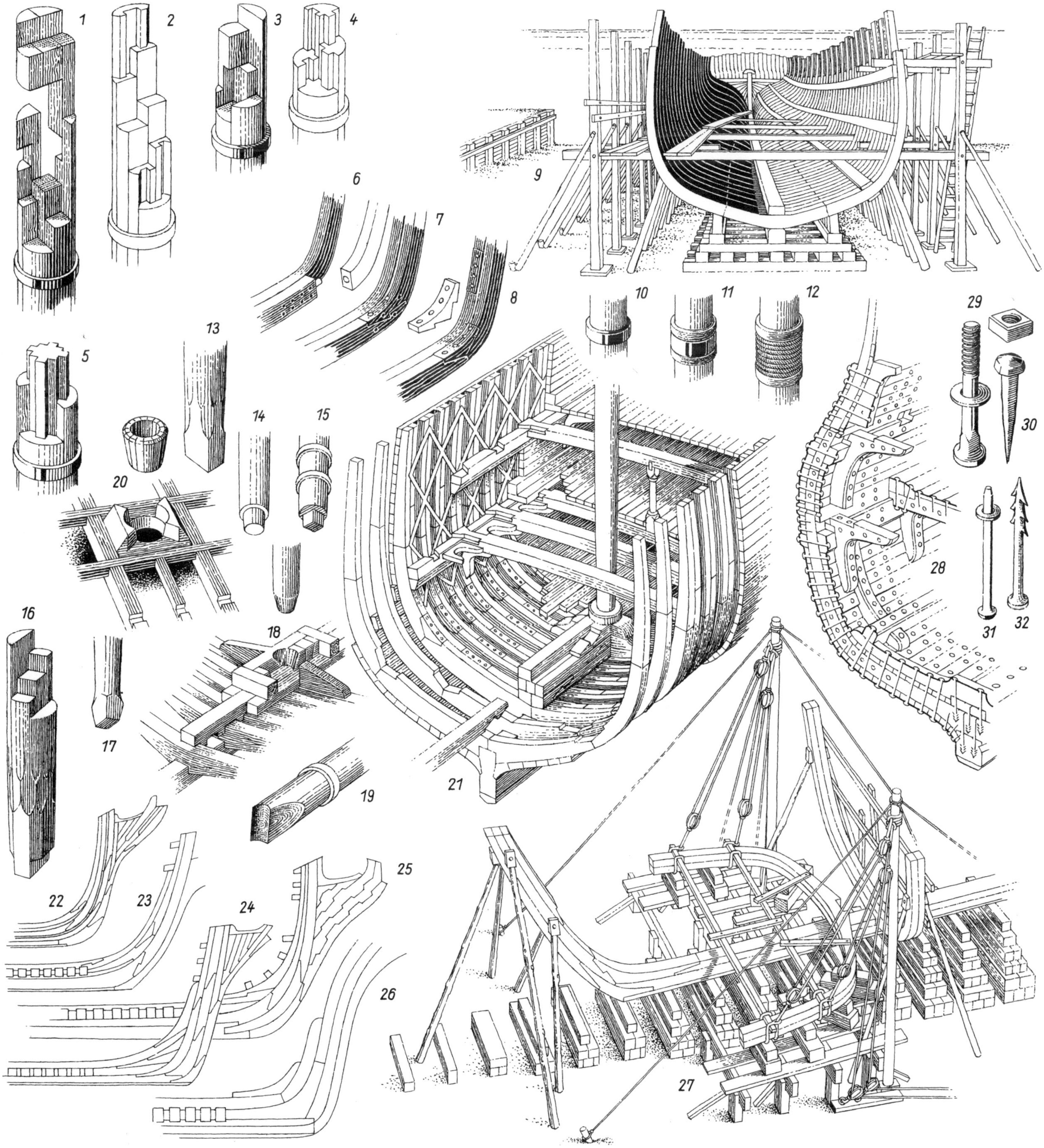

◄ **Holzschiffbau I**

1 Längsschnitt durch eine Fregatte des 18. Jh.
2 Bugpartie bei einem Linienschiff I. Ranges, Darstellung in Spanten
3 Achtersteven und Heckgestaltung bei Plattgattheck
4 Arcasse für ein rundes Heck mit Randsom- und Gegenrandsomhölzern sowie Füllungsworpen
5–9 Bauformen des Achterstevens
10 Zimmerleute beim Kransägen
11–13 Laschen zur Verbindung von Balken und Planken
11 Hakenlasche
12 Gewöhnliche Lasche
13 Klinklasche
14 Lot zum Prüfen der Horizontalen
15–42 Werkzeuge, Meßzeuge, Hilfsmittel
15 Dechsel
16 Holländische Bohrkurbel und Bohreinsatz
17 Kneifzange
18 Klauenhammer
19 Kalfateisen
20 Englische Handsäge
21 Schwedisches Schrotbeil
22 Hammer
23 Zimmermannshandbeil
24 Werghaken
25 Kleiner Hohlbeitel zum Anschlagen der Bohrlöcher
26 Große Kopfkeule mit Eisenbändern (Pechhammer)
27 Stangenbohrer
28 Anreißer
29 Kleines Schrägmaß
30 Vorschlaghammer
31 Zugmesser
32 Englischer Beitel
33 Großer Hohlbeitel
34 Zahnstangenwinde
35 Hobel im Längsschnitt
36 Verschiedene Formen der Hobelmesser
37 Beitel
38 Flaches Hohleisen
39, 40 Schraubendreher
41 Scharfeisen
42 Rabateisen
43 Zimmerleute beim Formen einer Planke

Holzschiffbau II

1–5 Konstruktion gebauter Masten, zerlegt
1,3 Erste Hälfte 17. Jh.
2,4,5 Erste Hälfte 19. Jh.
6–8 Zusammenfügen der Spanten
6 Verfahren ab 18. Jh.
7 Alte Bauweise mit Hakenlasche
8 Altes Verfahren mit verschieden geformten Stoßkalben
9 Schema Baustapel und Baugerüst im 18./19. Jh.
10–12 Verbindung der gebauten Masten
10 Eisenreifen
11 Kombination von Eisen- und Holzreifen
12 Kombination von Holzreifen und Wuling
13–17 Verschiedene Formen von Mastfuß bzw. Spurzapfen
18 Mastfuß und Mastspur, z. T. zerlegt
19 Mastfuß beim Bugspriet
20 Mastfischung, bestehend aus: Mastbalken, Masthalbbalken Mastkalben und Mastschlingen, darüber Kranz aus Mastkeilen
21 Rumpf eines hölzernen Klippers
22–26 Bauformen des Vorstevens
27 Aufstellen der Spantrahmen
28 Zusammenbau mit Nägeln, Bolzen und Nieten bei einem Schiff des 18. Jh.
29 Bolzen mit Mutter
30 Nagel
31 Niet mit Klinkscheibe
32 Nagel mit Widerhaken

Schiffsgeschütze ►

1 Lafette englischer Bauart, zerlegt, mit Richtkeil
2 Achtundsechzigpfünder
3 Hinterlader 1585 nach einer dänischen Artilleriehandschrift
4 Culverine, 16. Jh.
5 Aufstellung der Kanonen im Batteriedeck
6 Kanonentakel; Führung des Brooktaues: oben englische Methode, unten französische Methode
7 Vierundzwanzigpfünder, erste Hälfte 17. Jh.
8 Galeerengeschütz auf Lafette, 16. Jh.
9 Hinterlader auf einer Drehbasse (Kammerstück) 15. Jh.; Tower, London
10 Lafette für ein Galeerengeschütz 1697 nach Pâris
11 Kammerstück auf Drehbasse
12 Mörser auf schwenkbarer Bettung
13 Geschützbettung für einen Mörser auf einer Bombenketsch
14 Seefest gezurrtes Geschütz, Lafette nach engl. Bauart
15 Sperber des 13. Jh. (Museo delle armi antiche di San Marino)
16 Schwedisches Geschütz um 1630, mit Zubehör
17 Geschützpforte mit zwei Laden, 18. Jh.
18 Pfortendeckel aus waagerechten Laden, 19. Jh.
19 Verzierte Stückpforte, 17. Jh.
20 Verschiedene Geschoßtypen: Griechisches Feuer, Kettenkugeln, Stangenkugeln usw.

Schiffsgeschütze

Takelage I: Spille, Knoten, Blöcke

1 *Bratspill des 17. und 18. Jh.*
2 *Pumpspill des 19. Jh., zerlegt*
3 *Ankerbeting, niederländ. um 1630*
4 *Ankerbeting, frz. um 1690*
5 *Beting auf dem Backdeck, Fallknecht*
6 *Knechte mit Nagelbank, frz. Kriegsschiff aus dem 18. Jh.*
7 *Ohrholz um 1690 mit Scheiben zur Führung des laufenden Gutes der Klüver- und Blindesegel*
8 *Kleines englisches Gangspill*
9 *Gangspill mit Barbotinring zum Aufnehmen der Kette*
10 *Holländisches Gangspill, Anfang 17. Jh.*
11–24 *Knoten*
11 *Zwei halbe Schläge*
12 *Kreuz- oder Reffknoten*
13 *Überhandschlag*
14 *Stopperstek*
15 *Einfacher Schotstek*
16 *Webleinenstek*
17 *Doppelter Schotstek*
18 *Slipstek*
19 *Zwei Halbe Schläge*
20 *Nackenschlag*
21 *Knebel*
22 *Roringstek*
23 *Achtknoten*
24 *Palstek*
25 *Reff-Führung mit einer Leine*
26 *Reff-Führung mit zwei Leinen*
27–29 *Legel an den Segellieken*
27 *Legel bis etwa 1600*
28 *Legel mit Kausch*
29 *Einfaches Taulegel*
30 *Doppelblock mit eisernem Kammstropp*
31 *Belegen eines Taues auf einer Klampe durch Kreuzschlag*
32 *Arbeitsschritte beim Belegen auf einem Belegnagel*
33 *Wantklampe*
34 *Kreuzholz für Großhals im Schnitt*
35 *Kreuzholz für das Fockschot (Ohrenklampe)*
36 *Kattdavit mit Eisenbeschlag*
37–40 *Augbolzen*
37 *Augbolzen mit Mutter*
38 *Augbolzen mit Splint*
39 *alter Augbolzen mit Gewinde* ▶
40 *moderner Augbolzen mit Bodenplatte*
41 *Fuß- oder Kinnbacksblock*
42 *Slippschäkel*
43 *Nocklegel*
44 *Schotblock mit Klampe und Doppelhaken, 20. Jh.*
45 *Einscheibiger Stroppblock mit Keepe*
46 *Einfacher Kinnbackenblock mit durchgehendem Stropp*
47 *Fußblock mit Außenschiene und Wirbelhaken, 19. Jh.*
48 *Toppnantblock*
49 *Violinblock, 1600–1700*
50 *Spinnenjungfer*
51 *Einscheibiger Block mit doppeltem Stropp und Kausch*
52 *ovaler Stagblock*
53 *Dreischeibiger Violinblock mit Außenschiene und Spitzkausch zum Einspleißen einer Part*
54 *Dreifachblock*
55 *Doppelblock mit Keepen für doppelten Stropp*
56–58 *Schothornausführungen*
56 *Schothorn mit Zurring; Liektau umschließt eine Kausch*
57 *Schothorn mit äußerem Stropp*
58 *Schothorn mit Ring*
59 *Bugspriet eines Kriegsschiffes des 18. Jh. mit Klüver- und Blindesegeln und dazugehörigem stehendem und laufendem Gut*

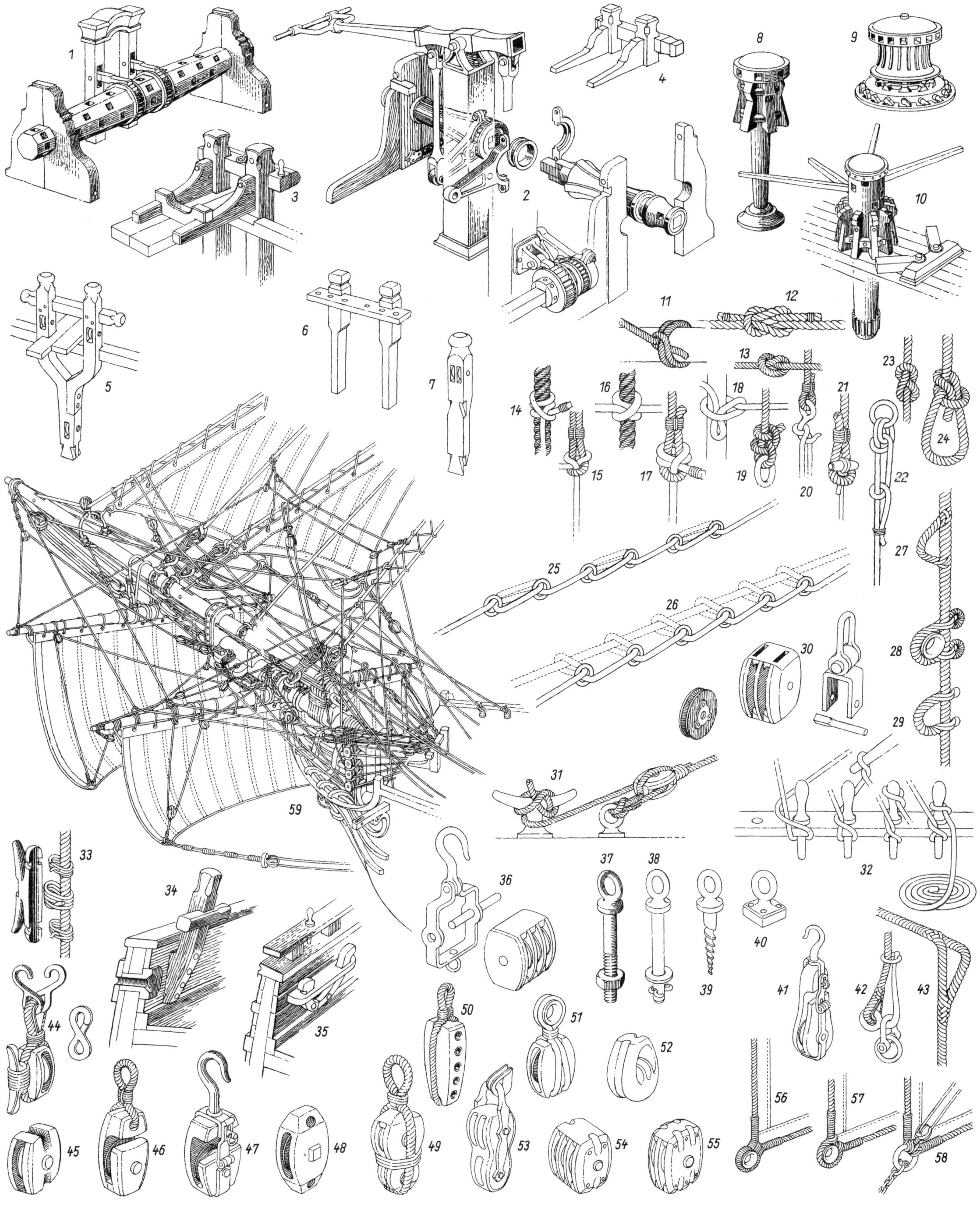
1
2
3
4
5
6
7
8
9
10
11
12
13
14
15
16
17
18
19
20
21
22
23
24
25
26
27
28
29
30
31
32
33
34
35
36
37
38
39
40
41
42
43
44
45
46
47
48
49
50
51
52
53
54
55
56
57
58
59

Takelage II: Fallen und Racks

1 *Fall englischer Bauart aus dem 17.Jh. Führung über Fallknecht oder Block zum Spill*
2 *Marsrahfall von 1650; eine holende Part führt nach unten*
3 *Marsrahfall von 1650; stehende Part unten*
4 *Masttopp mit Eselshaupt und Marsstenge, englisch*
5 *Schwedisches Eselshaupt um 1630*
6 *Holländisches Eselshaupt, 17.Jh.*
7 *Eselshaupt französischer Bauart*
8 *Bramfall, englisch*
9 *Rah-Mittelteil: Polster für das Drehreep*
10 *Mittelteil einer englischen Rah vom Anfang des 19.Jh.*
11 *Variante zur Anbringung des Falls*
12 *Besanfall*
13 *Mast eines Schiffes aus dem 17.Jh. mit Schalstücken und Mastbacken*
14 *Hacke einer Marsstenge mit Scheibgat für das Schwertakel und Schloßholz*
15 *Belegen des Marsrahfalls*
16 *Fall französischer Bauart aus dem 17. und 18.Jh.*
17–23 *Püttingseisen für die Wantjungfern*
17 *Püttingseisen 16.Jh.*
18 *Püttingseisen um 1660 niederländisch*
19 *Püttingseisen nach 1670 englisch*
20 *Püttingseisen von einer Bark des 18.Jh.*
21, 22 *Püttingseisen im 19. und 20.Jh.*
23 *Verstärkungselement der Püttingseisen (Rüsteisen)*
24 *Mittelteil einer Rah vom Ende des 19.Jh.*
25–34 *Racks*
25 *Rack mit Scharnierband*
26 *Anbringen des Racks englischer Art an Untermasten*
27 *Besanrack mit Block, für Lateinrah*
28 *Einfaches Marsrack*
29 *Rack der Blinderah und der Oberblinderah*
30 *Einfaches Rack der Bram- und der Oberbramrah*
31 *Rack der Unterrah eines eisernen Mastes*
32 *Rack einer Unterrah aus drei Reihen Klotjes mit Schlieten*
33 *Kettenrack*
34 *Rack mit Muffe für Obermarsstengen*

Takellage III: Marsen und Stage

1 *Stagpinne (Hahnepot) mit Spinnenjungfer und Takel zum Nachspannen der Stage, 16. und 17.Jh.*
2 *Mars von 1630 bis 1650*
3 *Mars von 1600 bis 1620*
4 *Mars von 1600 bis 1700 mit Klötzchen*
5 *Mars um 1700*
6 *Mars des 14. und 15.Jh.*
7 *Fockmastkorb (Vormars) 1700–1800*
8 *Mars von 1670*
9 *Salinge einer Mars im 17.Jh. in Nordeuropa, Quersalinge gebogen*
10 *Topp des Fockuntermastes, holländ. um 1630*
11 *Mars eines Klippers von 1870*
12 *Salinge im 19.Jh. mit Auslegern zur Führung von oben kommenden laufenden Gutes*
13 *Marsstag-Flechting an einem neuereren Segelschiff, Ende 19.Jh.*
14 *Mastbacken, Längs- und Quersalinge, engl., 17.Jh.*
15 *Großmars (Teilschnitt) und Großmasttopp, holländ., um 1630*
16 *Mars einer französischen Fregatte von 1780*
17 *Quersaling einer Bark des 18.Jh.*
18–24 *Stagsegel-Anschlagmethoden*
18 *Hölzerne Stagreiter oder Legel*
19 *Anschlagen mit Reihleine*
20 *Einfacher eiserner Stagreiter*
21 *Stagreiter nach Karabinerart*
22 *Stagreiter nach Art der Kenterschäkel, offen und geschlossen*
23 *Metallreiter mit Feder*
24 *Einfacher Doppelhaken*
25–27 *Einrichtungen zum Steifsetzen der Stage*
25 *Jungfern*
26 *Blöcke, 16. und 17.Jh.*
27 *Dodshoofden*
28 *Befestigung des Kreuzstags am Großmast*
29 *Befestigung des Großstags an Deck (19./20.Jh.)*
30 *Befestigung des Großstengestags am Fockmast*
31 *Befestigung des Kreuzmarsstags an der Großmars-Flechting*
32 *Fockstengestag vor 1600*
33 *Fockstengestag niederländ. um 1600 mit Spinne*
34 *Fockstengestag engl. um 1690*
35 *Fockstengestag dänisch um 1650*

Takelage IV: Schoten, Brassen, Geitaue Toppnanten

1 *Obermarsschot*
2 *Untermarsschot*
3 *Rahsegelschot im 17.Jh., Schanzkleid beim Kreuzholz entfernt*
4 *Rahsegelschot im 18.Jh., Schnitt durch die Bordwand in Höhe des Scheibgats*
5 *Untersegel-Schot*
6 *Schotblock für Segel mit Bonnet*
7 *Fockbrasse*
8 *Untermarsbrasse*
9 *Bulinspruten*
10 *Nockgordings, kontinentale Form*
11 *Buggordings, Schlappgordings*
12 *Geitau der Marssegel*
13 *Laufstage, Perde, bei dieser Rah aus dem 19.Jh. am Jackstag befestigt*
14 *Geitau der Untersegel*
15 *Anschlagen eines Rahsegels mit Kopfzeisingen*
16 *Anschlagen eines Lateinsegels mit fortlaufendem Tau*
17 *Hals; Schnitt durch das Schanzkleid in Höhe des Halsloches*
18 *Geitaue der Lateinsegel*
19 *Dirk einer Besanrute mit Hahnepoten*
20 *Klüversegelschot (immer doppelt vorhanden)*
21 *Toppnanten, holländisch 17.Jh.; die holende Part läuft über eine Scheibe im Rahnockschotblock darüber; englische Form für das 18.Jh.*
22 *Toppnanten im 19./20.Jh.*
23 *Alte zweiteilige Rah*
24 *Einfache Nockklampe*
25 *Rahnock mit Rollenführung für eine Leesegelspiere*
26 *Marsrahnock alter Schiffe*
27 *Unterrah aus Kanteln, 17.Jh.*
28 *Rahnock mit Leesegelspierenbrille*
29 *Rahnock mit Rolle für Leesegel-Spiere*

Takelage II: Fallen und Racks

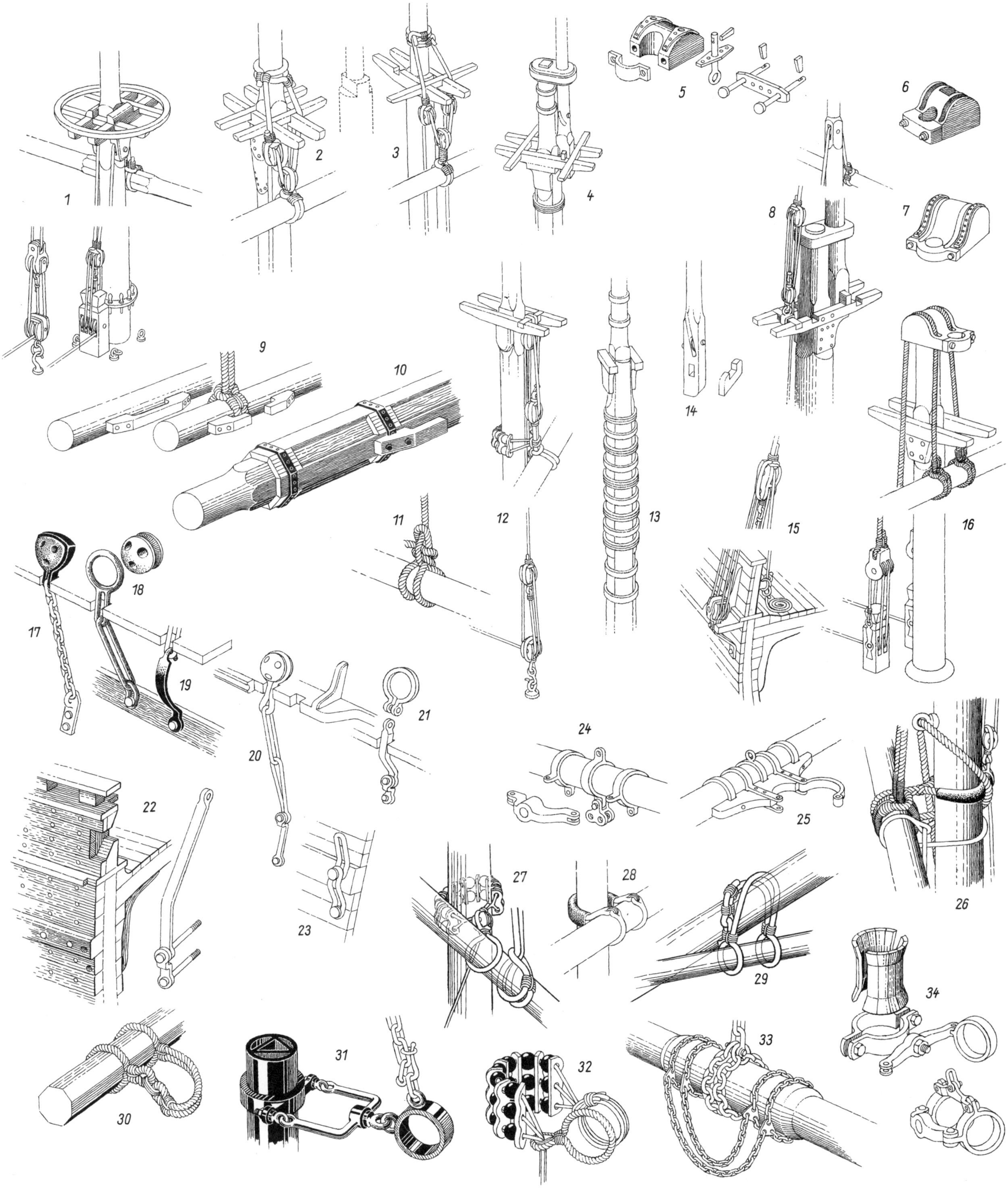

Takelage III: Marsen und Stage

Takelage IV: Schoten, Brassen, Geitaue, Toppnanten

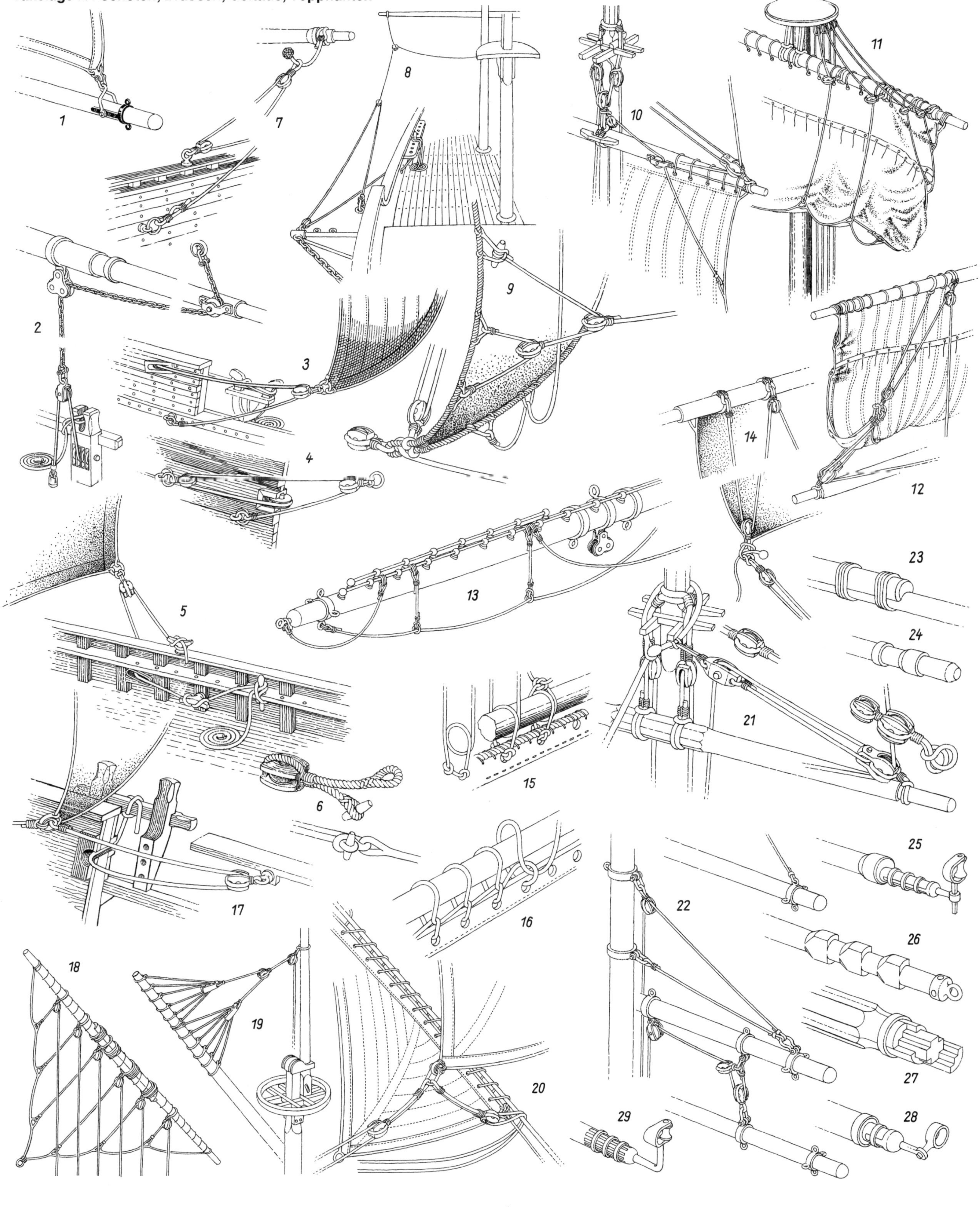

De »Hoffnung« wier hunnerd Dag ünnerwegs,
Se seilt von Hamborg na Valparaiso.

Se seilte goot un se seilte hart,
Se harr so'ne gode un kostbare Fracht.

Un as de Ool nu flucht un gnattert,
Dor keem de Düvel över de Reeling kladdert.

Wenn mi in tein Dag na'n Kanal du bringst,
Denn kriggst mien Seel, so woor as du stinkst.

De Pott leep negentein Milen toletzt,
Dor harr de Düvel de Skyseils besett.

Un as se nu kemen in'n Kanal to de Stell,
Dor seggt de Düvel,»Nu her mit de Seel!«

Dor seggt de Ool, »Nu lot di man Tiet,
Wi goot to Anker bi Cap St. Patrick.«

De Düvel de weer vör Freud ganz weg,
He leep op de Back, sett den Anker up Slip.

De ole Timm'mann harr grote Freud,
He harr den Düvel sien'n Steert mitvertäut.

»Un as de Anker nu suust an den Grund,
Suust de Düvel mit, disse Swienehund.«

»GOUDEN LEEUW« (Goldener Löwe), Admiralschiff des holländischen Admirals CORNELIUS TROMP, 1680 im Hafen Amsterdam. Gemälde von van de VELDE d. J. (1633 bis 1707).
Rijksmuseum, Amsterdam [1]

Gemälde von NICHOLAS POCOCK mit vier englischen Kriegsschiffen und der »VICTORY«, dem dreimastigen Admiralschiff des englischen Admirals HORATIO NELSON (1758 bis 1805), im Bild rechts. National Maritime Museum, Greenwich [1].

Holländischer Dreimaster im Gefecht mit zwei spanischen Schiffen. National Maritime Museum, Greenwich [26]

Das holländische Flaggschiff »AMELIA« vor der holländisch-spanischen Seeschlacht 1639 in den Downs vor Dover.
National Maritime Museum, Greenwich [26]

Blatt aus der Chronik des französischen Miniaturenmalers JEAN FROISSART mit der Schlacht nahe Sluys am 24. Juni 1340 zwischen der englischen und französischen Flotte zu Beginn des Hundertjährigen Krieges (1339 bis 1440). Die einmastigen Schiffe haben ein Deck sowie vorn und achtern kastellartige Aufbauten, in diesen Schiffen vereinigen sich Elemente von Normannenschiff, Nef und Kogge.
Bibliothéque National, Paris.

»GROSSER ADLER VON LÜBECK« (1566), ein Viermaster der Hanse im 16. Jh., Modell Schiffahrtsmuseum Rostock.

Aak, *Aake:* anderthalbmastiges Segellastschiff der Fluß- und Küstenschiffahrt in der Nähe von Flußmündungen vom Mittelalter bis Ende des 19.Jh. Aaken werden nach Größe, Bauweise und Fahrtgebieten unterschieden. Vorwiegende Fahrtgebiete waren die Flüsse Rhein (Rhein-Aak), Maas (Maas-Aak) und Lahn (Lahn-Aak), auf denen der aus den dortigen Weinanbaugebieten stammende Wein transportiert wurde. Entsprechend den Bedingungen der Fluß- und Küstenfahrt hatten sie einen flachen Boden, i. allg. keinen Kiel und eine weniger völlige Form als andere Segellastschiffe der nördlichen Gebiete. Der Schiffskörper wurde aus Holz, später in Kompositbauweise (Stahl und Holz) gefertigt. Häufig hatte dieser Schiffstyp einen auffallend hohen Sprung. Kleinere Aaken gab es meistens in ungedeckter, größere in gedeckter Bauart. Eine spezielle Bauweise wies die *Stevenaak* mit ihrem fast klipperähnlichen Steven auf. Die Aaken hatten üblicherweise schwenkbare Seitenschwerter. Entsprechend ihren Fahrtgebieten wurden sie auf deutschen, niederländischen und belgischen Werften gebaut (z. B. die Dorstener Aak in Dorsten an der Lippe, die Brabanter Aak, die Hasselter Aak in Hasselt in Belgien). Eine Kahnaak mit 240t Wasserverdrängung hatte eine Länge von 40m und eine Breite von 6m. Der Großmast war 24m und der Gaffelbaum bis zu 20m lang, die Segelfläche betrug dabei etwa 420 m^2. Nach dem Übergang von der Holz- zur Stahlbauweise wurden Aaken auch in Stahl gebaut.

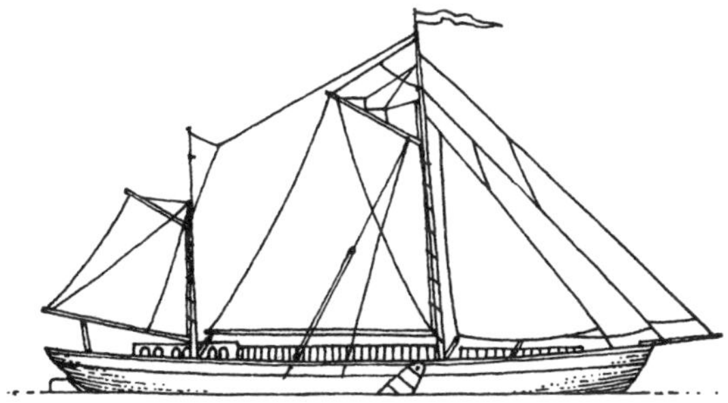

Große Kahnaak um 1900

Aaljolle: Fischerboot mit Riemen und Luggersegel von etwa 8m Länge für die Aalfischerei. Im 19.Jh. war es ein bekannter Bootstyp der Unterelbe, insbesondere in Altenwerder bei Hamburg.

Aalschokker: einmastiges Segel-Fischerboot mit speziellen Ausrüstungen für den Aalfang. So führte dieses Fischerboot ein Schleppnetz mit ovaler Öffnung und spitz auslaufendem Netzsack, das an einem Schokkerbaum (seitlicher Ausleger) ausgesetzt wurde. Der Aalschokker wurde vorwiegend bei der zu Beginn des 20.Jh. noch recht ergiebigen Rheinfischerei eingesetzt. Mit diesem Bootstyp wurde meistens nachts gefischt, wobei ein Boot in einer Nacht oft Fänge von 80 Korb (4t) an Aal, Zander, Barsch und Karpfen erreichte.

Aalwadenboot: im norddeutschen Raum seit Mitte des 19.Jh. verwendetes plattbodiges klinkergebautes Boot für das Aufstellen der Reusen. Die Aalwadenboote waren bis zu 7,50m lang und 1,60m breit.

Ab-Goozar: Fährboot um 1800 in Hindustan im Flußbereich des Ganges.

Holländische Aak um 1800 (Modell)

Abiso: siehe Aviso

Acatium: Schaluppe oder Boot, das in der Antike von Seeräubern verwendet wurde.

Accon: Boot mit flachem Boden, das in der Gascogne (südfranzösische Küstenlandschaft im Südteil des Garonnebeckens) seit dem 18.Jh. zum Muschelfischen benutzt wird.

Achter: Kurzbezeichnung für ein Rennruderboot mit 8 Ruderern und einem Steuermann, der im Unterschied zu kleineren Rennruderbooten stets zur Mannschaft gehört.

Actuaria navis: schnelles Ruder- und Segelschiff der römischen Antike mit bis zu 30 Ruderern, geringem Tiefgang und niedriger Bauhöhe. Wegen seiner Beweglichkeit und des geringen Tiefgangs war dieser Schiffstyp für kürzere Küstenfahrten im Mittelmeerraum geeignet und wurde insbesondere zur Beförderung von Truppen, in Ausnahmefällen von Pferden und Kriegsgerät eingesetzt. Zwar schränkte die niedrige Bauweise die Verwendung als Kampfschiff ein, doch gab es auch Actuariae, die mit einem Rammsporn versehen waren und wegen ihrer Schnelligkeit und Wendigkeit für Kaperfahrten eingesetzt wurden.

Actuariolum: kleines und häufig verwendetes, bereits von CICERO erwähntes Mittelmeerfahrzeug mit Ruder- und Segelantrieb, das in Genua noch im 16.Jh. verwendet wurde.

Adjong: malayische Bezeichnung für *Dschunke*.

Admiralea: siehe Admiralschiff

Admiralitätsyacht: schnelles yachtartiges Segelkriegsschiff des 17.Jh., das die Admiralitätsflagge führte und für Flottenleitaufgaben, Nachrichtenübermittlung und Aufklärungsfahrten sowie bei Flottenparaden eingesetzt wurde. Einige Admiralitätsyachten waren für den speziellen Einsatz in flachen Küstengewässern zusätzlich mit schwenkbaren Seitenschwertern ausgestattet.

Admiralschiff: besonders großes, gut bewaffnetes, schnelles Kriegsschiff, auf dem der Admiral fährt und von dem er die ihm unterstellte Flotte leitet. Bei Flottenbesuchen läuft es traditionsge-

Admiralitätsyacht am Ende des 18.Jh.

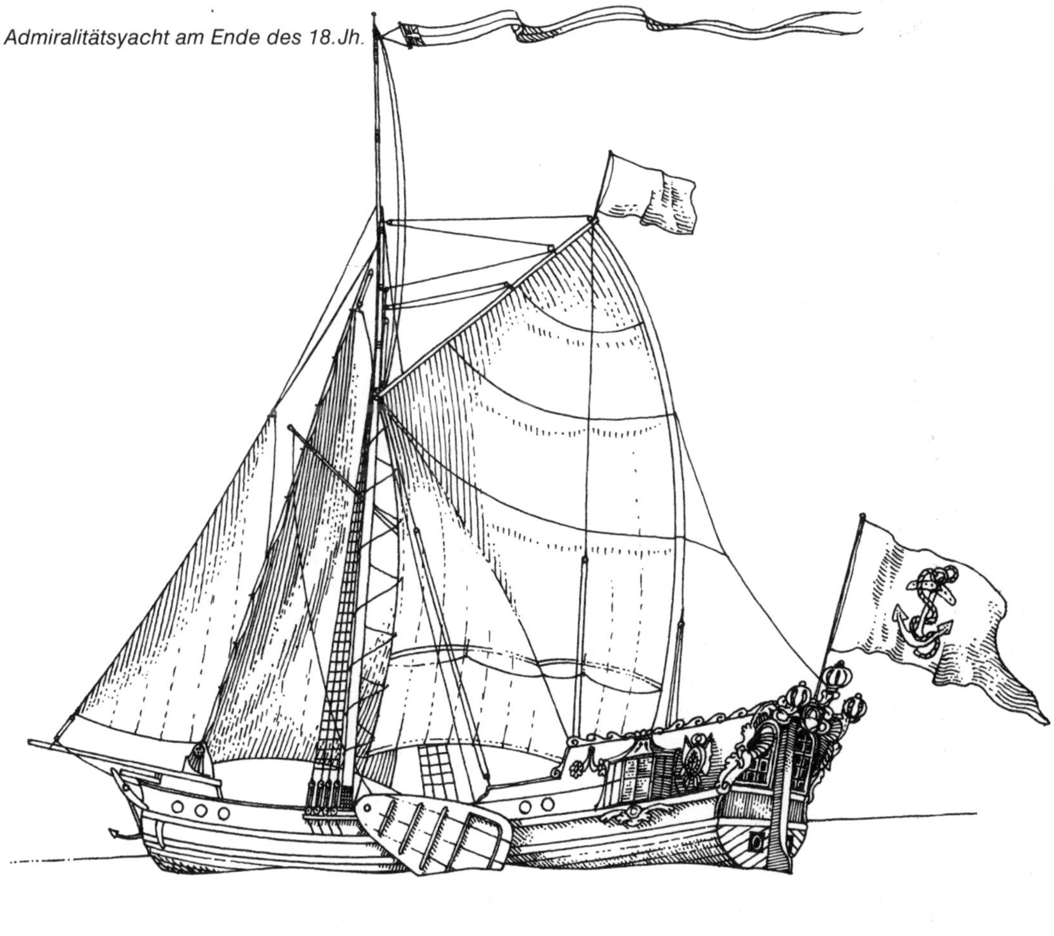

mäß als erstes Schiff in den Hafen ein. Als äußeres Zeichen dafür führt das Admiralschiff die Admiralsflagge. Die wegen der Flaggenführung auch gebräuchliche Bezeichnung »Flaggschiff« wurde später auch von Handelsreedereien auf das bedeutendste Schiff der Flotte übertragen. Besonders berühmte historische Flaggschiffe sind u. a. das Flaggschiff des holländischen Admirals DE RUYTER »DE ZEVEN PROVINCIEN« und die *»VICTORY«* des englischen Admirals NELSON.

»DE ZEVEN PROVINCIEN« in der niederländisch-englischen Seeschlacht vom 11. bis 14. Juni 1666 Gemälde von WILLEM van de VELDE d. Ä.

»DE ZEVEN PROVINCIEN«, Flaggschiff des holländischen Admirals DE RUYTER, 1666
Ausschnitt aus dem Gemälde von WILLEM van de VELDE d. Ä. [12]

Die »VICTORY«, Flaggschiff des englischen Admirals NELSON 1803, Modell

Heckgalerie eines holländischen Kriegsschiffes um 1665

Adrya: griechische Bezeichnung für die noch im 18. Jh. aus einem ausgehöhlten Baumstamm hergestellten *Barken* oder Boote der Zyprioten.

Adviceboot, *Adviesyacht, Advieso:* siehe Aviso

After: mittelgroßer Weserkahn Mitte des 19. Jh. für etwa 20 bis 25 Lasten, die Last zu je 2 t. Für diese Schleppkähne waren auch die Namen »Achterhang« oder »Hinterhang« üblich.

Agenboot: siehe Argenboot

Aghaba: plumpes, einmastiges Segelschiff mit Lateinsegel und flachem Boden, mit dem auf dem Nil noch im 19. Jh. auch bei niedrigem Wasserstand Waren transportiert werden konnten.

Agitaki: im 18. Jh. gebräuchliche Bezeichnung für *Kanus*, die in großer Anzahl zum gemeinsamen Fischfang im Ostindischen Archipel verwendet wurden.

Akropolis-Schiffsrelief: Darstellung einer attischen *Triere* aus dem 6. bis 4. Jh. v. u. Z. Der noch erhaltene Teil des steinernen Flachreliefs wurde 1852 von LENORMAND entdeckt und aus den Ruinen der Akropolis in Athen geborgen. Der historisch wertvolle Fund befindet sich heute im Pariser Louvre.

Aktos: in der Antike Bezeichnung für ein kurzes Boot.

Albenga-Schiff: Fund eines römischen Handelsschiffes aus dem 1. Jh. v. u. Z. In der Nähe der Hafenstadt Albenga im Golf von Genua holten Fischer mit ihren Schleppnetzen wiederholt antike Amphoren vom Meeresgrund herauf. Anfang der 60er Jahre dieses Jh. begannen archäologische Forschungs- und Bergungsarbeiten an dem in 42 m Wassertiefe liegenden Schiffswrack, die von Helmtauchern mit Hilfe eines Tauchturms, eines Bergungsschiffes und eines Schwimmkranes ausgeführt wurden. Die Ladung dieses Schiffes hatte ausschließlich aus Amphoren bestanden. Obwohl der Schiffsrumpf stark zerstört war, konnte ein Teil des Laderaums

Akropolis-Schiffsrelief

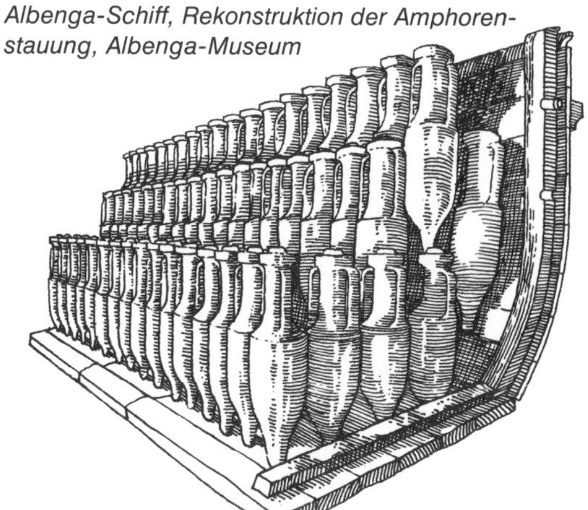

Albenga-Schiff, Rekonstruktion der Amphorenstauung, Albenga-Museum

zuverlässig rekonstruiert werden. Aus den Abmessungen der Amphoren und der erhalten gebliebenen Laderaumteile sowie der Art der Amphorenstauung ergaben sich eine Ladefähigkeit des Schiffes für 4000 bis 5000 Amphoren und dementsprechend eine Länge des Schiffes von etwa 35 m und eine Breite von 12 m. Da im Mittelmeerraum viele antike Amphoren geborgen wurden, können durch sie die Reisewege gesunkener Schiffe und ihr Alter bestimmt werden.

Allège: französiche Bezeichnung für einen *Leichter*, mit dem Schiffe auf Reede geleichtert werden, damit diese in einen Hafen oder einen Fluß bei geringerem Tiefgang einlaufen können. *Beiboote* auf großen Flußkähnen wurden ebenfalls Allège genannt.

Alligator: Bezeichnung einer Bootsart nordamerikanischer Holzflößer. Die Boote waren mit Winden und Tauwerk ausgerüstet.

Alsenboot: siehe Hjortspringboot

Alsterschute: offener, etwa 15 bis 20 m langer Lastkahn mit flachem Boden, ohne Eigenantrieb für den Transport von Personen, Schüttgütern, Ballenladungen und Kisten im Hamburger Bereich. Die Alsterschute wurde gestakt bzw. mit der Pekstange in den Fleeten verzogen.

Altägyptische Schiffe: siehe Antike Großschiffe, Cheops-Bestattungsschiff, Dahschur-Bootsfund, Genähtes Schiff, Hatschepsut-Schiffsreliefdarstellung, Pehenuka-Relief, Sahu-Re-Relief, Sakkara-Relief u. a.

Altenländer Jolle: vorwiegend für den Antransport von Obst und Gemüse vom Alten Land nach Hamburg eingesetzte *Jolle* des 19. Jh.

Altersklassenboot: allgemeine Bezeichnung für Sportsegelboote, die nach früher geltenden Vorschriften gebaut sind und den neueren Klassenanforderungen nicht mehr voll entsprechen, jedoch unter bestimmten Bedingungen noch für Segelwettbewerbe zugelassen werden. Solche zur Altersklasse zählenden Boote sind u. a. die 35-m^2-, 45-m^2-, 60-m^2- und 75-m^2-Kreuzer, die 20-m^2-Kielklasse, die 30-m^2-Binnenkielklasse, die 20-m^2-Wanderjolle, die 25-m^2-Einheitskielyacht und das Walboot.

Altgriechische Schiffe: siehe Attische Triere, Akropolis-Schiffsrelief, Diere, Monere, Nike-Statue, Triere u. a.

Altnordische Schiffe: siehe Bildstein-Schiffsdarstellungen, Brigg-Einbaumfund, Björke-Bootsfund, Felsritzungen, Hjortspring-Fund, Kvalsund-Schiffsfund, Nydam-Fund u. a.

Ambatschfloß: kleines, bootsähnliches Floß aus dem leichten Holz des Ambatschstrauches. Das vordere Teil wurde durch Bündelung zugespitzt und hochgezogen und ging in ein breiteres, muldenartiges Mittelteil über. Das Ambatschfloß gilt als Vorgänger des Schilfflоßes. Es war sehr leicht, jedoch wegen der verhältnismäßig schnellen Wasseraufnahme nur für kürzere Fahrten,

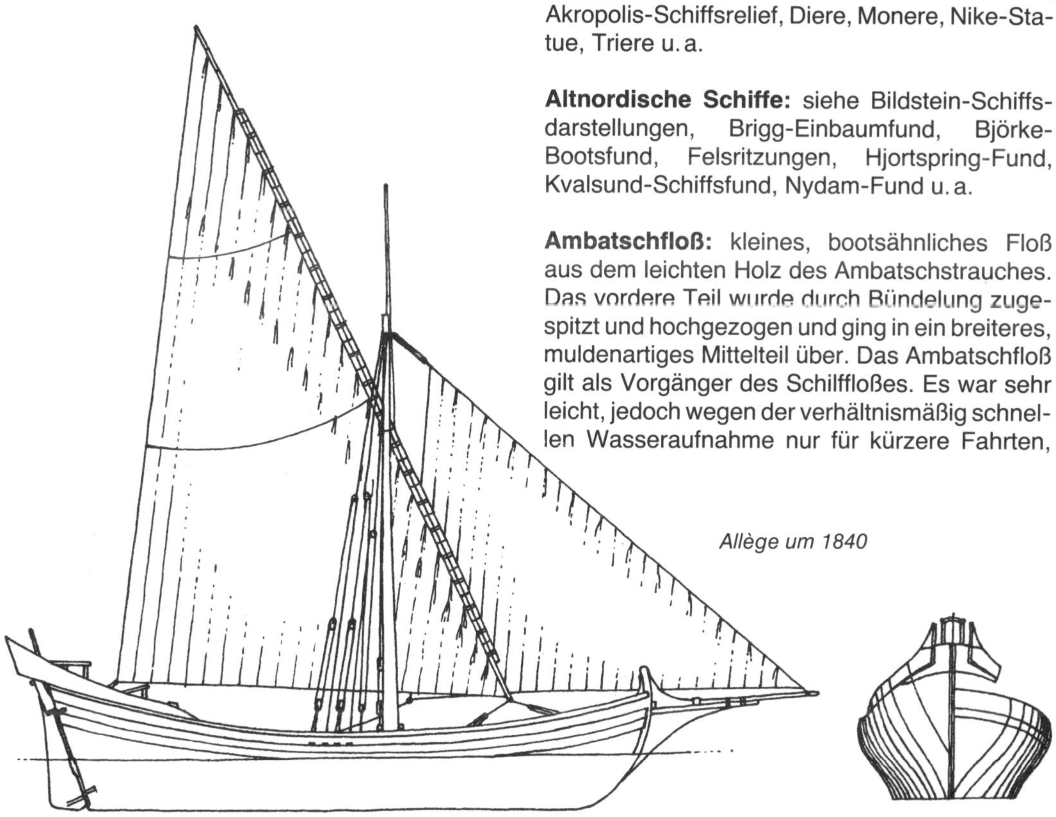

Allège um 1840

Alsterschuten in Hamburgs Fleeten um 1890

z. B. zum Fischfang, geeignet. Infolge des hohen Gerbsäuregehaltes des Holzes war es aber fäulnisbeständiger als *Papyrusflöße*. Verwendet wurde das Floß vorwiegend auf dem oberen Nil, in ähnlicher Form jedoch auch im heutigen Angola.

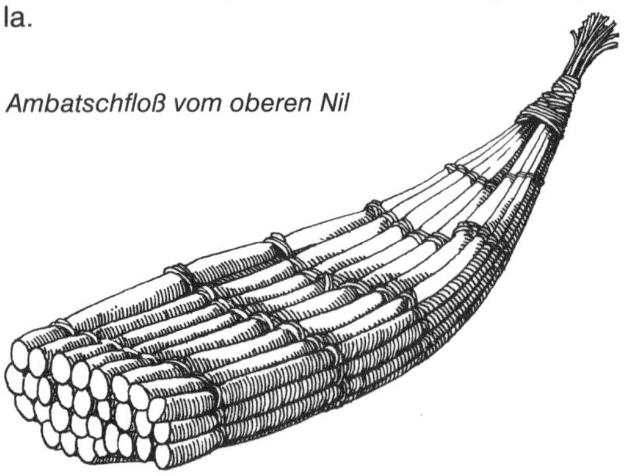

Ambatschfloß vom oberen Nil

Ammonia: altgriechische Schiffe, um 425 v. u. Z. erwähnt, die für religiös-kultische oder staatliche Feierlichkeiten verwendet wurden.

Amphidrome, *Amphiprora:* Segelschiffe des 18. Jh., deren Körper und Takelage so ausgeführt waren, daß sie voraus und zurück segeln konnten, ohne wenden zu müssen. Im Unterwasserbereich hatten Vor- und Hinterschiff sehr ähnliche Form und jeweils ein Ruder. Zuweilen wurden *Korvetten* für Sonderaufgaben als Amphidrom-Schiff gebaut.

Anan: bis zu 8 m langes Birkenrindenboot der Feuerlandindianer noch um 1900. Einzelne Rindenstreifen waren mit Walfischbarten aneinandergenäht und mit Seegras gedichtet. Eine Holzdollbordseite verlief über den eingebundenen Spanten (s. a. *Rindenboot*).

Anchiromachus: im Mittelalter allgemeine Bezeichnung für ein schnelles, »scharf gebautes« Segelschiff, das Anker und Gerätschaften an Bord mitführte.

Anderthalbmaster, *Eineinhalbmaster:* Segelschiff mit einem größeren vorderen Mast (Großmast) und einem kleineren hinteren Mast (Besan- oder Treibermast). Von den Sportyachten gehören *Ketch* und *Yawl*, von den anderen Segelschiffen *Kuffen*, *Kufftjalken*, *Galeassen*, *Galioten*, *Ewer*, *Lugger* und *Schniggen* zu den Anderthalbmastern.

Anderthalbmaster »EMANUEL«, Galeasse, erbaut 1796 in Rostock

Takelungen von Anderthalbmastern:

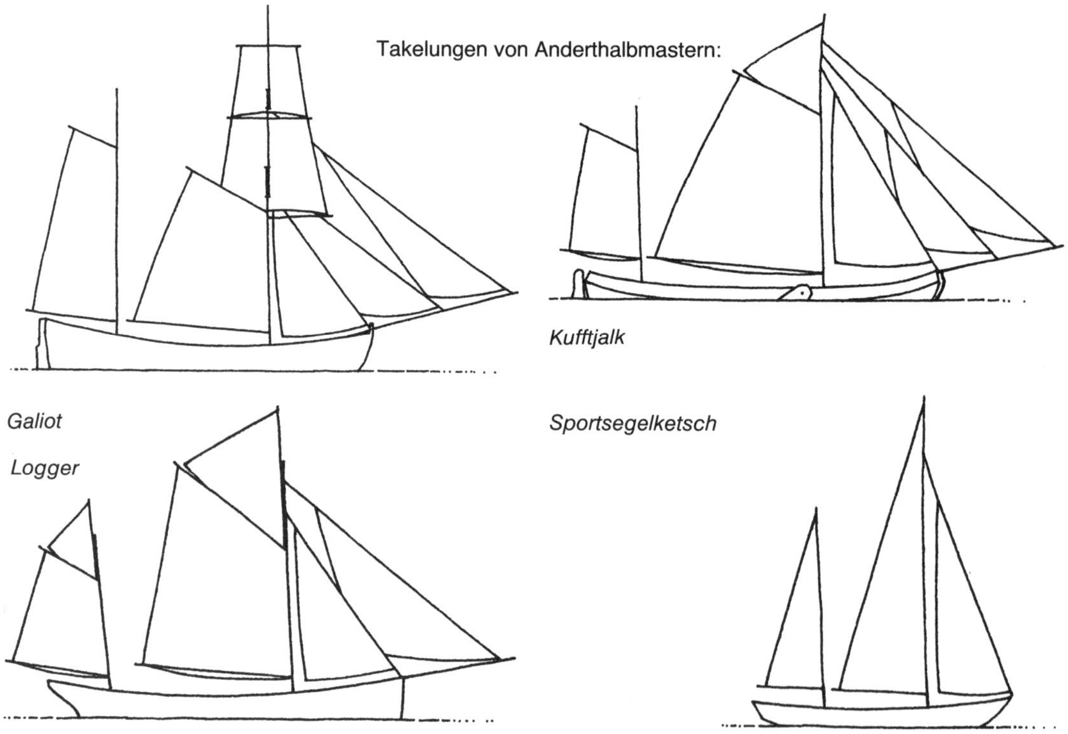

Angkor-Bootsrelief: Relief eines Bootes aus einer Seeschlacht im 11. Jh. zwischen Cham und Khmer an der südlichen Galerie der Tempelruine von Angkor. Angkor zählt zu den ältesten und berühmtesten fernöstlichen Ruinenstätten Kampucheas unweit der Grenze Thailands. Die Tempelruinen dieses buddhistischen Wallfahrtsortes weisen zahlreiche Inschriften auf und geben Zeugnis von einer großen Vergangenheit. Ein Relief zeigt ein großes *Drachenboot*, besetzt mit 26 Ruderern und Steuermann, der am Heck das Seitenruder bedient, sowie mit einer größeren Anzahl waffenschwingender Krieger.

Anglerboot: den Erfordernissen der Handangelei besonders angepaßtes, i. allg. leichtes Boot von unkomplizierter Form mit begrenztem Tiefgang, ausreichender Kenterstabilität und Steuerbarkeit. Neben traditionellen Holzbooten werden wegen der geringen Masse, des geringen Wartungsaufwandes und der günstigen Haltbarkeit zunehmend glasfaserverstärkte Plastboote verwendet. Blechboote dagegen beeinträchtigen oft die Fangmöglichkeiten durch ihre von der Schallabgabe ausgelöste Scheuchwirkung. In der gewerbsmäßigen Fischerei und als Fangboote auf Fischereischiffen *(Doriboote)* haben Anglerboote auch heute noch wirtschaftliche Bedeutung. In der Sportfischerei werden häufig auch Schlauch- und Faltboote als Anglerboote verwendet. Bootsgrößen und Ausrüstung sind den Fangbedingungen auf Flüssen, Binnen- oder Küstengewässern angepaßt. Als Antriebsmittel dienen – den Erfordernissen entsprechend – Staken, Riemen, Segel oder bei modernen Booten Außenbord- oder Einbaumotoren.

Anjeela: *Katamaran* von Sri Lanka (Ceylon), dessen auf 2 gleichartig gebauten Bootskörpern liegende Verbindungsplattform durch eine gewölbte Flechtmatte überdeckt war.

Antike Großschiffe: herausragende altägypti-

sche und altgriechische Schiffe für besondere Zwecke, deren Abmessungen und Tragfähigkeiten bedeutend die bis ins frühe Mittelalter üblichen Schiffsgrößen von 120 bis 200t übertrafen und in besonderer Weise vom Leistungsvermögen und vom Stand der frühen Schiffbaukunst zeugen.
Im altägyptischen Grabtempel von Deir el Bahari (Theben) der Königin HATSCHEPSUT (etwa 1500 v. u. Z.) ist die Darstellung eines Obeliskentransportschiffes erhalten geblieben. Die Originalabmessungen dieses Lastschiffes lagen etwa bei 84m Länge, 24m Breite und 2600m^3 Verdrängung. Für große Obelisken waren derartige Abmessungen auch erforderlich, wie u. a. ein im Steinbruch bei Syene (Assuan) aufgefundener Obeliskenrohling aus Syenit (rötlicher Granit) von 41,7m Länge, 4,2m Seitenmaßen und einer Masse von 1168t erkennen läßt.
Nach historischen Schilderungen wurde quer unter dem liegenden Obelisken ein Wassergraben angelegt, so daß entweder ein einzelnes Schiff oder 2 dicht nebeneinander liegende Schiffe unter den Steinblock eingeschwommen werden konnten. Um den erforderlichen Tiefgang zu erreichen, wurden die Trägerschiffe vorher mit einer Menge Steinballast beladen, die größer war als die Masse des zu hebenden Obelisken. Nach dem Entfernen des Steinballastes hob der Schiffskörper durch sein Aufschwimmen den Obelisken an. Historische Quellen bekunden auch, daß es bereits mehrere Jahrhunderte vor unserer Zeitrechnung besonders große Schiffe für den Transport von Elefanten gab. Diese ungedeckten, stark gebauten Schiffe mußten eine große Breite und geringen Tiefgang erhalten, um das Be- und Entladen der Tiere zu erleichtern und flache Küstengewässer befahren zu können.
Auf die altägyptischen folgten altgriechische Großschiffe. So soll um 250 v. u. Z. unter dem makedonischen Heerführer PTOLEMÄUS ein gewaltiges Ruderschiff mit 40 Ruderbankreihen (s. a. *Tessakontere*) von 124m Länge und 17m Breite gebaut worden sein.
Eines der berühmtesten antiken Großschiffe entwickelte der griechische Mathematiker, Ingenieur und Schiffbauer ARCHIMEDES von Syrakus im Jahre 230 v. u. Z. Der griechische Schriftsteller ATHENAOIS berichtete, daß ARCHIMEDES im Auftrage des Königs HIERON II. von Syrakus (306 bis 215 v. u. Z.) als Geschenk für den ägyptischen König PTOLEMÄUS PHILADELPHUS das Riesenschiff »SYRAKUSIA« entwarf und dessen Bau überwachte. Die Länge des Schiffes soll 180m, seine Breite 31m betragen haben. Da zu dieser Zeit nahezu ausschließlich Holz als Baumaterial verfügbar war, erscheinen diese gewaltigen Abmessungen fast unglaublich. Der Schiffskörper, durch mehrere Decks unterteilt, soll 8 fünfstöckige Gefechtstürme getragen haben. In der Schiffsmitte soll sich eine riesige Götterstatue mit einem großen Brennspiegel befunden haben, um damit entfernte Ziele in Brand setzen zu können. Außerdem war das Schiff mit 2 großen Wurfmaschinen, die 75kg schwere Steinbrocken 150m weit schleudern konnten, und einer Menge kleinerer Werfer ausgerüstet. An Bord des Schiffes soll Platz für 3000 Soldaten, 4000 Ruderknechte und eine größere Anzahl von Pferden gewesen sein. Für den Aufenthalt und die Bewirtung hoher Gäste standen prunkvoll eingerichtete Festsäle, Bibliotheken und Küchen mit Fischbassins zur Verfügung. Das Riesenschiff hatte angeblich eine Tragfähigkeit von über 2600t. Als Ladung wurden 60000 Keramia (etwa 1320t) Getreide, 10000 Keramia (etwa 310t) Pökelfleisch in Fässern, 20000 Talente (etwa 524t) Wolle und 20000 Talente (etwa 524t) sonstige Stückgüter aufgeführt. Das dazugehörige Boot, das der damaligen Gewohnheit entsprechend nachgeschleppt wurde, soll eine Tragfähigkeit von etwa 80t gehabt haben. Da das Schiff für alle sizilischen und italischen Häfen zu groß war, kann angenommen werden, daß von Anbeginn Alexandria als ständiger Hafen vorgesehen war.

Darstellung eines Ruderbootes auf einem der Flachreliefs am Tempel von Angkor

Ein weiteres »Riesenschiff« ließ der ägyptische König PTOLEMÄUS PHILOPATER (231 bis 204 v.u.Z.) als Prunkschiff von 128 m Länge, 17 m Breite und 22 m Höhe erbauen. Speisesaal und Gemächer sollen mit kaum vorstellbarem Prunk, mit Elfenbein und Schnitzarbeiten aus edlen Hölzern ausgestattet gewesen sein. Das Lustfahrzeug, das nur zur Feier prächtiger Feste erbaut worden war, soll eine *Tessakontere,* d.h. ein Vierzigbänker oder Vierzigreiher, gewesen sein.
Vom ägyptischen Weizensegler »ISIS« berichtet der griechische Schriftsteller LUKIAN (165 u. Z.). Dieses Segelschiff soll regelmäßig Fahrten zwischen Alexandria und Rom durchgeführt haben. Nach LUKIANS Angaben hatte es 55m Länge, 14m Breite, 13,3m Höhe und damit eine Verdrängung von mehr als 1200t.
Auch die auf Veranlassung des römischen Kaisers CALIGULA (37–41 u. Z.) für den Nemisee (s. a. *Nemisee-Schiffsfund*) erbauten Lustschiffe waren mit 70 m Länge und 17,5 m Breite für die damaligen Verhältnisse ungewöhnlich groß. Eines dieser Schiffe war ein Prunk-Hausboot, von den Römern als »*Thalamegi*« bezeichnet. Es war wie ein Palast mit Säulenhallen, prunkvoll geschmückten Speisesälen, Tempeln, Schlafgemächern sowie kunstvoll angelegten Gärten und Teichen ausgestattet.

Aphrakte Schiffe: altgriechische »ungedeckte« Ruderschiffe einer älteren Bauweise (vor dem 5. bis 4. Jh. v. u. Z.), die nur mit einem schmalen mittleren Decksstreifen (Laufsteg) versehen waren, so daß beide Schiffsseiten über den Ruderplätzen ungedeckt blieben. Durch spätere Bauweisen entstanden *kataphrakte* und *katastrome Schiffe*.

Arbe: im Adriatischen Meer in der Antike anzutreffender Schiffstyp.

Arbeitsboot, *Arbeitsbeiboot:* ein an Bord mitgeführtes kleines oder mittelgroßes breites Ruderboot von einfacher Form, das für Arbeiten am Schiff im Hafen und auf Reede benutzt wird.

Arche: ein kastenförmiges Schiff. Die Bezeichnung stammt vom lateinischen »arca« (Kasten). Allgemein bekannt ist die »ARCHE NOAH«. Sie wurde – der biblischen Geschichte entsprechend – von NOAH vor der einbrechenden Sintflut erbaut, um seine Familie und alle Tiergattungen zu retten. Der Überlieferung nach erfolgte der Bau aus Zypressenholz. Die Arche soll 300 hebräische Ellen lang und jeweils 30 Ellen breit und hoch, dreistöckig und mit vielen Kammern, sowie von innen und außen mit Pech abgedichtet gewesen sein. Schiffbautechnisch sind die Abmessungen durchaus realistisch, u. a. bewiesen durch einen Nachbau im Jahre 1694 durch den schottischen Kaufmann LIVERN.

Argenboot, *Agenboot:* einfaches, in der ostfriesischen Küstenfischerei verwendetes Wasser-

Mittelalterliche Darstellung vom Bau der Arche aus H. SCHEDEL, »Weltchronik«, 1493

fahrzeug. Es war kastenförmig mit schräger Vorderwand gebaut und etwa 5 m lang und 2 m breit. Der Vortrieb erfolgte mittels Wriggriemen.

Argonautenschiff: einer der ersten größeren Ruderschiffstypen der frühen griechischen Antike. Die Bezeichnung wird auf den Namen des Griechen ARGO zurückgeführt, der für den Bau des Schiffskörpers erstmalig das Holz der damals in den Wäldern Griechenlands wachsenden Roten Kiefer (Xylon dynaton) verwendete. Die Besatzungsmitglieder des Schiffes wurden danach als »Argonauten« bezeichnet. Die Rumpfform des Schiffes war, wahrscheinlich aus kultischen Gründen, dem Delphin nachgebildet. Es soll bei einer Länge von etwa 20 m sehr leicht gewesen sein. Bis zu 50 Ruderer bewegten jeweils zu zweit einen Riemen.

Aske: Ruderboot, das im 5. bis 9. Jh. im Frankenreich und in den angelsächsischen Königreichen verwendet wurde. Die Aske war wahrscheinlich ein Einbaum aus Eschenholz (denn »aske« bedeutet Esche) mit aufgesetzten Seitenplanken. Die Mitglieder der Besatzung nannten sich Askenmänner.

Äskekärr-Schiffsfund: Reste eines *Wikingerschiffes* aus der Zeit um 800. Der 1933 nördlich von Göteborg am Götafluß bei Äskekärr (Schweden) gemachte Fund konnte zeitlich sicher eingeordnet werden. Eine Konservierung oder Restauration war jedoch nicht mehr möglich.

Aslamka: Mitte des 19. Jh. einmastiges Flußlastschiff der unteren Wolga und des Kaspischen Meeres. Die Takelung bestand aus einem hohen, schmalen Rahsegel, und die seitliche Abstagung des Mastes erfolgte auf halber Mastlänge. Die Schiffslänge betrug in der Wasserlinie etwa 10 bis 12 m, das Fahrzeug hatte Spiegelheck und einen ziemlich stark ausfallenden Vorsteven.

Asping: siehe Esping

Attische Triere: siehe Triere

Augmentationsschiff: Handelsschiff, das in Kriegszeiten für Kohlen- und Munitionstransport oder als Lazarettschiff im Bereich der Marine eingesetzt wurde.

Ausgleich-Klassenboot, *Ausgleicher:* Vertreter einer Gruppe älterer Sportsegelbootstypen oder Yachten, deren Bauart sich von den neueren einheitlichen Booten unterscheidet, die jedoch mit entsprechender Zeitvergütung noch an Rennen teilnehmen dürfen. Diese Zeitgutschrift wird auch als Altersvergütung bezeichnet. Die früher üblichen grob ermittelten Zeitgutschriften werden heute unter Berücksichtigung der Vermessung und sonstiger Konstruktionsmerkmale durch Berechnungsformeln präziser bestimmt, so daß eine bessere segelsportliche Vergleichsmöglichkeit und ein exakteres Bewerten des konstruktiven Entwicklungsstandes gegeben sind, s. a. *Altersklassenboot*.

Auslegerboot: vorwiegend in der Inselwelt Südostasiens und im Pazifik gebräuchlicher Segeleinbaum mit seitlichem Ausleger zur Gewährleistung der Sicherheit gegen Kentern. Der Ausleger besteht meistens aus einem vorn und hinten zugeschärften Baumstamm, der etwas kürzer ist als das Boot und an Querstangen in einem bestimmten Abstand parallel zum Bootskörper befestigt wird. Um die Kräfteübertragung vom schwimmenden Ausleger auf den Bootskörper zu dämpfen, wird für die hintere Querstange ein gekrümmter Ast aus elastischem Holz verwendet. Durch diese elastische Bauweise kann der Ausleger dem Wellengang gut folgen. Der geringe Tiefgang ist für das Anlanden an flachen Küsten vorteilhaft. Streben und Querstangen werden durch festes Tauwerk miteinander verbunden. Die durch den Ausleger vergrößerte Querstabilität ermöglicht die Verwendung größerer Segel; der Mast wird an der vorderen Querstange befestigt und verspannt. Früher wurden Segel aus Blättern des Sagobaumes oder Blattstreifen der Pandunaspalme verwendet.
Auslegerboote haben besonders gute Segeleigenschaften, wenn seitlicher Wind von der Auslegerseite her einfällt. Bei entgegengesetzter Windrichtung taucht der Ausleger dagegen tiefer ein und erhöht den Widerstand beträchtlich.
In einigen Gebieten Westindonesiens (s. a. *Südseeboote*) sind auch Doppelauslegerboote mit Auslegern an jeder Bordseite gebräuchlich, die so angeordnet werden, daß jeweils der dem Wind zugewendete Ausleger bereits bei geringen Neigungen austaucht. In Einzelfällen wurden Auslegerboote gebaut, in denen 300 bis 400 Personen Platz fanden (s. a. *Caracora*).
In den zwanziger Jahren des 20. Jh. wurden während einer Übergangszeit vom früher üblichen Ruderboot mit Riemen, die in Dollen in den Seitenwänden geführt wurden, auch solche Rennruderboote als »Auslegerboote« bezeichnet, die sehr schlank gebaut waren und deren Riemen oder Skulls an seitlichen Stützgerüsten (den sog. »Auslegern«) drehbar in Ruderdollen lagerten, wie es heute allgemein üblich ist.

Auslegerboot von den Bora-Bora (Gesellschaftsinseln) [11]

Austernfischer: einmastiges, ausgesprochen flachbodiges Wattenschiff von etwa 0,75 m Tiefgang, 12 m Länge und 3 m Breite. Es fuhr mit Giek- und Gaffeltoppsegel sowie Stagfock und

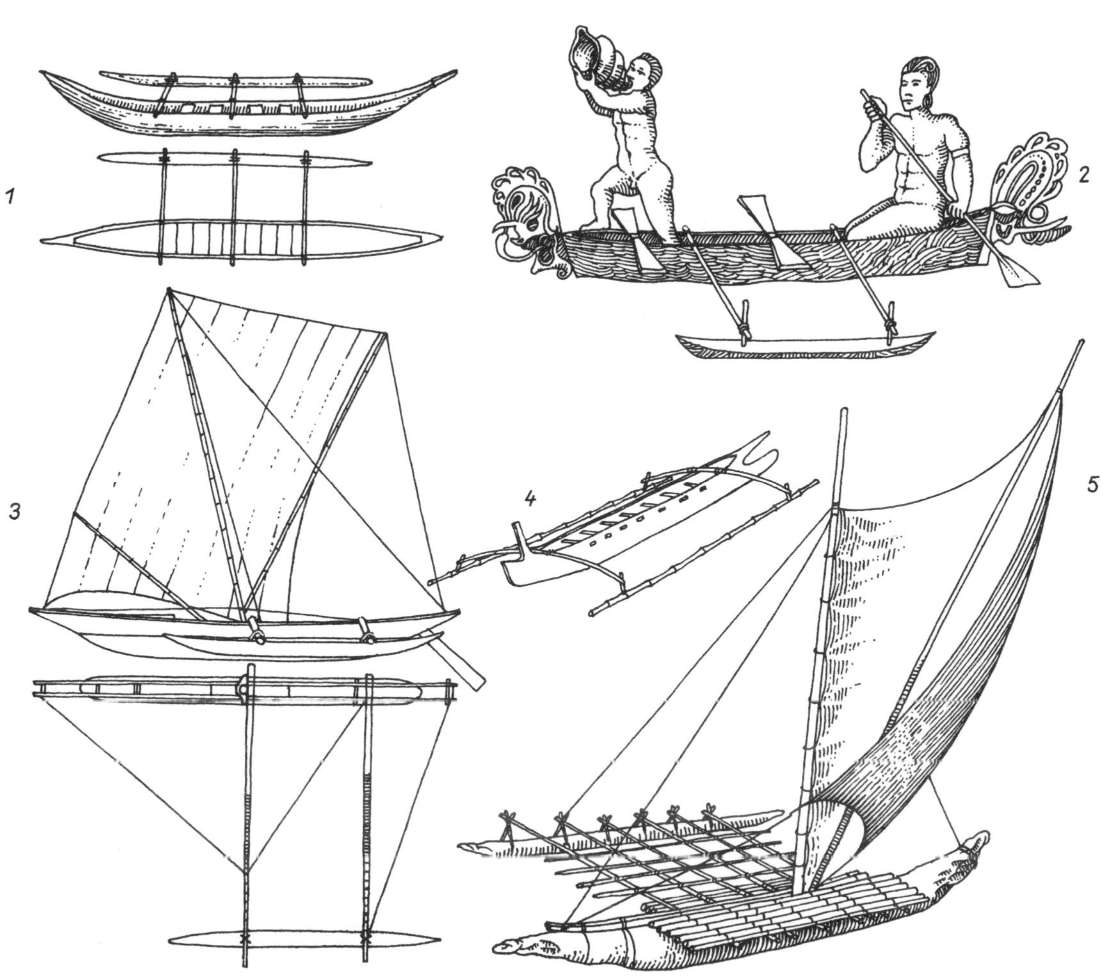

Auslegerboote der Südsee

1 Boopaa, kleine Südsee-Piroge mit Einzelausleger
2 Auslegerboot ohne Segel nach Darstellung von A. TASMAN
3 Neuzeitlicheres Auslegerboot von den Philippinen
4 Kleine Piroge mit Doppelausleger von Java
5 Ausleger-Segelkanu von Neuguinea

Doppelauslegerboot von den Philippinen

Klüver getakelt und war teilweise mit Seitenschwertern ausgerüstet. Die Austernkurren wurden an der Steuerbordseite geschleppt.

Auswandererschiffe: seit Beginn des 17. Jh. eingesetzte Seeschiffe für die Beförderung von Auswanderern, vorwiegend nach Amerika. Portugiesen und Spanier beförderten die ersten Kolonisatoren mit den von ihnen allgemein verwendeten *Karavellen* und *Naos* in die neuentdeckten Länder.
Berühmt wurden insbesondere Auswandererschiffe für die Siedler in Nordamerika, wie das 100 t große Jaghdschiff »HALVE MAEN«, mit dem im Jahre 1610 der Engländer HUDSON bei Manhattan landete und Neu-Amsterdam, das heutige New York, gründete, sowie die 180 t große »MAYFLOWER«, mit der die Pilgerväter aus England im Jahre 1620 in der Nähe des heutigen Boston landeten. Andere frühe Auswandererschiffe waren von ähnlicher Größe.
Um 1650 begann der große Auswandererstrom nach Amerika; bis zur Mitte des 19. Jh. war die französische Stadt Le Havre der Hauptauswanderungshafen. Das in Frankreich zu hoher Blüte entwickelte Fregattschiff *(Fregatte)* wurde zum bedeutendsten Auswandererschiffstyp. Er wurde um 1850 allgemein für 600 Roggenlasten und 400 Commerzlasten, d. h. für rund 1200 t Tragfähigkeit, gebaut. Bei normalen Witterungsbedingungen beförderte ein solches Schiff in 38 bis 40 Tagen bis zu 420 Auswanderer von Le Havre nach New York, bei ungünstigen Bedingungen dauerten die Reisen allerdings erheblich länger, wobei die Verhältnisse an Bord für die vielen auf engstem Raum untergebrachten Menschen häufig katastrophal waren. Nach 1850 wurde der Auswanderungshafen Le Havre von den Häfen Bremen und Hamburg in den Auswandererzahlen übertroffen.
In den deutschen Seehäfen und in England entstanden bereits in den zwanziger Jahren des 19. Jh. die Anfänge regelrechter Liniendienste für Auswanderer- und Posttransport.
Seit 1833 wurden bereits vereinzelt Dampfschiffe als Auswandererschiffe eingesetzt; aber bis etwa 1875 waren noch Segelschiffe vorherrschend. Ab Beginn des 20. Jh. befuhren fast nur noch Dampfschiffe die Auswandererlinien.
Die Auswandererzahl betrug oft mehrere Hunderttausend je Jahr. Den Auswandererstrom allein der deutschen Auswanderer veranschaulichen folgende Zahlen: 625968 Personen von 1871 bis 1880, 1342423 von 1881 bis 1890, 529875 von 1891 bis 1900, 279875 von 1901 bis 1910, 92161 von 1911 bis 1920, 567293 von 1921 bis 1931. Während der ersten Jahrzehnte der Dampfschiffahrt waren die Zustände für die Auswanderer an Bord nicht besser als die auf den Segelschiffen. Erst in den sechziger und siebziger Jahren des 19. Jh. setzten sich einige Verbesserungen durch. Für den Bau und die Einrichtung der Schiffe wurden nach und nach Verordnungen und Gesetze erlassen, die die wasserdichte Unterteilung des Schiffes, den Raumbedarf für jeden Passagier, die Menge des Proviants, den Bau der Schlafstellen, Belüftung, Beleuchtung, sanitäre Einrichtungen, medizinische Betreuung, die Schiffssicherheit und Rettungsausrüstungen regelten.
Die Beförderung der Passagiere erfolgte nach Klassen unterteilt. Am ungünstigsten waren die Bedingungen in der dritten Klasse, der »Zwischendecksklasse«. Das Zwischendeck war für Familien mit Kindern durch Verschläge unterteilt, aber unverheiratete Personen hatten in der Massenunterkunft des Zwischendecks nur einen Liegeplatz. Die Verpflegung der Auswanderer bestand an Bord vorwiegend aus Hülsenfruchtsuppen mit Speck und Salzfleisch; oft mußten die Auswanderer sich selbst verpflegen. Infolge unhygienischer Zustände und der Überbelegung traten viele Todesfälle während der Reisen auf.

Aviso, *Abiso, Adviceboat, Adviesyacht, Advieso:* yachtähnliches kleines, schnelles Segelschiff für Depeschen- und Nachrichtenübermittlung, Vorposten-, Aufklärungs- und Meldefahrten (franz. avis, span. aviso, Nachricht, Ankündigung). In der Übergangszeit vom Segel- zum Dampfschiff fuhr dieser Schiffstyp auch mit voller Takelage und Seitenradantrieb. Nach Einfüh-

Raumunterteilung um 1850 auf dem Auswandererschiff »THEONE«, Modell

rung der Schiffsschraube wurde unter der Bezeichnung »Aviso« die yachtähnliche Bauweise beibehalten. Die Schiffe wurden jedoch wesentlich größer gebaut und besonders für den Auslandsdienst eingesetzt.

Holländischer Aviso, Ende des 18.Jh.

* * *

»ADLER VON LÜBECK«, *»DER GROSSE ADLER VON LÜBECK«:* einer der großen Viermaster des 16.Jh. Das auch als »LÜBSCHER ADLER« bekannte Schiff wird in den verschiedenen zeitgenössischen Quellen unterschiedlich benannt. Im Vergleich zu den vorher üblichen Fahrzeugen war es mit den charakteristischen 4 Masten ein großes Schiff. Fock- und Großmast waren rahgetakelt, Besan- und Bonaventuremast fuhren mit Lateinsegeln. Der ursprünglich im Jahre 1565 als Kriegsschiff auf Stapel gelegte und im März 1566 abgelaufene »ADLER VON LÜBECK« hatte die Abmessungen: Länge des Kiels 62 Ellen (36m), Länge von Steven zu Steven 85 Ellen (49m), Länge von der Galion bis zur Galerie 111 Ellen (64m), Breite Binnenbords 48 Fuß (13,84m), Höhe des Vorderstevens 24,5 Ellen (14,13m), Höhe des Achterstevens 20 Ellen (11,55m), hintere Höhe von Kiel bis Heckbord 37,5 Ellen (21,50m). Eine Neuerung des 16.Jh. war die Unterteilung der Masten. Zusammengesetzt waren Untermast, große Stenge, Bramstenge und Flaggenstock des Großmastes 108 Ellen (62,15m) über dem Kiel. Die große Rah war mit 57 Ellen (34m) um das Mehrfache breiter als das Schiff selbst. Die Bewaffnung mit 122 Kartaunen und die dazugehörige kriegsmäßige Besatzung von über 1000 Mann war nach dem Friedensschluß 1570 überflüssig; das Schiff wurde einem Reederkonsortium für Handelszwecke überlassen. Entsprechend der neuen Verwendung baute man die ausgesprochen hohen Aufbauten nach einem Leckschlagen des Schiffes auf der ersten Ausreise um 4 Meter ab. Da das Schiff jedoch als Frachtschiff zu aufwendig war, wurde es in Lissabon zur anderweitigen Nutzung der Schiffshölzer abgewrackt.

* * *

»VICTORY«: berühmtes englisches *Admiralschiff*. Als Schiff 1. Ranges (»first rate«) wurde der Dreidecker am 23.Juli 1759 auf der Marinewerft Chatham auf Kiel gelegt. Noch vor dem Stapellauf erhielt das Schiff als 5. Fahrzeug der englischen Marine am 30.Oktober 1760 den Namen »VICTORY«. Am 7. Mai 1765 lief die »VICTORY« vom Stapel, und 1769 folgten die See-Erprobungen des als *Vollschiff* getakelten *Linienschiffes*. 1778 war der erste Einsatz als Admiralschiff und Flaggschiff des Kanalgeschwaders unter Admiral KEPPEL. Die »VICTORY« hat danach mehr als einem Dutzend englischer Flottenführer als Admiralschiff gedient, deren berühmtester Admiral HORATIO NELSON war. Die technischen Daten der »VICTORY« sind: Länge des Schiffsrumpfes 69,0m, Länge des Batteriedecks 56,5m, Länge des Kiels 46,5m, Breite 17,5m, Seitenhöhe 10,0m, Tiefgang etwa 6,0m, Deplacement etwa 3000t.

1780 wurde das Schiff mit 3923 Kupferplatten beschlagen. Nach Einsätzen vor allem im Mittelmeer unter den Admiralen HOWE (1782), HOOD (1793), HOTHAM (1795) und JERZVIS (1797) wurde die »VICTORY« im November 1797 aus dem aktiven Dienst entlassen und in den folgenden beiden Jahren als Hospitalschiff für Kriegsgefangene verwendet. 1800 bis 1803 erfolgte eine Generalreparatur, u.a. verbunden mit dem Umbau des Hecks, wobei die bisherigen offenen 2 Heckgalerien entfernt wurden. Am 11.April 1803 setzte NELSON seine Flagge auf der »VICTORY« als Kommandierender der Mittelmeerflotte. Das Schiff war zu diesem Zeitpunkt mit 30 Stück 12-Pfünder auf dem Oberdeck, 12 Stück 12-Pfünder auf dem Quarterdeck, 2 Stück 12-Pfünder auf der Back, 2 Stück 68-Pfünder-Kanonen auf der Back, 30 Stück 32-Pfünder im Batteriedeck und 28 Stück 24-Pfünder im Zwischendeck bestückt und hatte 850 Offiziere, Matrosen und Seesoldaten an Bord. Am 21.Oktober 1805 kam es bei Trafalgar zu der entscheidenden Schlacht, bei der NELSON seine 27 Linienschiffe und 6 *Fregatten* von der »VICTORY« aus siegreich gegen die Linienschiffe und 6 Fregatten der vereinigten spanischen und französischen Flotte führte, wobei er selbst tödlich verwundet wurde.

Nach Ausbesserung der bei Trafalgar erhaltenen Beschädigungen wurde die »VICTORY« jetzt als Schiff 2. Ranges (»second rate«) wieder Admiralschiff bis zur Außerdienststellung im November 1812. Im Jahre 1817 wurde das Schiff nach Reparatur und Umbau wieder als Schiff 1. Ranges eingestuft und war von 1824 bis 1847 wieder Admiralschiff als stationäres Schiff des Hafenadmirals von Portsmouth und von 1848 bis 1869 stationäres Flaggschiff des Oberkommandierenden der Flotte. Danach war es dann Tender eines neuen Flaggschiffes bis 1891. Von 1891 bis 1922 wurde der »VICTORY« wieder die Funktion des

»ADLER VON LÜBECK« ein Viermaster der Hanse im 16.Jh. (Modell) [15]

stationären Flaggschiffes übertragen, dann war jedoch der Zustand der Verbände des Schiffskörpers so schlecht, daß es einer Reparatur von mehr als 6 Jahren bedurfte, bis das Schiff im Juli 1928 wieder dem Aussehen vor der Schlacht bei Trafalgar entsprach. Seitdem hat die »VICTORY« ihren Liegeplatz als Traditionsschiff und Museum im ältesten Trockendock der Welt, im Dock Nr. 2 in Portsmouth. (Bild S. 38)

Admiralschiff »DE GOODEN LEEUW« (DER GOLDENE LÖWE): Das Gemälde des jüngeren VAN DE VELDE (1633 bis 1707) zeigt die »GOODEN LEEUW« 1680 im Hafen von Amsterdam. Das Schiff wurde im Auftrage der Amsterdamer Admiralität während des zweiten englisch-holländischen Krieges (1665 bis 1667) auf der Werft der Admiralität als 80-Kanonen-Linienschiff erbaut. Die »GOODEN LEEUW« war ein Dreimaster mit jeweils 2 Maststengen am Fock- und Großmast. Beide vordere Maste waren rahgetakelt, am Fockmast wurden die Fock, das Vormars- und das Vorbramsegel gefahren und am Großmast das Großsegel, das Großmars- und das Großbramsegel. Der Besanmast trug ein Latoinsegel und darüber ein Kreuzsegel, und das Bugspriet hatte als Segel die Ober- und Unterblinde.
In der Seeschlacht bei Kijkduin im Jahre 1673 war die »GOODEN LEEUW« das Flaggschiff des berühmten holländischen Admirals CORNELIUS TROMP (1629 bis 1691). Im Gefecht wurde das Schiff schwer beschädigt, jedoch wieder instand gesetzt. Wegen Überalterung stellte man die »GOODEN LEEUW« im Jahre 1686 außer Dienst. (Bild S. 37)

Badeschaluppe vom Ende des 19. Jh.

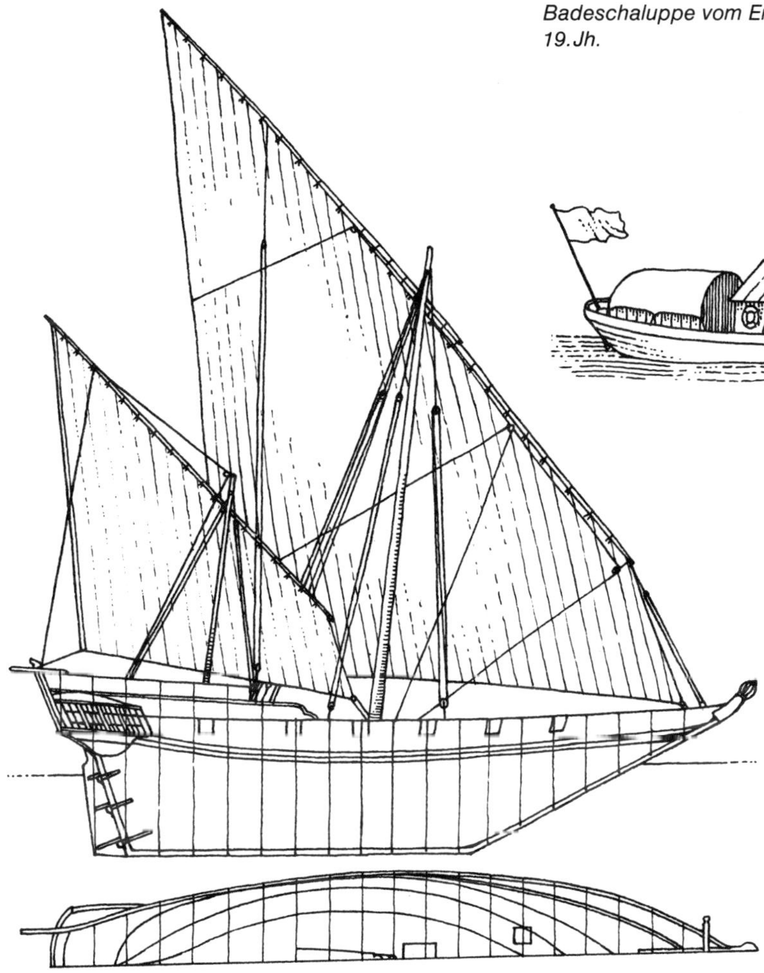
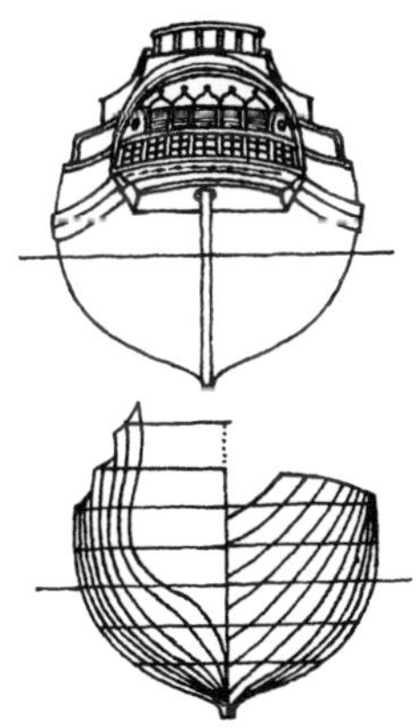
Bagalla vom Anfang des 19. Jh. aus dem Golf von Oman [13]

B

Baartze, *Baardse:* ein- bis dreimastiges Segelschiff mit zusätzlichen Rudermöglichkeiten (bis zu 40 Riemen) im 14. bis 16. Jh. in den Niederlanden. Es hatte nahezu gleiche Bug- und Heckformen, ähnlich der frühen *Kogge.*

Bachot: französische Bezeichnung für eine kleine Flußfähre. Der Fährmann wird als »Bachoteur« bezeichnet.

Backdeckkreuzer: kleines bis mittelgroßes Sportsegel-Kajütboot oder auch Motorkreuzer mit langer, verhältnismäßig hoher Back, unter der sich die Kajüte oder andere Räume befinden. Der hintere, niedrige Teil des Bootes ist meistens ungedeckt. Kombinierte Motor-Segel-Boote und Motorboote werden häufig mit Backdeck gebaut. Im Unterschied zum Backdeckkreuzer werden große Kreuzeryachten wegen des glatten, ohne Unterbrechung in einer Ebene durchlaufenden Decks als »Glattdeckboote« bezeichnet.

Badeschaluppe: bis Ende des 19. Jh. in Seebädern an der Nord- und Ostseeküste verwendete *Schaluppe* mit einem Aufbau oder einer Hütte, die als Badekabine diente. Die flachgehenden Fahrzeuge konnten auch an der Küste entlangsegeln.

Bagalla, *Baggalat:* anderthalbmastiges arabisches Fischerei-, Fracht- und Kriegsschiff mit einer Wasserverdrängung zwischen 100 und 400 t im Zeitraum Ende 16. bis 19. Jh. Einige Schiffe dieses Typs gab es sogar noch bis zur Mitte dieses Jahrhunderts. Die Bagalla führte am Großmast und am kleinen hinteren Mast trapezförmige Segel. Der Schiffskörper hatte runde Spantformen und einen stark geneigten, weit ausladenden Vorsteven, dessen Länge bis zu 1/3 der Schiffslänge betrug. Die Heckaufbauten waren mit Fenstern, Galerien und Balkonen ausgestattet und mit Schnitzereien und bunter Bemalung verziert. Auf Kriegs- und Seeräuberschiffen wurden die Karonaden (leichte Kanonen ohne Rücklaufafette) an Deck aufgestellt; das Schanzkleid war durch Geschützpforten unterbrochen. Um den drohenden Eindruck zu verstärken, wurde an den Bordseiten häufig eine zweite Reihe Geschützpforten markiert. Geschütze konnten jedoch unter Deck wegen der geringen Seitenhöhe nicht aufgestellt werden. Ähnliche arabische Schiffe, jedoch anderer Größenordnung, waren *Sambuke, Pattamar* und *Ghanja.*

Bagger: siehe Schwimmbagger

Baggerow, *Baglo:* arabisch-indisches Segelkriegsschiff, noch bis zur Mitte des 19. Jh. gebräuchlich, das i. d. R. mit 2 Kanonen bestückt wurde. Im Vergleich zur *Dau* waren die Schiffe völliger gebaut. Die indischen Schiffe hatten Planken aus Teakholz, das noch beständiger als Eiche ist und bis zu einhundert Jahren der Einwirkung des Seewassers widersteht.

Baida, *Baidarka:* ein auf dem Don im 19. Jh. gebräuchliches Fährboot für 10 bis 12 Personen mit stark hochgezogenem, flach auslaufendem Bug und Heck, um das Auflaufen auf flaches Ufergelände zu ermöglichen. Der Antrieb erfolgte mittels Staken oder durch eine Art Lateinersegel an langer Rute und kurzem Mast.

Baidak: russisches Flußschiff mit großem Ruder.

Baidara: offenes Eskimoboot, dessen Gerippe aus mit Lederriemen verknüpften Walknochen und Holzstäben besteht. Das Gerüst wird mit Seehund- oder Walroßleder überspannt und der biegsame Kiel durch unterbrochene Bodenbretter verstärkt. Die gleichbedeutende Bezeichnung *Umjak* (bzw. Umiak, Frauenboot) bürgerte sich ein, weil es vorwiegend als Transportboot für die Familie benutzt und von Frauen gerudert wurde. Die Männer begleiteten das Transportboot in dem kleineren gedeckten *Kajak.* Die Baidara wurde auch zum Walfang und zur Jagd auf andere größere Meerestiere in größerer Entfernung von der Küste benutzt. Dazu konnte die Seefähigkeit durch seitlich angebundene, aufgeblasene See-

Ostsibirische Baidara
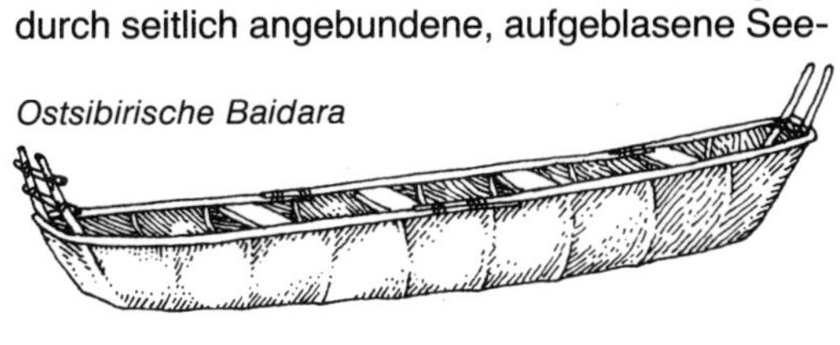

hundbälge erhöht werden. Die größeren Boote waren 10 m lang. Das etwa 10 m^2 große Rahsegel bestand aus zusammengenähten Darmhäuten. Baidaraähnliche Boote wurden als *Fellboote* (Fellbespannte Boote) auch in Nordasien und Nordamerika benutzt.

Baikak: Typ eines hölzernen Binnenlastkahns von etwa 20 m Länge, wie er auf dem Dnjepr um die Mitte des 19. Jh. verwendet wurde. Der Baikak verfügte entweder über langgestreckte und flache Steuerruder oder sehr lange Steuerriemen. Die ein- oder zweimastigen Fahrzeuge waren unterschiedlich mit Gaffel-, Rah- und Sprietsegel getakelt.

Baikak, Binnenlastkahn auf dem Dnepr, Mitte 19. Jh.

Bakinka: hochbordiger zweimastiger Lastsegler, der Mitte des 19. Jh. auf der Wolga und dem Kaspischen Meer verkehrte.

Balander, *Belander, Bilander:* holländisches einmastiges Segelschiff des 18. und 19. Jh. für die Küsten- und Flußschiffahrt. Bei Flußfahrten wurden hauptsächlich Kohleladungen von 150 bis 200 t gefahren. Die Fahrzeuge waren mit flachem Boden gebaut und fuhren meist trapezförmige Segel.

Baleiner: französische Bezeichnung für ein Walfang-Segelschiff, das mit den kleinen geruderten Fangbooten auf Waljagd ging.

Balinger: ein von der Hanse im 15. Jh. besonders im Nordseebereich für verschiedene Aufgaben verwendetes Segelschiff, dessen Tragfähigkeit etwa 80 Lasten (160 t) betrug. Dieser Schiffstyp wurde auch häufig als Walfänger, zuweilen auch als Kaper- und Kriegsschiff verwendet, s. a. *Baleiner*.

Balkenfloß: siehe Floß

Ballantrae-Boot: Klinkerboot mit steil ansteigendem Vorsteven und rundem Heck, das an der englischen Westküste am Ende des 19. Jh. für die Fischerei auf den Ballantrae-Bänken gebaut und eingesetzt wurde.

Ballastewer, *Ballastschute:* breites Leichterfahrzeug mit flachem Boden, dem *Ewer* oder der *Schute* ähnlich, vorwiegend zum Laden und Löschen von Ballast. Segelschiffe, die mit wenig Ladung fuhren, benötigten für eine ausreichende Stabilität zusätzlichen Ballast. Nach Möglichkeit verwendete man dazu nutz- oder absetzbare Waren, wie Mauersteine, Steinkohle, Kreide, Salz oder Düngemittel. Schüttfähiger Ballast hatte den Vorzug, daß er gleichmäßiger in den Laderäumen verteilt werden konnte; er erforderte jedoch zusätzliche Maßnahmen, um ein Übergehen der Ladung zu verhindern. Die Ballastmasse sollte möglichst wenig Raum einnehmen und keine Verschmutzung der Laderäume hervorrufen. Leicht übergehender Ballast, wie Sand oder brenn- und schmelzbares Gut, wurde nur ungern verwendet. Als groben Ballast benutzte man besonders Steine, aber auch ausgediente Kanonen, Kanonenkugeln und anderes Altmaterial. Später wurden besondere, aus Grauguß gegossene »Ballastgewichte« mit Einzelmassen bis zu 50 kg verwendet. Der Ballast wurde durch kleine Wasserfahrzeuge, wie Ballastewer und Ballastschuten, zu den Segelschiffen gebracht. Die Ballastschuten machten seitlich an den Schiffen fest und übernahmen oder übergaben den Ballast durch kleine Pforten über dem Wasserspiegel, die sogenannten »Ballastpforten«. Die Hafenbehörden hatten ständig zu überwachen, daß überflüssiger Ballast von den Schiffen nicht eigenmächtig über Bord gegeben wurde und damit allmähliche Verringerungen der Fahrwassertiefen eintraten. Für die Ballastewer und -schuten wurden deshalb Orte außerhalb der Hafenreviere festgelegt, an denen sie Ballast einnehmen oder verschütten konnten.

Balon: in Hinterindien (besonders Burma, Thailand, Laos) vom 17. bis 19. Jh. verwendetes Prunk-Flußschiff mit reichem Bug- und Heckschmuck und einer Art Throntempel im Mittelbereich. Die Schiffslänge konnte bis zu 30 m betragen. Auch lange, schmale siamesische Ruderboote mit einem turmähnlichen Aufbau wurden als Balone bezeichnet. Solche Balone sollen aus einem einzigen Stamm gefertigt und sehr leicht gewesen sein. Der französische Abbé CHOISY berichtete bereits 1685: »Alle diese Balone waren goldüberzogen und hatten sehr fein gearbeitete, schwer vergoldete Glocken. 60 Mann ruderten auf jeder Seite mit kleinen vergoldeten Riemen, die sich alle im gleichen Takt auf und nieder bewegten.«
In Burma wurden hohe Ehrengäste auf vergoldeten Balonen und balonähnlichen *Barken* mit großem Prunk empfangen. Die Prunkschiffe waren mit zahlreichen bunten Fabelwesen aus der burmesischen Geschichte verziert. Teilweise waren Balone auch geschleppte Fahrzeuge ohne eigene Riemen oder Segel. Sie wurden von mehreren, bis zu 15 m langen Ruderbooten geschleppt, in denen die Ruderer standen und mit einer besonderen Rudertechnik arbeiteten. Die Entwicklung der Balone ist vermutlich auch durch die Entwicklung der chinesischen *Drachenboote* beeinflußt worden.

Balor, *Balour:* größeres Seeräuberschiff des Molukkengebietes, das mit sechs- bis achtpfündigen Bug- und Heckkanonen und einigen Kanonen an den Schiffsseiten bestückt war. Seine Größe reichte aus, um bis zu 300 bewaffnete Männer aufzunehmen. Diese großen Seeräuberschiffe wurden i. allg. von kleineren Booten, den sogenannten *»Piahiaps«*, begleitet, mit denen die Seeräuber an flachen Küsten zum Plündern landeten.

Balsa: vom südamerikanischen Volksstamm Chimu (nordperuanische Küstenkultur der Vor-Inka-Zeit) aus Ton, Tierhäuten, Schilf und Binsen gefertigte Schwimmgefäße und Wasserfahrzeuge. Die Balsa waren mitunter so klein, daß sie im Reitsitz gerudert wurden; sie erreichten aber auch solche Größe, daß die spanischen Eroberer sogar ihre Pferde damit transportieren konnten. Die kleineren Fahrzeuge nannten die Spanier

Baleiner beim Aussetzen eines Fangbootes, Gemälde von F. G. ROUX, um 1850

Caballitos (Seepferdchen). Bei Ausgrabungen hat man solche Caballitos, für die auch die Bezeichnung »Huampu« gebräuchlich war, auf Trinkgefäßen der altperuanischen Zeit dargestellt gefunden. Größere Fahrzeuge wurden auch aus Totora-Schilf, ähnlich dem Prinzip der altägyptischen Papyrusflöße, hergestellt. Nach Abbildungen auf Gefäßen hatten diese Balsa abgebundene Enden, die doppelstevenähnlich ausliefen. Auf dem Titicacasee werden noch heute Schilfbündelflöße *(Totora)* mit Mast und Segel benutzt. Größere Balsa verwendete man auch zum Bau schwimmender Brücken. So bestand an einem Zufluß des Titicacasees bis zum Jahre 1857 eine aus vielen Schilfflößen errichtete schwimmende Brücke, über die sogar Fuhrwerke verkehren konnten. Die Einzelflöße waren untereinander verbunden und mit einer dichten Grasmatte belegt. Diese Brücke wurde instandgehalten, indem alle 2 Jahre ein Teil der Flöße erneuert wurde. Der amerikanische Kupferstecher G. SQUIER zeichnete diese Pontonbrücke 1875 kurz vor der Zerstörung.

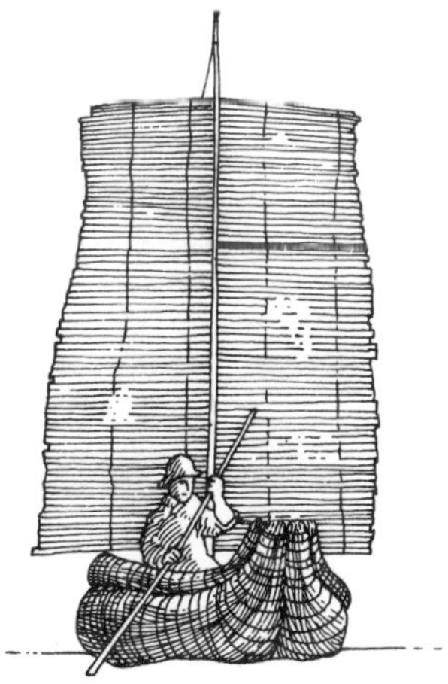

Balsa-Schilfbündelfloß auf dem Titicacasee

Balsa-Floß, *Balse:* mit Segel und zum Teil mit Hütte versehenes peruanisches Holzstammfloß. An den Küsten Perus wurden Flöße aus dem Holz des Balsa-Baumes von den einheimischen Indianern bereits viele Jahrhunderte vor der Entdeckung Amerikas als Küstenfahrzeuge gebaut. Das Holz dieses in den tropenfeuchten Wäldern Ekuadors wachsenden Baumes ist mehr als 1/6 leichter als andere Holzarten. Das Floß wurde i. allg. aus einer ungeraden Anzahl getrockneter Stämme in 2- oder mehr Lagen zusammengebunden, mit einer einfachen palmblattgedeckten Hütte, einem Mast mit rechteckigem Segel und einer Feuerstelle versehen. 1947 ließ der norwegische Forscher T. HEYERDAHL nach alten Vorbildern ein Balsa-Floß bauen, das er nach einer indianischen Sonnengottheit »KONTIKI« nannte. Das Floß bestand aus 9 ungleich langen Stämmen (größte Länge etwa 13,5 m) und einer darüberliegenden Querlage von etwa 8 m Länge. Mit einer Fahrt von der Westküste Südamerikas nach den polynesischen Inseln wollte er erforschen, ob vor rund 1500 Jahren mit einem so einfachen Floß bereits Fahrten von Osten nach Westen und damit Besiedlungen möglich waren. Am 28. April 1947 lief das Fahrzeug mit 6 Mann Besatzung vom Hafen Callao der peruanischen Hauptstadt Lima aus, benutzte die Humboldt-Strömung und landete nach 101 Tagen und einer Seereise von über 4300 Seemeilen an einer der Tuamotu-Inseln. Der Franzose E. DE BISSCHOP unternahm 1958 mit einem ähnlich gebauten Zypressenholzfloß »TAHITI-NUI-II« eine Fahrt nach Westpolynesien.

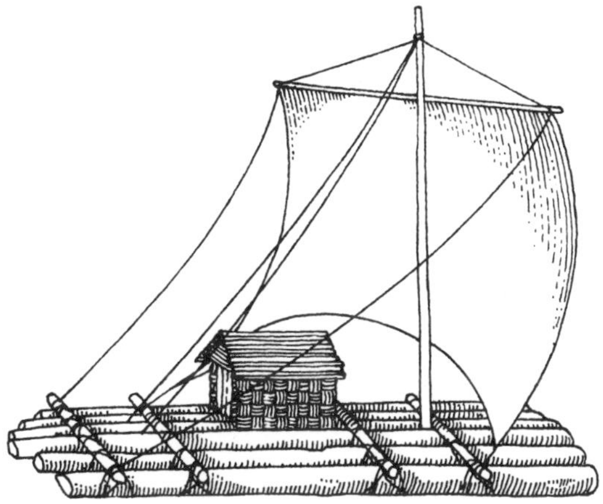

Balsa-Holzstammfloß von der peruanischen Küste

Baltimore-Schoner, *Baltimore-Klipperschoner:* in Baltimore (Chesapeake Bay, USA) entwickelter und erstmals um 1812 gebauter Schonertyp von 90 bis 200 t Tragfähigkeit, einem Schiffskorper von besonders schlanker Form und sehr scharfen Wasserlinien, um höhere Geschwindigkeiten zu erzielen. Mit vergrößertem achteren Tiefgang (Kielfall), einer starken Aufkimmung mittschiffs und dem damit verbundenen Übergang zu V-förmigen gegenüber den üblichen runden bzw. U-förmigen Spantformen stellte diese Schiffsform einen revolutionierenden Entwicklungsschritt dar. Charakteristische äußerliche Kennzeichen dieses Schiffstyps waren weit überragende Bug- und Heckformen. Diese Konzeption wurde von den späteren *Schoneryachten* übernommen. Der Schiffstyp wurde auch unter der Bezeichnung »Virginia-Lotsenboot« bekannt. Der Baltimore-Schoner führte an den beiden Masten unter den oberen Rahsegeln Gaffelsegel, kam aber auch als *Schonerbrigg* getakelt vor. Wegen der günstigen Formgebung und der vorzüglichen Segeleigenschaften bei einfacher Segelhandhabung wurde er zu einem Vorbild für verschiedene spätere Segelschiffstypen. Die Jahre von 1835 bis 1850 gelten als Blütezeit der Baltimore-Schoner. Während dieser Zeit entstanden auch die Bezeichnungen Baltimore-Klipperschoner oder Baltimore-Klipper. Von den später entstandenen *Klippern* unterscheiden sie sich aber grundsätzlich in der Größe, der Mastenanzahl, -anordnung und Besegelung.

Baluk-Kaik: leichtes und schnelles Ruderboot, das bis ins 19. Jh. zum Personentransport in den türkischen Gewässern verwendet wurde. Die Fortbewegung erfolgte durch bis zu 6 stehende Ruderer.

Bambus-Floß: aus Bambusstäben zusammengebundenes Floß, das vorwiegend in Ostindien, im Malayischen Archipel und in Brasilien von den Ureinwohnern als Transportmittel verwendet wurde. In China waren Bambusflöße unter der Bezeichnung »Chupai« gebräuchlich.

Barcane, *Barcone*: zwei- oder dreimastiges, etwa 20 m langes Fischerei-Segelschiff des Mittelmeeres. Die Bezeichnung ist abgeleitet vom italienischen barca, *Barke*.

Barcheta: sizilianischer Nachen zur Schwammfischerei. Als spezielle Vorgänger der *Barke* wurden Barchetas bereits im 13. Jh. benutzt.

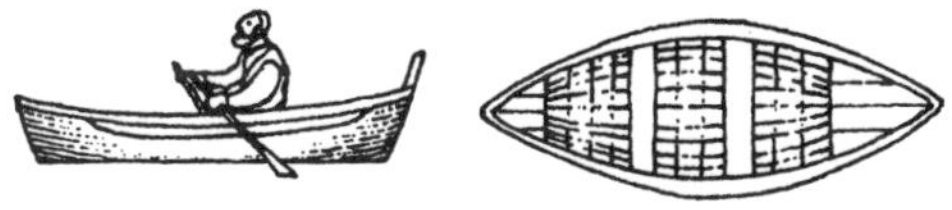

Geruderte Barcheta von Sizilien, Mitte 19. Jh.

Barge: im Verlauf der Geschichte des Schiffbaues in verschiedenen historischen Formen für unterschiedliche Schiffstypen angewendete Bezeichnung, zunächst für ein europäisches Ruderboot mit kräftigen Barghölzern (besonders verstärkte obere Plankengänge). Im 11. Jh. entstanden die Namen »bardinn«, später »bargiea«, »bardza», »barsa«. Um 1350 wurde mit »Bardze« ein Boot mit 12 Ruderduchten bezeichnet. In englischen Hanseakten von 1403 findet sich für die entsprechenden Boote die Typenbezeichnung »bargea«, »bargiza« und »bardisa«. Im 15. Jh. bezeichnete man mit »Barga« im Mittelmeerbereich ein Beiboot. Im 16. Jh. wurden auch kleine Kriegsschiffe von rund 100 t als Bargen bezeichnet. Im 19. Jh. benannte man auf englischen *Admiralschiffen* das an Bord befindliche acht- bis zwölfrudrige Galaboot als »Barge«. Seltener verstand man unter einer Barge auch andere große Riemenboote, die aber i. d. R. nur auf *Flaggschiffen* gefahren wurden. Die gleiche Bezeichnung hatten in Frankreich flachbodige 7 bis 10 m lange Mehrzweck-Flußkähne mit Segel und Ruder. Besonders waren Leichterfahrzeuge auf der Themse als Barge bekannt.
Jetzt wird diese Bezeichnung allgemein für schwimmende Leichter und Schubprahme verwendet, die auch auf speziellen Leichtertransportschiffen (engl. Bargecarrier) als Ladungseinheiten transportiert werden.

Barinho: ein etwa 20 m langer und bis zu 4 m breiter Flußkahn, der mit Lateinsegel an einem

Baltimore-Schoner, Linienriß

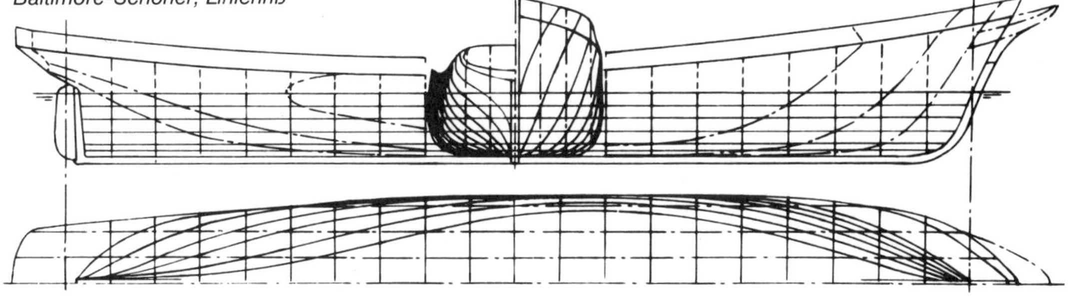

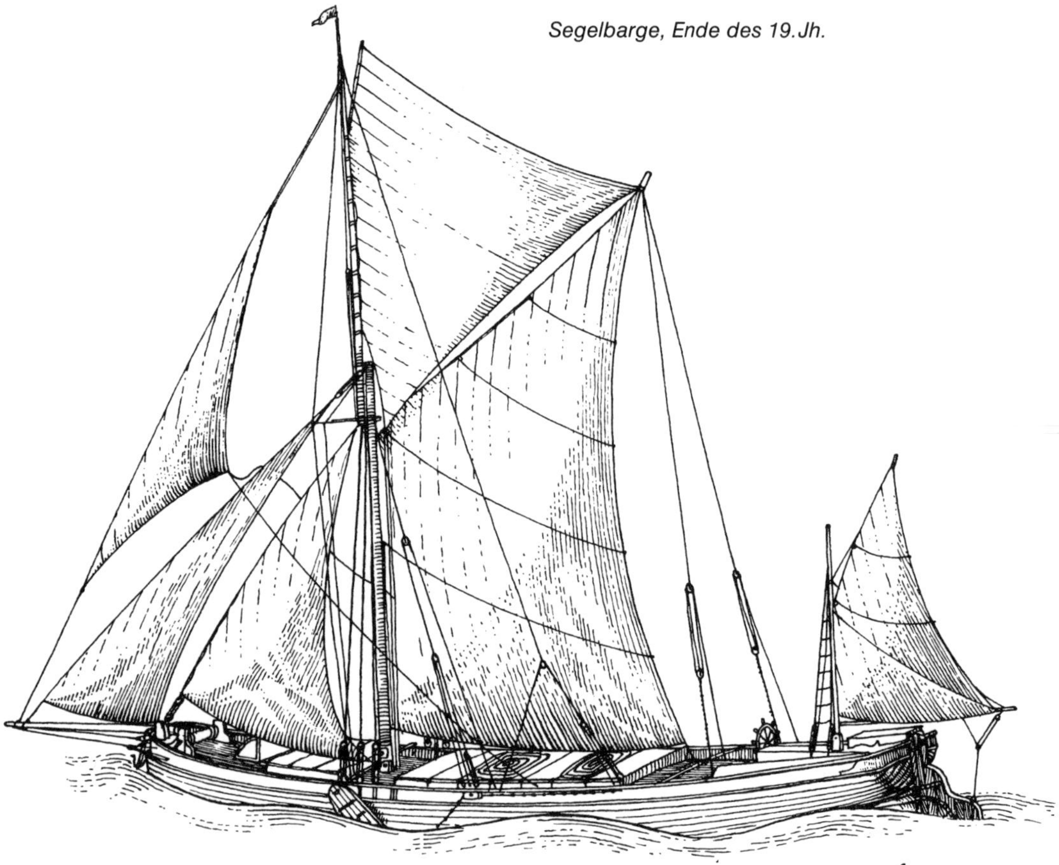

Segelbarge, Ende des 19.Jh.

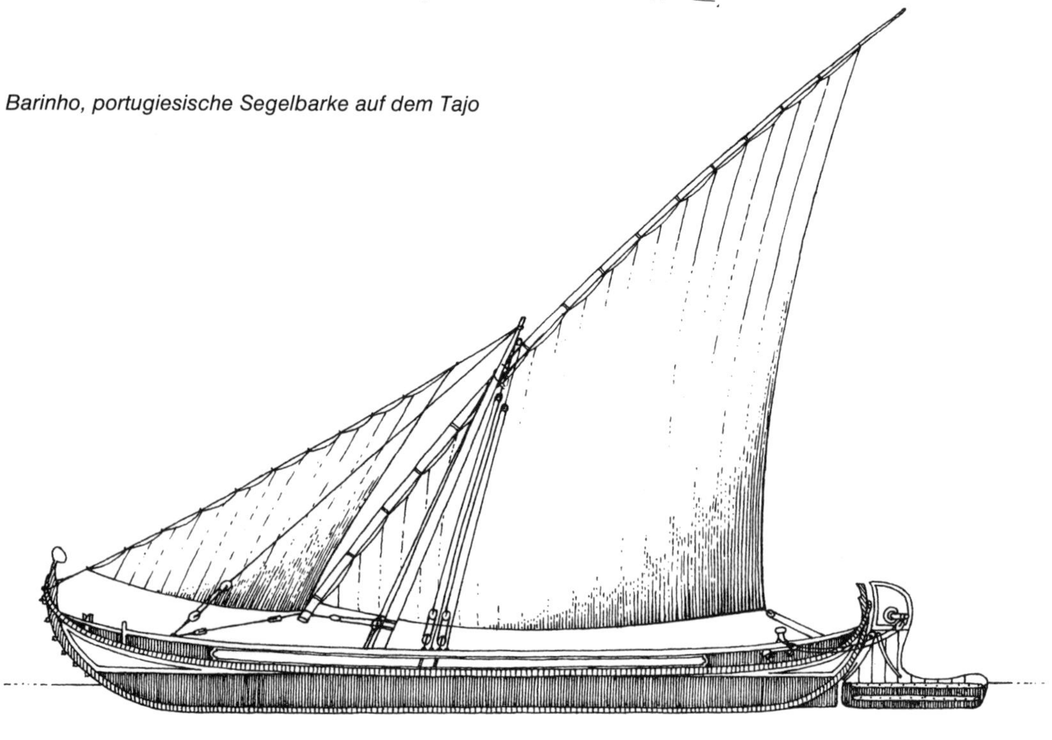

Barinho, portugiesische Segelbarke auf dem Tajo

kurzen, stark nach hinten geneigten Mast noch zu Anfang des 20.Jh. besonders auf dem Tajo (Portugal) gefahren wurde.

Bark, *Barkscniff, Barque:* Segelschiff mit mindestens 3 Masten, bei dem nur der hintere Mast (Besanmast) Schratsegel führte, während die anderen Masten rahgetakelt waren. Besonders häufig war die dreimastige Bark. Zusätzlich konnten Längssegel (Schratsegel) zwischen dem vorderen Mast und dem Bugspriet sowie zwischen den beiden vorderen Masten gefahren werden. Im Unterschied zum Vollschiff, bei dem alle 3 Masten rahgetakelt waren, verwendete man die Bezeichnung Bark oder Barkschiff i. allg. für dreimastige Segelschiffe, bei denen die vorderen Maste (Fock- und Großmast) mit Rahen und Quersegel getakelt waren und der Besanmast wegen der leichteren Bedienung Schratsegel führte. Die Abstimmung der Segelfläche und der Lateralplanfläche (Fläche der Seitenprojektion des getauchten Teiles des Schiffskörpers, etwa Länge × Tiefe) ermöglichte günstigere, völligere Vorschiffs- und schlankere Hinterschiffsformen. Die Dreimastbark wurde im 19.Jh. zu einem der wichtigsten Schiffstypen der nordeuropäischen Handelsflotten, insbesondere für Transporte über größere Seestrecken, für die vorher die *Brigg* eingesetzt war. Die Anfänge der Barktakelung reichen bis ins 14.Jh. zurück, mit dem Unterschied, daß der dritte Mast anstelle des Gaffelsegels ein Lateinsegel führte. Aus den ungeteilten Marsrahen wurden zur einfacheren Bedienung später geteilte Marsrahen und unterteilte Segel. Die übliche Tragfähigkeit lag zwischen 120 und 300 Lasten, d.h. zwischen 240 und 600t. Um 1860 betrug die Durchschnittsgröße der Barkschiffe entsprechend dem Stauraumbedarf der Ladungsgüter ca. 500 BRT. Dieses häufig verwendete Handelsschiff konnte infolge seiner einfacheren Segelhandhabung mit einer relativ kleinen Besatzung von 15 Mann zuverlässig gesegelt werden. Auch spätere große Segelschiffe, u.a. *Klipper*, waren teilweise Barkschiffe, überwiegend jedoch *Vollschiffe*. Ende des 19.Jh., Anfang des 20.Jh. war die Entwicklung der Bark durch den Übergang von der Holzbauweise auf die Stahl-Holz-Kompositbauweise gekennzeichnet. Kompositbauweise, vergrößerte Abmessungen und höhere Tragfähigkeit führten zu einem sehr bekannten Segelschiffstyp der letzten Blütezeit, der Viermastbark. Diese Schiffe erreichten eine Länge von etwa 95m, eine Breite von 14m, eine Vermessung von 3000 bis 3400 BRT bei einer Segelfläche von etwa 3000 m^2. Allgemein bekannte Viermastbarken aus der sogenannten *Flying-P-Line* waren die »PAMIR« (erbaut 1905; 3102 BRT), die »PASSAT« (erbaut 1911; 3183 BRT), die »PRIWALL« (erbaut 1920; 3185 BRT) und die »PADUA« (erbaut 1926; 3064 BRT). Gute Schnellsegler waren auch die vom Norddeutschen Lloyd 1900 bis 1902 für Ausbildungszwecke in Dienst gestellten Viermastbarken »HERZOGIN CHARLOTTE« und »HERZOGIN CECILIE«.

Erste auf deutschen Werften gebaute Fünfmastbarken waren die »MARIA RICKMERS« (erbaut 1892; 3822 BRT) und die »POTOSI« (erbaut 1894; 4026 BRT). Die »POTOSI« war eines der schnellsten Segelschiffe, das über längere Strecken mit Geschwindigkeiten von über 16 Knoten fuhr. Sechsmastbarken wurden nur noch in geringer Anzahl (nachweislich nur 6 Schiffe) gebaut.

Barkantine, *Barkentine:* um 1800 entwickeltes, meistens dreimastiges, der Bark in Größe und Bauweise ähnliches Segelschiff. Im Unterschied zur *Bark* (Fock- und Großmast rahgetakelt, Besan mit Gaffelsegel) werden bei der Barkantine

Schonerbark »Carl Max«, gebaut 1873 in Rostock

Bark – Segel und Takelung einer Dreimastbark
(Maste, Rahen und Segel)

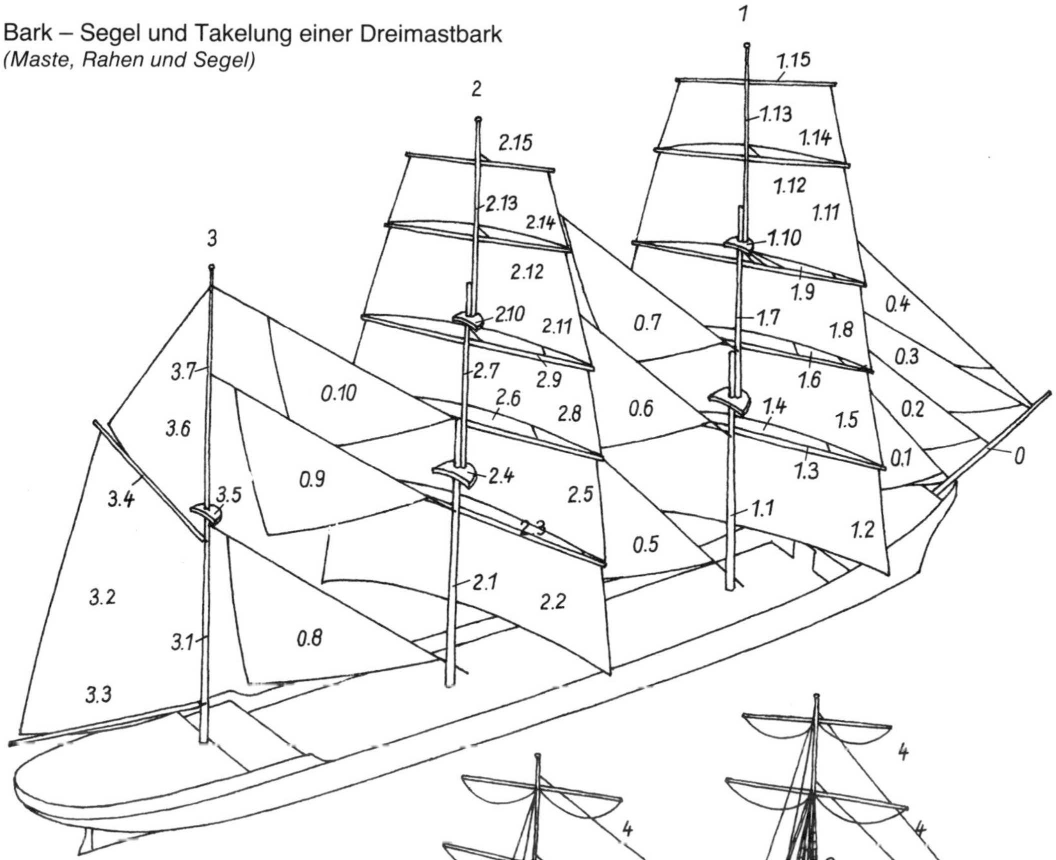

Segel

0 Bugspriet und Klüverbaum einteilig
0.1 Vorstengestagsegel
0.2 Innenklüver
0.3 Außenklüver
0.4 Jager
0.5 Großstengestagsegel
0.6 Großbramstengestagsegel
0.7 Großoberbramstengestagsegel
0.8 Besanstagsegel
0.9 Besanstagstengesegel
0.10 Besanbramstengestagsegel

1 Fockmast
1.1 Fockuntermast
1.2 Focksegel
1.3 Fockrah
1.4 Vormarssaling
1.5 Voruntermarssegel
1.6 Voruntermarsrah
1.7 Vormarsstenge
1.8 Vorobermarssegel
1.9 Vorobermarsrah
1.10 Vorbramsaling
1.11 Vorunterbramsegel
1.12 Voroberbramsegel
1.13 Vorroyalstenge
1.14 Voroberbramsegel
1.15 Vorroyalrah

2 Großmast
2.1 Großuntermast
2.2 Großsegel
2.3 Großrah
2.4 Großmarssaling
2.5 Großuntermarssegel
2.6 Großuntermarsrah
2.7 Großmarsstenge
2.8 Großobermarssegel
2.9 Großobermarsrah
2.10 Großbramsaling
2.11 Großunterbramsegel
2.12 Großoberbramrah
2.13 Großroyalstenge
2.14 Großoberbramsegel
2.15 Großroyalrah

3 Besanmast
3.1 Besanuntermast
3.2 Besansegel
3.3 Besanbaum
3.4 Besanuntergaffel
3.5 Besansaling
3.6 Besanstenge
3.7 Besantoppsegel

Stehendes und laufendes Gut

1 Stage
2 Wanten
3 Pardunen
4 Dirk
5 Geeren
6 Gaffelpiekfall
7 Geitau
8 Toppnant
9 Rahfall
10 Brasse

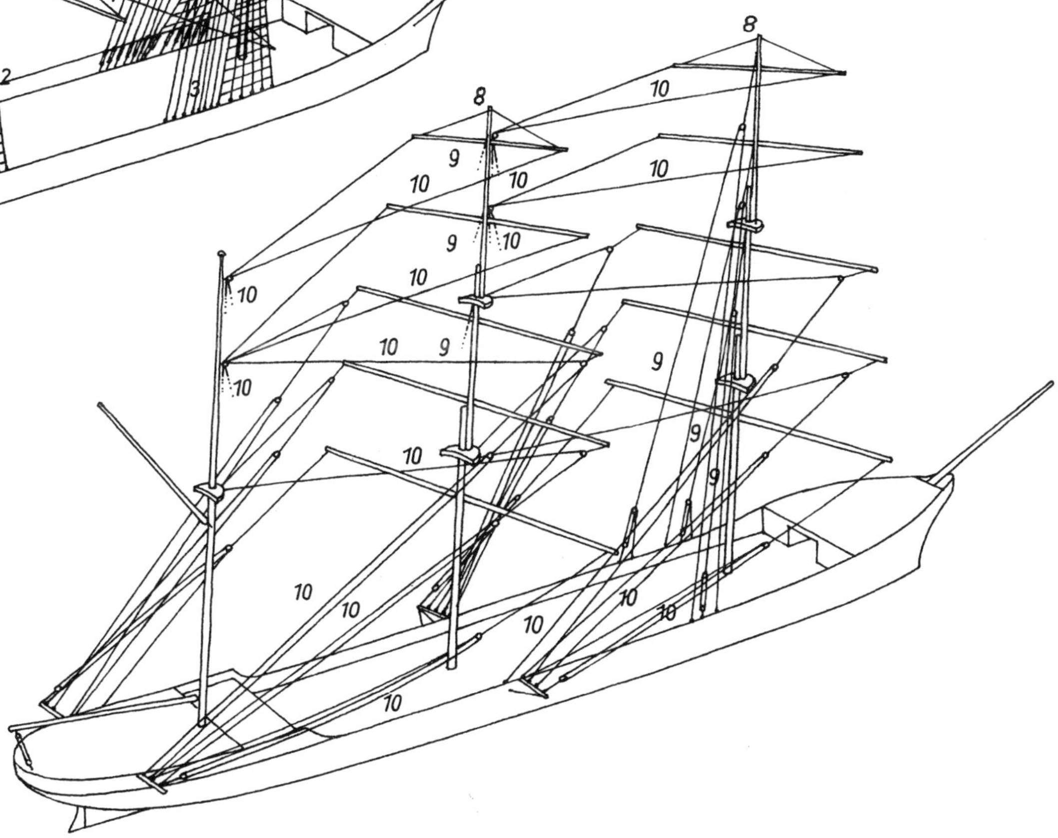

außer am Fockmast nur noch am Großmast eine rahgetakelte Großstenge und am Großuntermast Gaffelsegel gefahren. Die Dreimast-Schonerbark hatte nur den Fockmast vollrahgetakelt und an den anderen beiden Masten und ihren Stengen Gaffelsegel.
Dreimast-Rahschoner mit Gaffelsegel am Fockuntermast, Rahsegeln nur an der Fockmaststenge und Gaffelsegel an den anderen hinteren Masten und Stengen hießen Dreimast-Toppsegelschoner bzw. Dreimast-Focktopp-Rahschoner.

Barkarole, *Barkarolle:* kleines Ruderfahrzeug für 4 bis 6 Personen ohne Besegelung für Vergnügungsfahrten im Mittelmeergebiet, besonders bevorzugt in Italien (Venedig). Die Bootsbezeichnung wurde auf die Lieder der Bootsführer, der venezianischen Gondolieri, übertragen.

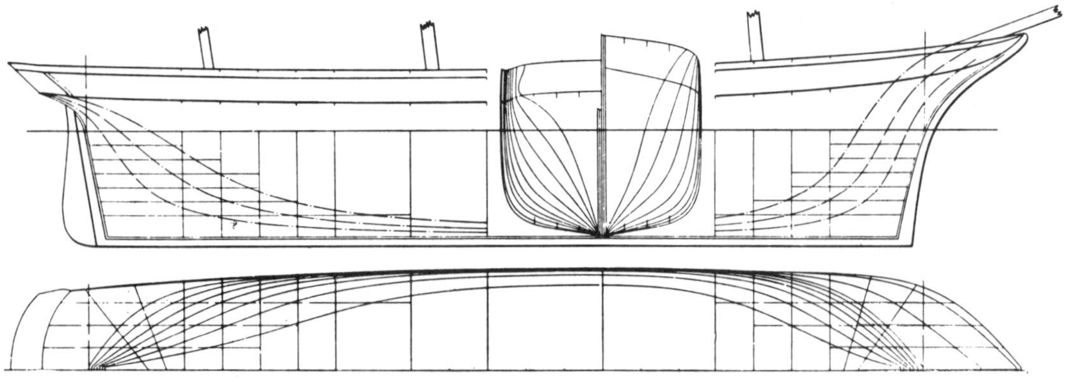
Bark – Linienriß

Dreimastbark »SINGAPORE«, 1864 erbaut in Sunderland, 922 BRT [21]

Fünfmastbark »MARIA RICKMERS«, 1892; Länge 115 m, Breite 14,5 m, 3822 BRT (nach Zeichn. ARENHOLD)

Barkasse: besonders breit gebautes wichtiges Beiboot auf Kriegsschiffen. Auf den Segelkriegsschiffen wurde die Barkasse gewöhnlich mit der *Pinasse* auf dem Oberdeck zwischen Fock- und Großmast gefahren. Sie wurde zum Ausbringen schwerer Anker, zu Fahrten an Küsten und Häfen sowie zur Versorgung mit Trinkwasser benutzt. Die Barkasse einer *Fregatte* war etwa 12 m lang, hatte 14 bis 16 Ruderer und führte 2 Masten. Barkassen wurden auch mit kleinen Geschützen (Landungslafetten und 8-cm-Kanonen) ausgerüstet und auch als Landungsboote und zum Geschütztransport verwendet. Bei Landungen faßten sie bis zu hundert Mann. Barkassen waren sowohl als Ruderboote als auch als kombinierte Ruder-Segel-Boote anzutreffen. Die spezielle Barkassentakelung bestand aus 2 kleinen Masten mit Luggersegeln sowie einem kleinen Stagfock zum Vorsteven ohne Bugspriet. Die Ruderer arbeiteten zu zweit an den Riemen. Die Seitengänge einer Barkasse waren i. allg. nicht durch Barghölzer, sondern durch aufgesetzte Leistengänge verstärkt. Die Barkasse fand ihre Weiterentwicklung in Dampf- und Motorbarkassen. Heute werden Verkehrsboote in Hafenbereichen als Hafenbarkassen bezeichnet.

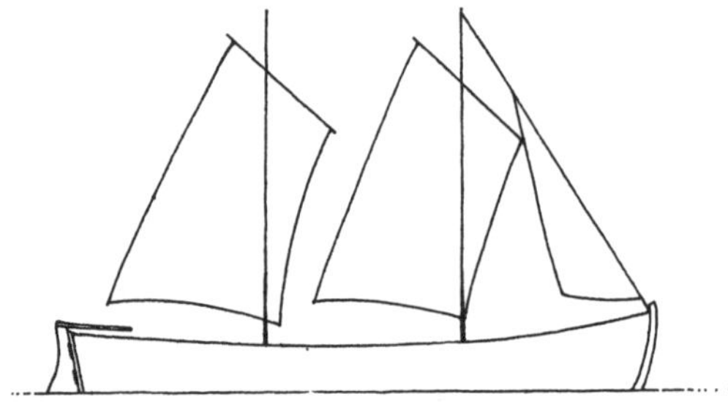
Barkassentakelung

Barke: allgemeine Bezeichnung für kleine Boote ohne Segel, wie sie vorwiegend im Mittelmeergebiet und auf dem Nil (Nilbarke) seit langem verwendet werden. Die Bezeichnung ist schon aus der Antike (griechisch barika, lat. barca) nachweisbar. Noch Ende des 19. Jh. wurden als Barken bezeichnete kleine Boote vorwiegend für die Schwammfischerei bei Sizilien verwendet. Die Bezeichnung Barke findet sich aber auch seit dem 14. Jh. in der Nordsee für meistens dreimastige leichte Kaperschiffe mit Glattdeck und etwa 100 t Tragfähigkeit. Häufig wurden diese Barken nur mit einem großen Fock- und einem kleineren Besanmast gefahren. Im Mittelmeer wurden Barken auch in Kriegsflotten verwendet; i. d. R. führten sie jedoch als Hilfsschiffe nur einige Signalgeschütze (s. a. *Staatsbarke*).

Barkerole, *Barquerolle*: siehe Barkarole

Barketta, *Barquette*: kleineres Ruder-Segelboot vorwiegend im Bereich des östlichen Mittelmeeres. Im französischen Sprachgebrauch wird mit Barquette allgemein ein Hafenruderboot bezeichnet. Im 17. und 18. Jh. wurden ähnliche kleine Boote auch für die Fischerei verwendet.

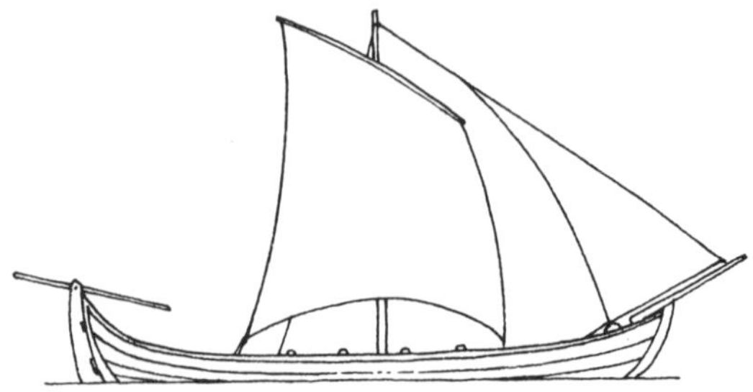
Barketta, Ruder- und Segelboot

Barkkuff: Anfang des 19. Jh. bis zur Jahrhundertmitte in Holland zuweilen gebauter kombinierter Schiffstyp, dessen Körper die Formen einer großen *Kuff* hatte, während die Takelung

Geruderte Staatsbarke, Ende des 17. Jh.

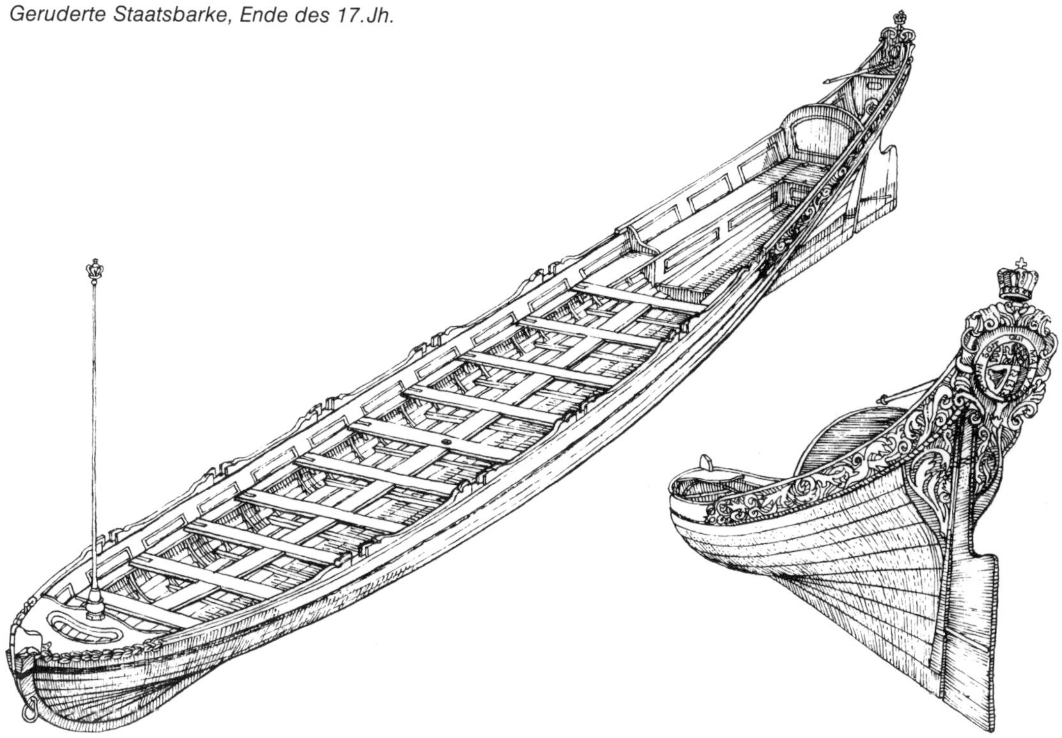

einer Dreimastbark (2 rah- und 1 gaffelgetakelter Mast) entsprach.

Barkschoner: siehe Barkantine

Barse: an der Wesermündung im 17. und 18. Jh. eingesetztes einmastiges Lastschiff zum Aussetzen von schwimmenden Wasserbegrenzungen und Seezeichen.

Batel: zweimastiges Frachtschiff mit 35 bis 100 t Tragfähigkeit, wie es an der Küste von Malabar (Indien) auch noch heute fährt. Die Bezeichnung Batel war jedoch auch an den Küsten Kaliforniens für dort gebräuchliche kleinere Küstensegler gebräuchlich. In der Küstenfischerei, insbesondere im iberischen Bereich, fand die Bezeichnung auch allgemein für kleinere Boote mit oder ohne Besegelung Verwendung.

Battela: arabisch-indischer Küsten- und Hochseesegler aus der Dau-Gruppe *(Dau)* für Frachttransporte und Fischerei. Die Rumpfform der zweimastigen und hochseetüchtigen arabischen Battela ähnelt der einmastigen kleinen und älteren *Zaruk*. Im Unterschied zur Zaruk hat die Battela jedoch ein durchlaufendes Deck und ein erhöhtes Achterdeck. Der Großmast hat einen starken Vorfall (etwa 20°) und der Besanmast steht etwa um 6° nach vorn geneigt. Sowohl am Groß- als auch am Besanmast werden trapezförmige Dausegel gefahren.
Die indische Battela ist ebenfalls ein zweimastiger Küstensegler, insbesondere im Küstenbereich von Bombay bis Karatschi, dessen beide Masten etwa einen Vorfall von 6° haben. Auch dieses Schiff fuhr mit dem trapezförmigen Dausegel, jedoch hatte es als einziger Dautyp die Schrägrahen wechselweise steuerbord und backbord am Groß- und Besanmast. Bei diesem Schiffstyp sind verschiedene arabische und europäische Einflüsse, so bei der Gestaltung des Bugspriets, des Achterstevens und des Spiegelhecks, vorhanden.

Batos: schmaler Einbaum der Fischer und Jäger Nordsibiriens und Kamtschatkas.

Bauer-Tauchboot: siehe Brandtaucher

Baumfloß, *Baumstammfloß:* siehe Floß und Balsa-Floß

Baumgarth-Bootsfund: 1899 an der Pommerschen Ostseeküste bei Baumgarth gefundenes kleines einmastiges Boot ohne Rudereinrichtung. Die Länge des Bootes ist 11,90 m, die Breite 2,52 m. Es ist ein schlanker *Doppelender*, bei dem Vor- und Hintersteven gleich spitz zulaufen. Es hat einen Balkenkiel und klinkerartig angesetzte Planken. Die Spanten sind den Innenseiten der Planken sägenartig angepaßt (auch als »Fischung« bezeichnet), ähnlich den in *Kvalsund* aus dem 6. und 7. Jh., in *Ladby* aus dem 9. und 10. Jh. und *Kalmar* aus dem 13. Jh. gefundenen Booten. Die Planken wurden mit den Spanten und in Längsrichtung vernietet. Das Boot entspricht der im 10. und 11. Jh. im Ostseeraum üblichen Bauweise.

Bazar-Kaik: im 17. und 18. Jh. großes Ruderboot am Bosporus. Es diente vorwiegend an den Markttagen zur Beförderung von bis zu 30 Personen oder zum An- und Abtransport entsprechender Warenmengen.

Bayeuxteppich-Schiffsdarstellung: ein zunächst in der Kathedrale von Bayeux und heute im Museum der Stadt Bayeux in der Normandie aufbewahrter 70 m langer und 50 cm breiter Wandteppich mit 76 Bilddarstellungen. Auf weißem Leinenuntergrund sind mit 8 Farben durch Wollstickerei Szenen aus der Eroberung Englands durch die Normannen unter WILHELM DEM EROBERER mit insgesamt 1512 Objekten aller Art dargestellt. Der Teppich besitzt großen künstlerischen und historischen Wert. Er wurde wahrscheinlich im Auftrage des Bischofs ODO, eines Bruders Wilhelms, von Klosterfrauen hergestellt. Da auf dem Teppich in häufiger Wiederholung ein etwas völlig gebauter Schiffstyp eingestickt wurde, kann angenommen werden, daß es sich um das typische Transportschiff der Normannen handelt. Die Invasion Englands fand im Jahre 1066 statt. Die Flotte Wilhelms soll aus insgesamt 3000 Schiffen mit einem großen Anteil von Lastschiffen bestanden haben. Die Anzahl der eigentlichen Kriegsschiffe wird mit 696 angegeben. Es sollen 30 000 Menschen und 2000 Pferde übergesetzt worden sein.

Becasse: im 19. Jh. prachtvolle spanische *Barke* ohne Deck mit auffällig hohem Vorschiff, besonders gebräuchlich im Bereich von Cadiz. Die Be-

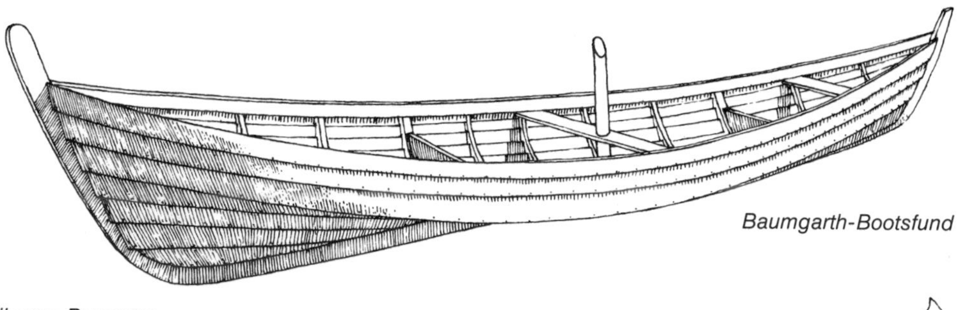

Baumgarth-Bootsfund

Bazar-Kaik vom Bosporus

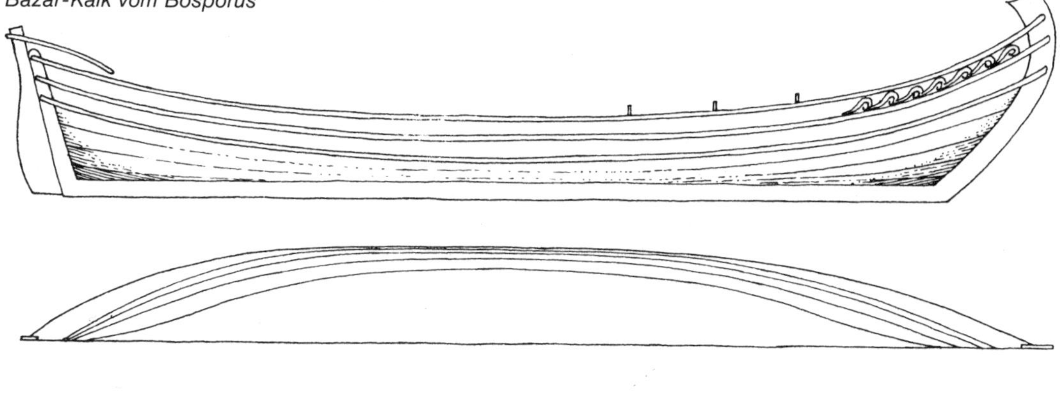

Bayeuxteppich, Ausschnitt mit Normannenschiffen

casse hatte nur einen Mast, an dem ein Rahsegel gefahren wurde. Als Hilfsantrieb konnte das Fahrzeug mit bis zu 16 Riemen gerudert werden.

Beiboot: ein zum Schiff gehörendes, beigegebenes, meistens an Bord oder im Schlepp mitgeführtes Ruder- oder Segelboot zum Aufrechterhalten der Verbindung zwischen Schiff und Land bzw. zwischen Schiffen. Bis Ende des 18.Jh. führte man oft nur ein einziges Boot mit, das häufig nachgeschleppt wurde. Erst bei starkem Wind und Seegang wurde das Boot an Bord geholt. Auf großen Segelschiffen wurden dazu an den Stagen 2 Takel (schwere mehrscheibige Seil- und Flaschenzüge, sog. »Taljen«) befestigt, mit denen andere schwere Lasten an Bord geholt wurden; außerdem wurden an den unteren Rahen solche Taljen zusätzlich angeschlagen. Auf *Schonern* und *Kuttern* wurden die Taljen an den heruntergefierten Gaffeln angebracht. Durch Schwenken des Gaffelbaumes konnten die Beiboote ebenfalls an Bord gehievt werden. Schiffe mit einfach gestaltetem Spiegelheck, wie *Brigg*, *Schoner* oder *Kutter*, hatten mitunter einen leicht geschwungenen Heckbalken und darin eingelassene Holzscheiben, um das Boot hochzuziehen und zu vertäuen. Alle diese Einrichtungen zum Anbordnehmen und Aussetzen von Booten erforderten viel Zeit und waren für die Verwendung als Rettungsboote deshalb wenig geeignet. Erst um 1800 kamen in England Klapp- und Drehdavits in Gebrauch. Beide Davitarten waren geeignet, Boote schnell auszusetzen, so daß eine größere Bootsanzahl mitgeführt werden konnte.
Während im 17.Jh. höchstens 2 Beiboote auf jedem Schiff mitgeführt wurden, erhöhte sich die Zahl der mitgeführten Boote verschiedener Größe auf 5 bis 6 je Schiff. So führten englische und französische Kriegsschiffe ab Ende des 17.Jh. je nach Rangordnung die in der Tabelle genannten Boote an Bord, wobei die Rangordnung die unterschiedliche Größe und Bewaffnung des Schiffes kennzeichnet.

Rang	etwa Größe des Schiffes in t Wasserverdrängung	etwa Besatzungsstärke in Personen	mitgeführte Boote
I	1520	600	Langboot, Pinasse, Jolle
II	720	260	Langboot, Pinasse, Jolle
III	550	140	Langboot, Pinasse
IV	290	100	Langboot, Pinasse
V	185	60	Langboot

Entsprechend dem Range eines Kriegsschiffes wurden auch verschiedene Beibootklassen unterschieden. Beim *Langboot* betrug die Länge 7 bis 16 m, bei der *Pinasse* 6,5 bis 11 m und bei der *Jolle* 6 bis 8 m. Während der Blütezeit der Segelschiffahrt wurde die Zahl der Boote auf *Briggs*, *Barken* und *Klippern* durch gesetzliche Bestimmungen weiter erhöht. Das größte und wichtigste Beiboot wurde die *Barkasse*, darauf folgten die *Schaluppe* und die *Jolle*. Das kleinste Beiboot wurde als *Gig* bezeichnet. Die große, völlige *Barkasse* war Transportboot für Waren aller Art in Fässern, Kisten und anderen Behältnissen. Sie wurde auch als *Leichter* für den Transport von der Reede zum Hafen oder zu den Küsten und für Ankermanöver eingesetzt. Die Schaluppe war ein vielriemiges, schnelles Ruderboot, das besonders für den Lasttransport und auf Walfangschiffen auch als Fangboot verwendet wurde. Die kurze, aber breite Jolle war vorwiegend *Arbeitsboot* zur Verrichtung von Arbeiten am Schiff; die Gig diente hauptsächlich dem Kapitän und der Schiffsführung und trug dementsprechend auch häufig die Bezeichnung »Kapitänsgig«. Für andere Aufgaben wurden auch weitere kleine Boote an Bord mitgeführt. Das allerkleinste Boot an Bord nannten die Matrosen scherzhaft »Mosesboot«. Je nach Anzahl und Größe waren die mitgeführten Boote zur Ausbildung der Schiffsbesatzung und als Rettungsboote mit Segeln, Riemen und Proviant ausgerüstet. Zur Besegelung wurde vorwiegend das leicht bedienbare Luggersegel, später das Gaffelsegel verwendet. An Bord wurden die Boote auf großen Schiffen mittschiffs auf dem Großluk oder auf Grätingen (Holz- oder Metallgitter) vertäut. Die später an Davits hängenden Boote waren verzurrt und gesichert. Im Laufe der Zeit entstand eine Vielzahl von Verbesserungen an den Bootsaussetzungsvorrichtungen.

Beischiff: Bezeichnung für kleinere Schiffe, die größeren Schiffen für verschiedene Hilfeleistungen als *Tenderschiff* zur Verfügung stehen.

Belem: langgestrecktes, gondelähnliches Ruderboot für den Personentransport im Irak. Vor- und Hintersteven sahen schneckenförmig eingerollt aus.

Bequartierungsschiff: ein Wohnschiff zur vorübergehenden Unterbringung von Schiffsmannschaften. Entsprechend den Vorschriften dei meisten Seeflotten durfte die Mannschaft während der Bestückung des Schiffes mit Kanonen, der Ausrüstung im Arsenal und während einer Dockung nicht an Bord ihres Schiffes wohnen.

Bergantine, *Bergantin:* italienisches Ruder-Segelschiff aus dem 17.Jh., dessen Anfänge bis ins 13.Jh. zurückreichen. Der Schiffstyp stellte eine kleinere Art der *Galeere* für Kurierdienste mit bis zu 16 Riemen an jeder Seite und einem Ruderer je Riemen dar. Im 16. und 17.Jh. gab es auch den Schiffstyp mit 2 Ruderern je Riemen. Die Takelage bestand aus einem Mast mit Lateinrute und Lateinsegel.

Bergen-Schiffsfund: verschiedene Reste von altnordischen und mittelalterlichen Schiffen, die im alten Hafengebiet von Bergen in Norwegen in jüngerer Zeit entdeckt wurden. Die Mehrzahl der Funde stammt aus der Mitte des 13.Jh., da im Jahre 1278 die Hanse eine Handelsniederlassung in Bergen gründete. Zwei von den Schiffswracks ähneln dem *Kalmar-Schiffsfund*. Verschiedene andere Wracks sind nur unsicher bestimmten Schiffstypen zuzuordnen. Den Maßen nach handelt es sich bei einer Länge von 26 m und einer Breite von 9 m um auffällig große Schiffe für die Zeit des 13.Jh. Einige Historiker nehmen auch an, daß es sich bei den Funden um Schiffe von H. HAKONSSON handelt. Urkundlich ist erwiesen, daß dieser 1262 bis 1263 die berühmte »KRISTSUDIN« oder auch »KRISTAUDIN« für 37 Ruderer in Bergen bauen ließ. Ein früherer, bereits 1925 im Sumpf bei Möre gemachter Schiffsfund stammt aus der Zeit um 800. Für diese Schiffsfunde ist typisch, daß die Bearbeitung der Planken ausschließlich mit Beil und Dechsel (Queraxt) erfolgte. Die Markierungen sind noch gut erkennbar. Damals wurde in den nordischen Ländern noch nicht gesägt.

Bermuda-Segelyacht: mit Hoch- oder Spitzsegel getakelte Hochseeyacht. Ähnliche, auf den Bermudas gebräuchliche Hochtakelungen wurden in Europa in der ersten Hälfte des 19.Jh. bekannt. Aus Erfahrungen mit den dreieckigen Lateinsegeln auf schnellsegelnden Mittelmeerschiffen vermutete man bereits eine günstige Vortriebswirkung langer Luvkanten-Segellieks. Diese Erkenntnis setzte sich auch bei den bis in das 20. Jh. in Nordeuropa bevorzugten gaffelgetakelten Yachten mehr und mehr durch. Aus der Gaffeltakelung mit Gaffeltoppsegel entstand die heute noch anzutreffende Steilgaffel. Mit dem Ansetzen der großen dreieckigen Hochsegel bis zur Mastspitze an verlängerte Hochmasten ohne Steilgaffel vollzog sich dann der Übergang zum heutigen Hochsegel. Seit den olympischen Spielen 1920 in Amsterdam nahmen Hochseeyachten mit Bermudasegeln an den Regatten teil. 1936 fand nach einer speziellen Bermuda-Vermessungsformel ein Ozean-Yachtrennen zwischen den Bermudainseln und dem Feuerschiff »Elbe I« statt.

Bermudasloop: zu Ende des 17. Jh. auch als »Jamaicasloop« bezeichnetes einmastiges Segelschiff, das vorwiegend in den Gewässern um Jamaica für Kaper- und Schmuggelfahrten benutzt wurde. In Europa gab es die Bermudasloop noch bis zum Ende des 19. Jh. Es war ein Glattdecker von etwa 20 m Länge bei zurückfallendem Vorsteven, jedoch einem außergewöhnlich langen Bugspriet von fast einer Schiffslänge. An dem stark nach hinten geneigten Mast fuhr man ein großes Gaffelsegel, eine Breitfock, ein Toppmastsegel sowie Stagfock, Klüver und Jager.

Besanewer: ein als *Anderthalbmaster* getakelter *Ewer* der Nordseeküste mit Seitenschwertern für die Küstenschiffahrt und Fischerei. Der Vorgänger hatte als kleiner Ewer nur einen Pfahlmast, so daß er als »Pfahlewer« oder »Giekewer« bezeichnet wurde. Demgegenüber führte der Besanewer, erstmalig 1849 als Weiterentwicklung des *Pfahlewers* nachweisbar, einen weiteren kleineren Mast, den Besan. Der Besanewer hatte insgesamt etwa 170 m² Segelfläche.

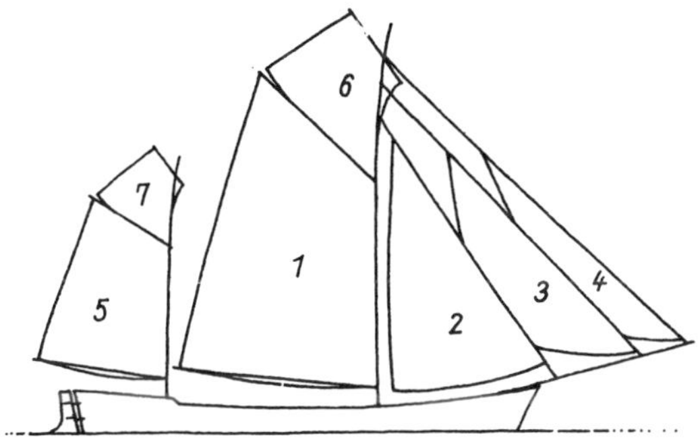

Takelung des Besanewers: 1 Großsegel – 2 Stagfock – 3 Klüver – 4 Jager – 5 Besan – 6 Großgaffeltoppsegel – 7 Besangaffeltoppsegel

Besankutter: ein als *Anderthalbmaster* getakelter *Kutter*, der neben einem Großmast am Heck noch einen kleinen Treibermast, den Besanmast, führte. Die Mehrzahl der Segel-Fischkutter war wegen der günstigen Steuereigenschaften und der einfachen Bedienung als Besankutter getakelt. Allgemein wird eine als Kutter getakelte Yacht, die außer dem Großmast noch einen kleineren Besanmast für ein Steuersegel führt, als Besankutter oder *Yawl* bezeichnet.

Besanyacht: im 17. Jh. kleine schonergetakelte

Besanewer um 1880

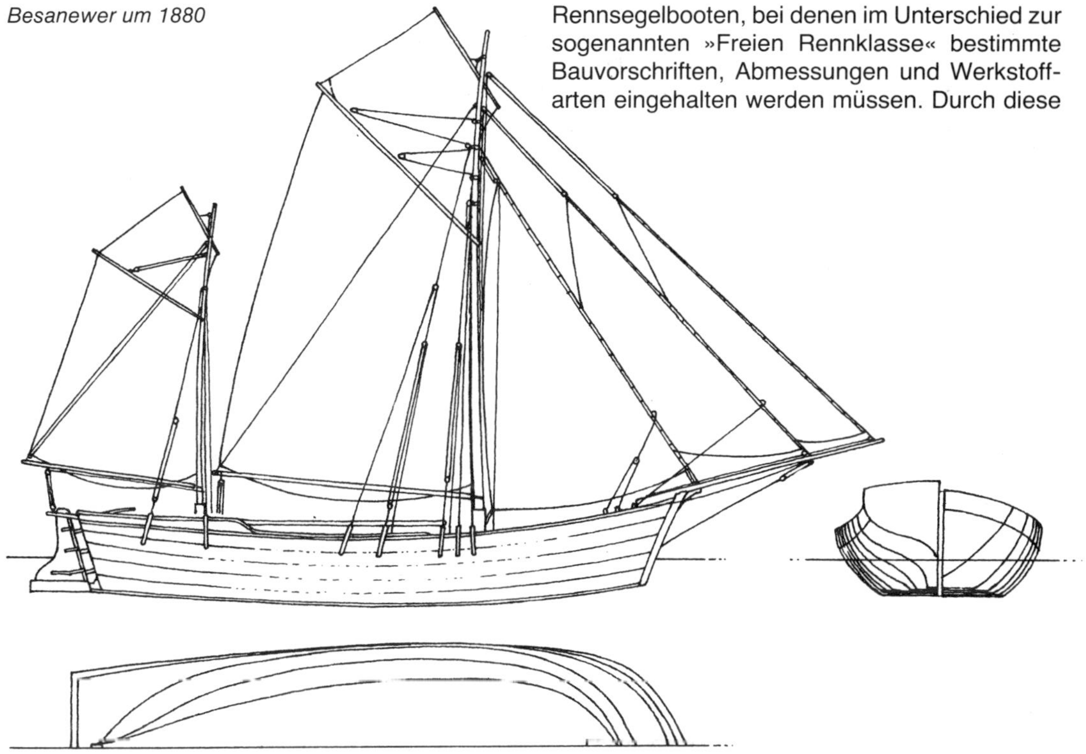

ein- und zweimastige Yacht in Holland. Eine Besonderheit waren die auffällig kurzen, hoch am Mast gefahrenen Gaffeln, die zum Teil nicht gerade, sondern gekrümmt waren. Diese besondere Art der Gaffelsegel nannten die Holländer »Bezaan«.

Beschränkte Rennbootsklase: Klasse von Rennsegelbooten, bei denen im Unterschied zur sogenannten »Freien Rennklasse« bestimmte Bauvorschriften, Abmessungen und Werkstoffarten eingehalten werden müssen. Durch diese Beschränkungen sollen die Typenvielfalt begrenzt, die Vergleichbarkeit der Fahrzeuge und die Anwendung geeigneter Konstruktionen auf Nutzboote verbessert werden.

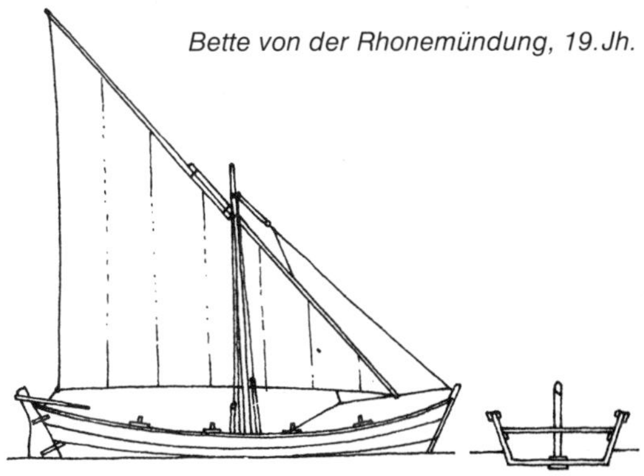

Bette von der Rhonemündung, 19. Jh.

Bette: ein im Bereich der Rhonemündung im 19. Jh. übliches kleines, 3 bis 6 m langes Boot mit flachem Boden und Lateinsegel, das sowohl für die Fischerei als auch zu Vergnügungsfahrten verwendet wurde.

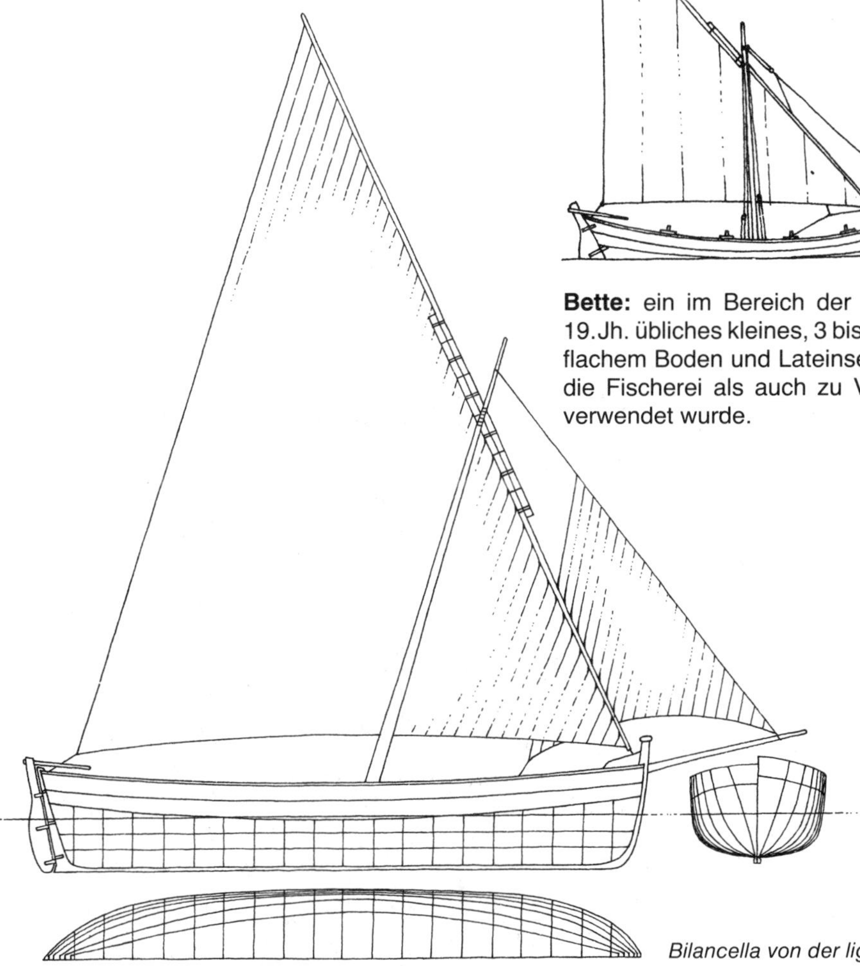

Bilancella von der ligurischen Küste, 19 Jh.

Bilancella: Fischerboot der ligurischen Küste (Genua) mit Lateinsegel an einem stark nach vorn geneigten Mast. Das gedeckte Boot war bis zu 20 m lang und etwa 4,5 m breit.

Bilander: zweimastiges briggähnliches Segel-Handelsschiff *(Brigg)*, das im 17. und 18. Jh. besonders in Holland, Schweden und England für den Warentransport in Flachwassergebieten der Küsten- und Binnenschiffahrt mit flachem Schiffsboden gebaut wurde. Der vordere Mast war voll rahgetakelt, der achtere, i. allg. größere Mast führte unter den oberen Rahsegeln ein als »Bilandersegel« bezeichnetes trapezförmiges Segel. Im Unterschied zum Bilander führt der als kleiner Bilander bezeichnete Schiffstyp zweimastige, aber wesentlich kleinere Luggertakelung. Ende des 19., Anfang des 20. Jh. wurden auch Binnenlastkähne als Bilander bezeichnet.

Bilander, Mitte 18. Jh.

Bildstein-Schiffsdarstellung: den *Felsritzungen* (Hällristningar) ähnlich dargestellte Schiffe und Runenzeichen auf Einzelsteinen. Einer der ältesten in Nordeuropa gefundenen Bildsteine, nach seinem Fundort benannt, ist der Karstad-Runenstein. Er stammt aus der Zeit um 1000 v. u. Z. und wurde 1927 von einem Lehrer aus Nordfjord in Norwegen gefunden. Der Stein enthält außer Runen eine Anzahl Schiffsbilder mit Doppelsteven.
Aus dem 9. Jh. stammt die Schiffsdarstellung auf dem Häggeby-Stein. Es wird ein schwungvoll gezeichnetes Wikingerschiff mit gleicher Bauart des Vor- und Achterstevens mit 12 Ruderbänken und eine Schute oder Karfe dargestellt. Dieser Bildstein befand sich in der Kirche des schwedischen Ortes Häggeby und gehört jetzt zum Bestand eines Stockholmer Museums.
In einem Steingrab bei Kivik (Schonen, Südschweden) sind Steinplatten aus der älteren Bronzezeit erhalten geblieben. Auf einer dieser Platten ist ein Schiff mit Doppelsteven stilisiert dargestellt.
Eine weitere bekannte, schottische Bildstein-Schiffsdarstellung befindet sich im Museum in Edinburgh, die aus der zweiten Hälfte des 13. Jh. stammt und einen koggenähnlichen Schiffstyp zeigt.

Binnenjolle: eine für Binnengewässer im Vergleich zur Küstenjolle leichter gebaute *Segeljolle*. Zu den bekanntesten ältesten Binnenjolle-Klassebooten gehörte die 22-m^2-Nationale Binnenjolle.

Bildstein aus Häggeby, Schweden [3]

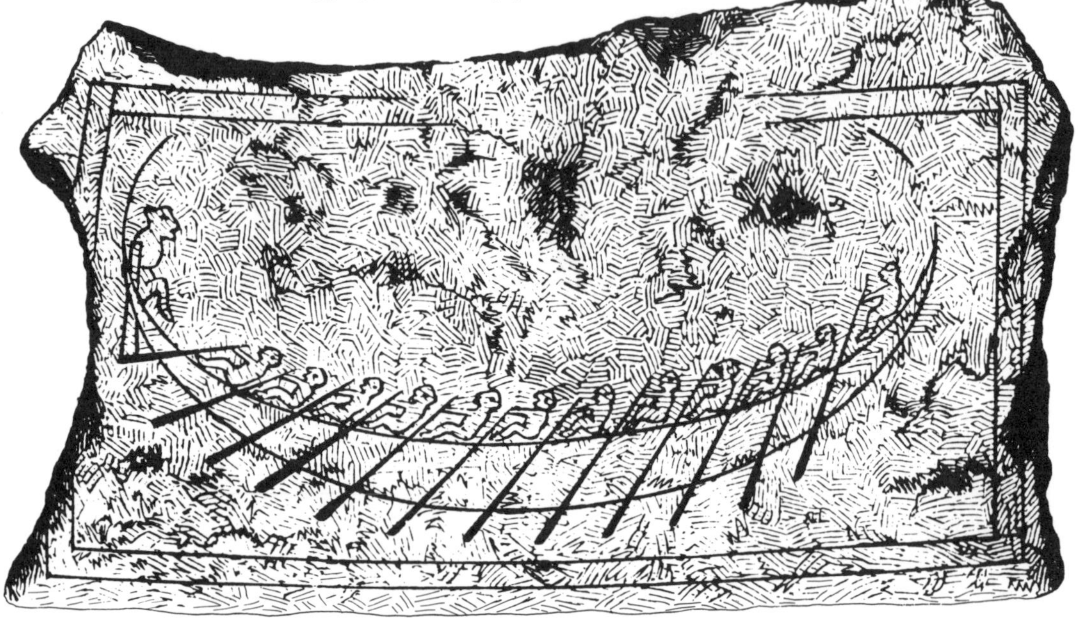

Binsenboot: Verkehrsmittel der Indianer auf dem Titicacasee, das sehr geschickt aus mehreren rollenförmigen Binsenbündeln zusammengesetzt wird. Da der Auftrieb wie bei einem Floß erfolgt, handelt es sich eigentlich um bootsförmige Binsenflöße, s. a. *Balsa*. Die Fahrzeuge sind i. allg. 3 bis 4 m lang und tragen 4 bis 6 Personen. Das Segel besteht aus Binsenmatten und ist an einem einfachen Stangenmast befestigt.

Binta: im 18. und 19. Jh. vorwiegend von Piraten benutztes zweimastiges Schiff im Malayischen Archipel mit zusätzlichem Riemenantrieb nach Art der *Biremen* und 2 seitlichen Steuerrudern im Heck.

Bireme: altrömisches Kriegsschiff im Mittelmeerbereich. Die Bireme wurde mit Riemen in 2 übereinander angeordneten Reihen von Ruderbänken auf beiden Schiffsseiten angetrieben, wobei jeder Riemen von 1 oder 2 Ruderern bedient wurde. Darstellungen z. B. am Palast des SANHERIB (704 bis 661 v. u. Z.) im Libanon und an der Trajansäule (TRAJAN 53 bis 117) sowie auf griechischen Skulpturen lassen die räumliche und zeitliche Verbreitung der Biremen im Altertum erkennen (s. a. *Diere*).

Binta, malayisches Piratenschiff, 19. Jh., Modell

Bisquine: im Mittelmeer für die Fischerei und Küstenfahrt verwendetes kombiniertes Ruder- und Segelfahrzeug mit etwa 30 t Tragfähigkeit, 2 Masten und einem Bugspriet. Der Fockmast war meistens vorgeneigt, und der größere Pfahlmast führte ein fliegendes Toppsegel.

Römiscne Bireme, Reliefdarstellung um 30 v. u. Z. [11]

Römische Bireme, Relief an der Trajansäule in Rom

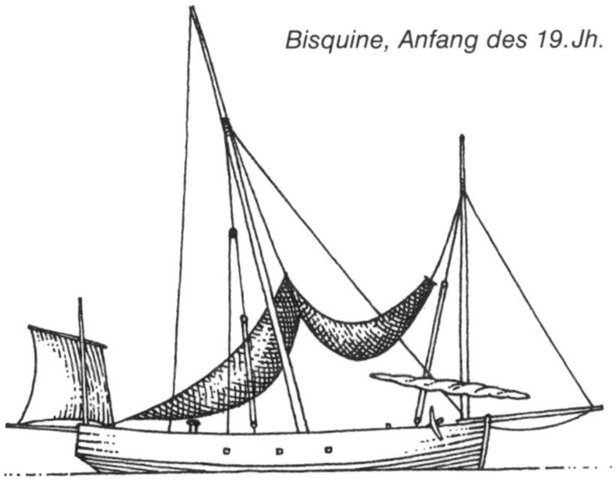

Bisquine, Anfang des 19. Jh.

Björke-Bootsfund: bei Björke in Ostschweden 1947 im Kanalbett zwischen dem Hille- und Jus-See gefundenes Setzbordschiff aus dem 4. Jh. Es stellt einen Einbaum mit an beiden Schiffsseiten aufgesetzten Seitenplanken dar. Die muldenförmig ausgearbeitete Bodenplanke hat eine Länge von 5,22 m, eine größte Breite von 0,7 m und eine Dicke von etwa 4 cm. Am Plankenboden vorn und hinten sind kielähnliche, 1,5 m lange Rippen ausgehauen. An den in Klinkerbauart aus Lindenholz gefertigten aufgesetzten Borden wurden, ähnlich wie beim *Nydam-Boot*, beim Aushauen Klampen stehen gelassen. Diese dienen zum Anbinden der Seitenplanken. Das Anbinden erfolgte durch Weidenzweige an Querspanten aus Tannenholz. Das Setzbordschiff stellt eine Urform der altnordischen Segelschiffe dar, die in den Sagas als »skegg« (Verdickung) bezeichnet werden. Beim Björke-Bootsfund ist jedoch ein Mastfuß nicht erkennbar. An jeder Bordseite war ein Plankengang von 0,35 m breiten und 2 cm dicken Planken aufgesetzt. Die Planken wurden untereinander mit Eisennieten und untergelegten Scheiben verbunden. Alle Planken sind nur mit Beil und Dechsel bearbeitet und nicht gesägt worden. Im Boden befand sich Feldsteinballast von 67 kg. Dieser Ballast kann zur Stabilitätserhöhung und als Ankerstein gedient haben. Das Boot hat mit den aufgesetzten Planken eine Länge von 7,22 m, eine Breite von 1,24 m und eine Seitenhöhe von 0,94 m. Bei 4 Mann Besatzung einschließlich Waffen und Proviant kann es einen Tiefgang von 15 cm gehabt haben.

Björke-Bootsfund

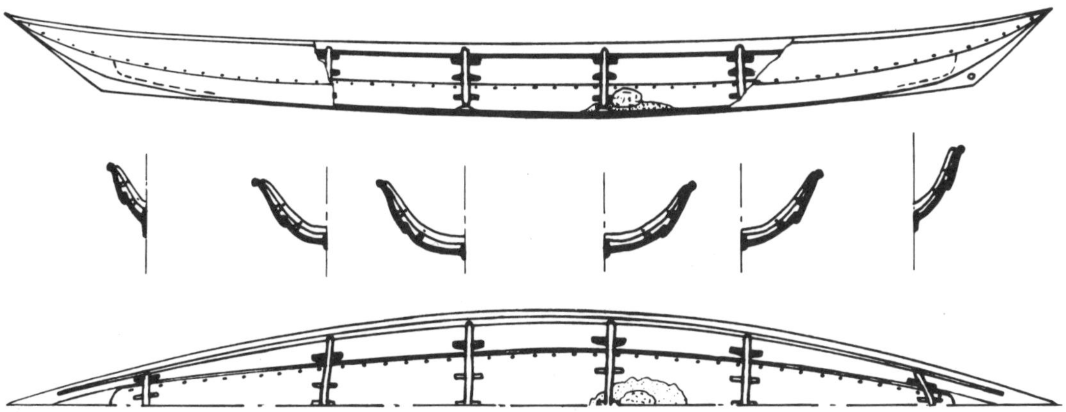

B-Klasse-Boot: zur B-Klasse oder -Gruppe von Sportsegelbooten zählende ältere Boote einer *Konstruktionsklasse*. Um vergleichbare Wettbewerbsbedingungen zu schaffen, erfolgte ihre Zulassung und Bewertung unter der Zusatzbezeichnung »B-Klasse«.

Blackfriars-Bootsfund: in London 1962 bei Baggerarbeiten in der Themse gefundene Bootsreste aus Eichenholz. Nach eingehender Untersuchung konnte festgestellt werden, daß es sich um ein Boot aus der Zeit der Unterwerfung Englands durch die Römer (43 bis 400 u. Z.) handelt. Beim Wrack befanden sich Hunderte Scherben römischer Keramikgefäße. Der Laderaum enthielt Steine, deren Herkunft einwandfrei aus einem Steinbruch am Medway-Fluß bei Maidstone in Kent nachweisbar ist. Das Boot hatte einen flachen Boden, der aus 2 durchgehenden, 65 cm breiten und 7,5 cm dicken Planken bestand. Ein Kiel war nicht vorhanden. Die bis zu 5 cm dicken Seitenplanken waren durch 2 cm dicke Eichenholzpflocks und Eisennägel in diesen Pflocks mit den Bodenplanken und untereinander verbunden. Die mit den Planken vernagelten Bodenwrangen waren teilweise besonders stark: bis zu 21 cm dick und 30 cm breit. Die Abdichtung der Längsfugen zwischen den Seitenplanken erfolgte durch eingepreßte Haselnußzweige; eine Mastspur (Fußlagerung eines Mastes) war nicht vorhanden.

Blazer: einmastiges und in der Weiterentwicklung auch zweimastiges niederländisches Fischereifahrzeug. Als Einmaster war der Schiffskörper gedrungen und mit starken Holzverbänden auf Kiel gebaut. Die Takelung bestand aus dem dicken, nicht abgestagten Pfahlmast, Großsegel, Stagfock und Klüver. Der Blazer ist wahrscheinlich erst in der zweiten Hälfte des 19. Jh. entstanden. Die Vermutungen darüber, aus welchem Typ er sich entwickelt hat, gehen auseinander. Er kann die Weiterentwicklung des sehr alten Kaag-Typs *(Kaag)* oder eine Variante des *Texel-Leichters* sein, der auf der Reede von Texel Ladungen von Seeschiffen übernahm. Eine andere Annahme besagt, daß der Blazer aus dem *Botter* hervorgegangen sei, indem man diesen Typ für die Fischerei auf den nördlichen Teilen der Zuidersee vergrößert habe. Die Abmessungen des Blazers sind unterschiedlich. Die größten zweimastigen Schiffe mit einer Länge über alles von 17 m und mehr waren auf Texel beheimatet. Vom nördlichen Teil der Zuidersee hat sich der Blazertyp bis nach Zeeland und Antwerpen verbreitet.

Blockschiff: Schiffskörper eines Segelschiffes ohne Mast und Takelage. Nicht mehr seetüchtige Kriegsschiffe wurden nach Entfernen der Takelage des öfteren an Eingängen von Flüssen und Häfen oder an den Zollstationen der Ströme als Zoll- und Wachschiffe verankert. In Kriegszeiten

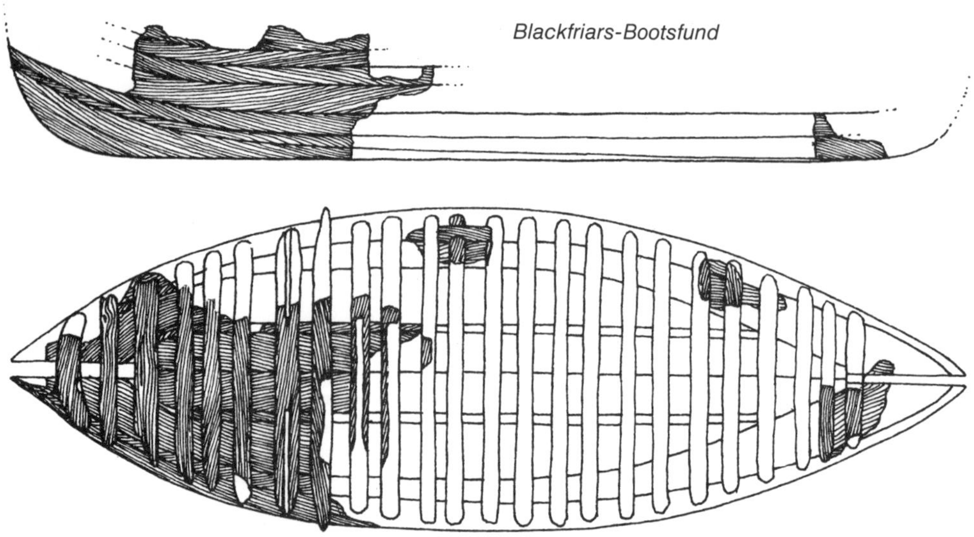

Blackfriars-Bootsfund

wurden mit Geschützen armierte Blockschiffe zusätzlich zum Schutz und zur Sperrung von Strommündungen und Häfen als schwimmende Batterieschiffe genutzt oder ohne Armierung als Hafensperren versenkt. Auch als Kohlen- und Proviantlager, schwimmende Magazine oder Arsenale, Kasernen-, Lazarettschiffe oder als Schiffskirchen wurden Blockschiffe verwendet. Zuweilen wurden sie sogar als schwimmende Gefängnisse genutzt.

Bock: die größten Weserkähne, die im vorigen Jahrhundert als »Böcke« bezeichnet wurden. Die Abmessungen betrugen etwa 36 m Länge und 2,7 m Breite für Lasten bis zu 80 t. Die mittelgroßen nannte man *»After«*, auch Achter- oder Hinterhänge, weil sie an den Bock angehängt wurden. Die kleinsten der Weserkähne wurden »Bullen« genannt. Zusammen machten die 3 Kahnarten beladen und gekoppelt eine sogenannte »volle Last«, d. h. eine Ladungspartie eines Tiefseeseglers aus. Die Lastkähne wurden von Bremen bis Hameln durch 40 bis 70 »Lienlooper« (Leinenläufer) getreidelt und von dort bis Minden von Pferden geschleppt.

Bojer, *Boi, Boier, Boeijer, Boeyjer, Booyer:* ein aus Holland stammendes, flachgehendes, rundgebautes kleines Küsten- und Watten-Segelschiff mit flachem Boden und breiten Seitenschwertern zum Legen von Bojen und zum Frachttransport. Das anfänglich einmastige, nur mit Mast- und Sprietsegel versehene Schiff wurde zu einem *Anderthalbmaster* mit Spriet- und Lateinsegel weiterentwickelt. In dieser Form zählte der Bojer zu den bekanntesten Küstenseglern der nordeuropäischen Gewässer des 16. Jh. Merkmale dieses größeren seegehenden Bojertyps waren der Fortfall der Seitenschwerter, der weniger flache Schiffsboden, ein plattes Spiegelheck und eine kleine Hütte. Später wurde am Großmast zusätzlich ein kleines Topprahsegel gefahren, der kleinere Besanmast behielt das Lateinsegel, und am Bugspriet befand sich eine Blinde (Rahsegel). Anfang des 17. Jh. wurde das Sprietsegel durch ein Gaffelsegel ersetzt. Zu dieser Zeit war der Schiffstyp an der friesischen und deutschen Nordseeküste allgemein verbreitet. Seine breite, völlige Formgebung beeinflußte offensichtlich die nachfolgenden Schiffstypen *Kuff, Tjalk, Galiot* u. a. Mit Gaffeltakelage behauptet sich der Bojer unter der Bezeichnung »Bojeryacht« bis heute als Gebrauchs- und Sportfahrzeug bei Fahrzeuglängen von 7 bis 13 m

Anderthalbmastiger Bojer mit Spriet- und Lateinsegel, 16. Jh.

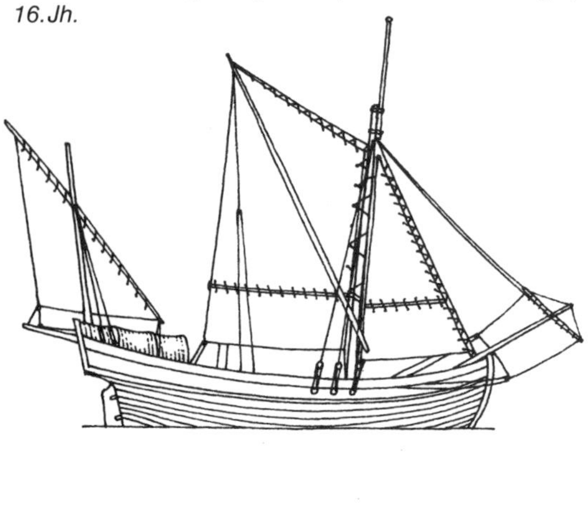

Bombarde, *Bombardiere, Bombardiergaliote, Bombardierprahm, Bombardierketsch, Bombardierschiff:* ursprünglich mit Mörsern bestücktes Fahrzeug des Mittelmeerraumes, das anfangs einen Großmast mit Rahsegeln und einen Treibermast mit kleinem Gaffelsegel führte. Vom 16. bis 18. Jh. gab es in den Flotten bereits sogenannte Bombardiergalioten als *Anderthalbmaster*, die mit mehreren kleinen Mörsern bestückt waren. In Frankreich entwickelte man im 18. Jh. den Bombardierprahm. Diese völligen Prahme ohne Mast und Segel wurden von Ruderbooten oder anderen Schiffen geschleppt. In einem französischen Bericht von 1787 wird ein solcher *Prahm* beschrieben, der an Deck 26 Stück 36-

Einmastiger Bojer mit kurzer Krummgaffel, Mitte des 19. Jh.

Bojeryacht Anfang des 18.Jh., Modell

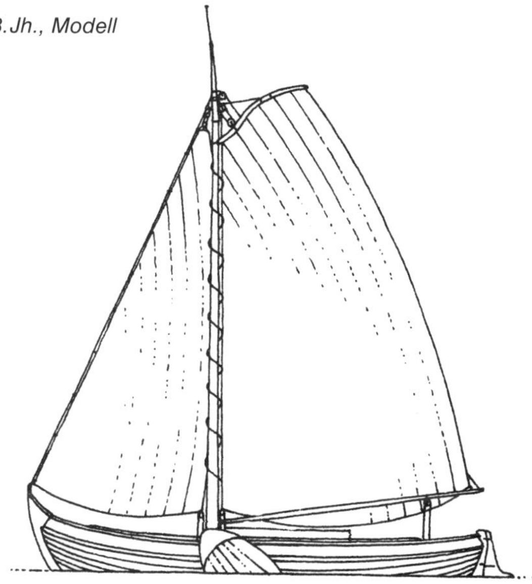

Holländische Bomme des 19.Jh., Modell

pfündige Kanonen (36 frz. Pfund sind 16,4 kg) und 2 Mörserwurfgeschütze von je 12" (305 mm) hatte. Preußische Bombardierprahme aus dem 18.Jh. besaßen 20 bis 22 Stück 24-Pfünder (je rund 11 kg) und 6 Stück 6-Pfünder (je rund 2,75 kg) sowie verschiedene Mörser. Derartige Bombardierprahme wurden hauptsächlich zum Beschießen von Landzielen eingesetzt. 1682 verwendeten Franzosen eine Bombardierketsch während der Belagerung und Beschießung von Algier. Die Bombardierketsch hatte 2 schwere Mörser, deren Größe alle bisherigen Schiffsmörser weit überstieg. Es wurden Geschosse von etwa 200 englischen Pfund (rund 90 kg) abgefeuert. Die bekannten Schiffsgeschütze der damaligen Zeit waren für 48 englische Pfund (rund 22 kg) gebaut. Für die schweren Mörser, die im Unterschied zu einem Geschütz nicht im direkten Beschuß, sondern wie Granatwerfer schräg nach oben abgeschossen wurden, mußten die Schiffsverbände besonders stark gebaut und gut abgestützt werden. Bombardiergalioten waren später vorwiegend zweimastige Schiffe von mittlerer Größe, mit plattem Boden und flachgehend, damit sie sich dem Lande so weit wie möglich nähern konnten. Die Mörser waren auf Bettungen im vorderen Schiffsteil aufgestellt und wurden über den Bug abgefeuert, damit während des Beschusses nicht die ganze Schiffsseite dem Lande zugewandt war. Die aus Großmast und Besanmast bestehende Takelage wies wegen der Mörseraufstellung einige Besonderheiten auf. So stand der Großmast sehr weit hinten, zuweilen sogar hinter der halben Länge des Schiffes. Für das Mörserschießen mußten dennoch alle Vortakelagen bis auf das aus einer starken Kette bestehende Vorstag entfernt werden, damit das Schiff nicht in Brand geriet. Vereinzelt gab es auch dreimastige Bombardiergalioten. Diese Schiffe feuerten die Mörser seitlich ab. Als ein Erfinder der Bombardiergalioten gegen Ende des 17.Jh. wird der Franzose B. RENAUD genannt. Im 19.Jh. bezeichnete man auch Frachtsegelschiffe mit Polackertakelage *(Polacker)* als Bombarde.

Bomme, *Bomschuit:* niederländisches Fischereifahrzeug des 17. und 18.Jh. mit flachem Boden, so daß es direkt auf den Strand auflaufen kann, ohne Schaden zu nehmen. Meistens waren es Anderthalbmaster mit Gaffelsegeln. Die Schiffslänge konnte bis zu 10 m und die Tragfähigkeit bis zu 18 Lasten (32 t) betragen.

Bons: kleines bis zu 10 m langes plattbodiges Fischerboot der Zuidersee, das heute nur noch selten anzutreffen ist. Es hatte Ähnlichheiten mit dem *Schokker* und wurde für den Fang von Anchovis und Hering verwendet.

Boopa: kleine Südsee-*Piroge* mit Ausleger.

Boot (Ruder- und Segelboot): allgemeine Bezeichnung für ein kleines, meistens ungedecktes, durch Muskel- oder Windkraft angetriebenes Wasserfahrzeug. Unterscheidungen sind üblich sowohl nach dem Baumaterial, z. B. Leder- oder Fellboot, Rinden- oder Plankenboot, oder auch nach Form und Bauart, z. B. Rundboot oder Ausleger-, Doppelboot bzw. Planken- oder Bretterboot. Die Verbreitung ist naturgemäß abhängig von den örtlichen Gegebenheiten und den zur Verfügung stehenden Baumaterialien. In einzelnen Gebieten blieben bestimmte Bootsarten, wie Fell- und Rindenboote über Jahrhunderte und Jahrtausende von gleichbleibender Form und wurden aus den gleichen Werkstoffen mit gleichbleibenden Verbindungsmitteln hergestellt und zu den gleichen Zwecken genutzt. Demgegenüber gibt es andere Bootstypen wie Planken- und Kielboote, die von ursprünglich einfachen Formen abgeleitet und weiterentwickelt wurden. Die Verbindung der einzelnen Bootselemente untereinander erfolgte auf verschiedenartige Weise.

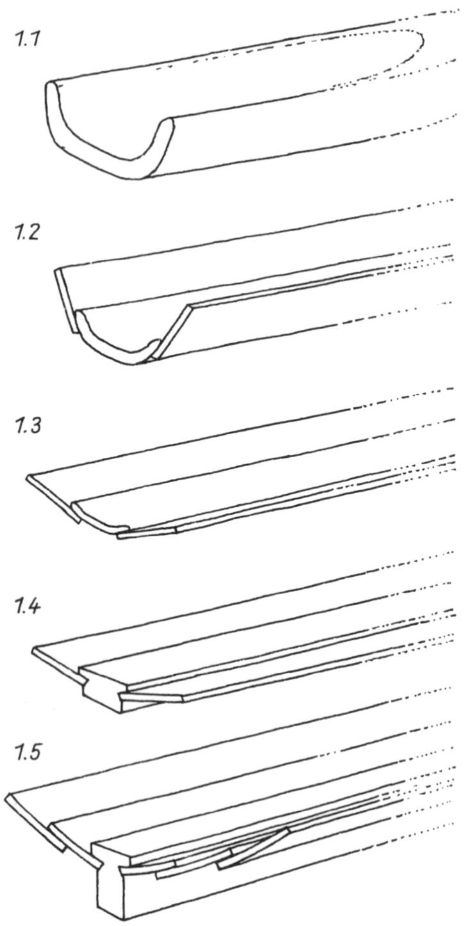

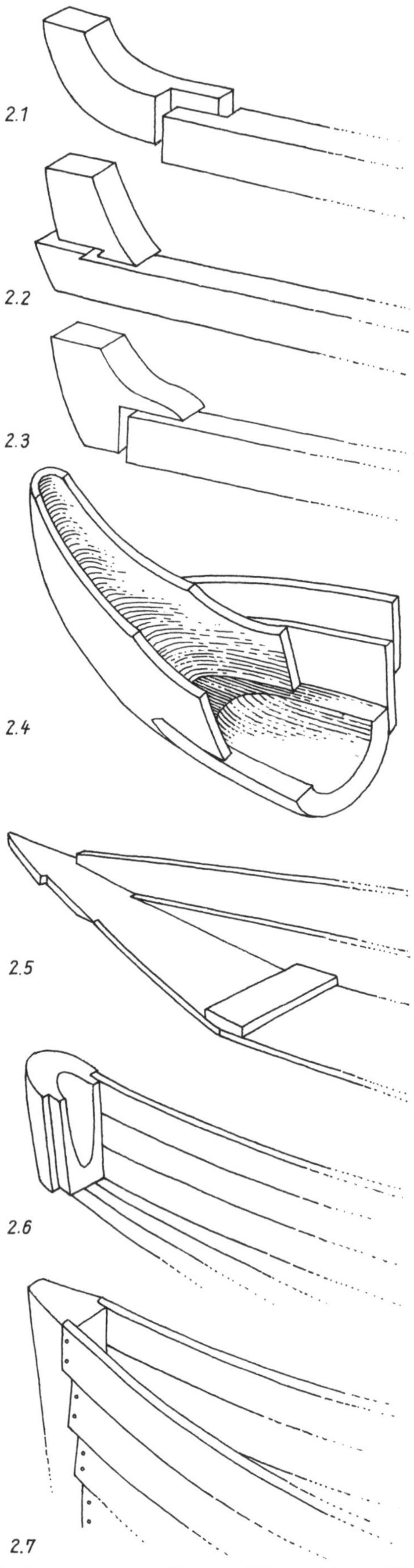

Die inneren Aussteifungen können durch Bindungen, Nageln oder Nieten befestigt worden sein, oder die Verbindung der einzelnen Teile des Bodens und der Bordwände erfolgte durch Nähen, Binden oder Dübeln.
Bootstypen wie Fellboote gab es vorwiegend in Gebieten der Arktis. Rindenboote kamen hauptsächlich im Malayischen Archipel, an der Ostküste Australiens, an der mittel- und südamerikanischen Westküste sowie in den nördlichen Gebieten Nordamerikas vor. Bretter- oder Plankenboote kamen überall dort vor, wo entsprechendes Holzmaterial zur Verfügung stand und die erforderlichen Fertigungskenntnisse vorhanden waren.
Bei Nutzung der Armkraft erfordern das Staken und Paddeln keine Widerlager am Boot, beim Wriggen und Pullen sind jedoch eingeschnittene oder aufgesetzte Dollen erforderlich. Erfolgt der Antrieb durch Segel, so sind für den Mast geeig-

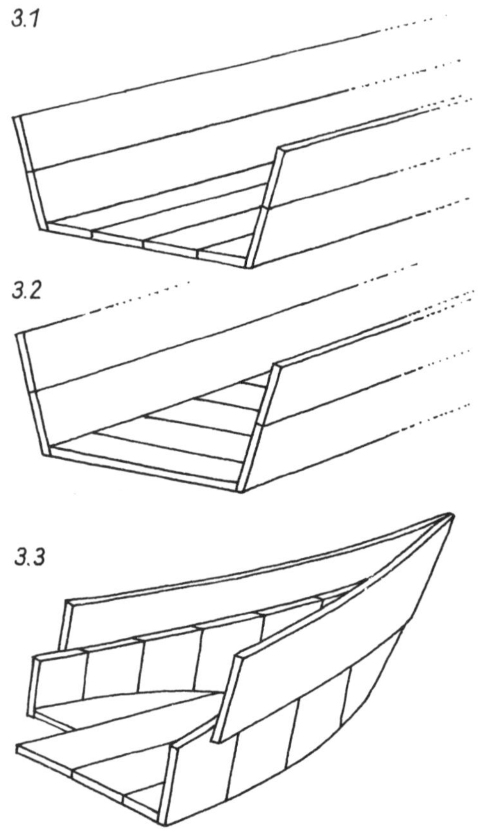

Kiel-Bodenplanken-Verbindungen

1.1 Einbaum
1.2 Einbaum mit Setzborden (Piroge)
1.3 Ausgehölte Bodenschale mit Bodenplanken
1.4 Flacher Balkenkiel
1.5 Balkenkiel

Steven-Kiel-Verbindungen

2.1 Seitenlasche
2.2 Hakenlasche
2.3 Aufsetzlasche
2.4 Ausgehöhlter Blocksteven
2.5 Quersteven
2.6 Block-Steilsteven
2.7 Balkensteven

Plankenboot

3.1 Boden-Längsplanken
3.2 Boden-Querplanken
3.3 Seiten-Vertikalplanken an den Bootsenden

Planken- und Spantenverbindungen

4.1 Klinkerbeplankung mit Knaggenbindung
4.2 Genietete oder genagelte Klinkerbeplankung mit angepaßten Spanten
4.3 Genietete oder genagelte Klinkerbeplankung mit eingepaßten Keilstücken

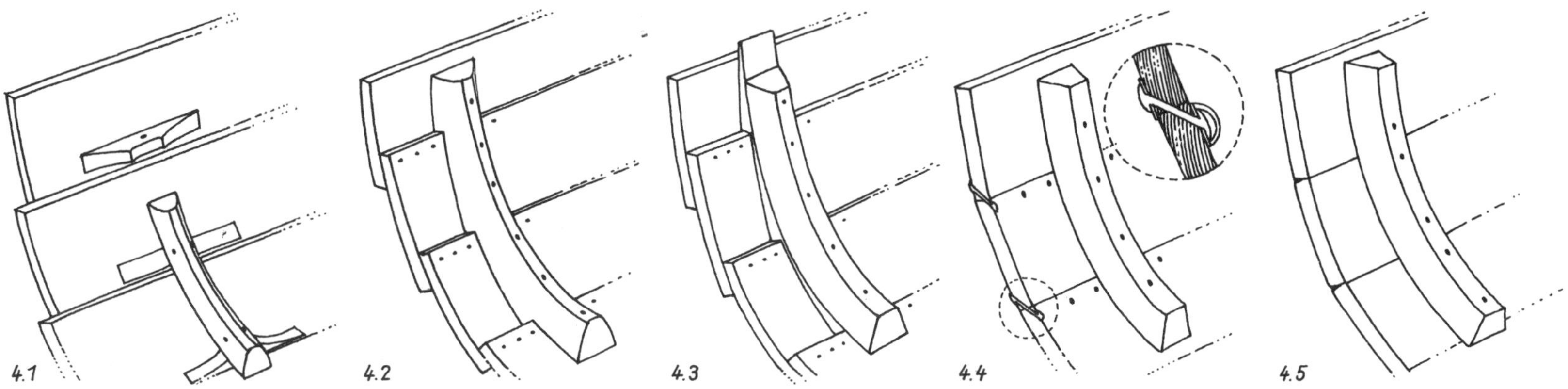

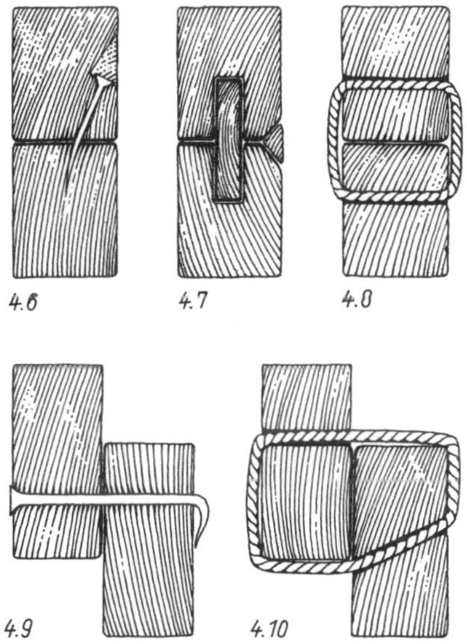

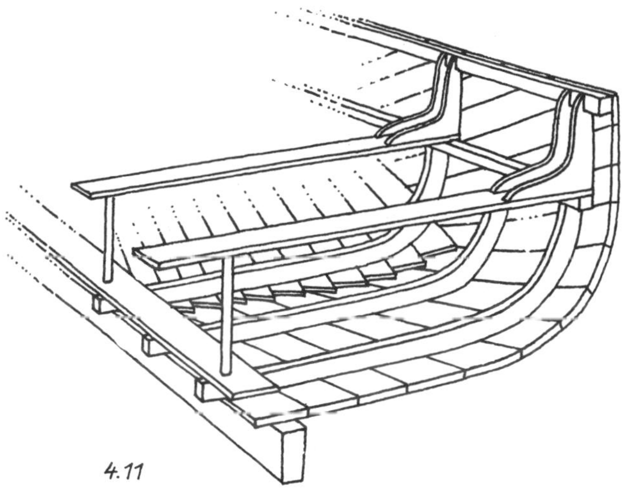

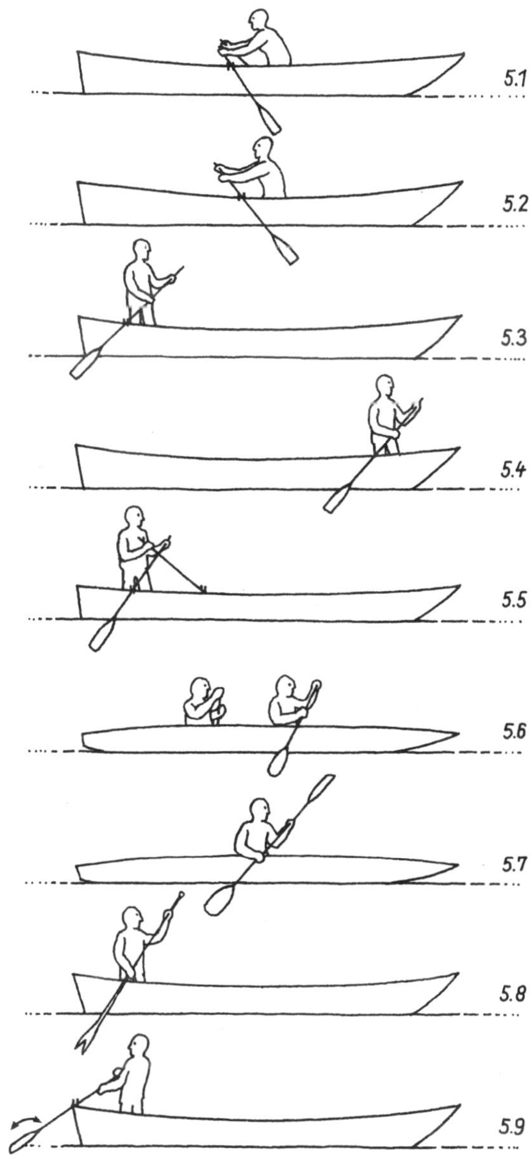

4.4 Kraweelbeplankung mit Schrägnieten
4.5 Kraweelbeplankung mit Kalfaterfuge
4.6 Schräg genagelte Kraweelnaht
4.7 Gedübelte Kraweelnaht
4.8 Gebundene oder genähte Kraweelnaht
4.9 Genagelter Klinkerverband
4.10 Gebundener oder genähter Klinkerverband
4.11` Diagonal-Doppelkraweelbeplankung

Handhabung von Skulls, Riemen, Paddeln und Staken

5.1 Sitzend, ein Paar Skulls
5.2 Sitzend, Einzelriemen
5.3 Stehend hinten in Fahrtrichtung, Einzelriemen in Dolle gestützt
5.4 Stehend vorn, Einzelpaddel ungestützt
5.5 Stehend in Fahrtrichtung, gekreuzte Skulls
5.6 Zweier-Paddelboot
5.7 Einer-Doppelpaddel
5.8 Hinten stehend, Staken
5.9 Hinten stehend, Wriggriemen gestützt

Holländisches Bootsschiff um die Mitte des 18.Jh., Modell

nete Abstützungen etwa in Höhe des Bordes und ein Mastfuß unter Beachtung der Aussteifungen des Bootskörpers nötig (s.a. Tafel *Sportsegelboote*).

Bootsschiff: dreimastiger holländischer Schiffstyp, insbesondere des 18.Jh., der auch kurz als Boot bezeichnet wurde. Das Heck war als plattes Spiegelheck ausgebildet. Das Schiff wurde vorwiegend als Küstenschiff in der Handelsfahrt und zum Heringsfang eingesetzt. Durch eine Barktakelung *(Bark)* stellt es eine Kombination zwischen *Galiot* und *Fluite* dar. Die Bezeichnung Bootsschiff war bereits im 15.Jh. bekannt, und im 16.Jh. bezeichnete man damit verschiedene Küstenschiffe. Im Verlauf des 17.Jh. kamen Bootsschiffe von etwa 28m Länge und etwa 7m Breite stärker in Gebrauch.

Bording, *Bordinger:* bis ins 20.Jh. Bezeichnung für ein plattbodiges Leichterfahrzeug *(Leichter)* an der Unterweichsel. In der Vorwikinger- und Wikingerzeit wurde mit »Byrdinger« ein Handels- und Frachtschiff bezeichnet, und seit dem 14.Jh. tauchte der Begriff »Bordinger« auf. Während der Hansezeit war der Bording in Norddeutschland als Küstenfrachtschiff und Leichterfahrzeug bekannt.

Bornachen, *Bohrnachen:* zum Transport der Weintrauben früher auf der Mosel verwendete Kähne von kräftiger Bauart mit plattem, jedoch relativ schmalem Boden. Der Bug war spitz und das Heck rund gebaut. Die Länge betrug bis zu 24 m bei einer Breite bis zu 6 m; entsprechend ergab sich die Tragfähigkeit von 30 bis 50 t.

Boro-Budur-Schiffsrelief: Reliefdarstellung eines zweimastigen Schiffes oder Floßes mit Auslegern an den Außenmauern des Boro-Budur-Tempels in Mitteljawa. Der im 8. bis 9. Jh. erbaute Tempel wurde mit Reliefdarstellungen von mehreren Kilometern Länge verziert. Ähnlich den ägyptischen Reliefdarstellungen stellt eine der Skulpturen ein mehrstöckiges Wasserfahrzeug nach gelungener Fahrt dar. Es ist mit einer Art Luggersegel getakelt und trägt auf dem Heck eine Figur, von der angenommen wird, daß es sich um eine Art Kompaß oder Südweiser handelt.

Relief eines Ruder- und Segelschiffes am Tempel in Boro-Budur, Java, 8. Jh. [11]

Botter: dem holländischen *Bojer* ähnliches einmastiges, flachgehendes Küstensegelschiff mit Seitenschwertern. Im Unterschied zu anderen Schiffsformen war der Übergang vom flachen Schiffsboden zu den nach oben gezogenen Schiffsseiten wesentlich weniger abgerundet, sondern hatte ausgeprägte Kanten, der Bug war jedoch rund hochgezogen. Die Bezeichnung kann vom niederländischen »bot« abstammen, was soviel wie »plump« oder »stumpf« bedeutet. Dieser Schiffstyp kam im 16. oder 17. Jh. am südlichen Teil der Zuidersee auf, später war er in nahezu allen Zuiderseehäfen anzutreffen. Es gab keinen einheitlichen Typ, die Botter vom Süd-, Nord- oder Ostufer unterschieden sich. Die kleineren Botter wurden vorwiegend für den Fischfang in Küstennähe benutzt. Eine größere Variante mit Längen bis zu 15 m war der Nordseebotter. Dieser Botter hatte ein hohes, breites Vorschiff mit gekrümmtem, vorragendem Steven und ein verhältnismäßig schmales Achterschiff mit geringem Freibord, um das Aussetzen und Einholen der Netze zu erleichtern.
Als Yacht erhielt der Botter einen etwas größeren Freibord; eine Besonderheit war weiter das große Vorsegel, die sogenannte Botter- oder Seemannsfock. Im allgemeinen wurde der Botter aus Holz gebaut, es gab ihn aber auch noch aus Stahl. Wegen seiner Seetüchtigkeit und seiner guten Segeleigenschaften kommt der Botter noch als Yacht bei Sportseglern vor.

Kleiner holländischer Botter des 19. Jh., Modell

Sportsegel-Botteryacht, traditionsgemäß mit Seitenschwertern und kurzer Krummgaffel, Modell

Botteryacht: flachbodiger und völliger Bootstyp mit Kajüte. Botteryachtähnliche Nachbauten sind heute noch als Sportsegelboote gebräuchlich. Der Ursprungsform entsprechend werden sie mit Seitenschwertern ausgerüstet.

Bovo: anderthalbmastiges sizilianisches Küstenschiff bis zum Ende des 19. Jahrhunderts. Das auch unter der Bezeichnung »Stierboot« (ital. bove, Ochse) bekannte Fahrzeug war 12 bis 18 m lang, besonders scharf gebaut, und konnte als Lastfahrzeug bis zu 40t tragen. Es wurde aber auch für die Fischerei und in Einzelfällen mit einem Buggeschütz bestückt in der Marine verwendet. Beide Masten waren mit Lateinsegel getakelt, und am langen Bugspriet fuhr man eine fliegende Fock

Bovo von Sizilien, 19. Jh.

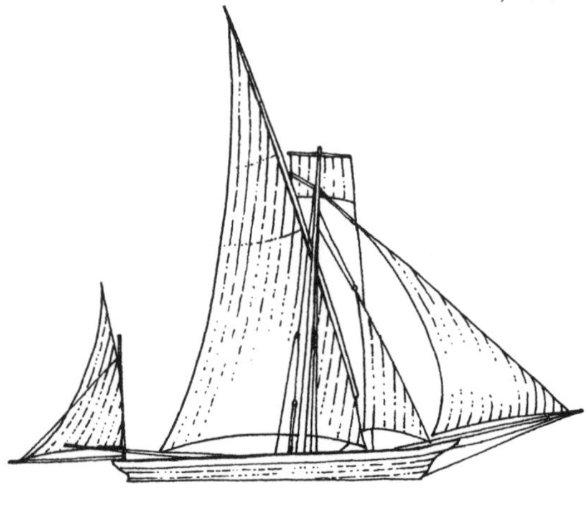

Bradderkahn: plumper Fischerkahn um 1800 an der Ostseeküste. Andere Bezeichnungen am Kurischen Haff waren »Keitelkahn« oder »Kurrenkahn«.

Bragazzo: gedecktes zweimastiges Fischereifahrzeug im Adriagebiet, das besonders bei den Bewohnern von Chioggia, am Südeingang der Lagune von Venedig, in Gebrauch war. Die Fahrzeuge hatten einen geringen Tiefgang sowie runde Vor-und Achterschiffe bei unterschiedlichen

Längen zwischen 9 und 15 m. Beide Masten waren mit Luggersegeln mit Baum getakelt.

Bramsegelschoner: siehe Rahschoner

Brander: Boote und Schiffe verschiedener Größe, die mit brennbaren, schwer zu löschenden Stoffen wie Öl, Pech oder Teer beladen und möglichst unbemerkt oder bei günstigem Wind an die gegnerischen Schiffe herangebracht wurden. Die brennbaren Stoffe und das Schiff wurden in Brand gesetzt, um Takelagen und Schiffe des Gegners zu vernichten. Eine Kunst der Flottenführung bestand darin, eine solche Position einzunehmen, daß der Wind die Brander auf die feindliche Flotte zutreiben konnte. Sie wurden u. a. als Kampfmittel 1304 beim Seegefecht zwischen Franzosen und Flamen eingesetzt. Die Niederländer verwendeten bei der Verteidigung Antwerpens gegen die Spanier 1585 ebenfalls Brander. Eine besondere Berühmtheit erlangte das Sprengboot »FORTUNA«. Es zerstörte mit 18000 Pfund Pulver eine sperrende Schiffsbrücke. In der Seeschlacht bei Gravelines setzten die Engländer zu Beginn des Kampfes gegen die spanische Armada in der Nacht vor dem 28. Juli 1588 mit großem Erfolg Brander gegen die ankernde spanische Flotte ein. In ähnlicher Form wurde der Brander bis in die Mitte des 19. Jh. verwendet.

Brandskog-Bootsdarstellung: eine der vielen auf der skandanvischen Halbinsel zu findenden Felszeichnungen von Booten. Es handelt sich um ein gepaddeltes oder stehend gerudertes Boot, mit 6 Paddlern an der Backbordseite dargestellt. Bug- und Hecksteven laufen im oberen Teil in Pferdeköpfe aus.

Brandtaucher: Bezeichnung für das erste von BAUER erbaute und nach ihm benannte »Bauer-U-Boot«, eine der bekanntesten frühen Tauchbootentwicklungen. Gegenüber dem *Brander*, der über Wasser eingesetzt wurde, sollte der Brandtaucher Sprengkörper unter Wasser an feindlichen Objekten anbringen. W. BAUER (geb. 1822 in Dillingen, Bayern; Drechsler, Unteroffizier) führte diese Aufgabe im Auftrage der schleswig-holsteinischen Armee aus. Ein zunächst angefertiges Modell von 27 Zoll Länge, 11 Zoll Höhe und 7 Zoll Breite aus Kupferblech bezeichnete er als »SEEHUND«. Die Wasseraufnahme sollte durch bewegliche Kolben erfolgen, um den Auftrieb zu vergrößern oder zu mindern. Damit war eine Möglichkeit gefunden, den Apparat im Wasser schweben, sinken oder steigen zu lassen. Die Flügelschraube sollte ursprünglich durch ein Federwerk angetrieben werden. Der Bau des Tauchbootes begann in der Maschinenfabrik HOLLER in Rendsburg. Das Boot wurde später in Kiel von der Eisengießerei SCHWEFFEL & HOWALDT fertiggestellt. Nach einigen gelungenen Tauch- und Fahrversuchen im Jahre 1850 versank das als Brandtaucher vorgesehene Tauchboot »SEEHUND« im Kieler Hafen auf 15 m Tiefe infolge Ballastverlagerung. Der Bootskörper wurde durch Wasserdruck seitlich eingedrückt. BAUER und sein Begleiter konnten sich jedoch retten. 1887 wurde bei Erweiterungsbauten des Kieler Hafens das Boot gehoben. Es befindet sich heute nach Restaurierung im Dresdner Armeemuseum. Es ist 7,9 m lang, 3 m breit und 3 m hoch. Der Rauminhalt beträgt 25 m^3. Es ist mit 2 Treträdern versehen, die über Mehrfachzahnradübersetzung die Schiffsschraube antreiben. Nach mißglückten Bemühungen in Deutschland, Österreich, England und Frankreich, seine Ideen zu vervollkommnen, ging

Brander in »Die Besiegung der spanischen Armada zwischen Dover und Calais«, 1588, Radierung [22]

Steuerbordansicht des rekonstruierten Brandtauchers

Tretradantrieb des Brandtauchers

BAUER als Ingenieur nach Rußland. Das dort von ihm erbaute Boot hatte eine Länge von 16m, eine Breite von 3,5m und eine Höhe von 4m. Es besaß 5 Behälter für Wasserballast, 2 Pumpen und eine Tauchkammer mit wasserdichter Tür. 20kg Massezunahme durch Wasseraufnahme bewirkten je Minute eine Absenkung von etwa 0,8m. Am 1. November 1858 wurde das Boot am Newakanal der russischen Admiralität übergeben. BAUER arbeitete noch am Plan einer Unterseekorvette mit 47 Mann Besatzung und 24 Kanonen. 1876 verstarb er in München.

Brandungsboot: kielloses oder auf flachem Kiel gebautes breites, gegen Stoß- und Schlagbeanspruchung besonders widerstandsfähiges Schiffsbeiboot mit scharf auslaufendem überragendem Bug und Heck, das im 18. und 19.Jh. auf Schiffen mitgeführt wurde, um Fahrgäste oder Ladung an flacher Küste außerhalb der Häfen durch die Brandung hindurch anzulanden oder an Bord zu nehmen.

Brazzera: kleines bis mittelgroßes ein- bis zweimastiges venezianisches und auch dalmatinisches Segel-Fischereischiff der Adriagebiete, Mitte des 19.Jh. mit 15 bis 80t Tragfähigkeit. Der Schiffstyp führte rechteckige Halbrahsegel, die oben an einer einseitigen Rah befestigt wurden. Klüver wurden nicht verwendet. Die Besatzung bestand aus 4 bis 6 Mann; wenn nötig, konnte das Fahrzeug auch noch gerudert werden.

Brazzera, Frachtsegler und Fischereischiff der Adria

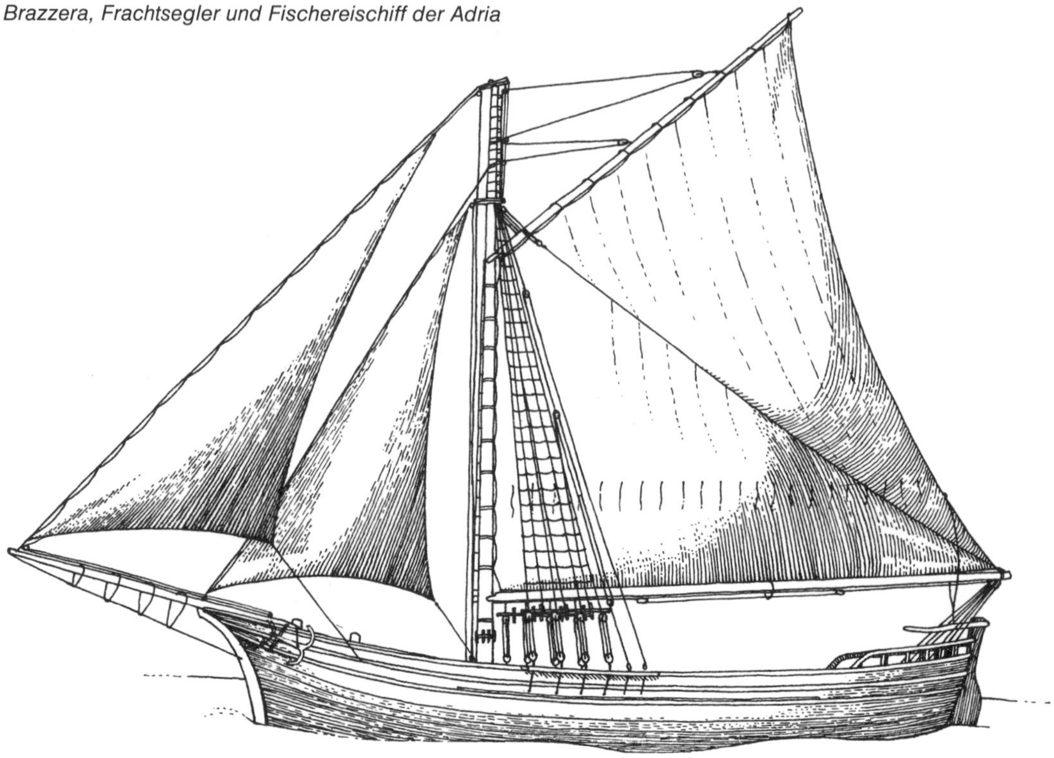

Breitseitenschiff: im 17. bis 19.Jh. übliche Bezeichnung für das mit seitlicher Geschützanordnung fahrende (»in Linie«) und mit seinen Geschützen rechtwinklig zur Fahrtrichtung feuernde Schiff. Im Unterschied dazu schossen die *Galeere* und das Ruderkanonenboot mit Buggeschützen in Fahrtrichtung. Auf Breitseitenschiffen waren die Geschütze auf fast der gesamten Länge des Batteriedecks an jeder Bordseite aufgestellt. Erst in der zweiten Hälfte des 19.Jh. entstand das Kasemattschiff, bei dem die Geschütze mittschiffs drehbar in gepanzerten Kasematten aufgestellt wurden. Zu den ersten Kasemattschiffen gehörten u.a. zwei 1861 von Stapel gelassene Schiffe.

Bremer Koggenfund: in der Nähe von Bremen 1962 bei Baggerarbeiten an der Weser gefundener Schiffskörper eines hanseatischen Frachtschiffes von 25,5m Länge, 6m Breite und einer Deckshöhe von 3,5m über Kiel. Wie sich herausstellte, handelt es sich um eine *Kogge* aus dem Ende des 14.Jh. (um 1380), die noch vor Indienststellung durch eine Flutkatastrophe abgetrieben wurde und gesunken ist. Nachdem zunächst durch Taucher Teile geborgen worden waren, wurde 1965 ein Taucherglockenschiff zur Bergung eingesetzt. Der Grund wurde auf einer Fläche von 1400m^2 systematisch unter Verwendung moderner Geräte abgesucht, die auch Metallteile bis zu einem Meter Tiefe im Flußgrund anzeigten. Nach Abtragung einer 3 bis 4 Meter dicken Sandschicht konnten etwa 550 Einzelteile geborgen werden. Aufgrund der Rekonstruktion der gefundenen Teile ergibt sich für die Kogge eine Tragfähigkeit von rund 65 Lasten, also von 130t. Baumaterial war vorwiegend Eichenholz, das bekanntlich wegen seiner hohen Festigkeit und Fäulnisbeständigkeit sowie seiner guten Bearbeitbarkeit im Norden Europas bevorzugt verwendet wurde. Entsprechend den Erfahrungen bei der Konservierung von dänischen und schwedischen Schiffsfunden wurden die Holzteile zum Verhindern des Austrocknens in Wasserbehältern aufbewahrt, bis sie später mit einem wasserlöslichen Polyäthylenglykolpräparat endgültig imprägniert wurden, um Schrumpfungen zu verhindern. Die Altersbestimmung der Kogge erfolgte sowohl nach der Radiokarbon-Methode, die eine näherungsweise Bestimmung mit einer Genauigkeit von etwa ±150 Jahren gestattet, als auch der Dendro-Methode, wodurch das Alter des Holzes auf ein bis zwei Jahrzehnte genau bestimmt werden kann. Letztere Methode beruht auf der Abhängigkeit der Jahresringbreite gewachsenen Holzes von der Sonnenaktivität. Zur Altersbestimmung von mittelalterlichen Hölzern wurde in Deutschland in langjähriger Arbeit eine nahezu vollständige Jahresringchronologie, die bis zum Jahre 942 zurückgeht, für einheimische Hölzer aufgestellt. Man benutzte dazu Holzproben von alten Bauten und Bäumen. Diese Altersbestimmungsmethode für Holz wurde zuerst von dem Amerikaner A. E. DOUGLAS entwickelt, der den Zusammenhang zwischen Sonnenfleckperiodik und der Jahresringbildung an über 3000jährigen Mammutbäumen untersuchte.

Bremer Koggenfund, Seitenbeplankung

Mittelmeer-Brigantine um 1650

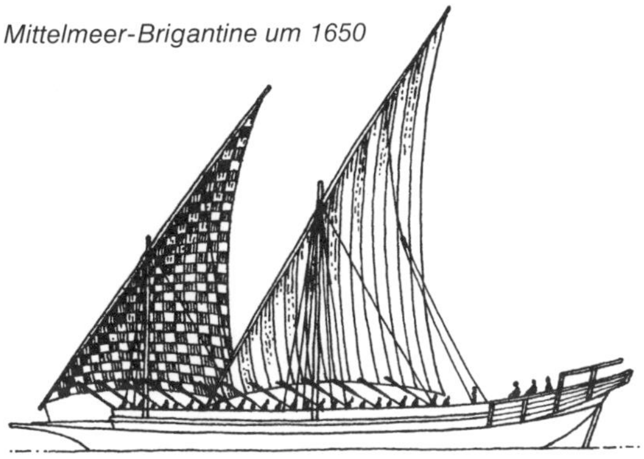

Brigantine »PETER I.« um 1700

Russische Schwarzmeer-Brigantine, 1859

Nordeuropäische Brigantine mit Rahtoppsegeln am Großmast, Neufundlandsegler 1860

200-t-Schonerbrigg, Ende des 19. Jh.

Brigantine, *Dreiviertelbrigg, Zweimast-Rahschoner:* ursprünglich ein halbgedecktes, ruderbares Segelkriegsschiff des 16. Jh. im Mittelmeerraum mit 8 bis 12 Ruderbänken an jeder Bordseite und Lateinbesegelung. Wegen seiner Wendigkeit wurde dieser Schiffstyp von 200 bis 300 t Tragfähigkeit bevorzugt auch von Seeräubern benutzt. Seine durch einen großen Decksprung erhöhten Enden boten gegenüber der flacheren *Galeere* verbesserte Angriffs- und Verteidigungsmöglichkeiten und ergaben günstigere Seeeigenschaften. Die Bezeichnung Brigantine wurde häufiger auch für ähnliche schnelle seegehende Ruder-Segelschiffe verwendet. Seit Ende des 17. Jh. ist die Bezeichnung im nordeuropäischen Raum (Niederlande, Frankreich, England) für zweimastige Segelschiffe üblich, die anfangs an beiden Masten Rahtakelung führten. In Frankreich hat sich wegen der auf Mittelmeerbrigantinen häufiger am hinteren Mast gefahrenen Lateinsegel für das hintere untere Segel die Bezeichnung »Brigantino« erhalten. Seit dem 19. Jahrhundert wird ein Zweimast-Rahschoner mit vollrahgetakeltem Fockmast und rahgetakelter Großmaststenge über dem Gaffelgroßsegel als Brigantine oder als Dreiviertelbrigg bezeichnet. Die Schonerbrigg, auch Halbbrigg genannt, ist ein Zweimast-Rahschoner mit vollrahgetakeltem Fockmast mit Mars- und Bramstenge und gaffelgetakeltem Großmast.
Ein Zweimast-Rahschoner, der an beiden Untermasten Gaffelsegel und darüber an Fock- und Großstenge Rahsegel führte, hieß Toppschoner, Briggschoner, Zweimastrahtopp-Schoner oder Hermaphrodit-Brigg (Zwitterbrigg).
Fuhr der Zweimast-Rahschoner an beiden Untermasten Gaffelsegel und über der Breitfock nur an der Vorstenge Rahsegel, war es eine Toppsegelbrigg, ein Rahtoppschoner bzw. ein Zweimast-Fockrahtoppschoner. Fockrahtoppschoner mit großem Marssegel oder festem Untermars-, fierbarem Obermars- und kleinerem Bramrahsegel wurden Marssegelschoner genannt. Bramsegelschoner waren Zweimast-Fockrahtoppschoner mit einem großen Fockbramsegel ohne zusätzliche Bramstenge.
Einen modernen Neubau einer Schonerbrigg stellt das im VEB Warnowwerft Warnemünde erbaute und am 26. Mai 1951 dem ersten Präsidenten der DDR, WILHELM PIECK, übergebene Segelschulschiff »WILHELM PIECK« dar. Dieses in Niet- und Schweißkonstruktion erbaute Schiff hat eine Länge über alles von 41 m, eine Breite von 7,70 m und einen Tiefgang von 3,55 m und damit 235 t Wasserverdrängung. Die 433 m^2 große Segelfläche setzt sich aus 13 Einzelsegeln

zusammen und ermöglicht eine Geschwindigkeit unter Segeln von 11 kn. Zur üblichen Besatzung gehören 13 Personen Stammpersonal und 24 auszubildende Matrosen. (Bild S. 111)

Brigg, *Briggschiff:* zweimastiges Segelschiff, dessen beide Masten voll mit Rahsegeln gefahren wurden. Zusätzlich trägt der achtere Mast (Großmast) ein großes Gaffelsegel (Briggsegel oder Besan). Bei günstigem Kurs vor dem Wind konnten auch noch Leesegel an Leesegelspieren (Verlängerung der Rahen) gesetzt werden. Die Brigg war im 19. Jh. der am häufigsten gebaute Schiffstyp auf deutschen Werften. Ein Hauptverbreitungsgebiet der Brigg lag in den Ostseegebieten. Nach H. SZYMANSKI gehörten im Jahre 1860 zur Rostocker Flotte 189 Briggs in Größen von 400 bis 600 t. Besondere Merkmale der Brigg waren ein schlanker Rumpf und seit der Mitte des 19. Jh. ein Klippersteven. Die Wirtschaftlichkeit dieser relativ kleinen Segelschiffe ergab sich durch den damals noch geringen Ladungsanfall.
Um 1800 fuhren die Briggs mit Größen von 140 bis 340 BRT und besaßen 1 bis 2 Decks. Im Jahre 1834 konnte z. B. eine 340-BRT-Brigg mit 11 Mann Besatzung neben der Ladung noch weitere 100 Auswanderer nach Amerika befördern. Trotz ihrer verhältnismäßig geringen Tonnage erfolgte der Einsatz der Brigg nicht nur in europäischen Seegebieten, sondern auch in der großen Fahrt, ferner für den Walfang und den Robbenschlag. In den großen Marinen der damaligen Zeit, beispielsweise in England, den USA, in Frankreich und den Niederlanden, kam sie auch als sogenannte Kriegsbrigg mit etwa 20 Geschützen zum Einsatz. In den letzten Jahrzehnten vor der Jahrhundertwende baute man auch Briggs mit doppelten Marsrahen und an Deck geführte Brassen, um die Besatzungsstärke weiter zu verringern. Die erste deutsche eiserne Brigg, die »HOFFNUNG«, entstand 1844 auf einer Werft in Duisburg/Ruhrort. In den 60er Jahren des 19. Jh. begann die Ablösung der Brigg durch die größere, dreimastige *Bark*. Nach 1880 war der Bau von Briggschiffen in mecklenburgischen Werften beendet.

18-Kanonen-Kriegsbrigg, erste Hälfte des 19. Jh.

Brigg »WUSTROW«, 1885 gebaut in Rostock von W. ZELTZ, 144 Lasten [21]

Linienriß einer russischen Handelsbrigg um 1860

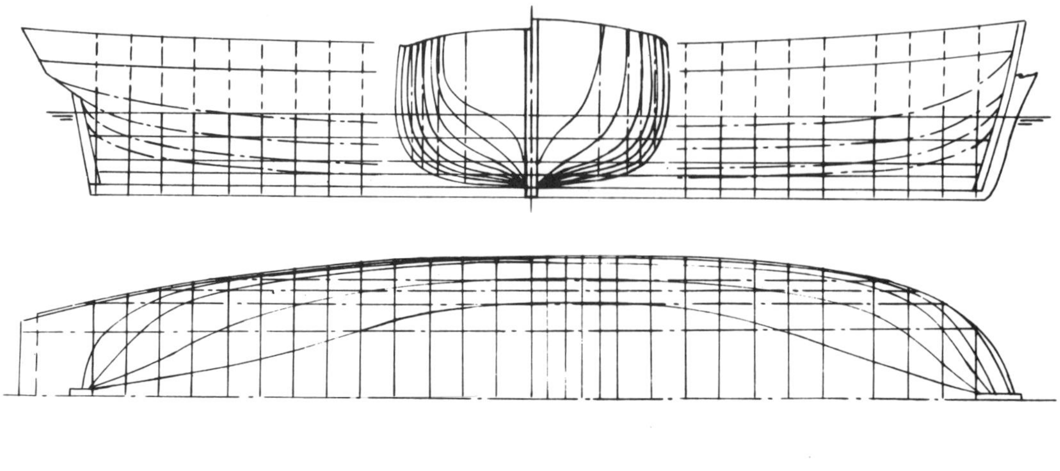

Brigg-Einbaumfund: bei Brigg in Lincolnshire (England) 1886 gefundene Bootsreste aus der Eisenzeit (ca. 1000 v. u. Z.). Es handelt sich um einen Einbaum von 14,80 m Länge und 1,65 m Breite, der aus einem großen Eichenstamm herausgearbeitet war. Es wird angenommen, daß dieser Einbaum bis zu 30 Personen tragen konnte. Zu dieser Zeit waren Riemen im Norden noch nicht bekannt; die Fortbewegung erfolgte wahrscheinlich durch Paddel.

Brigg-Einbaumfund

Brixham-Trawler: spezieller Segel-Fischereitrawler von etwa 20 m Länge, dessen Blütezeit Mitte des 19. Jh. lag. Von diesen in der Grafschaft Devon (Südengland) beheimateten Fischerei-

Brixham-Trawler, Linienriß

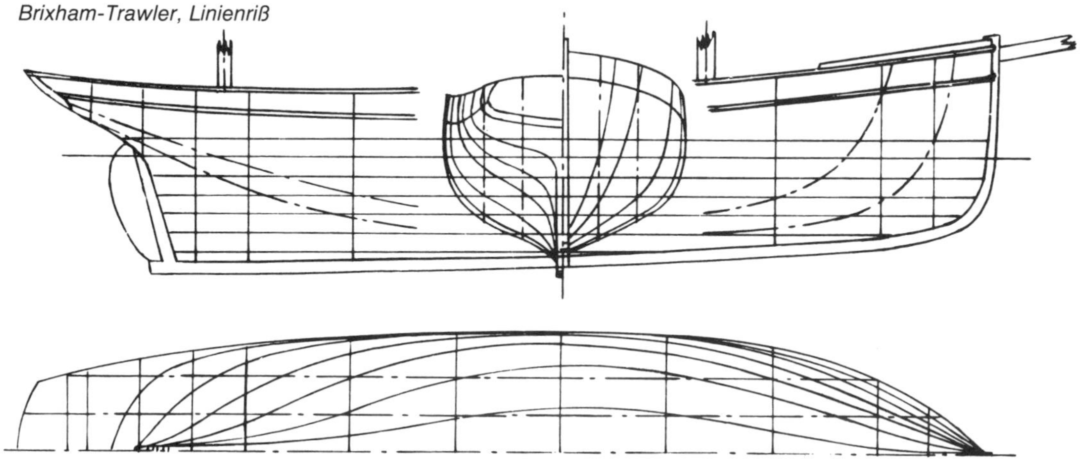

Brügge-Schiffsfund: im Jahre 1899 beim Hafenbau bei Brügge in Belgien gefundenes Schiff mit flachem Boden, das wahrscheinlich aus dem 6. bis 7. Jh. stammt. Es ist ein einmastiges Segelschiff mit einem 4,3 m langen Steuerriemen. Bug und Heck sind gleichermaßen mit leicht vorfallendem Steven spitz geformt (Doppelender). Die Länge des Schiffes beträgt etwa 15 m, die Breite 3,5 m. Der Mast war 8,3 m lang und vermutlich rahgetakelt. Das Schiff könnte einen Tiefgang von etwa 1,35 m gehabt haben. Dieses Schiff wird als Urtyp des niederdeutschen *Ewers* angesehen. Wegen seines flachen Bodens und seiner Abmessungen handelt es sich um einen ausgesprochenen Watten-Frachtsegler.

Brûlot, *Brulotte:* im 16. bis 18. Jh. die französische Bezeichnung bzw. italienische Bezeichnung für die entweder durch die Strömung treibenden oder mit dem Wind auf den Gegner laufenden *Brander*.

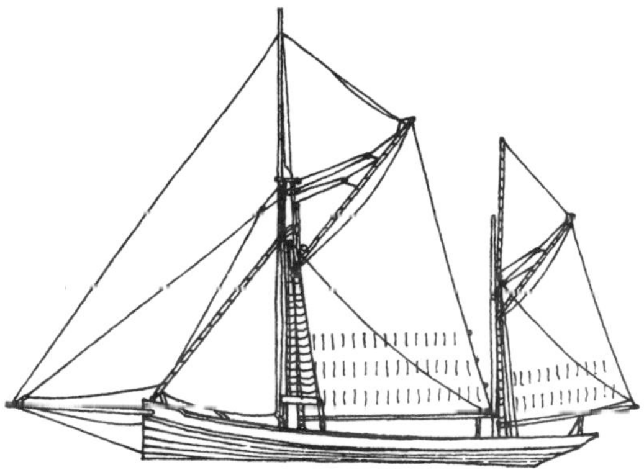

Takelung des Brixham-Trawlers

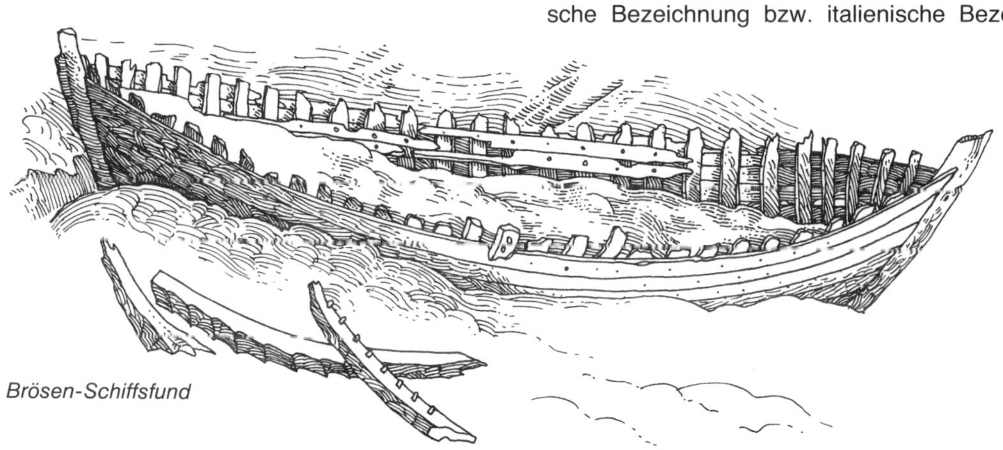

Brösen-Schiffsfund

fahrzeugen sind infolge ihres ausgezeichneten Seeverhaltens und ihrer hervorragenden Segeleigenschaften einige Schiffe bis heute erhalten geblieben und dienen als Schulschiffe.

Broighter-Bootsmodell: Modell eines Bootes aus dem 1. Jh. aus Gold, aufgefunden in Broighter (Grafschaft Derry in Irland). Da das Modell aus der Anfangszeit der von 43 bis 400 u. Z. dauernden römischen Besetzung stammt und es aus dieser Zeit nur wenige einheimische Nachweise gibt, sind römische Einflüsse sehr wahrscheinlich. Das Modell stellt ein tonnenförmiges Boot mit 9 Riemen an jeder Seite, Ruderbänken und einem einzelnen Steuerriemen seitlich am Heck dar. Außerdem hat es einen mittschiffs stehenden Mast mit einer Rah, sonst auf nordischen Schiffen zu dieser Zeit noch nicht gebräuchlich.

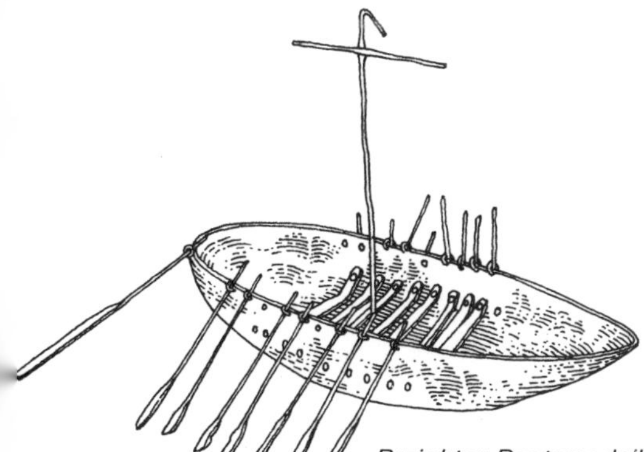

Broighter-Bootsmodell, 1. Jh.

Brösen-Schiffsfund: im Jahre 1872 bei Brösen nördlich von Danzig (Gdańsk) bei Hafenbauarbeiten gefundener, gut erhaltener klinkergebauter Schiffskörper. In einer Zeichnung und einem Bericht aus dem Jahre 1873 wird ausgesagt, daß der Schiffskörper aus 4 cm dicken, gespaltenen, nicht gesägten Eichenplanken hergestellt war. Die Planken waren untereinander durch Eisennieten verbunden und mit Holznägeln an den Spanten befestigt. Die Schiffsform lief vorn und achtern gleichmäßig spitz zu. Ein Heckruder konnte nicht festgestellt werden, so daß der Fund in die Zeit vor 1240 (erste Nachweise eines Heckruders bei nördlichen Schiffen) datiert werden kann. Der Boden des Schiffes war flach. Über dem Kiel war eine Rinne zum Ablauf des Wassers eingearbeitet. Es liegen auch Anzeichen vor, daß das Schiff für den Transport von Getreide bereits eine Innenverkleidung hatte. Die Länge des Schiffes betrug rund 17,5 m und die Breite 4,9 m. Das Längen-Breiten-Verhältnis von etwa 3,5:1 läßt darauf schließen, daß es sich um ein Frachtsegelschiff (*Nef* oder *Kogge*) handelte.

Brückenschiff: von dem russischen Ingenieur K. A. SCHILDER 1834 gebautes Trägerschiff für das ebenfalls von ihm entwickelte 6 m lange und rund 16 t Wasserverdrängung aufweisende Tauchboot. Das als Brückenschiff bezeichnete Trägerschiff hatte die Aufgabe, das Tauchboot wegen des begrenzten Aktionsradius in die Nähe des Einsatzortes zu bringen.

Buanga, *Bonanga:* zweimastiges Piratenschiff des Malayischen Archipels von etwa 30 m Länge mit aufrollbaren großen Matten-Rahsegeln. Bemerkenswert ist der zusätzliche Vortrieb durch 3 Reihen gestaffelt nach außen höher sitzende Ruderer. In jeder Reihe saßen 25 Mann hintereinander. Dazu kamen noch auf beidseitig außerhalb des Riemenbereiches angebrachten Auslegern jeweils 20 Mann mit Paddeln, so daß insgesamt 190 Mann an Riemen und Paddeln arbeiteten.

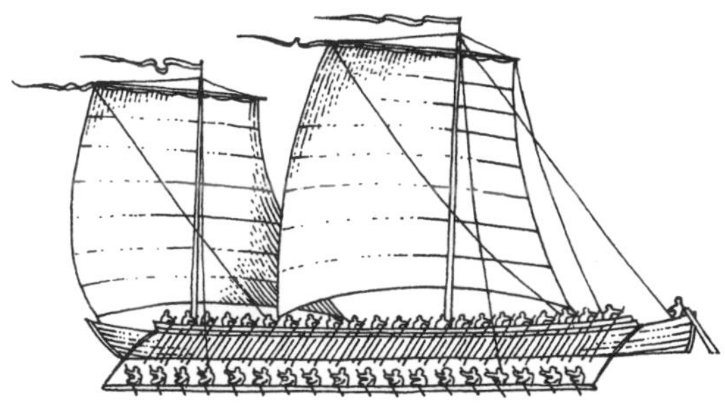

Buanga, schnelles malayisches Schiff, 18./19. Jh.

Die Ruderer saßen dabei auf einem außerhalb der Bordwand treppenförmig in 3 Stufen anstei-

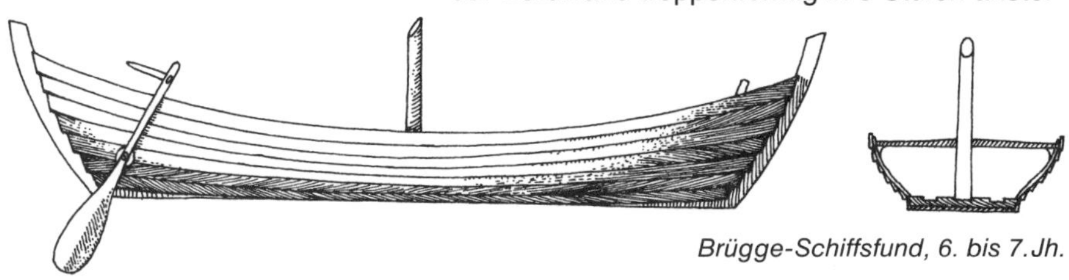

Brügge-Schiffsfund, 6. bis 7. Jh.

genden Strebengerüst. Ein derartiges Fahrzeug kam erstmalig 1767 mit französischen Expeditionsschiffen in Berührung.

Bucintoro, *Bucentoro:* bekannte mittelalterliche Prunkgaleere der Republik Venedig. Auf dem Bucintoro fuhr alljährlich am Himmelfahrtstag der Doge von Venedig unter großen Feierlichkeiten zur St.-Nicolas-Lido-Einfahrt auf das Meer. Dort wurde unter vielen Zeremonien und Beifall der begleitenden Boots- und Gondelbesatzungen vom Dogen ein Fingerring mit den symbolischen Worten »Meer, wir vermählen uns mit dir zum Zeichen der unbegrenzten Herrschaft« in das Meer geworfen. Dieser Brauch geht bis in das 10.Jh. auf die Brandschatzung von Istrien, Dalmatien und verschiedenen Inseln durch die Narranter zurück. Nach einem Feldzug der Venezianer unter dem Dogen ORSEOLA wurde der Siegestag, der »Sensa«, jährlich gefeiert. An dem Sieg waren verschiedene Arten von Kampfschiffen beteiligt, unter denen sich der Bucintoro als ein besonders starker Galeerentyp zur Piratenbekämpfung bewährte.
Während anfänglich übliche Kampfschiffe (*Galeeren)*, besonders geschmückt, am Siegestag benutzt wurden, wurde 1311 der erste speziell nur für diese Feier bestimmte Bucintoro gebaut. Die Bezeichnung ist abgeleitet aus »Schiff mit goldenem Gürtel« (bu-cin-toro). Der letzte Bucintoro wurde 1729 gebaut und 1798 zerstört. Reste dieses Prunkschiffes befinden sich im Museo Civico Correr sowie im Arsenal Venedigs. Die Bucintoro von 1520, 1605 und 1729 sind die berühmtesten und unterscheiden sich vorwiegend hinsichtlich des verschwenderischen Prunks.

Bucintoro zu Anfang des 18.Jh., Modell [18]

Die Ausfahrt des Bucintoro, Gemälde von ANTONIO CANALE (1697 bis 1768) [11]

Budarka: ein flachgehender, mit 1 oder 2 Masten versehener Kahn des 19.Jh. im Bereich der Wolga und des Kaspischen Meeres. Der Vorsteven der Budarka war weit ausladend flach hochgezogen.

Budarka, russischer Kahn im 19.Jh.

Bug-Einbaumfund: im Jahre 1937 von dem sowjetischen Forscher R.A.ORBELI im Unterlauf des Bug gefundener, etwa 2500 Jahre alter Einbaum, der sich heute im Zentralen Marinemuseum in Leningrad befindet. Der Einbaum wurde aus einem 7m langen Eichenstamm ausgehauen und ausgebrannt.

Bullboot: ein mit Büffel- oder Bisonhaut überspanntes Korbboot bei nordamerikanischen Indianerstämmen. Das leichte und nur zum Überqueren von Flüssen benutzte Boot ist rund oder oval und dem nordenglischen und irischen *Coracle* sehr ähnlich.

Bulle: kleinster Typ der Weserkähne, siehe *Bock*. Außerdem nannte man *Prahme*, mit denen Segelschiffe gekrängt wurden, Bulle.

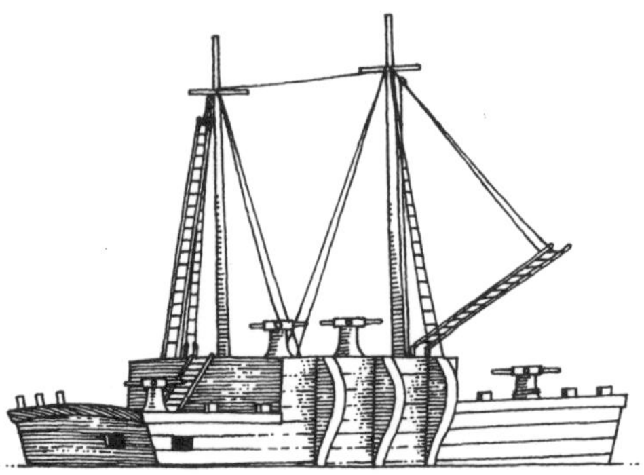

Bulle, Prahm zum Schiffskrängen

Bumboot: frühere Bezeichnung des englischsprachigen Raums für ein Boot (Verkaufs-, Marketender- oder Kleinhändlerboot), das die im Hafen, auf Reede oder in Flüssen liegenden Schiffe aufsuchte, um einheimische Lebensmittel und Erzeugnisse sowie ausländische Waren zu verkaufen. Vielfach wurden auch Boote, die der Wasserversorgung dienten, als Bumboote bezeichnet.

Bünnboot: Fischereiboot mit besonderen Einrichtungen zur Aufbewahrung von lebenden Fischen. Die Bünn, der Fischraum des Bootes, ist besonders abgeschottet und durch Löcher in der Außenhaut mit dem Seewasser in Verbindung. Während der Fahrt durchspült das Seewasser den Fischraum. Etwa mittschiffs ist eine mit einem Süll versehene Luke vorhanden, die so groß ist, daß der Fang bequem mit dem Kescher aus dem Fischraum entnommen werden kann.

Kauffahrteibüse zu Ende des 18. Jh.

Heringsbüse um 1800, Modell

Burghello: kleiner *Bucintoro* im 19. Jh. mit einer Galerie in der Mitte. Es war ein beliebtes Fahrzeug für Vergnügungsfahrten in Venedig.

Büse, *Buse, Büsse, Busse, Buise, Buyse, Buza, Bussa:* kleines Kauffahrteischiff mit einer besonders langen Entwicklungsgeschichte. Im Mittelmeerraum bezeichneten im 12. Jh. »buza«, »bucia« und »bucius« ein schwerfälliges Ruderschiff für Handelszwecke. Es ist aber anzunehmen, daß dieser Schiffstyp im Mittelmeer wesentlich älteren Ursprungs ist und die Bezeichnung im 10. oder 11. Jh. nach dem Norden gebracht wurde. Seit Anfang des 11. Jh. kommt die Bezeichnung »buza« oder »buzur« als Typenname für skandinavische Langschiffe vor. Bekannt ist unter dieser Bezeichnung das für König H. HARRAADE um 1060 erbaute Schiff, das aber auch als »skeid« oder »dreki« bezeichnet wurde. Im 12. Jh. war die Buza in Skandinavien ein reines Segelschiff ohne zusätzlichen Antrieb durch Riemen. Im 13. Jh. fand es als Bussa Handelsschiffsverbreitung. Die erste schriftliche Erwähnung erfolgte 1303 in Lyn (England) als Bezeichnung eines Wismarer Schiffes. Während der Hansezeit wird im 15. Jh. in Abrechnungen aus dem Nordseeraum oft die Büsse erwähnt. Die Tragfähigkeit betrug 30 bis 50 Lasten (60 bis 100 t). Als völliges, mit Rundgatt gebautes Schiff war die Büse fast bis zum Ende der Segelschiffszeit als zweimastiges Handelsschiff anzutreffen. Die Büse fand mit gleicher oder veränderter Takelung auch eine besonders verbreitete Verwendung als Fischerei- und zuweilen auch als Kriegsschiff. Als Heringsfänger war sie in Holland bis ins 19. Jh. im Gebrauch. Zahlreiche Wortkombinationen von Bau- und Fangorten mit diesem Schiffstyp wie Enkhuyser-Buis, Vlardinger-Buis, Emder Büse u. a. sowie die Vielzahl ähnlicher Bezeichnungen veranschaulichen die allgemeine Verbreitung. Bei diesen vorn und achtern völlig gebauten Schiffen waren unterschiedliche Takelungen anzutreffen. Die kleineren Büsen, z. B. die Emder Büse um 1805, führten einen umlegbaren Großmast mit einem einfachen Rahsegel und einen kleineren achteren Mast mit Gaffel. Die größten Büsen hatten bis zu 3 Masten und waren rahgetakelt, der Besanmast trug ein Rutensegel. Als Herings- und Makrelenfänger hatte die Büse eine Verdrängung von etwa 80 t. Es ist anzunehmen, daß der bekannte holländische »Heringsbuiser« ebenfalls aus der Büse entstanden ist. In der englischen Fischereiflotte kannte man ebenfalls »en hering busses« (CHAPMAN 1768).

Bushnell-Tauchboot: von D. BUSHNELL (Nordamerika, 1742 bis 1824) entwickeltes und erbautes Tauchboot. Als einer der Pioniere auf dem Gebiet der Unterwasserfahrzeuge schuf er während des Unabhängigkeitskrieges 1775 ein eiförmiges Unterwasserfahrzeug von 2,5 m Durchmesser, die »TURTLE« (Schildkröte). Durch Handantrieb konnte über 2 Schraubenräder (horizontal und vertikal angeordnet) das Fahrzeug fortbewegt werden. Der Zweck dieser Entwicklung sollte sein, eine mitgeführte Sprengpulverladung unter dem englischen Flaggschiff zu befestigen. Der erste Versuch 1776 vor New York blieb erfolglos, da BUSHNELL offenbar nur mit hölzernen, nicht aber mit gekupferten Planken der britischen Schiffe gerechnet hatte.

Buttaak: plattbodiges Fischerfahrzeug mit Rundgatt, Bünn und einem umlegbaren Klappmast, an dem Großsegel an der Gaffel gefahren wurden. Ferner fuhr das Schiff Stagfock und an einem losen Bugspriet ein Klüversegel. Der Bug war stark hochgezogen und gedeckt.

Buttjolle: ein mit einer Bünn versehener Fischerei-Schwerwettersegler des vorigen Jahrhunderts, von etwa 8 m Länge und 2,50 m Breite, dessen Vorschiff gedeckt war. Die Takelung bestand aus einem hohen und spitzen Luggersegel sowie Stagfock. Der Mast war leicht nach vorn geneigt. Ursprünglich benutzte man 2 Seitenschwerter, später wurden sie durch ein Mittelschwert ersetzt (s. a. *Jolle*).

Byrdinger: skandinavisches Handels- und Frachtschiff der Wikingerzeit. Der Name kommt von altnordisch »byrdingr« und dieser von »byrdr« (Bürde, Last) oder auch von »bord« oder »bording« (Planken), entsprechend dem Aufbau des Schiffes aus Planken. Es war ursprünglich ein Einbaum mit aufgesetzten Seitenplanken, also ein sogenanntes Setzbordschiff. Der *Björke-Bootsfund* (Ostschweden) könnte ein Byrdingr gewesen sein. Dieser Schiffstyp wurde vorwiegend im Küstenverkehr, gelegentlich aber auch für Fahrten über See, z. B. nach den Färöern oder Island, verwendet. In der Bauart ähnelte er wohl dem Vorgänger, der *Knorre*. Zur Besatzung werden 10 bis 12 Personen gehört haben. Für größere Byrdinger wird auch eine Zahl von 20 bis

30 Mann genannt. Man ließ sie auch als Proviant- und Transportschiffe (»vista byrdingr«) den Kriegsschiffen folgen. Nach dem 14. Jh. wird die Schiffsbezeichnung Byrdinger im Norden nicht mehr verwendet und durch die Bezeichnung *Bording* und *Bordinger* abgelöst.

Byrsopagis: Lederfahrzeug bei Römern und Armeniern.

* * *

»BOUNTY«: eines der bekanntesten Schiffe; berühmt durch den Auftrag, Brotbaumstecklinge von Tahiti nach Jamaica zu bringen; berüchtigt durch die am 28. April 1789 erfolgte Meuterei eines Teiles der Besatzung gegen Kapitän W. BLIGH. Das Schiff wurde ursprünglich 1784 in England als Handelsschiff »BETHIA« gebaut und hatte 200 t Tragfähigkeit. Bei einer Länge von 27,5 m auf Deck und einer Breite von 7,3 m hatte der vollgetakelte *Dreimaster* 45 Mann Besatzung. Er wurde von der englischen Admiralität angekauft und ging im Dezember 1787 unter Kapitän W. BLIGH von Spithead in See. Nachdem in Tahiti die Stecklinge geladen waren, wurde die Reise bis zur Meuterei im April 1789 fortgesetzt. Kapitän W. BLIGH wurde von den Meuterern mit 18 Mann im offenen Großboot der »BOUNTY« auf hoher See in der Gegend der Tongainseln ausgesetzt und erreichte nach 3600 Seemeilen Fahrt Timor. Die »BOUNTY« lief unter dem I. Offizier CH. FLETCHER zunächst nach Tahiti und wurde später nach der Insel Pitcarn gebracht, wo sie 1790 strandete. Nach Bergung aller nutzbaren Geräte und Teile wurde das Schiff verbrannt, um alle Spuren zu vernichten. Der letzte Überlebende der 8 Besatzungsmitglieder, 6 Tahitier und 12 Frauen wurde 1808 von der *Fregatte* »TOPAZ« entdeckt. Er durfte im Unterschied zu den 14 nach Bekanntwerden der Meuterei durch die englische Fregatte »PANDORA« in Tahiti aufgegriffenen Meuterern, von denen 3 durch das Kriegsgericht zum Tode durch den Strang verurteilt wurden, sein Leben auf Pitcarn in Frieden beschließen.
1960 erfolgte für die Verfilmung ein Nachbau »BOUNTY II« des leicht bewaffneten Schiffes (4 Vierpfünder und 10 Halbpfünder-Reelingskanonen). Das vollgetakelte Schiff hatte etwa 950 m² Segelfläche bei einer Verdrängung von etwa 120 t. Die Länge über alles betrug 51,4 m, die Länge z. d. Loten 33,6 m bei 9,2 m Breite und einer Seitenhöhe von 6,3 m. Während die Originalbesatzung 1789 aus 45 Mann bestand, waren auf dem Nachbau nur 26 Mann erforderlich. Das Schiff liegt jetzt als Museumsschiff in Florida, St. Petersburg.

* * *

»KRUSENSTERN«: eines der letzten großen Segelschiffe und die letzte Viermastbark, die für den frachtfahrenden Verkehr als »Flying-P-Liner« der Segelschiffs-Reederei F. LAEISZ am 24. Juni 1926 unter dem Namen »PADUA« von Stapel lief. Nach der Übernahme durch die Sowjetunion erhielt das Schiff den Namen des russischen Admirals und Hydrographen I. F. KRUSENSTERN (1770 bis 1846), der 1803 bis 1806 die erste russische Weltumsegelung mit großem wissenschaftlichen Erfolg durchführte. Das Schiff dient noch heute als Schulschiff für die

Nachbau der »BOUNTY«, 1960 [19]

Die »ZEVEN PROVINCIEN«, das Flaggschiff des holländischen Admirals de RUYTER (Bildmitte unter rot-weiß-blauer Flagge) in zweiten niederländisch-englischen Krieg während der viertägigen Seeschlacht (11. bis 14. Juni 1666). Gemälde von ABRAHAM STORK. National Maritime Museum, Greenwich [12]. s. a. Admiralschiff

Die »GOUDEN LEEUW« (Bildmitte unter der Admiralitätsflagge am Großtopp) unter CORNELIUS TROMP im dritten niederländisch-englischen Krieg in der Seeschlacht bei Kijkduin am 21. August 1673. Quelle: Mollema, J. C., Geschiedenis van Nederland ter Zee, Bd. 4, N. V. Uitg. Mij Joost van den Vontel, Amsterdam 1939/42. s. a. Admiralschiff

Baltimore-Kriegsschoner »RAMBLER«, erbaut 1812 in Medford, Massachusetts. Peabody Museum, Salem [1].

Bark »PETER SUPPICICH«, Rostock. Erbaut von J. H. WILKEN, Ribnitz 1869, 442 RT. Quelle: Museumsheft, Schiffahrtsmuseum Rostock.

Viermastbark »KRUSENSTERN«, erbaut 1926; 114,5 m Länge über alles bei 14,0 m Breite und 3427 m² Segelfläche.

Dreimast-Schonerbark »MÖNCHGUT« von Thiessow auf Rügen, Ölgemälde 1877.
Quelle: Rudolph, W., Boote – Flöße – Schiffe, Urania-Verlag Leipzig 1974.

Brigg »MARYE UND BETTY«, Rostock 1844.

Ausbildung des seemännischen Nachwuchses. Die technischen Daten der »KRUSENSTERN«, die als das größte sowjetische Segelschiff vom Ministerium für Fischwirtschaft mit Heimathafen Riga unterhalten wird, sind: Länge über alles 114,5 m und 14,0 m Breite. Die Höhe des Großmastes über Deck beträgt 55 m; die Großrah ist 29 m lang. Das Schiff ist als sogenanntes »3-Inselschiff« gebaut, d. h. als Aufbauten sind Back, Brücke und Poop oder Hütte vorhanden, die jeweils miteinander durch Laufbrücken verbunden sind. Die Besatzung besteht aus 50 Mann Stammbesatzung und 200 Kursanten. Die Gesamtsegelfläche von 3427 m² ist auf den Fockmast mit 845 m², den Großmast mit 874 m², den Kreuzmast mit ebenfalls 874 m² und den Besanmast mit 144 m² aufgeteilt, die restlichen Flächen bestehen aus Stagsegeln. Als Hilfsantrieb wurden 2 Dieselmotoren mit 588 kW eingebaut, so daß im Falle einer Flaute oder bei Manövrieren in engen Gewässern Vortriebsmöglichkeit besteht. Ohne Motor hat das Schiff bei seinen früher durchgeführten Fahrten zwischen Europa und Amerika sowie Europa und Australien gute und bemerkenswert gleichmäßige Fahrtzeiten erreicht. Eine Rekordfahrt machte das Schiff 1933 bis 1934 von Hamburg nach Port Lincoln (Australien) in 67 Tagen.

* * *

»PASSAT«: Viermastbark der Hamburger Segelschiffsreederei LAEISZ, ein Schiff der berühmten *Flying-P-Liner*. Die stählerne Viermastbark wurde am 2. März 1911 auf Kiel gelegt und war am 28. November 1911 seetüchtig. Die technischen Daten sind: Länge über alles 115,0 m, Länge z. d. Loten 98,0 m, Breite 14,4 m, Raumtiefe 8,1 m, Tiefgang etwa 6,7 m, Tragfähigkeit 4750 t. Die 34 Teilsegel und Vorsegel ergeben eine Gesamtsegelfläche von 4100 m². Der Großmast hat eine Höhe von 52,0 m über Deck. Urspünglich hatte die »PASSAT« keinen Hilfsantrieb, nur unter Segel wurden Geschwindigkeiten bis zu 16,4 kn erreicht. Das Schiff war für die Salpeterfahrt bestimmt und machte bis August 1914 insgesamt 6 Reisen. Die Heimreise von der sechsten Fahrt konnte jedoch erst 1921 zur Ablieferung an Frankreich erfolgen. Nach Rückkauf im Dezember 1921 und Instandsetzung wurde die »PASSAT« bis 1927 wieder in der Salpeterfahrt eingesetzt. 1927 erfolgte ein weiterer Umbau zum frachtfahrenden Schulschiff. Nach Kollisionen und anschließender Reparatur erwarb die finnische Reederei G. ERIKSON das Schiff und setzte es bis 1939 in der Australienfahrt ein. Von 1939 bis 1944 war es aufgelegt und von 1944 bis 1946 verwendete man es als stationären Getreidespeicher in Stockholm. 1951 sollte die »PASSAT« abgewrackt werden, sie wurde jedoch von Reeder SCHLIEVEN angekauft und einer gründlichen Überholung und Modernisierung unterzogen, ein Hilfsmotor von 660 kW und wasserdichte Schotte wurden eingebaut. Die Besatzung betrug nach diesem Umbau 80 bis 90 Mann, darunter etwa 50 Auszubildende. Seit 1957 ist die »PASSAT« Wohn- und Museumsschiff in Travemünde.

Cadet, kleine 2-Mann-Sportsegeljolle

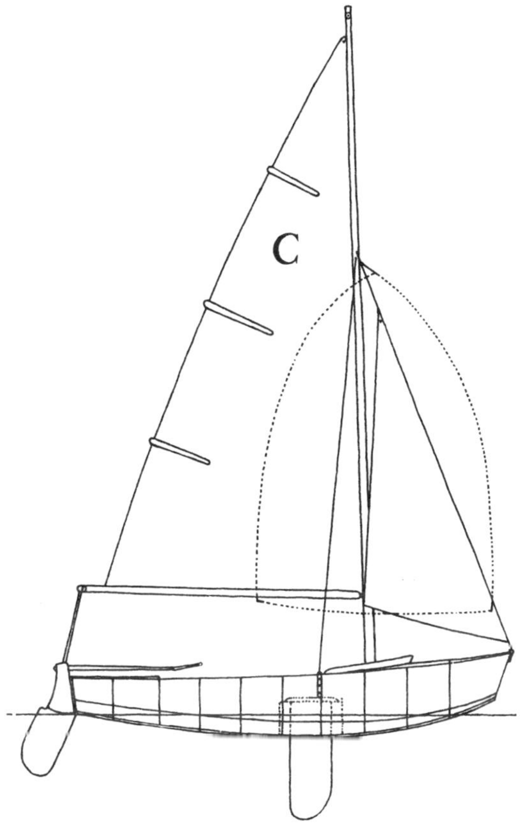

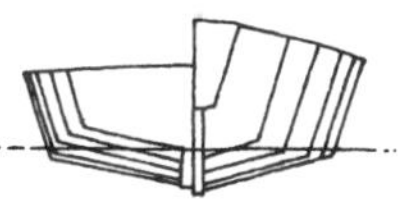

C

Caballito: siehe Balsa

Caboteur, *Cabotier:* ein- oder zweimastiges kleines schnellsegelndes Küstenfrachtschiff des 19. Jh. im Mittelmeergebiet. Außerdem ist »Cabotier« die französische Bezeichnung für ein Schiff in der Kabotagefahrt (Küstenfahrt).

Cadet-Segelbootsklasse: kleine 2-Mann-Sportsegeljolle der internationalen Jugendklasse, 1956 vom englischen Konstrukteur J. HOLT eingeführt. Die *Jolle* ist ein 3,22 m langes und 1,27 m breites Schwertboot, mit einem Tiefgang ohne Schwert von etwa 0,17 m und mit ausgeschwenktem Schwert 0,75 m bei einer Wasserverdrängung von etwa 159 kg. Der Bootskörper wird in Knickspantbauweise hergestellt. Es werden die Ausführungen A (mit Spanten) und B (ohne Spanten) unterschieden. Die Segelfläche ohne Spinnaker beträgt 5,10 m². Das Segelzeichen ist ein großes schwarzes »C«. Bei Regattasegeln ist das Führen eines Spinnakers erlaubt.

Cagh, *Kagh:* niederländisches Fluß- und Küstenfahrzeug des 17. und 18. Jh. von etwa 15 m Länge; mit plattem Boden, Seitenschwertern und einem Mast, zunächst mit Spriet- und später mit Gaffelsegel. Im 19. Jh. erreichte der Schiffstyp Tragfähigkeiten zwischen 80 und 100 t.

Caic: siehe Kaik

Camara: leichte *Barke* des Mittelmeeres, insbesondere für Fähraufgaben im Bereich des Bosporus und des Schwarzen Meeres. Der Bootskörper war aus Holz und besaß vorn und hinten ein Ruder, so daß Wendemanöver entfielen. Gegen hochgehende See war ein gewölbtes Schutzdeck vorhanden. Ähnliche Fahrzeuge wurden seit dem 1. Jh. in verschiedenen Entwicklungsstufen bis ins Mittelalter verwendet.

Camel: siehe Kamel

Cange: im 19. Jh. kleines einmastiges, zum Teil auch zweimastiges schlankes Segelboot von 16 bis 20 m Länge mit Lateinsegel, das auf dem Nil verkehrte. Auf dem hinteren Bootsteil befand sich oft eine kleine Hütte.

Canoa: siehe Kanu

Canonnière: französische Bezeichnung für *Kanonenboot*. Vom 17. bis 19. Jh. waren es Ruder- oder Segelfahrzeuge und im 19. und 20. Jh. Ruder-, Segel- oder Dampfschiffe.

Canot: französische Bezeichnung für *Kahn* oder kleines Boot.

Carabus: römisches Leder- oder *Fellboot*, insbesondere im römischen Heer zu Zeiten CÄ-

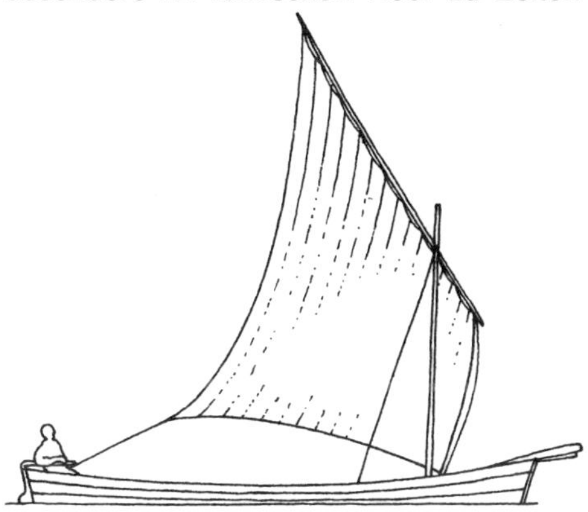

Canot, französischer Segelkahn mit Luggersegel

Französische Canonnière von 1792

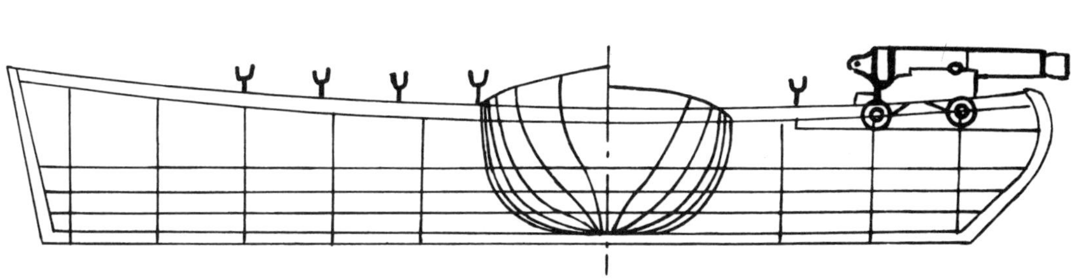

SARS, für Flußüberquerungen gebräuchlich. Der Kiel und die Rippen wurden aus leichtem Holz hergestellt, mit Weiden verflochten und mit Leder oder Häuten überzogen. Das Boot soll aus dem Bereich des italienischen Flusses Po stammen. Ähnliche Fahrzeuge sind aber aus verschiedenen Erdteilen und Ländern bekannt, so u. a. die Eskimoboote oder die irischen *Coracles*.

Caracke: siehe Karacke

Caracora, *Caracore, Corocora, Corocore:* schlankes kombiniertes Segel-Ruder-Boot im Bereich der Molukken. Die Boote waren unterschiedlich groß. Die größten hatten eine Länge bis zu 35 m, eine Breite von 4 bis 5 m und einen Tiefgang von 1,7 m. Sie waren noch im 19. Jh. für Kriegszwecke ausgerüstet und faßten ungefähr 90 Personen. An jeder Schiffsseite arbeiteten hintereinander je 12 Ruderer in 3 Reihen nebeneinander. Die Ruderer saßen auf seitlichen auslegerartigen Stangengerüsten. Die großen Schiffe führten 2 Segel an einem kurzen Mast oder an bockartigen Spieren. Die kleineren Caracoras hatten nur 2 Reihen Ruderer an jeder Seite und führten nur ein Segel an einem kurzen Mast.

Caravelle: siehe Karavelle

Carebe: zwei- bis dreimastiges arabisches Segelschiff des 19. Jh., etwa 12 bis 15 m lang und 3 m breit. Die Mastanordnung wies einige Besonderheiten auf, der Großmast war stark rückwärts geneigt und führte ein luggerähnliches Segel. Der Fock- und der Kreuzmast waren fast lotrecht oder nach vorn geneigt und führten ein Lateinsegel.

Caracora mit Doppelausleger, erste Hälfte 19. Jh.

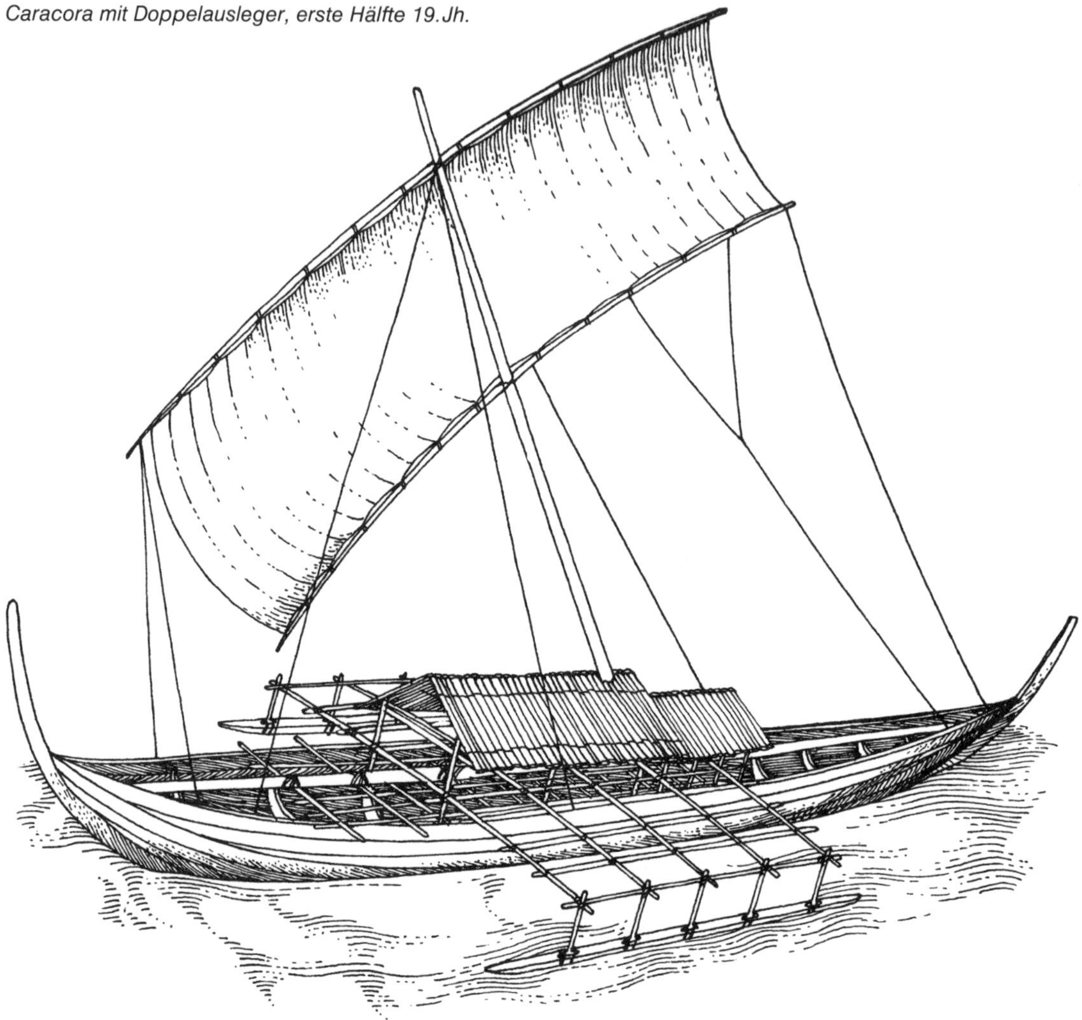

Carebe der tunesischen Küste, 19. Jh.

Cat: siehe Kat

Catamaran: siehe Katamaran

Celox: schnelles Mittelmeer-Ruderschiff um 400 bis 1000 u. Z., das für den Nachrichtendienst und häufig auch als Seeräuberschiff benutzt wurde. Der kleine Schnellruderer hatte bis zu 10 Riemen. Die Bezeichnung hat Beziehung zum lat. celer (schnell) und nimmt außerdem auf das griechische Verb »kelevein« (treiben) und somit auf das Kommandogeben an die Ruderer Bezug.

Chabek: siehe Schebeke

Chaland: gerudertes französisches Fluß- oder Küstenboot für den Güterverkehr, teilweise mit zusätzlichem kleinem Mast. Im heutigen französischen Sprachgebrauch allgemein gebräuchlich für Frachtkähne, *Schuten* und besonders Klappschuten.

Chalands mit unterschiedlichen Maststellungen

Französischer Chaland

Russischer Chaland

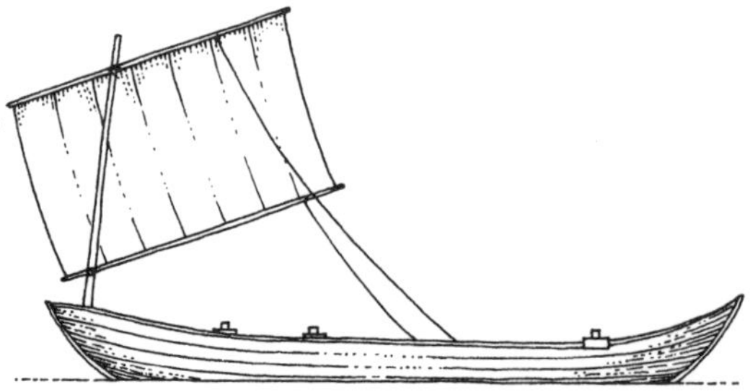

Chaloupe: siehe Schaluppe

Chaloupe canonnière: siehe Schaluppe und Bombarde

Chalutier; *Chaloutière:* französische Bezeichnung für ein mit Netzen fangendes Fischerboot, später auch gebräuchlich für moderne Fischerei-Schiffstypen, wie *Trawler, Seiner* und *Logger*.

Charbrow-Bootsfund: im Jahr 1897 bei Charbrow am Lebasee, dem heutigen Czarnowsko in der Volksrepublik Polen, gefundene Reste eines geklinkerten Kielbootes mit Riemenantrieb, dessen Länge 13,76 m und Breite 3,35 m betrug. Das Boot hatte eine Tragfähigkeit von 6 t und stammt aus dem 10. bis 11. Jh.

Chasse-marée: französisches zwei- und auch dreimastiges, scharf gebautes Segelschiff mit durchgehendem Deck, das sowohl als Frachtschiff in der Küstenschiffahrt als auch als Fischereischiff, insbesondere im Bereich der Bretagne, verwendet wurde. Die Chasse-marées fuhren aber auch bis zu den Antillen. Die Tragfähigkeit der Schiffe betrug in ihrer Blütezeit im 18. und 19. Jh. bis zu 50 Lasten (ca. 100 t). Bei dreimastigen Schiffen wies der mittlere Mast eine starke Neigung nach hinten auf und führte ein ungewöhnlich großes Luggersegel, das bei schlechtem Wetter auf Deck gefiert wurde. Darüber wurde ein Toppsegel gefahren. Der Fockmast stand fast lotrecht sehr weit vorn und führte bei gleicher Takelungsart eine bedeutend kleinere Segelfläche. Die Ursprünge dieses Schiffstyps gehen bis in das 14.Jh. zurück. Die französische Bezeichnung bedeutet soviel wie »Gezeitenjäger«. Die Schiffahrt in der Bretagne muß sich infolge der in den Küstenhäfen starken Niveauunterschiede zwischen Flut und Ebbe beim Ein- und Auslaufen unbedingt nach den Gezeiten richten.

Chat: im 11.Jh. und während der Kreuzzüge ein galeerenähnliches Schiff des Mittelmeeres. Das Fahrzeug hatte bis zu 100 Ruderer, die jeweils zu zweit einen Riemen handhabten.

Chatte: im 17.Jh. in Frankreich ein Leichterfahrzeug und Küstensegler von etwa 60t Tragfähigkeit. Das dem französischen *Chasse-marée* ähnelnde Schiff wurde im 18. und 19.Jh. vorwiegend in Norwegen ein gebräuchliches Küstenschiff mit flachem Boden, Rudern an beiden Schiffsenden, einem großen Mittelmast und einem Vor- und Achtermast. An allen Masten wurden Rahsegel gefahren. Die übliche Länge lag zwischen 20 und 25m, die Breite zwischen 6 und 7m und der Tiefgang bei etwa 2,5m.

Chatte, Anfang 19.Jh.

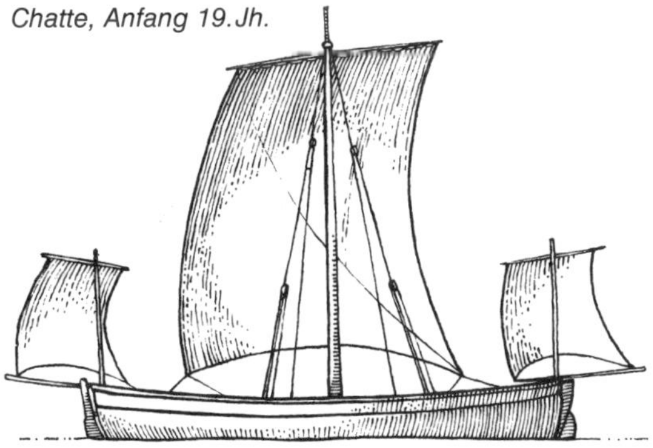

Chebeke: siehe Schebeke

Chelinge: einfaches Ruderboot von 10 bis 12m Länge und bis zu 3m Breite für Personen und Güter der indischen Coromandelküste. Die Plankengänge waren mit Kokosfasern abgedichtet, und der Vortrieb erfolgte durch bis zu 12 Ruderer.

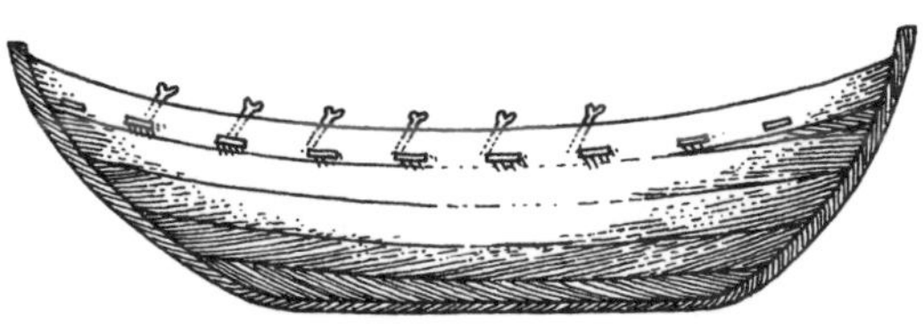

Chelinge, Indien, 19.Jh.

Cheops-Bestattungsschiff: bisher ältestes bekanntes erhalten gebliebenes Schiff der Erde, 1954 an der großen Cheopspyramide in Gizeh entdeckt. Es wurde vor mehr als 4600 Jahren in der Zeit um 2650 v. u. Z. als Bestattungsschiff des Pharao CHEOPS (2. Pharao der 4. Dynastie) erbaut. Dieser für die frühe Schiffbaugeschichte besonders bedeutungsvolle Schiffsfund ist gleichzeitig ein gewichtiges Zeugnis zur frühen Hochkultur am Nil, den religiösen Auffassungen der Ägypter über ein ewiges Leben, der Sonnenverehrung und den entsprechenden Bestat-

Chasse-marée, 19.Jh.

tungssitten. So wurden Könige und andere hochgestellte Persönlichkeiten mit Grabbeigaben irdischer Güter beigesetzt, die im kommenden Leben benutzt werden sollten. Mit besonderer Sorgfalt errichtete man massive steinerne Königsgräber, teilweise ergänzt durch weitere Nebenbauten, und stattete sie mit Schmuck, Geräten, Gemälden, Reliefs, Schiffsmodellen und in besonderen Fällen auch mit Originalschiffen aus. Drei an der Ostseite der Cheopspyramide gelegene Schiffsgräber waren bereits länger bekannt, sie enthielten jedoch nur noch Holz- und Tauwerkreste. Bei Bauarbeiten und Ausgrabungen, die 1952 an der Südseite der Pyramide begannen, entdeckte man eine lange niedrige Mauer, unter der sich zwei weitere Gräber befanden. Die Gräber waren mit sorgfältig zugehauenen und eingepaßten, je 15 bis 20t schweren Kalksteinblöcken abgedeckt. Eine zusätzliche Gipsabdichtung und der auf den Gräbern ruhende Sand hatten über vier Jahrtausende wasser- und luftdichte Räume mit wenig veränderten Temperatur- und Feuchtigkeitsverhältnissen entstehen lassen. Nachdem eines der Gräber von 31,2 m Länge, 2,6m Breite und 3,5m Tiefe geöffnet war, fand man – einem Original-Bauteilsatz ähnlich – insgesamt 407 teilweise bereits demontiert hineingelegte oder weiter auseinandergefallene Schiffsteile, wie Planken, Balken, Ruder, Riemen, Türen sowie Reste von Trossen aus Halfagras, Stoffen und Teppichen. Die weitere Demontage während der Restaurierungsarbeiten zeigte, daß das Schiff insgesamt aus 1224 Holzteilen gefügt war. Zum größen Teil wurde Zedernholz aus dem Libanon verwendet, das gut erhalten geblieben ist und sogar noch den für getrocknetes Holz fast normalen Feuchtigkeitsgehalt von 10% aufwies. Verschiedene kleinere Teile bestehen aus Maulbeerfeigenholz. Die größten Schiffsplanken sind 22,72m lang, 52cm breit und 10cm dick, die kleinsten Stücke sind nur 10cm groß.

Die Enden der Planken wurden miteinander durch Langlaschen mit Einkerbungen verzahnt, Boden- und Seitenplanken durch jeweils gegenüberliegende Löcher und eingeleimte Holzstücke verbunden. Diese Methode ähnelt sehr dem heute noch gebräuchlichen Holzdübeln. Bei der Bergung stellte man erstaunt fest, daß der Leim an diesen Holzpflöcken trotz der langen Lagerung noch klebrig war. Es ist wohl auch möglich, daß der hohe Harzgehalt des verwendeten Holzes das völlige Austrocknen verhinderte. Bei ägyptischen Schiffen dieser Epoche waren die einzelnen Plankengänge durch Seile zusammengespannt. Dazu befinden sich an den Innenseiten der Planken V-förmige Aushöhlungen mit Stegen, durch die Seile und Trossen hindurchgezogen wurden. Dieser wellenförmige Verlauf der Spanntrossen hat sicher das Nachspannen erleichtert. Zur besseren Abdichtung der Längsnähte zwischen den Planken und zur Vergrößerung der Seilspannung band man auf den Fugen einseitig abgerundete Holzstäbe mit ein; die aufgefundenen Dichtleisten weisen daher von den Trossen herrührende Einkerbungen auf. Es ist anzunehmen, daß die Plankennähte und Dichtleisten auch mit Harzen verklebt wurden, dennoch drang wohl bei Schiffsfahrten noch Wasser in den Schiffsinnenraum ein, um ein Quellen des Holzes sowie ein Durchnässen und Spannen der Trossen und damit einen verstärkten Zusammenhalt zu bewirken. Diese Art der Planken- und Seilbindung wies beträchtliche Vorzüge auf. So werden die Planken an ihrer Außenseite nicht durchbrochen, an der Innenseite ergaben sich trotz Verwendung durchlaufender Seile gute Nachspannmöglichkeiten und günstige Bedingungen für das Einbinden anderer Bauteile. Einige Planken, die oberen Seitenplanken, weisen zusätzliche Ausnehmungen für die Auflage der ebenfalls mit Seilen eingebundenen Decksbalken auf. Ein zentraler Mittellängs-Unterzug (Balkweger) bestand mit seiner Länge von 26m aus 2 miteinander verbundenen Teilen. Er stützte die Decksbalken in ihrer Mitte ab und ruhte selbst auf Stützen, die über querspantähnliche Hölzer an den Bodenplanken festgebunden wurden. Die Decksbalken wurden außerdem weiter seitlich in einigem Abstand von beiden Bordseiten nochmals durch Seitenweger abgestützt, die der Höhe nach in Unter- und Oberweger unter-

teilt und mit den Querspanten bzw. Planken verbunden waren. Insgesamt sind 12 solcher Querspanten vorhanden. Die Decksplatten lagen lose auf den Decksbalken auf. In der Schiffsmitte hat ein Deckshaus oder Deckshausgerüst mit einer Länge von 9,1 m, einer vorderen Breite von 4,15 m und einer hinteren Breite von 2,7 m gestanden, das vielleicht mit Matten, Teppichen oder anderen Geweben überspannt war.
Man fand im Grab auch 6 Paar Riemen, das längste Paar von 7,8 m und das kürzeste von 6,8 m Länge. Diese Riemen dienten vornehmlich zum Steuern des von Ruderbooten geschleppten Schiffes. Ruderbänke oder andere Ruderausrüstungen waren nicht vorhanden. Ein Mast, Mastbefestigungen oder andere Anzeichen, die auf eigene Besegelung schließen lassen, konnten nicht festgestellt werden, da die kultische Verwendung auch keinen eigenen Antrieb erforderte, obwohl die Bauweise des Schiffkörpers eine Ausrüstung als Ruder- oder Segelschiff ermöglicht hätte. Die fachgerechte Rekonstruktion dieses Schiffsfundes stellte eine schwierige Aufgabe dar. Nach der Konservierung wurden die Originalteile exakt vermessen und im Modellmaßstab 1 : 10 maßstabgerecht nachgebildet. Bei der Montage des Schiffsmodells wurden die unterschiedlichen Anordnungsmöglichkeiten der einzelnen Teile sorgfältig geprüft. Im Restaurierungsatelier bei der Pyramide ist heute das nahezu vollständig rekonstruierte und teilmontierte Originalschiff aufgestellt. Es zeigt einen schlanken Schiffskörper mit hochgezogenen Schiffsenden und flachem Kiel. Das Schiff ist 43,6 m lang, 5,9 m breit und hatte eine Wasserverdrängung von ca. 40 t.
Der Fund und die Rekonstruktion des Cheops-Bestattungsschiffes haben die Kenntnisse über den frühen ägyptischen Schiffbau und die ägyptische Schiffahrt bedeutend erweitert und auch dazu beitragen, daß einige vorhergehende Auffassungen sich änderten. So lassen die hohe technische Reife und die handwerklich ausgereifte Bauweise erkennen, daß es bereits einen vorhergehenden längeren Entwicklungsabschnitt gegeben haben muß, in dem Kenntnisse und Werkzeuge zur Bearbeitung von Einzelteilen aus Holz, ihrer Montage zu größeren Bauwerken und zum Holzschiffbau gewonnen und vervollkommnet wurden. Dem Bau dieses Schiffes ist somit bereits eine längere Entwicklungsgeschichte des ägyptischen Schiffbaus vorausgegangen. Die weitgehende Verwendung von Zedernholz beweist weiter, daß mindestens seit 2650 v. u. Z. für besondere Vorhaben die Möglichkeit bestand, auf dem Landwege oder wahrscheinlicher auf dem Seewege Zedernholz aus dem Libanon oder anderen Gebieten des Mittelmeeres zu transportieren. Dieser Holztransport so großer Baumstämme über See erforderte bereits seegehende Schiffe oder stark gebaute Ruderboote zum Schleppen des Holzes. Damit kann Ägyptens Flotte bereits früher als bisher angenommen nicht nur den Nil, sondern auch das östliche Mittelmeer und das Rote Meer befahren haben.

Chitiha: arabische Bezeichnung für *Pinke*.

Chitik: siehe Schitik

Chniaka: siehe Schnjaka

Cisternenschiff: Schiff des 18. und 19. Jh., dessen Räume in Zisternen (Tanks) unterteilt waren, um flüssige Ladung wie Trinkwasser und später Petroleum und andere Flüssiggüter zu befördern. Das Cisternenschiff stellt einen Vorläufer des Tankschiffes dar. Für den Trinkwassertransport gab es schon im Mittelalter spezielle Boote.

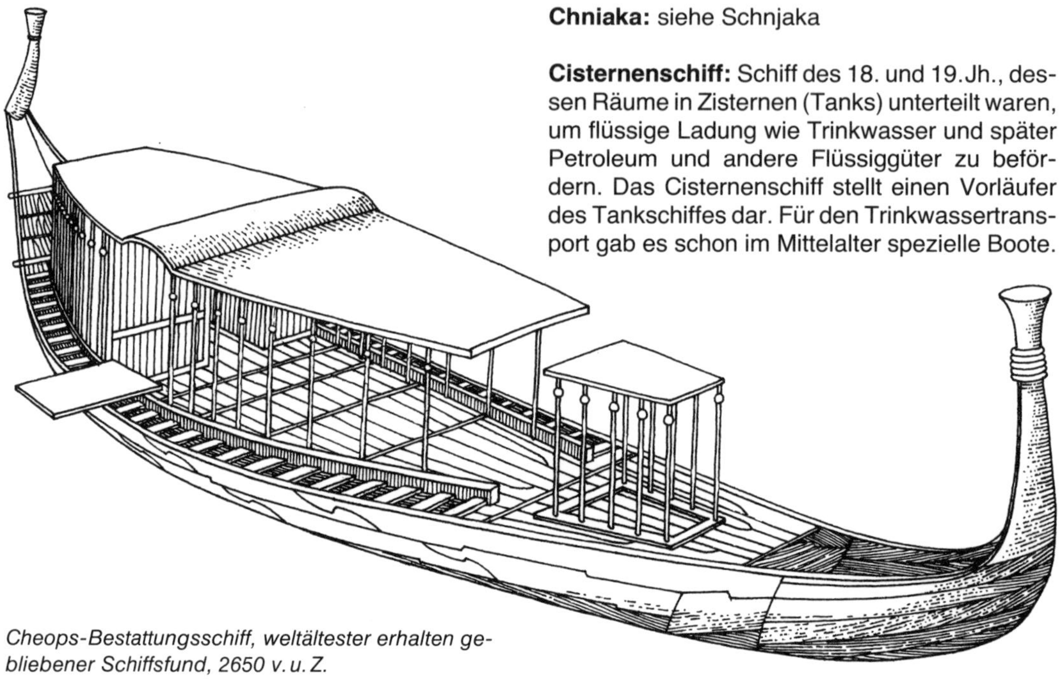

Cheops-Bestattungsschiff, weltältester erhalten gebliebener Schiffsfund, 2650 v. u. Z.

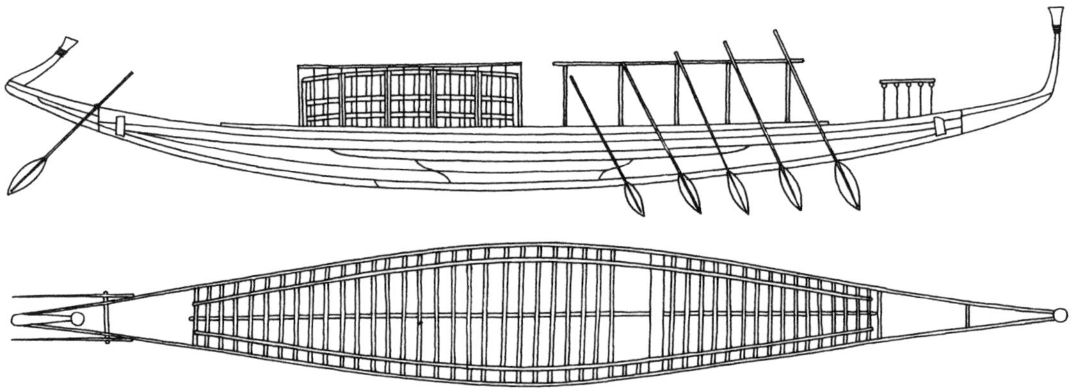

Riß des Cheops-Bestattungsschiffes, Rekonstruktion

Querschnitt und Bindungen des Cheops-Bestattungsschiffes, Rekonstruktion

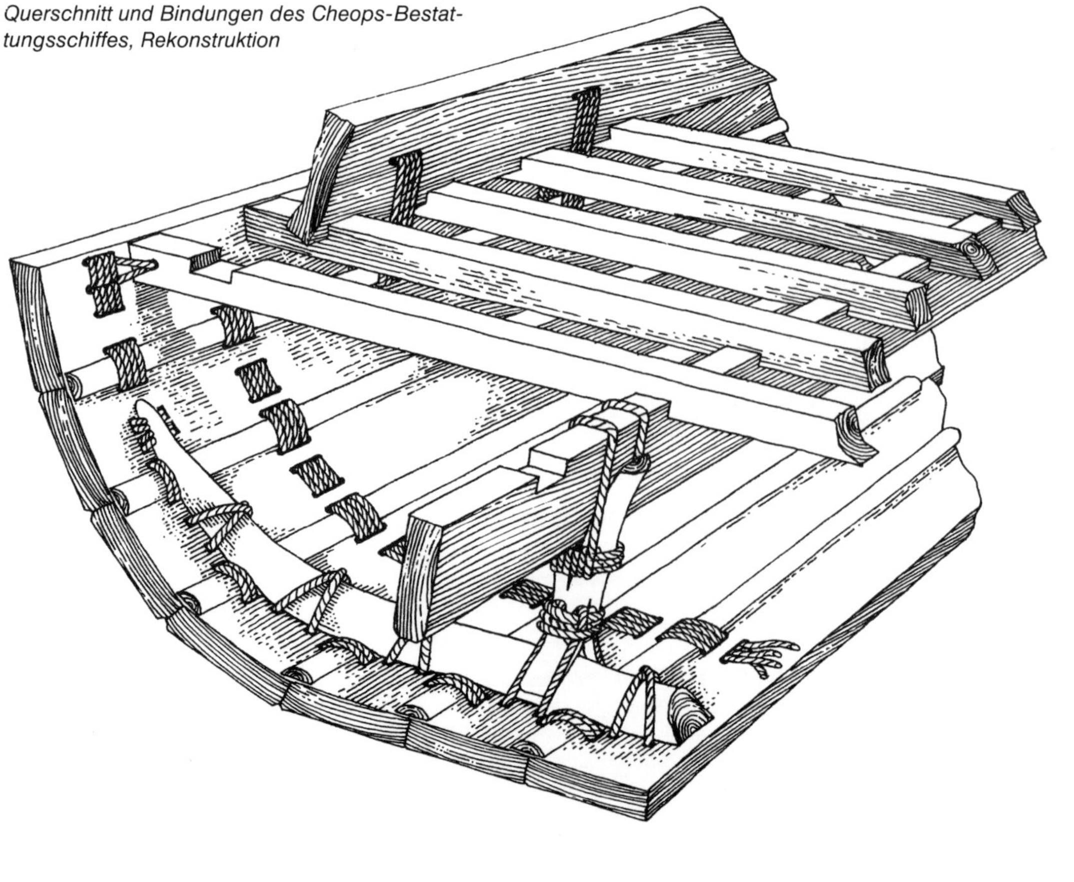

Clipper: siehe Klipper

Coaster: englische Bezeichnung für ein Segel-Küstenfrachtschiff. Diese Bezeichnung wurde später auf maschinengetriebene Schiffe übernommen. Auch für größere Sport-Segelkreuzer und -yachten, die in ortsnahen Küstengewässern operieren, findet die Bezeichnung Verwendung.

Cogge: siehe Kogge

Compositschiff: siehe Kompositschiff

Convictschiff: Anfang des 18. bis Ende des 19. Jh. in England und Frankreich verwendete Bezeichnung für ein außer Dienst gestelltes Kriegsschiff, das als Gefängnisschiff verwendet wurde (engl. convict, Sträfling).

Convoischiff: siehe Konvoischiff

Coracle, *Korb-, Fellboot:* ein in Irland und England über lange Zeit gebräuchliches, fast kreisrundes Gerüstboot aus Holz und Weidengeflecht und einer Bespannung aus Fellen oder Leder. Dieser Bootstyp war bei den Kelten als hautbespanntes Flußboot bekannt. Bereits CÄSAR berichtetet über Coracles, aber es gab sie auch noch zu Anfang dieses Jahrhunderts. Das Gerippe wurde vorwiegend aus biegsamen Weidenruten geflochten, die vorher durch längere Wasserlagerung schmiegsam gemacht wurden. Nach der Überspannung mit Tierfellen erfolgte eine Abdichtung durch Pech oder Teer. Das Boot war innen durch Sitze ausgesteift und wurde durch Paddel fortbewegt. Formen und Größen der Fahrzeuge waren sehr verschieden. Es gab zugespitzte oder muldenartige Coracles bis zu 6 m Länge. Infolge der allgemeinen Verfügbarkeit der benötigten Strauch- oder Weidenruten entwikkelte sich diese Bauweise unabhängig voneinander an vielen Orten der Erde.

Corbita: römisches Frachtschiff um die Zeitenwende, dessen Bezeichnung auf lat. corbis (Korb) hinweist. Es waren gedrungen und rund gebaute einmastige Lasten-Segelschiffe. (lat. naves onerariae; onus, Last) von 100 bis 200 t Tragfähigkeit, die vorwiegend für den Getreidetransport zur Versorgung Roms verwendet wurden. Die Schiffsgröße war vor allem durch die Bedingungen in Roms Hafen Ostia begrenzt. Nach Ausbau dieses Hafens in der Zeit unter Kaiser CLAUDIUS (41 zum Kaiser ausgerufen) nahmen die Schiffsgrößen weiter zu. Das auf dem *Torlonia-Relief* dargestellte Frachtschiff ist wahrscheinlich eine Corbita von mittlerer Größe. Kleinere Corbitae, die eventuell auch auf Flüssen für den Getreidetransport verwendet wurden, sind auf dem *Ostia-Fresko* und dem *Salerno-Relief* dargestellt.

Corocore: siehe Caracora

Corsar: siehe Korsarenschiff

Corvette: siehe Korvette

Coter, *Cotre:* siehe Kutter

Coracle aus Irland (1) und Wales (2)

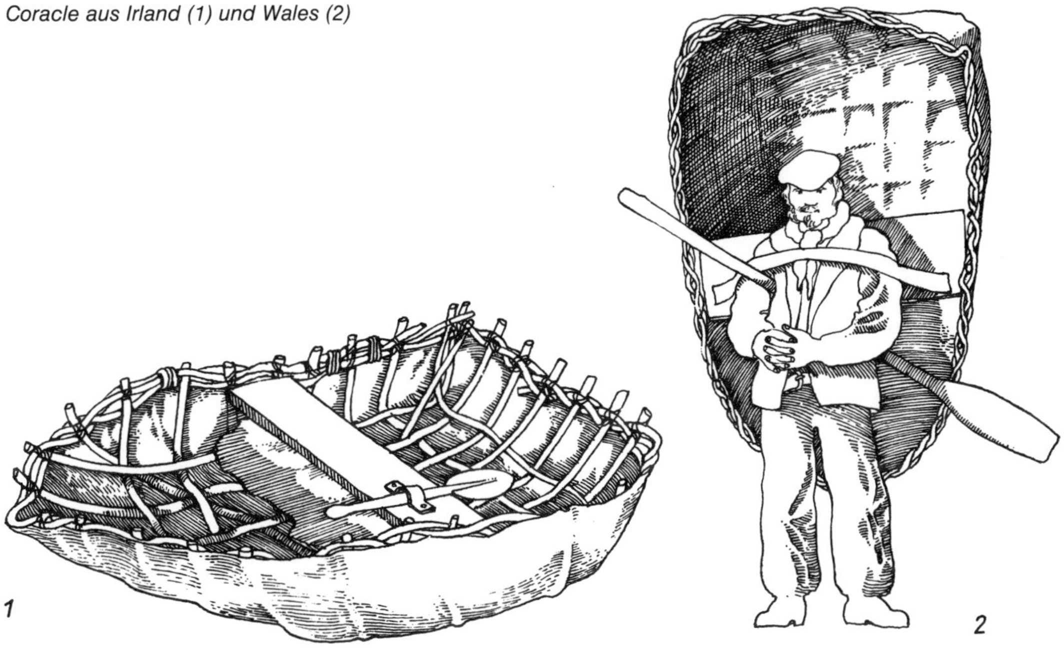

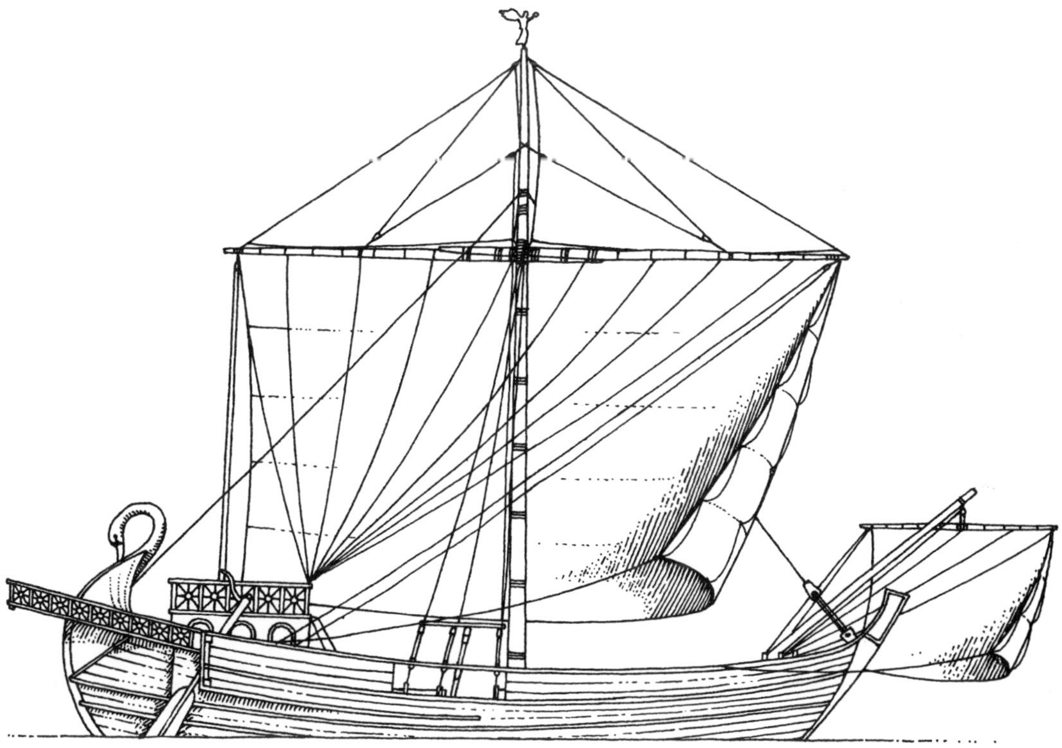

Corbita, römisches Frachtschiff, 1. bis 3. Jh.

Cruiser-Racer-Klassenboot: frühere internationale Bezeichnung für einen Hochseesegelkreuzer mit einem Segelzeichen, das den errechneten Formelwert der Konstruktionsklasse mit dem Zusatz »CR« trägt. Die bekanntesten Klassen waren der 7-m-Cruiser-Racer »7CR« mit einer Länge in der Wasserlinie von etwa 7,20 m, einer Länge über alles von 10,50 m, einer Breite von 2,30 m, einem Tiefgang von rund 1,7 m, einer Verdrängung von etwa 4 t und 40 m^2 Segelfläche sowie der 8-m-Cruiser-Racer »8CR« mit einer Länge in der Wasserlinie von 8,40 m, einer Länge über alles von 12 m, einer Breite von etwa 2,60 m, einem Tiefgang von etwa 1,85 m, einer Verdrängung von 6,5 t und etwa 53 m^2 Segelfläche.

Csaike: siehe Tschaike

Curagh: leichtes Holzgerippeboot, das früher mit Tierfellen, später mit anderen wasserdichten Materialien überzogen wurde. Das vorwiegend geruderte Boot war zum zusätzlichen Segeln eingerichtet. Es wurde ähnlich wie das irische *Coracle*, insbesondere an der Westküste Irlands, aber auch in Schottland und Wales für den Fischfang benutzt. Das Boot hatte eine Länge von 4,5 bis 5,5 m, eine Breite von etwa 1 m und konnte bis

Curagh von den irischen Araninseln um 1920

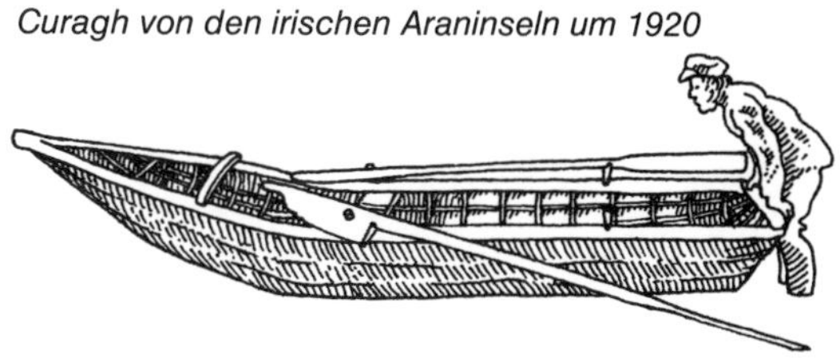

zu 4 Personen aufnehmen. Curaghs gab es noch zu Anfang des 20. Jh.

Cutter: siehe Kutter

Cymba: *Beiboot* der Koggen in der Hansezeit.

* * *

»CONSTITUTION«: historische *Fregatte*, eines der berühmtesten Traditionsschiffe der US-Marine, entworfen von J. HUMPHREY. Die »CONSTITUTION« hatte am 21. Oktober 1797 auf der Bauwerft in Boston Stapellauf. Ursprünglich bestand die Bewaffnung aus 28 langen 24-Pfündern und zehn 12-Pfündern auf Back- und Quarterdeck. Die ersten Einsätze erfolgten gegen die französischen Kaper in der Karibik und 1804 gegen die Korsaren im Mittelmeer.
Nach einer Generalüberholung und Umrüstung bestand das Schiff während des Krieges gegen Großbritannien am 19. August 1812 das siegreiche Gefecht mit der britischen Fregatte »GUERRIERE«, aus dem der von der eigenen Besatzung gegebene Name »OLD IRONSIDE« stammt, da viele der britischen Geschosse die gepanzerten Seiten der »CONSTITUTION« nicht durchschlagen konnten. Im Dezember 1812 wurde die Fregatte »JAVA« aufgebracht und zerstört. 1815 gelang es, zugleich 2 britische *Sloops* zu nehmen. Nach einer langen Mittelmeerfahrt wurde die »CONSTITUTION« 1828 aus dem aktiven Dienst gezogen. Das Schiff entging dem Abwracken 2 Jahre später durch ein Gedicht »OLD IRONSIDE« von O. W. HOMES, da Mittel für die Erhaltung aufgebracht wurden. 1844/45 unternahm die »CONSTITUTION« eine Weltreise. Nach umfangreichen Restaurierungsarbeiten in den Jahren 1927 bis 1931 wurden erneut zahlreiche Häfen der USA besucht, und 1934 fand das Schiff in der Marinewerft Boston seinen endgültigen Liegeplatz. Die Hauptabmessungen des Schiffes sind: Länge zwischen den Steven 62,2 m, Breite 13,6 m, Seitenhöhe 6,85 m. Die Besatzung bestand aus 22 Offizieren und 378 Unteroffizieren und Mannschaften.

* * *

»CUTTY SARK«: das letzte erhalten gebliebene Segelschiff, das an den Teeklipperrennen in den Jahren 1870 bis 1880 teilnahm und noch heute in Greenwich im Dock zu besichtigen ist. Der *Klipper* wurde, ausdrücklich als Herausforderung an die »THERMOPYLAE«, mit nahezu gleichen Abmessungen in Kompositbauweise von H. LINTON entworfen und 1869 in Dumbarton vom Stapel gelassen. Das Schiff machte 8 Tee-Reisen, konnte jedoch die von früheren Klippern erreichten Überfahrtszeiten nie unterbieten. Ein aufsehenerregendes Rennen machte sie mit der »THERMOPYLAE«. Die »CUTTY SARK« lag über 400 Seemeilen in Führung, als im Sturm das Ruder brach, so daß sie mit Notruder für die Rennstrecke eine Woche länger brauchte als die »THERMOPYLAE«, die für die Reise 115 Tage benötigte. Von 1883 bis 1895 war die »CUTTY SARK« in der Australien-Wolle-Fahrt eingesetzt und wurde dann von den Portugiesen aufgekauft. Sie fuhr zeitweilig auch als *Barkantine* getakelt. 1922 kaufte sie Kapitän W. DOWNMAN, er ließ sie restaurieren und wieder mit der Originalklippertakelung versehen. Nach seinem Tode 1936 fand die »CUTTY SARK« bis 1949 als Kadettenschiff Verwendung. 1954 wurde im Greenwich ein Dockplatz für diesen Veteranen eingerichtet, wo das Schiff zur Erinnerung an die große Zeit der schnellen Hochseesegler zur Besichtigung steht. Die Hauptabmessungen sind: Länge zwischen den Steven 65 m, Breite 12 m, Seitenhöhe 6,50 m, Vermessung 963 BRT; die Segelfläche betrug 2980 m^2.

Fregatte »CONSTITUTION«, USA, von Stapel 1797; seit 1934 Traditionsschiff in Boston (USA) [1]

Klipper »CUTTY SARK«, England, von Stapel 1869; seit 1957 Traditionsschiff in London-Greenwich, Modell

Vorschiff der im Trockendock liegenden »CUTTY SARK« [18]

D

Dahabiye: siehe Dehabiya

Dahschur-Bootsfund: im Jahre 1893 bei Ausgrabungen in der Nähe von Dahschur bei der Pyramide SESOSTRIS' III. (1878 bis 1844 v. u. Z.) in Ägypten gefundene 6 Boote, von denen 3 noch relativ gut erhalten waren. Von diesen Booten befinden sich gegenwärtig 2 im Museum in Kairo. Die beiden sehr ähnlichen Boote sind 9,90 m bzw. 10,20 m lang und 2,28 m bzw. 2,24 m breit. Die Seitenhöhe beträgt mittschiffs 0,74 m bzw. 0,85 m. Das dritte Boot steht im Field Museum of Natural History in Chicago. Dieses Boot ist 9,74 m lang, 2,45 m breit und 1,20 m hoch. Die aus Holz gebauten Boote ähneln in ihren Abmessungen und Formen den ägyptischen Papyrusfahrzeugen. Wahrscheinlich trugen die Dahschurboote ebenfalls aufgesetzte, papyrusähnliche Stevenköpfe mit den charakteristischen stilisierten Papyrusblüten. Die Bootskörper bestehen aus kurzen, bis zu 9 cm dicken Planken aus Akazienholz, die in der altägyptischen Kraweel-Bauweise (mauersteinartige Plankenlagen) zusammengefügt wurden. Die Untersuchungen führten zu der interessanten Feststellung, daß für den Bau der Boote nicht ausschließlich neue, sondern teilweise bereits früher für andere Fahrzeuge benutzte Hölzer wiederverwendet wurden. Die sorgfältig zusammengepaßten Plankenstücke verband man an ihren Enden durch besonders eingearbeitete doppelschwalbenschwanzartige Holzstücke. Diese Verbindung der Plankenstöße ist wesentlich schwieriger herzustellen als die bereits 1000 Jahre vorher bekannte Verbindungsart mit einfachen rechteckigen Dübeln. Sie stellt somit einen handwerklichen Fortschritt des ägyptischen Schiffbaus dar. Zur Aussteifung der Bootskörper und als Auflage für lose aufgelegte Decksplanken dienten Querbalken, deren Enden mit den Seitenplanken durch Holzdübel verstiftet wurden.

Dahschur-Boot um 1850 v. u. Z., Spantquerschnitt, Seitenansicht und Plankenverband

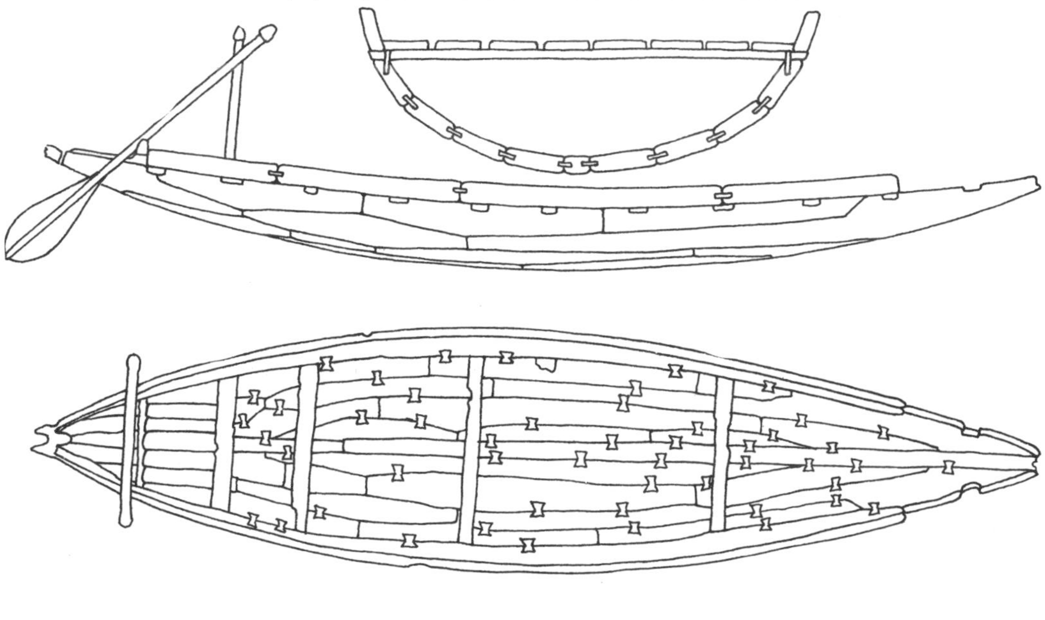

Dak: schnelles Post- und Depeschenboot des 19.Jh., das auf dem Ganges verwendet wurde. Vor- und Hinterschiff waren gleich geformt. Der Bootskörper war bei 16m Länge häufig kupferplattiert. Das Fahrzeug hatte ein Deck, die Segel wurden an 2 umlegbaren Masten gefahren.

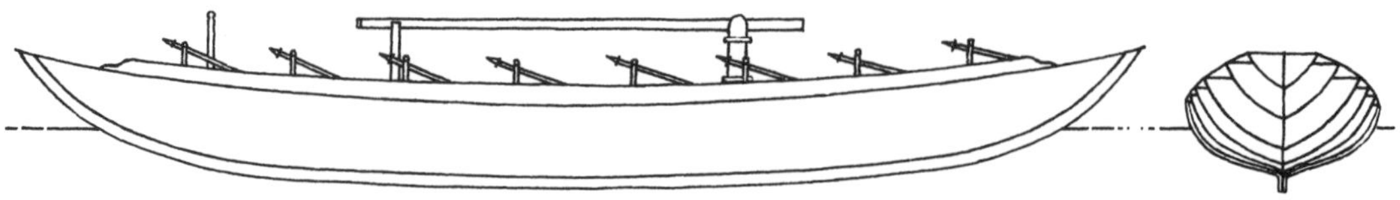

Dak, indischer Doppelender, 19.Jh.

Dalca: begrenzt seetüchtiges Boot an der chilenischen Küste. Ursprünglich wurde die Dalca aus Rindenstücken zusammengenäht. Später baute man sie als einfaches Plankenboot vorwiegend aus dem Holz der Araukarie.

Damlooper: im 17. und 18.Jh. auf den Kanälen und Flüssen Hollands übliches Fähr- und Transportschiff sehr völliger Bauart von 14 bis 18m Länge mit einem Deck, auf dem der umlegbare Mast mit Sprietsegel aufgesetzt war.

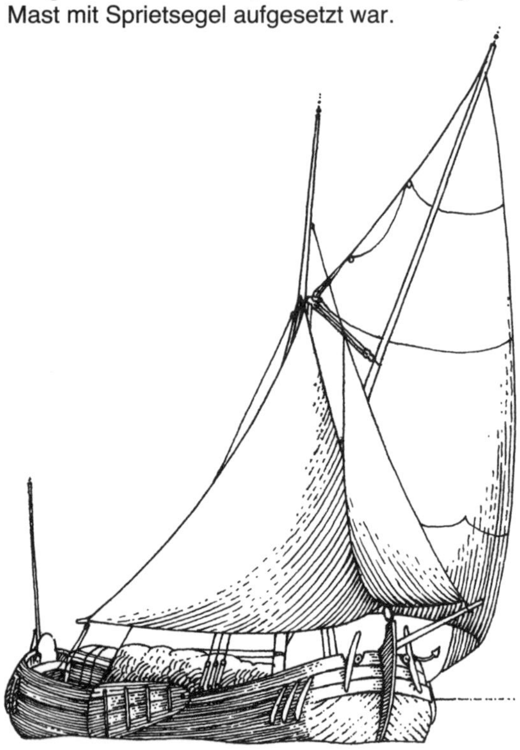

Holländischer Damlooper, Ende des 18.Jh.

Mtepe von der Lamuküste, etwa 16. bis 19.Jh. Ein sehr alter Dautyp, dessen Anfänge in das 11.Jh. und früher zurückreichen [13]

Dau, *Dhau, Dhow:* Sammelbezeichnung für verschiedene arabische und indische Segelschiffstypen mit ähnlichen charakteristischen Rumpfformen, Mast- und Segelanordnungen. Dazu gehören die älteren arabischen Schiffe wie *Doni*, *Manché* und *Mtepe* und Schiffstypen wie *Bagalla*, *Batella*, *Bum*, *Dungiyah*, *Ghanja*, *Khalissa*, *Mahaila*, *Maschwa*, *Nurih*, *Pattamar*, *Sambuk* und *Zaruk*.
Die Anfänge dieser arabischen Schiffstypen können in den ersten Jahrhunderten u.Z. angenommen werden; über sichere Kenntnisse verfügen wir erst seit dem 15. und 16.Jh., als sich die endgültige Rumpfform herausbildete, deren Grundprinzip, kurzer Kiel, weit ausfallender scharfer Bug und weniger stark ausfallender Achtersteven, bei allen Varianten beibehalten wurde. Die entsprechend ihrer unterschiedlichen Größe (bis zu 200t Wasserverdrängung) ein- bis zweimastigen Schiffe fuhren an relativ kurzen, nicht durch Stengen verlängerten, teilweise stark nach vorn geneigten Masten an langen schrägstehenden Rahen die typische Dau-Takelung mit den trapezförmigen arabischen Dausegeln. Schiffe vom Dautyp waren über viele Jahrhunderte an der über 3000 Seemeilen langen Route an der Ostküste Afrikas bis zum Roten Meer und zum arabischen Golf und auch an indischen Küsten vorherrschende Transportmittel.
In Sansibar, Daressalam und Mombasa gab es bis in die jüngste Vergangenheit spezielle Dauhäfen, und an den Küsten Kenias, aber auch in anderen Ländern baute und baut man nach althergebrachter Schiffbaukunst immer noch Daus.

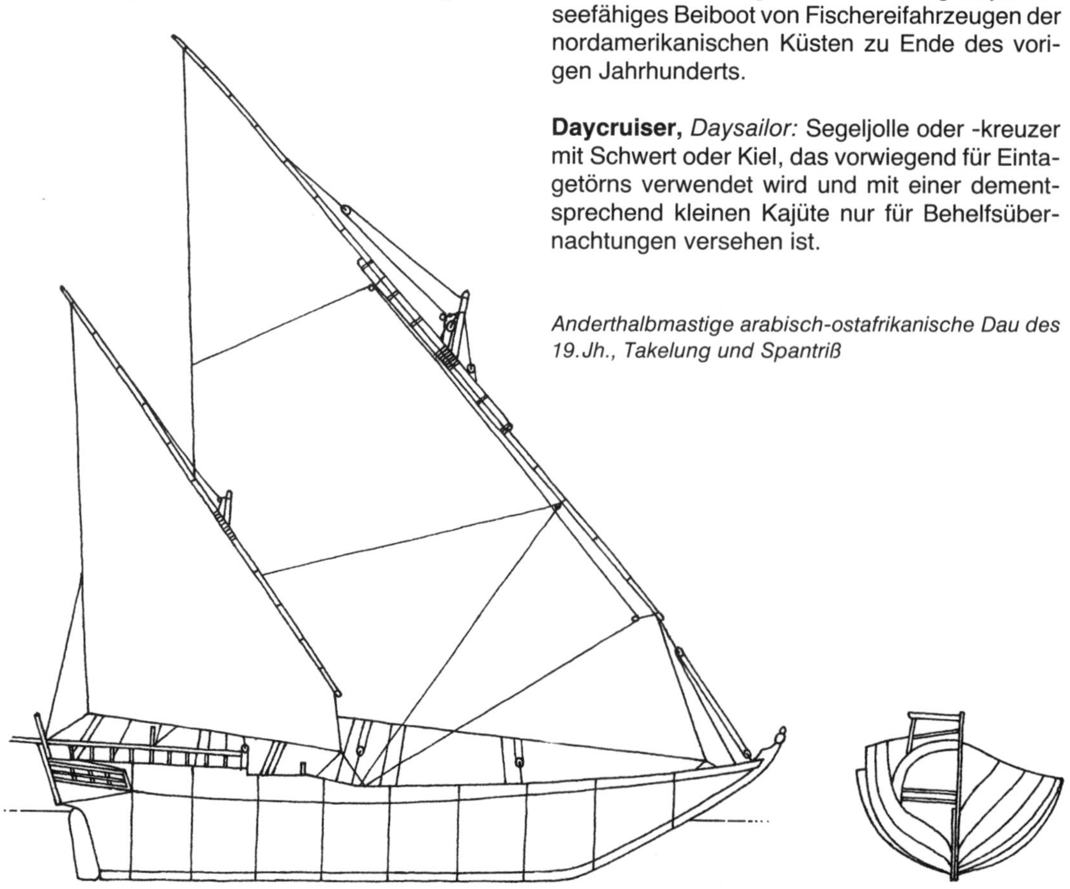

Anderthalbmastige arabisch-ostafrikanische Dau des 19.Jh., Takelung und Spantriß

Davy: Bezeichnung für ein kahnartiges, jedoch seefähiges Beiboot von Fischereifahrzeugen der nordamerikanischen Küsten zu Ende des vorigen Jahrhunderts.

Daycruiser, *Daysailor:* Segeljolle oder -kreuzer mit Schwert oder Kiel, das vorwiegend für Eintagetörns verwendet wird und mit einer dementsprechend kleinen Kajüte nur für Behelfsübernachtungen versehen ist.

Nurih von 1830, Modell, ältester Typ der westarabischen Dau, dessen Anfänge bis in das 13. Jh. zurückreichen [13]

Day-Tauchboot: vom Engländer DAY gebautes Tauchboot, mit dem dieser im Hafen von Plymouth Tauchversuche unternahm. Bei solchen Versuchen versanken im Jahre 1774 das Boot und die Besatzung mit dem Erfinder. Dieser Untergang wird in der Entwicklungsgeschichte der Tauchboote als der erste bekannt gewordene Totalverlust angesehen.

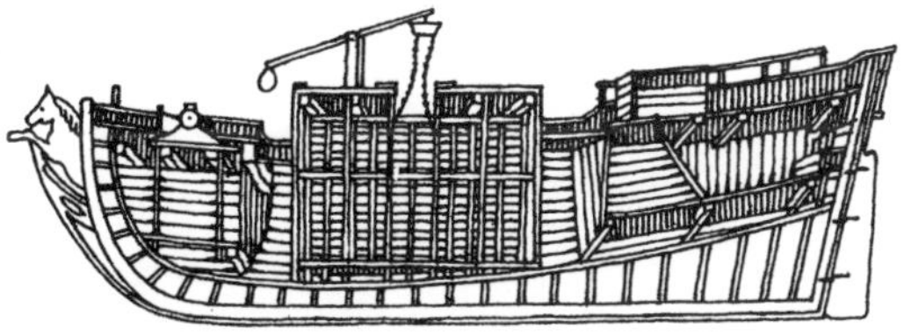

Day-Tauchboot, 1774

Deal-Kutter: englischer Fischkutter des 18. Jh. mit 3 Masten, an denen Sprietsegel gefahren wurden (Deal, Stadt an der Ostküste der Grafschaft Kent).

Englischer Deal-Kutter Mitte des 18. Jh.

Dehabiya, *Dahabiye:* ein in der Zeit von 1820 bis etwa 1920 häufig für Passagierreisen auf dem Nil verwendetes anderthalbmastiges Last- und Personen-Segelschiff mit weit auseinanderstehenden Masten, das bei Bedarf auch zusätzlich gerudert wurde. Nach dem mißglückten Feldzug NAPOLEONS in Ägypten wuchs in Europa das Interesse an diesem alten Kulturland. Für die Nilreisen vieler wohlhabender Europäer bis Assuan entstand ein Schiffstyp, in dem alte ägyptische Überlieferungen und Elemente der europäischen Flußschiffe miteinander verschmolzen.
Der Rumpf der Dehabiya war zu Überwindung der Sandbänke im Nil flach und entsprach außerdem der schlankeren europäischen Bauweise. Die Dehabiya hatte eine Länge bis zu 15 m und war etwa 3,5 m breit. Auf dem Hinterschiff war ein langer geräumiger Kabinenaufbau für 8 bis 10 Personen und darüber noch eine leichte schattenspendende Überdachung als Sonnensegel für den Decksaufenthalt. Für das Segeln stromauf mit dem meistens aus nördlicher Richtung kommenden Wind wurde an dem weit vorn stehenden Pfahlmast ein großes Lateinsegel an einer sehr langen schrägen Rah gefahren, die zuweilen das 1,5fache der Rumpflänge erreichte. Am kleineren Heckmast war der besseren Manövrierfähigkeit wegen ein kleineres dreieckiges Gaffelsegel angebracht.

Ägyptische große Dehabiya um 1870, Modell [13]

Dekere: großes Ruderkampfschiff in der Zeit ALEXANDERS DES GROSSEN von Makedonien (356 bis 323 v. u. Z.). Auf diesen Fahrzeugen sollen 10 Ruderknechte (daher die vom griechischen deka für 10 stammende Bezeichnung) jeweils an einem Riemen nebeneinander sitzend gerudert haben. vom Typ her war es somit ein Einreihen-Ruderer, also eine *Monere*.

Dibaik: indisches Ruderfahrzeug mit 30 bis 40 Ruderern.

Dichtfloß: Anfang des 20. Jh. noch übliche Bezeichnung für ein niedriges Floß, von dem aus die Nähte der hölzernen Schiffe gedichtet (kalfatert) wurden.

Dielenboot, *Dielenschiff:* Fischerfahrzeug mit plattem Bugsteven, vorzugsweise auf der Unterweser vom 18. bis Anfang des 19. Jh. verwendet. Die Seiten dieser Fahrzeuge bestanden jeweils aus mindestens 3 Planken (Dielen, Delen). Die kleineren, 5 bis 6 m langen Fahrzeuge bezeichnete man mit Dielen- oder Delenboot. Das größere Dielenschiff führte 3 Masten, war etwa 8 m lang und 2,5 m breit mit ausfallenden Seitenwänden.

Diere: griechisches schnelles Ruder-Kampfschiff, bereits bekannt um 500 v. u. Z., mit 2 Riemenreihen an jeder Bordseite. Dieren hatten bis zu 100 Ruderer, für besondere Fälle konnte ein Segel an einem einsteckbaren Mast gefahren werden. Noch größere Kampfschiffe wurden als *Trieren* gebaut. Bei den Römern bezeichnete man die nach griechischen Vorbildern nachgebaute Diere als *»Bireme«*.

Dinga: ein in den indischen Küstengewässern und auf dem Ganges im 18. und 19. Jh. für Spazierfahrten und im Handel eingesetztes, gerudertes oder gewriggtes etwa 6 m langes Boot. Das Hinterschiff war zum Teil gedeckt, oder die Fahrzeuge hatten auch Teilüberdachungen.

Dingi, *Dinghi, Dinghy:* ursprünglich in Ostindien (Bengalen) als Dinghi bezeichnetes einfaches *Plankenboot* ohne Kiel und Spanten oder sonstige Einbauten. Die Planken wurden anfänglich gebunden und später durch Krampen zusammengehalten. Ende des 19. Jh. bürgerte sich in der englischen und deutschen Marine diese Bezeichnung für das kleinste Beiboot in einfacher Knickspantbauweise ein. Es wurde von einem Mann gerudert und diente zur Beförderung einzelner Personen. Anfang des 20. Jh. wurde das Dingi zu einem beliebten Kleinsportboot, insbesondere für Jugendrudern oder -segeln. Das Segeldingi ist einmastig, der Mast mit einem Lugger- oder Gaffelsegel steht sehr weit vorn. Die kleinsten Dingi sind zum Rudern und Segeln eingerichtet, ein Boot für 3 Personen ist etwa 3 m lang und weniger als 1,5 m breit. Die Eigenmasse liegt bei modernen Baustoffen und Bauarten bei etwa 60 kg, die Segelfläche beträgt nur etwa 4 m^2. Gesegelt wird mit Seitenschwertern an seitlich herausragenden Querholmen.
Zu den beliebten Fahrzeugen für gelegentliche Wasserwanderungen gehört auch das Faltboot-Dingi. Bei diesem zusammenlegbaren Fahrzeug ist häufig der Trittboden in Luftzellen unterteilt, so daß durch einen zusätzlichen Auftrieb von etwa 60 kg das unverletzte unbesetzte Boot unsinkbar wird. Bekannte Segelsportboote der Dingi-Klasse sind die 12-Fuß-(3,65 m) und 14-Fuß-(4,26 m)-Dingi (1 Fuß = 304 mm). Das 12-Fuß-Dingi ist ein Boot der Einheitsklasse mit Schwertkiel und Knickspantbauweise nach einheitlichem Linienriß. Bei dem ebenfalls mit Schwertkiel gebauten 14-Fuß-Dingi sind vorgegebene Konstruktionsrichtlinien einzuhalten; weitere Einzelheiten können unterschiedlich gestaltet werden.

Griechische Diere unter Segel, auf einer etruskischen Vase aus dem 6. Jh. v. u. Z.

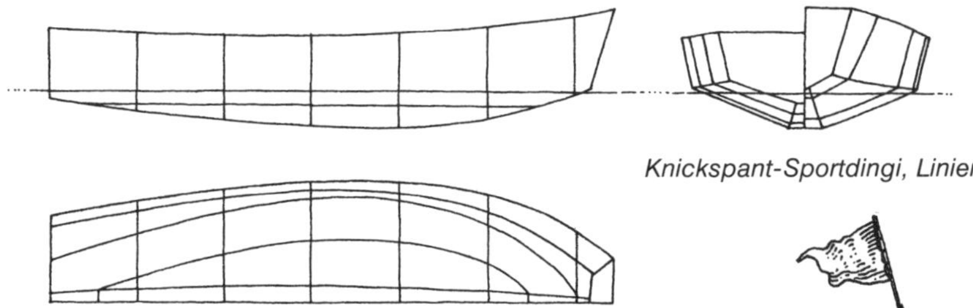
Knickspant-Sportdingi, Linienriß

Djalor: Segelboot mit 2 Masten, das für Kriegszwecke im Norden Sumatras Mitte des vorigen Jahrhunderts verwendet wurde.

Djerme: ein- oder zweimastiges Handelsschiff mit ungewöhnlich großer Lateinsegeltakelung, die den Fahrzeugen eine hohe Geschwindigkeit ermöglichten, vorwiegend im östlichen Mittelmeer und im Nildelta schon im 16. Jh. anzutreffen. Typisch war ein stark nach vorn geneigter Fockmast und die sehr große Rutenlänge (die Schrägrah des Lateinsegels), die etwa doppelte Mastlänge erreichte.

Doghboot, *Dogboot, Doggerboot:* schon 1400 erwähntes und seit 1540 allgemein bekanntes holländisches Fischerboot. RÖDING gibt eine Begründung für die Bezeichnung: »Wenn ein solches Fahrzeug das Netz zum Fischen ausgeworfen hat, oder auch die Wandhuken, woran sich viele Fischangel mit Lockspeise befinden, so sagt man von demselben, es doggert oder es liegt zu doggern.« Außer den ursprünglich kleinen Booten gab es bis zum 19. Jh. bis zu 8 Lasten (16 t) fassende Fischereifahrzeuge und bis 30 Lasten tragende Frachtsegler unter der gleichen Bezeichnung.

Doghboot um 1600, holländisches Fischerboot

Dollbaumewer, *Dollbordewer:* Übergangsform des norddeutschen Ewers vom offenen zum gedeckten Fahrzeug. Am offenen *Ewer* wurden die Schiffsseiten an den oberen Seitenplanken über die ganze Schiffslänge durch kräftige Kanthölzer, »Dollbaum« genannt, verstärkt. Diese Seitenlängs- und Deckseitenstringer stellten einen Ansatz zur späteren Bauweise mit Decks dar. Sie trugen zur höheren Festigkeit sowie zur günstigeren Wantenzurrung bei und schützten die oberen Seitenplanken vor Beschädigung beim Ladungsumschlag oder Fischfang.

Dollenboot: siehe Ruderboot

Donga, *Ektha:* ein *Einbaum*, der am Unterlauf des Ganges und in verschiedenen Gegenden Ostindiens verwendet wird. Zum Bau wird der

Stamm der besonders in Ostindien wachsenden Palmyrapalme, einer Fächerpalme (brossus flabelliformis) mit über den Wurzeln stark verdicktem unterem Stammende, benutzt. Das Holz ist relativ hart; daher vermeidet man ein Entfernen des Stammendes. Das verdickte Ende bildet den Bug, so daß die Donga vorn einen entsprechend großen Halbkreisquerschnitt hat und nach hinten fischartig schlank ausläuft. Am Ganges wurden auch Doppel-Dongas benutzt, und in Kaschmir dienen Dongas als Wohnboote. Letztere sind jedoch keine Einbäume, sondern bis zu etwa 15 m lange, mit Flechtmattensegel und durch Staken und Rudern fortbewegte Kähne.

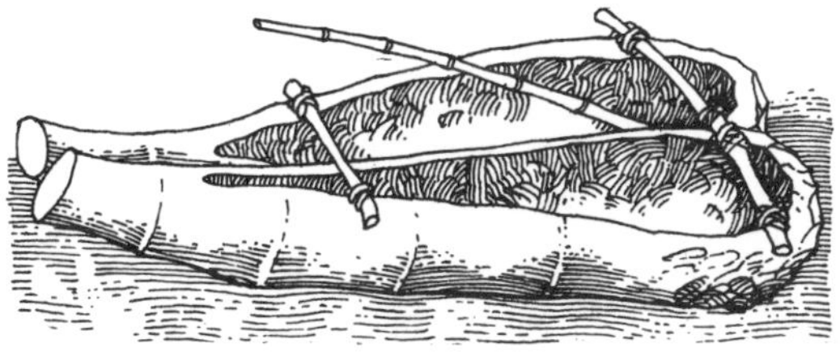

Doppeldonga vom Ganges

Doni: ein aus Indien stammender Ursprungstyp der indisch-arabischen Dau-Schiffstypengruppe *(Dau)* mit genähten Plankengängen, weit ausfallendem Vorsteven und Spitzgatt. Der balkenartige Vorsteven verlief bis zum Schiffsboden und hatte im unteren Bereich eine größere Höhe, um die Abdrift zu verringern und die Kursstabilität zu verbessern. Das Achterschiff lief infolge des hochgezogenen Achterstevens schlank aus und endete in einem Stevenholz, das ebenfalls zur Verbesserung der Segeleigenschaften beitrug und als Ruderpfosten diente. Die ursprüngliche Doni war ungedeckt. Der Schiffskörper wurde von einigen durch die Außenhaut geführte Decksbalken ausgesteift; die neueren Varianten hatten ein durchlaufendes Deck. Aus der anfänglich mit trapezförmigen Luggersegeln am Groß- und Besanmast fahrenden Doni entwickelte sich die neuere Mastanordnung mit Fock- und Großmast, Latein- und Stagsegel.

Doni um 1900, Modell, ältester Typ der indisch-arabischen Dau, dessen Anfänge bis ins frühe Mittelalter zurückgehen [13]

Doppelauslegerboot: im Pazifik und Indischen Ozean das weitverbreitetste Verkehrsmittel zwischen den zahlreichen Inseln, das seit Jahrhunderten in nahezu unveränderter Form verwendet wird. Parallel zum Bootskörper werden an quer über das Boot gelegten Stangen die Ausleger befestigt, die das Kentern verhindern. Die Ausleger sind meistens an den Enden zugeschärfte Stämme oder Bambus. Die Befestigung der einzelnen Teile miteinander geschieht durch Bindungen.

Doppelboot: zum Anfang des 18. Jh. bei den Polynesiern, besonders auf Tahiti, Hawaii sowie den Tonga- und Fidschiinseln gebräuchliche Urform des *Katamarans*. Die beiden Bootskörper wurden in einem bestimmten Abstand parallel zueinander durch Querstangen oder Plattformen verbunden. Auf dieser Plattform befanden sich ein Segelmast und vielfach auch eine Überdachung oder Hütte.

Doppelbugboot: Segelboot für begrenzte Gewässer oder für besondere Navigationsaufgaben mit schwierigen Manövrierbedingungen. Im Unterschied zum *Doppelender*, der gleiche Bug- und Heckformen, jedoch das Ruder nur an einem Schiffsende hat, sind beim Doppelbugboot an beiden Fahrzeugenden Rudereinrichtungen vorhanden, so daß in beide Richtungen gesegelt werden kann. Zu den bekanntesten Doppelbugbooten gehörte eines der schnellsten *Ausleger-Segelboote* der Südsee aus dem Bereich der Gilbertinseln (Südostmikronesien). Aus Stabilitätsgründen wurde bei diesen Booten jedoch stets so gesegelt, daß der Ausleger sich auf der Luvseite (dem Wind zugerichtete Seite) befand. Die Bootskörper wurden wegen des ausmittigen Angriffspunktes des Wasserwiderstandes zum Teil auch mit asymmetrischen Spantquerschnitten gebaut.

Doppelboot aus Polynesien

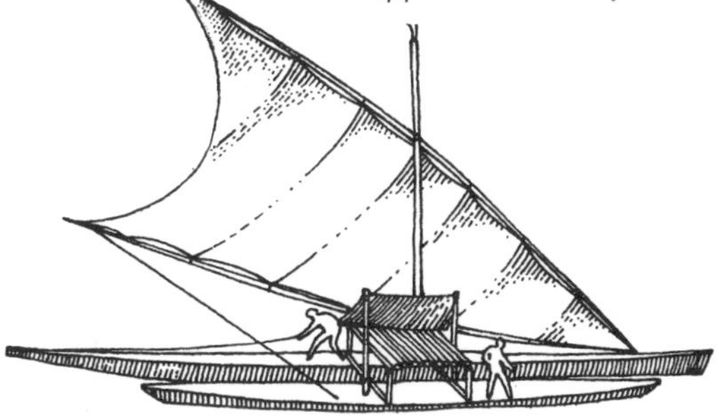

Doppelender: Bezeichnung für Wasserfahrzeuge, die in Längsrichtung symmetrisch gebaut sind oder zumindest an Bug und Heck, also an den Schiffsenden, gleiche Formen haben. In der Frühzeit der Schiffahrt waren u. a. ägyptische Papyrusfahrzeuge und auch die Wikingerschiffe Doppelender. Bei Booten wurden später häufiger sogenannte Spitzender mit spitzem Bug und Spitzgatt gebaut. Moderne Fahrzeuge, wie Flußfähren, die über kurze Strecken in beiden Richtungen fahren, sind bevorzugt Doppelender mit gleichem Bug und Heck.

Doppelvierer, *Doppelzweier:* Kurzbezeichnung für ein Renn-Ruderboot (Skuller) für 4 bzw. 2 Personen, von denen jeder mit einem Paar Skulls (2 Skulls) rudert. Der Doppelvierer hat zusätzlich zu den 4 Ruderplätzen einen Steuermann, der Doppelzweier fährt demgegenüber ohne Steuermann.

Doriboot, *Dorie, Dory:* kleines ruder- und segelbares Fischereihilfsboot. Nachweisbar wurden Doriboote seit 1760 als plattbodige 3,5 bis 5 m lange Arbeitsboote gebaut. Die Fahrzeuge hatten einen sehr breiten, aus 3 oder 4 Bodenplanken bestehenden flachen Boden und seitlich etwa 30° ausfallende Bordseiten, so daß mehrere Doriboote an Deck der Fangschiffe ineinander gestapelt mitgeführt werden konnten, wenn die Duchten (Sitzbretter) herausgenommen waren. Besonders bekannt waren die portugiesischen »Bankfischer«, die mit vielen Doribooten auf den Neufundlandbänken fischten.
Mit den Doribooten ruderten oder segelten 1 oder

2 Personen vom Mutterschiff sternförmig zu den besten Kabeljau-Fangplätzen zum Handangel- oder Langleinenfang. Gesegelt wurden die Doriboote mit einem Dreieckssegel und einer kleinen Fock an einem herausnehmbaren Mast. Zur Steuerhilfe wurde ein Riemen benutzt. Auf ein fest eingebautes Schwert oder Ruder mußte wegen der Transportbehinderung verzichtet werden. Für den modernen Fischfang hat das Doriboot in veränderter Form insbesondere beim Seinerfischfang *(Seiner)* weiterhin Bedeutung.

Doriboot, 19. Jh.

Doschanik: am Schwarzen Meer im 19. Jh. gebräuchliches Wohnboot mit einem Mast und einem Segel.

Doschanik, 19. Jh.

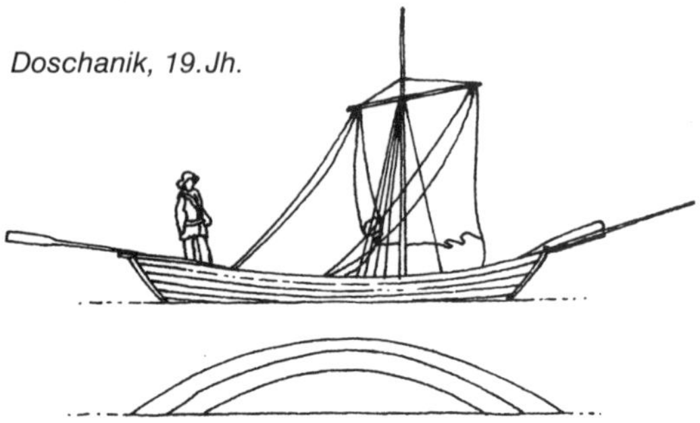

Dougre: siehe Doghboot

Drachen-Klassenboot: ein 3-Mann-Kielboot der Internationalen Einheitsklasse, das im Jahr 1929 vom norwegischen Bootskonstrukteur J. ANKER im Auftrage des Königlichen Yachtklubs von Göteborg entworfen wurde. Das Boot wurde bald in Skandinavien, Deutschland und England unter der Bezeichnung »Drachenboot« sehr beliebt. Dieser Name entstand durch Abwandlung der Bezeichnung »Draggen« für einen bestimmten Ankertyp.
Der Drachen ist ein Rundspantboot, das auch in Küstengewässern gut segelbar ist. Während die Form des Bootskörpers ständig beibehalten werden konnte, wurde die Takelage 1946 verbessert. Die hochgezogene Takelage des Drachens ist verhältnismäßig klein und erlaubt außer Großsegel (23,6 m^2) und 3 verschiedenen Vorsegeln beim Rennen einen zusätzlichen Spinnaker; das Segelzeichen ist ein großes schwarzes »D«. Die Vermessungskontrolle wird von der »International Yacht Racing Union« durchgeführt. Das Boot hat eine Länge über alles von 8,90 m, in der Konstruktionswasserlinie ist es 5,70 m lang. Die Breite beträgt 1,90 m, und bei voller Verdrängung von 2 t geht es 1,20 m tief. Der 1936 gestiftete Internationale Drachen-Goldpokal wurde jährlich in England, Norwegen, Schweden und Dänemark ausgesegelt. 1948 stiftete Frankreich den Herriot-Pokal, 1949 England den Edinburgh-Pokal für Wettfahrten, und von 1948 bis 1972 war das Drachenboot ein Olympiaklassenboot. Seit den Olympischen Spielen 1976 wurde der Drachen durch die 470er-Jolle abgelöst.

Drachenschiff: Die größten und prächtigsten nordischen *Langschiffe*, die »skeids«, wurden von den Wikingern als Drachenschiffe (altnord. »dreki«) bezeichnet. Darüber hinaus werden nordische und fernöstliche bzw. indonesische Drachenschiffe unterschieden. Die Skeids unterschieden sich von den anderen Langschiffen insbesondere durch größere Breiten und Mittschiffs-Seitenhöhen sowie den auf dem Vorsteven aufgesteckten Drachenkopf.
Die Mehrzahl der Wikingerschiffsfunde zeigt allerdings andere tierkopfartige Stevenköpfe, wie z. B. beim *Oseberg-Schiffsfund* einen Pferdekopf oder bei anderen Funden aufgerollte Schlangen mit Kopf. Diese Tierskulpturen dachte man sich als Träger der Schiffsseele, später erfolgte eine symbolische Übertragung auf die Galionsfigur. Sie sollten alle Gefahren zur See abwenden. Wurde gegen eigenes Land gesegelt, so nahm man unbedingt solche zur Abschrekkung gedachten Stevenköpfe (wie Drachenköpfe) ab, um nicht die gutgesinnten Landgeister, die »landvettir«, zu erschrecken oder zu erzürnen. Drachenköpfe waren offensichtlich weniger häufig als andere Tierköpfe. Einen aufsteckbaren Original-Drachenkopf fand man in der Scheldemündung bei Dendermonde. Dieser Stevenkopf stammt aus dem 8. oder 9. Jh., er befindet sich in London im British Museum.

Drachen-Klassenboot, 3-Mann-Kielboot

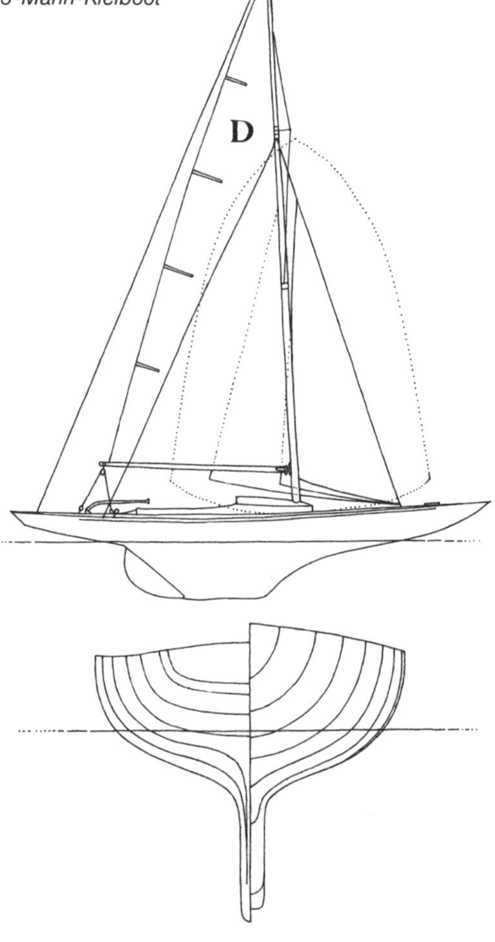

Drachenschiffe wurden auch allgemein »Königsschiffe« genannt, weil sie von den Königen unterhalten wurden. Es sollen Dreißigbänker oder noch größere Fahrzeuge gewesen sein. Von besonders großen Schiffen berichtet SNORRI STURLUSON, ein isländischer Geschichtsschreiber. Er schildert aus der Seeschlacht bei Svolder (1020 u. Z.) ein Schiff »ORMEN LANGE« (die lange Schlange) des OLAV TRYGVASON mit einer Länge von 50 m, 34 Paar Ruderern und weit über 100 Mann Besatzung. Das Schiff von JARE HAAKON (1200 u. Z.) soll sogar 40 Paar Ruderer gehabt haben. Zur Erinnerung an die Blütezeit der Wikingerschiffe trugen später insbesondere hansische Kriegsschiffe Namen, in denen »drake« für Drache vorkamen wie z. B. »MARIENDRAKE« oder »JÜRGENDRAKE«.
Im Unterschied zum nordischen Drachenschiff bezeichnete man im Fernen Osten, z. B. in Hongkong, ein 25 bis 30 m langes schmales Festfahrzeug als »Drachenschiff« oder »Drachenboot«. Diese Fahrzeuge waren am Bug mit einem geschnitzten farbigen Drachenkopf und am Heck mit einem Drachenschwanz verziert. Am Bug dieser Schiffe saß der Schlagmann, der auf einer kleinen Trommel die Schlagfolge für die Stechpaddel der in Fahrtrichtung zu zweit nebeneinanderstehenden Bootsleute gab. Ähnliche Drachenboote soll es auch in Ostindonesien, besonders auf Banda im Molukkengebiet, gegeben haben. Nach der Darstellung auf einer alten Bronzetrommel von Salajar bei Celebes müßten diese Fahrzeuge bereits vor 2000 Jahren bekannt gewesen sein.

Drachenschiff-Stevenköpfe nordischer Langboote

Dragon, *Drake, Drakon, Drakkar, Drakker:* siehe Drachenschiff

Drebbel-Tauchboot: nach dem aus Alkmaar stammenden holländischen Arzt DREBBEL benanntes Tauchgerät, mit dem dieser im Jahre 1620 in England Tauchversuche mit lederbespannten Fässern machte. Einige Jahre später soll von ihm ein Tauchboot aus Holz für 12 Ruderer und einige weitere mitfahrende Personen für eine Tauchtiefe von 4 bis 5 m gebaut worden sein und eine Probefahrt vor dem englischen König stattgefunden haben. In einem zeitgenössischen Bericht heißt es: »Das Schiff konnte unter Wasser rudern und steuern von Westminster bis Greenwich, was 2 holländische Meilen sind. In dem Boot konnte man unter Wasser ohne Kerzenlicht soviel sehen, daß man die Bibel oder sonst ein Buch hätte lesen können.«

Dreidecker, *Dreideckschiff:* Linien-Segelschiff mit 3 gedeckten Batterien. Der erste Dreidecker der englischen Marine war der 1637 von Stapel gelaufene *»SOVEREIGN OF THE SEAS«* mit etwa 1700 t Wasserverdrängung (durch spätere Berechnungen ermittelt), 104 Kanonen und 600 Mann Besatzung. Die *»VICTORY«*, NELSONS *Admiralschiff* bei Trafalgar im Jahre 1805, war ebenfalls ein Dreidecker; sie hatte etwa 3000 t Verdrängung (ebenfalls durch spätere Nachrechnungen bestimmt), 104 Kanonen und 850 Mann Besatzung. Den letzten englischen Dreidecker »DUKE OF WELLINGTON« baute man 1852 als Segelschiff; später wurde dieser Dreidecker zum Schrauben-Dampfschiff umgebaut. Die letzten französischen Dreidecker waren noch größer: die »VILLE DE PARIS« hatte etwa 5000 t Verdrängung (Nachrechnung) und 120 Geschütze. Als Linienschiffe fuhren diese großen, schweren Dreidecker wegen ihrer mittelmäßigen Segel- und Manövriereigenschaften in der Schlachtlinie als Führungsschiffe. Außerdem waren die langen Bauzeiten, hohen Bau- und Unterhaltungskosten Gründe für eine begrenzte Anzahl großer Dreidecker. Meistens wurden in den Kriegsflotten kleinere Dreideckschiffe mit etwa 90 Kanonen eingesetzt.

Fernöstliches Drachenschiff

Dreimaster, *Dreimastvollschiff:* Segelschiff mit 3 Masten. Nach der Art der Takelung werden Dreimast-Vollschiffe, bei denen alle 3 Masten rahgetakelt sind, von der Dreimast-Bark, die Rahsegel nur an beiden vorderen Masten und am hintersten Mast Gaffel- oder Lateinsegel führt, unterschieden. Weiter gab es Dreimast-Gaffelschoner mit Gaffelsegeln an allen 3 Masten, Dreimast-Toppsegelschoner mit Rahsegeln über den Gaffelsegeln der beiden vorderen Masten sowie Dreimast-Schoner mit Rahsegeln am vorderen und Gaffelsegeln an den beiden hinteren Masten. Schiffstypen des Mittelalters wie *Hulk, Karacke, Karavelle* und *Nao* waren Dreimaster.

Dreiruderer: siehe Triere

Englischer Dreidecker »SOVEREIGN OF THE SEAS«, 1637 von Stapel. Nach einem Stich von J. PAYNE [2]

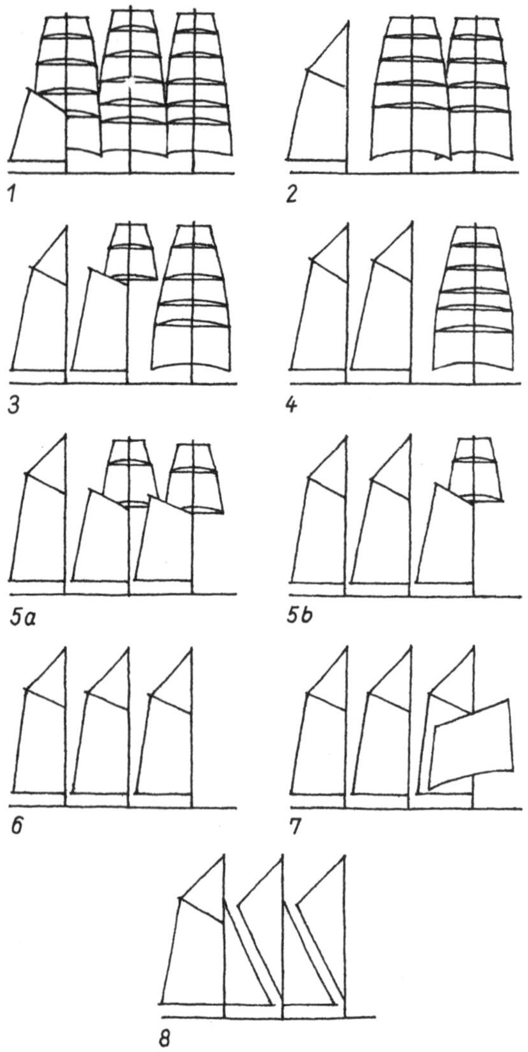

Dreimaster-Segelanordnungen

1 Dreimast-Vollschiff bzw. Fregatte
2 Dreimastbark
3 Dreimast-Barkantine
4 Dreimast-Schonerbark
5 Dreimastschoner mit Fock- und Großrahtopp
6 Dreimast-Gaffelschoner
7 Dreimast-Gaffelschoner mit Breitfock
8 Dreimast-Stagsegelschoner

Dreimastschonerbark unter Segel

Dreimastvollschiff »CHRISTIAN RADICH«, norweg. Schulschiff

Dreirumpfboot: siehe Trimaran

Dromone: bedeutendstes byzantinisches Ruderkriegsschiff, das im Kampf um die Seeherrschaft zwischen Byzanz und Arabien im 9. und 10. Jh. im östlichen Mittelmeer eingesetzt war. In bestimmten Merkmalen setzte dieser Schiffstyp die Entwicklung der griechischen *Triere* und der spätrömischen *Liburne* fort. Die Kampfschiffe hatten eine Verdrängung von ungefähr 100 t, eine Länge von 36 m bei einer Breite von 4,40 m und einem Tiefgang von etwa 1,10 m. Der Bug-Rammsporn war häufig mit Metallplatten gepanzert. Die Oberseite lag teilweise so in der Schwimmwasserlinie, daß er auch zusätzlich als Enterbrücke diente. Die Dromone hatte 2 höhen-

versetzte Ruderreihen mit je 25 Einmann-Riemen an jeder Bordseite, also insgesamt 100 Ruderer. Das Schiff hatte ein durchlaufendes Deck, und die Ruderreihen wurden so angeordnet, daß jeweils die Hälfte der Ruderbänke unter und auf dem Deck waren. In der Schiffsmitte und am Heck waren Kampftürme für 30 bis 50 Kämpfer, besonders Bogenschützen und Werfer des »byzantinischen Feuers«, einer Mischung aus Schwefel, Teer und anderen Stoffen, die schwer zu löschen waren. Außerdem wurden Wurfmaschinen mitgeführt.
Bis zum 12.Jh. wurden noch vereinzelt größere Dromonen bis zu 50m Länge mit zusätzlicher Besegelung durch ein großes Lateinsegel an einem mittschiffs stehenden Mast gebaut. Aber auch diese letzten Dromonen wurden allmählich von den schnelleren *Galeeren* der italienischen Städte verdrängt.

Dscherm: siehe Djerme

Dschunke: europäische Bezeichnung für die Vielzahl ein- bis dreimastiger chinesischer Segel-Lastschiffe für die Fluß- und Seeschiffahrt, auch spezialisiert als Kriegs-, Handels-, Piraten- sowie Fischereifahrzeug eingesetzt, neben China auch in Korea, Japan und den Philippinen verbreitet. Die Grundmerkmale dieses Schiffstyps entstanden schon vor Jahrtausenden im ostasiatischen Raum. Im südlichen Teil Chinas war der Binnenschiffsverkehr auf den großen Strömen und Nebenflüssen im Vergleich zu Europa sehr frühzeitig hoch entwickelt. Etwa 1000 Jahre vor der Zeitrechnung wurden in China bereits erste schiffbare Kanäle gebaut. Zu den frühen Kanalbauten gehört auch der »Kaiserkanal«, der unter dem Kaiser YANG-TI (605 bis 618 u.Z.) angelegt wurde.
Die besonders für die Flußschiffahrt vorgesehenen Dschunken baute man meistens etwas schmaler und rüstete sie mit nur einem, wegen der windbehindernden Uferböschung aber hohen Mast aus. Die besonderen Bedingungen der schwierigen Seegebiete an den langen gegliederten Küsten Chinas mit den vielen vorgelagerten Inseln und die ostasiatische Monsunzone spiegeln sich in der zweckmäßigen Konstruktion und Takelung der Dschunken für die Mündungsgebiete der großen Flüsse und wichtigsten Seegebiete wider. In den Einzelheiten sind bei den verschiedenen Dschunkenarten und -größen der räumlich weiter entfernten Landesteile deutliche Unterschiede festzustellen; das Grundprinzip ist aber über viele Jahrhunderte unverändert geblieben. So unterscheiden sich die Fahrzeuge im Norden von denen im Süden durch eine etwas schwerfälligere plumpere Form, den stumpfen löffelförmigen Bug, den Ansatz eines Spiegelhecks und den gradlinigen und weniger bogenförmigen Segelumriß. Einheitliches Merkmal der Dschunken ist der flache und breite Schiffsboden mit hochgezogenen Enden und fast senkrecht aufgesetzten Seitenwänden. Jahrhunderte früher als in Europa versteifte und unterteilte man den Schiffskörper durch Querschotte in wasserdichte Abteilungen. Eine Besonderheit stellt auch die geklinkerte Bauweise der Dschunke dar. Die Beplankung wurde nicht wie bei der europäischen Klinkerbauweise durch dachziegelartige Überlappungen der Planken vom Schiffsboden nach oben fortlaufend, sondern in umgekehrter Richtung von der oberen Seitenplanke ausgehend mit nach unten angesetzten Planken ausgeführt. Bei dieser Arbeitsfolge mußte zunächst das Spantengerüst oder zumindest ein behelfsmäßiges Gerüst errichtet werden. Die größeren Fahrzeuge wurden mit Deck gebaut. Die Decksbauweise unterscheidet sich von der europäischen dadurch, daß die Decks-

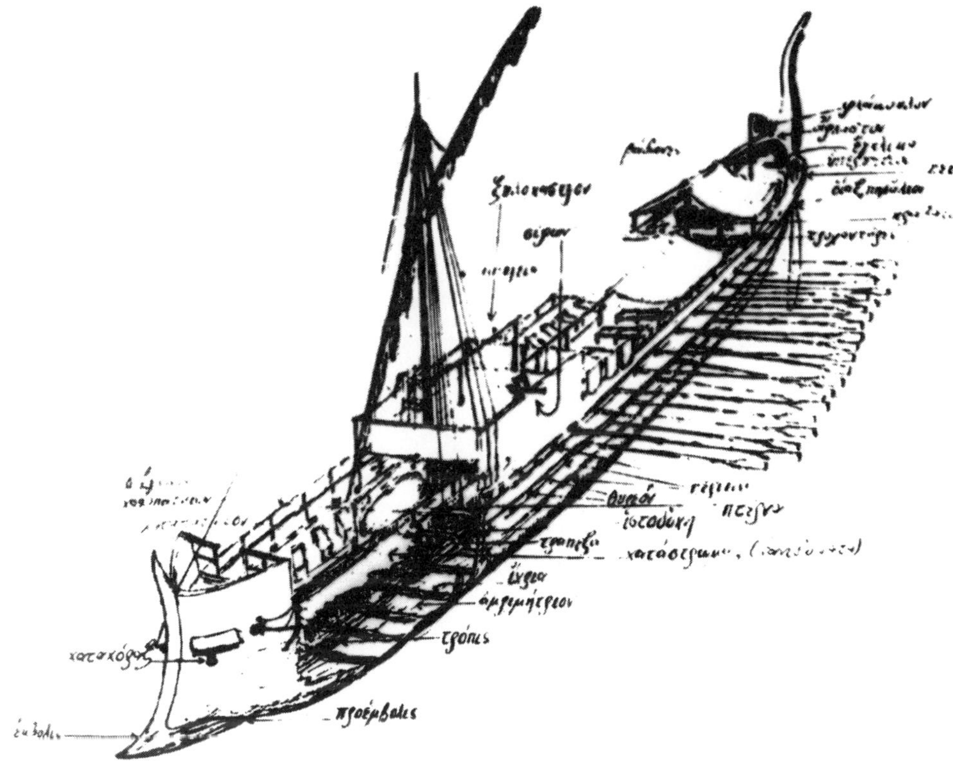

Dromone um 850, byzantinisches Kampfschiff. Darstellung aus einem byzantinischen Kodex [11]

Zweimastige Dschunke

Dreimastige chinesische Seedschunke zwischen Hongkong und Macao [11]

balken i. allg. oberhalb der Decksbeplankung und nicht darunter eingebaut wurden, so daß eine klobige Holzkonstruktion entstand.
Während im nördlichen Europa das Heckruder erst zu Anfang des 13. Jh. nachgewiesen werden kann, baute man chinesische Dschunken schon im 4. Jh. v. u. Z. mit Heckruder. Des weiteren sind Mastanordnung und Segelart auffällige Schiffstypenmerkmale. Die kurzen Pfahlmaste waren üblicherweise nicht durch Stengen verlängert oder durch Wanten und Stagen verspannt, so daß bei Bedarf das Segel rundum geschwenkt werden konnte. Damit war ein deutlicher Vorzug gegenüber dem Querrahsegel vorhanden, weil das Segel besser in den Wind drehbar war und das Schiff höher am Wind segeln konnte. Das typische Segel der Dschunke war das chinesische Luggersegel, entweder rechteck- oder trapezähnlich mit gerader bis stark gerundeter Hinterkante. Ursprünglich bestanden die Segel aus einem mattenähnlichen Geflecht, das durch eine große Anzahl leichter Bambus-Querstangen gespreizt (ausgesteift) wurde. Die untere Querstange war gerade oder nur leicht gebogen, die Segelvorkante unten üblicherweise etwas länger als oben und der Oberbaum schräg gestellt, so daß der Segelumriß einem unregelmäßigen Viereck ähnelte. Am fast geraden (nördlicher Typ) oder stark gerundeten (südlicher Typ) hinteren Rand war ein durchlaufender Saum oder eine Leine vorhanden, mit der das Segel wie bei modernen Yachten zum schnellen Manövrieren hochgespannt werden konnte. Jeder der leichten Spreiz-Querrahen war ebenso wie Unter- und Oberbaum mit einem gesonderten Rack so am Mast befestigt und an den Enden durch Schoten belegt, daß das gesamte Segel leicht von Deck aus angestellt, gerefft oder gefiert werden konnte und die Segelkräfte in Höhe der einzelnen Querstangen direkt auf den Mast und über die Schoten an Deck übertragen wurden. Dadurch ergaben sich eine bessere Lastverteilung und ein geringeres Biegemoment gegenüber dem konzentrierten Lastangriff bei einer einzigen Querrah und damit eine größere Sicherheit gegen Mastbruch. Die Vorzüge dieser Kombination von Quer- und Längssegeln (Schratsegel) waren im Fernen Osten schon sehr früh bekannt, zu einer Zeit, als im Mittelmeergebiet und im Norden ausschließlich das fast quadratische Quersegel benutzt wurde.
Es ist sehr wahrscheinlich, daß das chinesische Luggersegel den arabischen Seefahrern als Vorbild für frühe Dau-Schiffstypen diente und allmählich zum arabischen Dau-Trapezsegel und danach zum dreieckigen Lateinsegel des Mittelmeeres abgewandelt wurde.
Trotz ihres etwas schwerfälligen Aussehens waren die Dschunken gute Segler. Als seetüchtige dreimastige Schiffe (in Einzelfällen sogar mit mehr als 3 Masten) fuhren sie von Südchina nach Indien, Ostafrika, dem Persischen Golf und dem Roten Meer. Die Schiffsgröße entsprach dem jeweiligen Verwendungszweck. Es gab viele Fahrzeuge von 400 t Tragfähigkeit, 60 m Länge und etwa 9 m Breite, andere bis 500 t, seltener noch größere bis 800 t Tragfähigkeit.

Dubas: russische Küstenschaluppe *(Schalup-*

pe) um 1850 mit 2 schonergetakelten *(Schoner)* Masten. Als Lastfahrzeug war der Schiffstyp sehr völlig, vorzugsweise aus Eichenholz (russ. dub, Eiche) gebaut.

Dubass: allgemeine Bezeichnung für einen eichenen Trog, jedoch gleichfalls für einen Nachen oder Kahn auf dem Bug (Südukraine).

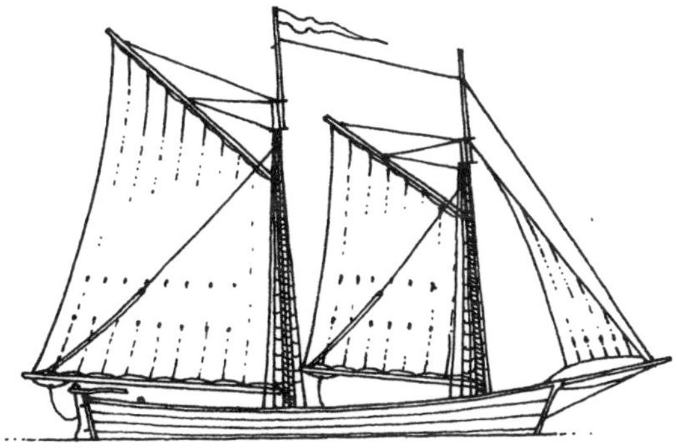

Dubas, russischer Frachtsegler aus der Mitte des 19. Jh.

Dümmersee-Einbaumfund: im Jahre 1937 im Hunte-Bett am Dümmersee in Oldenburg gefundener *Einbaum*, der zu den ältesten Funden in Norddeutschland gehört. Mit Hilfe der Pollenanalyse konnte der Einbaum zuverlässig aus der Zeit etwa um 3000 v. u. Z. bestimmt werden. Das Fahrzeug aus Weichholz ist 5,5 m lang und 0,6 m breit, hat eine Seitenhöhe von 0,25 m und ist von halbrunder Außenform. Die beiden Enden sind löffelförmig, je 1,20 m von den Enden ist je ein 12 cm dicker Steg belassen worden. Die Wandungen sind dünn, so daß der Einbaum relativ leicht gewesen sein muß.

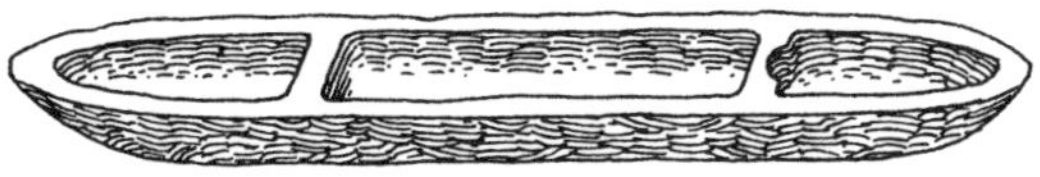

Dümmersee-Einbaumfund, etwa 3000 v. u. Z.

Dungiyah: indisches Segelschiff vom Dau-Typ *(Dau)* vom 17. bis 19. Jh. mit einem Mast, jedoch auch als *Anderthalbmaster* gebaut. Während der Schiffskörper wie bei der Dau einen kurzen Kiel mit weit ausfallendem Vorsteven behielt und auch das typische Trapezsegel am leicht nach vorn geneigten Mast verwendet wurde, übernahm man im 16. Jh. von den portugiesischen Entdeckern, die bei den *Naos*, *Karacken* und *Galeonen* übliche hochbordige Bauweise mit Achterkastellen. Das Heckruder wurde wegen seiner Vorzüge ebenfalls übernommen. Durch diese Kombination von Elementen der schnellen Dau und der schwerfälligen portugiesischen Schiffe konnten die Schiffe bei ihrer geringen Länge (etwa 20 bis 30 m) relativ breit und hoch und damit seetüchtig werden, andererseits verschlechterten sich jedoch die Segeleigenschaften.

* * *

»DAR POMORZA«: Das Dreimast-Vollschiff lief unter dem anfänglichen Namen »PRINZESS EITEL FRIEDRICH« am 12. Oktober 1909 für den Deutschen Schulschiffsverein zur Ausbildung von Kadetten der Handelsmarine vom Stapel und wurde am 8. April 1910 in Dienst gestellt. Die

Spätmittelalterliche Dungiyah aus Oman

»DAR POMORZA« Dreimast-Vollschiff, 1909 von Stapel, Buganansicht, Segelschulschiff der Volksrepublik Polen

technischen Daten sind: Länge zwischen den Loten 72,6 m, Breite 12,6 m, Tiefgang 5,7 m; das Schiff hat 1561 BRT und eine Segelfläche von 1900 m^2. Nach 1918 wurde das Schiff an Frankreich übergeben und erhielt 1921 den Namen »COLBERT«, wurde jedoch nicht, wie vorgesehen, als französisches Schulschiff eingesetzt. Die Staatliche Polnische Seefahrtsschule kaufte 1929 das Schiff als Ersatz für die bislang verwendete, inzwischen aber überalterte Bark »LWOW«. Die Mittel für diesen Ankauf wurden durch freiwillige Spenden in Pomorze aufgebracht, daher erhielt das Schiff den Namen »POMORZA«, der nach einer stürmischen Überführungsfahrt im Schlepp von St. Nazaire nach Polen im Dezember 1929 bis Januar 1930 in »DAR POMORZA« (Gabe der Pomorzer) geändert wurde. Nach Einbau eines Hilfsmotors begannen regelmäßige Schulfahrten; 1939 ging das Schiff in Stockholm in Internierung und wurde nach Kriegsende an die VR Polen zurückgegeben. Danach wurden über viele Jahre jeweils 150 Schüler von den 30 Mann der Stammbesatzung ausgebildet. Die »DAR POMORZA« hat noch einmal als einziger Großsegler Kap Horn umsegelt (nach 1950). Sie hat an den Großseglerrennen und den Seglerparaden »Operation Sail« in Kiel, Gdansk und New York teilgenommen.

»DAR POMORZA« unter Segel

E

East-Indiaman, *East-Indiaship:* siehe Indien-Schnellsegler

Eckernförder Fischerboot: auf Kiel mit spitzen Bootsenden gebautes offenes Fischerboot des 19. Jh. mit 2 oder 3 Masten und Sprietsegeln.

Eiderbojer: seit Ende des 18. Jh. ein kleines Binnen-Lastsegelschiff für die Eiderschiffahrt, bei dem der Rumpf des Unterwasserschiffes tjalkähnlich *(Tjalk)*, das Vorschiff völlig und das breite Heck ähnlich wie bei der *Kuff* waren. Die Länge betrug etwa 12 m bei einer Breite von etwa 2,70 m. Das Fahrzeug hatte Seitenschwerter bzw. später ein großflächiges Platten-Heckruder. An einem umlegbaren Pfahlmast wurden ein Gaffelsegel und eine Stagfock gefahren. Seit etwa 1885 wurde dieser Schiffstyp an der Eider nicht mehr gebaut.

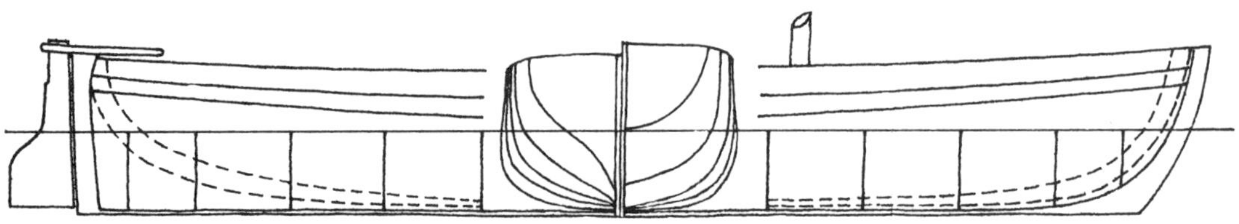
Eiderbojer um 1870, Seiten- und Spantriß

Eiderbulle: siehe Eiderschnigge

Eidergaliot: anderthalbmastiges niedersächsisches Fluß- und Küstenfahrzeug des 19. Jh., nach der *Eiderschnigge* der bedeutendste Frachtsegler des Eidergebietes. Im Unterschied zu den schlankeren ostfriesischen und oldenburgischen *Galioten*, deren Längen-Breiten-Verhältnis über 4 betrug, waren Eidergalioten breiter und völliger im Verhältnis Länge zu Breite von etwa 3,5 gebaut. Längen von 16 bis 17 m und Breiten um 4,5 bis 5 m waren übliche Hauptabmessungen. Eidergalioten waren Kielfahrzeuge mit Rundgatt und großem Deckssprung, Seitenschwertern und seit der Mitte des 19. Jh. mit Platten-Heckruder. Der Anderthalbmaster hatte feststehende Masten, an denen außer Breitfock i.d.R. nur Schratsegel gefahren wurden. Das letzte Fahrzeug dieses Typs wurde im Jahre 1902 gebaut.

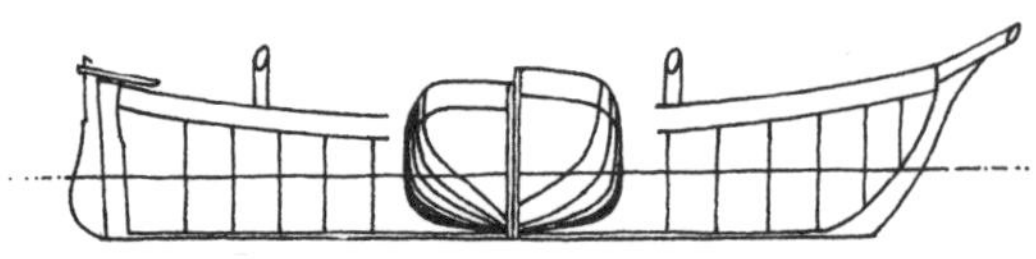
Eidergaliot um 1860, Seiten- und Spantriß

Eiderschnigge: häufigster Frachtsegler des Eidergebietes im 18. und 19. Jh., dem an Bedeutung die etwas größere anderthalbmastige *Eidergaliot* folgte.
Schniggen waren gute Flachwassersegler, sie fuhren auf der Eider und Niederelbe, aber auch bis England und Rußland. 1864 gab es noch etwa 120 Schniggen, von denen 114 an der Eider beheimatet waren. Um 1900 wurden noch 75 und 1913 insgesamt 30 Fahrzeuge gezählt. Die übliche Fahrzeuggröße lag zwischen 20 und 40 RT, bei einer Länge von 14 bis 16 m, Breite von 4,5 bis 5 m und Seitenhöhe von 1,3 m bis 1,8 m. Die Schiffe waren breit und völlig gebaut. Meistens

waren Schniggen einmastig, es gab jedoch auch Anderthalbmaster, die als *»Besanbullen«* bezeichnet wurden. Die Einmaster hatten einen feststehenden Mast mit Gaffelsegel, Gaffeltoppsegel und 3 dreieckigen Schrat-Vorsegeln, Seitenschwerter und Heckruder. Zur Besatzung gehörten 2 bis 4 Mann.

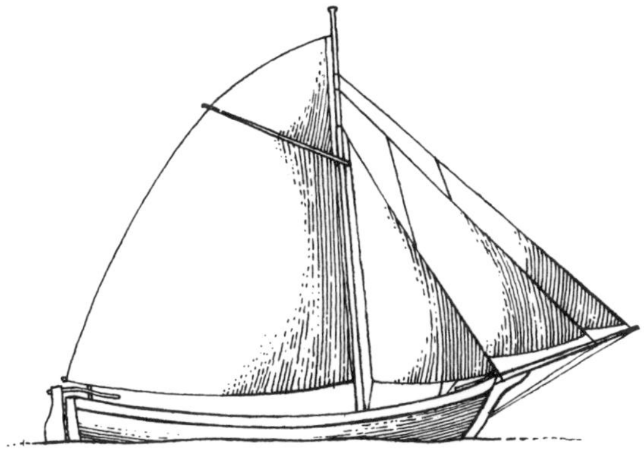

Eiderschnigge mit fester Maststenge, 1875

Einbaum: ein aus einem einzigen Baumstamm manuell angefertigter bootsähnlicher Schwimmkörper. Solche Fahrzeuge gab es in fast allen gewässerreicheren bewohnten Erdgebieten. Ursprünglich dürften von Naturvölkern natürlich vorkommende, am Wasser gewachsene hohle Baumstämme gespalten und an den Enden abgedichtet worden sein. Damals nutzte der Mensch auch das Feuer für die Anfänge des Bootsbaues. Durch Naturkräfte entwurzelte Bäume wurden an ihren Stammenden abgebrannt oder auch noch stehende Bäume durch ein über längere Zeit am Stamm unterhaltenes Feuer gefällt. Nachdem ein Teil des Stammes abgespalten war, wurde der restliche Stamm durch glühende Holzstücke, erhitzte Steine und kleinere Brandstellen an verschiedenen Stellen ausgehöhlt und mit den verfügbaren Holz-, Knochen- und Steingeräten weiter vertieft. Bei sehr dünnwandigen Einbäumen hat man beim Ausbrennen die Wandungen durch feuchte Erde, Moos oder Blätter geschützt. In einigen Ländern, z.B. Bengalen, lernte man, ausgehöhlte Einbäume zusätzlich auszuweiten, indem der Innenraum mit kochendem Wasser gefüllt und die Seitenwände durch Querhölzer auseinandergedrückt wurden. In Europa waren die Einbäume meistens 4 bis 6m lang. In England wurde jedoch bei Brigg in Lincolnshire *(Brigg-Einbaumfund)* im Jahre 1886 ein etwa 3000 Jahre alter Einbaum ausgegraben, der aus einer mächtigen Eiche so herausgearbeitet ist, daß er eine Länge von 14,80m und eine Breite von 1,37m hat. Auch in Rußland und Sibirien war der Einbaum weit verbreitet. Verschiedentlich erhöhte man dort die Bordwände durch zusätzlich aufgesetzte Planken, die mit Lärchenwurzeln oder weidenähnlichen Zweigen angebunden wurden. Die Fugen wurden mit harzartigen Materialien abgedichtet.

In der Regel wurden Einbäume durch Paddel oder in seichten oder sumpfigen Gewässern mit Stakstangen fortbewegt, doch aus alten chinesischen Schriften und Zeichnungen geht hervor, daß in China bereits 2000 v.u.Z. Einbäume mit Mast und Segel bekannt waren.

Im Bootsbau der Südseevölker ist bei fast allen Wasserfahrzeugen der Einbaum als Ursprungs-

Einbäume verschiedener Entwicklungsstufen

1 Dickwandiger Einbaum mit einfacher Aushöhlung
2 Dünnwandiger Einbaum mit ausgearbeiteten Quersteifen
3 Einbaum mit aufgesetzten Seitenplanken (Piroge, Setzbordboot)

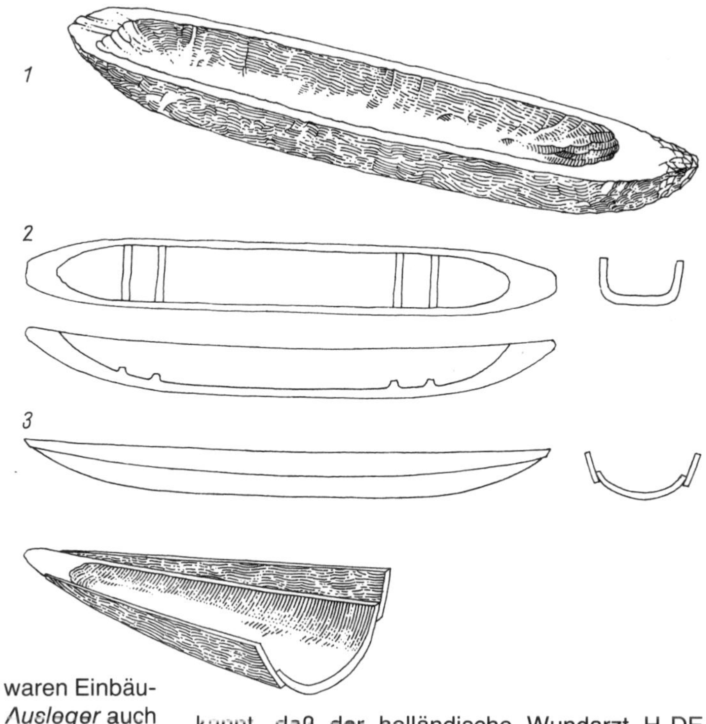

prinzip erkennbar. In der Südsee waren Einbäume mit einem parallel befestigten *Ausleger* auch hochseefähig. Im indonesischen Raum wurde lange Zeit die *Piroge*, ein weniger stark ausgehöhlter Einbaum mit aufgesetzten Seitenplanken, allgemein benutzt. Auch die in Hinterindien, China und Hongkong für Wettfahrten benutzten *Drachenschiffe* waren früher sehr große Einbäume. Um die Tragfähigkeit und Sicherheit gegen Kentern zu erhöhen, wurden in Indien, auf Ceylon (Sri Lanka) und an der Malabarküste zum Teil 2 Einbäume ähnlicher Größe parallel zueinander durch eine Plattform verbunden (s. *Doppelboot*), auf der auch ein Mast mit Segel errichtet werden konnte. Die indianische Urbevölkerung von Haiti baute sogar Einbäume von 30m Länge für 80 Personen. Die für diese Fahrzeuge übliche Bezeichnung »Canoa« *(Kanu)* hatten sie von den Bewohnern der karibischen Inseln übernommen. Der Einbaum ist noch heute auf Flüssen in tropischen Urwäldern gebräuchlich.

Einer: Ein-Mann-Rennruderboot für ein Paar Skulls. Aus Skandinavien rührt die für diese Boote heute gleichfalls übliche Bezeichnung *»Skiff«*.

Einhandyacht: Segelyacht, deren Bezeichnung vom Begriff »Einhand« aus der klassischen Segelschiffszeit hergeleitet wurde. An Bord wurde jeder Mannschaftsangehörige mit »Hand« benannt. Dementsprechend bezeichnet *Ewer* einen Schiffstyp, der durch einen Mann gefahren wird (holl. envarer, envar, Einfahrer). Analog nennt man ein Segelfahrzeug Einhandyacht, das durch eine Person, den Einhandsegler, allein bedient werden kann. Obwohl solche Yachten mit Ausnahme von Rennen nur selten als Ein-Mann-Yacht gesegelt werden, sind sie so ausgerüstet, daß Segelsetzen und -bergen, Ankern und Ankerlichten sowie alle Segel- und Rudermanöver durch eine Person ausgeführt werden können. Auf Einhand-Fahrtenyachten kann damit auf großer Fahrt die Segelmannschaft klein sein, für jede Wache ist unter normalen Bedingungen jeweils nur eine Person erforderlich.

Aus der Entwicklung des Einhandseglers ist bekannt, daß der holländische Wundarzt H. DE VOOGT 1601 vom Prinzen vaon Aremberg die Erlaubnis erhielt, in einem Boot allein von Vlissingen nach London zu reisen. Kapitän CLEVELAND soll um 1800 als Einhandsegler von Kapstadt über den indischen und pazifischen Ozean nach Alaska gesegelt sein. Danach häuften sich bis in die Neuzeit Einhand-Weltumsegelungen. Von den modernen Sportbooten sind u.a. die *Olympia-Jolle* und das *Finn-Dingi* Einhandsegler.

Einheitsboot, *Einheitsklassenboot, Eintyp-Klassenboot:* bestimmte Klasse von Sportsegelbooten, bei denen Abmessungen, Konstruktion und Bauausführung durch einheitliche, für alle Boote dieser Klasse verbindliche Vorschriften festgelegt sind. Dazu gehören z.B. die Jollenklassen *Optimist, Cadet, 420er-Jolle* (Kinder- und Jugendsportboot), die *Olympia-Jolle*, die Olympischen Bootsklassen und die Drachenklasse. Im Unterschied dazu gibt es die *Konstruktionsklassenboote*, bei denen konstruktive Unterschiede zugelassen sind. Vor der Zulassung zu Wettsegelveranstaltungen werden die Boote von einem amtlichen Vermesser nach vorgegebenen Meßrichtlinien auf die Einhaltung der einheitlichen Konstruktionsdaten vermessen, ein Meßbrief ausgestellt und die Bauweise überprüft. Früher erfolgte eine Einteilung der Einheitsklassenboote in Internationale und Nationale Klassen, die heute überholt ist. Man unterscheidet derzeitig zwischen Olympischen Klassen (von der International Yacht Racing Union festgelegt) und weiteren Einheitsklassen, in denen nationale und internationale Segelmeisterschaften ausgetragen werden. Bekannte frühere nationale Einheitsklassenboote waren die 5-m^2-Jugendklasse, die 25-m^2-Einheitskielyacht *(Malteserkreuzer)* und das 30-m^2-Einheitsboot *(Vertenskreuzer)*. Als internationale Klassen waren die Olympiajolle und das 12-m^2-Einheitsscharpie sehr verbreitet. Das Einheitsscharpie ist eine offene Segeljolle in Scharpie-Bauweise mit Schwert. Das Segelzeichen ist eine »12« entsprechend

der 12-m^2-Nennsegelfläche; die Abmessungen sind: Länge über alles 5,99 m; Länge in der KWL 5,40 m; Breite 1,43 m; Tiefgang 0,96 m bei ausgeschwenktem Schwert.
Die Einheitskielyacht ist ein Sportsegelboot für 2 Mann Rennbesatzung mit dem Malteserkreuz als Erkennungszeichen in der 25 m^2 großen Nennsegelfläche und einer Länge über alles von 8,75 m, einer Länge in der KWL von 5,70 m, der Breite von 1,80 m und einem Tiefgang von 1,20 m. Das Boot wurde bereits 1952 der Altersklasse zugeordnet. Im Unterschied zu den Internationalen und Nationalen Einheitsklassen gibt es Sportsegelboote, deren Segeleigenschaften für ein spezielles Segelrevier besonders günstig sind und die deshalb vorwiegend in diesem Revier gesegelt werden. Diese Fahrzeuge werden als Einheits-Revierklassenboote bezeichnet. So war z. B. der 25-m^2-Jollenkreuzer mit einem Stahlschiffskörper und einem Blitz als Segelzeichen (Blitz-Jollenkreuzer) ausschließlich auf der Unterelbe ein Einheits-Revierklassenboot. Das Fahrzeug hatte eine Länge von 8 m, eine Breite von 2,40 m und eine Kajütenhöhe von 1,50 m. Das Vor-und das Achterschiff waren aus Sicherheitsgründen abgeschottet. Mit Eintyp-Klasse werden Sportsegelboote bezeichnet, die in gleicher Konstruktion mit gleichen Werkstoffen und Bauverfahren bevorzugt in größeren Stückzahlen und häufiger in der gleichen Bootswerft hergestellt werden. Setzt sich ein solcher Einheitstyp allgemein durch, so werden nationale bzw. internationale Klassenvereinigungen gebildet, die z. B. Wettkämpfe organisieren und die technische Weiterentwicklung beeinflussen.

Einhüllenboot, *Einhüllen-Tauchboot:* bis zum Ende des 18. Jh. entworfene oder gebaute einschalige Tauchboote. Entwürfe von LEONARDO DA VINCI, C. VAN DREBBEL, D. BUSHNELL, R. FULTON u. a. zählen zu den ersten dieser Art. Alle diese Tauchboote wurden einschalig, d. h. mit einer Bootskörperhülle gebaut, während man später (z.B. MONTURIOL 1862) Zweihüllen-Tauchboote baute.

Eintonneryacht: siehe Tonneryacht

Eisboot: leichtes Boot mit kufenartigen Verstärkungen am Schiffsboden. Eisboote sind für teilweise gefrorene Gewässer geeignet. Auf offenen Strecken dient das Fahrzeug als Boot, und über Eisflächen wird es gezogen oder gesegelt.

Eisenschiff: allgemeine Bezeichnung für Wasserfahrzeuge, die zu Ende des 18. Jh. zunächst vereinzelt und im 19. Jh. zunehmend nicht mehr aus Holz, sondern aus Eisen (noch nicht Eisen-Kohlenstoff-Schiffbaustahl) als damals neuem Schiffbauwerkstoff hergestellt worden sind.

Eisyacht: ein Segelschlitten, der auf 3 Kufen (vorn 2) läuft, von denen die hintere beweglich ist und als Steuer dient. Mit einem Segel (je nach Klasse 8, 12 oder 15 m^2) werden Geschwindigkeiten bis zu 100 km/h erreicht.

Ektha: siehe Donga

Elbewer: norddeutscher Ewer mit der häufigsten

Einmastiger Elbewer Ende 19. Jh.

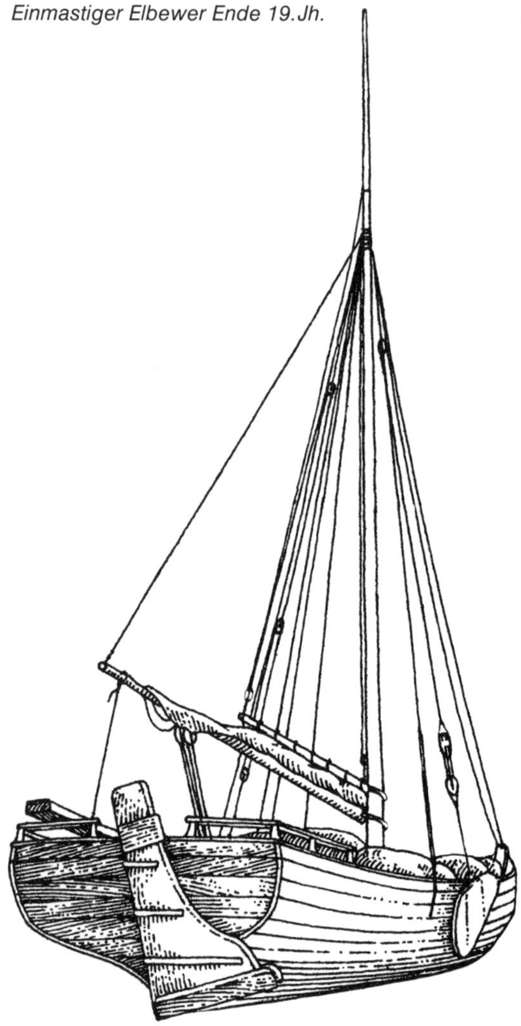

Verbreitung auf der Elbe. Man unterschied einen kleineren und einen größeren Typ, die beide als relativ schlanke Binnen- und Küstenschiffe mit verhältnismäßig geringer Seitenhöhe und sehr langer und breiter Großluke gebaut wurden. Die Elbewer fuhren Getreide, Holz, Torf, Baumaterialien und andere Güter zwischen dem Festland und den Inseln. Längen von 14 bis 20 m und Breiten von etwa 4 bis 6 m waren übliche Fahrzeugabmessungen. Vorgängertypen wurden bereits um 1300 als Elbschiffe erwähnt. Im 18. Jh. fuhren Elbewer mit einem umlegbaren Mast mit Rah-, Spriet- oder Gaffelsegel sowie Stagfock. Elbewer gab es auch noch im 19. Jh. bis zum Anfang des 20. Jh.

Elbjolle: einmastiges halbgedecktes Rundsteven-Fischerfahrzeug im 19. Jh. von etwa 12 m Länge für den Plattfischfang (Butt, Steinbutt) im Elbmündungsgebiet.

Elbkahn: im 17. und 18. Jh. allgemeine Bezeichnung für einmastige, mit Rahsegeln versehene Flußlastkähne, die stromauf meistens getreidelt wurden. Die Größe schwankte entsprechend der jeweiligen Fahrtgebiete; sie betrug am Oberlauf der Elbe bis zu etwa 50 t Tragfähigkeit und konnte im Unterlauf das Doppelte und mehr erreichen.

Elbschute: flaches, ungedecktes Fahrzeug ohne Eigenantrieb, das in der Schleppfahrt auf der Elbe für den Gütertransport eingesetzt wurde. Derzeit werden Elbschuten nur noch für den Warenumschlag im Hamburger Hafen, z. B. vom Schiff in die Speicher o. ä., verwendet.

Elsässer Kahn: ein aus dem Elsässer Gebiet stammender spezieller Flußprahm des 19. Jh., der an die Bedingungen häufiger Durchfahrten durch enge Schleusen besonders angepaßt war. Da die vorhandenen Schleusen nur eine Schiffslänge von etwa 35 m und eine Breite bis zu 5 m zuließen, baute man etwa 5 m breite prahmartige rechteckige Fahrzeuge mit einer Gesamtlänge von etwa 50 m in 2 gleichlangen schwimmfähigen Teilen. Die beiden Kahnteile wurden in der Fahrzeugmitte mit Ketten zusammengekoppelt. Beim Passieren von Schleusen, die kürzer als die Gesamtfahrzeuglänge waren, löste man die Verbindungen, so daß die Kahnhälften einzeln geschleust werden konnten. Zur besseren Steuerfähigkeit des völligen, rechteckigen Kahnes und infolge der begrenzten Schleusenlänge hatte das Heck des hinteren Kahnteiles statt eines langen Mittelruders insgesamt 3 Ruder. In der Mittelschiffslinie waren ein Hauptruder und an jeder Heckseite ein weiteres, kurzes Ruder.

Emspünte: ein speziell an der norddeutschen Küste, besonders in Haren an der Ems und in Leer gebautes (Pünte, Harener Pünte) einmastiges, für den Tiertransport gut geeignetes Lastschiff. Die Fahrzeuge hatten eine Verdrängung bis zu 120 t bei Längen zwischen 17 und 28 m, 4 bis 5 m Breite und 1,5 bis 2 m Seitenhöhe. Der Boden war flach und lief nach vorn prahmartig breit und überfallend aus. Achtern wurden die Seitenplanken zu einem senkrechten Steven spitz zusammengeführt. Durch den breiten und flachen Bug und den geringen Sprung eignete sich die Pünte gut für den Pferde- und Rindertransport. Häufig befand sich im mittleren Teil des Fahrzeugs auch eine Überdachung zur Unterbringung der zu transportierenden Tiere.
Die Emspünte hatte einen umlegbaren Pfahlmast, der ziemlich weit vorn stand (Treidelmast) und ein sprietähnliches Segel trug. Das Fahrzeug hatte 2 große Seitenschwerter, die Besatzung bestand aus 2 Mann. In geringerer Anzahl wurden an der Ems auch größere Spitzpünten als Ein- und Anderthalbmaster gebaut, bei denen der flache Boden vorn in einen spitzen Bug wie bei den kleineren *Spitzmutten* überging. Um 1900 waren noch über 100 Emspünten in Fahrt, die letzten baute man 1936.

Enotajewka: Flußsegelschiff des 18. und 19. Jh. vom unteren Wolgagebiet. Die Fahrzeuge waren etwa 15 m lang, hatten einen senkrechten Hintersteven und einen etwa 45° ausfallenden Vorsteven. Der Großmast stand auf halber Schiffslänge und der kleinere Treibermast im Heck. Am Großmast wurde ein Rahsegel und am Treibermast ein Gaffelsegel gefahren.

Eridu-Bootsmodell: in Eridu, etwa 60 km südlich der Euphrat-Tigris-Gabelung (im heutigen Irak) gefundenes Bootsmodell aus Ton. In einer Grabstätte in der Nähe des Eridu-Tempels aus der Zeit um 4500 v. u. Z. wurde das Tonmodell von ovaler Form mit leicht angespitzem Bug aus der Zeit der Obed-Kultur (um 3500 v. u. Z.) gefunden. Bedeutsam an diesem Modellfund sind die

Eridu-Bootsmodell, Tonmodell aus der Zeit um 3500 v. u. Z.

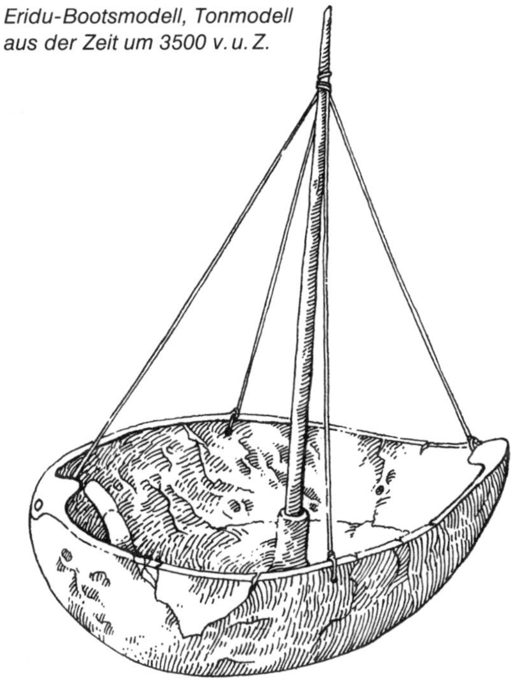

etwa in Rumpfmitte besonders herausgearbeitete Mastspur und die Durchbrüche für Stagen an den Schiffsenden und für Wanten an den Bootsborden. Es handelt sich damit um das älteste bisher bekannt gewordene Segelfahrzeugmodell der Erde. Aus Überlieferungen ist bekannt, daß schon in vorsumerischer Zeit von den Inseln des Persischen Golfes Dattelpalmen zum Festland geholt wurden. Die im Zweistromland seit langem bekannten Rohrgeflechtboote, die, ähnlich den *Guffa*, mit Asphaltmischungen abgedichtet oder mit Fellen überspannt, über Jahrtausende benutzt wurden, könnten hier durch eine größere Küstenvariante ergänzt worden sein.

Escorteur: vorwiegend im 17.Jh. verwendete Aufgabenbezeichnung für Kriegsschiffe, die als Begleitschiffe für Handelsschiffe fuhren (s. a. *Konvoischiff*).

Espink, *Esping:* ursprünglich ein Einbaum aus Espenholz. Im Mittelalter führte man auf Segelschiffen, z. B. den *Koggen*, ein leichtes Boot aus Espenholz an Bord mit oder schleppte es nach. Später bezeichnete man in der Marine (Brandenburg-Preußische Flotte) auch ein mit 2 Sprietsegeln getakeltes Beifahrzeug als Esping.

Ewer, *Ever:* von holl. envarer, Einfahrer, herrührende Schiffsbezeichnung, wahrscheinlich friesischen Ursprungs, die auf das von einem Mann gefahrene Schiff zurückgeführt wird. Der Ursprung läßt sich bis in das 13.Jh. zurückverfolgen (s. a. *Brügge-Schiffsfund*). Die ältesten schriftlichen Überlieferungen liegen in einem Zolltarif aus dem Jahre 1252 von Damme in Flandern und von Kaufverträgen in Hamburg aus dem Jahre 1299 vor, in denen bestimmte Fahrzeuge als »envar« bezeichnet werden.
Auch im 14.Jh. waren es noch relativ kleine, jedoch schon seegehende Fahrzeuge. Während der Hansezeit und im 15.Jh. wurde ein kielloses, flaches und geräumiges Lastschiff für etwa 50 Lasten (100 t) Ewer genannt. Im 18.Jh. behielt man den flachen, kräftigen Boden bei, er wurde jedoch vorn und hinten stärker hochgezogen und lief achtern in ein schlankeres Unterwasserachterschiff mit Bodenkiel und über der Wasserlinie in einen nach hinten geneigten Spiegel aus; das Vorschiff blieb völlig.
Der Ewer des 19.Jh. war ein Mehrzweckschiff, das in großer Zahl gebaut wurde. An der Niederelbe sollen in der Zeit von 1830 bis 1910 mindestens 2000 Frachtewer entstanden sein. Ewer fuhren einmastig als »Pfahlewer« mit einem feststehenden Mast, einem großen Rahsegel oder einem großen Gaffelsegel. Neuere Ewer wurden in größerer Zahl als anderthalbmastige *Besanewer* mit Gaffelsegel an beiden Masten gefahren. Nach der Heckbauweise unterschied man Rund- oder Spiegelgattewer. Nach der Takelungsart bezeichnete man die einzelnen Ewervarianten als Rah-, Spriet- oder Kniepewer, nach dem Verwendungszweck als Fähr-, Torf-, Fischewer u. a. und nach dem Herkunftsgebiet oder Fahrtgebiet als Glückstädter, Lägerdorfer, Elb-, Wattenewer u. a.

Ewerkahn: kleines Mehrzweckboot auf der Unterelbe mit ewerähnlichen Formen.

Extrem-Klipper: siehe Klipper

* * *

»ENDEAVOUR«: barkähnlich getakelter *Dreimaster*, mit dem der englische Forscher und

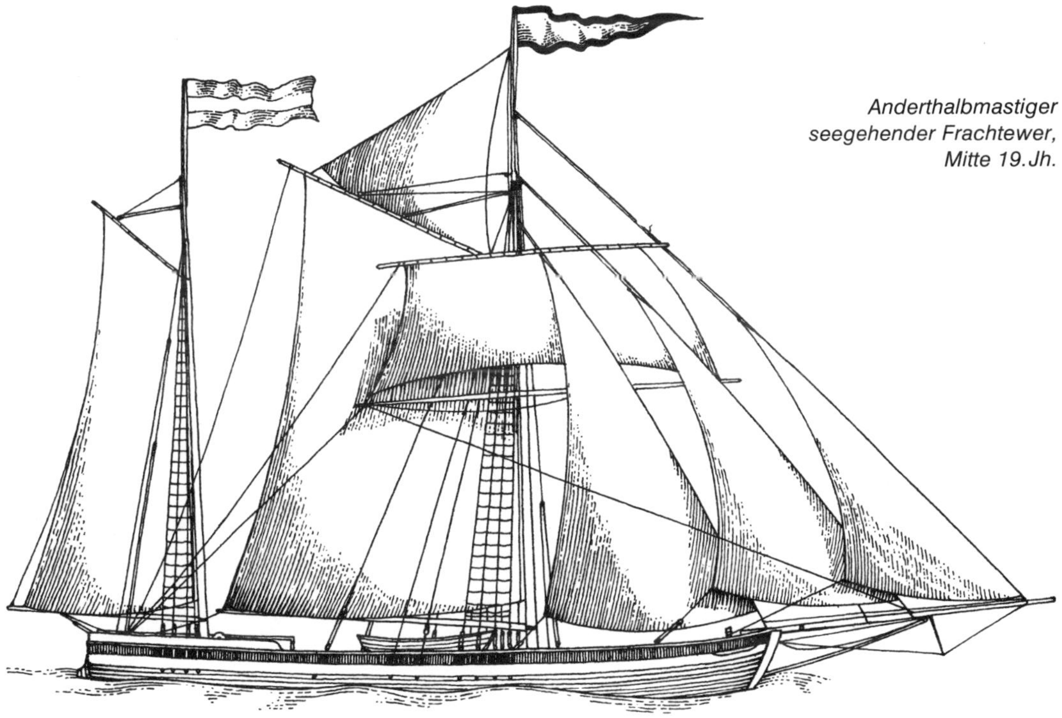

Anderthalbmastiger seegehender Frachtewer, Mitte 19. Jh.

Frachtewer mit großer Ladeluke aus der zweiten Hälfte des 19. Jh., Modell

Weltumsegler JAMES COOK (1728 bis 1779) von 1768 bis 1771 seine dreijährige Fahrt in den Stillen Ozean, nach Tahiti und Neuseeland unternahm. Das 1764 in Withby für den Kohletransport von England nach Schweden als sogenannte »cat-built-bark« erbaute Schiff hatte zunächst den Namen »EARL OF PEMBROKE«. Nach Ankauf durch die Admiralität am 28. März 1768 erhielt das Schiff den Namen »ENDEAVOUR BARK«; der Zusatz »Bark« erfolgte, da ein Schiff »ENDEAVOUR« bereits in den Listen der Admiralität geführt wurde. Unter »cat-built« verstand man ein Schiff mit sehr völligem Heck in der Wasserlinie und ohne die in der Marine übliche Galionsfigur. Für die geplante Fahrt wurden das Poopdeck verlängert und etwas erhöht, am Besanmast ein Rahtoppsegel gesetzt und 10 Vierpfünder an Bord gebracht. Mit einer Länge des Decks von 30 m und einer Breite von 8,9 m bei einer Tragfähigkeit von 370 t ging die »ENDEAVOUR« am 26. August 1768 mit 94 Personen in See. Neben den Entdeckungen, z. B. der Gesellschaftinseln, kartographierte COOK den gesamten Küstenverlauf (2400 Meilen) Neuseelands sowie die schwierige Fahrtstrecke von 1000 Meilen zwischen der Nordostküste Australiens und dem davorliegenden Großen Barriere-Riff. Nach der glücklichen Heimkehr am 22. Juli 1771 wurden mit dem Schiff noch 3 Reisen nach den Falklandinseln durchgeführt, ehe es verkauft und nach 1775 wieder als Kohletransporter eingesetzt wurde. Im Jahre 1790 diente es als Walfangschiff, geriet beim Verlassen des Hafens Newport (Rhode Island) auf Grund und erlitt schwere Havarie. Die Schäden waren so umfangreich, daß dieses berühmte Schiff nicht erhalten werden konnte.

»ENDEAVOUR«, der Dreimaster von JAMES COOK, 1768 (Modell-Rekonstruktion)

F

Fähre, *Fährkahn, Fährprahm:* Fahrzeug zum Übersetzen von Personen, Gütern und Fuhrwerken ans andere Ufer von Flüssen und Binnengewässern. Die Bezeichnung Fähre ist von »fahren« (altnord. »ferga«, althd. »ferie, ferigo, ferro«) abgeleitet; den Fährmann nannte man auch »Ferge«. Für das Übersetzen von Personen genügten Einbäume oder Kähne. Das Übersetzen von Fuhrwerken erfolgte mit *Kastenfähren* (Fährprahme), bei denen für die Auf- und Abfahrt der Fuhrwerke die beiden Enden flach hochgezogen gebaut sind. In flachen Gewässern wurde gestakt *(Stakfähre)*. Für regelmäßigen Fährbetrieb waren Seil- oder Kettenfähren günstiger, bei denen die Fähre an einem quer zum Fluß liegenden Seil bzw. einer Kette mit Muskelkraft gezogen wurde. Zum Ziehen einer Seilfähre durch Fährleute wurde das über Rollen geleitete Seil so mit Holz-Seilklauen eingeklemmt, daß sich die Schiffer bis zum Nachfassen mit ihrem ganzen Körpergewicht gegen die Mitnehmerklauen stemmen konnten.
Mit Gierfähren wurden solche Fährschiffe bezeichnet, bei denen ein einzelnes Führungsseil oberhalb von Flußoberflächen gespannt war. Die Fähre wurde mit einem Mittelseil und 2 Scherenseilen am Spannseil festgemacht. Durch entsprechendes Verkürzen oder Verlängern der Scherenseile auf der Fähre ergaben sich gegenüber der Strömung der erforderliche Anstellwinkel und die entsprechende Vortriebskraft zur Flußüberquerung.
In Frankreich wurde unter KARL VI. (1388 bis 1422) bei Commines eine erste ständige Fährlinie in Betrieb genommen, und in Deutschland richtete man im 17. Jh. solche Fährlinien insbesondere für die Rheinüberquerungen ein.
Freifahrende größere Fähren mit Ruder- oder Segelkraft gab es schon im Mittelalter. Fähren nehmen auch in der heutigen Schiffstechnik noch einen bedeutenden Platz ein.

Fährewer: speziell für den Fährverkehr ausgerüsteter norddeutscher *Ewer*. Über Jahrhunderte wurde dieser Schiffstyp insbesondere für den Fährverkehr zwischen Hamburg, Harburg, Buxtehude, Stade und Glückstadt eingesetzt. Der Fährewer war ein offenes spitzgattes Fahrzeug, mit einem Rahsegel getakelt und einer vorn liegenden kleinen Kajüte. In der Zeit zwischen 1816 und 1844 hatte die Harburger Schiffergilde insgesamt 17 Fährewer in Fahrt.

Fahrtenboot, *Fahrtenyacht, Fahrtenkreuzer:* im Unterschied zu Regatta-Segelfahrzeugen ein stärker gebauter, höher ausgerüsteter und bequemer eingerichteter *Jollenkreuzer* und spezieller *Seefahrtkreuzer* für längere Reisen mit Segelflächen von 15 bis 250 m^2.

Falsterbo-Prahmfund: in den Jahren 1934 und 1935 in Schweden bei Falsterbo gefundene 6 Wasserfahrzeuge unterschiedlicher Größe von 13 bis 27 m Länge aus der Zeit um 1300 von flacher, floß- bzw. prahmartiger Bauweise. In der Zeit um 1300 wurden bei Falsterbo und Skanør mehrere Burgen gebaut, so daß anzunehmen ist, daß die aufgefundenen Fahrzeuge zum Steintransport sowie für Arbeiten an der Wasserseite der Burgen benutzt worden sind.
Die Prahme haben gut zugepaßte Bodenplanken. Eine Besonderheit zeigen die in ihrem Querschnitt L-förmig bearbeiteten Seitenplanken, die bewirkten, daß am Übergang des ebenen Bodens zu den Seitenwänden kein Spalt entstand. Von den Seitenwänden blieben jedoch nur Reststücke erhalten.

Faltboot, *Faltdingi, Faltjolle:* zusammenlegbares (faltbares) Sportboot zum Paddeln, Rudern oder Segeln. Faltboote ähneln in ihrem Grundprinzip den *Kajaks* der Eskimo. Über ein leichtes, auseinandernehmbares Gerüst aus Metall, Holz oder faserverstärktem Plast wird eine wasserdichte, elastische Außenhaut gespannt. Faltboot-Einer sind bei einer Eigenmasse von etwa 30 kg etwa 4,5 m und Faltboot-Zweier etwa 5,5 m lang. Gesegelt wird mit einem leicht bedienbaren Treibsegel von 2 bis 3 m^2 oder einem Groß- und Vorsegel mit einer Gesamtfläche von etwa 5 m^2. Zum Segeln wird über dem Süllrand des Bootsgerüstes ein Querholm für die beiden hochklappbaren Seitenschwerter befestigt. Gesteuert wird mit einem fuß- oder handbedienten Heckruder. Faltboote, deren Form einem *Dingi* oder einer *Jolle* ähneln, heißen Faltdingi oder Faltjolle.

Fangboot, *Walfangboot:* an Bord von Walfangschiffen zur Segelschiffszeit in größerer Anzahl mitgeführte Fang-Ruderboote ähnlich der *Gig*. Die Boote wurden an den Bordseiten so in Davits (Aussetzvorrichtungen) aufgehängt, daß sie schnell mit ihrer Besatzung zu Wasser gelassen und nach Beendigung des Fanges wieder (unbesetzt) an Bord genommen werden konnten. Fangboote auf Fischereischiffen für Handangel- und Leinenfischerei sowie zum Aussetzen von Ringwadennetzen bezeichnet man als *Doriboote* oder Dorys.

Farella: robust gebautes Segelboot, das im 19. Jh. von den Maltesern für den Fischfang, aber auch als Frachtschiff für Reisen bis nach Tunis verwendet wurde. Für solche Fahrten konnte die Seitenhöhe durch Setzborde vergrößert werden. Kennzeichen des Bootes waren die steil nach oben gezogenen Steven und eine farbenprächtige Bemalung. Die Fahrzeuge waren etwa 5 bis 6 m lang und 2 m breit. Sie führten ein Sprietsegel an einem kurzen Mast.

Fa-Tze-Floß: ein Tierbalgfloß aus Tibet für 1 bis 2 Personen.

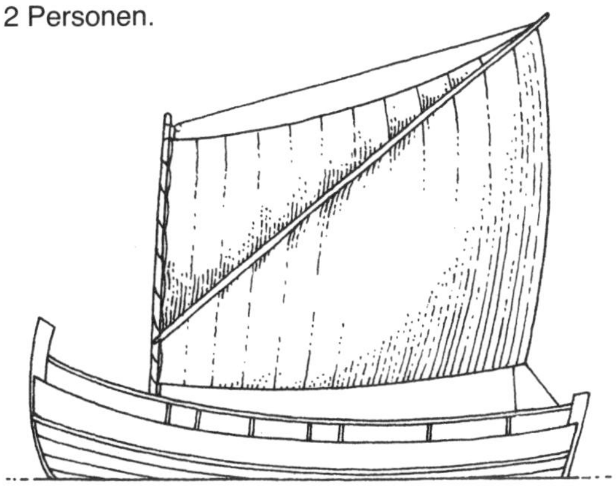

Farella von Malta, 19. Jh.

Fehnmutte: siehe Mutte

Fellboot: korbartig geflochtene, runde, ovale oder längliche Holzgestelle, die so mit Tierhäuten (Fellen) überzogen wurden, daß ein bootsähnlicher Schwimmkörper entstand. Solche Boote mit verschiedenen Bespannungen entstanden unabhängig voneinander in verschiedenen Erdteilen. Griechen und Römer führten auf Feldzügen solche mit Tierhäuten überspannten Boote mit, die sie »carabia«, lateinisch »carabas«, nannten. Bei den Normannen wurden sie, wie auch andere Boote, mit »chuile«, »cyule« oder »ceol« bezeichnet. Älteren Ursprungs ist auch das bis in die jüngere Zeit in Irland und England erhalten gebliebene *Coracle*.

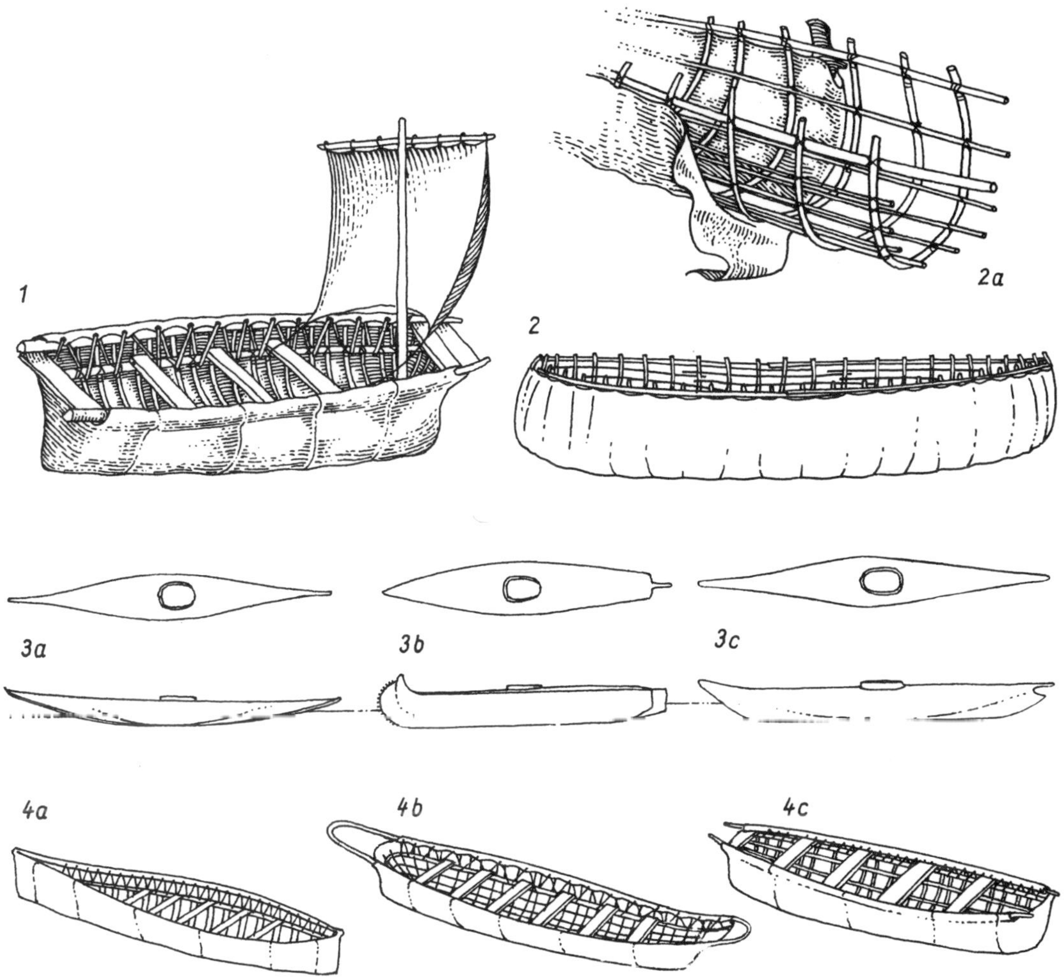

Fellboote

1 Umiak mit Segel
2 Chinesisches Fellboot
2a Flechtgerüst eines chinesischen Fellbootes
3a Kajak von Grönland
3b Kajak von den Inseln der Beringstraße
3c Kajak von Kotzebuesund
4a Grönländer Umiak
4b Umiak aus Ostgrönland
4c Umiak aus Ostsibirien

Feluke: ein galeerenähnliches kombiniertes Ruder-Segelschiff von etwa 150 t Wasserverdrängung für Küstenfahrten im Mittelmeer. Der Schiffstyp hat seinen Ursprung wahrscheinlich in den Berberstaaten Algerien, Tunis und Tripolis, in denen bereits im 16. Jh. Feluken (arab. felukah) als Kosaren- und Sklavenhändlerschiffe verwendet wurden.
Die Fahrzeuge hatten eine Länge von etwa 15 m

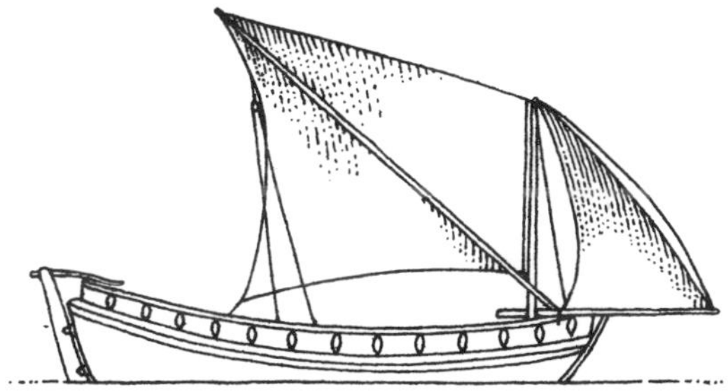

Kleine einmastige arabische Feluke mit Sprietsegel

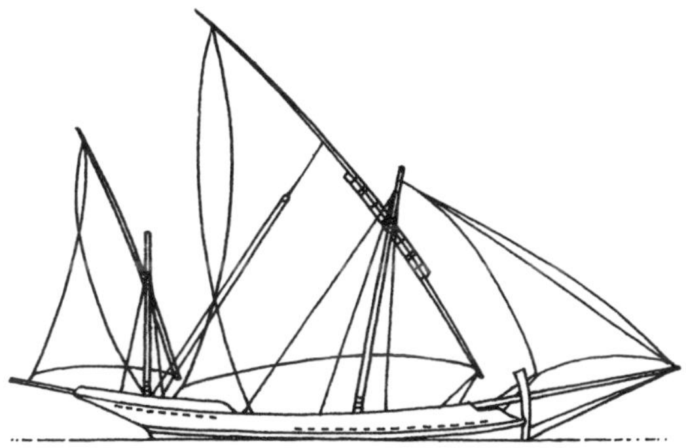

Anderthalbmastige spanische Feluke mit Lateinsegel, 18. Jh.

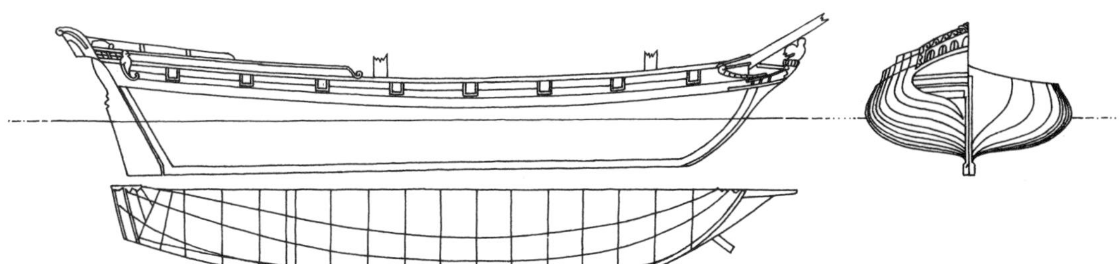

Spanische Feluke, Linienriß

bei 4 bis 4,5 m Breite und 2 m Seitenhöhe. Feluken fuhren voll ausgerüstet (Ruder und Segel) mit etwa 30 Mann Besatzung. Die beiden nach vorn geneigten Masten waren mit je einem Lateinsegel getakelt, die Gesamtsegelfläche betrug etwa 100 m^2. Dieser wendige Schiffstyp war im westlichen Mittelmeer weit verbreitet (franz. felouque; ital. feluca) und gehörte zu den am weitesten nördlich vorkommenden lateinbesegelten Schiffen. Die noch im 19. Jh. in Spanien als Zollschiffe gebauten Feluken (span. falua) waren nach dem gleichen Prinzip gebaut, jedoch bis zu 20 m lang und entsprechend seetüchtiger.

Feuerschiff: stationär verankertes Schiff, das in schwierigen See- und Ansteuerungsgebieten, in denen keine festen Leuchttürme errichtet werden können, als Seezeichen dient. Bereits in der Antike gab es im Mittelmeer neben Landfeuern auch Feuerschiffe, die mit offenem Feuer oder Fackeln bestückt wurden; später erfolgte die Befeuerung mit Kerzen, Laternen, Öl- und Petroleumlampen.
R. STEVENSON vereinigte 1807 mehrere Lampen und Hohlspiegel zu einem Apparat, der eine Säule ringartig umgab. Die französischen Physiker A. J. FRESNEL (1788 bis 1827) und D. F. ARAGO (1786 bis 1853) erfanden die nach FRESNEL benannte »Fresnel-Optik«, mit der seitdem auch auf Schiffen Leuchtfeuer von etwa 2 m Lampendurchmesser eingebaut wurden. Aus Sicherheitsgründen sind auch heute noch mehrere Beleuchtungsmöglichkeiten erforderlich. Die Leuchtsignale werden von den Feuerschiffen von einem möglichst hohen Punkt, dem Feuerturm, entsprechend den festgelegten Kennungen in gut unterscheidbaren Lichtimpulsen abgestrahlt. Standorte und Kennungen von Feuerschiffen und Leuchttürmen sind in Seekarten eingetragen, so daß bei Sicht mehrerer Leuchtfeuer der Standort exakt ermittelt werden kann.
Bei Feuerschiffen ergibt sich ein besonderes Problem aus dem Seegang und den daraus resultierenden Schiffsbewegungen. Um zu erreichen, daß die Signale stets in der Waagerechten oder im richtigen Winkel dazu abgestrahlt werden, hängt man die Lichtquellen an kardanischen Gelenken auf oder stabilisiert sie mit anderen Mitteln. Unter Beachtung der Erdkrümmung ist bei günstigen Wetterbedingungen ein entsprechend starkes, 16 m über dem Wasserspiegel abgestrahltes Lichtsignal noch in einer Entfernung von 28 Seemeilen (52 km) zu erkennen.
Da Feuerschiffe ständig allen See- und Witterungsbedingungen ausgesetzt sind, muß ihre Bauweise besonders stabil und seetüchtig sein. Zur Segelschiffszeit wurden meistens zweimastige Schiffe von etwa 45 bis 50 m Länge, 8 m Breite und 6 m Seitenhöhe eingesetzt. Diese möglichst schlanken Schiffe mit Klipperbug und spitz auslaufendem Heck sollten in Längsrichtung der anrollenden See möglichst wenig Widerstand bieten und die See hinter dem Schiff ruhig abfließen lassen. Zur Verminderung der Rollbewegungen erhielt der Schiffsrumpf besonders große Schlingerkiele.
Feuerschiffe werden an langen, auf dem Grund aufliegenden Ankerketten mit einer Länge von etwa dem Zehnfachen der Wassertiefe verankert. Nach größeren Stürmen müssen trotzdem jeweils die Schiffsposition und die Sicherheit der Verankerung überprüft werden. Die Besatzungen der Feuerschiffe führen nach Möglichkeit zusätzliche Signal-, Lotsen- oder Rettungsdienste aus. Wegen der erweiterten Möglichkeiten zur Errichtung fester Anlagen und dank dem Einsatz moderner Navigationsmittel konnte die Anzahl der wartungs- und kostenaufwendigen Feuerschiffe verringert werden.

Filucca: einmastiges, offenes italienisches Segel- und Ruderschiff aus dem 17. Jh. mit Lateinsegel und bis zu 10 Riemen; s. a. *Feluke*.

Finn-Dingi-Klasseboot: vom schwedischen Yachtbauer R. SARBY für die Olympiade 1952 entworfene katgetakelte Einmann-Rundspantjolle, seit 1956 Einheits- und Olympiaklassenboot. Das Boot muß einheitlichen internationalen Bau- und Vermessungsvorschriften entsprechen und als Spezialregattaboot einschließlich Ruder, Schwert, Mast und Segel eine Masse von 150 kg haben. Der drehbare Mast ist ohne Wanten und Stagen.
Der aus Holz oder faserverstärktem Plast hergestellte Bootskörper hat die Abmessungen: Länge 4,50 m, Breite 1,51 m, Tiefgang ohne Schwert 0,16 m, Tiefgang mit Schwert etwa 0,85 m. Die Segelfläche beträgt 10 m^2, das Segelzeichen besteht aus 2 kurzen blauen Wellenlinien. Bei günstigen Bedingungen werden Geschwindigkeiten um 13 kn erreicht.

Finn-Dingi-Klasseboot

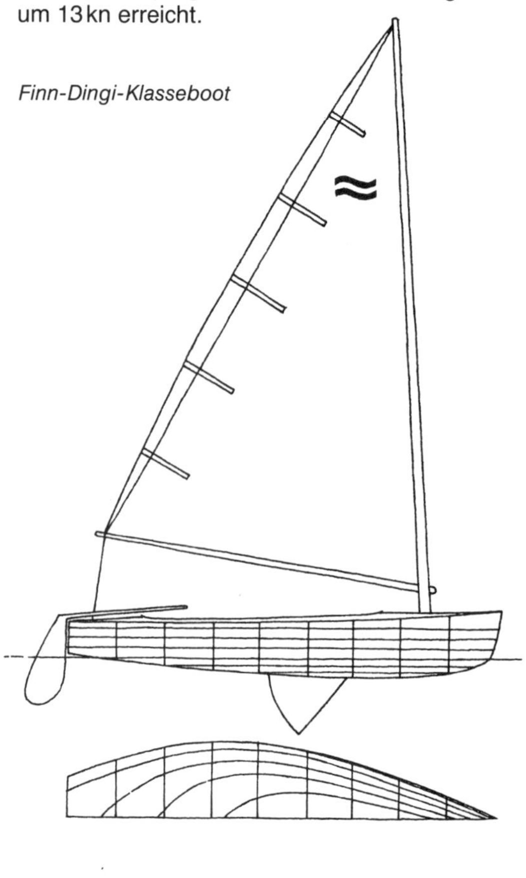

Fischerbarke: im 19. Jh. übliche Bezeichnung für das gerudert Fischerboot.

Fischerboot: allgemeine Bezeichnung für jede Art von Boot (gerudert oder gesegelt), das für die Zwecke der Fischerei sowohl auf Flüssen, Binnen- und Küstengewässern oder auf See verwendet wird. Je nach örtlichen Bedingungen oder auch Gewohnheiten können Bauart, Takelung und Einrichtung der verschiedenen Typen sehr unterschiedlich sein. Wegen der rauhen Einsatz- und Arbeitsbedingungen ist jedoch für nahezu alle Typen eine kräftige, robuste Konstruktion erforderlich.

Fischerei-Ewer: ein *Ewer* mit einem besonders abgeschotteten Schiffsteil, der Bünn, zur Aufnahme lebender Fische. Diese Bünn hat Bohrungen in den Außenplanken, so daß zur Lebenderhaltung der Fische ein ständiger Seewasseraustausch im Fischraum erfolgt.

Fischerei-Ruderschiff und -Segelschiff: speziell für den Fischfang gebautes Fangschiff. Das Sammeln von Muscheln und der Fischfang waren in vielen Gebieten der Erde ebenso wie das Erlegen von Tieren in den frühen Entwicklungsstufen der Menschheit hauptsächlichste Nahrungsquellen. Im nördlichen Europa dauerte die Eiszeit bis etwa 10 Jahrtausende v. u. Z., so daß erst danach eine allmähliche Ansiedlung von Fischer- und Jägervölkern an den noch häufig sich verändernden Küsten möglich wurde. Die ältesten Nachweise menschlicher Ansiedlungen in Verbindung mit dem Fischfang im Norden wurden aus der Zeit um 7000 bis 4000 v. u. Z. in Dänemark und Schweden (Schonen) entdeckt. An Siedlungsplätzen der späten Mittel- und Jungsteinzeit fand man Anhäufungen von Muschelschalen und Gräten von Seefischen, sogenannte »Kjökkenmöddinger«. Zu den ältesten, für den Fischfang benutzten Fahrzeugen gehörten geflochtene Boote *(Korbboote)*, *Einbäume* und Setzbordboote. Das aus der Zeit um 300 v. u. Z. stammende *Hjortspringboot* gehört zu den ältesten erhalten gebliebenen Bootsfunden aus dem Norden. Obwohl nur wenige Nachweise aus den ersten Jahrhunderten u. Z. vorliegen, ist gewiß, daß an der Ost- und Nordsee auch in dieser Zeit Fischfang mit den gegebenen Möglichkeiten betrieben wurde, u. a. seit dem 6. Jh. in Flandern. Schriftliche Nachweise finden sich jedoch erst in den schwedischen Reichsarchiven ab 900 mit Angaben über die Fangmengen einzelner Jahre, aus denen Rückschlüsse auf Anzahl und Art der Fangfahrzeuge möglich sind.
Nachgewiesen ist auch, daß es in der französischen Hafenstadt Dieppe im Jahre 1030 bereits eine regelrechte Fischfangflotte gab. Etwa 100 Jahre später entwickelte sich in Holland sehr schnell eine großzügig betriebene Heringsfischerei, so daß seit der Mitte des 12. Jh. holländischer Hering in fast alle Länder Europas exportiert wurde.
Auch die Hanse betrieb erfolgreich Fischfang und Fischexport. Die erste Heringskompanie wurde 1553 in Emden gegründet. Eine im Jahre 1769 gegründete »Heringsfischereigesellschaft« in Emden erhielt das Privileg zum Fischfang an den preußischen Küsten. Die Flotte dieser Gesellschaft wurde im Laufe der Zeit bis auf 41 *Büsen* vergrößert.
Der zu dieser Zeit führende holländische Schiffbau entwickelte außer Büsen noch andere Fischereischiffstypen, von denen insbesondere der büsenähnliche, aber größere *Huker* allgemeine Bedeutung erlangte. Sehr bekannt wurden in dieser Zeit auch die Herings-Loggerflotten

von Elsfleth an der Weser und Glückstadt. Das Gebiet der Unterelbe wurde etwa ab 1730 zu einem bedeutenden Zentrum der deutschen Hochseefischerei. Nach zeitgenössischen Berichten war der damals dänische Ort Blankenese Heimathafen einer Flotte von etwa 70 seegehenden Fischereiewern (1806 waren es bereits 172 *Ewer*). Diese glattbodig gebauten Fahrzeuge mit geringem Tiefgang hatten eine Länge von etwa 16m bei einer Breite von 4,5m. Die Takelage bestand anfänglich nur aus einem Pfahlmast mit großem Rahsegel. Ausgangs des 18.Jh. führten die Blankeneser Ewer neben dem Rahsegel noch ein Focksegel.
In den ersten Jahrzehnten des 19.Jh. überflügelte die Finkenwärder-Fischereiflotte noch die bis dahin führende Blankeneser.
Auch unter den modernen Schiffstypen nehmen Fischereischiffe einen bedeutenden Platz ein.

Fischerei-Segellogger, *Heringslogger:* den *Kutter* an Größe übertreffendes Fischereischiff für den Treib- und Schleppnetzfischfang. Ursprünglich war der Logger für den Treibnetzfang ein Saisonschiff, dessen Einsatz sich auf die Fangzeit für Heringsschwärme beschränkte. Treibnetze sind lange, wandartige Netze, die in bestimmter Höhe unterhalb der Wasseroberfläche an Auftriebskörpern hängen und vom Logger am Fischreep treibend in der Strömung gehalten werden. Außerhalb der Fangsaison lagen die Logger in den Fischereihäfen oder wurden auf den Strand gezogen. Ursprünglich wurden die Fahrzeuge dreimastig mit Luggersegeln getakelt, die modernen Logger fuhren zweimastig mit Gaffelsegel. Zum Schleppnetzfang setzte man am Bug ein Dreieckssegel, das sogenannte Fangsegel, und schleppte das Netz mit zwei Loggern »im Gespann«. 1930 verschwanden die letzten reinen Segellogger. Für den aus dem ursprünglichen Logger hervorgegangenen ähnlichen modernen Fischereischiffstyp wurde jedoch die Bezeichnung Logger beibehalten.

Fischereischoner: spezieller amerikanischer Neufundlandfischer, als Zweimastschoner ohne Klüverbaum getakelt, die auch »knock abouts« (engl. für »Herumtreiber«) genannt wurden.

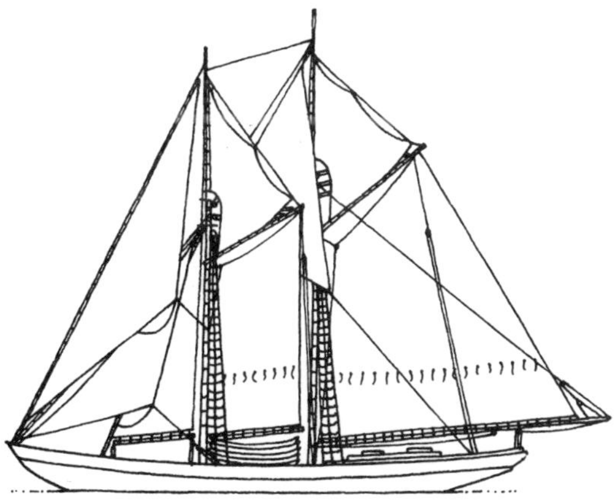

Großer nordamerikanischer Fischereischoner ohne Klüverbaum

Fischhuker: siehe Huker

Fischkutter, *Fischerei-Segelkutter:* ursprünglich im 18.Jh. in England entwickelter Segelkutter

Holländischer Fischerei-Segellogger, Ende des 19.Jh., Modell

Nordamerikanischer Fischereischoner »COLUMBIA«, Modell

Holländischer Fischhuker, Mitte des 19. Jh., Modell

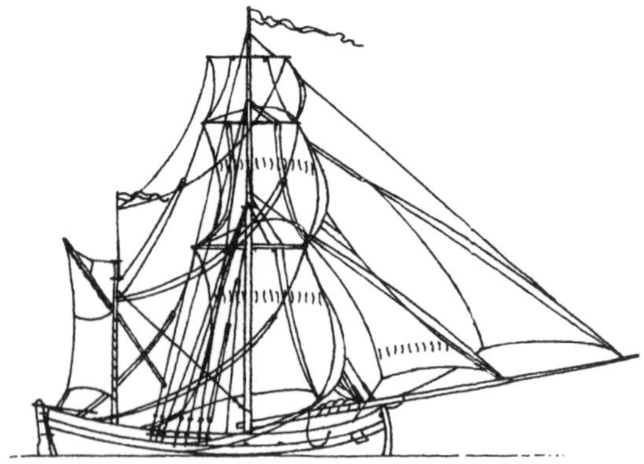

Holländischer Fischhuker aus der Mitte des 18. Jh. (nach CHAPMAN)

unterschiedlicher Größe (bis etwa 12 m Länge), mit speziellen Fischfangausrüstungen und einfach handhabbarer Segelfläche. Im Laufe der Zeit wurde die Mast- und Segelanordnung verändert, und der Fischereikutter wurde zu einem hochgetakelten *Anderthalbmaster*, bei dem am vorderen Mast das spitzwinklige Dreieck-Großsegel mit einer langen Kante am Mast anlag und am kleineren, achtern stehenden Treibermast ein kleineres Dreiecksegel hinzukam.
In der norddeutschen Fischerei gewann der *Kutter* im Zusammenhang mit der allgemeinen Einführung der Schleppnetzfischerei um 1870 zunehmend an Bedeutung. Er verdrängte nach und nach die für den Schleppfang weniger geeigneten, völligeren norddeutschen *Ewer*. Den ursprünglich aus Eichenholz gebauten Kuttern folgten Komposit-Kutter mit holzbeplankten stählernen Spanten und Decksbalken. Der Kutter verlor auch in der Zeit des Dampf- und Dieselantriebes nicht an Bedeutung und ist heute in modernen Fischereiflotten ein leistungsfähiger Schiffstyp unterschiedlicher Größe und Ausrüstung.

Flaggschiff: Führungsschiff einer Flotte, eines Geschwaders oder einer sonstigen Formation, auf dem der jeweilige ranghöchste Offizier (Flaggoffizier oder Kommodore) das Kommando ausübt. Der Aufgabenstellung entsprechend hatte das Flaggschiff geeignete Arbeits- und Unterkunftsmöglichkeiten für den Flotten- oder Geschwaderführer sowie dessen Stab; s. a. *Admiralschiff*. In der Handelsmarine wurde diese Bezeichnung für das bedeutendste oder bekannteste Schiff einer Reederei übernommen.

Flambart: im 18. und 19. Jh. ein offenes, bis zu 8 m langes Küstenboot der Normandie, das vorwiegend für den Fischfang, aber auch als Lotsenboot und Versorgungsboot verwendet wurde. Das meistens zweimastige Boot fuhr mit Sprietsegel, außerdem gab es auch einmastige, mit Rah- oder Gaffelsegel fahrende Flambarts. Zum Ende des 19. Jh. wurden Flambarts auch als See- und Flußyachten *(Yacht)* verwendet.

Flaschenkürbisfloß: aus einer größeren Anzahl ausgehöhlter, getrockneter Flaschenkürbisse, die durch ein Stangengerüst zusammengehalten werden, bestehendes Floß. Bekannt sind solche

Aufgeslipter, holzgebauter Segel-Fischkutter

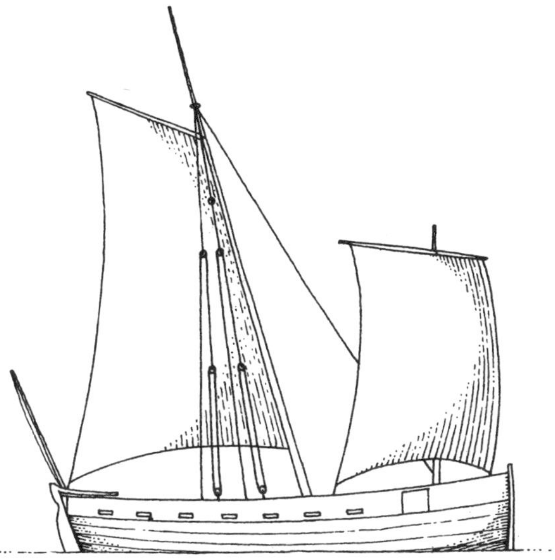

Flambart, französisches Fischerfahrzeug

Flöße aus dem Sudan, vom Tschadsee und auch aus Ägypten.

Flatboot: plumpes, kastenförmiges Fahrzeug mit einem geringen Tiefgang (engl. flat, flach) von etwa 1 m, das etwa 1750 von einem Deutschen auf amerikanischen Flüssen als Fähre eingeführt und auch als *Zille* bezeichnet wurde. Die Seitenwände waren senkrecht auf den flachen Boden aufgesetzt und zu einer gedeckten Kajüte erhöht.
Unter der Bezeichnung Flatboot wurde dieser Bootstyp ein weitverbreitetes amerikanisches Fluß-Frachtschiff bis zum Beginn der Dampfschiffahrt.
Im 18. und 19. Jh. wurden auch die auf Kriegsschiffen mitgeführten flachbodigen Landungs-Ruderboote, die bis zu 30 Personen und leichte Feldgeschütze aufnehmen konnten, als Flatboote bezeichnet.

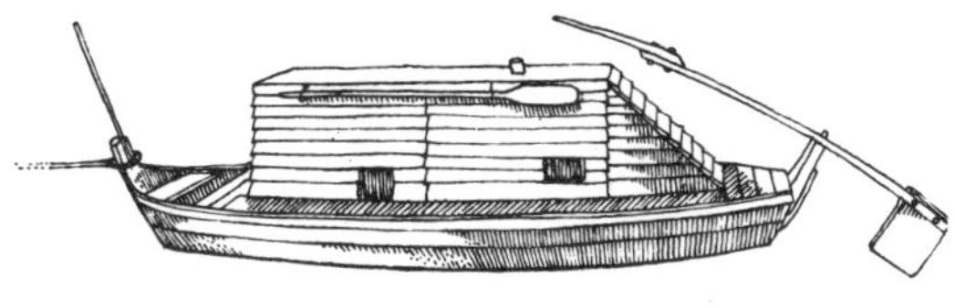

Flatboot, 18. bzw. 19. Jh.

Fleute, *Fluite, Fliete, Vliete:* eines der bedeutendsten holländischen dreimastigen Frachtschiffe. Bereits ausgangs des 15. Jh. und insbesondere nach der Niederlage der spanischen Armada entwickelte sich Holland zum Lehrmeister des Schiffbaues und zum damals führenden Schiffbauland der Welt.
Die Bezeichnungen »Fluite« oder »Vliete« (zu »fließen«) entstanden Ende des 16. Jh. für eine Schiffsform, die in Hoorn im nördlichen Holland entwickelt wurde. Diese strömungsgünstige, »fließende« Form führte im Vergleich zu den damals üblichen gedrungenen Schiffen zu einem gestreckteren Schiffstyp mit relativ geringem Tiefgang. Die Fleuten waren somit für die flachen niederländischen Gewässer besonders vorteilhaft. Wegen seiner Vorzüge verbreitete sich dieser Schiffstyp sehr schnell in den Niederlanden und in den anderen nordeuropäischen Ländern, wo Fleuten bald in ungewöhnlich großer Stückzahl gebaut wurden. Die Fleute nahm in der Handelsschiffahrt Europas bis in das 18. Jh. hinein eine führende Stellung ein.
Die schnelle Entwicklung der holländischen Flotte und ihre große Leistungsfähigkeit wurde u. a. dadurch gekennzeichnet, daß allein im Jahre 1607 bis zu 2000 holländische Schiffe an der Ostseefahrt teilgenommen haben sollen. Im Jahre 1660 schätzte der französische Staatsmann J. B. COLBERT den gesamten holländischen Schiffsbestand auf die unwahrscheinlich erscheinende Zahl von 16000 Einheiten.
Die Fleute erreichte einen Niveauanstieg in den Transport- und Segeleigenschaften, wie er vergleichsweise in den vorhergehenden Jahrhunderten nur bei der Entwicklung der *Kogge* oder beim Übergang zum dreimastigen *Kraweelschiff* erzielt worden war. Auch die bisher mit ihren Hansekoggen führenden Städte gingen bald zum Bau von Fleuten über; so baute Lübeck bereits 1618 die ersten Schiffe dieses neuen Typs.
Verglichen mit den zur damaligen Zeit gebräuchlichen Schiffen waren die Abmessungen und Formen der Fleute sowohl hinsichtlich der Größe als auch in den Proportionen und der Linienführung sehr günstig aufeinander abgestimmt. Bereits zu Anfang der Entwicklung überstieg die Tragfähigkeit dieses von Anbeginn dreimastigen Frachtschiffes die der sonst üblichen Schiffe erheblich. Die größere Tragfähigkeit wurde jedoch

Holländische Fleuten, Radierung von WENZEL HOLLAR, 1647 [22]

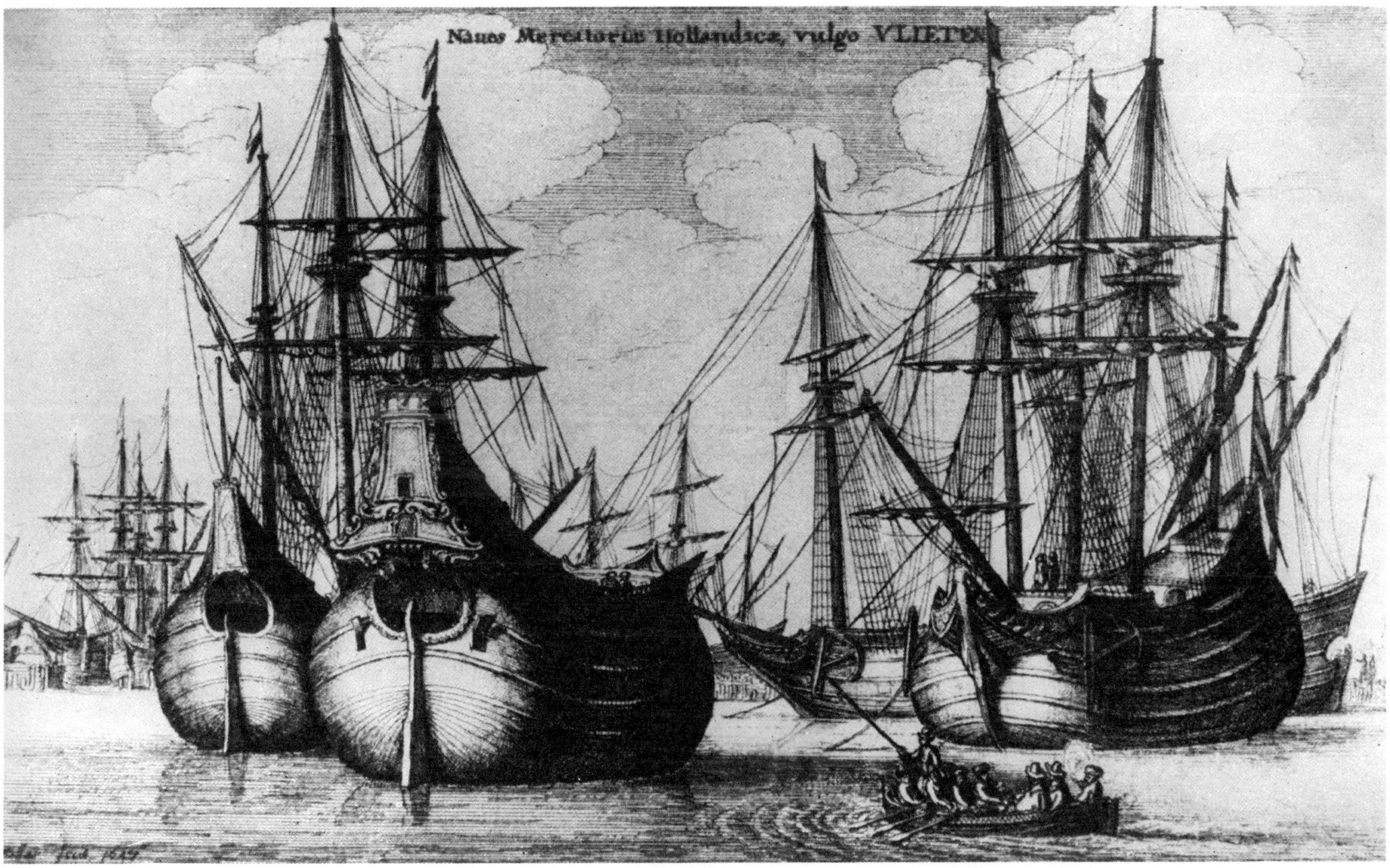

nicht durch einen bis dahin üblichen proportionalen Längen-, Breiten-, Tiefgangs- oder Völligkeitszuschlag unter Beibehaltung des üblichen Längen-Breiten-Verhältnisses von etwa 3:1 erreicht, sondern durch eine für diese Zeit außergewöhnliche Vergrößerung der Länge im Verhältnis zur Breite. Auf diesen unmittelbaren Übergang zu einem für Frachtschiffe damals erstaunlich langen Schiff von etwa 45m und mit Längen-Breiten-Verhältnissen von 4,5 bis 6 bei relativ geringem Tiefgang übten sicher auch die gegebenen Tiefgangsbegrenzungen einen Einfluß aus. Durch den langgestreckten, verhältnismäßig schmalen, mit stark gerundeten Spanten gebauten Schiffskörper verringerte sich der Schiffswiderstand beträchtlich. Die veränderten Abmessungs- und Formverhältnisse stellten in gewisser Weise eine Vorstufe zum späteren Schnellsegler dar.

Auch das Überwasserschiff wurde in verschiedener günstiger Weise weiterentwickelt. So nutzte man die Vorzüge der vergrößerten Schiffslänge für günstigere Mastabstände und zum Einbau höherer Masten unter Einbeziehung einer aus dem Jahre 1570 stammenden bedeutsamen holländischen Erfindung zur Konstruktion zusammengesetzter Maste durch aufgesetzte Maststengen anstelle der bis dahin üblichen Pfahlmaste. An den nun höheren Masten wurde die Gesamtsegelfläche in mehrere übereinander gefahrene und leichter handhabbare schmalere, trapezförmige Segel unterteilt. Großmast und Fockmast wurden mit je einem Haupt- und einem Topp-Rahsegel rahgetakelt, später fuhr man bei größeren Schiffen an beiden Masten darüber noch ein drittes Rahsegel. Am Besanmast war ein leicht bedienbares Lateinsegel, später kam bei größeren Schiffen darüber noch ein als Kreuzsegel bezeichnetes Rahsegel hinzu.

Auf dem Bugspriet stand ein zusätzlicher kleiner Mast mit einem weiteren Rahsegel, der Bovenblinde. Außerdem fuhr man unter dem Bugspriet an der Blindrah ein Rahsegel, die Blinde. Groß-, Fock- und Besanmast erhielten damit bereits eine Besegelung, die sich so bewährte, daß sie auch in späteren Jahrhunderten wenig verändert bei den Barkschiffen *(Bark)* wiederzufinden ist.

Bei der Fleute wurde auch der Schiffskörper des Überwasserschiffes günstig verändert und der größeren und höheren Besegelung angepaßt. So erhielt das Deck einen starken Sprung nach vorn und achtern, wodurch die vorher üblichen hoch

Holländische Fleute Mitte des 17.Jh., Modell

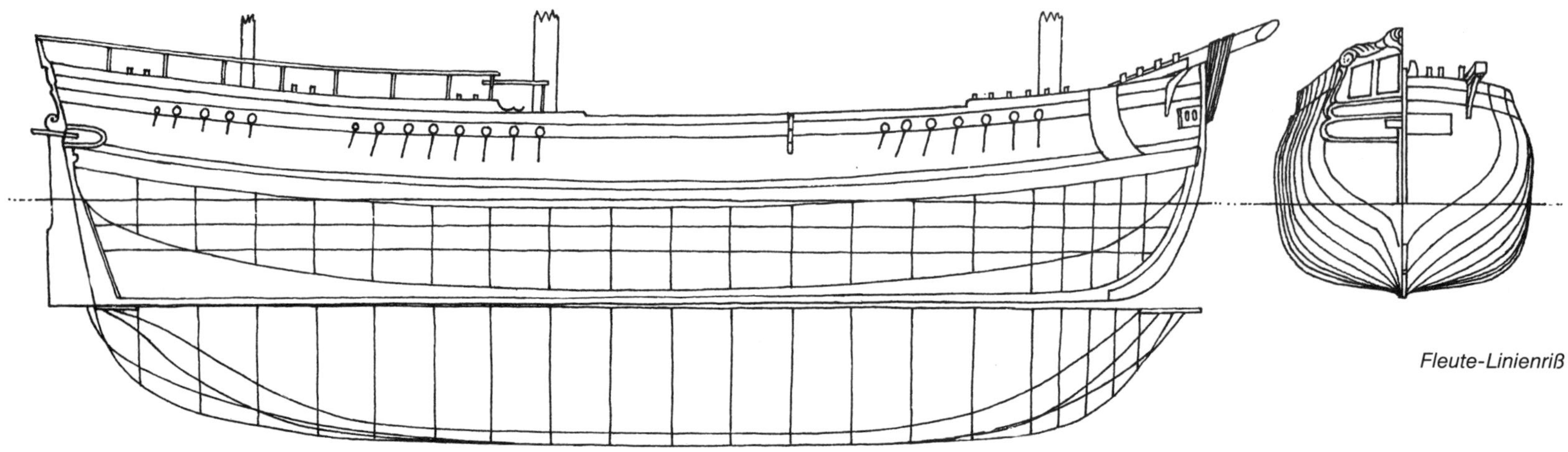

Fleute-Linienriß

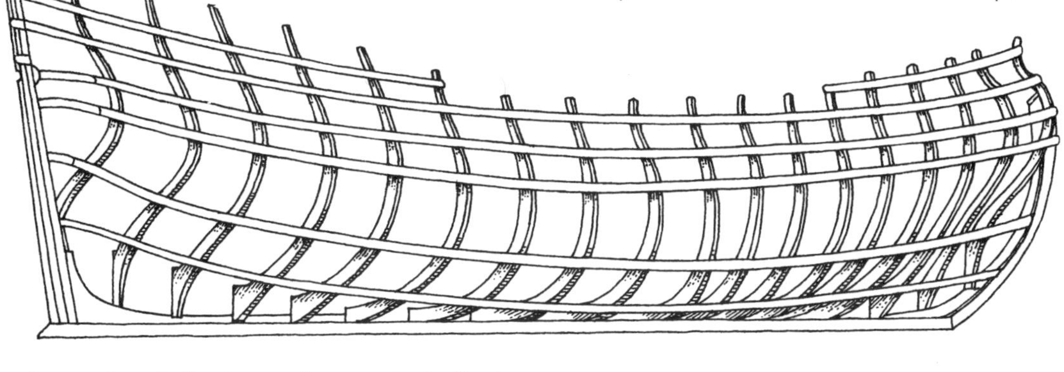
Fleute-Spantmodell mit den oben schmaleren Spanten

aufragenden Aufbauten nahezu vollständig in den Decksverlauf einbezogen wurden und sich die Bedingungen für die Segelhandhabung verbesserten. Das Heck wurde als Rundheck mit einer ovalen Öffnung für die Ruderpinne gebaut und durch einen flachen, spitz auslaufenden Aufbau überragt. Oberhalb der völligen Schwimmwasserlinie waren die Seitenspanten nach innen gerundet und seitlich stark eingezogen, so daß eine bauchige Form und eine gegenüber der Breite des Schiffes in der Wasserlinie verminderte Decksbreite entstand. Das brachte Vorteile aus der größeren Steifigkeit gekrümmter Holzbauten, aber diese Bauweise dürfte auch durch die damaligen Gebührenordnungen beeinflußt worden sein; z. B. wurde der Sundzoll nach der Decksfläche mit der Breite als Basis berechnet.

Flieboot, *Vlieboot:* flachbodiger holländischer Küstensegler, der im 16. Jh. wahrscheinlich aus dem *Doghboot* hervorgegangen ist. Die Bezeichnung stammt vom ursprünglichen Einsatzgebiet, der westfriesischen Insel Vlieland. In größerer Zahl wurden bewaffnete Flieboote in der sogenannten kleinen Flotte des Prinzen von Oranien im Befreiungskrieg gegen Spanien um 1588 eingesetzt. Die Tragfähigkeit der Fahrzeuge lag zwischen 30 und 70 Lasten (60 bis 140 t).

Floß, *Holzstammfloß, Floßfahrzeug:* Schwimmkörper, dessen Auftrieb durch die geringere Dichte des Floßmaterials gegenüber dem Wasser entsteht. Auf größeren Flüssen, die durch waldreiche Gebiete führten, hatte die Holzflößerei zu den Siedlungsgebieten, Stapel- und Hafenplätzen oft größere Bedeutung als die Personen- oder Güterschiffahrt. Noch im 19. Jh. wurden, besonders im Frühjahr nach der Eisschmelze, auf europäischen, amerikanischen und sibirischen Strömen gewaltige Holzflöße bis zu 200 m Länge

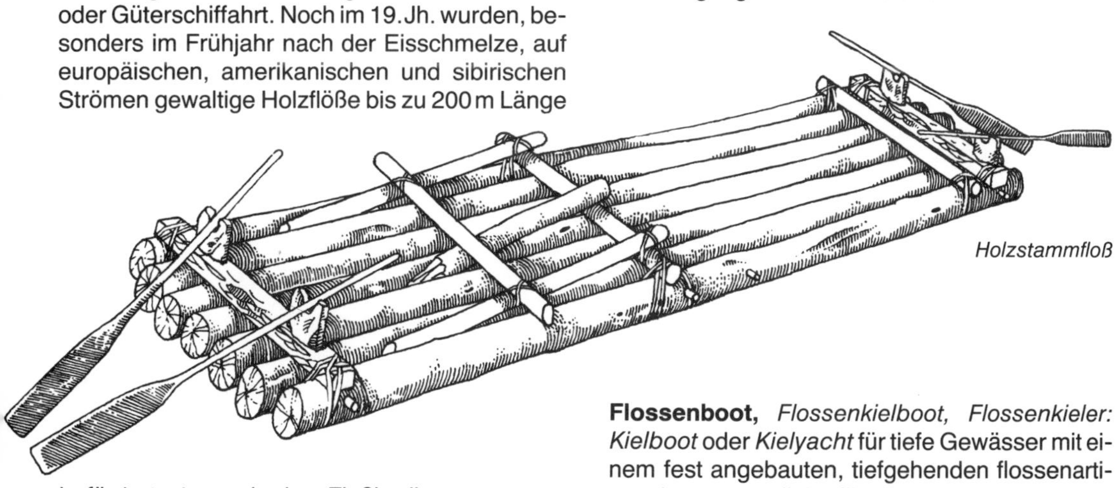
Holzstammfloß

befördert. Je nach den Flußbedingungen entstanden die Flöße dadurch, daß eine bestimmte Anzahl von Baumstämmen, zum Teil zu mehreren Lagen übereinandergeschichtet, durch Querbäume oder Trossen miteinander verbunden wurden. Die Flößer waren sowohl Floßbauer als auch Floßfahrer und lebten oft tagelang auf dem Floß, wo sie auch ihre Kochstelle hatten.
Floßfahrzeuge sind im Unterschied zu den Flößen der Holzflößerei Schwimmfahrzeuge für den Personen- oder Gütertransport, bei denen der erforderliche Auftrieb für die Zuladung durch gebündelte Einzelauftriebskörper erzeugt wird, deren Dichte geringer als die der tragenden Flüssigkeit ist. Baumstammflöße waren in solchen Siedlungsgebieten anzutreffen, in denen ausreichender Bestand schwimmfähiger Hölzer in Fluß- oder Küstennähe den Bau ermöglichte.
Zu den bekanntesten historischen Floßfahrzeugen aus anderen Baustoffen zählen das *Ambatschfloß*, die *Papyrusflöße* auf dem Nil oder die indischen, chinesischen oder Südsee-Bambusflöße. Die Strauch-, Papyrus- oder Bambusflöße haben zum Teil bootsähnliche Formen mit zugespitzten und hochgezogenen Floßenden. An den arabischen Küsten, insbesondere bei Oman, bauten die dort lebenden Fischervölker aus 10 bis 12 Stämmen seefähige Flöße mit Mast und Segel. Auf vielen Flüssen Europas waren Baumstammflöße mit zusätzlichen Auftriebskörpern bis vor wenigen Jahrzehnten als Fähren bei Flußüberquerungen in Gebrauch.
Die Ureinwohner Nordjapans, die Ainu, bauten eine besondere Art leichter, gut abgedichteter Baumstammflöße mit einem zusätzlichen Plankenaufsatz, so daß ähnlich wie bei wenig ausgehöhlten Einbäumen eine Übergangsform zwischen dem Floßauftrieb und dem bootstypischen Verdrängungsauftrieb entstand.

Flossenboot, *Flossenkielboot, Flossenkieler: Kielboot* oder *Kielyacht* für tiefe Gewässer mit einem fest angebauten, tiefgehenden flossenartigen bzw. stromlinienförmigen Kiel in der Mittschiffslinie. Durch den Flossenkiel werden die Unterwasser-Lateralplanfläche und der infolge der Massenverteilung bedingte Stabilitätsanteil vergrößert. Die Flossenkiele erhalten zum Teil am unteren Ende noch zusätzliche, besonders schwere Strömungskörper aus Stahl oder Blei.

Floß-Piroge: von Einwohnern der Karolineninsel Yap gebautes bootsförmiges Holzstammfloß. Als Grundkörper diente ein einzelner großer, an den Enden zugespitzter Baumstamm. An diesem Stamm wurde an jeder Seite ein dünnerer, an den Enden ebenfalls zugespitzter Stamm derart befestigt, daß eine bootsformähnliche Plattform entstand. Der Schwimmkörper trug ein erhöhtes Gerüst aus Babumsstäben und 4 Maste mit Mattensegeln.

Floßsack: ein Sack aus wasserdichtem Segeltuch, der um 1900 der Kavallerie zum Überqueren von Gewässern diente. Der Floßsack wurde mit Stroh, Schilf, Laub o. ä. ausgestopft.

Flußschiff, *Binnenschiff:* ein im Vergleich zum seegehenden Schiff oder zum Küstenschiff den speziellen Anforderungen auf Flüssen entsprechendes Schiff. Die Belastungen aus dem Wellengang sind zwar i. allg. geringer als auf See, infolge der begrenzten Wassertiefen können Flußschiffe jedoch nur einen begrenzten Tiefgang und eine geringere Seitenhöhe erhalten. Zudem müssen bei der Höhe des Schiffes einschließlich der Aufbauten die vorhandenen Durchfahrtshöhen unter Brücken berücksichtigt werden. Um die Längen- und Breitenabmessungen nicht übermäßig zu vergrößern, werden infolgedessen Flußschiffe in ihrer Rumpfform meist sehr völlig gebaut. Gleichzeitig wird angestrebt, die Eigenmasse der Fahrzeuge durch Leichtbauweisen zu verringern, um mehr befördern zu können.
Besondere Probleme bestehen auch hinsichtlich des Widerstandes und der Steuerfähigkeit. Bei geringeren Wassertiefen erhöht sich der Schiffswiderstand, und es verschlechtern sich auch die Steuereigenschaften, insbesondere bei völligen Schiffskörpern, es tritt der sogenannte »Flachwassereinfluß« auf. Flußschiffe benötigen deshalb und wegen der Flußkrümmungen und Brückendurchfahrten besonders wirksame Ruder. In der Segelschiffszeit konnte flußauf unter günstigen Bedingungen gesegelt werden, z. B. in der frühen Flußschiffahrt auf dem Nil. Auf vielen anderen Flüssen wurde das Schiff *(Treidelschiff)* flußauf durch Menschen oder Zugtiere, die auf Treidelpfaden neben den Flüssen gingen, gezogen (getreidelt). Die Treidelleine war am vorderen Treidelmast befestigt, höhere Maste mußten wegen der Brückendurchfahrten klappbar sein. Bei Untiefen wurden die Schiffe geleichtert und nach dem Passieren der flachen Stelle erneut beladen. Trotz all dieser Erschwernisse war die Flußschiffahrt in den meisten Frühkulturen der Erde die bedeutendste und zuweilen sogar einzige Möglichkeit, größere Ladungen über längere Strecken zu transportieren. Auch in der heutigen Zeit hat das Flußschiff für den kostengünstigen Gütertransport und die Personenbeförderung durch meistens schöne Flußlandschaften große Bedeutung, die sich durch zusätzliche geschaffene oder erschlossene Kanäle und Stauseen und den Einsatz kombinierter seegehender Binnenschiffe noch weiter vergrößert.

Flutte: französische Bezeichnung (flûte) für *Fleute* oder für die holländische Fluste. Außerdem werden seit dem 19. Jh. auch offene, ungedeckte Binnenkähne mit durchgehendem Laderaum als Flutte bezeichnet. Mit dem Begriff »armer en flûte« kennzeichnete man im 18. und 19. Jh. ein französisches Kriegsschiff, von dem Geschütze entfernt wurden, um Platz für Ladung oder zur Unterbringung von Truppen zu gewinnen.

Flying Dutchman: eine vom Holländer U. VAN ESSEN konstruierte Rundspant-Jolle *(Jolle)*, ursprünglich nur für europäische Binnengewässer gedacht, später auch in Küstengewässern und zu Regatten eingesetzt. Das *Schwertboot* gehört zur internationalen Klasse, es führt das Segelzeichen »FD« für Flying Dutchman (Fliegender Holländer). Seit 1960 ist das Boot eine olympische Bootsklasse. Die vorgeschriebenen Abmessungen sind: Länge über alles 6,05 m, Breite 1,8 m, Tiefgang mit Schwert 1,1 m und 15 m^2 Segelfläche. Ein Spinnaker von 17,5 m^2 ist erlaubt, eine Takelungshöhe von 6,9 m darf nicht überschritten werden. Die Masse des vollausgerüsteten Flying Dutchman soll 170 kg betragen, bei Rennen wird mit 2 Personen gesegelt.

Flying Junior: eine ebenfalls vom Konstrukteur U. VAN ESSEN entwickelte Zweimann-Jugendjolle der internationalen Klasse mit den Abmessungen: Länge über alles 4,03 m, Breite 1,54 m, Tiefgang mit Schwert 0,85 m, Segelfläche 9,3 m^2; als Segelzeichen wird »FJ« gefahren.

»Flying-P-Liners«: um die Jahrhundertwende international bekannte englische Bezeichnung für die Schnellsegler der Hamburger Segelschiffsreederei LAEISZ. Die fliegenden P-Linienschiffe waren vier- und fünfmastige Segelschiffe mit dem Anfangsbuchstaben P im Schiffsnamen. Zur Hervorhebung der besonderen Segeleigenschaften der *Fünfmaster* wurde der vorletzte Mast auch als »Laeiszmast« bezeichnet. Zu den bekanntesten Schiffen gehörten die »POTOSI«, 4026 BRT, 1895; »PREUSSEN«, 5081 BRT, 1902; »PAMIR«, 3103 BRT, 1905; »PASSAT«, 3183 BRT, 1911; »PRIWALL«, 3185 BRT, 1920 und die »PADUA«, 3064 BRT, 1926. Weniger bekannt waren die Schiffe »PUDEL«, »PANGANI«, »PATRICIA«, »POSEN«, »PENSYLVANIE«, »PRETORIA«, »PARMA«, »PISAGUA«, »PINGUIN« und »PONTOS« sowie einige andere P-Liners (s. a. »PASSAT« bei *Bark* und »PREUSSEN« bei *Fünfmaster*).

Föhringer Ewer: eine spezielle Variante des norddeutschen Ewers für das Gebiet der nordfriesischen Inseln und für die Westküste Schleswig-Holsteins, im 19. Jh. in Wyk auf der Insel Föhr gebaut. Es waren besonders flachgehende einmastige *Ewer* von etwa 14 m Länge und 4,6 m Breite. Das Achterschiff war wegen der für Flachwasser besonders bedeutsamen Steuereigenschaften sehr schmal und scharf gebaut.

Föhrjolle: auf der Insel Föhr gebaute, besonders für das Wattengebiet geeignete Küsten-Segeljolle. Ein besonderes Merkmal sind die sehr großen seitlichen Lufttanks, durch die erreicht wird,

Flying Dutchman

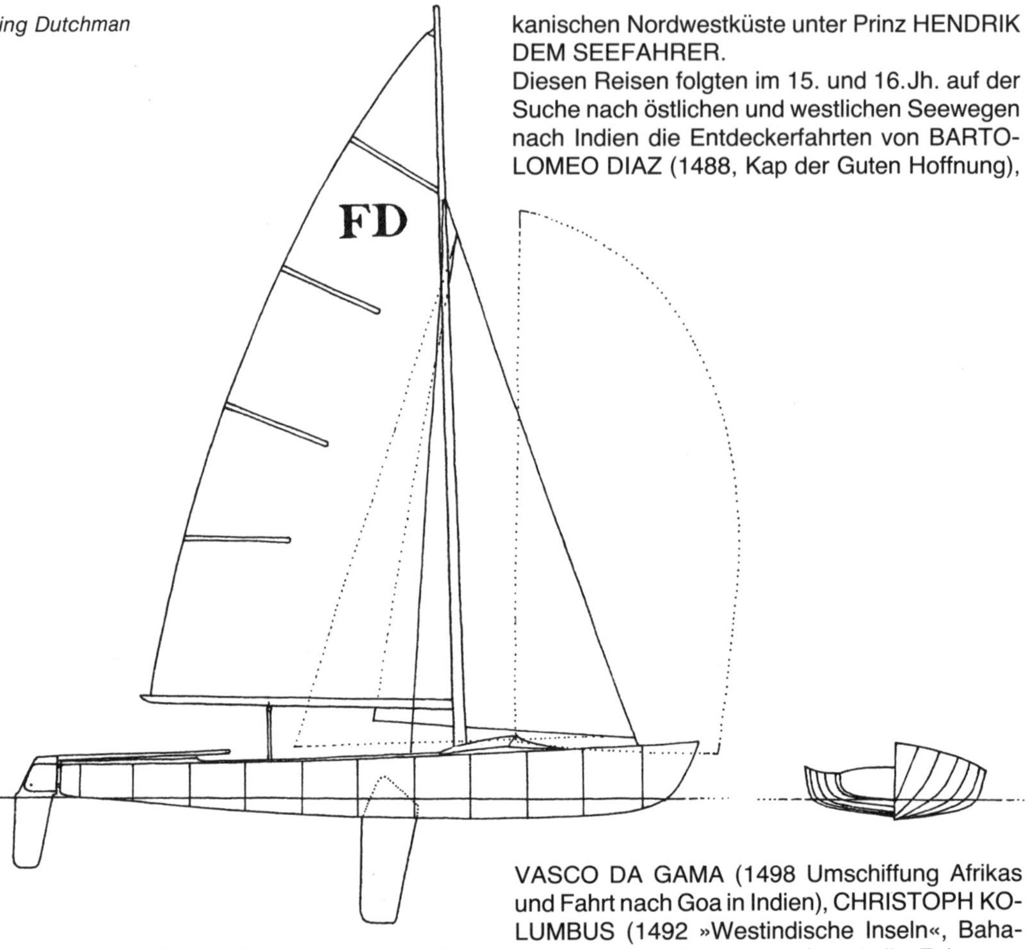

daß nach einem durch Böen verursachten Kentern das Aufrichten und das Abfließen des Wassers erleichtert werden. Die Föhrjolle hat die Abmessungen: Länge über alles 5,60 m, Breite 1,92 m, Tiefgang 0,16 m ohne Schwert und 14,70 m^2 Segelfläche; die Gesamtmasse beträgt etwa 190 kg.

Formelklasseboot: siehe Konstruktionsklasseboot

Forschungsschiff: ein speziell für die Erkundung von Schiffahrtswegen sowie zur Erforschung von Meeres- und Küstengebieten zur Gewinnung hydrologischer, meteorologischer und biologischer Erkenntnisse gebautes, ausgerüstetes und eingesetztes Schiff. Anfängliche Aufgaben waren die Erkundung von Seewegen und die Entdeckung unbekannter Länder. Die dazu benutzten Schiffe waren meistens bewährte und als besonders seetüchtig geltende kleinere oder mittelgroße Schiffstypen mit möglichst guten Manövriereigenschaften und den für längere Reisen notwendigen Vorräten und Ausrüstungen. Zu den bekannten frühen Schiffsfahrten, die der Entdeckung dienten, zählen die Fahrten ägyptischer Segelschiffe zum Lande Punt in der Zeit vom 17. bis 14. Jh. v. u. Z. (s. *Hatschepsut-Schiffsrelief*), griechische und phönizische Mittelmeerfahrten, die wahrscheinliche Umsegelung Afrikas durch die Phönizier oder die Nordfahrten und Atlantiküberquerungen der Wikinger. Am Anfang der mittelalterlichen Entdekkungsfahrten stehen die lange Zeit umstrittenen Fahrten des Venezianers MARCO POLO im 13. Jh. in den Fernen Osten und die portugiesischen Entdeckerfahrten insbesondere zur afrikanischen Nordwestküste unter Prinz HENDRIK DEM SEEFAHRER.

Diesen Reisen folgten im 15. und 16. Jh. auf der Suche nach östlichen und westlichen Seewegen nach Indien die Entdeckerfahrten von BARTOLOMEO DIAZ (1488, Kap der Guten Hoffnung), VASCO DA GAMA (1498 Umschiffung Afrikas und Fahrt nach Goa in Indien), CHRISTOPH KOLUMBUS (1492 »Westindische Inseln«, Bahama, Kuba, 1502 Honduras) und die Fahrt von FERNÃO DE MAGALHÃES (1515 Fahrt durch die Magalhães-Straße in den Stillen Ozean, Mariannen, Philippinen). Anfang des 17. Jh. waren die berühmten Reisen von HENRY HUDSON (1607 Spitzbergen, 1609 Hudsonbay) und von ABEL TASMAN (1642 Umsegelung Australiens, Tasmanien, Neuseeland).

Um 1400 waren etwa 10 % der Erdoberfläche bekannt. Die vielen Entdeckungsfahrten der folgenden zwei Jahrhunderte trugen maßgeblich dazu bei, daß bis zum Ende des 16. Jh. 30 % bekannt wurden. Bis 1700 war nahezu 2/3 der Erdoberfläche, wenn auch noch mit vielen »weißen Flecken«, erforscht. Nach 1700 dienten die besser für Forschungszwecke eingerichteten Schiffe vorwiegend der weiteren Erforschung von See- und Küstengebieten. Kartografen, Botaniker, Meteorologen, Grafiker oder Zeichner nahmen an den Fahrten teil, um die Ergebnisse der Forschungen besser darzustellen und auszuwerten. Beispiele sind die Reisen von J. COOK (1768 auf »ENDEAVOUR«), G. NARES (1872 auf »CHALLENGER«), F. NANSEN (1893 auf »FRAM«), A. v. HUMBOLDT (1799 auf »PIZARRO«, nur für die Überfahrt), Ch. DARWIN (1831 auf »BEAGLE«), v. SCHLEINITZ (1874 auf »GAZELLE«). Grundlagen allgemeiner Art für derartige Forschungsreisen waren u. a. exakte Zeitbestimmung mittels Chronometer (C. HUGGHENS 1660, J. HARRISON 1737) und Navigationshilfen wie Wind- und Strömungskarten, Segelanweisungen und Logbücher (M. F. MAURY 1806 bis 1873).

Das letzte Drittel des 18. Jh. ist reich an verschiedenen, speziell für wissenschaftliche Forschungszwecke ausgerüsteten See-Expeditio-

nen, die durch weitblickende Persönlichkeiten wie BENJAMIN FRANKLIN, CONDE MASSIGHI und später ALEXANDER von HUMBOLDT unterstützt wurden. In dieser Zeit entstanden erste, wissenschaftlich fundierte Anfänge der geografischen Meersforschung. In den folgenden Jahrzehnten gab es außerdem begüterte Förderer verschiedener Forschungsgebiete, wie z. B. den Fürsten ALBERT I. von Monaco (1848 bis 1922), der aus persönlichem Interesse die Tiefseeforschung förderte und in Monaco ein bedeutendes Institut und Museum für Pfanzen und Tiere der Tiefsee begründete.
Zu den bekanntesten historischen Forschungsschiffen der Tiefseeforschung gehören die englische »CHALLENGER« (1872 bis 1876) und die deutsche »GAZELLE« (1874 bis 1876). Im 19. Jh. häuften sich die Forschungsfahrten zur Erkundung nördlicher Seewege und des Nordpolarmeeres. Eine wichtige Grundlage, auf der spätere Forschungsreisen aufbauten, legte in den fünfziger Jahren des 19. Jh. der Kapitän M. F. MAURY. Er führte die heute auf allen Seeschiffen üblichen Logbücher ein, in denen u. a. die wichtigsten See- und Wetterbedingungen eingetragen wurden. Durch Austausch und Auswertung dieser Schiffstagebücher erweiterten sich die Erkenntnisse für das Befahren ozeanischer Gewässer. So erhalten z. B. die Schiffstagebücher deutscher Segelschiffe, die im Seewetteramt Hamburg archiviert sind, etwa 20 Millionen Angaben über Wetterbeobachtungen auf allen Ozeanen wie Luftdruck, Windgeschwindigkeit und -richtung, Luft- und Wassertemperatur, Bewölkung, Wetter und Seegang sowie Sichtweite. Später stationierte man in speziellen Seegebieten auch Wetterbeobachtungsschiffe.
Die große Zeit der Forschungsschiffe begann jedoch erst am Ende der Segelschiffszeit. In der modernen Schiffstechnik gibt es eine große Zahl von Forschungsschiffen für breit gefächerte Forschungsaufgaben.

Frachtsegelschiff, *Frachtsegler:* umfassende Bezeichnung für alle Arten von Frachten befördernden Segelschiffen. Der Begriff war in der Segelschiffszeit wenig gebräuchlich, er wurde erst allgemein üblich, als sich eine strengere Unterscheidung zwischen Fracht- und Personentransporten durchsetzte.

Francisboot: speziell für den Küstenrettungsdienst entwickeltes Ruderrettungsboot, das von verschiedenen Ländern und auch im Rettungswesen an den deutschen Küsten allgemein eingeführt wurde und sich sehr gut bewährt hat.
Als zum Ende des 18. Jh. von England ausgehend die bedeutendsten seefahrenden Länder Küstenrettungsstationen einrichteten, entstanden verschiedene Typen patentierter Rettungsboote, von denen das nach ihren Erfindern benannte amerikanische Francisboot und das englische *Peakeboot* am bekanntesten wurden. In Deutschland entschied man sich für das Francisboot, da es für die Bedingungen der flachen Küstengewässer und zum schnellen Transport durch schwach besiedelte Küstenstriche und über sandige Dünen besonders geeignet war. Das Francisboot war ein Ganzmetallboot aus gewelltem und gesicktem Eisenblech, so daß durch diese Bauweise mit verhältnismäßig dünnem Blech ein leichtes Boot ausreichender Festigkeit entstand. Durch verschiedene, besonders vorn und hinten im Boot eingebaute Luftkästen und einen zusätzlich außen am Boot befestigten Korkwulst war das Boot unsinkbar. Schlug das Boot in der Brandung um, so konnte es mit wenig Kraftaufwand wieder aufgerichtet werden; es hatte als selbstaufrichtbares und selbstentleerendes Boot einen großen Sprung und einen 300 kg schweren Kiel. Infolge des hochgezogenen Bugs und Hecks und des Auftriebs der darin angeordneten Luftkästen kam das Boot nach dem Vollschlagen zunächst in eine Seitenlage, und danach drehte der schwere Kiel es weiter in die Normalschwimmlage. Die Mannschaftsstärke betrug üblicherweise 10 Mann.
Nach Einführung dieses Bootstyps im Jahre 1865 gingen in den 43 deutschen Nordsee- und 57 Ostsee-Rettungsstationen die Bootsunfälle bedeutend zurück, bei insgesamt 22 gefährlichen Rettungsaktionen gab es mit diesem Bootstyp nur noch 3 Unglücksfälle.

Francis-Küstenrettungsboot, 19. Jh.

Frauenboot: siehe Umjak

Frauenburg-Bootsfund: ein in einem Moor bei Frauenburg (Frombork, VRP) im Jahre 1895 gefundenes Segelfahrzeug aus der Zeit zwischen dem 4. und 5. Jh. Das Boot hat eine Länge von 17,4 m, eine Breite von 2,8 m und eine Seitenhöhe von 0,90 m und ist auf einem kräftigen, T-förmigen Kiel gebaut. Die klinkerbeplankte Außenhaut besteht aus 2,5 bis 3 m langen und 30 mm dicken Planken, die an den Längsüberlappungen durch Eisennieten mit Klinkscheiben zusammengenietet und mit teergetränkten Kuhhaaren abgedichtet wurden. Ausgesteift ist die Schiffsform durch insgesamt 15 Spanten, die in einem Abstand von je 1,04 m dem sägenartigen Plankenverband an den Seiten angepaßt wurden. Die Spanten liegen auch am Boden an, sind jedoch am Kiel nicht befestigt. Zur Aufnahme des Mastes hat der mittlere Spant eine Mastspur.

Fregatone, *Fregatton:* venezianisches Frachtsegelschiff des 17. Jh. für Fahrten im Adriatischen Meer mit 400 bis 500 t Tragfähigkeit. Außer dem Großmast waren ein Besanmast und ein Bugspriet ohne Fock oder Sturmfock vorhanden. Im Unterschied zu ähnlichen Schiffstypen hatte das Achterschiff ein rechteckiges Spiegelheck. Im 18. Jh. wurde auch ein etwa 6 m langes und 2 m breites gerudertes Fischerboot der Provence als »fragaton« bezeichnet.

Fregatte, *Fregattschiff:* ursprünglich im Mittelmeer ein arabisch-algerisches Ruder-Segelschiff mit etwa 15 m Länge und 2 lateinbesegelten Masten, das als »fregata« bezeichnet wurde. Das wendige Schiff versah vorwiegend Kundschafterdienste und Nachrichtenübermittlungen. Als in der Mitte des 17. Jh. der Bau von Kriegsschiffen an Bedeutung gewann, nannte man die ersten größeren und schnelleren, als Zweidecker mit 40 bis 50 Kanonen in einer Batterie bestück-

Französische Fregatte »LE TERRIBLE«, Modell

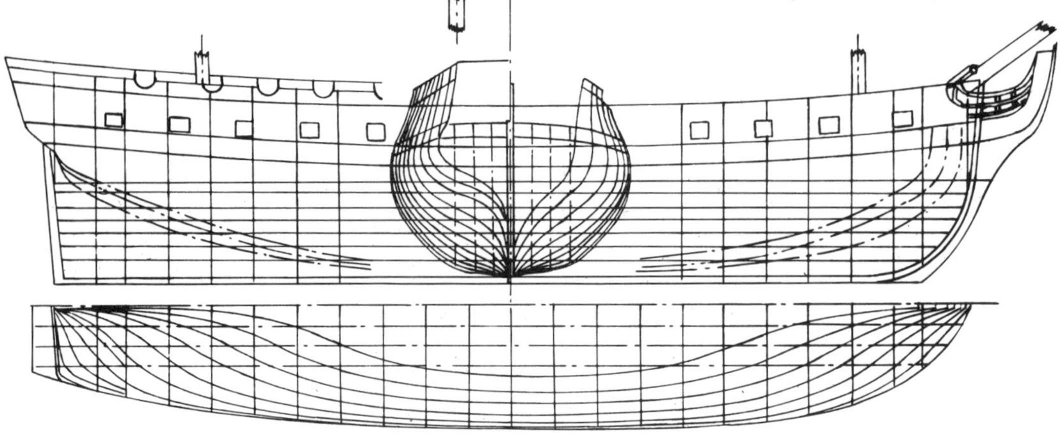

Französische Fregatte von 1780, Schiffslinien

Takelung einer Fregatte

ten Kriegsschiffe ebenfalls »Fregatten«. Um 1650 wurden in England als Fregatten bezeichnete Kriegsschiffe mit bis zu 64 Kanonen (mit einem Teil der Kanonen an Oberdeck) gebaut. Nachdem noch größere Segelkriegsschiffe entwickelt waren, fand der Begriff »Fregatte« vor allem Anwendung auf schnelle Kriegsschiffe mittlerer Größe und Bewaffnung. In Seegefechten operierten Fregatten bevorzugt außerhalb des Feuerbereichs an der Lee-Seite der Linienschiffskiellinie, um beschädigte feindliche Schiffe weiter zu bekämpfen, besiegte Gegner abzuschleppen und um eigene beschädigte Schiffe sowie den Einsatz von *Brandern* zu unterstützen. Außerdem dienten sie zum Erkunden feindlicher Schiffsbewegungen, zum Sichern der eigenen Hauptkräfte und für begrenzte selbständige Operationen zum Stören der Handelsverbindungen und Schiffahrtswege.

Bis zur Mitte des 18.Jh. waren Fregatten entsprechend ihren Aufgaben entweder besonders schnelle Schiffe mit 20 bis 30 Kanonen in einer gedeckten Batterie oder kleinere Kriegsschiffe mit 40 bis 50 Kanonen zunächst in einer, später in 2 gedeckten Batterien. In den Auseinandersetzungen zwischen England und Frankreich erreichte die französische Marine insbesondere durch die konsequente Nutzung der damals erkannten hydromechanischen Gesetzmäßigkeiten einen zeitweiligen Vorsprung in der Entwicklung schneller kampfstarker Kriegsschiffe, deren bedeutendster Typ die Fregatte des 18. und 19. Jh. wurde. Diese französischen Fregatten hatten schlankere Schiffsformen als die übrigen Kriegsschiffstypen und 3 hohe, rahgetakelte Maste, so daß sie in der Geschwindigkeit den Linien-Kriegsschiffen und den Handelsschiffen weit überlegen waren. Hinsichtlich der Größe und Bewaffnungsstärke gab es verschiedene Klassen von 900 bis 1200t Wasserverdrängung mit 28 bis 44 Kanonen.

Im 19.Jh. wurden auch größere Fregatten mit bis zu 60 acht- bis zehnzölligen Kanonen gebaut, mit denen man auch Überraschungsangriffe auf stärker bewaffnete, aber schwerfälligere *Linienschiffe* ausführte. Seit der Einführung von Panzerschiffen wurde die Verdrängung der Panzer-Fregatten bis auf 4000t, in Ausnahmefällen sogar auf 6000t erhöht.

Diese Panzer-Fregatten versahen den Dienst als Kreuzer. Die dreimastige, vollrahgetakelte Takelage blieb bis 1885 das typische Merkmal auch dieser großen Fregatten, danach wurden nur noch Maschinenanlagen für den Antrieb dieses Schiffstyps verwendet; die ersten Dampffregatten gab es seit 1850. Eine in Deutschland besonders bekannte Segelfregatte war das in England gebaute Schulschiff für Seekadetten »NIOBE«. Die »NIOBE« hatte 26 eingedeckte Geschütze an Bord und diente in der Zeit von 1862 bis 1890 der Ausbildung. Noch in der Blütezeit der Segelfregatte als Kriegsschiff fand die typische Fregattentakelung mit den 3 hohen, voll rahgetakelten Masten Nachahmung in der Handelsflotte. Diese schnellen Handelssegler wurden zunächst hauptsächlich als *Auswandererschiffe* sowie für den Walfang bei Grönland und in antarktischen Fanggebieten eingesetzt. Um 1850 fuhren solche Fregattschiffe von etwa 600 Roggenlasten oder etwa 400 Commerzlasten (um 1200t Tragfähigkeit) in 38 Tagen mit etwa 420 Auswanderern von Häfen Westeuropas nach New York.

Als in der zweiten Hälfte des 19.Jh. die Segel-Kriegsschifffregatte als typischer Schnellsegler von den Weltmeeren verschwand, setzte sich nach und nach für ein vollrahgetakeltes Dreimast-Handelsschiff die Bezeichnung *Vollschiff* anstelle von Fregattschiff durch.

Kurbrandenburgische Fregatte »FRIEDRICH WILHELM ZU PFERDE«, 1684; Ausschnitt aus dem Gemälde von LIEVE VERSCHUIER

Freies Rennklassenboot: Segelboot, das unter bestimmten Bedingungen als freies Rennklassenboot an Wettfahrten teilnehmen darf, obwohl es hinsichtlich des Typs, der Konstruktions- und Baumerkmale, Abmessungen und Baustoffe den verbindlichen Vorschriften nicht mehr entspricht.

Friedeschiff, *Freedekogge:* für die Bekämpfung von Seeräubern zur »Befriedigung« der See ausgerüstete *Kogge* oder *Hulk*, im 15.Jh. wegen der Unsicherheit der Meere ein Geleit-Schutzschiff der Hanse-Kauffahrteischiffe. Die etwa 20 bis 30 am Geleitzug teilnehmenden Handelskoggen wählten einige Schiffsherrn zu Hauptleuten, denen das Kommando übertragen wurde. Der Städtebund der Hanse selbst unterhielt weder

Branderangriff auf die spanische Armada 1588 vor Calais. AERT VAN ANTUM zugeschriebenes Gemälde.
National Maritime Museum, Greenwich [12]

Zeitgenössischer Druck von der Seeschlacht bei Flamborough Head vor der Ostküste Englands 1779. Links im Bild die englische 44-Kanonen-Fregatte »SERAPIS«, rechts das von Brest ausgelaufene amerikanische Geschwader mit der »BONHOMME RICHARD« (Bildmitte), einem umgerüsteten Ostindienfahrer mit 40 Kanonen.
National Maritime Museum, Greenwich [26]

NAPOLEON III. empfängt die Königin VICTORIA an Bord der »BRETAGNE« im Hafen von Cherbourg. Musée de la Marine, Paris [4]

Schonerbrigg »WILHELM PIECK«, Segelschulschiff der DDR, Neubau aus Stahl 1951, Länge über alles 41,0 m, Breite 7,70, Tiefgang 3,55 m. Mit der Gesamtsegelfläche von 433 m^2 läuft die Schonerbrigg 11 kn.

Bewegte See mit Schiffen. Gemälde von van de VELDE d.J. (1633 bis 1707).

Boote am Abend im Hafen. Gemälde von CASPAR DAVID FRIEDRICH (1774 bis 1840).

solche Friedeschiffe noch andere Kriegsschiffe; die Kosten für die Friedeschiffe wurden von den einzelnen Städten, Befrachtern oder Schiffern getragen.

Fruchtjager: im 19. Jh. schnellsegelnder und relativ scharf gebauter *Schoner* für den Südfruchttransport aus den Mittelmeergebieten nach Nordeuropa.

Fulton-Tauchboot: von R. FULTON (1765 bis 1815), der sich auch mit Dampfantrieben für Schiffe befaßte, konstruiertes und im Jahre 1801 bei Rouen an der Seine gebautes Tauchboot mit dem Namen »NAUTILUS«, dem bald ein größeres Tauchboot unter dem gleichen Namen folgte. Dieses zweite Tauchboot hatte innere eiserne Verstärkungsrippen und einen Holzbelag, der von außen zusätzlich mit Kupferplatten beschlagen war. Der Kommandoturm hatte Glasfenster und ebenso wie die erste »NAUTILUS« einen Segelmast mit Segel zur Überwasserfahrt. Nach Annäherung an feindliche Schiffe sollte das Boot tauchen und mit einem Spiralbohrer eine Mine am gegnerischen Schiff befestigen, die mit einem Uhrwerk-Zeitzünder zur Explosion gebracht wurde. Da dem Erfinder die Anerkennung in Frankreich versagt blieb, ging er 1804 nach England und 1806 nach Amerika.

Fune: für japanische Fischerboote (*Sampans* bis zu 10 m Länge) übliche generelle Typbezeichnung. Die Boote haben einen Flachkiel, sind ohne Spanten gebaut und haben je nach Größe 1 oder 2 Maste, an denen jeweils ein großes Rahsegel gefahren wurde. Der Fang wurde in einer Bünn (von Seewasser durchspülter Fischraum) transportiert. An frühen Booten fiel das seitlich eingehängte Steuerruder auf.

Fünen-Schiffsfund: siehe Ladby-Schiffsfund

Fünfmaster, *Fünfmastschiff:* großes Segelschiff mit 5 Masten, unabhängig von der Art der Takelung. Ein Fünfmast-Vollschiff war »vollrahgetakelt«, d. h., es fuhr an allen 5 Masten Rahsegel, wie z. B. die im Jahre 1902 erbaute »PREUSSEN«, die als eines der größten Segelschiffe der Welt gilt.

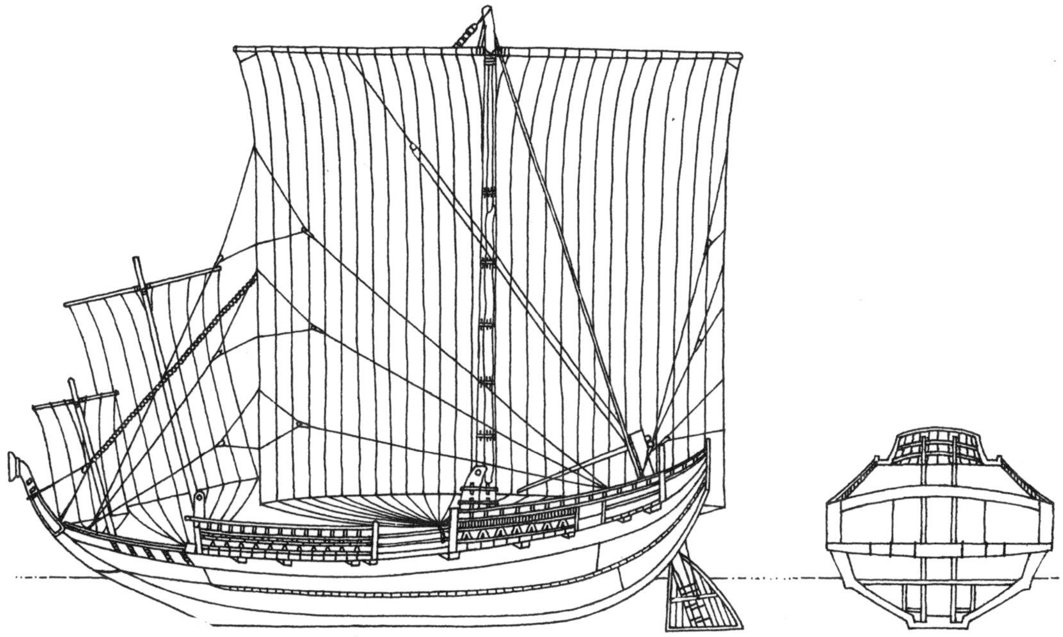

Fune, japanisches Segel-Fischereifahrzeug

Im Unterschied zum Fünfmast-Vollschiff fuhr eine Fünfmast-Bark am hinteren, dem Besanmast, keine Quer- sondern nur Längssegel (Schratsegel); die vorderen 4 Maste waren voll rahgetakelt. Ein Fünfmast-Rahschoner wird auch als Fünfmast-Schonerbark bezeichnet und fährt i. allg. nur am vordersten, dem Fockmast, Rahsegel und an den anderen 4 Masten Gaffelsegel; es gab jedoch auch Fünfmast-Rahschoner mit Rahsegeln an 2 Masten.
Am Fünfmast-Toppsegelschoner waren die Großsegel an allen 5 Masten Gaffelsegel. Über den Gaffel-Großsegeln fuhr man an einem oder mehreren vorderen Masten bis zu 3 Rah-Toppsegel und an den restlichen Masten Gaffel-Toppsegel.
Beim Fünfmast-Gaffelschoner, der besonders in den USA wegen seiner geringen erforderlichen Besatzungsstärke bis zum Anfang des 20. Jh. als großes Frachtsegelschiff beliebt war, hatten alle 5 Maste Gaffelsegel als Groß- und Toppsegel.

Fünfmaster
1 Fünfmast-Vollschiff
2 Fünfmast-Bark
3 Fünfmastschoner mit Fock- und Mittelrahtopp
4 Fünfmast-Gaffelschoner

Fuste, *Fusta:* schnelles Ruder-Kriegsschiff des Mittelmeerbereichs im 15. Jh., das häufig für Erkundigungsfahrten verwendet wurde. Nach einem Fresko aus dem Jahre 1470 bestand eine Besonderheit darin, daß bei der Fuste jeweils 2 Riemen durch eine Ducht geführt wurden, also 2 Riemen sich in einer Ducht kreuzten und demzufolge die beiden Ruderer auch dicht beieinander sitzen mußten. Eine solche Rudertechnik ist denkbar, weil dadurch in einem relativ kleinen Fahrzeug mehr Ruderer arbeiten konnten und damals nicht allgemein wie heute der Riemen nach dem Eintauchen lang durchgezogen, sondern nur kurz eingetaucht und ruckartig bewegt wurde, bekannt als »türkisch rudern«.
Als Fuste bezeichnete man kleine *Galeeren* und im 17. Jh. in Venedig auch größere *Gondeln*. In den Fusta-Gondeln bediente eine größere Anzahl stehender Bootsleute die Riemen, so daß sie an Schnelligkeit den sonst üblichen Gondeln überlegen waren.

* * *

»PREUSSEN«: einziger *Fünfmaster* der Welt, der als Fünfmast-Vollschiff (an allen Masten Rahsegel) getakelt fuhr. Die »PREUSSEN« wurde 1902 bis 1904 in Geestemünde auf der Werft von Tecklenborg für die Segelschiffsreederei LAEISZ erbaut. Die technischen Daten dieses Großseglers waren: Länge über alles 133,19 m, Länge z. d. Loten 121,92 m, Breite 16,40 m, Tiefgang 8,23 m, Seitenhöhe 9,90 m, Gesamtsegelfläche 5560 m^2, Besatzungsanzahl 48 Mann, Gewicht des leeren Schiffes 3550 t, Gesamtzuladung 8000 t, Höhe des Großmastes (von Mastfuß bis zum Topp) 68 m, 4765 NRT und 5081 BRT. Das Schiff erreichte mit der relativ geringen Besatzung Geschwindigkeiten bis zu 18 Knoten. Die Segelfläche von insgesamt 5560 m^2 bestand aus 46 Segeln, deren Bedienung über das laufende Gut und die dazu erforderlichen 1200 Blökke, 17 km Tauwerk, 24 km Drahtseile und 700 m

Fünfmast-Vollschiff »PREUSSEN«, erbaut 1902 bis 1904, Länge zwischen den Loten 121,92 m; Deplacement 11550 t; Segelfläche 5560 m²

Ketten nur durch Handwinden erfolgte. Im Sturm mußten bis zu 8 Mann das Ruder bedienen. Die Wirtschaftlichkeit des Schiffes war durch die Nichtauslastung der Tragfähigkeit stark beeinträchtigt. Für die ausgehenden Fahrten gab es keine ausreichenden Ladungsmengen, so daß die Tragfähigkeit nur auf den Rückreisen voll nutzbar war. Die »PREUSSEN« hatte bei ihren auslaufenden Fahrten nur zweimal volle Ladung, u.a. am 6. November 1910 bei Antritt ihrer 14. Reise mit Zielhafen Valparaiso. Auf dieser Reise wurde die »PREUSSEN« im englischen Kanal bei diesigem Wetter von dem englischen Fahrgastschiff »BRIGHTON« gerammt, wobei das Vorgeschirr und ein Teil des Fockmastes verloren gingen und die Manövrierfähigkeit stark beeinträchtigt wurde. Kurz vor Erreichen von Dover kam Sturm auf, die Schleppleinen des Schleppers brachen, und das Schiff trieb an den Molen von Dover vorbei und strandete auf den Klippen. Glücklicherweise war trotz des Totalverlustes des aus Stahl gebauten Seglers kein Menschenleben zu beklagen.

* * *

»HALVE MAEN«: durch die Erkundungsfahrt von HENRY HUDSON nach einer nordwestlichen Durchfahrt berühmt gewordene holländische Jaghd bzw. Kleine Galeone. Die »HALVE MAEN« (Halbmond) war eines der kleineren dreimastigen holländischen Segelschiffe, die bis zur Mitte des 17. Jh. noch als Jaghd bezeichnet wurden. Am Fock- und Großmast fuhren sie jeweils übereinander 2 Rahsegel und am Besanmast ein Lateinsegel. Da keine Originalpläne der »HALVE MAEN« erhalten geblieben sind, konnte nur aus Berichten und den detaillierten Darstellungen ähnlicher holländischer Schiffe eine recht zuverlässige Rekonstruktion vorgenommen werden. Die Tragfähigkeit wird etwa 40 Lasten (80 t) betragen haben. Zur Bewaffnung gehörten hauptsächlich 4 kleinere Kanonen, die an den Schiffsseiten paarweise auf dem Zwischendeck im Bereich zwischen dem Großmast und der Back aufgestellt waren. Das Ruder wurde mit dem bekannten »Kolderstock« von einem etwas erhöhten (um 0,4 bis 0,5 m) Quarterdeck aus betätigt, von dem der Rudergast freien Ausblick nach vorn und auf die See hatte.

H. HUDSON (1575 bis 1611) stach mit der »HALVE MAEN« am 6. April 1606 in See, um einem Kontrakt mit der vereinigten Ostindischen Companie entsprechend eine »Nördliche Durchfahrt« zum Pazifischen Ozean zu entdecken. Er geriet am Nordkap in schweren Sturm, Schnee und Eis. Über die Große Neufundlandbank folgte er der Küste von Kap Sable bis zum Delaware, und im Juli segelte er um Manhattan und an Long Island entlang auf dem später nach ihm benannten Hudson River bis Albany, um festzustellen, daß dort keine Durchfahrtsmöglichkeit besteht.

Nach Beendigung der Reise und Rückkehr nach Holland wurde das Schiff 1611 von Amsterdam nach Ostindien geschickt und ging 1611 bei Java nach einem Feuergefecht mit englischen Schiffen durch Feuer verloren.

Zum 300jährigen Jubiläum der Fahrt H. HUDSONS erfolgte 1909 unter Verwendung zeitgenössischer Darstellungen entsprechender Schiffe in Holland ein Nachbau der »HALVE MAEN«. Dieser Nachbau wurde als Decksladung von Amsterdam nach New York verschifft. Nach der Vorführung fuhr dann die »HALVE MAEN II« mit

»HALVE MAEN« (Halbmond) 1609, das Schiff von HENRY HUDSON nach dem Modell des Nachbaues

18 Mann Besatzung unter eigenen Segeln auf dem Hudson.

* * *

»FRAM«: Dreimast-Toppsegelschoner, berühmt durch die Polarfahrten des norwegischen Polarforschers FRIDTJOF NANSEN; s. a. *Forschungsschiff*. Das Schiff wurde 1893 nach den Ideen von F. NANSEN (1861 bis 1930) speziell für die Polarfahrt von C. ARCHER erbaut. Das Fahrzeug war mit einer Länge in der Wasserlinie von 34,5 m, einer Breite ohne zusätzliche Eis-Außenhautverstärkung von 11,0 m, einer Raumtiefe von 5,20 m, einem Tiefgang von 4,70 m und einem Deplacement (voll ausgerüstet) von 800 t sowie 307 t Tragfähigkeit relativ klein, es hatte jedoch eine Anzahl bemerkenswerter Besonderheiten. Die Spantformen waren stark gerundet gestaltet, so daß das Fahrzeug bei Eispressung aus dem Eis herausgedrückt und nicht zerquetscht werden sollte. Die seitlichen hölzernen Außenhautverbände waren mit etwa 75 cm extrem dick und wurden außerdem durch zusätzliche horizontale Querträger gegen Eisdruck verstärkt. Das Schiff hatte bereits elektrische Beleuchtung, wobei der Generator entweder durch ein großes Windrad oder durch eine Dampfmaschine angetrieben werden konnte. Die Wohnräume waren durch mehrere Isolierschichten gegen Kälte geschützt. Das Ruder und die Schraube des Hilfspropellers konnten bei Fahrt im Eis in einen Schacht eingezogen werden.

Der ursprüngliche *Schoner* wurde 1909 als *Toppsegelschoner* mit 600^2 Segelfläche getakelt. Die erste Reise erfolgte von 1893 bis 1896, wobei beinahe 3 Jahre im Eis eingeschlossen verbracht werden mußten. Die Besatzung bestand aus 13 Mann. Ein Ziel der Reise war es, so dicht wie möglich am Nordpol bzw. am Franz-Josef-Land vorbeizudriften. Die zweite Reise von 1898 bis 1902 war eine Expedition unter SVERDRUP in das Gebiet nordwestlich Grönlands. Die dritte Reise erfolgte 1910 bis 1912 unter R. AMUNDSEN in die Antarktis. Die »FRAM« war damit das Segelschiff der Welt, das am weitesten nach Norden und Süden gefahren ist. Nach der Antarktisfahrt wurde die »FRAM« aufgelegt und liegt seit 1935 als Museumsschiff bei Oslo.

* * *

Fleute »DERFFLINGER«: die bis 1684 als »WOLKENSÄULE« fahrende bewaffnete Fleute wurde im Auftrag des Großen Kurfürsten 1681 von B. RAULE in Danzig erworben und 1685 zu Ehren des preußischen Marschalls DERFFLINGER (Schlacht bei Fehrbellin) in »DERFFLINGER« umbenannt. Die bewaffnete Fleute war 110 Fuß (33,5 m) lang, 23 Fuß (7 m) breit und hatte eine Tragfähigkeit von 170 Lasten (340 t). Gebaut war sie als Zweidecker mit dem für die Fleute typischen großen Hennegatt im Heck für den Durchgang der Ruderpinne. Zur üblichen Bewaffnung gehörten zwei 6-Pfünder-Kanonen auf dem Zwischendeck am Heck und 4 Kanonen mittleren Kalibers auf der Back sowie je nach Aufgabe eine unterschiedliche Anzahl mittlerer Geschütze auf dem Hauptdeck, so daß die stärkste Bewaffnung aus insgesamt 16 Kanonen bestehen konnte. Die Besatzungsstärke betrug 15 bis 20 Mann.

Die »DERFFLINGER« fuhr wie die Mehrzahl der Fleuten am Fock- und Großmast je 2 Rahsegel und am Besanmast ein Lateinsegel. Von 1686 bis 1693 machte die »DERFFLINGER« Fahrten

»FRAM«, Forschungsschiff von FRIDTJOF NANSEN, Überwinterung im Eis 1895 [11]

nach Westafrika und Indien, wurde 1693 von einem französischen Kaper genommen, danach von einer englischen Fregatte aufgebracht, gegen Bergelohn an Preußen zurückgegeben und 1694 in Emden an einen neuen Eigner verkauft.

Fleute »DERFFLINGER«, Modell

G

Gabarre, *Gabare:* seit dem 17. Jh. schutenähnliches, breites und flachgehendes Ruderboot bis zu 8 m Länge sowie ein- oder zweimastiges Segelschiff bis zu 30 m Länge.
In französischen Häfen wurde auch das Zollwachtschiff mit Gabarre bezeichnet, und zu Beginn des 19. Jh. verstand man darunter in der französischen Marine armierte dreimastige Transportschiffe von etwa 400 t Tragfähigkeit.

Dreimastige Französische Gabarre

Besegelung

Gaffelschoner: Segelschiff mit mindestens 2 Masten, das an allen Masten Schratsegel (Längssegel) als Gaffel-, Gaffeltopp-, Zwischenstag- und Vorstagsegel fuhr.
Nachdem die ursprünglichen *Schoner* mit Breitfock mit Ausnahme der *Schonerbrigg* und *Schonerbark* (um die Mitte des 19. Jh.) durch ausschließlich gaffelgetakelte Schiffe außer Gebrauch gekommen waren, bezeichnete man Gaffelschoner allgemein nur noch als Schoner. Beim Zweimast-Gaffelschoner war der hintere Mast höher als der vordere Mast, demgegenüber waren bei drei- und mehrmastigen Gaffelschonern sämtliche Maste von gleicher Größe und Takelung. Am häufigsten wurden Zwei- und Dreimast-Gaffelschoner gebaut; besonders bekannt waren die an der nordamerikanischen Westküste für die China- und Japanfahrt entwickelten Dreimast-Gaffelschoner. Wegen der einfachen Segelhandhabung von Deck aus und der damit möglichen geringeren Besatzungsstärke setzten sich noch größere und wirtschaftlichere Gaffelsegler besonders schnell in der nordamerikanischen Frachtschiffahrt bis zum Siebenmaster durch. Insbesondere wurden in den USA gegen Ende des 19. Jh. viele Fünfmast-Gaffelschoner *(Fünfmaster)* gebaut, wie z. B. die »WILLIAM C. CARNEGIE« mit einer Verdrängung von 4500 t, 88 m Länge, 14 m Breite und nur 10 Mann Besatzung. Ein Sechsmast-Gaffelschoner war die *»WYOMING«* mit einer Länge von 107 m. Im Jahre 1902 wurde in den USA als eines der größten Segelschiffe der Siebenmast-Gaffelschoner *»THOMAS W. LAWSON«* mit einem 117 m langen und 12,25 m breiten Stahlschiffskörper mit 5218 t Verdrängung gebaut.

Galea, *Galee, Galeo:* kleineres Ruderkriegsschiff (spätlat. galea, Galeere, Ruderschiff; dem griech. gelee, Wiesel, nachgebildet), in einigen Mittelmeergebieten auch als *Monere* bezeichnet. Die Galea ähnelte der im 5. Jh. im Mittelmeer häufigen schnellen *Dromone* und setzte in gewisser Weise die Entwicklung des Schnelläufer-Ruderschiffes fort. In einem Bericht aus dem Jahre 1189 ist die Galea als langes, schmal und niedrig gebautes schnelles Kriegs-Ruderschiff mit Rammsporn in Höhe der Wasserlinie beschrieben. Die Mannschaften einer Galea nannte man Galeoten. Von der Bezeichnung Galea oder Galee leiteten sich verschiedene Schiffstypenbezeichnungen wie *Galeere, Galeote*, Galezza, Galiette u. a. ab.
Im Unterschied zur Galea war die Galee ein der *Pamphile* ähnliches byzantinisches Ruderkriegsschiff mit bestimmten Merkmalen eines Nachfolgetyps der römischen *Liburne*. Diese schnellen mittelgroßen Ruderschiffe wurden weniger als direkte Kampfschiffe, sondern bevorzugt für Erkundungen benutzt.
Im 17. Jh. bezeichnete man mit Galea, Galiotta und Galezza italienische Segelschiffe und mit Galiette ein italienisches Ruderschiff. Die Galeotta (in älterer Bezeichnung auch *Fusta*) war ein Kriegsschiff mit 15 bis 18 Ruderduchten, das einige leichte Geschütze führte.

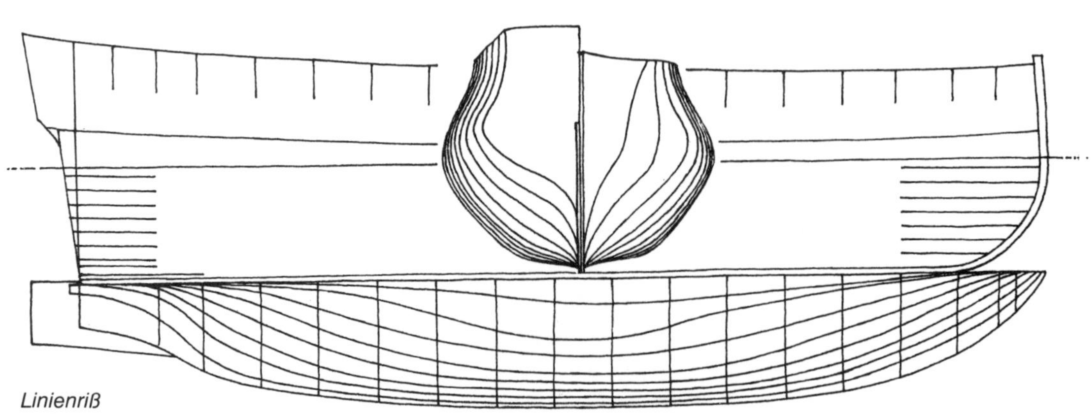

Linienriß

Zweimast-Gaffelschoner »FALKEN«, schwedisches Segelschulschiff von 39,3 m Länge über alles und 519 m^2 Segelfläche, 1947 in Karlskrona erbaut.

Dreimast-Gaffelschoner »ISKRA«, polnisches Segelschulschiff von 50,7 m Länge über alles und 680 m^2 Segelfläche, 1917 in Holland erbaut.

Viermast-Gaffelschoner »CORDELIA E. HAYES« vor dem Stapellauf in Bath, USA, 1901 [18]

Fünfmast-Gaffelschoner, 80,7 m Länge über alles, Stapellauf 1901

Sechsmast-Gaffelschoner »WYOMING« von 107 m Länge über alles und damit längstes holzgebautes Schiff der Welt, erbaut 1907 in Bath, USA [18]

Siebenmast-Gaffelschoner »THOMAS W. LAWSON«, Modell, Tragfähigkeit 5218t, erbaut 1902, gekentert und gesunken 1907

Galeasse: Übergangstyp von der *Galeere* als vorwiegend gerudertes Kriegsschiff mit Hilfsbesegelung zum großen Segelkriegsschiff mit noch beibehaltenem zusätzlichem Riemenantrieb. Um Kriegsschiffe mit einer größeren Zahl schwerer Geschütze bestücken zu können, wurden in Venedig und durch andere Seemächte im Mittelmeerbereich zunächst immer größere Galeeren gebaut, »Galea grossa« genannt, bis die Grenze der Ruderbarkeit der schweren Schiffe über größere Stecken selbst mit einigen hundert Ruderknechten erreicht war.

Die Entwicklung der Galeasse aus der Galea grossa wird dem venezianischen Schiffbauer FRANCESCO BRESSAN zu Anfang des 16. Jh. zugeschrieben. Im Jahre 1550 war die Galeasse schon ein bekannter, baulich durchentwickelter Schiffstyp, der sich im 16. und 17. Jh. als größtes Segel-Ruder-Kriegsschiff der Mittelmeerländer behauptete. Dieses dreimastige Segelschiff mit zusätzlichem Riemenantrieb wurde damit auch zu einem der bedeutendsten Übergangstypen vom flachbordigen und flachgehenden Ruderschiff zum hochbordigen, vollgetakelten Segelschiff mit großem Tiefgang. Gegenüber der Galeere war die Galeasse bedeutend seetüchtiger, die Mannschaft besser geschützt sowie die Feuerkraft und die Beweglichkeit in größeren Seegebieten entscheidend vergrößert. Die Galeasse wurde zum Großkampfschiff des Mittelmeeres und bildete den Kern der Haupfkampfkraft von Ruder-Kriegsflotten. Die Kampfkraft einer Galeasse setzte man der von 5 Galeeren gleich.

An der Seeschlacht 1571 bei Lepanto, die als eine der größten Galeerenschlachten angegeben wird, waren auf beiden Seiten über 100 Schiffe beteiligt, die hier eingesetzten 26 Galeassen entschieden den Sieg. Auch in der spanischen Armada befanden sich 1588 vier Galeassen aus Neapel, die zu den stärksten Schiffen der Flotte zählten. Das Galeasse-Flaggschiff führte 18 schwere Kanonen (18- bis 60-Pfünder mit den entsprechenden Rohrweiten von 13,5 bis 20 cm) und 26 leichtere Geschütze. Die Mittelmeer-Galeassen hatten eine Wasserverdrängung von etwa 600t, wurden aber auch bis zu 1000t Verdrängung gebaut. Ihre Länge betrug etwa 50 bis 60 m; mit galeerenähnlichem, schlankem Schiffskörper behielten sie eine relativ geringe Breite, die größere Verdrängung wurde überwiegend durch einen vergrößerten Tiefgang erreicht. Infolge des größeren Tiefganges, der erhöhten Schiffsseiten und der zusätzlichen Verdrängung wurden die Fahrzeuge beim Rudern schwerfälliger und langsamer, dagegen verbesserten sich die Segeleigenschaften mit den 3 vergrößerten, lateinbesegelten Masten erheblich. Die Riemen wurden vorzugsweise nur noch im Gefecht eingesetzt. Es befanden sich an jeder Bordseite 25 bis 30 Riemen, die durch je 5 bis 8 Mann bedient wurden. Zur Besatzung gehörten außer den Ruderern weitere 200 bis 300 Matrosen, Soldaten und Offiziere. Ihr Platz im Kampf waren die Vor- und Achterkastelle und die Laufstege hinter den erhöhten Bordseiten über den Ruderbänken.

Mit der Vervollkommnung der Segeltechnik und wegen der erforderlichen außerordentlich gro-

Zweimastige Mittelmeergaleasse, Modell

Mittelmeergaleasse des 17. Jh. unter Riemen, Modell

Französische Galeasse »LA ROYAL« [16]

ßen Besatzungsstärke kam dieses große Segel-Ruderschiff zum Ende des 17. Jh. außer Gebrauch.

Galeaß, *Yacht-Galeaß, Galeaßschiff:* seit Mitte des 18. Jh. die Bezeichnung für ein anderthalbmastiges Küstenfracht- und Fischereischiff im Bereich der pommerschen Ostseeküste. Es waren meistens auf Balkenkiel, mitunter auch mit flachem Boden und Seitenschwertern gebaute, etwa 20 m lange Schiffe mit einer Verdrängung bis zu 200 t. Im Unterschied zu der ähnlichen, aus dem Nordseeraum stammenden kleineren *Galiot* mit Spitzgattheck hatte die Galeaß im 19. Jh. ein leicht überhängendes yachtähnliches Spiegelheck, so daß sie auch als »Yacht-Galeaß« bezeichnet wurde. Der yachtähnliche Eindruck wurde noch durch einen schärfer gebauten Bug oder ausfallenden Klippersteven und ein langes Bugspriet betont.
Getakelt waren die Schiffe ähnlich dem *Schoner* mit Gaffel- und Gaffeltoppsegel, jedoch mit dem Unterschied, daß an dem wesentlich kürzeren hinteren Mast nur ein kleines Gaffelsegel an einer relativ kurzen Gaffel als ausgesprochenes Besansegel gefahren wurde.
Größere Schiffe mit einem runden, dem aufkommenden Dampfschiff nachgebildeten überstehenden Heck bezeichnete man auch als »Galeaßschiff«.

Anderthalbmastige Galeaß mit Rah-Toppsegel und kurzer Besangaffel

Galeaßewer: *Ewer* mit einem schärferen, der *Galeaß* ähnlichem Unterwasserschiff, das jedoch in der Schwimmwasserlinie eine stabilitätsgünstige größere Breite hatte und in ein völliges, der Ewerform entsprechendes Überwasserschiff überging. Getakelt wurden diese Schiffe wie der *Besanewer*, und es gab Varianten mit und ohne Seitenschwerter. Entfielen die Seitenschwerter, wurde der Schiffskörper mit größeren Kimmkielen gebaut. Diese Mischform aus Galeaß und norddeutschem Ewer wurde in den 20er Jahren des 19. Jh. im Ostseeraum entwickelt. Die bis zum Jahre 1904 an der Elbe gebauten Galeaßewer von etwa 16 bis 20 m Länge und 5 bis 6 m Breite mit etwa 40 bis 60 t Tragfähigkeit fuhren nicht nur in der Nord- und Ostsee, sondern auch zum Zitrusfruchttransport von Sizilien nach Hamburg bis ins Mittelmeer.

Galeere: langes, schmales, niedrig gebautes und wendiges Ruderschiff, das infolge seiner geringen Breite und des kleinen Tiefganges nur eine begrenzte Stabilität und Seetüchtigkeit hatte. Obwohl mit Zusatzbesegelung ausgerüstet, waren die Ruderer an den Riemen das wichtigste Antriebsmittel. Durch die Anzahl der Ruderbänke, die Stärke der Rudermannschaft und die Sitzordnung unterscheiden sich Galeeren zu verschiedenen Zeiten sowie entsprechend den unterschiedlichen Schiffsgrößen. Üblicherweise waren die schräg zur Schiffsachse an Oberdeck stehenden Ruderbänke nur durch eine Brustwehr geschützt, so daß die Ruderer dem Wetter und dem gegnerischen Beschuß direkt ausgesetzt waren.
In der Galeere erreichte das schnelle, große Ruder-Kriegsschiff mit Zusatzbesegelung seine höchste Entwicklungsstufe und seine Entwickungsgrenze. Galeeren waren im Mittelalter über viele Jahrhunderte die bedeutendsten Kampfschiffe der Mittelmeermächte, bis infolge der größeren Tragfähigkeit und stärkeren Bestückung sowie der größeren Seefähigkeit und Weitendistanz-Geschwindigkeit bei kleinerer

Ostseegaleasse »LUCIA VON ANKLAM«, 1827 [22]

Bemannung die führende Posititon an Segel-Kriegsschiffe überging.
Der Schiffstyp Galeere hatte als hauptsächlich gerudertes Schiff viele und auch sehr frühe Vorläufer, zu denen insbesondere die *Dromone* und die *Gelea*, aber auch die spätrömische *Liburne* und die byzantinische Gelee gehören. Im Unterschied zu vorhergehenden älteren Mittelmeerfahrzeugen hatten die Galeeren im 14. und 15.Jh. nur eine Ruderreihe an jeder Bordseite. So saßen bei der »Galeere à la Zencile« je 3 Ruderknechte auf einer schräg gestellten Ruderbank und arbeiteten jeder jeweils an einem Riemen. Es gab auch Rudersitzordnungen, wie auf der »Galeere à la Scaloggio«, bei der je 5 Ruderknechte mit einem Riemen ruderten. Diese großen Riemen waren bis zu 12m lang und hatten eine Masse bis zu 300kg. Um diese schweren Riemen überhaupf handhaben zu können, mußten sie in ihrem Massemittelpunkt balanciert aufgehängt werden. Die Art des Ruderns mehrerer Ruderknechte an dem schweren Riemen unterschied sich bedeutend von den heute auf leichten Ruderfahrzeugen üblichen langen Ruderzügen. Mit den unhandlichen schweren Riemen führte man in einem im Verhältnis zur Riemenlänge genau eingehaltenen Takt kurze, stoßartige Ruderschläge aus. Durch den exakten Rudertakt, ein hohe Schlagfolge und kurze Ruderschläge verringerte man den Längsabstand zwischen den Riemen soweit wie möglich und drängte die Ruderer entsprechend zusammen, um bei den begrenzten Schiffsabmessungen eine möglichst große Ruderleistung zu erreichen. Bei voller Fahrt wurden 22 Ruderschläge und bei Höchstleistung 26 Schläge je Minute erreicht. Die Durchschnittsgeschwindigkeit für längere Strecken lag bei 4,5kn (2,3m/s); bei Höchstleistung kamen Galeeren für kurze Zeit bis auf die doppelte Geschwindigkeit. Ursprünglich wurden die Schiffe von freien Bürgern und halbfreien Ruderknechten gerudert. Im frühen Mittelalter begannen die mächtigen Stadtstaaten Genua und Venedig, Gefangene und Sklaven zum Rudern zu zwingen. Die später in fast allen Mittelmeerstaaten unmenschliche Behandlung der Gefangenen machte die Galeere zum wohl berüchtigtsten Schiffstyp.
Auf der sogenannten »Galee bastarde« der Venezianer waren 240 Ruderer zusammengedrängt; es gab sogar Galeeren mit mehr als 500 Mann Besatzung, in einzelnen Fällen arbeiteten bis zu 8 Mann an einem Riemen.

Mittelmeergaleere des 17.Jh., Modell

In Venedig kam die Galeere hinsichtlich Bau, Instandhaltung, Ausrüstung und Rudertechnik zur höchsten Entwickungsstufe. Im 14.Jh. wurde der Galeerenbau bereits serienmäßig betrieben und ein gewaltiges Arsenal mit einem vollständigen Ersatzteil- und Ausrüstungssortiment aller Teile angelegt, so daß innerhalb von 2 Tagen 38 Galeeren kriegsmäßig ausgerüstet werden konnten.
Bereits im Jahre 1571 sollten der Galeerenbau und das Arsenal die für damalige Verhältnisse gewaltige Zahl von 16000 Beschäftigten erreicht haben, die schichtweise Tag und Nacht durcharbeiteten. Im 16.Jh. begann in den bedeutenden europäischen Staaten der Nachbau der größeren venezianischen Galeeren mit 32 Ruderbänken an jeder Bordseite. Aus diesen großen Fahrzeugen wurde später die *Galeasse* entwickelt. Es gab auch verschiedene kleine Galeerenarten, zu denen insbesondere die *Brigantine* des Mittelmeeres, die *Fuste*, die *Galeot* und die *Sagitte* gehören. Dennoch blieb die Galeere bis in das 18.Jh. hinein in Gebrauch.
In den Machtkämpfen und Seekriegen des 17.Jh. waren Galeeren auch an den spanischen und französischen Küsten und im Kanal anzutreffen. Einige dieser Fahrzeuge wurden teilweise von den italienischen Städten für Kriegsdienste gegen Entgelt geliehen oder in Spanien, Frankreich oder England nachgebaut. Auch in Schweden und Rußland gab es Galeeren-Nachbauten.
Frankreich unterhielt bis 1749 in Marseille eine von der allgemeinen Hochseekriegsflotte unabhängige Galeerenflotte mit eigenem Offizierskorps und Budget; im Jahre 1802 gab es im Marseiller Arsenal noch 15 Galeeren.
Normalgroße Galeeren hatten etwa 200t Wasserverdrängung bei etwa 50m Länge, 6m Breite und 1,5m Tiefgang. Der Schiffskörper war i. allg. aus leichteren Hölzern (vorwiegend Nadelhölzern wie Tanne u.a.) langgestreckt gebaut. Ein über dem Wasser weit ausladender Bugsporn

war dazu bestimmt, die Riemen des Gegners zu zerstören und ihn damit bewegungsunfähig zu machen, feindliche Schiffe zu rammen oder über den Sporn zu entern. Die ursprünglich vorhandenen großen Seitenruder ersetzte man im 14.Jh. durch kräftige Heckruder. Der schlanke Schwimmkörper trug einen verhältnismäßig plump wirkenden, kastenartigen, nahezu rechteckigen Aufbau, der auch »talar« genannt wurde. Erst im 15.Jh. erhielt der Aufbau einen größeren Sprung und wurde dem eigentlichen Schiffskörper etwas mehr angepaßt. Das Vorschiff trug eine Plattform mit Schleudern und Wurfmaschinen; später bei Geschützbewaffnung wurden mittschiffs die stärkste Bugkanone und seitlich davon je 3 weitere kleinere Kanonen aufgestellt. Weitere leichtere Drehbassen konnten an den Bordseiten durch Lücken zwischen den Riemen feuern.

Die Vorschiffsplattform war durch einen über den Riemen liegenden Laufsteg (ital., span. corsia; franz. coursie) mit dem Achterdeck verbunden. Für längere Fahrten und zur Unterstützung der Ruderer führten die Galeeren üblicherweise 2, später auch 3 Maste mit Lateinsegel. Das größte dieser als Hilfsantrieb angesehenen Segel nannte man nach römischem Vorbild »Artimon« und das kleinere Segel »Terzaruolo«.

Spanische (links) und Holländische Galeone (rechts) zu Anfang des 17.Jh., Aquarell von MONLEON

Flämische Galeone 1593, Modell

Englische Galeone um 1600, Modell

In der preußischen Kriegsflotte bezeichnete man im 18. Jh. einen völlig anderen Schiffstyp als Galeere. Es handelte sich um für Kriegsdienste umgebaute Haff- oder Zeesen-Fischereikähne *(Zeese)* mit 2 Masten und Rahsegel.

Galeone, *Galione:* in der römischen Antike ein kleineres Ruder-Segelschiff; zu Anfang des 16. Jh. in Spanien als *Galea* oder Gaulus ein kleineres Segelschiff, das auch gerudert wurde. Die damals dominierenden portugiesischen und spanischen Schiffstypen waren *Nao* und *Karavellen*. Jedoch genügten zur Zeit der spanischen Eroberungen in Amerika diese ursprünglich für das Mittelmeer entstandenen Karavellen und Naos nicht mehr den Anforderungen der umfangreichen Truppen- und Gütertransporte über den Atlantik. In dieser Übergangszeit verschmolzen verschiedene Merkmale dieser beiden Schiffstypen in der Galeone zu einem neuen Mischtyp und damit zu einem Hochseefrachtschiff für weite Seereisen. Über lange Zeit fuhren Galeonen als die größten Schiffe der Welt über den Atlantik nach Mittel- und Südamerika. Bei ihren Rückfahrten, beladen mit Beutegütern und wertvollen Metallschätzen, waren sie eine begehrte Seeräuberbeute. Diese spanischen Galeonen hatten i. allg. 4 Maste, von denen 2 rahgetakelt wurden; dreimastige Galeonen waren selten.

Im Vergleich zur Nao und Karavelle waren die Schiffe nicht nur proportional vergrößert, sondern hatten relativ größere Längen und auch schlankere Unterwasserformen. Die Galeonen hatten mehrere durchgehende Decks, jedoch einen übermäßig hohen achteren Aufbau mit bis zu 7 übereinanderliegenden Decks. Zum Schutz gegen Seeräuber führten sie auf verschiedenen Decks, dem vorderen Kastell und dem hinteren Aufbau zahlreiche leichte Geschütze. Sehr große Galeonen hatten bis zu 2000 t Verdrängung bei etwa 8 m Tiefgang. In besonderen Fällen waren bis zu 2000 Mann an Bord.

Viermastige Galeonen gehörten auch 1588 zur spanischen Armada bei der Seeschlacht im Kanal zwischen Dover und Calais. Im Vergleich mit den englischen Schiffen zeigten die großen schwerfälligen Galeonen wesentlich schlechtere Segel- und Manövriereigenschaften.

Mitte des 16. Jh. hatte man in England, aufbauend auf den Erfahrungen aus der englischen *Karacke*, mit der Entwicklung leichterer Galeonen begonnen, die »Galionen« genannt wurden. Diese Schiffe waren mit 500 bis 600 t Wasserverdrängung und etwa 50 bis 60 m Länge wesentlich kleiner. Bedeutend niedriger gebaut als die spanischen Galeonen und besser besegelt, konnten sie schneller und wendiger operieren. Die Bestückung mit größeren Kanonen von erhöhter Treffsicherheit machte sie im Kampf überlegen. Wegen ihrer Vorzüge behauptete sich die englische Galione etwa 200 Jahre lang.

Galeote, *Galeotta:* kleinere mittelalterliche *Galeere* mit 16 bis 20 Riemen an jeder Seite. Im Unterschied zu den großen Galeeren wurde jeder Riemen i. allg. nur von einem Mann, selten von 2 bis 3 Ruderknechten bedient. Gerudert wurden diese Schiffe hauptsächlich durch mit Musketen bewaffnete, freie oder halbfreie Bürger oder Soldaten. Zur Bewaffnung gehörten noch eine größere oder mehrere kleinere Buggeschütze.

An Geschwindigkeit und Wendigkeit waren Galeoten den Galeeren überlegen. Deshalb verbreiteten sie sich schnell als Handels- und Piratenschiffe, insbesondere in Algerien und Tunesien. Später übernahmen die nordischen Seemächte die Bezeichnung Geleote für ihre kleineren, schnellen schonergetakelten Segelschiffe.

Galiot: ein im 17. Jh. in den Niederlanden neu entstandener anderthalbmastiger Schiffstyp für die Nordsee- und Küstenfahrt. Die Bezeichnung wurde wahrscheinlich aus dem romanischen Sprachgebiet übernommen, da zu dieser Zeit kleinere italienische Segelschiffe als »Galiotta« bezeichnet wurden.

In der Form des Schiffskörpers der holländischen Galiot bestanden deutliche Ähnlichkeiten zum damals im Nordseebereich gebräuchlichen seegehenden *Bojer*. Der Schiffsrumpf war im Vorschiff gerundet, und der Achtersteven stieg steil an, das Unterwasserschiff hatte bedeutend schärfere und schlankere Formen, so daß die Galiot einen Übergangstyp zum *Schoner* darstellt.

Die Anderthalbmast-Galiot des 18. Jh. hatte durchschnittlich etwa 65 Lasten (130 t) Tragfähigkeit bei 18 bis 30 m Länge und 4 bis 7,5 m Breite. Die Schiffe fuhren mit je einem Gaffelsegel an dem hohen Großmast und dem viel kleineren Besanmast. Am Großmast konnten über dem Gaffelsegel noch bis zu 3 Rahsegel und am Vorstag ein großes Stagfocksegel gefahren werden. Am langen Bugspriet setzte man bis zu 3 Stag-Vorsegel.

Bis zur Mitte des 19. Jh. war die anderthalbmastige Galiot in Norddeutschland der am häufigsten gebaute und insbesondere in der Nordseefahrt bevorzugte Schiffstyp. Die vorwiegend als Frachtsegler gebauten Galioten erreichten zwar ebenfalls die Tragfähigkeit bis etwa 120 Lasten (240 t), dennoch waren es auch für die damalige Zeit relativ kleine Schiffe. Ihr Einsatz blieb jedoch nicht auf die Küsten- und Nordseefahrt begrenzt. So sind u. a. Atlantikfahrten von kleineren Galioten mit etwa 65 Lasten Tragfähigkeit nach Amerika und weite Reisen ums Kap der Guten Hoffnung nach Ostindien bekannt. Häufig waren auch regelmäßige Reisen im Liniendienst nach Mittel- und Südamerika. Galioten segelten außerdem zur Wal- und Robbenjagd ins Eismeer. Für Kriegszwecke gab es mit schweren Kanonen bestückte Galioten, die man in Frankreich als »Galiotes à bombes« bezeichnete. In den Ost-

seemarinen bevorzugte man Galioten mit Schonertakelung, auch als »Schoner-Galiote« bezeichnet.
Zu Anfang des 19. Jh. gab es auch seltener vorkommende dreimastige Galioten mit Fregatt-Takelung (alle 3 Maste rahgetakelt) ohne grundlegende Veränderungen am Schiffskörper.
Die zur gleichen Zeit auf diese Grundlage entwikkelte moderne und schnellere Dreimast-Galiote hatte demgegenüber ein schärfer geformtes, strömungsgünstigeres Unterwasserschiff und eine ausgereifte Vollschiffstakelung.
Durch Kombinationen mit anderen seinerzeit gebräuchlichen Schiffstypen und unter verschiedenen örtlichen Gegebenheiten entstanden aus dem Galiot-Grundtyp Mischtypen wie *Schoner-Galiot, Kuff-Galiot* oder die *Eider-Galiot*. Die i. allg. auf ebenem Kiel gebaute Galiot fuhr ohne Seitenschwerter, in einigen Fällen kamen auch Schiffe mit Seiten- oder Mittelschwertern vor.
Im Jahre 1873 zählte die deutsche Handelsflotte 129 Galioten, 121 Schoner-Galioten und 6 Kuff-Galioten. 1913 gab es noch 26 Galioten, 4 Schoner-Galioten und 7 Eider-Galioten, von denen 1934 noch 4 Fahrzeuge in Betrieb waren.

Holländische Zweimast-Galiot, Mitte des 19. Jh., Modell

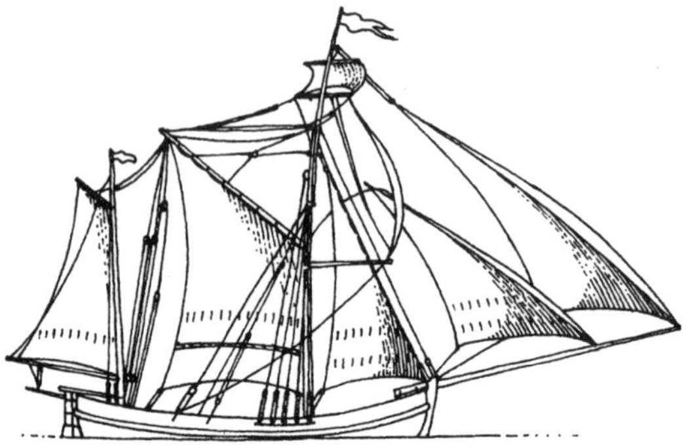

Holländische Anderthalbmast-Galiot, 18. Jh.

Galiotewer: an der Elbe um 1890 gebaute breite *Galiote* mit ewerähnlichem flachem Boden, schärferen Schiffsenden und Seitenschwertern.

Galiotta, *Galiote:* siehe Galeote

Galley: ein durch Riemen angetriebenes, im Heck mit einer Kajüte versehenes Personenverkehrsboot, besonders auf der Themse im 17. Jh. Im 18. und 19. Jh. wurde in der englischen Marine ein für das Matrosenpressen verwendetes offenes Ruderboot mit 6 bis 8 Riemen als Galley bezeichnet. Diese Bezeichnung wurde auch für Boote mit 2 Latein- oder Luggersegeln, meistens als Kapitänsboote eingesetzt, verwendet.

Galtabäk-Bootsfund: im schwedischen Bezirk Halland 1928 bei Traaker gefundene Reste eines Bootes von 13,10 m Länge, 3,60 m Breite und 1,16 m Seitenhöhe aus dem 12. bis 13. Jh. Der Fund wird im Göteborger Museum aufbewahrt. Mit dem relativ steil hochgezogenen und nahezu gleichen Steven ähnelt das Fahrzeug der Darstellung auf dem Siegel von Dunwich um das Jahr 1200. Ein Maststumpf kennzeichnet den Fund als Segelfahrzeug, und 4 durch die Außenhaut stoßende Decksbalken lassen zumindest auf eine teilweise Abdeckung schließen.

Garneelenschute: kleine *Bomme* mit flachem Spiegel und einer mehr eiförmigen Schiffsform. Der Bereich vor dem Mast war gedeckt, dahinter befand sich ein abgeschotteter Raum, manchmal auch eine Bünn. Die Takelung bestand aus Großsegel, Stagfock und Klüver. Die letzte Segel-Garneelenschute wurde 1940 abgewrackt.

Dreimastige rahgetakelte Galiot, Anfang des 19. Jh., Modell

Garoo-Kuh: kleineres im Gebiet des indischen Ozeans beheimatetes, ein- oder zweimastiges Boot von besonderer Kielbauweise. Der waagerecht liegende Kielbalken ist nur von etwa ein Drittel Bootslänge. Der Kielbalken im vorderen Drittel der Bootslänge ist zum Steven hochgezogen, und der hintere Kielteil steigt weniger stark an. Der größte Spantquerschnitt liegt bedeutend hinter der halben Bootslänge. Im 19.Jh. gab es Fahrzeuge von 15 bis 25m Länge bei einer dem Lateinsegel ähnlichen Takelung insbesondere für den Fischfang.

Gaulos: in der Antike griechische, aus dem Phönizischen übernommene Bezeichnung für Frachtschiffe.

Gay-Bao: ein Fischerei- und Küstenfahrzeug des Südchinesischen Meeres im 19.Jh. von etwa 10m Länge mit eigentümlicher Takelung. Von den vorwiegend 3 Masten mit Huaritakelung *(Huari)* waren die beiden vorderen Maste wesentlich kürzer als der dritte Mast. Die größeren Fahrzeuge dieses Typs hatten nahezu kreisförmige Spantformen. Die kleineren Schiffe baute man schlanker mit stark weggeschnittenen Vor- und Hintersteven als ausgezeichnete Segler.

Gay-Yus: dschunkenähnliches, ein- und mehrmastiges Segelschiff im Süden Vietnams. Wie bei der chinesischen *Dschunke* sind auf dem flachen, kiellosen Schiffsboden hochbordige Seitenwände nahezu senkrecht aufgesetzt. Zur Aussteifung des Schiffskörpers und der Seitenwände stoßen die Decksquerbalken seitlich durch die Außenbeplankung. An dem bei Einmastern auf halber Schiffslänge stehenden Mast – bei Zweimastern sind beide Maste in der vorderen Schiffshälfte angeordnet – wird ein großes luggerähnliches Rechtecksegel gefahren. Ursprünglich hatte das Fahrzeug außerdem eine aus dem malayischen Einflußgebiet herrührende Besonderheit, denn zur Vergrößerung der Querstabilität war ein zusätzlicher Ausleger vorhanden, der so mit einem verschieblichen schweren Stein beschwert wurde, daß je nach Wind- oder Böenstärke der Abstand vergrößert oder verkleinert werden konnte. Die Fahrzeuge waren etwa 15 bis 20m lang und wurden bis in die jüngere Zeit vorwiegend in der Fischerei genutzt.

Gedeckte Schiffe: Schiffe mit durchlaufendem Deck über der gesamten Schiffslänge, d.h., das Deck reicht vom Vor- bis zum Hintersteven.
Im Unterschied dazu bezeichnete man *Korvetten* mit mehr als 24 Kanonen als gedeckte Korvetten, wenn die Schiffe zusätzliche kurze leichte Oberdecks vorn (Back) und achtern (Schanze) für das Aufstellen leichter Geschütze erhielten. Die wie bei der Glattdeck-Korvette auf dem obersten, glattdurchlaufenden Deck (Hauptdeck) frei stehenden Kanonen blieben jedoch ungedeckt.

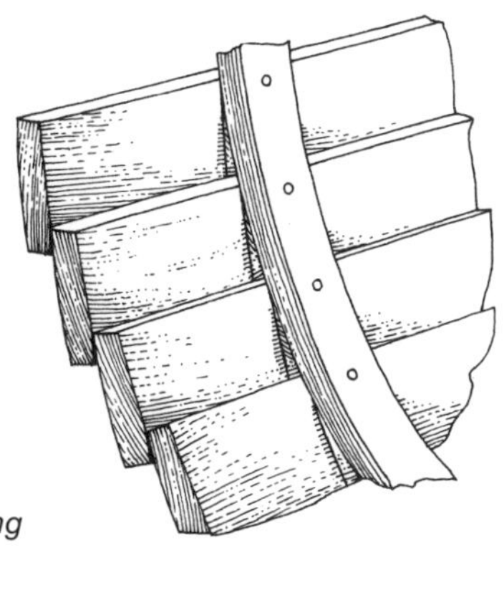

Klinkerbeplankung

Gefangenenschiff: aus dem Seedienst gezogenes Schiff, das vom 18. bis 20.Jh. für die Unterbringung von Strafgefangenen in Frankreich, Großbritannien und Spanien verwendet wurde.

Geklinkertes Boot: Boot mit dachziegelartig überlappenden, längslaufenden hölzernen Außenhautplanken. Die Längsplanken sind an den Längsseiten miteinander durch Bolzen, Niete oder Nägel oder bei *genähten Booten* durch gezwirnte Fasern, Sehnen oder Lederbänder verbunden.

Genähtes Boot: Sammelbegriff für Boote, bei denen die Außenhautplanken durch Nähen oder Binden zusammengefügt werden. Flechten, Bündeln, Schnüren oder Nähen gehören in vielen Gebieten der Erde zu den ältesten Verbindungsmöglichkeiten für Schiffsteile. In gewisser Weise stellen gebündelte bootsähnliche ägyptische *Papyrusflöße*, geflochtene und fellüberspannte assyrische Flußboote, genähte *Fellboote* und *Rindenboote*, die genähten kraweelbeplankten ägyptischen Holzboote und -schiffe oder die an vielen Orten entstandenen *Einbäume* mit aufgesetzten und angebundenen Seitenplanken Vorläufer zum »genähten« klinkerbeplankten Boot dar, obwohl alle diese Verbindungsverfahren und Fahrzeugarten wahrscheinlich in den verschiedenen Kulturen völlig unabhängig voneinander entstanden.
Im nördlichen Europa gehört der *Hjortspring-Bootsfund* von der dänischen Insel Alsen aus der Zeit um 300 v.u.Z. zu den ältesten Nachweisen eines Bootes mit genähten Planken. Bei diesem Boot wurden an beiden Seiten einer muldenartig hohlgearbeiteten Kielbohle je 2 Lindenholzplanken an ihren Längsseiten überlappt angebunden bzw. angenäht. Die dazu verwendeten Lederstreifen, Sehnen, Bastfasern, Wurzeln oder Weiden sowie die Durchbrüche und die Fugen dichtete man mit Harzen ab.
Beim englischen *North-Ferriby-Bootsfund* aus der Zeit um 150 v.u.Z. wurden im Unterschied zum Hjortspring-Boot die Kraweelbauweise und eine andere Nähweise angewendet. In den an ihren Längskanten direkt zusammenstoßenden Planken sind gleich weit vom Plankenrand gegenüberliegende Löcher vorhanden. An den Plankeninnenseiten baute man, ähnlich wie bei den altägypischen Holzbooten, auf der Kraweelfuge eine Eschenholzleiste zur zusätzlichen Abdichtung mit ein.
Im nordischen Bootsbau war bis ins frühe Mittelalter das Nähen von Bootsplanken allgemein üblich. Zahlreiche Schiffsnamen aus Wortverbindungen mit dem germanischen Ausdruck »sud« für Naht erinnern daran, wie z.B. bei den Schiffsnamen »MARIASUDIN« (1182), »OLAFSUDIN« und »KROSSUDIN« (1252) oder »KRISTSUDIN« (1262).
Diese Bauweise blieb nicht auf Skandinavien und Westeuropa begrenzt. So wird im Königsbuch des Isländers SNORRE STURLUSON (1179 bis 1241) berichtet, daß der Diakonus SIGURD SLEMBI von Lappen 2 Schuten aus naturgewachsenen Krummhölzern und Weidenruten als Spanten und mit Holzplanken, die durch Tiersehnen miteinander verbunden wurden, bauen ließ, ohne einen einzigen Nagel zu verwenden. Die Fahrzeuge sollen groß genug gewesen sein, um an jeder Seite 12 Ruderern Platz zu geben.
Auch im 14. und 15.Jh. wurden in Flandern noch genähte Boote gebaut. Hinweise dazu sind in der Antwerpener Wenzelbibel (1402), der Reimbibel des RUDOLF VON HOHENEMS 1400 bis 1420), der Gothaerbibel von 1460 oder der Furtmeyerbibel von 1468 bis 1472 enthalten.
In Lappland und Nordrußland gab es noch zu Anfang des 20.Jh. sehr leichte, elastische genähte Plankenboote. Nach einer Schilderung von G. HALLSTRÖM wurden in wasserreichen Gebieten Lapplands und Finnlands sehr dünne Planken klinkerartig überlappt durchbohrt und zickzackförmig mit Rentiersehnen oder dünnen Wurzeln vernäht. Die fest durch die Bohrung gezogenen Sehnen wurden mit Holzpfropfen in den Löchern verkeilt, mit Wachs, Harz oder Pech abgedichtet und haltbar gemacht. Diese Boote waren so leicht, daß ein einzelner Mann sie über längere Strecken tragen konnte. Im Frührussischen waren solche Boote als »Wolok« bekannt.
Auch in Afrika, insbesondere am Tschadsee, waren Boote aus zusammengenähten Planken als Fischereifahrzeuge in Gebrauch. Durch die Planken brannte man Löcher, um mit haltbaren langen Sumpfpflanzenstengeln die Planken zu nähen.

Plankennaht des Hjortspringbootes

Ghanja: zur Dauart *(Dau)* gehörendes, hochseetüchtiges zwei- oder dreimastiges schnelles westarabisches Piraten- und Kriegsschiff, später auch ein mittlerer Frachtsegler im östlichen Mittelmeer. Der Entstehungszeitpunkt dieses Schiffstyps ist ungewiß. Bekannt ist jedoch, daß RICHARD LÖWENHERZ auf seinem dritten Palästina-Kreuzzug 1191 einen Seekampf mit einem großen, dreimastigen Sarazenenschiff hatte, das der Beschreibung nach eine Ghanja oder eine *Dromone* gewesen sein kann. Ghanjas waren schlanker und länger gebaut als andere Dautypen.
Auf der Dreimast-Ghanja war der Großmast nach vorn geneigt, der Bonaventurmast hatte Neigung nach achtern, und der Besanmast stand senkrecht. Alle 3 Maste waren mit dem typischen trapezartigen Dausegel an einer oberen schräggestellten Rah getakelt.
Bei den zweimastigen Ghanjas, die hauptsächlich seit der Mitte des 18.Jh. gebaut wurden, hat-

ten beide Maste einen parallelen Vorfall von ungefähr 7 Grad. Die Segelfläche betrug etwa 300 m². Im Mittelmeer gab es diesen Schiffstyp noch im 19. Jh. Im Laufe der Zeit suchte man durch verschiedene Änderungen am Schiffsrumpf die Tragfähigkeit als Frachtensegler zu erhöhen, obwohl sich der Schnellsegler dazu vom Grundprinzip wenig eignete.
Der Schiffskörper hatte eine gefällige Linienführung, wobei die schlanke Form noch durch einen weit vorragenden Vorsteven und den ungewöhnlich überragenden Hintersteven mit Spiegelheck besonders betont wurde. Bei üblichen Kiellängen von 15,5 m erreichte die Schwimmwasserlinie eine Länge von 20,5 m, und die Länge über alles betrug etwa 30 m. Bei einer Hauptspantbreite von 5,4 m betrug das Längen-Breiten-Verhältnis 1:3,8, jedoch das Gesamt-Längen-Breiten-Verhältnis erreichte 1:5,7. Durch die relativ leichte Bauweise bei geringer Seitenhöhe hatten die Schiffe den für Segelschiffe dieser Größe kleinen Tiefgang von etwa 2 bis 2,5 m.

Giek-Ewer: *Ewer* mit besonderer Takelung, bei der ein gaffelgetakelter Ewer einen am Mast gelenkartig befestigten Giekbaum zum Ausholen des Segel-Schothorns fuhr; die Takelung setzte sich im 19. Jh. durch, nachdem ursprünglich die Ewer nur ein Sprietsegel und seit Anfang des 19. Jh. ein Gaffelsegel ohne Giekbaum, ein sogenanntes Schotsegel, geführt hatten.

Gig: ein leichtes, schlank mit spitz zulaufenden Enden geklinkert gebautes Ruder-Beiboot der Segelschiffszeit mit Hilfsbesegelung. Bei einer durchschnittlichen Länge von 8 bis 9 m waren die Boote etwa 1,6 m breit. Wegen der geringen Breite wurden die üblicherweise 6 Ruderbänke nur jeweils mit einem Ruderer besetzt. Die Riemen des Gigs waren im Vergleich zu anderen Beibooten länger, damit ausgesuchte Ruderer über kürzere Strecken höhere Geschwindigkeiten erreichen konnten. Im Unterschied zu anderen Beibooten *(Barkassen, Pinassen, Schaluppen, Jollen)* auf Kriegs- und Handelsschiffen stand das Gig hauptsächlich dem Kommandanten oder Kapitän zur Verfügung (Kapitänsgig). Am mittelgroßen Segelschiff fuhr man das Gig am Heckbalken oder Heckdavit hängend, so daß es schnell aussetzbar war. Auf Walfangschiffen verwendete man Gigs als Fangboote. Einsatzbereit hingen dann mehrere Boote an beiden Bordseiten in den Bootsaussetzvorrichtungen (Davits).

Kapitänsgig an Heckdavits

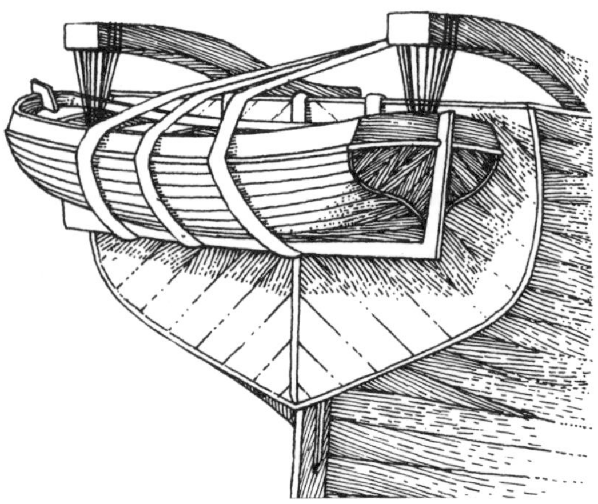

Zweimastige westarabische Piratenghanja zu Anfang des 19. Jh., Modell [13]

Deutsches Marine-Gig mit Huari-Steilgaffeln

Für Sportzwecke ist das Gig ein Einer-, Zweier-, Dreier-, Vierer-, Sechser- und Achter-Riemen- oder Skull-Übungsboot. Bei den Riemenbooten arbeitet jeder Ruderer mit beiden Händen an einem größeren Riemen, und bei den Skullbooten benutzt er ein leichteres Riemenpaar, die Skulls. Dementsprechend sind die Auslegerarme auch verschieden angebracht. Hinsichtlich der Bauweise werden geklinkerte und glatte Boote unterschieden. Das Einergig ist überlicherweise 6,50 m lang und 0,60 m breit, das Zweiergig hat 8,50 m Länge und 0,78 m Breite, der Vierer mit Steuermann ist 10,50 m lang und 0,78 m breit und der Achter mit Steuermann ist 17,50 m lang und 0,85 m breit. See-Übungsboote sind etwas breitere und kürzere Seegigs.
Das schlanke klinkergebaute Gig gab es auch als ruderbares Segelboot mit 2 Masten für Binnen- und Küstengewässer, bis es durch die modernen Segeljollen abgelöst wurde. Das segelbare Seegig war auf Kiel gebaut und hatte einen durchlaufenden Dollbord.

Glattdeckschiff, *Glattdeckyacht, Glattdecker:* Schiff mit glatt durchlaufendem oberen Deck ohne vordere (Back), mittlere (Hütte, Brücke) oder hintere (Poop) Aufbauten oder Deckshäuser. Als Glattdecker bezeichnet man auch größere Segelyachten, bei denen eine genügend große Kajütenstehhöhe unter Deck ohne Kajütenaufbau erreicht wird. Das Deck wird nur durch Oberlichter und Niedergänge unterbrochen.

Gleit-Segelboot: Segelsportboot, bei dem der Bootskörper im Boden- und Seitenbereich so gestaltet ist, daß die Boote bei höheren Geschwindigkeiten (etwa 6 bis 9 m/s) zur Gleitfahrt übergehen wie Katamarane und Trimarane. Mit gewissen Einschränkungen sind auch übliche Segelsportboote wie *Finn-Dingi*, *Flying Dutchman* oder auch die *470er Jolle* zur Gleitfahrt geeignet.

Gloucester-Schoner: ein nordamerikanischer Fischerei-Schonertyp in der Mitte des 19. Jh., speziell für den Kabeljaufang bei den Neufundlandbänken. Gloucesterschoner waren Schnellsegler mit einem auf Kiel gebauten schlanken, yachtähnlichen, aber stärker versteiften Schiffskörper, damit der leicht verderbliche Fang auch bei schlechteren Wetterbedingungen schnell angelandet werden konnte. Auf den Schonern wurde eine größere Anzahl von Fangbeibooten, sogenannte Doris oder *Doriboote* an Deck gefahren, mit denen auf dem Fangplatz je 1 bis 2 Fischer mit Hand- oder Langleinen fischten.
Getakelt waren die zweimastigen Schiffe wie *Schoner* mit Gaffelsegel. Am Bug fuhr man am Klüverbaum Fock, Klüver und Flieger. Über dem Gaffel-Hauptsegel konnten noch zusätzlich Toppsegel an aufgesetzten Maststengen gefahren werden.

Gobelette: Leinenfischerboot von etwa 7 m Länge und 2 m Breite mit Rahsegel an einem abgestagten Mast, das im 18. Jh. vorwiegend im Bereich der Sommemündung benutzt wurde.

Goélette: französische Bezeichnung für den schnellen, relativ schlank gebauten, vorwiegend in Nordamerika Anfang des vorigen Jahrhun-

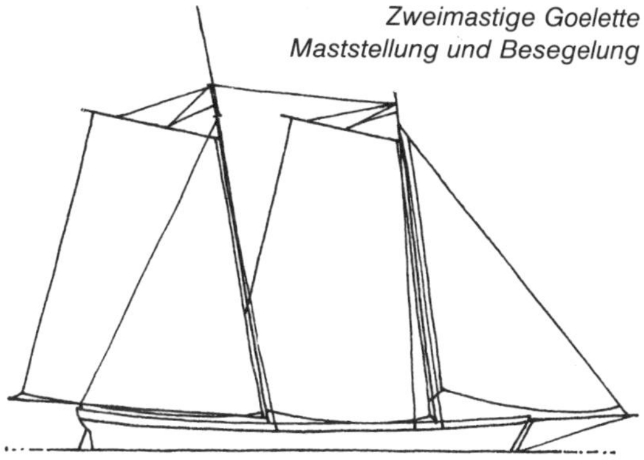
Zweimastige Goelette Maststellung und Besegelung

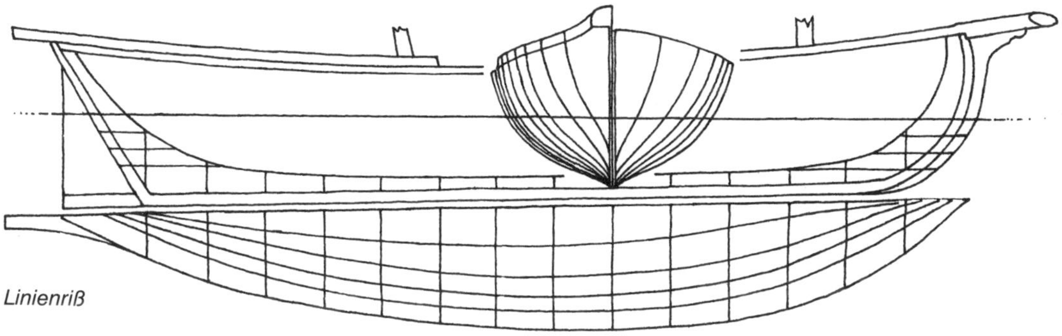
Linienriß

Das restaurierte Gokstad-Schiff, Blick von Steuerbord achtern [3]

derts verwendeten Zweimast-Gaffelschoner von etwa 20 m Länge, den es teilweise auch als Toppsegelschoner gab.

Gokstad-Schiffsfund: ein typisches Wikinger-Langschiff, das im Jahre 1880 am Oslofjord bei Sandelfjord in einer Begräbnisstätte der Familie des Königs OLAF GEIRSTADA-ALF aus der zweiten Hälfte des 9. Jh. gefunden wurde. Es besaß eine Segeleinrichtung für eine Segelfläche von etwa 70 m². Der etwa 13 m hohe Mast war umlegbar und wie die Rah aus Eichenholz. Das Schiff konnte bei Windstille mit 16 Riemen an jeder Seite gerudert werden. Die Riemen wurden dabei durch Löcher in der Bordwand geführt; fuhr das Schiff unter Segel, so gaben aufgesteckte Schilde etwas Schutz.
Bei diesem Schiff von 23,80 m Länge, 5,10 m Breite, 1,75 m Seitenhöhe und 0,92 m Tiefgang ist der Unterwasserteil wie auch beim *Nydamboot* wesentlich stärker gebaut als das Überwasserschiff. Auf jeder Seite waren 11 Planken an herausgearbeiteten Klampen mit insgesamt 17 krummgewachsenen Spanten in einem Spantabstand von etwa 90 cm verbunden. Die Planken waren miteinander vernietet und durch Rindshaar abgedichtet. Oben auf den Spanten ruhten festgelaschte Querbalken, auf denen kurze Bretter von Querbalken zu Querbalken als Abdekkung lagen.
Das Überwasserschiff bestand aus 5 Plankengängen je Seite, die zusätzlich durch kurze Spanten mit dem Unterwasserschiff und mit den Querbalken durch Holzknie verbunden waren.

Die oberen Planken wurden mit Holznägeln an die kurzen aufgesteckten Spanten genagelt. Im dritten Plankengang von oben sind zum Durchstecken der Riemen 16 gerundete, mit einem Ausschnitt versehene Löcher angeordnet gewesen. Der Mast ruhte etwas vor der halben Schiffslänge in einer schweren Mastspur auf dem Kiel. In Höhe der Decksbalken stützte ihn eine breite, dicke, fischschwanzähnlich auslaufende Planke. Für den umlegbaren Mast mit der Rah war ein T-förmiger Träger vorhanden. Gesteuert wurde wie bei allen Wikingerschiffen mit einem Riemen an der Steuerbordseite.
Das Gokstadschiff konnte in einem verhältnismäßig gut erhaltenen Zustand geborgen werden, es ist im Museum von Bygdøy bei Oslo ausgestellt. Zur Demonstration der Seefähigkeit wurden 2 Fahrzeuge nachgebaut und auf Überfahrten von Norwegen nach Amerika erprobt. Der erste Nachbau fuhr 1893 zur Weltausstellung nach Chikago. Der zweite Nachbau trug den Namen »THE VIKINGS«, war zur Sicherheit mit Hilfsmotor und Propeller ausgerüstet und fuhr die Strekke Bergen – New York in 22 Tagen.

Goleta: spanische Bezeichnung für *Schoner*.

Gölle: im 19.Jh. ein vorwiegend für den Holztransport eingesetztes flaches Flußfahrzeug von etwa 25 m Länge und 3 bis 5,5 m Breite. Es hatte auf dem Vorschiff ein kleineres Verdeck und achtern eine Kajüte.

Gokstad-Schiff – Ansicht der Spantkontur von vorn

Gokstad-Schiff – Setzspanten und Querbalken

Gokstad-Schiff – Mastfuß und Decksdielen

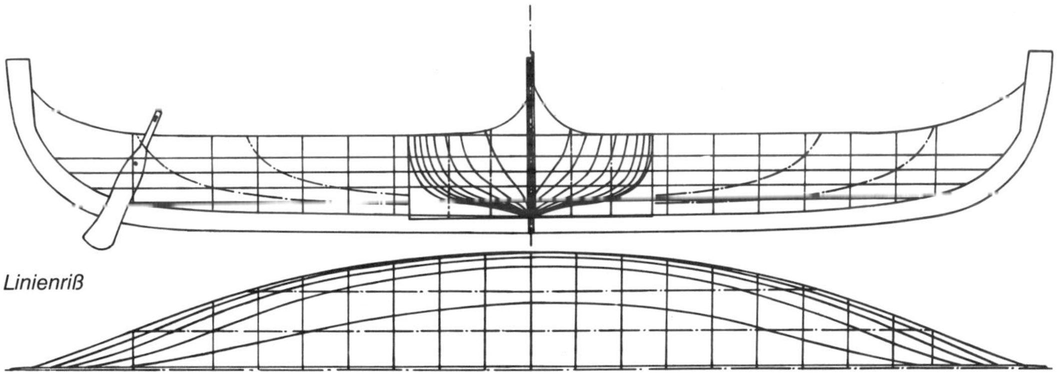

Linienriß

Sehr aufschlußreiche Grabsteine fand man auch bei Ausgrabungen an der Landstraße nach Trier bei der alten Winzerstadt Neumagen. Die Darstellungen auf den Steinen stammen aus der Zeit des römischen Kaisers KONSTANTIN (337 bis 280 v. u. Z.) und zeigen mit Weinfässern beladene Moselschiffe. Die Schiffer rudern nicht sitzend, sondern »frickeln« im Stehen, dazu führen sie mit dem Riemen kurze ruckartige Schläge aus. Die gefundenen Grabsteine befinden sich im Museum von Saint Germain-en-Laye.
Zu den bekanntesten nordeuropäischen Grabsteinen mit Schiffsdarstellungen gehören die aus der Wikingerzeit des 8. und 9. Jh. stammenden Gotlandsteine. Bevorzugte Szenen wie auf dem Lörbro-Tängelgarda-Stein sind Schiffe, Kampf- und Opferhandlungen. Insbesondere sind die Darstellungen für die Entwicklung des Segels und seiner Handhabung am altnordischen Schiff aufschlußreich.

Grippa: im 15. und 16. Jh. im nördlichen Mittelmeergebiet ein der Mittelmeer-Brigantine ähnliches Ruder-Segelschiff von etwa 17 m Länge und 3 bis 4 m Breite für den Lastentransport und die Fischerei. Die mit 8 bis 14 Riemen je Seite ausgestatteten Fahrzeuge waren zum Teil auch bewaffnet.

Grönlandschiff: Segelschiff, das speziell für die Nordfahrt nach Grönland zum Robbenschlag und zum Walfang ausgerüstet war und auch »Grönlandfahrer« genannt wurde. Die frühesten Walfänge sind aus dem 12. und 13. Jh. aus dem Baskenland bekannt. Nachgewiesene Fahrten vom deutschen Küstengebiet aus in arktische Gewässer und zur Jagd nach Grönland gab es seit 1611. Im Jahre 1674 entstand in Bremen als deutsches Walfangunternehmen die »Grönlän-

Gondel, *Gondolo, Gondole:* ein besonders aus Venedig bekanntes, leichtes und schmales Ruderboot bis zu 10 m Länge, vorwiegend für die Personenbeförderung, das mit einer speziellen einseitigen Rudertechnik stehend vom »Gondoliere« gerudert wird. Zum Ausgleich des einseitigen Vortriebes ist der Bootskörper zur Mittellängsebene unsymmetrisch gebaut, so daß i. allg. bei normalgroßen Fahrzeugen die halbe Bootsbreite an der Steuerbordseite um etwa 0,25 m geringer war als an der Backbordseite. Unter der typischen mittschiffs angeordneten Überdachung befanden sich Sitzplätze für 2 bis 4 Personen.
Eine weitere Besonderheit der venezianischen Gondel ist ihr schwarzer Anstrich. Da die früheren Adels- und Patrizierhäuser sich gegenseitig in der prunkvollen und kostspieligen Ausstattung der Gondeln zu überbieten suchten, untersagte der Senat von Venedig diese Prunksucht durch einen Erlaß und schrieb allgemein einen schwarzen Anstrich vor.

Grabstein-Schiffsdarstellung: die gesellschaftliche Bedeutung des Schiffs reflektierende, in Stein gehauene Darstellungen von Booten und Schiffen vom Altertum bis ins Mittelalter. Aus der Zeit 1000 bis 500 v. u. Z. stammt die Darstellung eines größeren geruderten Segelschiffes mit Rah-Quersegel von einer altrömischen etruskischen Grabstelle in Pesaro.

Gondeln in Venedig [11]

dische Kompagnie«. Für die Nordfahrt eigneten sich die fest gebauten rundlichen *Fleuten, Galioten* und *Huker*, da sie höheren Belastungen bei Fahrten in Treibeisgebieten und teilweise sogar dem Eisdruck beim Einfrieren verhältnismäßig gut standhielten. Grönland-Walfangschiffe waren insbesondere an den mitgeführten Booten zu erkennen, die im Jagdgebiet einsatzbereit in Davits an den Bordseiten hingen. Die entdeckten Wale wurden mit diesen kleinen Fangbooten gejagt, mittels geworfener Handharpunen harpuniert und getötet. Die erbeuteten Tiere wurden am Walfangschiff ausgeschlachtet oder ganz bzw. stückweise an Deck gebracht. Den an Bord durch Auskochen des Walspecks gewonnenen flüssigen Tran füllte man in mitgebrachte oder aus Faßdauben vorher zusammengeschlagene Fässer. Diese gefährliche Jagd kostete viele Walfänger Leben und Gesundheit. Daß man auch mit hohen Gerätverlusten rechnete, geht aus der Ausrüstungsliste eines Grönlandfahrers aus dem Jahre 1827 hervor. Dieses Schiff nahm an Fanggeräten 60 Harpunen, 39 Wal-Lanzen, 5 Walroßlanzen, 10 Robbenharpunen und 50 Robbenschläger mit. Mit der Erfindung der Granatharpune und der Harpunengeschütze durch den Norweger SVEN FOYN im Jahre 1868 begann der moderne Walfang, der beinahe zur Ausrottung dieser großen Säugetiere geführt hätte.
Kleinere Schiffe fuhren speziell zum Robbenschlag. Besonders erfolgreiche Robbenschläger, die z. B. 1850 mehrmals ausfuhren, töteten allein mit einer Schiffsbesatzung in einem Jahr bis zu 5000 Robben. Auch hier waren bald dringende Schutzmaßnahmen geboten, um diese Tierart zu erhalten.

Grundel: holländischer Yachttyp des 18. und 19. Jh. für die Fischerei (mit Bünn) aber auch für den Transport auf Binnengewässern, der auch noch in der heutigen Zeit in gewandelter Form als Vergnügungsyacht in Gebrauch ist. In diesem Fall fährt er jedoch meistens mit kleiner Kajüte und Besantakelung. Die 6 bis 10 m langen, 2,5 bis 3,5 m breiten und nur etwa 0,30 m tiefgehenden Boote führen eine Segelfläche bis zu 20 m^2.

Guffa: ein etwa 5000 Jahre altes mesopotamisches Gerüst-Rundboot, meistens fellüberspannt, das noch zu Anfang dieses Jahrhunderts auf Euphrat und Tigris sowie verschiedenen Nebenflüssen Indiens in Gebrauch war. Darstellungen solcher Rundboote *(Fellboote)* aus dem 7. Jh. v. u. Z. sind auf einer Reliefplatte aus der alten Assyrier-Hauptstadt Ninive überliefert.
Auch der Geschichtsschreiber HERODOT von HALIKARNASSOS (484 bis 420 v. u. Z.) sah bei einer Reise nach Babylon Rundboote auf dem Euphrat. Es schildert, daß die nach Babylon fahrenden Boote in dem flußauf gelegenen Armenien aus Weiden korbartig geflochten wurden. An den runden Fahrzeugen seien Bug und Heck nicht zu unterscheiden gewesen. Diese korbartigen Fahrzeuge wurden mit Häuten überspannt und der Boden mit Stroh oder sonstigem Tierfutter ausgelegt. Waren die Händler in Babylon angekommen, so verkauften sie die Fracht, das Bootsgerippe und das Stroh. In ihrer Guffa brachten sie flußab Esel mit, um die Fellbespannung für weitere Fahrten nach Armenien zurückzubringen. Wo die Möglichkeit bestand, verzichtete man auf die Fellbespannung und dichtete das Korbgeflecht mit heimischem Naturbitumen. Die Guffa war in den verschiedenen Größen vorzugsweise ein Lasten- und Personenfahrzeug auf Flüssen, es wurde jedoch auch von Fischern in Küstennähe benutzt. Infolge der einfachen Bauart waren hauptsächlich Fahrzeuge für 1 oder 2 Personen in Gebrauch, es gab jedoch auch Guffas für 10 Personen und einige Pferde. Man kannte auch die Möglichkeit, mehrere Rundboote mit Plattformen zu größeren Fahrzeugen zu verbinden und nutzte sie so auch für schwimmende Brücken.

Schiffsdarstellung auf dem Lärbro-Grabstein

Guffa, mesopotamisch-indisches Gerüstrundboot

Die verhältnismäßig leichten Fahrzeuge waren bei entsprechend tiefer Standfläche der Personen oder Lasten auch bei Stromschnellen sehr sicher gegen Kentern. Der hohe Widerstand und die kaum vorhandene Steuerfähigkeit störten bei Flußfahrten mit der Strömung demgegenüber kaum.

Gundelo: schaluppenähnliches Fluß-Segelkriegsschiff aus dem 18. Jh., das insbesondere in Nordamerika gebaut wurde. Bei dem Seegefecht auf dem Champlainsee nördlich von New York zwischen den Engländern und Amerikanern kämpften in den Befreiungskriegen auf amerikanischer Seite 3 *Schoner*, eine *Schaluppe*, 5 *Galeeren* und 8 Gundelos. Die Engländer setzten 4 *Fregatten*, 2 Schoner, ein Radeau, 20 *Kanonenboote*, 4 *Langboote* und ein Gundelo ein.
In den dreißiger Jahren dieses Jahrhunderts wurde aus 18,5 m Tiefe im Champlainsee eine der gesunkenen Gundelos geborgen und für die Smithsonia Institution restauriert.
Das Schiff ist 17,4 m lang und 5,2 m breit. Es führte auf jeder Bordseite eine Kanone und ferner eine Relingbüchse. Der eine, durch eine Maststenge verlängerte hohe Mast führte übereinander 2 relativ große Rahsegel und Stagfock. Es gab auch Gundelos, die ein Latein-Großsegel mit einer langen oberen Lateinrah und einem ausbalancierten, kurzen unteren Teil fuhren.

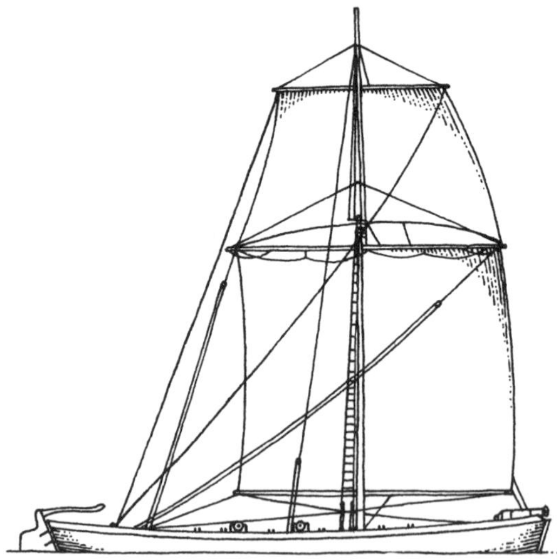
Gundelo, nordamerikanisches Fluß-Segelkriegsschiff

Gyassa: vom Ende des 18. Jh. bis in das 20. Jh. bedeutendes großes ein- bis dreimastiges Frachtsegelschiff auf dem Nil, im südwestlichen Mittelmeer und auf dem Roten Meer. Nach Art der ägyptischen Fracht-Flußschiffe wurde der breite Schiffskörper mit flachem Boden kraweelgebaut und am Bug mit einem kurzen steilen Sprung hochgezogen.
Bei der häufig verwendeten zweimastigen Gyassa stand der Großmast sehr weit vorn und der Besanmast etwa auf ein Drittel der Schiffslänge. Beide Maste hatten eine leichte, parallele Neigung nach achtern. Ein typisches Merkmal waren die besonders langen, aus Spieren zusammengesetzten Rahen, mit Lateinsegel getakelt. Die Großrah erreichte etwa das 1,7fache und die Besanrah etwa das 1,2fache der Länge des Schiffes.

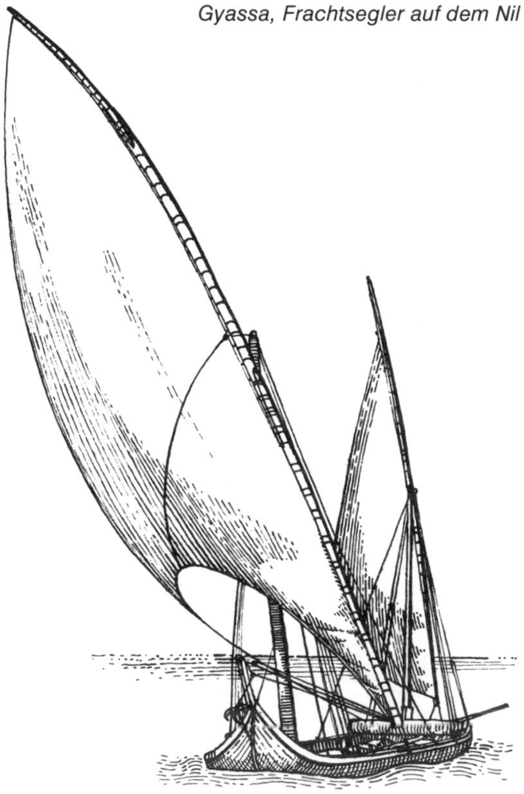

Gyassa, Frachtsegler auf dem Nil

* * *

»GOLDEN HIND«, ex »PELIKAN«: durch die abenteuerliche Freibeuterfahrt und Weltumsegelung des englischen Freibeuterkapitäns FRANCIS DRAKE in aller Welt bekannt gewordene kleine englische Galeone aus der Zeit ELISABETHS I. (1558 bis 1603). F. DRAKE (etwa 1543 bis 1596) lief am 13. Dezember 1577 zu seiner von der Königin und einflußreichen Kreisen unterstützten Fahrt mit einem kleinen Geschwader von 5 kleinen bewaffneten Handelsschiffen und 164 Mann Besatzung zu einer angeblichen Handelsreise ins Mittelmeer nach Alexandrien aus. Die tatsächliche Absicht, trotz des Friedens zwischen England und Spanien die Schiffahrtswege des spanisch-portugiesischen Welthandels zu erkunden, das Welthandelsmonopol zu stören sowie Häfen und Schiffe in der neuen Welt zu plündern, wurden den durch F. DRAKE selbst ausgewählten Mannschaften erst auf hoher See bekanntgegeben. Außerdem ließ F. DRAKE das Aussehen und den Anstrich seines Schiffes ändern, damit es den spanischen Galeeren ähnelte, und gab dem Schiff den neuen Namen »GOLDEN HIND« (Goldene Hirschkuh). Die Begleitschiffe »MARIGOLD« (etwa 30 tons, 16 Kanonen), das Versorgungschiff »SWAN« (etwa 50 tons, 5 Kanonen) und die Pinasse »BENEDICT« (etwa 15 tons, 1 Kanone) gingen noch vor der Ausfahrt der Magellanstraße zum Stillen Ozean durch See und Feuer verloren.
Das 4. Begleitschiff, die »ELISABETH«, von etwa 80 tons mit 16 Kanonen, kehrte, nachdem es den Kontakt mit der »GOLDEN HIND« verloren hatte, unter Kapitän JOHN WINTER nach England zurück. Nur die »GOLDEN HIND« konnte unter F. DRAKE nach Passieren der Magellanstraße die Reise an der amerikanischen Westküste fortsetzen.
Obwohl keine exakten Daten und Darstellungen des Schiffes überliefert sind, gibt es vielfältige Rekonstruktionsmodelle, die hauptsächlich auf Angaben beruhen, die entstanden, als die »GOLDEN HIND« nach ihrer Rückkehr über 100 Jahre in einem aus Ziegelsteinen erbauten Trockendock in Deptford als Traditionsschiff lag, bis es infolge mangelnder Wartung zerfiel. Zu den zuverlässigsten Daten gehören DRAKES Angaben über den Tiefgang des Schiffes. Auf seinem Plünderungszug an der Westküste Amerikas von Kap Horn bis etwa zur Höhe des heutigen San Francisco erbeutete er so viele Schätze, daß das Schiff statt des normalen Tiefganges von 9 engl. Fuß (etwa 2,75 m) einen Tiefgang von 13 engl. Fuß (etwa 3,97 m) hatte. Dennoch suchte der wagemutige Freibeuterkapitän einen direkten Rückreiseweg um Nordamerika zu finden, wobei er die Höhe des heutigen Vancouver (etwa 43° nördl. Breite) erreichte, bis er zur Umkehr gezwungen war. Nach einer Überholung des Schiffes in einer Bucht nahe San Francisco entschied sich DRAKE für eine Rückreiseroute durch Überquerung des Stillen Ozeans. Stationen dieser im Juni 1579 begonnenen Rückfahrt waren die Palauinseln, Bali, Java, im Juni 1580 das Kap der Guten Hoffnung, danach Sierra Leone. Am 3. November 1580 lief die »GOLDEN HIND« mit einer Restbesatzung von 54 Mann und einer Beute im angeblichen Wert von 2225000 Goldpfund nach fast dreijähriger Fahrt in Plymouth ein. Etwa ein halbes Jahr später wurde das Schiff zur Besichtigung in Deptford im Dock aufgelegt. Zu den Abmessungen des Schiffes gibt es unterschiedliche Angaben. Danach kann die Länge über alles zwischen 23 und 25 m betragen haben. Die wahrscheinlichsten Maße dürften den Angaben des Science Museum in London entsprechen mit einer Länge über alles von 75 engl. Fuß (22,88 m), Länge zwischen den Steven von 60 engl. Fuß (18,30 m) und einer Breite von 19 engl. Fuß (5,80 m). Damit kann eine Tragfähigkeit zwischen 100 und 150 tons als zutreffend angesehen werden. Die dreimastige Galeone war an Fock- und Großmast jeweils mit Fock- bzw. Groß- und Bramsegeln getakelt und fuhr am Kreuzmast Lateinsegel und am Bugspriet eine Blinde; sie war mit 18 Kanonen bewaffnet.
Im Jahre 1973 entstand ein Nachbau der »GOLDEN HIND« in Appledore, Devon.

* * *

»GREAT HARRY« oder »HENRY GRACE Á DIEU«: der Bau dieses seinerzeit sehr großen Kriegsschiffes wurde auf Anordnung HEINRICHS VIII. am 3. Oktober 1512 vom Schiffbaumeister W. BOND begonnen und im Juni 1514 in Wolwich, Grafschaft Kent, vom Stapel gelassen. Dem Typ nach war die »GREAT HARRY«, die offiziell als »HENRY GRACE Á DIEU« geführt wurde, eine viermastige Karacke mit 8 Decks. Das

»GOLDEN HIND«, Freibeutergaleone von FRANCIS DRAKE, 1577, Modellrekonstruktion

»GREAT HARRY« bzw. »HENRY GRACE À DIEU«, erbaut 1512 bis 1514, Kupferstich von P. C. CANOT 1736 nach dem Gemälde von HOLBEIN [22]

Schiff war an beiden vorderen Masten mit je 3 Rahsegeln, an den beiden hinteren Masten mit Lateinsegel und am Bugspriet mit einer Blinde getakelt.
Die ursprüngliche Bestückung bestand aus 184 Kanonen, davon 43 Stück mit schwerem Kaliber. Die Kiellänge wird etwa 38 m und die Länge über Deck etwa 50 m bei einer Breite von etwa 12,5 m betragen haben. Da keine exakteren Baudaten überliefert sind, kann die Verdrängung aufgrund der bekannten Angaben mit etwa 1500 t angenommen werden. Für zeitgenössische Begriffe entsprachen diese Abmessungen der Forderung HEINRICHS VIII., »ein Schiff zu bauen, wie es bisher in England nicht gesehen wurde«. Die Besatzung bestand aus 700 Mann, zu denen 301 Seeleute, 349 Soldaten und 50 Kanonniere gehörten. Bemerkenswert soll auch der äußere Schmuck durch Bemalungen der Schiffsseiten und des Hecks und der Flaggenschmuck gewesen sein; zeitgenössischen Berichten zufolge soll das Schiff sogar golddurchwebte Segel gehabt haben. In den Jahren 1535 und 1536 wurde das Schiff umgebaut und die Bewaffnung auf 122 Kanonen reduziert. Der kriegsmäßige Einsatz der Karacke erfolgte nur einmal 1545 bei Spithead. Als Handwaffen befanden sich 500 Eibenbögen, 10 Dutzend Bogensehnen, 200 Piken, 200 Entermesser sowie eine große Anzahl von Pfeilen und Spießen an Bord. Für günstigen Wind beim Kampf führte man 120 Töpfe mit ungelöschtem Kalk an Bord, um damit dem Gegner die Augen zu blenden.
Die »GREAT HARRY« wurde im August 1553 in Wolwich durch einen Brand zerstört. Eine zeitgenössische Darstellung, die das Schiff nach dem Umbau zeigt, blieb in den als »ANTHONY ROLL« bekannten Bildern erhalten.

H

Haffkahn: im 19. Jh. und noch Anfang des 20. Jh. ein völliges Frachtschiff mit einer großen Fock und 3 kräftigen Pfahlmasten mit je einem großen viereckigen Sprietsegel für Fahrten auf dem Oderhaff. Im 13. und 14. Jh. nannte man die Oderhaff-Fischereifahrzeuge »hafcane«, und Frachtkähne, die nicht nur auf dem Haff verkehrten, wurden als »cane« bezeichnet.
Um 1800 waren die Haffkähne etwa 23 bis 30 m lang; im 20. Jh. betrug die Länge etwa 40 m bei einer Breite von etwa 4,5 m und 2,0 m Bordhöhe.

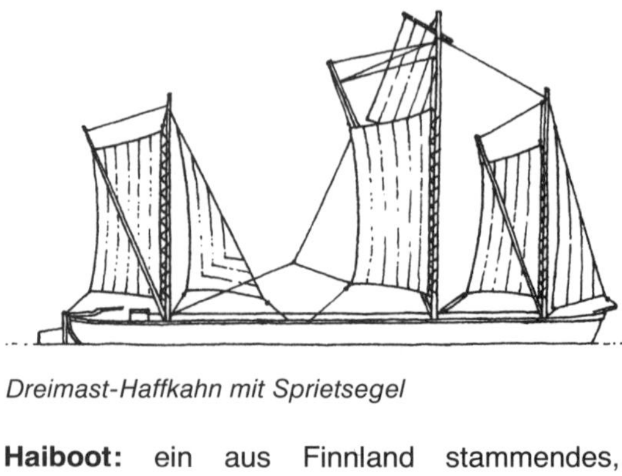

Dreimast-Haffkahn mit Sprietsegel

Haiboot: ein aus Finnland stammendes, zur *Konstruktions-Einheitsklasse* gehörendes Sport-Segelkielboot mit 1,9 t Wasserverdrängung und Kajüte, das als Segelzeichen einen Hai führt. Das Boot hat 19 m^2 Segelfläche und ist 1,90 m breit. Die Überhänge vorn und achtern sind relativ groß; bei einer Länge in der KWL von 5,70 m beträgt die Länge über alles 9,60 m.

Haithabu-Schiffsfund: im Hafen von Haithabu an der Schlei im Haddebyer Moor im Jahre 1953 gefundene Wrackteile eines etwa 16m langen Schiffes aus der späten Wikingerzeit.

Halbklipper: in Nordamerika nach Art der *Klipper* Mitte des 19.Jh. gebaute und getakelte, jedoch im Vergleich zum Klipper kleinere Segelfrachtschiffe für Nebenhandelsrouten.

Hale: ein pirogenähnliches Boot von 10 bis 16m Länge und nahezu rechteckigem Querschnitt, das an der südfranzösischen Atlantikküste vorwiegend für den Getreidetransport verwendet wurde.

Halsnöy-Bootsfund: im Jahre 1896 in Sunnfjordland in Norwegen aufgefundene Überreste eines Bootes aus dem 1. oder 2.Jh. Die Spanten sind wie beim *Nydam-Boot* an Knaggen der einzelnen Plankengänge der Außenhaut befestigt.

Handelsschiff: Sammelbegriff für unterschiedliche, oft spezialisierte Nutz-Wasserfahrzeuge, die – im Unterschied zu Kriegs-, Fischerei-, Hilfs- oder Forschungsschiffen – für den Transport von Gütern oder die Beförderung von Personen eingesetzt werden. Der Begriff *Kauffahrteischiff* ist eine entsprechende ältere Benennung.

Hansa-Jolle: kleines gedecktes *Kiel-Schwertboot* mit einer Segelfläche von 15m^2 und einem Hanse-Kreuz als Segelzeichen. Die Abmessungen sind: Länge über alles 5,85m, Breite 1,61m und Tiefgang ohne Kiel- oder Seitenschwert 0,50m.

Hatschepsut-Schiffsreliefs: Reliefs am terrassenartig angelegten Felsentempel Deir el-Bahari (arab., Nordkloster) im altägyptischen Theben stellen ausführlich und detailliert in Wort und Bild Einzelheiten einer um 1480 v. u. Z. in der Regierungszeit der Königin HATSCHEPSUT unternommenen erfolgreichen Seereise nach dem Lande Punt dar. Das Land Punt lag wahrscheinlich am Golf von Aden an der Somaliküste in der Nähe des Kaps Guardafui. Aus der altägyptischen Geschichte ist bekannt, daß bereits eine noch frühere Puntexpedition mit 3000 Mann in der 11. Dynastie unter Pharao MENTUHOTEP II. (um 2040 v. u. Z.) unter Leitung des hohen Beamten HENEAU unternommen wurde. Von Koptos am Nil wurden auseinandergenommene Schiffe durch das Whadi Hammanat bis zur Küstenstadt Kosser geschafft, von der die eigentliche See-Expedition zum Lande Punt begann.
Auf den Schiffsreliefs von Deir el-Bahari sind sehr sorgfältig 5 zum Teil unter Segel stehende Schiffe sowohl bei der Abfahrt oder Rückkehr als auch beim Beladen vor dem Hintergrund aus Strandszenen und Pfahlbauten des Volkes der Hamiten dargestellt. Die Reliefs zeigen eindeutig mit Kiel gebaute ägyptische Schiffe. Die typische Bauweise mit Decksquerbalken, die die oberen Seitenplanken durchstoßen und den Schiffskörper in Querrichtung aussteifen, ist hier schon dargestellt. An diesen Schiffen konnte durch diese

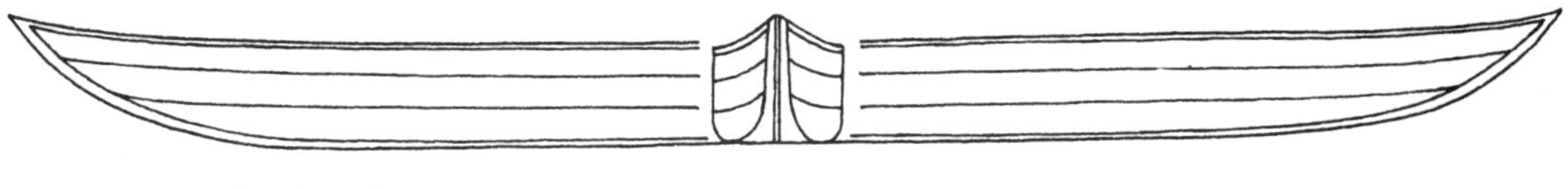

Hale, französisches Langboot

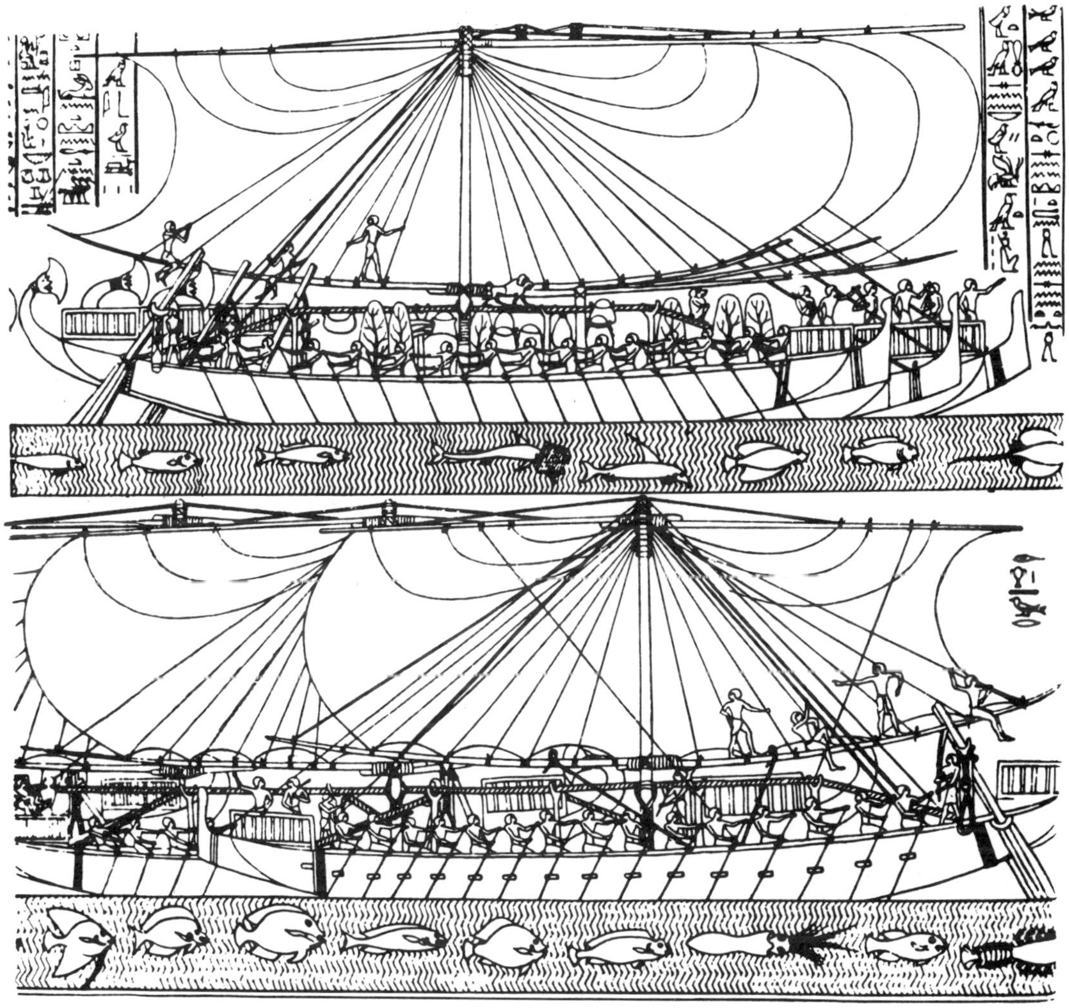

Ägyptisches Seeschiff um 1480 v. u. Z.. aus der Zeit der Königin HATSCHEPSUT, Relief

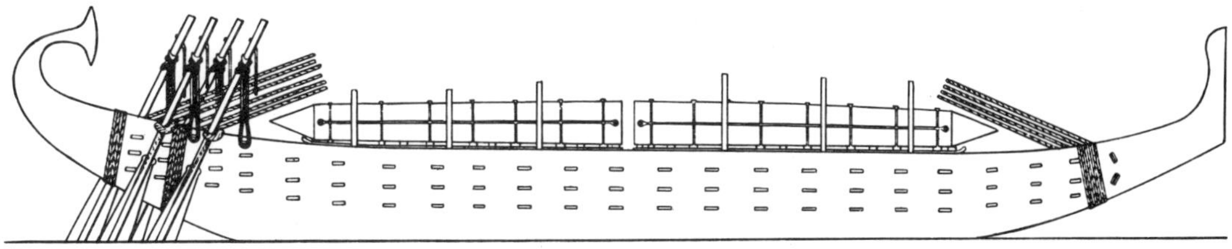

Ägyptisches Obelisken-Transportschiff aus der Zeit der Königin HATSCHEPSUT, s. a. Antike Großschiffe

Aussteifung jedoch schon auf die Umschlingung des Schiffskörpers durch einen Trossengürtel verzichtet werden. Die der Längsversteifung dienende Spanntrosse über Deck wurde demgegenüber noch beibehalten und auch bei der Reliefdarstellung berücksichtigt.

Hausboot: als zeitweilige oder ständige Wohnstätte verwendetes Boot oder ein Ponton bzw. Floß mit Wohnaufbau. In verschiedenen dichtbevölkerten Gebieten Ostasiens ist auch heute noch auf Flüssen, Binnen- und Hafengewässern und geschützten Buchten das Haus- oder Wohnboot sowohl in den einfachen Bauweisen als Floß mit Wohnhütte oder als Einbaum mit aufgesetzten Seitenplanken *(Piroge)* bzw. als *Plankenboot* mit mehr oder weniger behelfsmäßigen Überdachungen als ständige Wohnstätte für die ganze Familie anzutreffen.
Moderne Hausboote dienen als Erholungs- und Wassersportunterkünfte.

Havelkahn, *Havelzille:* siehe Kahn, Zille

Hebebock: pontonförmiger Schwimmkörper mit Spill oder Winde und Bockgerüst zum Heben schwerer Lasten.

Hebefloß: ein Floß im 19.Jh., das zum Transport, auch zum Versenken und Heben von Minen und für das Sperren von Häfen verwendet wurde.

Hebeschiff: speziell bei der Bergung gesunkener Schiffe, aber auch zum Transport von Lasten

Hausboot in Hongkongs Bootssiedlungen

und Schiffen, die zum Transport angehoben werden müssen, eingesetztes Wasserfahrzeug. Als älteste Hebeschiffe sind die ägyptischen Obelisken-Transportschiffe um 1500 v.u.Z. bekannt, die durch Steinballast möglichst tief abgeladen und in speziell ausgehobenen Kanälen unter schwere Obelisken gebracht wurden. Nach Entladen des Steinballastes hob der Auftrieb dieser Hebeschiffe die Obelisken (s.a. *Antike Großschiffe*).
Später sind bereits aus der Zeit um 1100 Versuche des Arabers ABUL SALT bekannt, ein gesunkenes Schiff zu heben.
Im Werk »Historia de gentibus septentrionalibus«, Rom 1555, stellte OLAUS MAGNUS dar, wie ein Wrack von 4 Schiffen mittels Seilen gehoben werden kann. Er schrieb dazu sinngemäß: Man legt zwei oder vier besonders gute Schiffe zu beiden Seiten des Wracks, füllt sie mit Wasser und verbindet sie mit Balken, worauf man geschickte Taucher starke Seile unter das Schiff, das man heben will, legen läßt und sie oben an den Balken befestigt. Dann schöpft man das Wasser wieder aus den Schiffen, was zur Folge hat, daß sie sich allmählich, so, wie sie entleert werden, in die Höhe heben und das gesunkene Schiff gleichzeitig an die Oberfläche kommt.
Ähnlich wie diese Hebeschiffe wirkten auch die holländischen »*Kamele*«, dockähnliche Auftriebsschwimmkörper, die zu beiden Seiten der zu leichternden Schiffe zur Überwindung von Untiefen befestigt wurden.
Der italienische Baumeister PETRINI hob 1698 ein auf der Trave gesunkenes Schiff mit Hebeschiffen und Winden. Die ersten Patente zur Anwendung von komprimierter Luft in abgesenkten Hebeballons wurden 1837 an den Engländer EDWARD AUSTIN, zum Heben von Schiffen mit abgesenkten, durch Luft entleerte Fässer 1861 an WILHELM BAUER (s.a. *Brandtaucher*) und zur Nutzung der Verdampfung flüssiger Kohlensäure 1879 an den Oberlehrer WILHELM RAYDT aus Hannover erteilt.
In der modernen Schiffstechnik sind Hebeschiffe hochausgerüstete Spezial-Hilfsschiffe.

Heckboot: Ende des 17.Jh. eine im nordeuropäischen Raum übliche Bezeichnung für ein dreimastiges Frachtschiff, das als Mischtyp aus einer *Fleute* und einer *Pinasse* entstand. Das Heckboot war etwas flacher im Boden als eine *Fregatte*, aber etwas schärfer als eine *Bark* gebaut und führte die Ruderpinne durch eine Hecköffnung wie *Hecktjalk* oder *Heckyacht*. An Fock- und Großmast waren Rahsegel, der Besanmast fuhr mit Latein- oder auch Gaffelsegel, und am Bugspriet wurde die Blinde gefahren. Die übliche Länge des Schiffes war etwa 32 m bei 9 m Breite. Später bezeichnete man das am Heck von Schiffen in Davits hängende Boot auch als Heckboot.

Heckboot, Dreimaster zu Ende des 17.Jh.

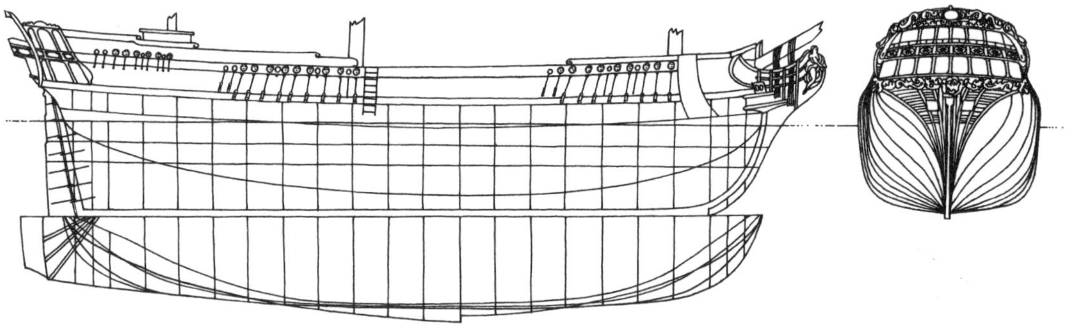

Hecktjalk, *Heckyacht:* eine größere *Tjalk* oder Tjalkyacht, bei der der Helmstock (Ruderpinne) nicht, wie sonst bei der Tjalk üblich, über den Achtersteven geführt wurde, sondern durch eine Hecköffnung, das »Hennegatt«, hindurchging, so daß der Rudergast besser geschützt stand. Das Hennegatt entstand durch eine Heckbauweise, bei der die oberen Plankengänge am hinteren Ende unter scharfem Winkel nach oben abgebogen wurden.

Hecktjalk, 1714, Modell

Heckyacht, Ende des 17. Jh., Modell

Helgoländer Fischerschlup: ein kleines, halbgedecktes Boot, das für den Fang von Schellfisch mit Langleinen verwendet wurde. Diese Fangmethode wird seit Anfang des 20. Jh. nicht mehr angewendet.

Helgoländer Schnigge: seit dem Ende des 18. Jh. eingesetzte anderthalbmastige Frachtschnigge *(Schnigge)* mit Seitenschwertern und niedrigem Kiel, großem Deckssprung und Kajütendeck, die zwischen dem Festland und Helgoland verkehrte.

Hemmema: ein Mischtyp zwischen *Galeere* und *Fregatte*, entworfen vom schwedischen Schiffbauingenieur FREDERIK HENDRIK AF CHAPMAN, ein Versuch, die Eigenschaften der Galeeren mit denen der Segelfregatten zu kombinieren. Von diesem Schiffstyp wurden jedoch in Schweden um 1790 nur insgesamt 3 mit Kanonen ausgerüstete Schiffe von 43 m Länge mit 20 Paar Riemen gebaut.

Hengst: niederländisches plattbodiges Fischereifahrzeug, das sich auch für den Warentransport und den Fährverkehr eignete. Die älteren Typen waren offene Fahrzeuge und fuhren mit Spriettakelung. Ein auffälliges Typmerkmal ist der stark vorgeneigte Vorsteven. Der teilgedeckte Einmaster wird seit dem 18. Jh. auf den holländischen Binnengewässern und an der Nordseeküste mit Gaffel- und Focksegel gesegelt. Zu Ende des 19. Jh. wurden die etwa 10 bis 12 m langen und 3 bis 4 m breiten Fahrzeuge von der Back bis zum Mast gedeckt, und die Takelung bestand aus Gaffelsegel, Stagfock und Klüver.

Heptere: ein sehr großes Ruderschiff aus dem Altertum im Mittelmeerraum. Die Bezeichnung soll auf einen Siebenruderer und die Endung »ere« auf die Anzahl der Ruderdecks hinweisen. Ob es solche Schiffe je gegeben hat, ist recht zweifelhaft. Selbst bei *antiken Großschiffen*, wie sie beispielsweise unter Anleitung des ARCHIMEDES erbaut wurden, wären auch bei sehr niedrigen Deckshöhen die Ruder kaum handhabbar gewesen. Dennoch sind verschiedene Möglichkeiten einer größeren Zahl von höhenversetzten Ruderreihen mit kurzen und schmalen, höhen- und längsversetzten Ruderplätzen teils für sitzende oder stehende Ruderer bei der damals üblichen kurzen Ruderschlagtechnik denkbar. Im Unterschied zu den heutigen langen Ruderzügen war vom Altertum bis zu den Galeeren eine kurz eingetauchte, schlagartige Ruderhandhabung üblich. Unter anderem war es damit möglich, den Bewegungsraum der Ruderer klein zu halten und größere Ruderkraft durch mehr Ruderer bei gleicher Schiffsgröße zu erreichen.

Heringslogger: spezieller Fischereilogger für den Heringsfang mit Treibnetzen. Die Länge der Heringslogger betrug zwischen 19 bis 24 m bei etwa 6 m Breite. Kennzeichnend waren eine scharfe Spantform bei völligem Überwasserschiff, plattem Heck und hohem Schanzkleid. Die anderthalbmastigen Segelschiffe setzten mehrere Kilometer lange und etwa 15 m tiefe, aus einzelnen Netzabschnitten, den sogenannten Fleets, bestehende Treibnetze aus. Je nach Strom- oder Windrichtung blieb das Treibnetz an einem Ende mit dem *Logger* verbunden und konnte entweder am ausgesetzten Standort von dem am Luvende ankernden Schiff gehalten oder mit an der Leeseite festgemachtem Schiff mit dem Logger treiben. Die letzten hölzernen Logger wurden um 1910 gebaut, danach gab es nur noch aus Stahl gebaute Segellogger. Der Heringslogger war auch während der Übergangszeit zur Schleppnetz- und Ringwadenfischerei noch ein häufig gebautes Fischereischiff.

Hermaphrodit-Segelschiff: zwei- und mehrmastige Segelschiffe mit kombinierten gemischten Rah- und Schratsegelanordnungen, bei denen die Zuordnung zu Rah- und Schratseglern nicht eindeutig ist und die eine Zwitterstellung einnehmen wie *Jakassbark* oder *Vinnen-Segelschiff.*

Heuer: bis in das 20. Jh. allgemein gebräuchlicher einmastiger mecklenburgischer Küstenfischerkahn, den es auch im Bereich der Odermündung gab. Die Fahrzeuge mit schmalem, in

»Hengst« mit Gaffelsegel um 1800, Modell

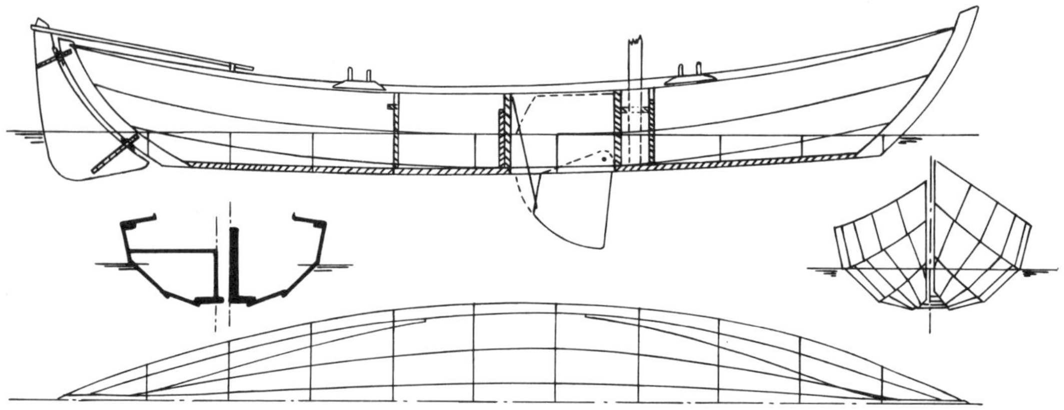

Mecklenburgischer Heuer, Linienriß

Längsrichtung leicht gerundetem Flachkiel und schrägen, ebenfalls gerundeten Balkensteven wurden mit wenigen breiten Boden- und Seitenplanken geklinkert gebaut, so daß ein knickspantähnlicher Querschnitt entstand. Weitere Merkmale sind der relativ große vordere und achtere Sprung, das gewölbte vordere Teildeck und das um etwa 0,5 m ausschwenkbare Mittelschwert. Mit eingeschwenktem Schwert gingen Heuer etwa 0,5 m tief bei einer Länge bis zu 10 m und etwa 2 bis 2,5 m Breite. Zur Aufbewahrung des Fanges war eine unterteilbare Bünn vorhanden. Gesegelt wurde meistens mit einem Spriet-Großsegel von 10 bis 15 m^2 und einem Vorsegel von 5 m^2.

Hexere: antikes Ruderschiff, dessen Länge etwa 50 m betragen haben soll. Angeblich saßen die Ruderer in 6 Reihen nebeneinander.

Hjortspring-Bootsfund, *Alsen-Bootsfund:* in den Jahren 1921 und 1922 auf der dänischen Insel Alsen aus der Zeit 300 v. u. Z. geborgenes Boot, das zu den ältesten schiffbaulichen Funden in Nordeuropa gehört. Unter Beachtung der damaligen Möglichkeiten ist das Hjortspring-(Hirschsprung-)Boot insbesondere wegen seiner schnittigen Form, des Doppelstevens und der sorgfältigen Bauausführung ein Zeugnis frühgermanischer Bootsbaukunst. Das Boot ist 13,28 m lang und 2 m breit. Der Bootsboden besteht aus einer nahezu geraden, muldenartig hohlgearbeiteten Bodenplanke ohne vorspringenden Kiel. An Bug und Heck geht die Bodenplanke in an beiden Enden gleich bearbeitete schlittenkufenähnlich hochgezogene untere Stevenhölzer über. Die gleich gebauten Stevenenden überragen an jedem Ende die eigentliche Körperlänge um etwa 2 m. Diese typische Doppelender- bzw. Doppelstevenbauweise entspricht den bekannten nordischen Bildsteindarstellungen und den Felsritzungen, den Hällristningar, aus dem 1. und 2. Jahrtausend v. u. Z.

Diese beidseitig gleiche Form eines gepaddelten Bootes ohne Riemen und festes Ruder vereinfachte den Bau und vergrößerte die Manövriermöglichkeiten ohne Wenden. Die weit vorragenden Steven dienten gleichzeitig dem Schutz der Kielbohle und des ganzen Bootskörpers bei vorsichtigen Fahrten in Gewässern mit Treibeis oder flachem, felsigem Untergrund. Die kufenartige Form sowie die vertikale Verbindung und Aussteifung des unteren Schutzstevens mit dem oberen Stevenholz erleichterten auch das Anland- oder Aufeisziehen des Bootes nach Gebrauch sowie das erneute Zuwasserbringen. Außerdem konnten mehrere Personen an den verlängerten Bootsenden das Boot leichter anheben und ziehen.

An den Rändern der Kielbohle wurden an jeder Bootsseite je zwei 0,5 m breite Seitenplanken aus Lindenholz geklinkert angebracht und mit der Bodenplanke und untereinander mit Bastfasern vernäht. Dazu führte man im Abstand von 20 bis 25 mm von den Plankenkanten und etwa 70 mm Längsabstand bohrungsähnliche Löcher durch das Holz. Die Planken wurden so gelegt, daß die untere Kante der oberen Planke jeweils dicht an der Außenseite der Bohrungslinie der unteren Planke – also etwa 20 bis 25 mm überlappt – anlag. Die Durchbrüche, Nähte und Verbindungen dichtete man sorgfältig mit Harzen ab. Zur Aussteifung hat der Bootskörper in einem Abstand von jeweils etwa einem Meter insgesamt 10 eingebundene Spanten aus etwa 35 mm dicken naturgewachsenen Haselnußzweigen. Um die Seitenplanken mit den Spanten zu verbinden, ließ man beim Aushauen der Planken Klampen stehen, ähnlich wie später beim *Nydam-*, *Oseberg-*und *Gokstadschiff*. Die obere Planke hat an der oberen Außenseite einen stehengelassenen, etwas verdickten Dollbord. Das Boot hat einen verhältnismäßig kleinen Sprung von etwa 90 mm. Der Spantenanzahl entsprechend sind 10 decksbalkenähnliche Queraussteifungen vorhanden, die nur an den Bootsseiten zu Sitzflächen für die Ruderer – in Duchten – ausgearbeitet und über den Spanten angebracht wurden. Zum Bootsboden hin sind die Querhölzer durch senkrechte Steifen abgestützt.

Zum Antrieb dienten Stechpaddel; man fand davon insgesamt 16 Stück, 1 bis 1,5 m lang mit rechteckigem Blatt. Gesteuert wurde mit einem losen Seitenruder von 50 mm Profildicke, dessen Blatt auf der einen Seite eben und an der anderen Seite gewölbt war.

Hochsegel-Schoner: *Schoner* mit dreieckigem Hochsegel, das bis zum Topp spitz hochgeführt wird, anstelle der älteren Gaffel- und Gaffeltoppsegel. Hoch- oder Bermudasegel sind heute allgemein bei Segelbooten und -yachten üblich.

Holzfloß: siehe Floß

Hoogaars: ein Fracht- und Fischereischiff mit flachem Boden und mit Seitenschwertern aus den Niederlanden, das ähnlich dem *Schokker*

Hjortspring-Bootsfund, Bootsform und Plankenbindungen

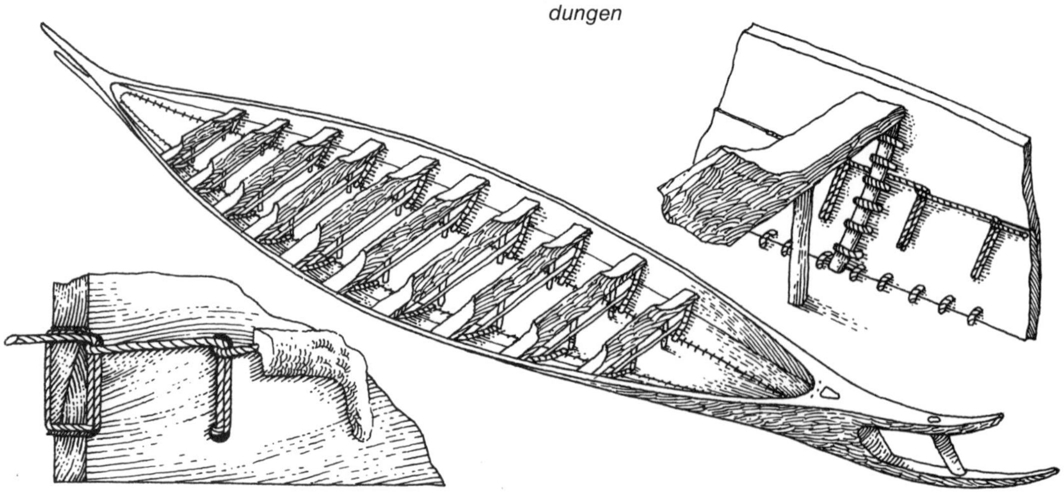

Hjortspring-Bootsfund, Linienriß

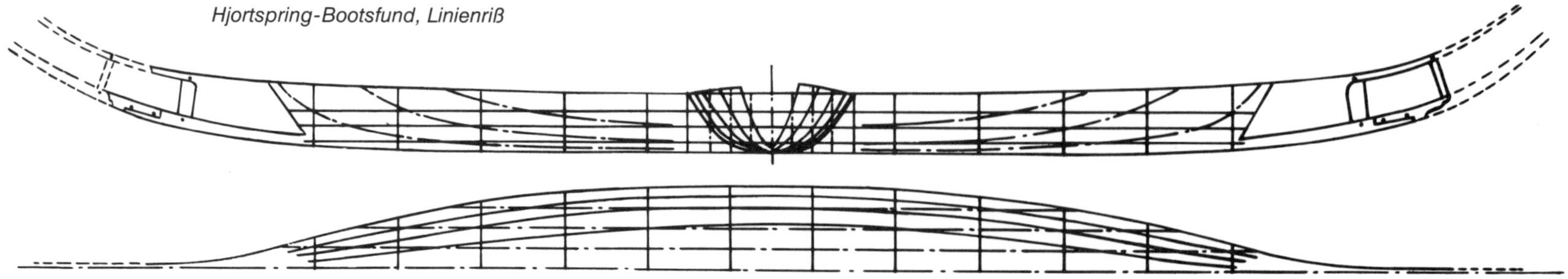

aus besonders breiten Planken gebaut wurde. Die Bezeichnung gab es bereits im 16.Jh. für ein offenes Frachtschiff der Maas von 30 bis 40t. Wegen des geringen Tiefgangs (wobei der Tiefgang vorn größer war als achtern) und der günstigen Raumnutzung infolge des flachen Bodens werden bis in die Gegenwart ähnliche Plattbodenyachten gebaut. Übliche Plattbodenyachten sind etwa 13m lang und 4,20m breit, die Segelfläche kann bis zu 80m² betragen.

Houari, *Huari:* ursprünglich Bezeichnung für ein Fährboot *(Fähre)*, teilweise auch für ein gedecktes Fahrzeug, das im Fischfang verwendet wurde. Bei den Sportsegelbooten der Neuzeit wurde die Steilgaffeltakelung früher als Huari-Takelung bezeichnet, s.a. *Gig*.

Hoy, *Heu, Heude:* niederländisches Küstenfrachtschiff im Bereich der Nordsee und des Kanalgebietes, zunächst im 16.Jh. mit einem Mast und Sprietsegel, später zum Teil auch mit 2 Masten und Seitenschwertern. Die Größe betrug bis zu 20 Lasten. Hoys wurden im 17.Jh. auch für den Personenverkehr eingesetzt, wobei dann hinter dem Mast vielfach eine Kajüte als abgedeckter Raum für die Reisenden vorhanden war.

Hoy, niederländischer Küstenfrachtsegler

Huissier, *Usciere:* im frühen Mittelalter, insbesondere zur Zeit der Kreuzzüge im Mittelmeer verwendete französische und italienische Pferdetransportschiffe. Die Benennung kann auf den französischen Begriff »Huis« für Tür oder Türenschiff sowie auf »Usciere« für Pferdetransportschiff zurückgeführt werden.
Die Fahrzeuge waren breit gebaut und hatten über dem untersten Deck eine türähnliche seitliche Ladepforte zum Verladen von Pferden, Rindern und Schafen; die Pforte wurde auch für den Langholztransport genutzt. Das unterste Deck wurde zuerst beladen und die Pforte mit einem schweren Deckel von außen verschlossen und abgedichtet, da sie bei voll beladenem Schiff und bei Seegang teilweise unter Wasser lag. Die sizilianischen Schiffe führten einen Landungssteg mit und waren groß genug, um 40 Ritter mit Pferden, Waffen und Knechten zu laden; s.a. *Usciere*.

Huker, *Hukker, Hoeker:* neben der *Büse* bedeutendster Fischereischiffstyp an den niederländischen und friesischen Küsten im 17. und 18.Jh., Huk oder Hoek bedeutete vorspringende Ecke oder Landzunge, im übertragenen Sinne waren Huker Schiffe, die um Landzungen segelten, also seetüchtige Fahrzeuge.
Wegen seiner günstigen Eigenschaften war der breit und völlig gebaute Huker ebenso wie ähnliche, ursprünglich holländische Schiffstypen bis in die Mitte des 19.Jh. auch in den deutschen Seestädten heimisch. Das völlige Schiff eignete sich auch gut für Eismeer- und Grönlandfahrten zum Robbenschlag (s.a. *Grönlandschiff*). In der zweiten Hälfte des 19.Jh. verdrängten die schärfer auf Kiel und Steven gebauten Schnellsegler die völligeren Schiffstypen. Die hauptsächlichste Verwendung fand der Huker jedoch im Nordsee-Heringsfang. Ein zeitgenössischer Bericht sagt dazu: »Die Fischerei dauert gewöhnlich vom 20.Juni bis zum 1.November. Jährlich laufen 90 bis 100 Huker aus, davon allein aus Vlissingen gegen 60. Bei vollem Ertrage bringt jedes Schiff 900000 bis eine Million Heringe nach Hause . . .«
Der Huker war ein *Anderthalbmaster* mit einer

Einmastiger Kauffahrtei-Huker aus der zweiten Hälfte des 18. Jh., Modell

Dreimastiger bewaffneter Huker

Hukergaleasse »GREIFF« von Greifswald, 1782 [23]

Tragfähigkeit von 50 bis 60 Lasten (100 bis 120t). Der vordere Großmast führte 3 Rahsegel und der kleinere Besanmast ein Gaffelsegel. Am Bugspriet fuhr man ein oder mehrere Stag-Vorsegel. Bei größeren Schiffen war auch eine briggähnliche Takelung üblich. Die völlige Bauweise des Schiffskörpers wurde am Überwasserschiff besonders durch das rundgebaute Vor- und Achterschiff mit Verstärkungen im Ankerklüsenbereich (Klüsenbacken) und größeren Rundungen des Achterschiffes (Billen) hervorgehoben.

Huker-Galeasse: siehe Galeasse, Huker

Hulk, *Holk:* im Mittelalter ein nordeuropäisches Segelschiff von gerundeter Form und flachem Boden ohne Kiel. Dieser Schiffstyp hat eine besonders lange Entwicklungsgeschichte mit vielen Zwischenstufen hinsichtlich seines Verwendungszweckes, seiner Größe, Bauweise und des Antriebes bis zu seiner letzten Entwicklungsstufe als dreimastiges *Kraweelschiff* durchlaufen. Die Ursprünge von »Hulk« kommen in den Worten hulec, hoele, holcas und Holk zum Ausdruck und sind wahrscheinlich während der Römerherrschaft nach Nordeuropa gebracht worden, als Bezeichnung für ein von Land aus geschlepptes Schiff. Außerdem wurden bereits in der frühgermanischen Zeit in Südskandinavien Einbäume mit »holker« bezeichnet.

Am holländischen *Utrecht-Schiffsfund*, einem Hulk aus der Zeit um 800, ist die weit vorn liegende Mastspur eines Treidelmastes ein sicheres Kennzeichen eines von Land durch Menschen oder Zugtiere geschleppten *Treidelschiffes*. Römische Fresken zeigen bereits ähnliche Mastanordnungen an römischen Schiffen; s. a. *Ostia-Fresko*.

In den folgenden Jahrhunderten blieb die Typbezeichnung nicht auf Flußschiffe begrenzt. So geht aus englischen Listen über Hafenzölle aus der Zeit um 1000 hervor, daß mit »Hulk« zu dieser Zeit bereits mittelgroße seegehende Schiffe bezeichnet wurden. Die Gebühren betrugen sowohl für *Keels* als auch für Hulks 4 pence, also waren diese beiden Schiffstypen auch ungefähr von gleicher Größe. Damals zahlte man für sehr kleine Schiffe einen Halfpenny und für kleine Schiffe einen Penny.

Im lothringisch-niederrheinischen Gebiet war demgegenüber um 1200 ein Hulk weiterhin ein kleines Flußschiff mit etwa 10 Lasten (20t) Tragfähigkeit. Gute Darstellungen des Hulks zu Ende des 12. Jh. sind in Stein-Reliefs der Taufaltare von Zeedelgen bei Brügge und aus der Kathedrale zu Winchester erhalten geblieben.

Interessant für die Bedeutung des Hulks im 13. Jh. ist das Siegel der englischen Stadt Hulkesmouth von 1295, auf dem ausdrücklich das dargestellte Schiff als Hulk bezeichnet wird.

Im 13. Jh. hatte der Hulk etwa die Größe von 50 bis 60 Lasten (etwa 100 bis 120t Tragfähigkeit). Erst zu Ende des 14. Jh. entsprach der Schiffstyp in seiner Größe den damaligen *Koggen*, die er danach überholte, so daß er im 15. Jh. etwa 150 Lasten (etwa 300t) Tragfähigkeit erreichte.

Ursprünglich hatte der Hulk stets einen flachen, kiellosen Boden und eine gerundete Form. Die Schiffsenden waren vorn meistens stark gerundet und achtern nur flach hochgezogen. Diese flache achtere Kaffe entstand wie beim *Kaffenkahn* durch das bogenförmige bis über die Wasserlinie reichende Hochziehen des flachen Schiffsbodens.

Im Nord- und Ostseebereich entwickelten sich bis in das 14. Jh. die 3 bedeutendsten größeren Schiffstypen, die französischen *Nefs*, die hansischen *Koggen* und flämischen Hulks relativ eigenständig nebeneinander. Danach entstanden Mischtypen und setzten sich hinsichtlich der Schiffskörperformen, der Aufbauten und Besegelungen die bewährtesten Varianten bei verschiedenen Schiffstypen durch.

So kann der einmastige Hulk um 1400 als eine Verschmelzung mit der Kogge und als eine kombinierte Hulk-Koggen-Weiterentwicklung zu einem beträchtlich größeren und seetüchtigen Schiff mit Tragfähigkeiten über 200t angesehen werden. Viele Siegelbilder vom 13. bis 17. Jh. zeigen rundgebaute ein- und mehrmastige Schiffe mit und ohne Kastelle. Im Unterschied zu den bei frühen Koggen vorhandenen gerüstartigen vorderen und hinteren Kastellen waren beim Hulk die Seitenplanken bereits im Bereich des Vor- und Achterkastells bogenförmig nach oben gezogen, so daß die Aufbauten mit dem Schiffskörper direkt verbunden waren. Obwohl für den Hulk der flache Boden und für die Kogge die Klinkerbauweise mit Kiel typisch waren, gab es in der Übergangszeit zum dreimastigen Kraweelschiff auch Mischtypen von hulkähnlicher Form, klinkerbeplankt und auf Kiel gebaut, wie das Danziger Siegel von 1400 zeigt. Die Bezeichnungen aus dieser Zeit sind daher auch weniger einheitlich, so daß sehr ähnliche Schiffe in verschiedenen zeitgenössischen Darstellungen und an verschiedenen Orten sowohl als Kogge als auch als Hulk bezeichnet werden.

In dem aus Hulk und Kogge hervorgegangenen neuen Hulktyp wurden solche für die Stabilität und Tragfähigkeit günstigen Merkmale wie ein flacher und breiter, aber seitlich gerundeter Boden und dementsprechend eine völligere Schiffsform mit den Vorzügen der späteren Koggenentwicklung (Kiel, vorgebauter Vorsteven, Heckruder in Kiellinie, Aufbauten, günstige Segeleigenschaften) vereinigt. Beide Schiffstypen waren noch klinkergebaut. Als ein äußeres Unterscheidungsmerkmal der beiden in ihrer Endphase sehr ähnlichen Schiffe kann die konstruktive Gestaltung der vorderen und hinteren Aufbauten und ihre Einbeziehung in den Schiffskörperverband durch hochgezogene Seitenplanken angesehen werden. Mit seiner Schiffsgröße erreichte der Schiffstyp die Grenzen der geklinkerten Beplankung hinsichtlich des steigenden Aufwandes zum Anpassen der Spanten, der notwendigen festen Verbindung der Planken mit den Spanten zur Aufnahme der aus den vertikalen Querkräften und der Biegung herrührenden

Hulk um 1550, Modell

Beanspruchung sowie der Abdichtung zwischen den Plankengängen. Zur Überwindung dieser Schwierigkeiten vollzog sich im Nord- und Ostseebereich, begünstigt durch die Seeverbindungen mit der Bretagne und dem Mittelmeer, der Übergang zu der im Mittelmeer von Anbeginn üblichen Kraweelbauweise für die damalige Zeit sehr schnell, etwa in der Zeit von 1460 bis zum Jahrhundertende.
Im Zusammenhang mit den größeren Schiffen war eine weitere Entwicklungsschranke in der Besegelung zu überwinden. Die für große Schiffe entsprechend notwendige größere Segelfläche erreichte unter Beibehaltung eines einzigen Rahsegels Abmessungen, die an einem einzigen naturgewachsenen Mast nur noch schwierig handhabbar waren. So vollzog sich in der Besegelung auch im Norden der Übergang vom einmastigen zum mehrmastigen Schiff, wobei dreimastige Schiffe bevorzugt wurden.
Dreimastige *Kraweelschiffe*, auch »Kraweel« oder »Karweel« genannt, die aus dem einmastigen Hulk durch die Übergänge zur Kraweelbeplankung und Mehrmastanordnung hervorgingen, wurden auch als Dreimaster-Hulk oder nur als Hulk bezeichnet. Ein gemeinsames Kennzeichen der 3 Frachtschiffstypen des Nordens, Kogge, Hulk und Kraweel, blieb weiterhin die völlige und breite Schiffsform, bei der das Verhältnis von Schiffslänge zur Breite des Schiffes etwa 3:1 betrug.
Später wurde die Bezeichnung Hulk auch in ganz anderem Sinne gebraucht. Nicht mehr seetüchtige und abgetakelte, aus der Liste der fahrtüchtigen Schiffe gestrichene, ausgediente Kriegs- oder Handelsschiffe wurden als Hulk bezeichnet, wenn sie noch als schwimmende Kohlenbunker, Frischwasserschiffe, Lager-, Wohn-, Kasernen- oder Gefängnisschiffe (Kohlen-, Wasser-, Wohn-, Kasernen- oder Gefängnishulk) verwendet wurden. Anderweitig nicht mehr brauchbare Hulks dienten auch als geschleppte Seeziele bei Übungsschießen.

Hunley-Tauchboot: während der Zeit des amerikanischen Bürgerkrieges (1861 bis 1865) von Kapitän H.C.HUNLEY, unterstützt durch die Marineingenieure J.R.MC CLINTOCK und B.WATSON für die Südstaaten gebaute, durch menschliche Muskelkraft angetriebene Tauchboote, die in einigen Fällen feindliche Schiffe versenkten, jedoch insbesondere durch die hohen eigenen Verluste von 32 Mann bekannt wurden. Als Sprengkörper dienten an langen Leinen nachgeschleppte Minen und an Spieren vor dem Tauchboot befindliche sogenannte »Spierentorpedos«. Unter anderem versenkte das Hunley-Tauchboot »DAVID« die 1400t große »HOUSATONIC« am 17.Februar 1864 mit einem Spierentorpedo, dabei wurde das Tauchboot selbst zerstört und sank mit der Besatzung.
Die Tauchboote bestanden aus etwa 11m langen umgebauten Eisenkesseln von etwa 1,8m Durchmesser. Sie hatten eine Tiefensteuerung mit 1,5m langen Tauchflossen, Ballasttanks und aushängbare äußere Ballastgewichte, so daß die Fahrzeuge knapp unter der Wasseroberfläche gehalten werden konnten. Der Kommandant hatte in einer nicht getauchten erhöhten Kuppel durch ein Glasfenster die notwendige Sicht. Der

Lübecker Hulk, 16.Jh., Modell. Länge über alles um 30m, Breite etwa 8m, Tiefgang bis zu 3m, 150 bis 200t Tragfähigkeit, etwa 300m² Segelfläche

Antrieb erfolgte durch die Kräfte von 8 Mann über eine in Längsrichtung liegende Kurbelwelle auf die Propellerwelle und den für die geringe Drehzahl entsprechend großen Propeller. Das Boot erreichte die Geschwindigkeit von etwa 4kn (2,1m/s) und konnte eine halbe Stunde ohne Luftzufuhr getaucht fahren.

Hurke: im 15. und 16.Jh. ein spanisch-portugiesisches, aber auch in den Niederlanden gebautes kleineres Frachtschiff, das auch für Kriegszwecke als Transportschiff in größerer Anzahl um 1520 von Holland, Zeeland und Brabant eingesetzt wurde; s.a. *Hulk*.

I

Ilmenau-Ewer: bis Ende des 19.Jh. ein spezieller Segel-Ewertyp für Elbfahrten, besonders im Gebiet der Oberelbe. Den Fahrtbedingungen entsprechend baute man die klinkerbeplankten *Ewer* flachbodig, mit spitzem Bug und Heck als ungedeckte (offene) Frachtsegler. Die Länge über alles betrug üblicherweise etwa 24m bei einer Breite von 4,5m und einer Seitenhöhe von 1,30m; s.a. *Ewer*.

Indien-Schnellsegler, *Indiaman:* in der Segelschiffszeit eine Bezeichnung für bewaffnete Handelsschiffe, die regelmäßig zwischen West- und Nordeuropa und Indien fuhren. Eigentlich handelte es sich jedoch um die Schiffe der englischen »East India Company«, die in der Zeit von 1660 bis 1858 durch staatliche Handelsprivilegien eine Vorrangstellung in der Ostindienfahrt einnahm. Diese Schiffe wurden auch East-Indiamen, Ostindienschiffe und Ostindienfahrer genannt.

Internationales Klassenboot: im Unterschied zu *Nationalen Klassenbooten* sind bei Internationalen Klassenbooten die Merkmale der *Einheits-* und *Konstruktionsklassen* für Sportsegelboote und Rennyachten international gemäß den Festlegungen der International Yacht Racing Union (IYRU) verbindlich; s.a. *Sportsegelboote*.

Island-Schoner: schonerähnlich getakeltes Fischereischiff für die englische, französische, deutsche und in geringem Maße isländische Hochseefischerei in isländischen Gewässern und in der Nordsee. Im Unterschied zu den größeren und meistens dreimastigen *Neufundland-Schonern* fuhren die kleineren Anderthalb- und Zweimaster am Fockmast Rahsegel anstelle der Gaffeltoppsegel. Ein von E.PARIS gezeichneter Riß eines Islandschoners aus der Bretagne, der 1866 aufgenommen wurde, hatte eine Länge über alles von 20,4m und in der Konstruktionswasserlinie von 18,5m, eine Breite von 6,5m, einen vorderen Tiefgang von 1,5m, einen hinteren Tiefgang von 2,0m und einen Laderaum von 9,8m Länge. Fock- und Großmast des Zweimasters hatten jeweils aufgesetzte Stengen und waren mit Gaffelgroß-, Gaffelfock-, Fockmars-, Fockbram-, Großtopp- und Stengenstagsegel getakelt. Das Vorgeschirr bestand aus einem festen Klüverbaum und einem Bugspriet mit kleinem und großem Klüver. Die gesamte Segelfläche lag damit zwischen 300 und 390m², die Besatzung bestand aus 8 Personen.

Englischer Ostindienfahrer, Mitte 18. Jh, Modell

Nach 1890 gab es auch einige ausländische, in England gebaute Zweimastschoner von 15 bis 20 m Länge, 4,0 bis 5,5 m Breite und 20 bis 50 BRT Rauminhalt.

Ixylon-Segeljolle: eine der bekanntesten, vom Yachtkonstrukteur U. CZERWONKA entwickelten, vom VEB Yachtwerft Berlin in großer Serie mit dem Segelzeichen ᛉ gebauten und vom BDS der DDR als Einheitsklasse anerkannten Segeljollen. Die aus glasfaserverstärktem Polyesterharz im Auflegeverfahren hergestellte slupgetakelte *Jolle* hat mit 2 seitlichen Schwertkästen gute Segeleigenschaften und entsprechend der Bootsgröße eine günstige Bootsraumnutzung. Die Jolle ist 5,10 m lang und 1,82 m breit, der Tiefgang mit Schwertern beträgt 0,77 m. Gefahren wird üblicherweise eine Segelfläche von 12 m^2; durch einen Spinnaker vergrößert sich die Segelfläche um weitere 15 m^2.

Indienschnellsegler, Schiffslinien

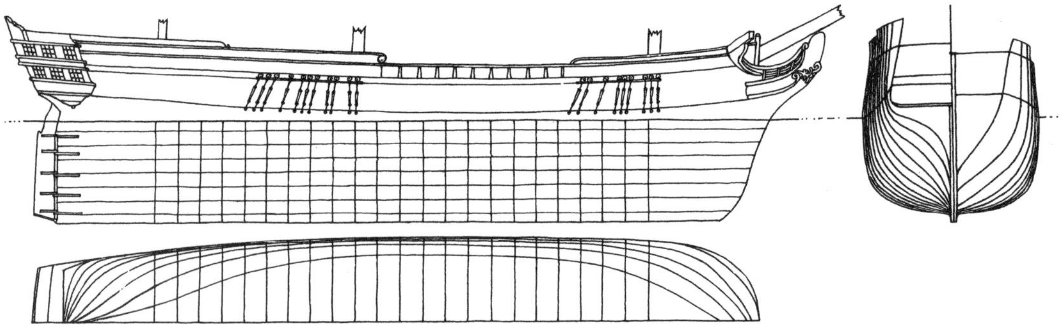

Französischer Island-Schoner aus der Mitte des 19. Jh., Modell

J

Jacht: von der holländischen Bezeichnung *Jagt* bzw. Jaghd übernommene deutsche Schreibweise. International ist jedoch die aus dem englischen stammende Schreibweise *Yacht* üblich.

Jackassbark: ein der *Barkantine* verwandter *Dreimastsegler*, der jedoch am Untermast des Großmastes Schratsegel und an den Stengen Rahsegel fährt. Solche Schiffe wurden im späten

Jackassbark mit Gaffel-Großsegel am Großmast

Island-Schoner, Takelung und Schiffslinien

12-m²-Werftklasse-Jolle »IXYLON« mit dem Segelzeichen ♅
Quelle: Dewag Berlin

19.Jh. auch als *Viermastschiffe* in der Kap-Horn-Fahrt eingesetzt, wobei die beiden vorderen Maste rahgetakelt waren und die beiden hinteren Maste Schratsegel führten.

Jaganda, *Jangada, Jangade:* ein südamerikanisches Floßfahrzeug mit Dreiecksegel, aber auch ein an der portugiesischen Küste benutztes Floß ohne Segel. Diese Fahrzeuge bestanden nur aus einer Lage miteinander verbundener Stämme.

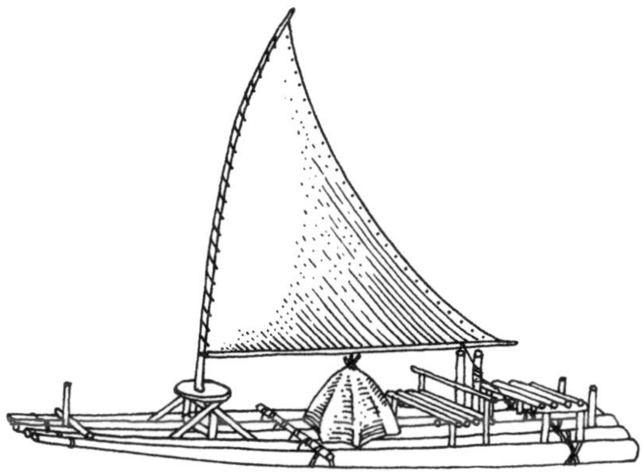

Südamerikanisches Jaganda-Floß

Jaghd, *Jagt:* im 16. und zu Beginn des 17. Jh. eine in Holland entstandene Bezeichnung für einen damals neuartigen dreimastigen holländischen Schiffstyp, der barkähnlich getakelt fuhr (mit Rahsegel an den beiden vorderen Masten und Schratsegel am hinteren Mast). Zu den bekanntesten Jaghden dieser Zeit gehören *»DE HALVE MAEN«* (1607) und die *»MAYFLOWER«* (um 1620).
Für den Verkehr auf den engen Kanälen sowie auf den Flüssen und den Küstengewässern Hollands kamen im 17.Jh. außerdem einmastige kleinere und wendigere Segelfahrzeuge auf, deren Entwicklung teilweise auf bereits gebräuchliche Typen, wie z.B. bei der Bojerjaghd (*Bojeryacht*), aufbaute. Diese Jaghden fuhren meistens mit Gaffel und Spitzsegel, Breitfock und kleinerem Rahtoppsegel. Auch die Admiralsjaghd (s. *Admiralitätsyacht*), die Staatenjaghd (*Staatenyacht*) und die Treckjaghd (s. *Treckyacht*) sind holländischen Ursprungs. Um 1660 erhielt der englische König KARL II. zwei holländische Staatsjaghden, die »BEZAN« mit 35 ts und die »MARY« mit 92 ts Verdrängung zum Geschenk. Beide Jaghden hatten gerundete völlige Bugbereiche und wegen der flachen holländischen Gewässer Seitenschwerter. An Bord befanden sich einige kleine Kanonen in mit Schnitzerei und Goldmalerei verzierten Stückpforten. Bug, Heck und die bei allen holländischen Jaghden typischen zierlichen Heckkajüten mit Fenstern waren ebenfalls reich

»MAYFLOWER«, dreimastige Jaghd um 1620, Modell (s. auch S. 144)

Holländische einmastige Jaghd zu Ende des 17.Jh., Modell

Holländische hochgetakelte Jaghd um die Mitte des 18. Jh., Modell

mit bemalten Schnitzereien geschmückt.
Die »MARY« hatte eine Takelung mit einem baumlosen Großsegel und einer langen hochstehenden, »Halbspriet« genannten Gaffel. Im Unterschied dazu fuhr die »BEZAN« mit der Bezan-Takelage, einem baumlosen Großsegel mit einer sehr kurzen Gaffel. Die heute international übliche Schreibweise Yacht wurde aus dem Englischen übernommen, nachdem der englische Yachtbau eine führende Position erlangt hatte.

Jalibut: ein dreimastiges indisches Handelsschiff.

Jigger: ein mit einem Jiggersegel gefahrenes Fischerboot.

Jolle, *420er Jolle, 470er Jolle:* kleines, i.allg. rundspantiges Boot ohne Balkenkiel; die Bezeichnung Jolle ist vom norwegischen Wort »jöll« (ausgehöhlter Trog) abgeleitet. Bis zum 19.Jh. wurden Jollen als Spitzgattboote, danach mit dem typischen Spiegelheck gebaut. Bei der Marine war die Jolle ein kleines, rundgebautes Beiboot im Unterschied zur größeren, völligeren *Barkasse* und zum schnellen, schlanken *Gig*.
Die Segeljolle ist als Wander- und Rennjolle insbesondere auf Binnengewässern sehr beliebt. Neben der Rundspantjolle sind auch verschiedene andere Spantformen üblich. Als Segelsportboote sind Jollen i.allg. formstabile, offene Schwertboote ohne Balkenkiel und ohne festen Ballast. Ältere Binnenjollen hatten meistens einen geraden Steven, moderne Jollen werden demgegenüber üblicherweise mit geschwungenem, vorgeneigtem Bug gebaut.
Größere *Schwertjollen* (nicht *Kielschwertboote*) mit Kajütenaufbau werden als *Jollenkreuzer* bezeichnet.

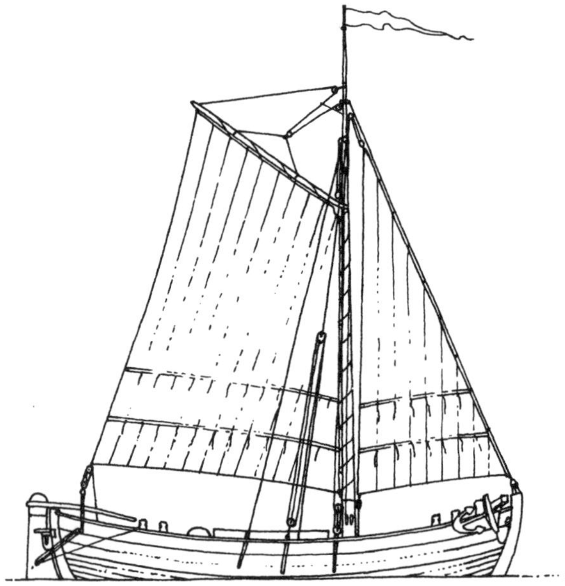

Lühejolle von 10 m Länge mit kippbarem Pfahlmast, Gaffelsegel und Stagfock, 1949

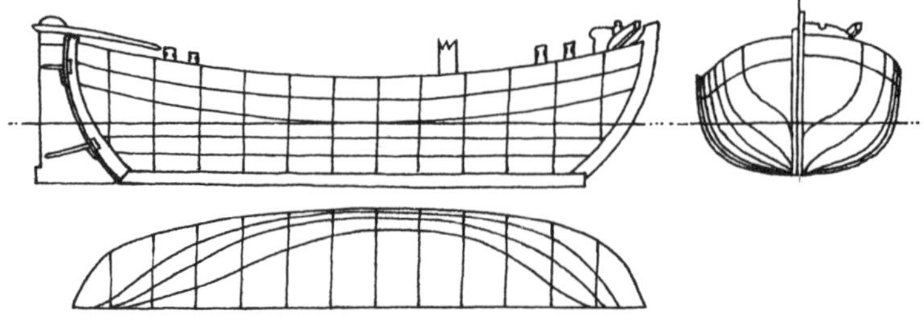

Lühejolle von 1949, 10 m Länge über alles, Linienriß

Die 420er Jolle ist ein von der IYRU international anerkanntes Zweimann-Jugendklasse-Schwertboot von rund 100 kg Eigenmasse, 10,25 m^2 Segelfläche, einer Länge von 4,20 m, 1,64 m Breite und einem Tiefgang mit Schwert von 0,97 m, entworfen vom französischen Bootskonstrukteur CHRISTIAN MAURY. Mit Bezug auf die Bootslänge führt die Jolle als Segelzeichen die schräg geschriebene Zahl »420«.
Die 470er Jolle ist ebenfalls ein von der IYRU inter-

national anerkanntes Zweimann-Jugendklasse-Schwertboot, das außerdem ab 1976 zu den Olympischen Spielen zugelassen ist. Das Boot ist 4,70 m lang, 1,68 m breit, hat einen Tiefgang mit Schwert von 1,05 m und eine Segelfläche von 12,70 m^2. Die Konstruktion stammt aus dem Jahre 1963 vom Bootskonstrukteur A. CORNU. Als Segelzeichen führt die Jolle eine auf die Bootslänge hinweisende Zahl »470«, s. a. Tafel *Sportsegelboote*.

Lühejolle »DER JONGE HINRICH«, 1832

Sport-Segeljolle »YOXY«, Länge über alles 5,0 m, Breite 1,77 m, Tiefgang Rumpf 0,18 m, Großsegel 8,4 m^2, Fock 4,3 m^2, Spinnaker 12,0 m^2 [5]

Jollenkreuzer: mit Wohn- und Schlafkajüte versehene größere *Schwertjolle* für längere Fahrten auf Binnengewässern. Zu den bekanntesten gehören der 15-m^2-, 20-m^2- und 30-m^2-Jollenkreuzer. Der 15-m^2-Jollenkreuzer gehört als Touren- und Regattaboot für Binnengewässer zur Konstruktionsklasse mit dem Segelzeichen »P«, entworfen wurde er vom Konstrukteur W. KESSLER. Das Boot kann in Rund- und Knickspantbauweise 6,50 m lang, 2,08 m breit mit einer Verdrängung von 0,8 m^3, einer Nennsegelfläche von 15 m^2 und einer Takelungshöhe bis zu 7,50 m gebaut werden. Die Kajüte hat zwei Schlafplätze, zu Regatten sind 2 Personen zugelassen. Weiter gehört zur *Konstruktionsklasse* der 20-m^2-Jollenkreuzer, der für Binnen- und Küstengewässer zugelassen ist und als Segelzeichen ein großes schwarzes »R« trägt. Dieser Jollenkreuzer ist 7,75 m lang, 2,15 bis 2,50 m breit bei einer Verdrängung von etwa 1 m^3, einer Nennsegelfläche von 20 m^2 und einer Takelungshöhe bis zu 8,50 m. Die Kajüte hat üblicherweise ebenfalls 2 Schlafplätze, die zugelassene Stärke der Rennbesatzung beträgt jedoch 3 Personen.
Zur Konstruktionsklasse gehört als drittes Boot der 30-m^2-Jollenkreuzer mit einer Länge bis zu 9 m und 2,6 m Breite sowie einer Nennsegelfläche von 30 m^2 bei Takelungshöhen bis zu 10,5 m. Dieser Jollenkreuzer trägt als Segelzeichen das »B« und wird bei Regatten von 4 Personen gesegelt. Aus der großen Gruppe der Werft- oder *Revierklassen* ist insbesondere ein Jollenkreuzer mit einem Stahlbootskörper von 8 m Länge und 2,4 m Breite, einer Segelfläche von 25 m^2 und einem Blitz als Segelzeichen unter der Bezeichnung *»Blitz-Jollenkreuzer«* auf der Unterelbe besonders bekannt geworden; s. a. Tafel *Sportsegelboote*.

Jollyboot: ein besonders in England und den USA gebräuchliches Einheits-2-Mann-Sportsegelboot mit dem Segelzeichen »J«, entwickelt vom Konstrukteur U. FOX. Das Boot ist 5,49 m lang, 1,57 m breit, es hat einen Rumpftiefgang von 0,20 m und einen Tiefgang mit ausgeschwenktem Schwert von 1,42 m.

Jot-Yachtklasse, *J-Yachtklasse*: große Segel-Rennyachten mit dem Segelzeichen »J« der *Internationalen Klasse*, nahmen insbesondere an den bei England und Irland ausgetragenen Regatten um den Americacup teil. Der Rennwert R errechnete sich nach einer 1906 aufgestellten »Universalformel« $R = 0{,}18 L \cdot \sqrt{S} / \sqrt[3]{D}$ mit L für die Länge, D für Deplacement und S für die Segelfläche.
Bekannte J-Yachten der Amerika-Pokalsegler waren die »ENTERPRISE«, »RAINBOW« und »RANGER« sowie die englischen »SHAMROCK V« »ENDEAVOUR« und »ENDEAVOUR II«. Die große amerikanische J-Rennyacht »RANGER« gewann 1937 im letzten großen Rennen vor dem

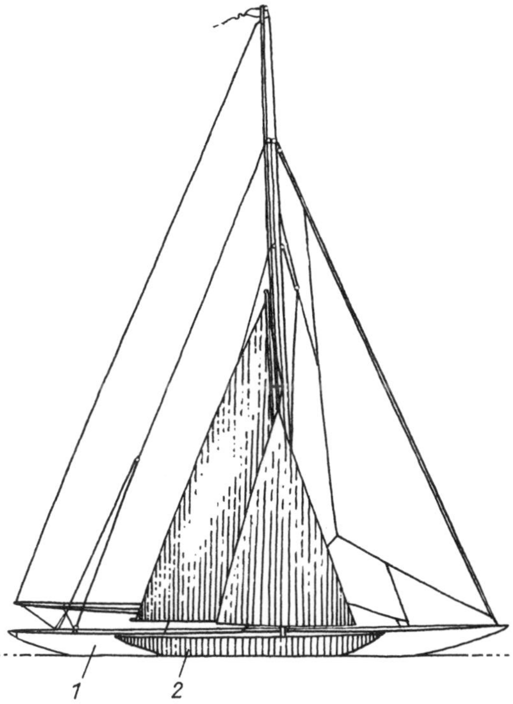

Größenvergleich der J-Klasse (1) und der 12-m-R-Klasse (2)

Zweiten Weltkrieg den Pokal. Sie hatte eine Länge über alles von 41,54 m, in der Wasserlinie war sie 26,51 m lang. Die Breite betrug 6,36 m und der

Tiefgang 4,57 m. Der 50 m hohe Leichtmetallmast trug eine Gesamtsegelfläche von 701 m^2. Der ebenfalls aus Leichtmetall gebaute Großbaum war von dreieckigem Querschnitt, seine obere Fläche war breit genug zum Begehen und um das Großsegel aerodynamisch günstig gewölbt festzumachen. Eine weitere Neuerung waren trapezartige Vorsegel mit 2 Schothörnern bzw. Schoten zum Steifhalten der Großfock. Durch Krieg und Nachkriegszeiten wurden die Rennen der Großyachten für Jahrzehnte unterbrochen. Um für weitere Rennen die Yachtgrößen sinnvoll zu begrenzen, gab es seit 1957 geänderte Vorschriften, nach der die teilnehmenden Yachten einer J-12-Regattaklassenyacht entsprechen mußten. Für die J 12 war die Länge auf etwa 21 m und die Segelfläche auf 180 bis 200 m^2 festgelegt. 1958 fand das erste Rennen dieser Klasse um den Amerikapokal mit neuentwickelten Yachten statt.

Jugendklassenboote: zu den gebräuchlichsten Sportsegelbooten der Jugendklasse gehören die *OK-Jolle*, die *Cadettklasse* und die 420er-Jolle. Als Sportsegelboot für Kinder ist wegen der einfachen Bedienung als Jüngstenboot die *Optimist-Jolle* besonders beliebt; s.a. Tafel *Sportsegelboote*.

Jugend-Kutter: offenes seetüchtiges Ausbildungs-, Ruder- und Segelboot von etwa 8,5 m Länge für 10 Ruderer und einen Steuermann. Beim üblichen Kutterrudern wird eine Wettkampfstrecke von 1000 m und beim Langstreckenrudern mindestens 5000 m gerudert. Zur Besegelung für das Kuttersegeln gehören 2 Maste, früher mit Luggersegeln, heute mit Gaffeltakelung. Neben Rudern und Segeln gehören notwendige seemännische Verrichtungen zur Ausbildung.

Junke: siehe Dschunke

* * *

»MAYFLOWER«: berühmter dreimastiger, barkähnlicher bzw. in der Art der dreimastigen holländischen *Jaghd* getakelter Segler, mit dem im Jahre 1620 insgesamt 105 Puritaner, die »Pilgerväter«, und die Besatzung von etwa 25 Personen England verließen, um sich in den Neuenglandstaaten anzusiedeln. Die »MAYFLOWER« war eine im Vergleich zu den spanischen Galeonen nicht mehr so schwerfällig gebaute englische Galione mit einer Tragfähigkeit von etwa 180 t, so daß durchaus holländische Einflüsse möglich sind. Das Schiff erreichte nach einer Überfahrt von 67 Tagen unter Kapitän CHRISTOPHER JONES glücklich die nordamerikanische Küste. Die Pilgerväter gründeten nach ihrer Ankunft in Provincetown Harbour am 11. November 1620 die erste Dauerkolonie im Bereich des heutigen Plymouth/Massachusetts, USA. Auf Initiative des Vereins »Plimoth Plantation« in Plymouth erfolgte 1955 ein Nachbau, der als Museumsschiff dienen sollte. Trotz fehlender Originalunterlagen war man um einen originalgetreuen Nachbau durch Nutzung zeitgenössischer Angaben bemüht, mußte jedoch einige Veränderungen, insbesondere größere Deckshöhen zulassen, um heutige Stehhöhen zu erreichen und das Schiff als Museumsschiff nutzen zu können. Der Nachbau wurde mit folgenden Daten erbaut: Länge über alles etwa 40,0 m, Länge in der Wasserlinie 24,2 m, größte Breite über Barghölzer 7,8 m, Tiefe im Raum 3,3 m, Seitenhöhe 5,5 m, Segelfläche insgesamt 470 m^2. Der Fock- und Großmast wurden rahgetakelt mit jeweils Unter- und Marssegel. Der Besanmast erhielt ein Lateinsegel; außerdem war eine Blinde am Bugspriet. Bei der Überfahrt von England nach New York im Jahre 1957 wurden 53 Tage für die 5420 gefahrenen Seemeilen benötigt. Der endgültige Liegeplatz der »MAYFLOWER II« ist seit 1958 Plymouth (Mass.) in den USA. Bild S. 141

J-Klasseyacht »ENDEAVOUR II«

J-Klasseyacht »RAINBOW«

Gemälde von HENDRIK CORNELISZ VROOM, 1613. Der Dreidecker »ROYAL PRINCE« läuft unter Fock und Achterbesan in den holländischen Hafen Vlissingen ein. Rechts ein Boot mit Sprietsegel und Seitenschwertern mit gehievtem Luvschwert. Im Vordergrund eine Staatenyacht mit Sprietsegel. Bemerkenswert ist das kleine Boot mit dem weit vorn stehenden gebogenen Mast und dem seinerzeit seltenen dreieckigen Steilsegel.
Franz Hals Museum, Haarlem [1]

Fregattschiff (Vollschiff) »ALT-MECKLENBURG«, 473 RT, erbaut von W. ZELTZ in Rostock 1856.
Quelle: Museumsheft, Schiffahrtsmuseum Rostock.

Fregattschiff, um 1810 geschaffenes Gemälde von CASPAR DAVID FRIEDRICH (1774 bis 1840). Quelle: Rudolph, W., Boote – Flöße – Schiffe, Urania-Verlag Leipzig 1974.

Die »GOLDEN HIND«, Freibeutergaleone von FRANCIS DRAKE, 1577, Nachbau.

Gemälde von HENDRIK CORNELISZ VROOM. Die Vernichtung spanischer Galeeren vor der flämischen Küste am 3. Oktober 1602. Die holländische Galeone »SAMSON« versenkt die spanische Galeere »LA LUCERA«.
Rijksmuseum, Amsterdam [17]

Galeeren in der Schlacht bei Lepanto am 7. Oktober 1571. Die Flotte der »Heiligen Liga« unter DON JUAN d'AUSTRIA besiegt die türkisch-ägyptische Flotte. Gemälde aus der Venezianischen Schule.
National Maritime Museum, Greenwich [12]

K

Kaag: ein bereits im Mittelalter an der Nordseeküste bekannter flachbodiger, einmastiger Schiffstyp mit ausfallendem Vorsteven, rechteckiger Kimm und Seitenschwertern. Die etwa 15m langen Fahrzeuge wurden noch im 17.Jh. auch auf Flüssen in der Frachtfahrt und für die Fischerei genutzt. Ursprünglich fuhren sie mit Sprietsegeln und seit dem 18.Jh. mit Gaffelsegeln getakelt. Noch bis zur Mitte dieses Jahrhunderts gab es einen größeren Kaagtyp von 80 bis 100t Tragfähigkeit in etwas modernerer Form in Dänemark.

Kaffen-Flußlastschiff: kleines bis mittelgroßes Frachtschiff für die Fluß-, Binnen- und Wattenschiffahrt mit flachem oder leicht gerundetem Schiffsboden ohne Kiel und Steven. An den Schiffsenden ging der Schiffsboden in stevenähnlich hochgezogene Ausläufe über, die als »Kaffen« bezeichnet wurden. Je nach Breite und Form der Schiffsenden unterschied man Spitz- und Rundkaffenfahrzeuge.
Begünstigt durch die einfache Schiffsform war die Kaffenbauweise schon sehr frühzeitig (bereits im 12.Jh.) verbreitet. Siegeldarstellungen aus dem Mittelalter zeigen Flußlastschiffe, deren Kaffen mit zusätzlichem Tauwerk umschnürt waren, um die Planken an den Schiffsenden zusätzlich zusammenzuhalten und Wasserschläge bei Schiffsbewegungen zu dämpfen. Für einfache Lastschiffe auf Binnenwasserstraßen war die Kaffenbauweise auch noch bis ins 19.Jh. üblich, letzte Kaffenkähne wurden an der Uecker z.B. noch um 1900 gebaut.

Flußschiff mit Spitzkaffe

Kahn: allgemeine Bezeichnung eines für Flüsse, Binnen- und Hafengewässer einsetzbaren kleinen, flachbodigen ungedeckten Ruderbootes. Aber auch bis zu mehreren hundert Tonnen Fracht tragende, ungedeckte flachbodige Binnen- und Küstenschiffe, zum Teil mit Segelantrieb, werden als Kähne bezeichnet.
Der Begriff Kahn, auch kane, cane u.a., gehörte z.B. im deutschen Küstengebiet der Ostsee zu den ältesten urkundlich bezeugten Bootsbezeichnungen. So war der »Boomkahn« ein einbaumähnliches Boot, der »hafcan« lt. Anklamer Zollrolle aus dem Jahre 1302 ein Getreidetransportschiff für die Haffgewässer oder der »can« in der Hansezeit ein *Leichter*. Segel-Lastkähne, sogenannte Stevenkähne, waren noch bis zum Anfang des 20.Jh. im Ostseegebiet weit verbreitet. Die großen Haffkähne hatten bis zu 3 hohe Pfahlmasten ohne Wanten, große Viereck- oder Gaffelsegel und schwenkbare Seitenschwerter.
Die Fischerei benutzte in Mecklenburg und Pommern ebenfalls Haff- oder Stevenkähne. So ist bis in unsere Zeit der im Raum Stralsund/Rügen um 1449 erstmals erwähnte *Zeeskahn* für den Schleppnetzfischfang und auch der Tuckerkahn erhalten geblieben. Die Bezeichnung Kahn blieb

Holländischer Kaag mit Sprietsegel um 1760, Modell

Anderthalbmastiger Segel-Lastkahn des 19.Jh., Modell

nicht auf den Ostseeküstenraum begrenzt.
Auf den in die Nordsee mündenden Flüssen wurden verschiedene Kahntypen verwendet. Besondere Bedeutung hatten wegen der regen Hochseeschiffahrt nach Bremerhaven, Vegesack und Bremen die auf der Weser als Leichterfahrzeuge verwendeten Weserkähne. Ein kleinerer Lastkahntyp (um 1820 betrug die Tragfähigkeit etwa 6 Lasten, d.h. 12t), der als *»Stecknitzkahn«* bezeichnet wurde, verkehrte auch zwischen Hamburg und Lübeck. Bedeutend größer (bis zu 240t Tragfähigkeit) waren die »Rheinkähne«, die im holländischen Gebiet auch als »Kahnaak« bezeichnet wurden. Noch größere rheinische Fahrzeuge (z.B. 265t Tragfähigkeit) nannte man allgemein »Kahnschiff«. Die langen, schmal und flach gebauten rheinischen Lastkähne und Kahnschiffe segelten als *Anderthalbmaster*. Übliche Abmessungen waren: Länge etwa 42m, Breite etwa 6m, Seitenhöhe 1,6m und Tiefgang ungefähr 1m. Der flache, kraweel gebaute Schiffsboden stieg an den Schiffsenden leicht gekrümmt und zugespitzt an, die Seitenwände waren klinkerbeplankt.
Ein weiterer Kahntyp ähnlicher Bauweise, jedoch von geringerer Größe war der »Maaskahn« für die Schiffahrt auf der Maas. In Europa bekannt war weiter die Bezeichnung »Treidelkahn« für Fahrzeuge, die von Treidelpfaden an den Flüssen bei stärkerer Strömung oder bei Windstille durch Zugtiere oder Menschen stromauf getreidelt (gezogen) wurden. (s.a. *Aak*)

Kahnschlitten: kleiner Gleitkasten (etwa 2m lang und 0,6m breit), der als Hilfsmittel zum Überqueren von Sumpf- und Schlickgelände benutzt wird. Wattenfischer, Muschelsammler und -züchter verwenden Kahnschlitten während der Ebbe, um über den weichen Wattenboden zu den Fang- oder Sammelstellen oder Zuchtanlagen zu gleiten. Mit einem Bein stehen oder knien sie auf dem Gerät und stoßen sich mit dem anderen Fuß ab.
Der Kahnschlitten kann zu den ältesten europäischen Vorrichtungen gerechnet werden, die der Mensch seit Jahrtausenden zur Nahrungsgewinnung an Stränden benutzte. Aus dem Mittelalter wird u.a. berichtet, daß die reichlichen Muschelvorkommen an den französischen Küsten schon sehr früh zur Muschelzucht anregten. So soll 1235 der Ire PATRIK WALTEN nach Schiffbruch mit seiner Barke an der französischen Küste pfahlbauartige Miesmuschelkulturen angelegt haben.

Kaik, *Kaike, Kaiak, Kajik:* ein im Schwarzen Meer und östlichen Mittelmeergebiet seit dem 16.Jh. bekanntes Ruderboot in Planken-, Kiel- und Spantenbauweise. Die Ruderer auf einem Kaik nannte man »Kajiktschi«. Größere Boote ähnelten der arabischen *Dau*, sie konnten gerudert und als *Anderthalbmaster* mit Lateinsegel gesegelt werden.
Im 17. und 18.Jh. (auch als »Halbgaleere« bezeichnet) wurden die wendigen Fahrzeuge häufig von Türken- und Kosakenkorsaren im Schwarzen Meer als »Caique« benutzt. Anfang des 19.Jh. verwendete man die Bezeichnung für eine Galeerenschaluppe, die auch häufiger als *»Barke«* bezeichnet wurde.

Türkische Kaik mit Rah- und Lateinsegel

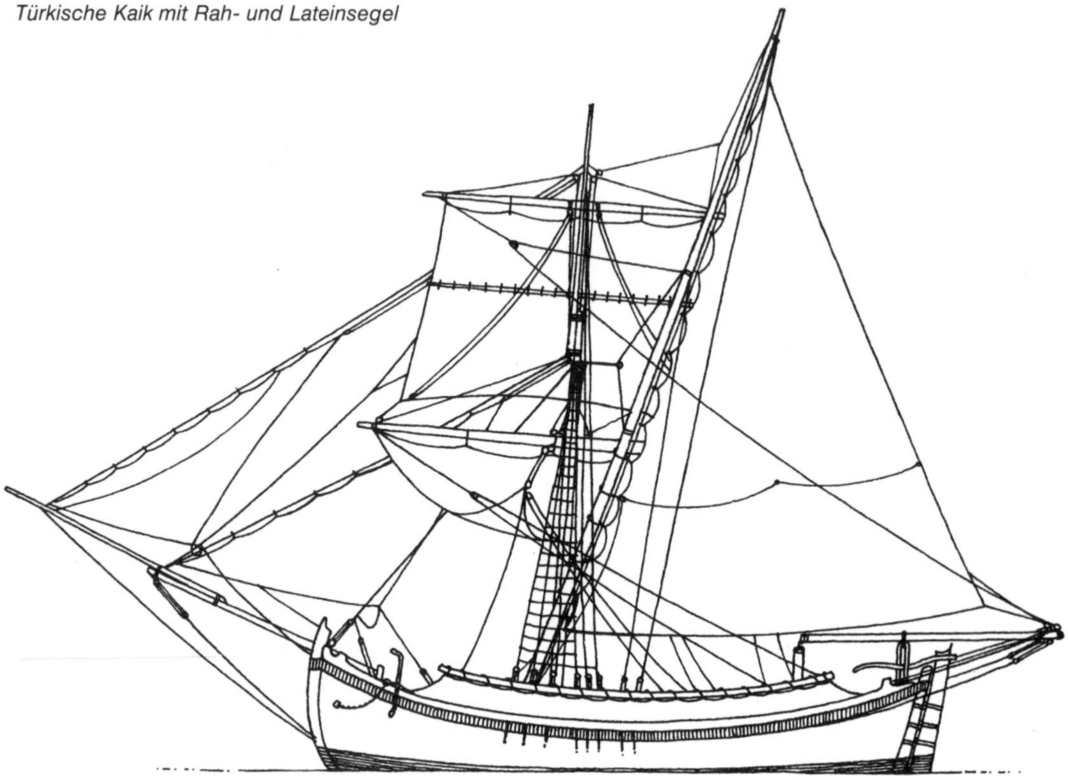

Kajak: Jagdboot in den Polargebieten Amerikas und Grönlands, bis hin zu den Aleuten sowie im nordöstlichen Sibirien bis zu den Tschuktschen gebräuchlich. Die bekannteste Verbreitung haben die aus Grönland stammenden Eskimoboote gefunden. In seiner ursprünglichen Form war der Kajak ein Fell- oder Lederboot mit einem Gerippe aus Treibholz, Wal- und Seehundknochen sowie Fischgräten und einem wasserdichten Überzug aus Seehund- und Walroßleder. Die Bespannung des Bootes wurde mit Lederriemen so vernäht, daß nur eine dem Körperdurchmesser angepaßte runde Öffnung verblieb. Der im Boot sitzende Jäger trug eine aus Häuten und Fellen gefertigte anorakähnliche Oberbekleidung. Durch Verschnüren der manschettenartigen Bootsöffnung am Körper wurde nahezu ein wasserdichter Verschluß erzielt. Zur Ausrüstung gehörten das Doppelpaddel und die in Griffweite am Boot mit Lederriemen angebundenen Jagdgeräte wie Harpune, Fangspeer und Schwimmblase. Die runde bzw. U-förmige Spantform des Kajaks und die Abdichtung ermöglichten auch eine besondere Technik des Wiederaufrichtens gekenterter Boote, die sogenannte »Kajakrolle«, ohne daß der Insasse das Boot verläßt.
Die übliche Länge des Eskimokajaks betrug etwa 5 Meter. In einigen Gegenden der Aleuten und Südalaskas gab es auch Kajaks für 2 oder 3 Personen. Noch heute entsprechen teilweise Kajaks der Eskimo und Tschuktschen – auch bei Einsatz moderner Werkstoffe für Spanten und Außenhaut – dem ursprünglichen Kajak-Prinzip.
Mitte des 19.Jh. diente der Eskimokajak als Vorbild für die Entwicklung von Sportkajaks. Diese Sportart entwickelte sich im Laufe der Jahrzehnte zu verschiedenen Disziplinen, zu denen alle Boote zählen, in denen die Sportler in Blickrichtung stehen, sitzen oder knien und Stech-, Einfach- oder Doppelpaddel benutzen, im Unterschied zum Ruderrennsport, bei dem Riemen und Skulls verwendet werden. 1934 wurde der Kajaksport vom Olympischen Komitee als olympische Disziplin anerkannt, und es fand bereits im gleichen Jahr der erste Kajakslalom in Österreich auf der Donau statt. Besondere Beliebtheit errang auch der Kanuten- und Wildwassersport. Der allgemeine Sportkajak ist als Faltboot in Schalen- oder Plastbauweise hergestellt. Für offizielle Sportwettkämpfe sind jedoch kleine Faltkajaks zugelassen. Gebräuchliche Klassen und Abmessungen von Sportkajaks sind der Einerkajak mit einer maximalen Länge von 5,20m, einer minimalen Breite von 0,51m und einer Bootsmasse von 12kg, der Zweierkajak mit einer maximalen Länge von 6,50m, einer minimalen Breite von 0,55m und einer Bootsmasse von 18kg sowie der Viererkajak mit einer maximalen Länge von 11m, einer minimalen Breite von 0,60m und einer Bootsmasse von 30kg.

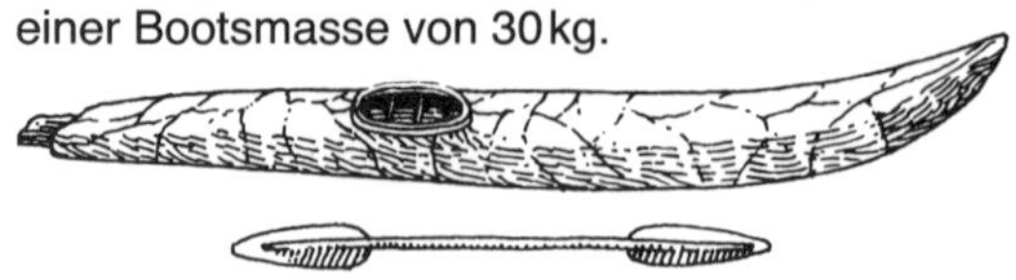

Kajak von den Aleuten

Kalabassen-Kellek: eine aus zusammengekoppelten Flaschenkürbissen gebildete schwimmende Floßplattform, die vorwiegend in Vorder- und Hinterasien und an der Westküste Amerikas verwendet wurde; s.a. *Kürbisfloß*.

Kalakkufloß: ein bereits im Altertum in Babylon bekanntes Tierbalgfloß. Aufgeblasene Hammelhäute wurden gebündelt und durch ein Rutenholzgeflecht verbunden.

Kalmar-Bootsfund: Reste von mehreren Booten und Schiffen, die in der Nähe des Schlosses

Grönländischer Eskimokajak [11]

Kalmar an der schwedischen Südostküste gefunden wurden und für die Rekonstruktion eines offenen Segelbootes aus der Mitte des 13.Jh. trotz des fehlenden Mastes ausreichten. Das Boot hat eine Länge von 11,2m und eine Breite von 4,6m und damit das relativ kleine L/B-Verhältnis von 2,45m.
Der Fund bestätigt die aus anderen Quellen bekannte Bauweise solcher Boote im Mittelalter. So sind am Kalmar-Boot die Decksquerbalken durch die Seitenwände durchgezogen, wie aus vielen Schiffsdarstellungen aus gleicher Zeit (Dunwich um 1200; Danzig um 1300; Hythe 13.Jh.; Rye um 1400; Southampton um 1400) bekannt ist. Zusätzlich sind diese Decksbalken an der Bordwand mit Winkelhölzern befestigt.
Eine besondere Einzelheit ist eine am Bug vorhandene hölzerne Gabelstütze zur Aufnahme des umgelegten Mastes. Das Segelboot von Kalmar hat, wie zu dieser Zeit alle nördlichen Boote, einen geklinkerten Rumpf und ist fast ganz aus Eiche hergestellt. Die Spanten sind entsprechend der Klinkerbauweise angepaßt und mit den Planken vernietet.

»Kamel«: schwimmdockartige Hebepontons, die zum Verringern des Tiefgangs von Schiffen dienten. Die 2 hölzernen Schwimmkörper, zwischen denen das anzuhebende Schiff so eingeschwommen wurde, daß sich längsseits je 1 Ponton befand, mögen an das Kamel als Lasttier mit seinen beiden Höckern erinnert haben. Mit Hilfe zusätzlicher Auftriebskörper Untiefen zu überwinden, gehört zu den bedeutenden holländischen Erfindungen des 17.Jh. Infolge der Untiefen und Versandung der Flußmündungen konnten größere Segelschiffe die damaligen holländischen Häfen nur noch geleichtert oder mit Hilfe von »Kamelen« anlaufen. Die dazu benötigten »Kamele« waren stabile Holz-Hohlbauten, ausgesteift und in Abteilungen unterteilt. Die lichte Breite zwischen den inneren Seitenwänden mußte etwas größer als die Breite des Schiffes sein, die Pontonlänge betrug etwa 40 bis 50m. Das Absenken des Hebedocks erfolgte durch Fluten der Abteilungen. Zum Anheben wurden starke Trossen unter dem Schiff oder unter Balken, die durch die Geschützpforten durchge-

Das Kalmar-Boot an der Fundstelle

Rekonstruiertes Kalmar-Boot

steckt wurden, hindurchgezogen. Nach Aufnahme des Schiffes wurden mit Hand-Lenzpumpen die Pontons soweit geleert, bis Dock und Schiff ausreichend aufschwammen. Das erste »Kamel« soll 1688 in Amsterdam gebaut worden sein, »Kamele« waren bis 1825 in Betrieb.

Kanadier: leichtes offenes Sportboot mit bauchigen Spantformen und eingezogenem Steven, ähnlich den *Kanus* der kanadischen Eingeborenen, die ihre Boote in Schalenbauweise, in einigen Gebieten Nordamerikas auch aus geeigneter Baumrinde, mit großem handwerklichen Geschick herstellten. An den Enden vernähten sie die Bootshüllenteile geschickt miteinander, so daß eine günstige Form mit scharfen Schiffsenden, hohlen Wasserlinien, geschwungenem Seitbord und verhältnismäßig hohem Sprung vorn und achtern entstand. Die Fortbewegung und das Steuern erfolgte ähnlich wie bei den heutigen modernen Sportkanadiern in Fahrtrichtung kniend oder sitzend mit dem Stechpaddel. Für Wettkampfkanadier sind besondere Disziplinen, Abmessungen und Massen vorgegeben:

RCI – Rennkanadier-Einer: Länge 5,20 m, Breite 0,75 m, Masse 20 kg
SIC I – Slalomkanadier-Einer: „ 4,00 m, Breite 0,80 m,
WRC I – Wildwasserrennen-Einer: „ 4,30 m, Breite 0,80 m,
RC II – Rennkanadier-Einer: „ 5,20 m, Breite 0,75 m, Masse 20 kg
WRC II – Wildwasserrennen-Zweier: „ 5,00 m, Breite 0,80 m,
RMC – Renn-Mannschaftskanadier: „ 11,00 m, Breite 0,95 m.

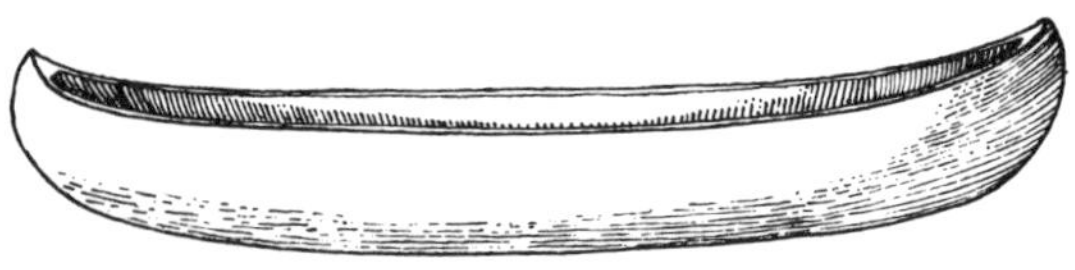

Kanadier, Urform des offenen kanadischen Kanus

Kan-Ch'wan: chinesisches Segel-Flußboot mit einer Tragfähigkeit von 30 bis 40 t, das für ein Befahren von Flüssen mit größerer Strömung, Wirbeln und Stromschnellen geeignet war. Das Boot war schmal gebaut, hatte bauchige Spanten, und die Schiffsenden waren ähnlich wie bei großen kanadischen *Kanus* scharf gebaut mit eingezogenen Steven und großem Sprung. Gesegelt wurde als Anderthalb- oder Zweimaster. Der kleinere Mast stand sehr weit hinten. Die gesamte Länge zwischen den beiden Masten war meistens durch eine gedeckte Hütte überbaut.

Kanonenboot, *Kanonenjolle, Kanonenschaluppe:* im 18. und bis zur Mitte des 19. Jh. die Bezeichnung für offene, flachgehende und relativ breit gebaute Ruderboote, die mit 1 oder 2 leichten Geschützen für den Schutz der Küsten, Buchten und Häfen bestimmt waren. So besaß u. a. die preußische Marine 1840 bis 1848 Kanonenjollen von etwa 15 m Länge bei etwa 3,2 m Breite mit 20 Riemen und einer 60-Pfünder-Bombenkanone. Für längere Fahrten hatten die Boote zwei umlegbare Maste mit Luggertakelung. Schwedische Kanonierschaluppen um 1810 führten 2 Stück 24-Pfünder und hatten eine Länge von etwa 20 m bei 4,5 m Breite. Ihr Antrieb erfolgte durch 12 Riemen.
Die in den Jahren 1848 bis 1849 in Holzkraweel- und auch schon in Eisenbauweise verwendeten Kanonenschaluppen Preußens hatten etwa 40 t Verdrängung bei 19,2 m Länge und 3,4 m Breite. Der Antrieb erfolgte durch 26 Riemen für je 2 Mann und Luggertakelung mit 3 umlegbaren Masten mit insgesamt etwa 120 m² Segelfläche. Die Bewaffnung bestand aus 1 Stück 24-Pfünder- und 1 Stück 25-Pfünder-Karronade.
Kanonenboote waren jedoch nur bis etwa Windstärke 4 einsetzbar, und die Besatzung konnte nachts nicht an Bord bleiben. Der Begriff Kanonenboote wurde auch für dampfgetriebene Fahrzeuge verwendet.

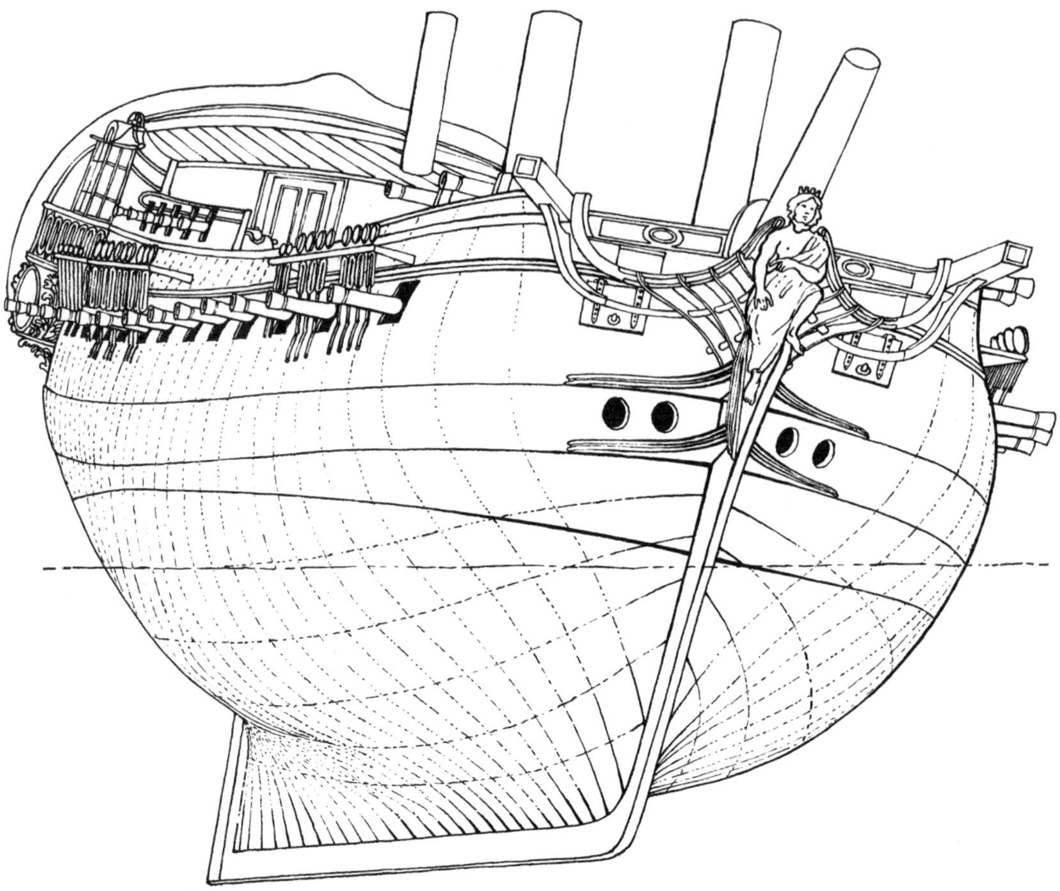

Bugansicht eines dreimastigen Kaperschiffes um 1700 bis 1750

Kanu: einbaumartiges Boot der Naturvölker aus dem karibischen Raum. Diese Einbäume wurden »canoa« genannt, eine Bezeichnung, die für spätere Einbäume, aber auch Nichteinbäume, wie das kanadische Kanu, übernommen wurde. Bei der Urbevölkerung auf Haiti waren Boote mit einer Länge bis zu 30 m für rund 80 Ruderer bekannt. Das kanadische Kanu wurde als Sportboot *(Kanadier)* in der ganzen Welt bekannt und gehört seit der Jahrhundertwende auf Flüssen und Seen Europas zu den beliebtesten Wassersportfahrzeugen. In Deutschland wurde 1914 der erste deutsche Kanuverband gegründet. Der Begriff Kanusport umfaßt heute den Kanu-, Faltboot- und Kajaksport. Beim Kanusport werden gegenüber dem Rudersport die Boote durch Stech-, Einfach- oder Doppelpaddel fortbewegt.

Kaperschiff, *Kaper:* zum Kapern, d. h. zum Erbeuten oder Aufbringen gegnerischer Schiffe oder zum Stören von Schiffahrt, Wirtschaft, Versorgung und Nachschub des Gegners eingesetztes kleineres schnelles Schiff oder zum Hilfskriegsschiff umgerüstetes Handelsschiff, das unter Umständen besonders getarnt war. Berühmtheit erlangten einige von verschiedenen Regierungen in Auseinandersetzungen um politische und ökonomische Vormachtstellungen geförderte und durch Kaperbriefe zur Seeräuberei im Frieden bevollmächtigte Freibeuter, wie Sir FRANCIS DRAKE oder PIERRE LE TURE (1782). Gekaperte Schiffe wurden überfallen, gestoppt, durchsucht und bei lohnender Beute sowie günstigem Aufbringungsort durch ein Prisenkommando in von den Kaperern beherrschte Gebiete gebracht oder, wenn das nicht möglich war, versenkt. Seit der Pariser Deklaration von 1856 ist die Kaperei völkerrechtlich unzulässig.

Karacke: vom 14. bis zum 17. Jh. einer der bedeutendsten Segelschiffstypen des Mittelmeeres. In der ersten Hälfte des 14. Jh. wird der Schiffstyp als »carraca« erstmals in Genua erwähnt. Im Verlaufe des 15. bis Anfang des 17. Jh. gab es diese Schiffe im Gebiet des Mittelmeeres, der iberischen Halbinsel und auch in nördlichen europäischen Gewässern als Handelsfahrzeug und als Kriegsschiff. Ursprünglich waren die Karacken mit jeweils einem großen Rahsegel an Fock- und Großmast getakelt, spätestens in der ersten Hälfte des 16. Jh. wurden jedoch bereits Marssegel gefahren. Vom Typ her waren die Karacken schwer gebaut mit einem kastellartigen Aufbau im Vorschiff und einem relativ langen Heckaufbau, der meistens schon in Höhe des

Karacke

1 Karacke aus Breydenbachs »Pilgerreise« 1486
2 Schiffsrumpf einer »Carrack« nach B. Bonfigli, Perugia, Mitte 15. Jh.
3 Bestückung im 16. Jh. – Hinterladerkanone in Holzbettung
4 Karacke nach Meister W♁ um 1475
5 Mars einer Karacke
6 Bretonische »Caracca«, 16. Jh.

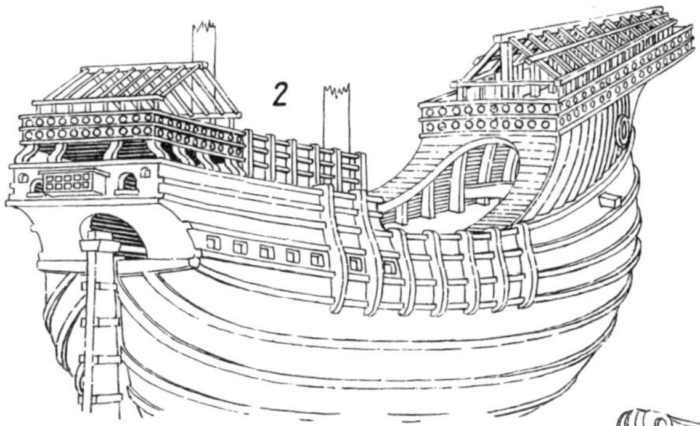

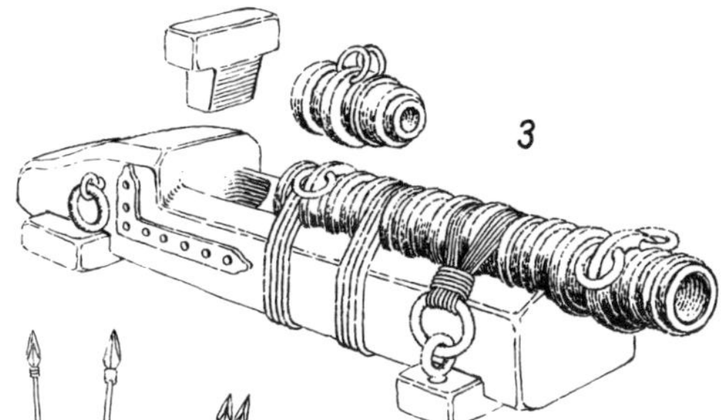

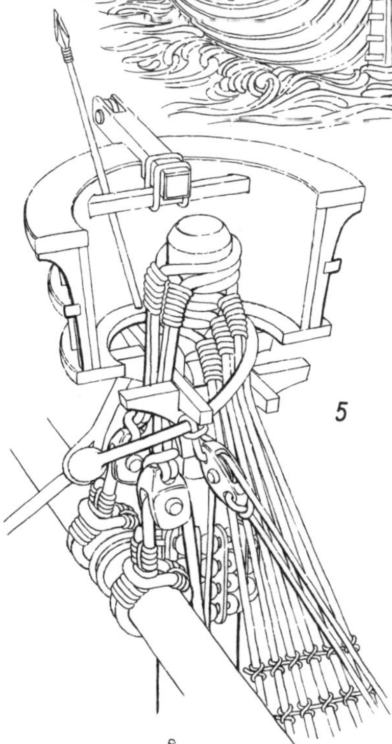

Karavelle

1 Französische Karavelle nach Jacques Devaulx 1583
2 Schwedische Karavelle um 1560
3 Bonnet, Antuchung mit Reihleine
4 Spanische Karavelle, Arquivo de Sevilha
5 Lateinkaravelle 1520, nach einer portugiesischen Karte von Lopo Homen
6 Portugiesische Karavelle, 1492, mit Quer- und Lateinsegel, nach Fernando Colombo
7 Quersegelkaravelle nach einer portugiesischen Seekarte, 15. Jh.
8 Portugiesische Karavelle 1492, nach Fernando Colombo
9 Karavelle »Redonda« 1570 aus dem Atlas »Theatrum Orbis Terrarum« des Abraham Ortelius
10 Eine Karavelle Kaiser Karls V. vor Tunis 1535
11 Kiel, Spanten und Arcasse einer Karavelle nach Fernandes, 1616
12 Lateinsegelkaravelle 1490 nach Simão Bening
13 Längsschnitt durch eine Lateinkaravelle
14 Rack einer Lateinrah nach Quirino de Fonseca
15 Lateinsegelkaravelle nach de Cosa's Atlas 1500

1

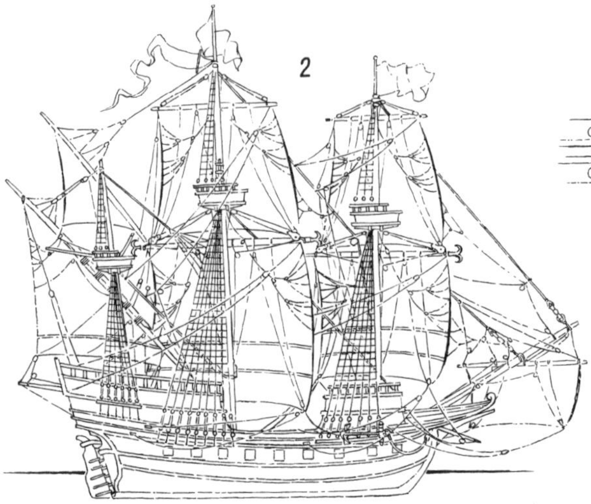
2

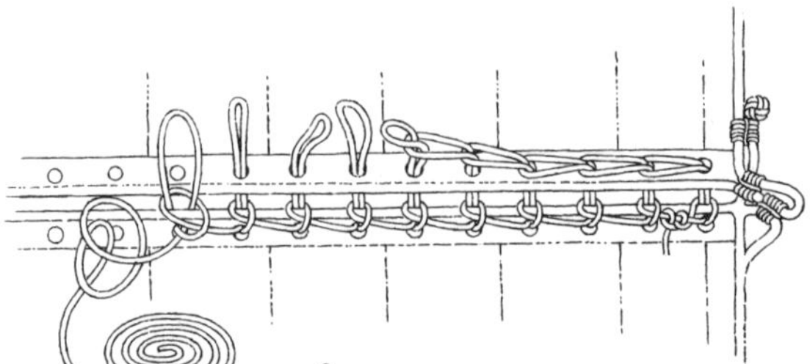
3

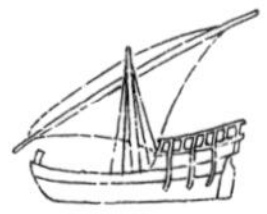
4

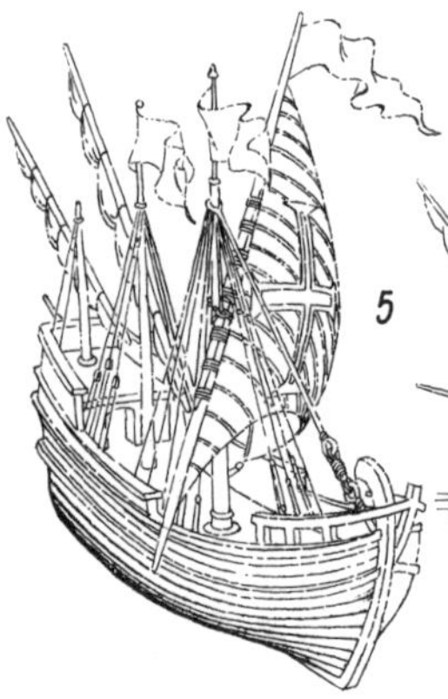
5

6

10

7

8

9

12

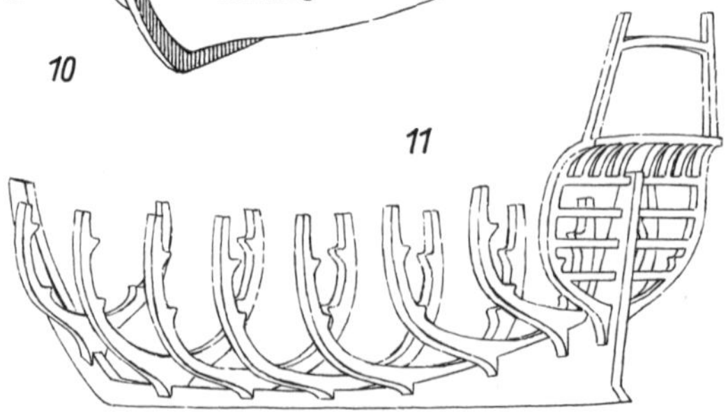
11

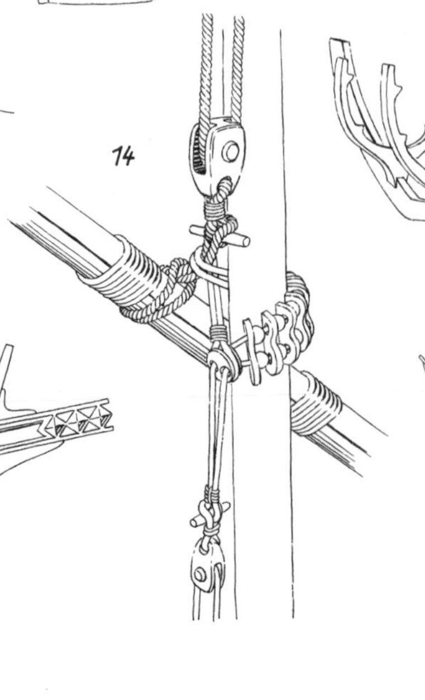
14

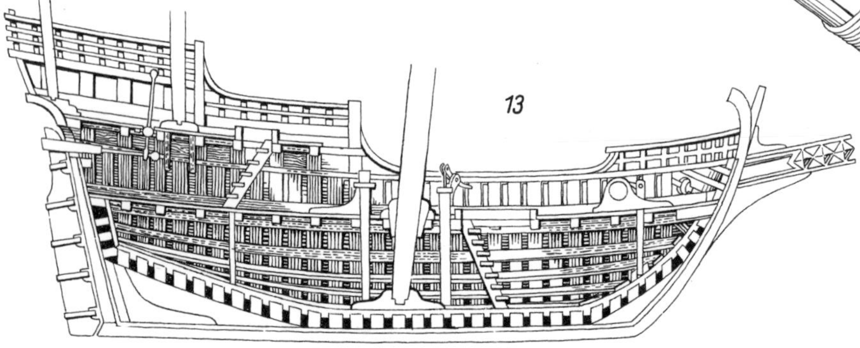
13

15

Großmastes begann und in einer Galerie über dem geraden Achtersteven abschloß. Im Vergleich zur *Karavelle* waren Karacken länger und breiter und erheblich schwerer mit der für ein Mittelmeerschiff typischen Kraweelbeplankung gebaut. Der Takelage nach waren es vorwiegend *Dreimaster* – im 16.Jh. auch *Viermaster* – mit Rahsegeln am Fock- und Großmast und einem hauptsächlich als Steuersegel dienendem Lateinsegel am Besanmast. War ein vierter Mast vorhanden, so führte man an diesem Bonaventure-Mast auch ein Lateinsegel. Karacken fuhren üblicherweise jedoch keine Blinde (Rahsegel) auf dem Bugspriet. Aus verschiedenen Quellen geht hervor, daß es sich bei den Karacken um einen der großen, wenn nicht den größten Schiffstyp seiner Zeit handelte. Es ist berechtigt, diesen Schiffstyp – zumindest soweit es die Dreimast-Karacken betrifft – als den eigentlichen Vorläufer der großen Dreimastschiffe zu betrachten, die bis zur Mitte des 19.Jh. entwickelt wurden.
So werden z.B. für die »LA CHARENTE« im Jahre 1501 eine Zahl von 1200 Kriegsleuten (ohne Bedienstete, Pagen u.a.) sowie eine Bewaffnung von 200 Stück verschiedener Kaliber angegeben. Unabhängig von den regionalen Unterschieden wird um 1450 von dem portugiesischen Schiffbaumeister F. OLVEIRA betont, daß von der Mitte des 15.Jh. an portugiesische »Caracas« (Karacken) portugiesisch-spanische »*Naos*« oder »Nave« und deutsche »*Hulk*« oder »Holk« sehr ähnliche Schiffe gewesen seien. Die Transporte der Portugiesen und Spanier zwischen ihren Heimatländern und Brasilien sowie Indien erfolgten im 16.Jh. im wesentlichen mit Karacken.

Spanische Längssegelkaravelle des 16.Jh., Aquarell von MONLEON [13]

Karavelle: im 13.Jh. in Portugal ein Fischerboot mit Lateinsegeln. Zu Beginn des 14.Jh., noch vor der Zeit der großen portugiesischen Entdeckungen, wird die gleiche Bezeichnung für ein zweimastiges, lateinbesegeltes Kauffahrteischiff mit Back und Hütte in der Mittelmeer- und Küstenfahrt verwendet. Nachdem durch türkische Besetzungen die Landverbindungen nach Indien unterbrochen waren und die Mittelmeerfahrt an Bedeutung verloren hatte, wurde Portugal zu der Nation, die intensiv einen südlichen Seeweg nach Indien suchte. Prinz HEINRICH, genannt HEINRICH DER SEEFAHRER (1394 bis 1460), förderte weitsichtig Schiffbau und Schiffahrt. Ihm gebührt das Verdienst, nicht nur die Weiterentwicklung der Karavelle veranlaßt, sondern auch sehr frühzeitig ein staatlich unterstütztes Observatorium und eine Navigationsschule gegründet zu haben.
Aus den zweimastigen Karavellen gingen zunächst die für längere Reisen besser geeigneten relativ schlanken dreimastigen Lateinsegelkaravellen (caravela latina) hervor, die an allen 3 Masten ausschließlich Lateinsegel führten. Ein typisches Merkmal, auf das auch der Schiffstypenname zurückgeführt wird, war die Kraweelbauweise, bei der die Schiffsplanken an ihren Längsnähten unmittelbar zusammenstoßen, so daß außen und innen an den Schiffsseitenwänden glatte Flächen entstehen. Die Nähte wurden kalfatert, so daß die Schiffe auch im Seegang nur wenig Wasser nahmen. Außerdem konnte die glatte Außenhaut besser gegen Bewuchs und Wurmfraß geschützt werden. Ein weiteres Merkmal der Karavelle waren die verhältnismäßig hohen Achterkastelle.
Unter dem Einfluß und in Fortsetzung römischer Traditionen mit unterteilten Rahsegeln verlief die Entwicklung zur ebenfalls dreimastigen Quersegelkaravelle (caravela redonda), bei der am Bugspriet, am Fock- und am Großmast Rahsegel gefahren wurden. Über dem Großsegel am Großmast war ein weiteres Rahsegel, das Marssegel. Am Besanmast führten Quersegelkaravellen wegen der günstigen Steuereigenschaften weiterhin stets Lateinsegel. Karavellen gehörten vom 14. bis in das 16.Jh. zu den seetüchtigsten Segelschiffen, unter denen es auch viermastige Karavellen gab.
Auch die Schiffe des VASCO DA GAMA waren Karavellen. Von den 3 Schiffen »SANTA MARIA«, »NINA« und »PINTA«, mit denen KOLUMBUS 1492 Amerika entdeckte, waren wahrscheinlich die »PINTA« und die »NINA« Karavellen, die »SANTA MARIA« ist wahrscheinlich eine etwas völliger und breiter gebaute *Nao* gewesen. Die Geschwindigkeit gab KOLUMBUS in seinem Tagebuch mit bis zu 15 italienischen Meilen in der Stunde an, das entspricht etwa 11 Knoten.
Übliche portugiesische Karavellen hatten 50 bis 100t, später auch eine wesentlich darüber liegende Tragfähigkeit. So gehörten zu den Schiffen des F. MAGALHÃES auch größere viermastige Karavellen.
Die Kraweelbauweise wurde wegen ihrer Vorzüge über Holland bald in ganz Europa zur bestimmenden Bauweise für Holzschiffe. So wurden 1460 in Holland die ersten »Karvielscheepen« in beachtlichen Größen für 400 Lasten (800t) Tragfähigkeit mit einer Länge von etwa 43m und einer Breite von 12m gebaut. In der ersten Hälfte des 16.Jh. nahmen Lübeck und Danzig einen führenden Platz beim Bau großer Kraweelschiffe ein.

Karbasse: nordrussisches Ruderboot für etwa 10 Personen. Das Boot konnte auch mit Mast und Segel ausgerüstet werden.

Karfe: ein nordischer Schiffstyp im frühen Mittelalter. Die Karfe war kleiner und leichter als die nordischen Langschiffe, besaß bis zu 16 Ruderbänke und einen umlegbaren Mast. Die altnordische Bezeichnung »karfafötr« deutet darauf hin, daß es sich um schmal gebaute Schiffe handelte. Der *Oseberg-Schiffsfund* (15 Riemen je Seite), der *Gokstad-Schiffsfund* (16 Riemen je Seite) sowie das *Tuneschiff* (12 Riemen je Seite) können zu diesem Schiffstyp gehören.

Karlstad-Schiffsfund: in der Nähe der schwedischen Stadt Karlstad am Vänersee aufgefundene Reste eines Wikingerschiffes. Die Bedeutung dieses Fundes entspricht der des *Oseberg-Schiffes*.

Kartellschiff: ein Parlamentärschiff, d.h. ein Schiff, das zu Verhandlungen oder zum Austausch von Kriegsgefangenen benutzt wurde. Die Kartellschiffe fuhren unter Parlamentärflagge und führten nur eine Kanone, aber keine Kriegsvorräte oder Waren an Bord mit.

Katamaran: ursprünglich ein aus 3 bis 5 zusammengebundenen Baumstämmen bestehendes Wasserfahrzeug. Der mittlere Baumstamm war länger als die seitlichen und am Bug nach oben gekrümmt, 2 oder 3 solcher Flöße konnten auch miteinander verbunden als Küsten- oder Brandungsfahrzeuge benutzt werden. Als besegelte Wasserfahrzeuge sind Katamarane an der Westküste Indiens, in Sri Lanka, Polynesien und anderen südostasiatischen sowie südamerikani-

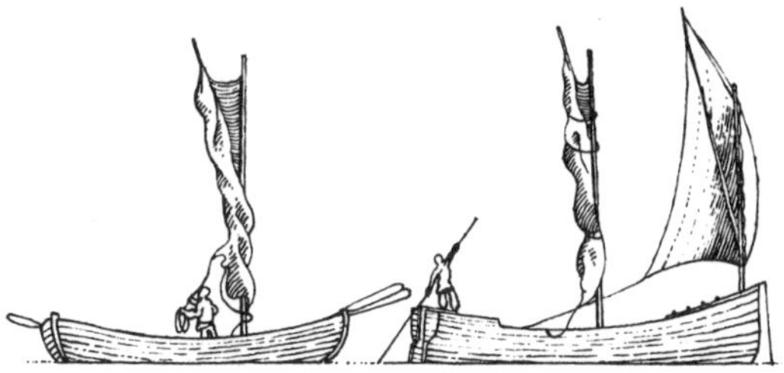

Ein- und zweimastige russische Karbassen

schen Seegebieten gebräuchlich. Das Wort Katamaran stammt aus der Tamilensprache (Indien) und bedeutet soviel wie »gebundenes Holz«.
Seit einigen Jahrzehnten bezeichnet man jedoch mit Katamaran Zweirumpf-Wasserfahrzeuge. Entsprechend dem Verwendungszweck als Sport-, Transport-, Hebe- und Fischereifahrzeug werden die beiden Schwimmkörper in geeigneter Weise durch eine Plattform miteinander verbunden. Auch bei günstigen schlanken Formen und Abständen der beiden Rümpfe tritt ein größerer Wasserwiderstand im Vergleich zu Einrumpfschiffen auf. Andererseits wird eine wesentlich größere Querstabilität erreicht, so daß größere Segelflächen oder größere krängende Momente möglich sind. Für Fähren oder Fischereischiffe kann durch die Katamaranbauweise die Decksfläche bedeutend vergrößert werden.

Baumstammkatamarane von der indischen Koromandelküste

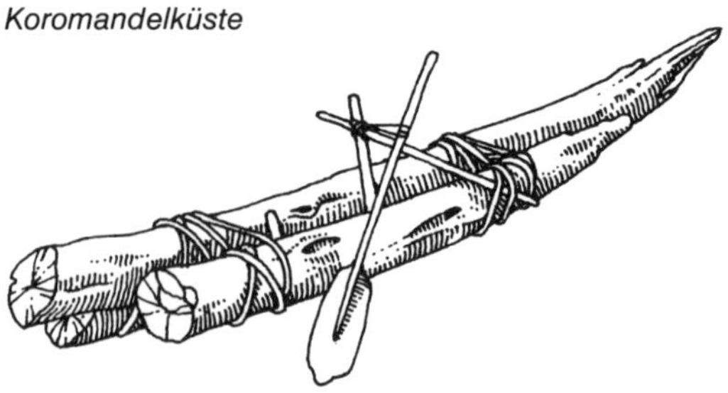

Sportsegelkatamaran

Kataphrakte Schiffe: altgriechische Ruderschiffe mit festem Schanzkleid, aber ohne festes Deck auf den Querbalken. Die Balken waren in den ungedeckten Schiffen gleichzeitig Ruderplätze. Decksbereiche, die nicht für das Rudern benötigt wurden, waren mit losen Decksplanken belegt.

Kat, *Katschiff, Katboot:* im 17. und 18.Jh. ein Frachtschiff (Kat oder Katschiff) der Niederlande, Englands und Skandinaviens, als Mischtyp von *Bojer* und *Fleute* mit steilem Steven, flachem Boden und eckiger Kimm. Die Takelung der meistens 3 Pfahlmaste bestand bei den beiden vorderen aus Rahsegeln (ohne Bramsegel), während der Besanmast mit Besansegel ohne Baum gefahren wurde. Zu Ende des 18.Jh. und im 19.Jh. wurden auf den 35m langen Fahrzeugen zusätzlich Mars- und Bramsegel an Stengen gesetzt.
Das Katboot wurde Mitte des 19.Jh. in Nordamerika für den Fischfang in flachen Gewässern entwickelt. Durch eine große Bootsbreite und ein

Segelkatamaran

großes absenkbares Mittelschwert hatte es besonders geringen Tiefgang. Danach entstand ein derzeit nicht mehr gebräuchlicher einmastiger Sport-Segelbootstyp mit einem sehr weit vorn, oft nahezu direkt am Vorsteven stehenden Mast und großer Segelfläche. Dieses Katboot führte Gaffel- und Hochsegel, aber keine Fock. Infolge der sehr großen Segelfläche und der Mastanordnung waren die Segel- und Manövriereigenschaften beeinträchtigt und zusätzliche ortsveränderliche Ballastmassen erforderlich. Der Ballast wurde an Deck gefahren und mußte von der Mannschaft bei Segelmanövern, z.B. beim Wenden, jeweils zur Luvseite des Bootes hinübergebracht werden.

Katorga: russische Bezeichnung für *Galeere*.

Katze: kleines altbyzantinisches Ruderschiff für Aufklärungs- und Kurierdienste.

Kauffahrteischiff, *Kauffahrer:* verallgemeinernder Sammelbegriff für verschiedenartige Seeschiffstypen, in der Handelsschiffahrt der Segelschiffszeit besonders für *Kogge*, *Hulk*, *Bark*, *Brigg*, *Schoner* u.a. gebräuchlich. Fischereischiffe wurden in den Begriff »Kauffahrteischiff« nicht einbezogen.

Keel, *Keelmen, Kiel:* ursprünglich ein kleines tierhautbezogenes Boot, von den Normannen mit »chiule«, »cyule« oder »ceol« bezeichnet. Die abgewandelte Bezeichnung Kiel ist wahrscheinlich bis im 7. oder 8.Jh. für kleine Last-Segelschiffe übernommen worden. Im Beowulflied, einer altenglischen Heldendichtung aus dem 8.Jh., wird u.a. die Schiffsbezeichnung »Kiel« erwähnt. Des weiteren erscheint um 1000 im Londoner Zolltarif auch die Schiffsbezeichnung »ceol«. Es muß sich hier schon um größere Schiffe gehandelt haben, da sie mit dem vierfachen Zollsatz der gewöhnlichen kleinen Segelschiffe ebenso wie ein *Hulk* bewertet wurden.
Auch in der Edda, einer nordischen Dichtung aus dem 13. und 14.Jh., wird im Völuspalied der Schiffstyp »Kiel« genannt. Im 12.Jh. war Kiel ein Schiffstyp mit einer Tragfähigkeit von 10 Lasten (etwa 20t). Auf den Flüssen Nordenglands blieb der Keel vom 14. bis ins 18.Jh. ein einmastiges, mit einfachen Rahsegeln fahrendes Flußlastschiff mit plattem Boden und völliger Bauweise, das hauptsächlich Kohle fuhr. Auf den englischen Flüssen Tyne und Humber war der Keel in etwa gleicher Größe bis in das 19.Jh. anzutreffen. Die Tragfähigkeit dieser Fahrzeuge wurde in England zu einem speziellen Einheitsmaß für etwa 20t Steinkohle (1 Keel). Der größte Keeltyp war der Humber-Keel mit einer Länge von 17 bis 19m bei etwa 4,5m Breite und einer Tragfähigkeit bis zu 100t. Der kleinere Tyne-Keel von etwa 13m Länge und bis zu 6m Breite trug etwa 20t

Englischer Humber-Keel

und wurde ursprünglich durch 3 Mann gewriggt, später jedoch mit Rah- und Stagsegeln gefahren. Seit der Mitte des 19. Jh. wurde das Rahsegel durch ein Sprietsegel ersetzt. Aus der Bezeichnung Keel bzw. Kiel entstand mit Beginn der industriellen Kohleförderung in England die allgemeine Bezeichnung »Keelman« für ein englisches Steinkohle-Binnenfrachtschiff.

Keitelkahn: ein flachbordiges, kraweelbeplanktes Segel-Fischerboot mit eckiger Kimm des 18. bis 19. Jh. von 9 bis 13 m Länge und 2,5 bis 3 m Breite für Haffgewässer. Mit dem Keitelkahn wurde ein Grundschleppnetz geschleppt, das durch eine Baumspreize, die man als »Keitel« bezeichnete, offen gehalten wurde. Der Großmast trug Gaffel- oder Spierensegel, ein vorn stehender kleiner Mast führte Sprietsegel. Typisch waren auch die offenen Feuerstellen im Achterschiff.

Kelek: ein frühzeitiges und vereinzelt auch heute noch vorkommendes assyrisches Tierbalgfloß, das aus einer Anzahl aufgeblasener und zusammengebundener Häute und einem verbindenden, gerüstartigen Flechtwerk besteht. Die Assyrer bedienten sich dieser Flöße, auch »Burdjuks« genannt, zur Flußüberquerung und zum Transport auf Flüssen.

Kent-Bootsfund: Reste eines Wikingerschiffes, die im Jahre 1971 in Südostengland im Marschland der Grafschaft Kent gefunden wurden. Obwohl der obere Teil des eichenen Fahrzeuges im Verlauf der Jahrhunderte verwittert war, konnte eine Rekonstruktion des etwa 12 m langen Bootes vorgenommen werden. Das Boot stammt aus der Zeit zwischen 600 und 1100 und gehört zu den ältesten Schiffsfunden in England.

Ketsch, *Ketch:* ein um die Mitte des 17. Jh. in England und Nordamerika für die Fischerei und die Küsten-Frachtschiffahrt entwickelter *Anderthalbmaster* mit Tragfähigkeiten bis zu 50 t. Der Schiffstyp ist durch eine besondere Mastanordnung, die »Ketschtakelung«, gekennzeichnet, bei der der größere Mast im Bereich der vorderen Schiffshälfte steht und der kleinere Mast, der Besan- oder Treibermast, ziemlich weit hinten, aber noch vor dem Ruder des Schiffes angeordnet wird. Bei der Ketschtakelung unterscheidet man die ältere Gaffeltakelage mit Einfach-Gaffel bzw. Gaffel mit Gaffeltoppsegel von der etwa seit 1920 üblichen modernen Hochtakelung für Sportyachten. Eine weniger verbreitete Takelung hatte die Stagsegel- oder Spreizgaffelketsch.
In den englischen, skandinavischen und deutschen Gewässern fuhr die Ketsch noch während des gesamten 19. Jh. bis in die Zeit um etwa 1920, danach behauptete sich dieser Schiffstyp noch ein bis zwei Jahrzehnte mit einer ketschähnlichen Hilfsbesegelung. In Skandinavien bezeichnete man ketschgetakelte Anderthalbmaster auch als *Galeassen*. Der Ketsch ähnlich getakelt ist die *Yawl*, jedoch steht dort der kleinere Mast weiter achtern hinter dem Ruderschaft.

Anderthalbmastige Ketsch mit Rah-Toppsegeln um 1760

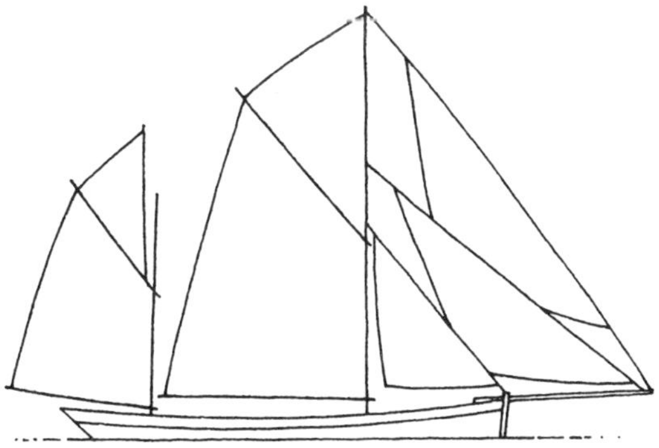

Gaffelgetakelte Ketsch

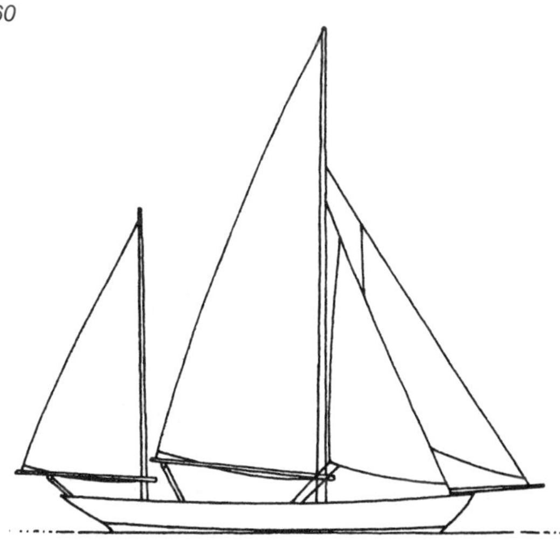

Hochgetakelte Ketsch

Einmastige arabische Khalissa mit Dausegel, Modell [13]

Khalissa: einmastiges Segelschiff aus der Gruppe der westarabischen Dautypen *(Dau)*, das im Roten Meer und Arabischen Meer sowie in den Golfgebieten von Aden und Oman verbreitet war. Hinsichtlich der typischen schlanken Schiffsform mit kurzem Kiel und hochgezogenen schlanken Schiffsenden bestanden besondere Ähnlichkeiten zu den älteren Dautypen *Nurih* und *Mahaila*. Oberhalb der Schwimmwasserlinie zeigte das Heck jedoch den Ansatz eines Plattgatts. Größere Fahrzeuge hatten ein durchlaufendes Deck; kleinere Khalissa wurden auch hinter größeren Dautypen wie *Sambuk* und *Ghanja* als Beiboote nachgeschleppt.

Khorsabad-Relief-Schiffsdarstellung: assyrische und phönizische Transportschiffe, dargestellt auf den 1843 bis 1845 entdeckten Flachreliefs der Palastruinen des assyrischen Königs SARGON II. (721 bis 705 v. u. Z.). Auf dem Relief sind die Verladung von Holzstämmen in die Schiffsräume und nachgeschleppte Stämme in verschiedenen Positionen zu erkennen. Heute befinden sich die Reliefs im Louvre in Paris.

Kielboot, *Kielyacht:* ein Sportsegelboot oder eine Segelyacht mit einem festen, tiefliegenden Kiel, um den aus der Bootsmasse resultierenden Stabilitätsanteil zu erhöhen und damit eine größere Sicherheit gegen Kentern sowie infolge der vergrößerten Lateralfläche eine geringere Abdrift und eine bessere Kursstabilität bei größeren Segelkräften zu erzielen. Der fest mit dem Bootskörper verbundene Kiel kann zur weiteren Masseerhöhung noch durch strömungsgünstige Zusatzkörper aus Stahl, Blei oder anderen Werkstoffen hoher Dichte beschwert werden. Bei einer entsprechend großen Kielmasse werden Kielboote bzw. Kielyachten auch als »gewichtsstabile Yachten« im Unterschied zu den kiellosen »formstabilen Jollen« bezeichnet. Renn-Kielyachten werden – sofern es für größere Klassen und bestimmte Fahrtgebiete nicht vorgeschrieben ist – wegen der leichteren Bauweise auch ohne Kajüten, jedoch grundsätzlich mit einer wasserdichten Plicht (Steuermannsraum achtern) gebaut.

Kielewer: *Ewer* mit flachem Boden und aufgesetztem Balkenkiel. Der erste Kielewer entstand 1876 durch den Unterbau eines Kiels unter den an sich platten Boden der bisherigen Ewer, wodurch der Lateralplan bedeutend vergrößert wurde und in Verbindung mit einem eingebauten Senkschwert günstigere Manövrierverhältnisse erreicht wurden. Damit konnte eine Vergrößerung der Segelfläche auf mehr als 180 m^2 erfolgen. Anlaß für den Bau dieser Kielewer war, daß die ursprünglich für die Übernahme der Fänge auf See vorgesehenen englischen *Smacks* für die nordwestdeutsche Küste und für die Elbe zu großen Tiefgang und außerdem keine Bünn (seewasserdurchspülter Fischraum für lebende Fische) hatten.

Kielschwertyacht: Kombination einer Kielyacht und eines *Schwertbootes*. Durch den beschwerten, fest angebauten, jedoch weniger tief als bei einer Kielyacht gehenden Kiel wird ein schwenkbares Schwert so geführt, daß bei eingeschwenktem Schwert auch flachere Gewässer befahrbar sind. Trotz der verringerten Kielhöhe ist für seegehende Kielschwertyachten ausreichende Kentersicherheit erforderlich, so daß der Rumpf einer Kielschwertyacht zur Erhöhung des Formstabilitätsanteils entsprechend breiter gebaut wird.

Kimmschwertboot: ein Boot, bei dem in der Kimm an jeder Bordseite ein Schwertkasten mit Schwert angeordnet ist anstelle eines einzelnen Schwertkastens in der Mitschiffsebene (wie bei

Kimmschwertboot

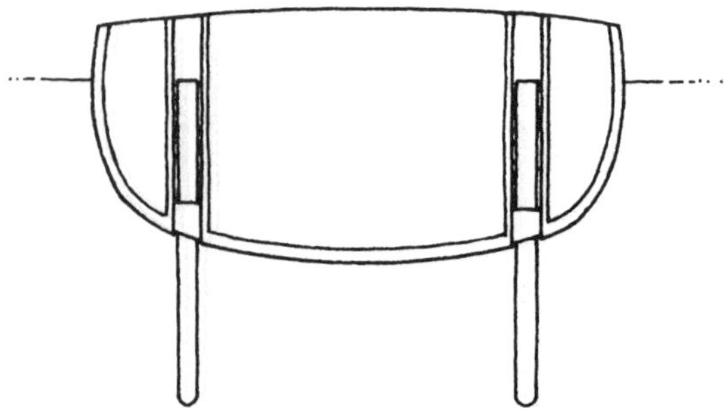

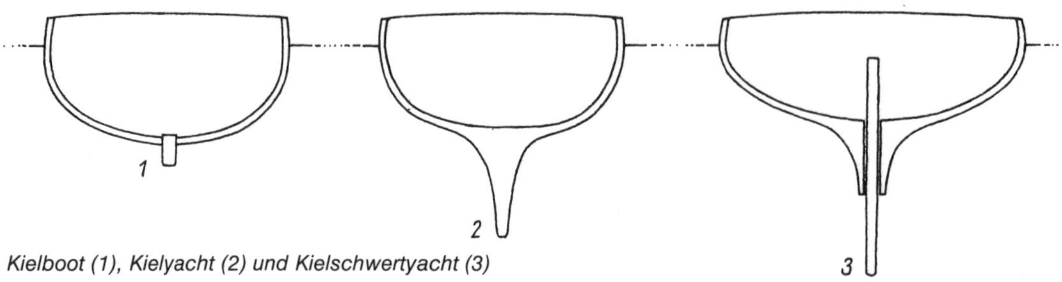

Kielboot (1), Kielyacht (2) und Kielschwertyacht (3)

der *Kielschwertyacht*) oder des Schwertes bei einem *Schwertboot*. Dadurch kann die wirksame Schwertfläche vergrößert und der Bootsraum besser genutzt werden. Die Schwerter werden im Unterschied zu äußeren Seitenschwertern so angebracht, daß sie auch bei größeren Krängungen wenig austauchen. Durch die beiden Schwerter erhöht sich jedoch der Bootswiderstand gegenüber einem Einzelschwert.

Kirjime: ein genähtes Holzboot einfacher Formgebung, das teilweise mit oder ohne Rahsegel noch in der Mitte des vorigen Jahrhunderts auf der Wolga fuhr.

Russische Kirjime

Kits: kleineres, gedecktes englisches Segelfahrzeug, das im 18. Jh. yachtähnlich oder wie eine *Ketsch* getakelt fuhr. Während der Mitte des 19. Jh. verstand man darunter sowohl kleine Segler für Repräsentationszwecke als auch für den Kriegsfall mit Bomben beladene kleine Transportsegler.

Klassenboot: ein Sportsegelboot, das insbesondere für Kurzstreckenregatten auf Binnen- und Küstengewässern wegen der notwendigen Leistungsbewertung hinsichtlich bestimmter Abmessungen und konstruktiver Merkmale klassifiziert und einer bestimmten Klasse zugeordnet ist. Man unterscheidet *Einheitsklassen*, bei denen möglichst keine Unterschiede zwischen den Booten bestehen sollen und daher alle feststehenden Daten verbindlich und einheitlich vorgeschrieben werden, von den *Konstruktionsklassen*, für die zur Förderung der weiteren Entwicklung eigenständige Lösungen erlaubt sind.
Die Regeln für internationale Klassenboote werden durch die International Yacht Racing Union (IYRU) erlassen. Zur Kennzeichnung der jeweiligen Klasse sind für internationale Regatten anerkannte Klassenzeichen im oberen Teil des Segels gut erkennbar zu zeigen.

Klinkerboot, *Klinkerschiff:* Boot oder Schiff, bei dem die Planken am gesamten Rumpf oder zumindest an den Seiten dachziegelartig überlappt miteinander verbunden sind, im Unterschied zu kraweelgebauten Fahrzeugen, die einen mauerwerkähnlichen außen glatten Plankenverband haben.
Im Norden Europas war von den ersten Anfängen des Schiffbaues bis zum 15. Jh. nur die Klinkerbauweise üblich. Wie die historischen nordischen Schiffsfunde zeigen, wurden im Norden auch sehr lange Schiffsplanken ausschließlich mit Axt und Dechsel bearbeitet. Sägen zum Herstellen gerader Plankennähte kannte man in Nordeuropa erst sehr spät. Die geklinkerte Bauweise war entsprechend den verfügbaren Werkzeugen und Kenntnissen günstiger, da die Planken nicht an ihren Längskanten, sondern an ihren überlappenden Flächen zusammengefügt wurden und auch mit dünneren oder leicht unebenen Planken durch geeignete wasserunlösliche elastische Dichtungsmassen ausreichend wasserdicht wurden. Üblicherweise wurden Klinkerboote und -schiffe so gebaut, daß von unten beginnend Planke für Planke aufgesetzt und in Längsrichtung die Überlappungen zusammengenäht oder mit Holzdübeln oder später Eisennägeln oder -nieten vernietet wurden.
Eine besondere Bauweise ist demgegenüber u. a. von der chinesischen *Dschunke* bekannt, bei der die Klinkerung in umgekehrter Weise von oben nach unten erfolgte, was nur möglich war, wenn vorher das Spantengerüst zur Plankenbefestigung errichtet war. Bei der nordischen Bauweise wurden anfänglich relativ wenige Spanten aus gewachsenem Krummholz nachträglich eingefügt, auch verstärkten die Doppelungen an den Plankennähten die Festigkeit des Rumpfes.
Für größere Schiffe war, nachdem in den Niederlanden um 1460 die ersten *Kraweelschiffe* gebaut wurden, die Klinkerbauweise überholt. Bessere Verbindung mit den Spanten, günstigere Erhaltungs- und Abdichtungsmöglichkeiten und der geringere Wasserwiderstand der kraweelgebauten Schiffe boten überzeugende Vorteile.

Klipper, *Clipper, Klipperschiff:* berühmter Handels-Schnellsegelschiffstyp aus der Blütezeit der Segelschiffahrt. Der Aufschwung des Seehandels zu Beginn des 19. Jh. erforderte schnellere Schiffe für größere Seereisen. So entstand etwa in der Zeit von 1815 bis 1830 an der amerikanischen Ostküste in Werften bei New York und Boston, ausgehend von den Erfahrungen des Baues von schnellen *Schonern*, ein neuartiger, besonders für höhere Fahrtgeschwindigkeiten entworfener Frachtschiffstyp, der amerikanische Klipper.
Zu den markantesten Merkmalen dieses schnellen Frachtseglers gehören der konsequente Verzicht auf größere Seitenhöhen und Aufbauten, so daß die Abmessungen und Formen des Unterwasserteils des Schiffskörpers strömungsgünstig gestaltet werden konnten. Das Längen-Brei-

Klipper »LIGHTNING« 1854, Modell

ten-Verhältnis L: B betrug bei den anfänglich aus Holz gebauten Schiffen 5:1 bis 6:1. Mit dem Übergang zur Holz-Eisen-Kompositbauweise und zum späteren Eisen- bzw. Stahlschiffbau konnten die Schiffe noch schlanker, bis zu einem L: B-Verhältnis von 8:1, gebaut werden.

Mit diesen widerstandsgünstigen Proportionen der Hauptabmessungen bei gleichzeitig vergrößerter Unterwasserlateralplanfläche konstruierte man besonders schlanke, im Vorschiffsbereich teilweise eingezogene, strömungsgünstige Wasserlinien. Der diesen Schiffstyp besonders kennzeichnende, weit vorragende, schwungvolle scharfe Klippersteven trug zum schnittigen Aussehen bei, minderte den Wellenbrechungswiderstand durch Teilen oder Schneiden der Welle (engl. to clip, schneiden; auch clipper, Rennpferd) und verlängerte insbesondere die für die Segelführung nutzbare Schiffslänge bei kurzem Bugspriet. Bis heute ist der Klipperbug eine architektonisch beliebte Stevenform für Yachten und Passagierschiffe. Schlank auslaufende Wasserlinien im Hinterschiff und ein schmales, abgerundetes Heck fügten sich harmonisch in die ausgereiften Formen des Schnellseglers ein. Wohl noch ausgeprägter und augenfälliger war die übergroße Segelfläche. Üblicherweise waren die Klipper *Dreimaster*, vereinzelt wurden auch viermastige Klipper gebaut. Vom Grundtyp her

Klipper »LIGHTNING« unter Leesegeln

ähnelte die Takelage dem *Vollschiff*, an allen Masten wurden Rahsegel gefahren. Der Klipper hatte jedoch höhere, aus mehreren Stengen (bis zu 4 Stengen) gebaute Maste mit einer Länge bis zu 3/4 der Länge des Schiffes. Beim dreimastigen Typ stand der Fockmast näher zur Schiffsmitte, der Bugspriet war verkürzt und die Anzahl der Stagsegel zwischen den Masten zugunsten der Rahsegel verringert. Die Anzahl der Rahsegel an den Masten erhöhte man durch ein weiteres Toppsegel, das »Skysegel« oder den »Moonscraper«, so daß über den bereits bekannten 6 Rahsegeln (Groß-, Großuntermars-, Großobermars-, Großunterbram-, Großoberbram- und Großroyalsegel) ein weiteres, siebentes Rahsegel gefahren wurde. In der Breite wurde die Segelfläche durch Leesegel an beiderseitigen Verlängerungsspieren sehr stark vergrößert.

Der von JOHN GRIFFITH entworfene und 1845 gebaute 750-BRT-Klipper »RAINBOW« (Regenbogen) gilt als einer der ersten Klipper, in dem alle typischen Merkmale des Schnellseglers verwirklicht wurden. Um diese Zeit begannen amerikanische Klipper, die Weltmeere mit Tee, Wolle und Weizen zwischen Indien, China, England und Amerika zu befahren. In schneller Folge entstand eine größere Anzahl leistungsfähiger Klipper, die wegen ihrer außerordentlichen Segelgeschwindigkeit und des beeindruckenden Anblicks unter vollen Segeln in der ganzen Welt berühmt wurden.

Der amerikanische Schiffbaumeister DONALD MCKAY baute auf seiner 1845 in East Boston gegründeten Werft in zwei Jahrzehnten von 1850 bis 1869 eine große Anzahl erfolgreicher und berühmter Klipper, zu denen die *»FLYING CLOUD«* (1851), die *»LIGHTNING«* (1854) und die *»GREAT REPUBLIC«* (1853) oder die »GLORY OF THE SEAS« (1853) gehören.

Die »FLYING CLOUD« (Fliegende Wolke) war 1783 BRT groß und segelte 433 Seemeilen (rd. 800 km) in 24 Stunden. Die »GREAT REPUBLIC« hatte 4000 BRT bei 4500 t Tragfähigkeit, eine Länge von 325 Fuß (100 m) und führte vollgetakelt 1500 Quadratyards (1253 m^2) Segelfläche. Die »LIGHTNING« (Blitz) lief 18 kn (33,3 km/h bzw. 9,25 m/s). Eine Rekordleistung stellte auch der Klipper »ORIENTAL« auf, der die Fahrt von New York nach Hongkong in 81 Tagen bewältigte. Berühmte Klipper dieser Zeit waren auch die »SOVEREIGN OF THE SEAS« und die »WESTWARD-HO«.

Mit dem Übergang zum Eisen- und Stahlschiffbau verlagerte sich, begünstigt durch die Fortschritte der Stahlerzeugung und -verarbeitung, der Schwerpunkt des Klipperbaues nach England, und der amerikanische Schiffbau verlor an Bedeutung. Die Klippergrößen waren je nach Baujahr, Bauland, Mastanzahl und Einsatzzweck unterschiedlich. Übliche Durchschnittswerte des Klippers waren 1200 bis 2000 BRT, 60 bis 70 m Länge und 10 bis 12 m Breite, sie erreichten Durchschnittsgeschwindigkeiten von etwa 14 kn.

Die vorwiegend in Londoner Docks gebauten Klipper wetteiferten auf den bedeutenden Schifffahrtslinien mit den amerikanischen Klippern und untereinander in viel beachteten Segelrennen. Eines solcher berühmten Rennen fand 1866 vom chinesischen Hafen Fu-tschou aus statt. Fünf

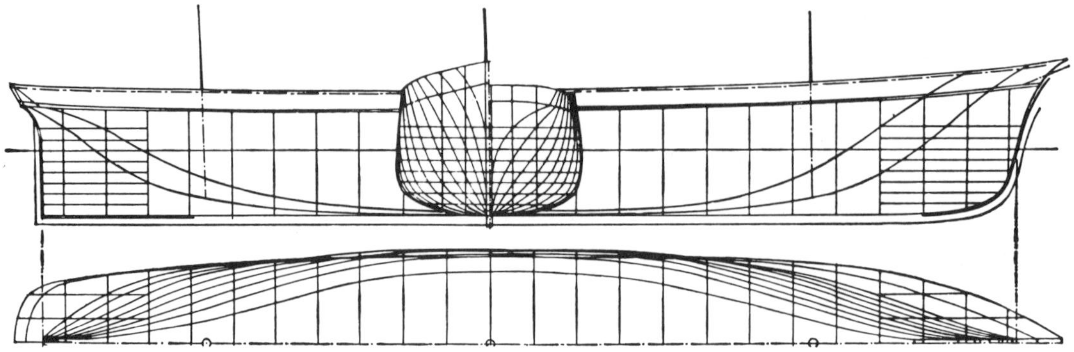

Klipper »LIGHTNING«, Länge der Konstruktionswasserlinie um 75 m (228 feet), Schiffslinien

Viermast-Klipper »GREAT REPUBLIC« 1853, Modell [25]

Rennen der Klipper »ARIEL« und »TAEPING«, 1866 [18]

große Klipper verließen fast gleichzeitig den Hafen und erreichten in 99 bis 101 Tagen London, wobei die beiden Klipper »ARIEL« und »TEAPING« mit einem geringen Abstand in einem spannenden Endspurt in London einliefen.
Dank der Weitsicht der englischen Admiralität ist ein bekannter Klipper aus der zweiten Hälfte des 19.Jh., die »CUTTY SARK«, als Museumsschiff zur Erinnerung an die Segelschiffszeit hergerichtet worden und in Greenwich zu besichtigen.
Die Bezeichnung Klipper übertrug man verschiedentlich auch auf andere Schiffstypen, wenn einzelne charakteristische Klippermerkmale übernommen wurden, z.B. bei der »Klipper-Bark« oder »Klipper-Aak«. In der russischen Marine nannte man im 19.Jh. besonders scharf gebaute schnellsegelnde Kriegsschiffe je nach Größe und Takelung »Klipper-Fregatte« oder »Klipper-Korvetten«. Auch bei schnellsegelnden Fischereischiffen für den Thunfischfang mit Handangel oder Leinen übernahm man den Klipperbegriff und bezeichnete diese Fahrzeuge als »Thun-Klipper«. Zuweilen erfolgte die Bezeichnung auch entsprechend der vorwiegend gefahrenen Ladung, wie z.B. beim Teeklipper für die Teefahrt Indien – China – England oder für verbotene Ladung, die durch Schmuggelschiffe gefahren wurde, wie beim Opium-Klipper. siehe Vorsatz

Knickspantboot: Boot mit einer Spantform aus geraden, ungekrümmten Spantabschnitten, im Gegensatz zu den sonst üblichen, ohne Knicke verlaufenden Spantkonturen. Eine ältere Bezeichnung für diese Art ist *»Schipjackboot«*. In der einfachsten Ausführung hat ein Knickspantboot einen ebenen Boden, an dem die Bootsseiten und -enden knickartig ansetzen. Ist ein zusätzlicher Knick am Kiel, d.h. eine Aufkimmung vorhanden, so entstehen V-förmige Spantquerschnitte. Von den einfachen Sportsegelbooten sind *Starboot* und *Pirat* Knickspantboote.

Kniep-Ewer: ein niederdeutscher *Ewer* zu Ende des 18. bis Anfang des 19.Jh. mit einer besonderen älteren Takelungsart, dem »Kniepsegel«. Es handelte sich um ein kleines Luggersegel von etwa 10 m^2, das zur Ruderunterstützung an einem kleinen 3 bis 4 m hohen Mast, der in Rudernähe stand, gefahren wurde. Der Kniep-Ewer wurde durch den etwa um 1820 in Gebrauch gekommenen *Besan-Ewer* verdrängt.

Knorr, *Knorre:* skandinavisches Segel-Lastschiff, das bereits in Skaldenversen über die Schlacht bei Hafrsfjord im Jahre 872 genannt wird. Hinsichtlich der typischen Bauweise mit vorn und hinten spitz gebauten Schiffsenden und den mit Tierkopf-Schnitzereien versehenen Steven sind sie den nordischen Langschiffen, den langgebauten *Drachenschiffen* der Wikinger, ähnlich. Im Unterschied zu den Langschiffen wurden jedoch Knorren wesentlich breiter, kürzer, völliger, mit größerem Tiefgang und höherem Freibord (größerer Seitenhöhe) gebaut. Die Länge eines mittelgroßen Schiffes betrug etwa 50 Fuß (15 m) und die Breite etwa 16 bis 17 Fuß (5 m); in der Biskupasøgar wird eine Länge von etwa 21 m für ein Knorr angegeben. Der *Brösen-Schiffsfund* entspricht etwa diesen Abmessungen. Wegen der auffallend rundlichen, bauchigen Form der Schiffe und der zurückgebogenen Steven bezeichnete man diesen Typ auch mit »knarrarbringa«, was soviel wie knorrbusig bedeutete. Im 9.Jh. hatten Knorren schon einen bedeutenden Anteil an den Wikingerflotten. Infolge seiner größeren Seetüchtigkeit ist dieser Schiffstyp auch vorwiegend für die Auswanderung nach Island benutzt worden, da mehrere isländische Ansiedlungen Namen wie Knarrarnes, Knarrarsund u.ä. tragen.
Knorren wurden gesegelt und nur ausnahmsweise zusätzlich gerudert. Die übliche Bemannung wird etwa 15 bis 30 Personen betragen haben, für Ausnahmefälle werden jedoch auch 50 bis 60 Mann genannt. Der Zeit, dem Typ und der Bauweise nach waren Knorren in gewisser Weise für größere Seetransporte Vorläufer der *Kogge*. Einen besonderen Knorrentyp, der etwas kleiner war und vorwiegend für Fahrten in Ostgebiete, insbesondere nach Rußland benutzt wurde, bezeichnete man mit »austrfararknorr«. Das Danziger Siegel vom Jahre 1299 stellt wahrscheinlich eine zur Kogge weiterentwickelte Knorr dar.

Knots: im 19.Jh. und zu Anfang des 20.Jh. völlig gebautes belgisches Boot für die Garnelenfischerei, etwa 10 bis 12 m lang und etwa 3,5 m breit und damit kleiner als die *»Otter«*, ein ähnliches belgisches Fischereifahrzeug.

Kogge: über Jahrhunderte in verschiedenen Entwicklungsstufen einer der bedeutendsten frühen Segelschiffstypen Nordeuropas. Erste Vorläufer entstanden während der Übergangsstufen vom schlanken geruderten und gesegelten Wikingerschiff zum völligeren und breiteren Segellastschiff. So gehörten zu den Wikingerflotten des 9.Jh. bereits in größerer Anzahl *Knorren* als vorwiegend gesegelte, breitere Segellastschiffe. Im Frühgermanischen kann »Kuggon« oder »Kukkon« ein gekrümmtes, gewölbtes Gefäß oder gewölbtes Schiff bedeutet haben. Eine frühe Kunde entstammt einem Bericht des englischen Königs ALFRED (871 bis 900), aus dem hervorgeht, daß sich friesische Schiffe in ihrer Bauart von den bis dahin bekannten skandinavischen und englischen Schiffen unterschieden. Erstmalig erschien 948 in Schiffsvermerken von Muiden bei Amsterdam die Bezeichnung Kogge. Die ein

Kogge, Modellrekonstruktion 1956 von Prof. TH. MACKLIN nach den Koggensiegeln von Stralsund (1329) und Elbing (Elbląg) von 1350

Kogge

1 Einmaster vom Siegel La Rochelle um 1200
2 Siegel von Hythe, 13. Jh.
3 Heck einer Kogge, unvollständig beplankt
4 Frühform der Kogge um 1250
5 Kogge vom Siegel der englischen Stadt Rye, 15. Jh.
6 Kogge nach dem Elbinger Siegel von 1350, Rekonstruktion Th. Macklin
7,8 Koggensiegel
9 Linien einer Kogge um 1350
10 Heck einer Kogge, Innenansicht
11 Kogge mit Achterkastell von vorn
12 Klinker- und Kraweelbeplankung
13 Hulk um 1480

1

2

3

4

5

6
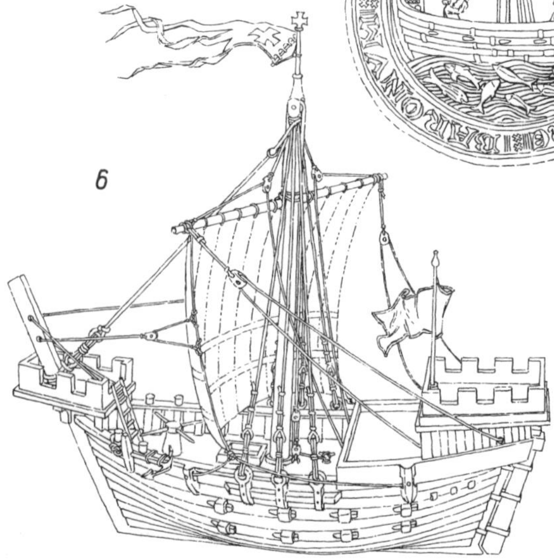

7
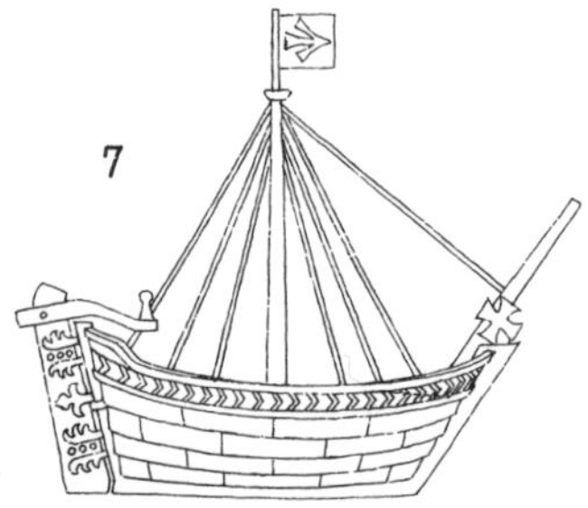

8
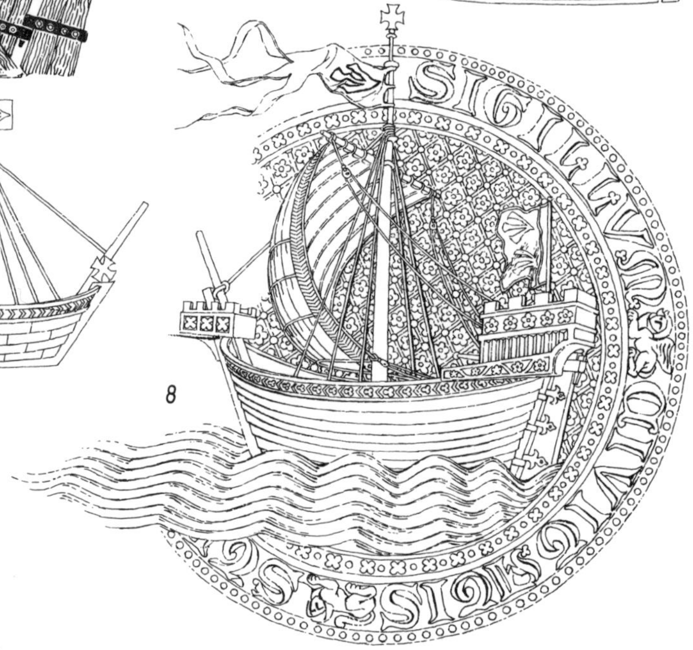

9
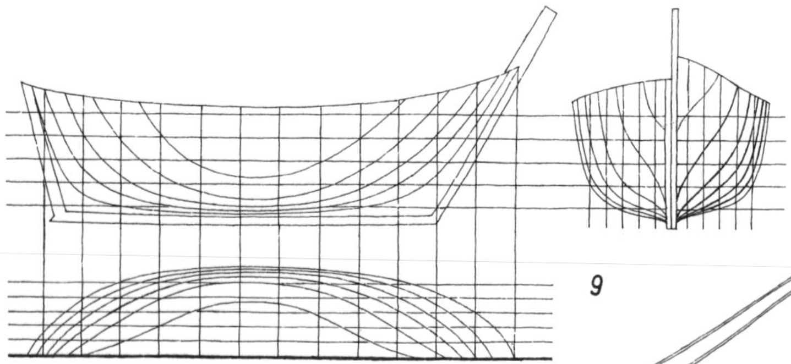

10
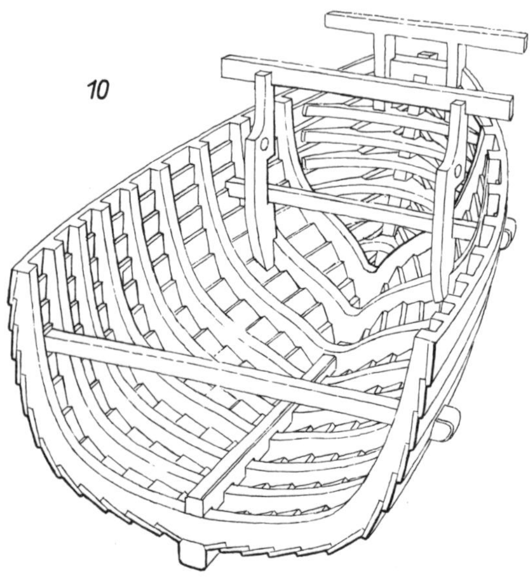

11
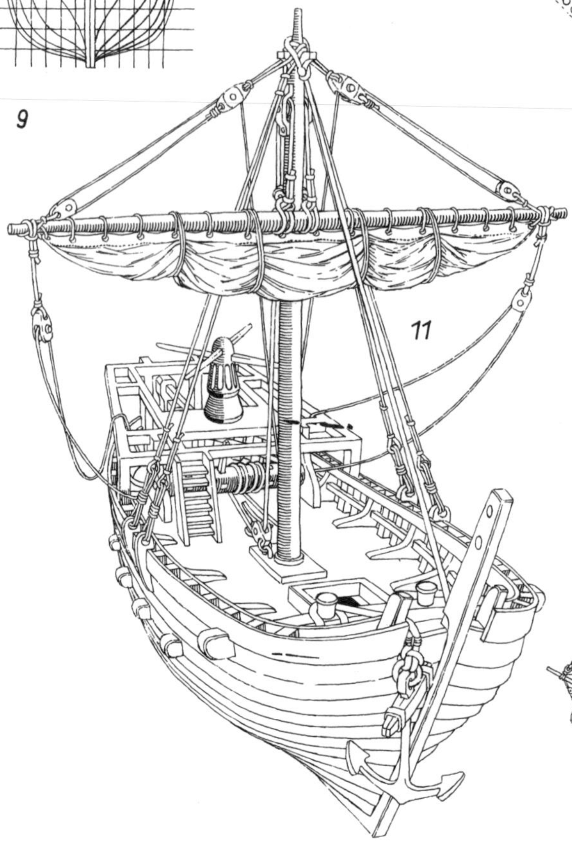

12
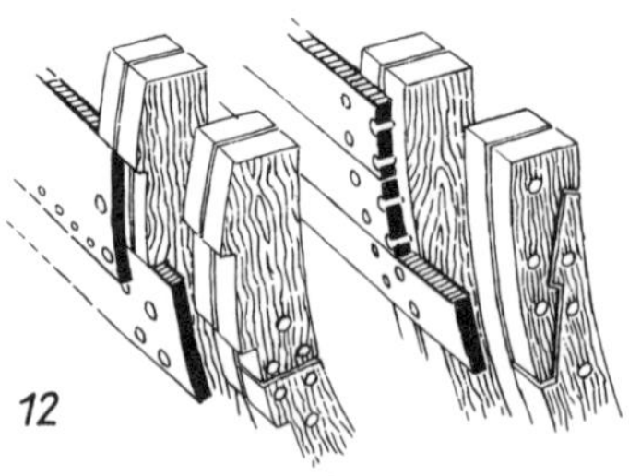

13

Jahrhundert später aus der Invasion Englands durch WILHELM DEN EROBERER (1066) in Europa berühmt gewordene, aus breiten, vorwiegend gesegelten Normannenschiffen bestehende große Flotte dürfte nicht ohne Einfluß auf die Koggenentwicklung geblieben sein. Anfänglich entwickelten sich zwei unterschiedliche Grundtypen. Während an der westfranzösischen Küste aus dem Normannenschiff ein als *»Nef«* bezeichneter, in verschiedenen Merkmalen der anfänglichen Kogge ähnlicher klinkergebauter, jedoch runder und völliger Schiffstyp entstand, bildete sich die typische friesische Kogge als eigenständiger Typ heraus.
Im Anfangsstadium waren der gerade Kiel, der gedrungene kurze Schiffskörper mit gerundeten Spantformen und einem Verhältnis Kiellänge zur Schiffsbreite von 3:1, die fast geraden, ziemlich steilen Steven und der hochbordige, klinkerbeplankte Schiffskörper markante äußere Merkmale der seetüchtigen einmastigen Kogge, obwohl noch längere Zeit Einrichtungen zur gelegentlichen Riemenbenutzung beibehalten wurden. Infolge der großen Breite und Seitenhöhe verbesserten sich die Stabilitätseigenschaften bedeutend. Es konnte ein festes durchlaufendes Deck eingebaut werden, so daß die Ladung zuverlässiger vor Witterungseinflüssen geschützt wurde. Diese Veränderungen kennzeichnen den schrittweisen Übergang vom noch ruderbaren Schiff zum Segel-Lastschiff. In dieser Anfangsform war die Kogge ein einmastiges Segelschiff mit einem kräftigen Mast, an dem ein großes viereckiges Rahsegel gefahren wurde. Zum Schutz des Schiffes wurden gerüstartige, später dann kastellartige Aufbauten am Bug und am Heck für Bogenschützen errichtet. Anfangs wurde auch noch mit dem derzeit gebräuchlichen Seitenruder an der Steuerbordseite gesteuert.
Zu den bedeutenden Neuerungen, die von der Kogge ausgingen, gehört auch das erstmalig 1242 an diesem Schiffstyp nachgewiesene Heckruder. Es wurde durch eine Drehachse schwenkbar in Kiellinie am Heck angeordnet. Mit dem Heckruder konnten die Segel- und Steuereigenschaften und damit die Sicherheit der Koggen erheblich verbessert werden. Das Heckruder ist bis heute (in weiterentwickelter strömungsgünstiger Form und Anordnung) das wirksamste Mittel zum Steuern von Schiffen.
Mit der Entwicklung der Kogge zu einem zuverlässigen Segellastschiff entstand eine der wichtigsten technischen Grundlagen des Städtebundes der Hanse und der Ausweitung des Handels in der Ost- und Nordsee. Über die Schiffsgrößen sind Angaben aus Abrechnungen und Zollvermerken, so z.B. aus der Lübecker Zollrolle bekannt. Danach wurden Koggen im Jahre 1227 in 3 Größenklassen eingeteilt: Klasse 1 bis zu 5 Lasten (10t), Klasse 2 von 5 bis 12 Lasten (10 bis 24t) und Klasse 3 über 12 Lasten (über 24t) Tragfähigkeit. Die einmastigen Koggen erreichten bei günstigen Windverhältnissen Geschwindigkeiten von 5 bis höchstens 8kn. Schon damals gab es kleinere Koggen für den Fischfang. Anfang des 14.Jh. war die Normalgröße bereits auf 40 Lasten (80t) gestiegen. Eine Größeneinteilung vom Jahre 1358 unterscheidet nur noch die beiden Gruppen unter und über 60 Lasten (120t). Mit der Zunahme der Schiffsgrößen erfolgten im Laufe der Zeit verschiedene Weiterentwicklungen, die teilweise auch von anderen Schiffstypen, insbesondere dem ursprünglich holländischen *Hulk* übernommen wurden. So ist eine besonders starke Konzentration und Vergleichsmöglichkeit der beiden Schiffstypen unter anderem von einem Kriegszuge WILHELMS III. von Holland aus dem Jahre 1315 bekannt, zu dem die friesischen und Ijsselstädte ihr gesamtes Kontingent durch Koggen und die niederrheinischen Verbündeten durch Hulks einbrachten.
Durch die rege Handelstätigkeit der Hanse, der in ihrer höchsten Entwicklung etwa 90 Städte angehörten, fuhren Koggen im gesamten Ostseegebiet, nach Skandinavien, Flandern, Frankreich, England, Spanien und gelegentlich bis ins Mittelmeer. Koggen wurden zu dieser Zeit in verschiedenen Ländern in größerer Zahl gebaut. Aus dem damals bedeutenden Hansehafen Lübeck liefen allein im Jahre 1386 insgesamt 846 und aus Hamburg 598 Schiffe, vorwiegend Koggen, aus. Die Hansekoggen fuhren bei größeren Fahrten zum Schutz vor bewaffneten Überfällen im Geleitzug und verteidigten sich durch Bogenschützen, Steinschleudern und Wurfgeräte für Steine (Blyden). Am Ende des 13.Jh. führten die Hansekoggen eine Flagge, den Flüger, in der Farbe ihrer Heimatstadt, für Lübeck wurde ein rot-weißer, für Hamburg ein roter, für Rostock ein blau-weiß-roter und für Riga ein schwarzer Flüger mit weißem Kreuz gezeigt. Um 1360 versah man die Kastelle mit leichten Karonaden.
Bis Anfang des 14.Jh. wurden Koggen geklinkert gebaut, d.h., die Schiffsplanken wurden dachziegelartig übereinandergelegt und vernietet. Die 1962 bei Baggerarbeiten entdeckte »Bremer Kogge« *(Bremer Koggenfund)* gehört zu den wenigen erhalten gebliebenen Originalnachweisen. Es handelt sich um eine größere Kogge wahrscheinlich aus den letzten zwei Jahrzehnten des 14.Jh. Die Länge beträgt 23,5m, die Breite 6,20m und die Deckshöhe über Kiel 3,50m. Der Schiffskörper ist seitlich geklinkert, jedoch im Bodenbereich kraweel aus Eichenholzplanken gebaut. 5 kräftige Decksbalken sind durch die seitliche Außenhaut geführt und steifen den Schiffskörper aus. Der Kiel ist 15,6m lang und verstärkt den im Mittelbereich fast ebenen Schiffsboden.
Übliche Abmessungen einer Kogge für 100 Lasten (200t) Tragfähigkeit waren etwa 15 bis 16m Länge, die Breite betrug etwa 6 Ellen oder 12 Fuß, das sind ungefähr 3,7m. Zur Besatzung gehörten bis zu 20 Mann. In der Zeit um 1400 gab es eine weitere Größenzunahme. Aus der einmastigen Kogge entstand als Weiterentwicklung der einmastige *Hulk* oder Holk als noch seetüchtigeres Schiff mit Tragfähigkeiten über 200t.
Im Hulk wurden die für Stabilität und Tragfähigkeit günstigen Merkmale wie flacher und breiter Schiffsboden mit völligen, seitlich gerundeten Spantformen des ursprünglich niederrheinischen Schiffstyps mit den Vorzügen der späten Koggenentwicklung vereinigt (Kiel, vorgebauter Vorsteven, Heckruder in Kiellinie, Aufbauten, günstige Segeleigenschaften). Als ein äußeres Unterscheidungsmerkmal der beiden in dieser Phase sehr ähnlichen Schiffstypen kann die konstruktive Gestaltung der vorderen und hinteren Aufbauten und ihre Einbeziehung in den Schiffskörperverband durch entsprechend hochgezogene Seitenplanken angesehen werden. Beide Schiffstypen waren noch klinkerbeplankt. Mit ihren Abmessungen erreichten sie die Grenzen der geklinkerten Beplankung hinsichtlich des Aufwandes zum Anpassen der Spanten zur notwendigen festen und wasserdichten Verbindung. Die im Mittelmeer allgemein übliche Kraweelbauweise war durch die Seeverbindungen zur Bretagne, nach Spanien und Südfrankreich sicher schon früher bekannt, wie aus Berichten des Brügger Kontors von 1412 hervorgeht. Der schnelle Übergang zur Kraweelbauweise im Norden vollzog sich jedoch erst in der zweiten Hälfte des 15.Jh.
Zum Ende des 15.Jh. wird die Anzahl der Hanseschiffe auf etwa 1000 Schiffe mit einer Gesamttragfähigkeit von 60000 bis 80000t geschätzt. Bei 3 oder 4 kürzeren Reisen im Jahr mit voller Ladung konnten jährlich bereits um 200000t Güter transportiert werden. So wurden allein aus Schonen jährlich bis zu 300000 Faß Fisch abgefahren. 1481 liefen z.B. 1100 Schiffe mit Getreide von Danzig nach Holland und Flandern aus.
Nach dem Vorbild des »GROTEN KRAWEELS«, (s. *Kraweel*) war dieser späte Koggentyp zu dieser Zeit eigentlich schon als Zwei- oder Dreimaster, wobei dreimastige Schiffe bevorzugt wurden, ein *Hulk*. Bei diesen dreimastigen Schiffen stand der Hauptmast auf halber Schiffslänge und der Fockmast auf dem Vorkastell, an den beiden vorderen Masten wurden Rahsegel gefahren. Der auf dem Achterkastell stehende Kreuzmast führte ein Lateinsegel.

Kojer, *Koyer, Koier:* im 19.Jh. die Bezeichnung für einen Fischerkahn, in dessen mittlerem Bereich durch Abschottung ein mit dem Außenwasser in Verbindung stehender Raum für den Fang vorhanden war.

Kolding-Schiffsfund: Wrackteile eines Schiffes aus dem 13. oder 14.Jh., die im Jahre 1943 in Dänemark im Kolding-Fjord gefunden wurden. Das etwa 18m lange und ungefähr 6m breite Schiff hatte einen flachen, kraweel gebauten Schiffsboden. Die Seitenwände waren geklinkert gebaut. Größe und Bauart, insbesondere der gerade Kiel und der gerade Vorsteven, entsprechen den Merkmalen einer frühen *Kogge*.

Kompositschiff, *Kompositklipper:* ein Schiff, für dessen Bau Holz und Eisen oder Stahl in kombinierter Bauweise verwendet wurde. Etwa in der Zeit um 1820 begann man zögernd, für einige Bauteile des Schiffskörpers Eisen zu verwenden. Ursachen für den relativ späten und allmählichen Übergang zum Eisen als Schiffbaumaterial dürften in der begrenzten Verfügbarkeit, den notwendigen weitgehenden Umstellungen der Werftausrüstungen und Arbeitsverrichtungen, der hochentwickelten konkurrierenden Holzbauweise und dem geringen Nutzen für kleinere Segelschiffe bestanden haben.
Um 1820 verwendete erstmalig der Engländer R. SEPPINGS eiserne Eckverbindungen, die sogenannten Kniebänder oder Kniebleche für Holzbalken zusätzlich zu den seit längerer Zeit üblichen Nägeln, Nieten, Schrauben, Laschen, Ringen, Ösen und anderen kleineren Beschlägen und Verbindungselementen. Danach ent-

standen verschiedene Varianten der Kompositbauweise. Entweder wurden Kiel, Spanten und Decksbalken aus Eisen gebaut und die Außenhaut und die Decks weiterhin mit Holz beplankt, oder es wurde die hölzerne Außenhautbeplankung wegen der besseren Dichtigkeit und zum Schutz gegen Fäulnis und Wurmfraß durch Eisenplatten ersetzt, dann waren die Spanten zunächst noch weiter aus Holz. Da erst in der Jahrhundertmitte das Holzbiegen mit Dampfwärme gebräuchlich wurde (vorher konnte Holz nur über offenem Feuer erwärmt gebogen werden), naturgewachsene Krummhölzer nur begrenzt zur Verfügung standen, die Eisenproduktion aber ständig stieg, setzte sich der Eisen- und Stahlschiffbau auch im Segelschiffbau bei größeren Segelschiffen durch. Der härteste Wettbewerb zwischen dem traditionellen Holzbau und dem Kompositbau entwickelte sich zwischen den amerikanischen und englischen Klipperschiffswerften zu Beginn der zweiten Jahrhunderthälfte.
Bei den leichten Schnellseglern wirkte sich jede Verringerung der Schiffseigenmasse, jede schärfere Linienführung und jede Stabilitätsverbesserung besonders stark auf die Segeleigenschaften aus. Begünstigt durch die unmittelbare Nutzung des englischen Vorsprungs in der Stahlerzeugung und -verarbeitung überflügelte der englische Schiffbau bald seine amerikanischen Konkurrenten. Aus dieser Zeit ist der 1869 in Dumbarton (Schottland) gebaute Kompositklipper *»CUTTY SARK«* erhalten geblieben.

Konvoischiff: frühere Bezeichnung für ein Kriegsschiff, das einer Flotte von Kauffahrteischiffen zum Geleitschutz beigegeben wurde. Mit der zunehmenden Handelsschiffahrt führten insbesondere die Hanseaten, die Venezianer und die Genuesen im 14. und 15.Jh., später Frankreich und England Konvoischiffe ein. Im 17. und 18.Jh. unterhielt Hamburg noch mehrere Konvoifregatten. Nach Überwindung des Seeräuberunwesens gegen Ende des 18.Jh. und mit dem Beginn des weltweiten Seehandels erübrigten sich die Konvoischiffe.
In den beiden Weltkriegen erlangten Konvoischiffe erneut große Bedeutung, allerdings werden derzeitig neben den Kriegsschiffen auch alle im Geleitzug (Konvoi) fahrenden Schiffe als Konvoischiffe bezeichnet.

Hamburger Konvoischiff 1688 mit dem Bildnis des Kapitäns Tamm

Korbboot, *Rundboot, Lederboot, Fellboot:* ein aus Weidenruten, Wurzeln u.ä. geflochtenes, rundes oder längliches Bootsgerüst. Da das Flechtwerk nicht wasserdicht wird, erfolgt entweder ein Überzug durch Häute oder Felle oder ein Abdichten mit harzigen Stoffen. Infolge seiner einfachen Bauweise und der verfügbaren Sträucher und Häute entwickelte sich sehr frühzeitig das Korbboot gleichzeitig in verschiedenen Gebieten der Erde. Die Kelten nannten ihre fellüberzogenen Korbboote »curiogle«. Der römische Feldherr JULIUS CÄSAR (100 bis 44 v.u.Z.) benutzte bei seinen Feldzügen ähnliche leichte Korbboote zur Flußüberquerung.
Die bis in die Neuzeit in Schottland und Wales verwendeten *Coracles* werden vorwiegend unter Verwendung von Roß- oder Jungochsenleder gebaut. Größere Boote dieser Art waren auch in Skandinavien und bei den Normannen unter der Bezeichnung »cyule«, »ceol« bekannt.
Auf den griechischen und römischen Schiffen wurden bereits leichte Korbboote mitgeführt, die als »carabia« bezeichnet wurden. Die runden oder ovalen, aus Weidengeflecht bestehenden Korbboote der Nordamerikaner wurden vorwiegend mit Bisonhäuten überzogen und daher »Bullboot« genannt. In Südamerika entstanden nach Einführung der Rinderzucht ähnliche Boote unter der Bezeichnung »Pelota«.
In Vorderasien und im Irak wurden sowohl lederbezogene Boote als auch mit Naturasphalt abgedichtete Korbboote sehr frühzeitig verwendet. In der Nähe des Persischen Golfes waren auch längliche Korbboote bekannt. Von den Mongolenzügen ist ebenfalls bekannt, daß die Krieger lederüberzogene kleine Boote mitführten. In Südtibet bestand das Rundkorbgeflecht aus Fichtenzweigen und wurde mit Yakhäuten überzogen. Aus Vietnam ist ein altertümliches Korbboot aus Bambusstreifengeflecht mit lehmähnlicher Innenabdichtung bekannt.
Die gedeckten *Kajaks* (Männerboote) und die offenen *Umjaks* (Frauenboote) der Eskimos gehören zu den haut- und fellbezogenen Booten, die bis in die neuere Zeit verwendet werden. Sie bestehen jedoch nicht aus Korbgeflecht, sondern aus einem leichten Spantengerüst ohne Kiel aus Walknochen, Fischgräten und Treibholz. Ähnlich ist das größere in Ostsibirien gebräuchliche lederüberzogene Fellboot, die *Baidara*.

Korbuis: ein japanisches Ruderschiff des 17. und 18.Jh. mit bis zu 30 Riemen.

Korennaja: Bezeichnung für ein auf Oka und Wolga gebräuchliches einmastiges und grob gebautes Flußfrachtschiff des vorigen Jahrhunderts.

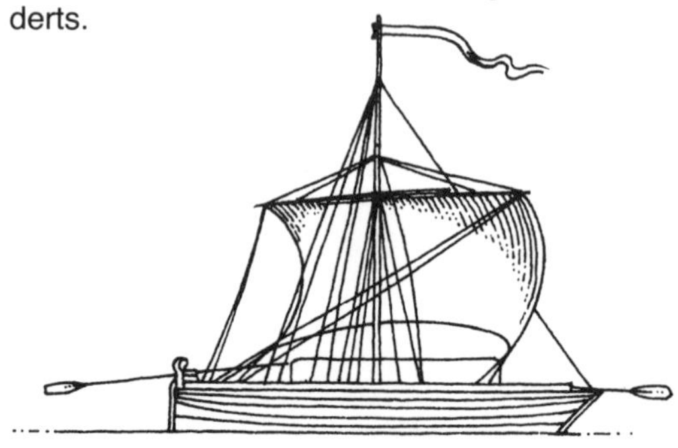

Korennaja, einmastiges russisches Flußlastschiff

Korsarenschiff: allgemein ein Seeräuberschiff; speziell wurden unter diesem Begriff jedoch die Raubschiffe der ehemals vorwiegend von Algier, Tunis und Marokko aus operierenden Seeräuber des Mittelmeeres verstanden. Ursprünglich handelte es sich dabei um Schiffe, die von ihren Eignern ausgerüstet wurden, um mit einem legitimen »Kaperbrief« (s. a. *Kaperschiff*) ihrer Regierung die Handelsschiffahrt der Gegner zu stören.

Korsarenschiff des Mittelmeeres

Korvette: ein schnellsegelndes dreimastiges vollgetakeltes Kriegsschiff mit 6 bis 32, meistens jedoch mit 18 bis 24 Kanonen. Die Bezeichnung gab es bereits im 17. Jh. für Segelschiffe, die auch gerudert wurden. Zu Anfang des 18. Jh. war der Name in den Flotten für die kleinsten Schiffe mit 3 Masten üblich. Im Unterschied zur ebenfalls vollgetakelten *Fregatte* war die Segelkorvette kleiner, ihre Wasserverdrängung betrug normalerweise 500 bis 600 t. Der Schiffskörper war schärfer gebaut und der Tiefgang geringer, so daß Korvetten auch in Küstennähe operieren konnten. Die Kanonen standen auf dem obersten glatten Deck, dem Hauptdeck. Wegen des Fehlens von Schanze und Back wurde dieser Korvettentyp auch als »Glattdeckkorvette« bezeichnet. Sollte eine Korvette mehr als 24 Kanonen führen, so wurden die Schiffe mit leichten kurzen Oberdecks vorn (Back) und achtern (Schanze) gebaut. Auf diesen kurzen Decks wurden die zusätzlichen Kanonen oder Karonaden gefahren; der größte Teil des Hauptdecks und damit die Hauptbatterie wurden jedoch nicht wie bei der Fregatte überbaut, sie blieben ungedeckt. Als gedeckte Korvetten wurden im 19. Jh. solche Korvetten bezeichnet, die eine Lage Geschütze unter Deck und zusätzlich noch einige ungedeckte Geschütze auf dem freien Deck fuhren.
Wegen ihrer Schnelligkeit und Wendigkeit wurden Korvetten in Seekämpfen als Tirailleure, d. h. in aufgelöster Ordnung kämpfend, eingesetzt. Korvetten wurden auch als Depeschenfahrzeuge, Aufklärer (Observateure) und Kreuzer verwendet. Die Bemannungsstärke lag zwischen 100 und 130 Mann.
Segelkorvetten hatten eine große Bedeutung in der französischen Marine. In der englischen Marine gab es sowohl die Korvette als auch die ähnliche *Sloop*. In Rußland bezeichnete man am Ende des 19. Jh. besonders schnell segelnde scharf und schnittig gebaute *Korvetten* als »Klipper« und »Klipperkorvetten«.
Die Typenbezeichnung Korvette wurde um 1940 in abgewandelter Form für maschinengetriebene Geleitfahrzeuge, später auch für leichte Kreuzer übernommen. Tafel S. 166

Kragejolle: ein dänisches *Spitzgattboot* mit sehr weit ausfallenden Spanten, die das Deck gegen überkommendes Wasser schützen.

Kraweelschiff, *Karweelschiff, Kraweelboot:* Wasserfahrzeuge mit einer Bauweise des Holzschiffsrumpfes, bei der die Längsnähte der Außenhautplanken nicht übereinandergelappt liegen wie bei der Klinkerbauweise *(Klinkerboot)*, sondern stumpf aufeinandergefügt sind. Im Mittelmeergebiet, insbesondere in Ägypten, war diese Bauweise bereits vor viertausend Jahren bekannt. Die Kraweelbeplankung ermöglicht die Verwendung kürzerer und dickerer Planken und, wenn nötig, eine doppelte Beplankung (s. a. *Boot*). Häufiger wird in verschiedenen Quellen darauf hingewiesen, daß beim Bau der altägyptischen Schiffe die Spantbauweise noch nicht bekannt war. Darüber bestehen jedoch Zweifel, da die Kraweelbauweise besonders günstige Möglichkeiten für die Verbindung von Spanten und Beplankung aufweist. (s. *Cheops-Bestattungsschiff*). In den nordeuropäischen Schiffbau hat die Kraweelbauweise sehr spät (1459 in Seeland) Eingang gefunden. Das erste Auftauchen eines großen Kraweelschiffes während der Hansezeit in der Ostsee bereitete großes Aufsehen und leitete einen schnellen Übergang vom Klinker- zum Kraweelbau ein.
Von der üblichen Parallelkraweelbeplankung werden im 19. Jh. die Diagonal- und die Doppeldiagonalkraweelbeplankung unterschieden. Bei der Diagonalkraweelbeplankung verlaufen die an der Außenhaut liegenden Planken horizontal und die Innenplanken unter einem bestimmten Winkel, z. B. 45°. Bei der Doppeldiagonalbeplankung werden auch die Außenplanken entgegengesetzt zur Innenbeplankung unter einem Winkel angebracht. Die Diagonalbauweisen wurden insbesondere in bestimmten Außenhautbereichen größerer Holzschiffe, hauptsächlich bei hochbeanspruchten Booten und Schiffen, angewendet.
Erstes großes kraweelgebautes Schiff in der Ostsee war »DAT GROTE KRAWEEL«, auch »DAT GROTE KRAFEL« oder »DAS GROSSE KRAWEEL«. 1462 lief in Danzig die »PETER VON ROSSEEL« als Salztransporter aus La Rochelle ein. Sie war von bretonischen Schiffbauern als eines der ersten großen kraweelgebauten Schiffe im nordeuropäischen Raum gebaut worden. Wegen durchzuführender Reparaturen, wie der Erneuerung des in einem Gewitter durch Blitzschlag zerstörten Großmastes, verbunden mit der Zahlungsunfähigkeit des Eigners wurde das Schiff am 19. Mai 1464 an Danziger Bürger verpfändet. Das Inventar wurde nach und nach zur Deckung der angefallenen Kosten verkauft, wie die zur Ausrüstung gehörenden 6 Anker; um das Schiff selbst kümmerte sich bis zum Jahre 1470

Kraweelschiff um 1480, Modell [28]

Korvette

1 *Korvette unter Segel*
2 *Korvette von 1765, Vorderansicht und Hauptspantquerschnitt*
3 *Ankerbalken mit Stockanker*
4 *Schiffskörper einer Korvette von 22 Stücken auf der Helling, 1818*
5 *Carronade auf Drehbettung*
6 *Linienriß einer Korvette*
7 *Vorschiff einer Korvette mit Spantquerschnitt*

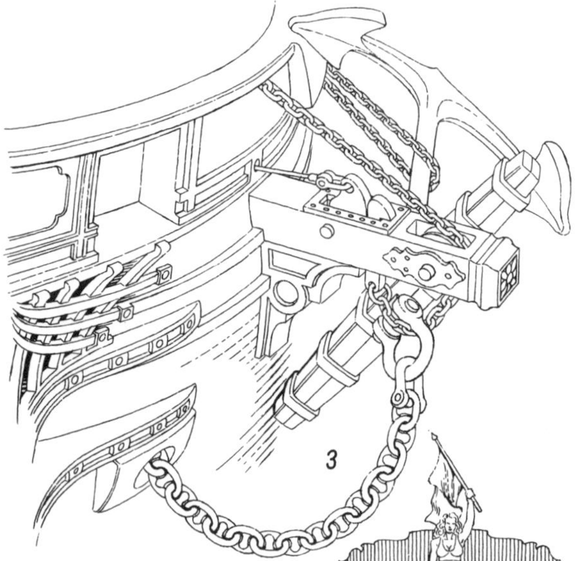

3

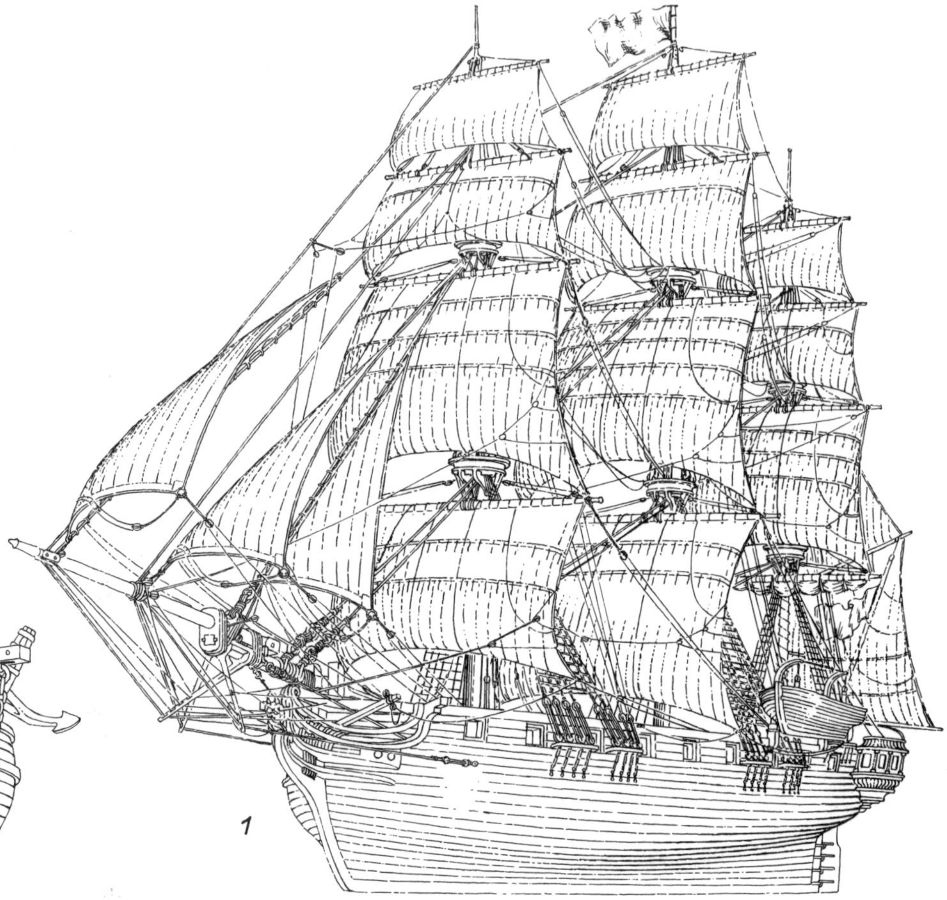

1

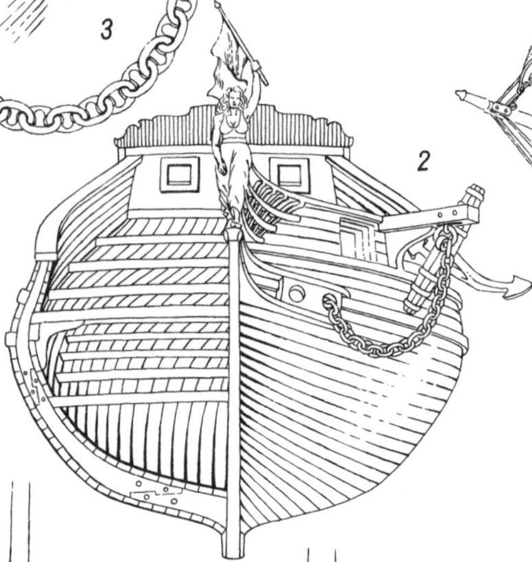

2

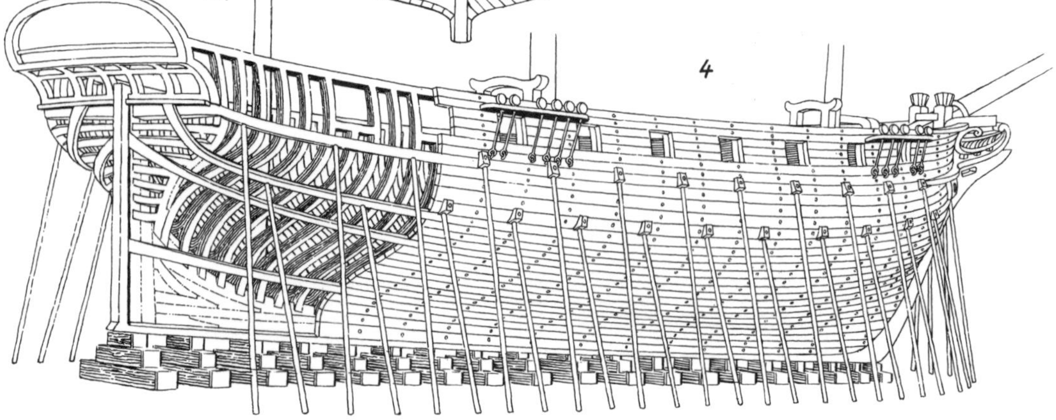

4

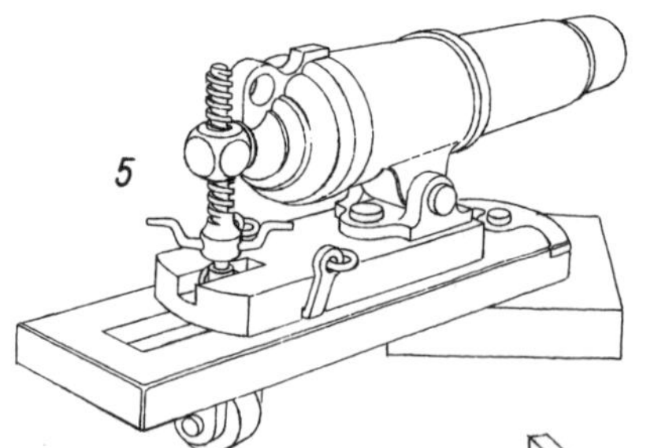

5

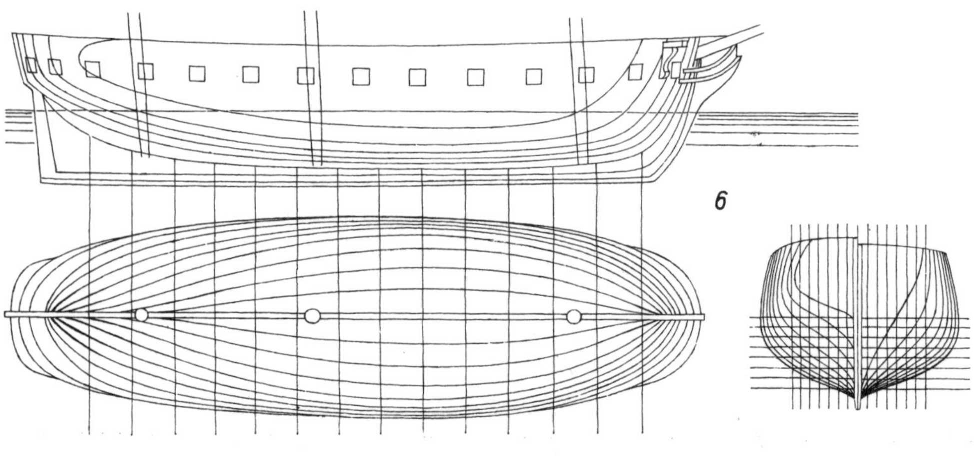

6

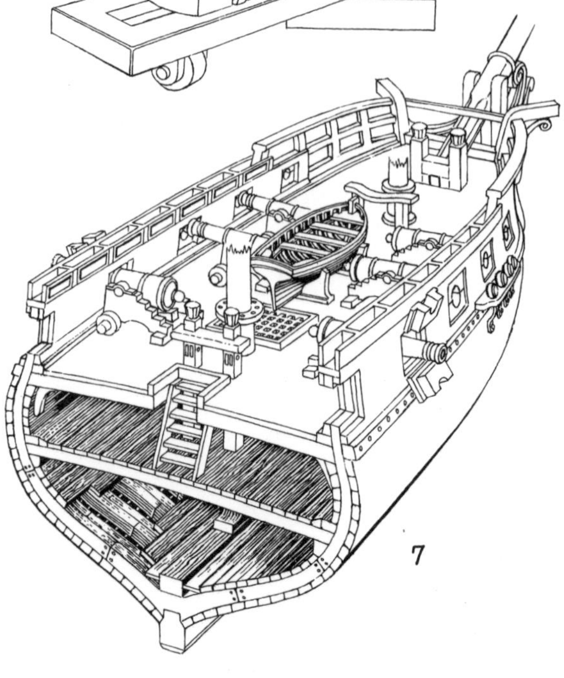

7

kaum jemand. Dann wurde es auf der Lastadie gründlich aufgezimmert und kalfatert und für die Unterbringung von Kriegsvolk eingerichtet. Am 19. August 1471 ging »DAS GROSSE KRAWEEL« als »PETER VON DANZIG« nach Brügge in See, um gegen die Behinderung des hansischen Handels durch Engländer und Franzosen vorzugehen. 1472 übernahm PAUL BENEKE das Schiff und führte erfolgreiche Kaperfahrten durch. 1478 wurde die »PETER VON DANZIG« nach Schiffbruch abgewrackt. Nach überlieferten Angaben und den Daten der Inventarlisten ergeben sich folgende Daten für »DAS GROSSE KRAWEEL«: Länge über Deck etwa 43 m, Breite auf Oberdeck etwa 12 m, Ladefähigkeit etwa 400 Lasten (800 t), Seitenhöhe bis zum untersten Deck etwa 5,5 m, bis zum Oberdeck etwa 9 m. Eine kennzeichnende Größe für Schiffe dieser Zeit war i. allg. die Länge des Kiels, die bei der »PETER VON DANZIG« 31,0 m betrug, während sie bei den sonst üblichen Schiffen unter 28 m lag. 1488 wurde erstmalig ein Schiff gebaut, das die Kiellänge des »GROSSEN KRAWEELS« um einen halben Meter übertraf. Die Gesamtsegelfläche, bestehend aus Großsegel, Fock und Besan, betrug etwa 760 m². Die Zahl des Kriegsvolks und der Besatzung betrug etwa 350 Mann. Die Bewaffnung bestand nach den Inventarlisten aus 17 Geschützen, 15 Windearmbrüsten, einer sogenannten Wallbüchse sowie einer Bleibüchse und Spießen für den Enterkampf.

Kreyer, *Kraier:* seetüchtiges Lastschiff des 14. bis 16. Jh., vorwiegend für die Verwendung im Ostseegebiet, aber auch an der friesischen Küste sowie für Bergen- und Flandernfahrten. Die Tragfähigkeit konnte bis zu 60 Lasten (120 t) betragen. Die meistens dreimastigen Schiffe fuhren mit Rahsegeln und hatten 12 Mann Besatzung.

KR-Klasseboot: siehe Klassenboot

Kuff: ein hauptsächlich im 18. und 19 Jh. an den holländischen und belgischen sowie seit Beginn des 19. Jh. nordwestdeutschen Küsten häufig gebautes anderthalbmastiges Küstenfrachtschiff. Der Schiffskörper war völlig, er hatte einen Kiel und einen breiten, flachen Schiffsboden. Die Schiffsenden waren stark gerundet, jedoch Bug und Heck durch verhältnismäßig großen Sprung hochgezogen, so daß das Schiff trotz der plump wirkenden Form für die Küstenfahrt gute Seeeigenschaften hatte. Die übliche Schiffsgröße lag zwischen 40 und 90 BRT. Die größeren Fahrzeuge hatten ein Heckruder, die Wasserlinien des Schiffsrumpfes liefen in einer Achterpiek aus, die bis zum Ruder reichte.
Demgegenüber hatte die der Kuff ähnliche *Tjalk* (mit Seitenschwertern) früher einlaufende Wasserlinien und damit einen runderen Auslauf, der in einen vorgebauten Achtersteven überging.
Nur wenige kleinere Kuffen hatten Seitenschwerter. Der Anderthalbmaster fuhr am vorderen Großmast ein Gaffelsegel und je nach Schiffsgröße darüber an der Maststenge 1 oder 2 Rahsegel. Am Bugspriet waren bis zu 3 Dreieck-Schratsegel. Der achtern stehende Besanmast hatte keine Maststenge und führte nur ein Gaffelsegel.
Die kleineren Fahrzeuge waren als »Pfahlmast-

Kuff mit Rah-Toppsegeln um 1790

Kuff um die Mitte des 19. Jh., Modell

kuff« oder »Toppsegelkuff« getakelt. Es gab auch einige größere als *Schoner* getakelte Fahrzeuge, die »Schonerkuff« genannt wurden. Ganz selten wurden auch *Dreimaster* mit Barktakelung, die sogenannte »Barkkuff« gebaut. Weiter entstanden einige Kombinationen hinsichtlich der Schiffskörperformen wie die *Kufftjalk* und die *Kuffgaliot*.
Im ostfriesischen Hauptverbreitungsgebiet wurde die Kuff in der zweiten Hälfte des 19. Jh. wegen der besseren Segeleigenschaften durch *Galioten* verdrängt. Dennoch behauptete sich die Kuff über ein ganzes Jahrhundert. Im Jahre 1805 gab es allein in Emden 138 Kuffen, 16 Galioten und 70 Tjalken und in Nordwestdeutschland noch 1873 insgesamt 201 Kuffen. 1895 wurden die letzten Kuffen an der Weser gebaut, und 1913 waren keine in Fahrt befindlichen Kuffen mehr in den Schiffsregistern zu finden.

Kuff, Ende des 19. Jh., Modell

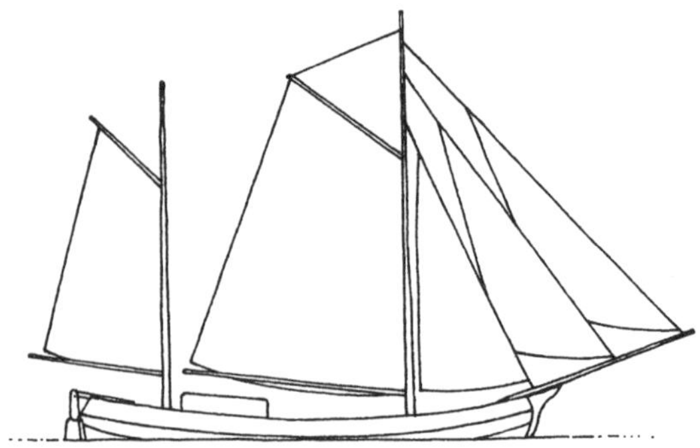

Gaffelgetakelte Kuff

Linienriß einer Kuff um 1850

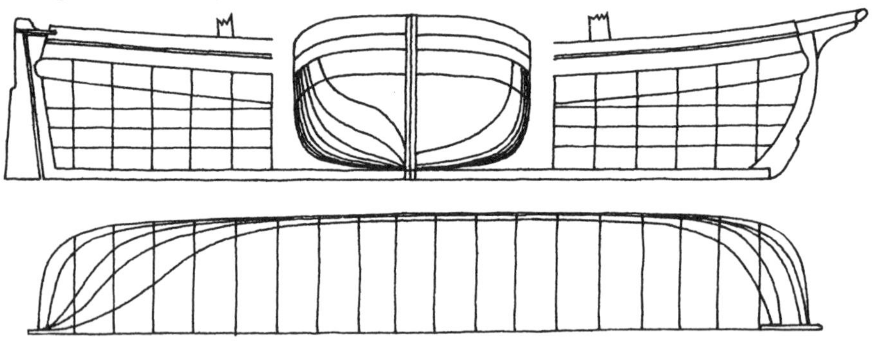

Kürbisfloß, *Kalebassenfloß:* ein aus Kalebassen hergestelltes Floß, das jedoch nur im alten Mexiko, in Nikaragua und bei den Inkas in Gebrauch war.

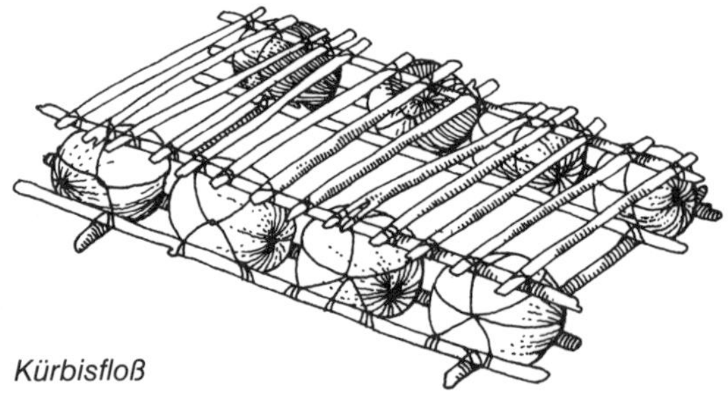

Kürbisfloß

Kuffgaliot: Mitte des 19. Jh. besonders auf ostfriesischen Werften gebaute *Galioten* mit kuffartigem Achterschiff und ausfallendem Vorschiff.

Kufftjalk: von Anfang bis zur Mitte des 19. Jh. ein Schiff mit einer Kombination typischer Merkmale von *Kuff* und *Tjalk*. Das Vorschiff war der Kuff ähnlich, wobei der Schiffskörper jedoch schlanker als bei der Kuff gebaut wurde. Das löffelförmige Achterschiff übernahm man demgegenüber von der Tjalk. Dieser kombinierte Schiffstyp entstand in den Niederlanden und wurde später häufig in Niedersachsen nachgebaut. Die Kufftjalk gab es sowohl mit als auch ohne Kiel, meistens jedoch mit 2 großen Seitenschwertern. Kleinere Fahrzeuge fuhren mit Tjalktakelung, die größeren Schiffe demgegenüber als Toppmastkuff. Die Tragfähigkeiten dieses Schiffstyps lagen zwischen 30 und 75 t, die Schiffslängen zwischen 15 und 23 m, die Breiten bei 4 bis 5,5 m und die Seitenhöhen zwischen 1,5 bis 2 m. Gesegelt wurde mit einer Besatzungsstärke von 2 bis 4 Mann. Eine letzte deutsche Kufftjalk ist noch aus dem Jahre 1902 bekannt.

Kujundschikrelief-Schiffsdarstellung: assyrische Flußboote in Jagd- und Kampfszenen, dargestellt an der Tempelruine von Kujundschik am Tigrisufer in der Nähe des antiken Ninive. Die Tempelruine stammt aus dem 8. Jh. v. u. Z.

Linien einer Kufftjalk um 1860

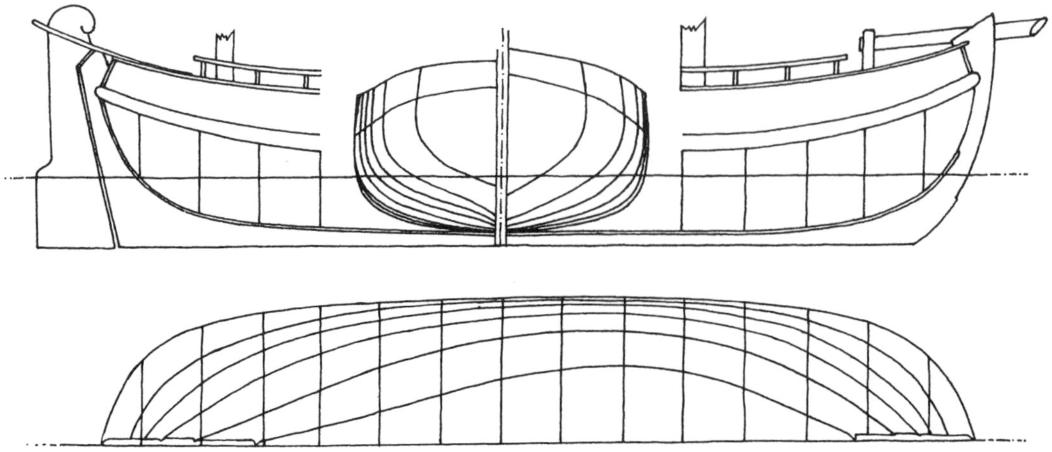

Kurrenkahn: *Kahn* von etwa 10 bis 12 m Länge und 3 m Breite zum Fischen mit Schleppnetz, bei dem ursprünglich mit dem Baumschlepp- und später mit dem Scherbrettnetz gefischt wurde, auf dem Kurischen Haff auch als »Bradderkahn« bezeichnet.

Küstenjolle: eine für Fahrten in offenen Gewässern in Küstennähe geeignete *Jolle*. Küstenjollen erhalten zur Verbesserung der Stabilität i. allg. zusätzlichen festen Außenballast. Außerdem werden zur erhöhten Sicherheit und zum leichteren Aufrichten gekenterter Boote Lufttanks fest eingebaut. Eine typische Küstenjolle ist die *Föhr-Jolle*, die im Küsten- und Wattengebiet der Nordseeinsel Föhr an der Westküste Schleswig-Holsteins häufig benutzt wird. Die Jolle hat eine Länge von 5,60 m, ist 1,92 m breit und hat einen Tiefgang von nur 0,16 m, die Segelfläche beträgt 14,70 m^2.

Küstenrettungsboot: Schwere Ruderboote mit Hilfssegel waren bis in die 30er Jahre des 20 Jh. das wichtigste Hilfsmittel zur Unterstützung gestrandeter Schiffe von Land aus. Ihre Entwicklung ist eng mit dem gesamten Schiffsrettungswesen verknüpft, so gab es bereits in London im Jahre 1786 erste Versuch, ein Boot unsinkbar zu machen. Eine besondere Veranlassung zur Gründung einer »Gesellschaft zur Rettung Schiffbrüchiger« war im Jahre 1798 der Untergang des Segelschiffes »ADVENTURE« in der englischen Tynemündung, bei der trotz Landnähe die gesamte Besatzung ums Leben kam. Dennoch blieb einige Jahrzehnte das Rettungswesen ohne Bedeutung, bis am 24. März 1824 eine staatliche britische Gesellschaft gegründet wurde, die sich ab 1854 »Royal National Life-Boat Institution for the Preservation of Life from Shipwrecks« nannte. Diese Gesellschaft betreute 1884 bereits 284 Küstenrettungsboote.
In Frankreich wurden seit 1825 von Privatgesellschaften Rettungsboote unterhalten und seit 1846 Mörser zum Abschießen von Rettungswurfleinen zur Rettung Schiffbrüchiger benutzt; eine der englischen Rettungsboot-Institution ähnliche Gesellschaft wurde 1865 gegründet.
In Deutschland wurde am 29. Mai 1865 die »Gesellschaft zur Rettung Schiffbrüchiger« in Kiel gegründet. Im Jahre 1885 bestanden an den deutschen Küsten 99 Rettungsstationen, darunter 35 Stationen, die mit den beiden damaligen Hauptrettungsmitteln (Booten und Rettungsleinen) ausgerüstet waren.
Für die besonderen Bedingungen der Küstenrettung wurden das nach dem englischen Entwickler benannte *»Peakeboot«* und das nach dem amerikanischen Konstrukteur FRANCIS benannte *»Francisboot«* bevorzugt, in Deutschland entschied man sich für den damals neuesten Typ des Francisbootes.
Küstenrettungsboote waren besonders stabil und fest gebaut, mußten sehr seetüchtig und durch zusätzlichen Auftrieb (Korkeinbauten, Luftkästen u. a.) unsinkbar sein. Die in den Rettungsstationen geschützt auf fahrbaren Untersätzen bereitstehenden Boote wurden mit Pferdegespannen in die Nähe der Strandungsstelle befördert, die meistens freiwilligen Rettungsmannschaften setzten bei den gefahrvollen Rettungsaktionen häufig ihr eigenes Leben ein.
Heute gehört der Seenotrettungsdienst zu den staatlichen Aufgaben. Für die Seenotrettung sind jetzt verschiedenartige Rettungsschiffe mit starken Maschinenanlagen verfügbar.

Küstensegelschiff: allgemeine Bezeichnung für die in der Küstenfahrt eingesetzten und demzufolge meistens flachgehenden Segelfrachtschiffe. Da bei Küstenfahrten mehr oder minder kurze Strecken befahren wurden, konnten die Küstensegler relativ kleine und einfach ausgerüstete Schiffe sein.

Kutiyah: ein zweimastiges indisches Handelsschiff.

Kutter: kleineres, einmastiges seetüchtiges Segelschiff englischen Ursprungs (to cut, schneiden; cutter, wellendurchschneidendes Schiff). Der Schiffstyp wurde in England etwa Mitte des 18. Jh. entwickelt, etwa zu der Zeit, in der in Frankreich der *Logger* (Lougre) entstand. F. H. CHAPMAN zeichnete 1768 einen Kutter der englischen Kriegsmarine. Das einmastige Fahrzeug fuhr ein großes Gaffel-Großsegel, dazu an einer Rah in Höhe der Gaffel ein großes Vierkantsegel, die Breitfock, und über diesen beiden Segeln an einer Maststenge 2 weitere Rahsegel. An dem langen, fast waagerecht herausragenden einholbaren Klüverbaum wurde ein großes Dreieckschratsegel gefahren. Diese sicher schwierige und nur auf Kriegsschiffen mit größerer Besatzungszahl bedienbare Takelage wurde in den folgenden Zeiten vereinfacht. Nach und nach verschwanden die Quersegel, an dem verhältnismäßig hohen, durch eine Maststenge auf über 20 m verlängerten Mast wurde um 1900 nur noch das Gaffel-Großsegel und darüber ein größeres Viereck-Gaffeltoppsegel gefahren. Am kürzeren Klüverbaum wurden 3 Schrat-Vorsegel eingeführt, die Fock, der Klüver und der Flieger.
Der im Vergleich zu anderen Segelschiffstypen kleintonnagige kurze Kutter hatte einen Kiel und einen verhältnismäßig großen Tiefgang, die Spantformen von geringer Völligkeit, einen geraden senkrechten Vorsteven und ein überhängendes Spiegelheck. In der Kriegsmarine diente der Kutter wegen seiner guten See- und Segeleigenschaften zum Nachrichten- und Wachdienst besonders in Küstennähe. Häufiger wurden Kutter auch als Kaper- und Seeräuberschiffe verwendet.
Nach Vereinfachung der Takelage wurde der Schiffstyp wegen seiner besonders großen, nun einfach zu bedienenden Segelfläche, der günstigen Segeleigenschaften infolge des großen Tiefganges und der widerstandsgünstigen Spantformen und nicht zuletzt durch die mit relativ kurzer Schiffslänge erreichten günstigen Manövriereigenschaften allgemein beliebt, zumal diese Vorzüge mit verhältnismäßig geringen Baukosten erzielbar waren.
So waren bald alle englischen Segel-Fischereischiffe, die *»Smaks«*, grundsätzlich kuttergetakelt. Bei den anderen Anliegern der Nord- und Ostsee wurden Fischerei-, Lotsen-, Zoll-, Fracht- und Sportkutter zum gebräuchlichsten Nutzfahrzeug. Auch während der Übergangszeit zum Dampf- und Motorenantrieb konnte dieser Schiffstyp an die veränderten Bedingungen an-

1

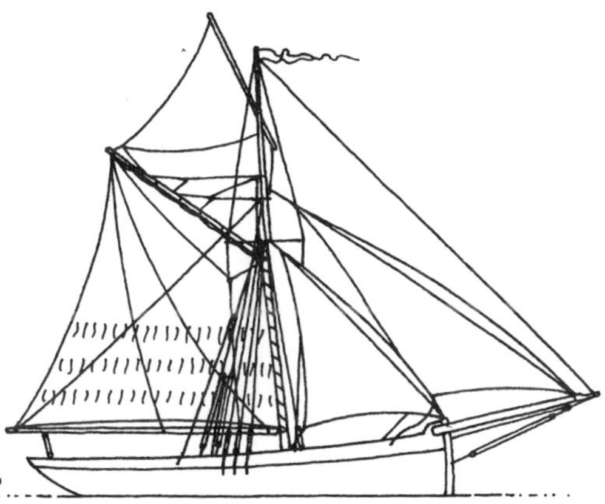
2

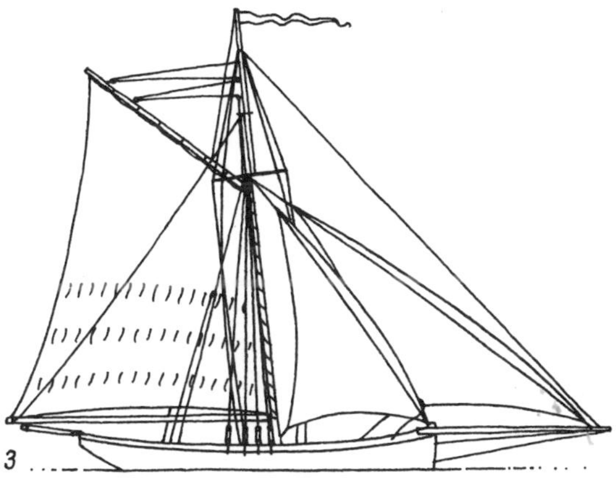
3

1 Kutter nach CHAPMAN um 1768
2 Kutter um 1900
3 Kutter mit Gaffelsegel

Linienriß eines Segelkutters

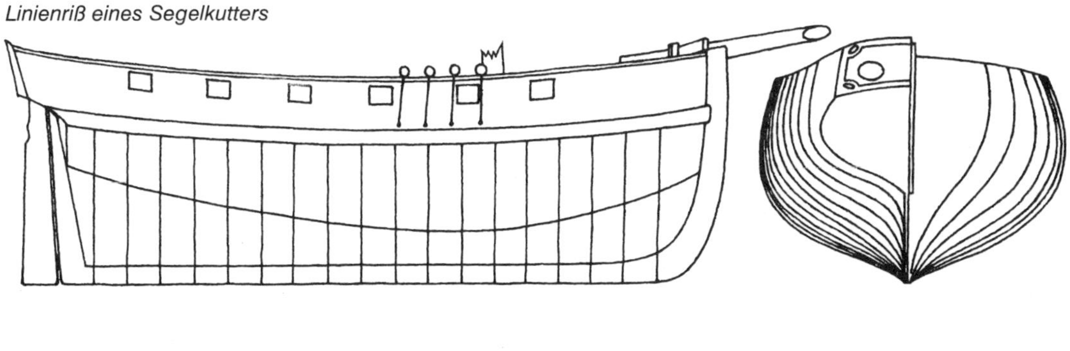

gepaßt werden. Der Kutter wurde in gewisser Weise auch zu einem Vorläufer der Rennyachten. Mitunter bezeichnet man hochgetakelte *Yachten*, wenn sie mehr als ein Vorsegel fahren, auch als »Kutter-Yacht«. Mitte des 19.Jh. war auch die Bezeichnung »Schoner-Yacht« gebräuchlich. Für Kutter mit einem zusätzlichen kleinen Treibermast mit Heckspiegel ist die englische Bezeichnung *»Yawl«* üblich.
Mit Kutter bezeichnete man auf Kriegsschiffen auch die drittgrößten an Bord mitgeführten zum Rudern und Segeln geeigneten Beiboote. Wegen ihrer guten Seefähigkeit dienten diese Kutter als Rettungsboote. Diese Kutter hatten eine schnell aufzurichtende Hilfsbesegelung, waren 7 bis 10m lang und konnten 30 bis 40 Personen aufnehmen. Bis heute werden Kutter für Ausbildungszwecke und Trainingszwecke oder Kutterregatten benutzt.

Kvalsund-Schiffsfund: stark vermoderte Wrackteile von 2 Schiffen unterschiedlicher Größe, die im Jahre 1920 in der Nähe der norwegischen Schäreninsel Nerlandsoi gefunden wurden. Das größere Schiff hatte eine Länge von 18m, eine Breite von 3,2m und eine Seitenhöhe von 0,80m sowie einen wahrscheinlichen Tiefgang von 0,35m. Es handelt sich um ein dem 7.Jh. zugeschriebenes 20-Rojer-Schiff, d.h. um ein Schiff mit 10 Ruderbänken für je 2 Ruderer. Der Schiffskörper war in Klinkerbauweise hergestellt und hatte einen hochgezogenen Vor- und Achtersteven. Die Bodenbeplankung wies an der Unterseite eine kleine kielartig herausgearbeitete Verdickung auf, die über die ganze Kiellänge ging und damit Anfänge einer Kielbauweise darstellt. Die Planken waren aus Eichenholz gehauen und hatten herausgearbeitete Klampen zum Einbinden der Spanten. Die obere Dollbordplanke besteht aus Kiefernholz; sie war angenietet und hatte keine Klampen zum Einbinden. Das Schiff ist auch deshalb besonders interessant, weil außer dem Einbinden mit Naturfasern und Weiden hier alle damaligen in Nordeuropa bekannten Befestigungsarten zur Anwendung kamen, wie Hartholznägel, eiserne Rundknopfnieten mit Klinkscheiben und Eisennägel mit Kopf. Die Eichenplanken sind durchschnittlich 28mm dick und 250 bis 300mm breit. Die ebenfalls eichene Kielplanke weist wie die Planken herausgearbeitete Klampen auf, die aber nur zur Auflage der daran festgenagelten Spanten dienen. Außer den üblichen Querspanten ist das Schiff der Länge nach durch Schotthölzer (senkrechte, querliegende, versteifte Planken, sogenannte »Schottspanten«) vorn und hinten unterteilt. Die hintere Schottwand wurde zum Anbringen eines festen Seitenruders besonders verstärkt. Die Riemen bestanden aus Kiefernholz. Die Dollen waren mit Holznägeln am Dollbord befestigt und sind denen des *Nydam-Schiffsfundes* ähnlich.
Das zweite, kleinere Boot stammt ebenfalls aus dem 7.Jh. Es hat eine Länge von 9,56m, eine Breite von 1,50m und eine Seitenhöhe von 0,62m. Es ist ein Ruderboot für 4 Personen. Der T-förmige Kiel ist aus Eiche und geht vorn und hinten in geschwungene Eichensteven über. An jeder Seite sind am Kiel 4 Eichenplankengänge angesetzt. Ein fünfter Plankengang, jedoch aus Kiefernholz, weist eine verdickte Dollbordkante

Fischkutter »FRANZ« von 1867, Modell

auf, endet etwa 1 m vor den Steven und geht vorn und hinten in besonders bearbeitete kurze Planken über. Die Stöße der einzelnen Planken sind mit Eisennieten und Klinkscheiben verbunden und in Klinkerbauweise aufeinandergesetzt. Die Ruderdollen sind nicht erhalten geblieben. Erkennbar sind noch die Nagellöcher. Alle Planken weisen niedrige, vorstehende Klampen auf, an denen die insgesamt 5 Kiefernholzspanten mit Holznägeln befestigt wurden. Der vordere und der hintere Spant sind zu Schottspanten verstärkt. Der hintere Schottspant hat an der Steuerbordseite eine weitere Verstärkung für das außen angesetzte Steuerruder. Von den aus Kiefernholz gefertigten Riemen sind nur Bruchstücke erhalten, die aber eine außergewöhnlich schmale Blattfläche erkennen lassen.

Kyreneia-Schiffsfund: griechisches Frachtschiff von rund 15m Länge aus dem 4.Jh. v.u.Z., das im Jahre 1967 nordöstlich der Stadt Kyreneia in Nordafrika gefunden wurde. Von dem Schiff sind insbesondere Teile der äußeren und inneren Beplankung sowie weitere Bauteile erhalten geblieben. Die in der Nähe des Wracks aufgefundenen Ladungsreste ermöglichten eine recht genaue Zeitbestimmung. Das Schiff hatte vorwiegend Wein in Amphoren und Mandeln geladen. Erstaunlich ist, daß von den zur Ladung gehörenden Mandeln die Mandelschalen die mehr als 2000 Jahre überdauert haben. Die 400 an der Backbordseite gestauten, mit Wein gefüllten Amphoren wurden nahezu unbeschädigt und in geordneter Stauung vorgefunden; die Amphoren entstammten unterschiedlichen Herkunftsorten und ermöglichen somit eine gute Bestimmung der Reiseroute des Schiffes. Eine Kochstelle, wie bei anderen aufgefundenen Schiffen aus der gleichen Zeit, war nicht vorhanden. Das läßt darauf schließen, daß dieses Schiff seine Reisen, wie damals üblich, am Tage und in Küstennähe ausführte und abends an Land ankerte.

* * *

»Kolumbusschiffe«: Sammelbegriff für die aus den 3 Schiffen »SANTA MARIA«, »PINTA« und »NINA« bestehende kleine Flotte, mit der 1492 CHRISTOPH KOLUMBUS Amerika erreichte. Sein Flaggschiff »SANTA MARIA« wird i.allg. als *Nao*, die beiden weiteren Schiffe des kleinen Geschwaders »PINTA« und »NINA« werden mei-

Linienriß des Kvalsundschiffes

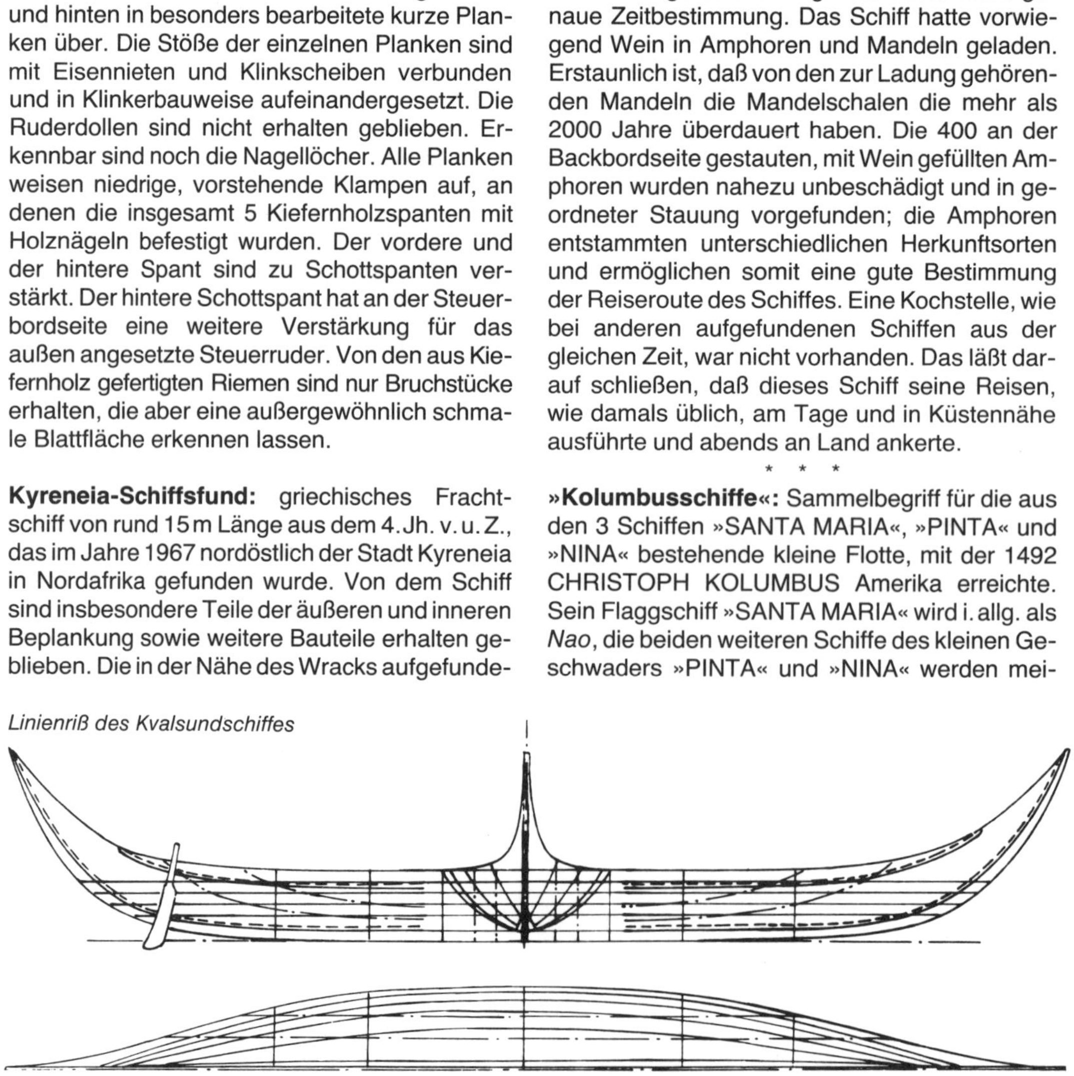

stens als *Karavellen* bezeichnet. Authentische Unterlagen über die Schiffe und ihre Takelung liegen außer einigen Tagebuchvermerken des KOLUMBUS nicht vor. Die übliche zeitgenössische portugiesisch-spanische Bezeichnung »Nao« (lat. navis, Schiff) umfaßte seinerzeit alle *Dreimaster* schwerer Bauart, während Karavellen Schiffe unter etwa 100t Tragfähigkeit waren. Zeitgenössische Darstellungen und sonstige Recherchen waren Grundlage für verschiedene Rekonstruktionen und Nachentwürfe, zu denen als die bekanntesten die spanischen und italienischen Entwürfe gehören.
Den verschiedenen Entwürfen liegen wegen mangelnder authentischer Angaben verschiedene Abmessungen zu Grunde. Bei der »SANTA MARIA« kann die geringste Länge zwischen den Loten (hier als Länge der Wasserlinie von Steven zu Steven) etwa 16,0m und die geringste Länge über Deck etwa 20m betragen haben, als Größtwerte gelten für die entsprechenden Längen 24m und 30m. Für die »PINTA« werden 18,5m als Kleinstwert und 23,6m als Größtwert für die Länge zwischen den Loten sowie 23m bzw. 28m als kleinste bzw. größte Länge über Deck angenommen. Entsprechende Abmessungen der »NINA« können 16,0m bzw. 22,5m und 20m bzw. 27m gewesen sein, so daß die Schiffe hinsichtlich ihrer Größe sich nicht sehr unterschieden.
Laut Nachforschungen handelte es sich bei den Karavellen um sogenannte »Quersegelkaravellen«, wahrscheinlicher jedoch schon um Kombinationen von Lateinsegeln und Rahsegeln. Es gibt sowohl Entwürfe mit Lateinsegel am Groß- und Besanmast und mit Rahsegel am Fockmast als auch mit Rahsegeln an Fock- und Großmast und dem Lateinsegel nur am Besanmast.
Eine zeitgenössische Darstellung aus dem Jahre 1500 zeigt verschiedene Schiffe der Flotte des C. CABRAL für die Indienfahrt. Die beiden, im oberen Teil des Bildes dargestellten Dreimaster dürften etwa der »SANTA MARIA« entsprechen.

* * *

»FLYING CLOUD«: berühmter amerikanischer *Klipper*. D. MCKAY (1810 bis 1880) war der Konstrukteur und Erbauer dieses schnellen Klippers, dem es als einzigem Segelschiff der Welt gelang, die Strecke New York – Kap Horn – San Francisco zweimal in weniger als 90 Tagen zurückzulegen. Mit einer Länge von 68,5m und einer Breite von 12,5m war die »FLYING CLOUD« 1851 zum Zeitpunkt der Fertigstellung mit einer Verdrängung von 1728t eines der größten Schiffe ihrer Zeit. Der Topp des Großmastes befand sich 49m über Deck, der Großuntermast war 27m lang und die Großrah 25m. Der vollständig aus Holz hergestellte Schiffskörper war mit Holznägeln und eisernen, zum Teil auch kupfernen Schrauben zusammengebaut und unterhalb der Wasserlinie mit Kupferplatten beschlagen. Einige der markanten Reisen, die seinerzeit viel Beachtung fanden und die natürlich sowohl auf die gelungene Konstruktion als auch auf den Einsatz der Schiffsführung und Besatzung zurückzuführen waren: 1851 von San Francisco nach New York in 76 Tagen, 1852 von San Francisco nach Honolulu in 8 Tagen und 8,5 Stunden, von New York über San Francisco nach Hongkong in 126 Tagen. In den Jahren 1857 bis 1859 lag das Schiff

»SANTA MARIA«, Modellrekonstruktion, Liverpool

Nachbau der »SANTA MARIA« im Hafen von Barcelona [11]

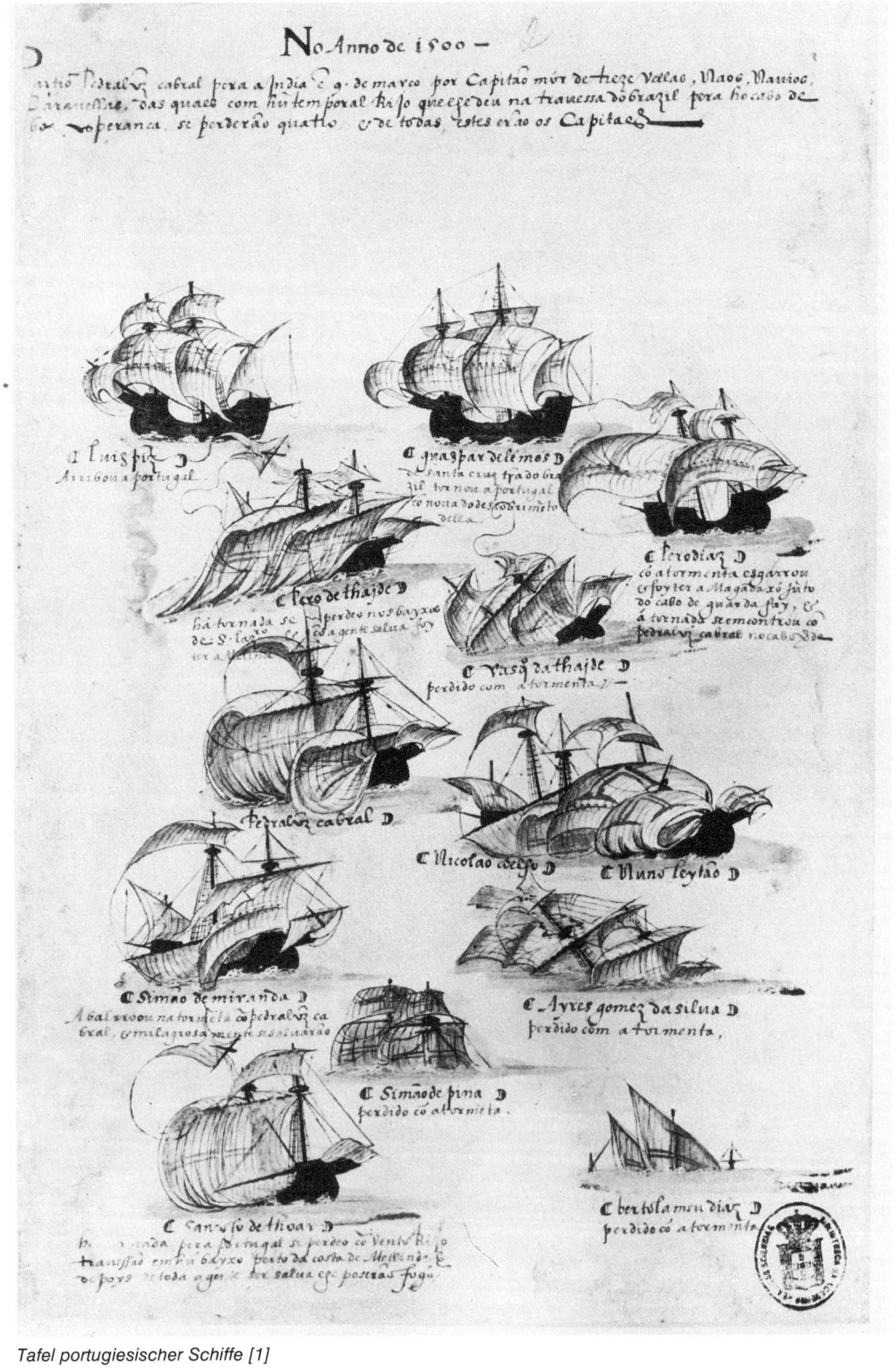

Tafel portugiesischer Schiffe [1]

ohne Beschäftigung im Hafen und wurde 1862 nach England verkauft. Die »FLYING CLOUD« ging 1874 im Sturm unter.

* * *

»GREAT REPUBLIC«: im Oktober 1853 in Boston vom Stapel gelassener *Klipper*, der von dem wohl berühmtesten Schiffbauer seiner Zeit, D. MCKAY, stammte. Die »GREAT REPUBLIC« war damals das größte Handelsschiff der Welt: Es hatte bei 102 m Länge, 16 m Breite und 11,50 m Seitenhöhe eine Tonnage von 4555 RT. Um bei dieser für hölzerne Schiffe großen Länge ein »Durchhängen« zu verhindern, wurden eiserne Diagonalbänder eingebaut. Ursprünglich als Viermastbark entworfen, wurde das Schiff noch vor der Jungfernfahrt ein Raub der Flammen. Das schwer beschädigte Schiff wurde später praktisch neu gebaut, allerdings mit nur 3 anstelle der bisherigen 4 Decks, einer etwas geringeren Segelfläche und 3357 RT; trotzdem war es auch damit immer noch das größte Schiff, und ein sehr schnelles dazu. Nach Einsatz als Truppentransporter im Krimkrieg, dann in der Getreidefahrt USA – England, erfolgten 1869 eine Umtakelung zum *Dreimastvollschiff*, der Verkauf nach England und die Umbenennung in »DENMARK«, die 1872 beim Sinken auf See verlassen wurde.

L

Ladby-Schiffsfund: ein Wikinger-Schiffsgrab mit den Resten eines 22 m langen und etwa 3 m breiten Handelsschiffes aus der Zeit 900 bis 950, das im Jahre 1934 auf der Insel Fünen am Kertenminder Moor bei Ladby unter einem Grabhügel entdeckt wurde. Der aus Eichenholz geklinkerte Schiffskörper war jedoch nur durch den Abdruck im Boden zu erkennen. Es handelt sich um ein schmales, flach gebautes Schiff, das sowohl gesegelt als auch gerudert werden konnte. An den Mittelschiffsspanten befanden sich außen 4 schwere Eisenringe, die wahrscheinlich zum Befestigen der Wanten benutzt wurden, außerdem waren im vorderen und hinteren Schiffsteil Riemenlöcher vorhanden. Die Planken waren nicht mehr – wie bei älteren Schiffen – an die Spanten angebunden, sondern an die klinkerbeplankten Außenplanken angepaßt und mit den Spanten bzw. Wrangen vernagelt. Der Steven war zusätzlich besonders verstärkt.
Als Ausrüstung lag beim Bug ein großer eiserner Anker mit einer etwa 9 m langen Kette. Von den Bestattungsbeigaben lagen im Vorderteil des Schiffes noch Knochenreste von 11 Pferden und einigen Hunden sowie – trotz einer frühen Grabplünderung – im Mittelteil des Schiffes einige silberne, bronzene und eiserne Gebrauchsgegenstände und Schmuck, u. a. 12 eiserne Spiralen und ein eisernes Beil.

Ladija: russische Bezeichnung im 18. und 19. Jh. für eine *Sloop*, die als gedecktes Lastfahrzeug auf Flüssen eingesetzt war, einen flachen Boden und nur einen Mast hatte.

Lägerdorfer Ewer: ein für die Zementfahrt ab 1870 auf der Niederelbe bis über das Ende des 19. Jh. hinaus besonders in Wilster, Burg, Wewelsfleth und Itzehoe gebauter *Ewer*, dessen Schiffsbreite begrenzt war, um auf der Fahrt zur niederelbischen Zementindustrie nach Lägerdorf die etwa 4,20 m breite Breitenburger Stördeichschleuse bei Münsterburg passieren zu können. Infolge seiner geringen Breite und des relativ tief liegenden Massemittelpunktes der Zementladung waren die Lägerdorfer Ewer mit etwa 15 m verhältnismäßig lang bei einer Breite von nur etwa 4 m. Sie hatten umlegbare Maste und wurden als Giek- oder als Besanewer getakelt.

Laibacher Flußschiffsfund: in einem Moor bei Laibach (Ljubljana, Kroatien) gefundene Reste eines kraweelgebauten Flußlastschiffes aus der Zeit um etwa 800 v. u. Z. Das Fahrzeug hatte einen völlig flachen Boden und war damit ein sogenanntes »Sohlboot« mit nur 0,50 m hohen Seitenwänden, die mit Lindenbast abgedichtet waren. Bemerkenswert ist die Gesamtlänge des Fahrzeuges von 40 m bei einer Breite von 4,5 m. Damit kann eine Tragfähigkeit von etwa 30 bis 40 t erreicht worden sein.

Gemälde von VITTORE CARPACCIO (um 1465 bis 1522), Detail aus dem Ursula-Zyklus 1459, Venedig. Dreimastige Karacke des Mittelmeeres mit Mastkorb und kleiner Marsstenge.
Gallerie dell' Accademia, Venedig [17]

Bug eines englischen Kriegsschiffes zu Ende des 17.Jh., Modell.
Quelle: Hansen, H.-J., Kunstgeschichte der Seefahrt, Verlag Stalling, Oldenburg/Hamburg 1966.

Kogge, Modellrekonstruktion von Prof. TH. MACKLIN nach den Koggensiegeln von Stralsund (1329) und Elbing von 1350.
Quelle: Universität Rostock.

Die Bodenplanken aus Fichtenholz sind 30 bis 35 cm breit, sie werden durch 40 quergelegte Ulmenholzbalken und Nägel aus Weißdornholz zusammengehalten. Die Seitenwände wurden mit dem Boden durch mehrere zwischengesetzte naturkrumme Eichenspanten und Holznägel verbunden, an wichtigen Verbindungsstellen fand man jedoch schon eingeschlagene Eisennägel.

Lakana: ohne Ausleger fahrendes Baumstammkanu an der Ostküste Madagaskars und auf Binnenseen der afrikanischen Ostküste. Die größeren Fahrzeuge waren 8 bis 10 m lang. Sie wurden vorwiegend für die Fischerei verwendet und hatten hochgezogene Kanuenden.

Lakatoi: in den Küstengewässern Neuguineas bei den Papuas gebräuchliches Segelfahrzeug, dessen Schwimmkörper aus 3 oder 4 *Pirogen* besteht. Diese sind parallel zueinander durch Querbalken mit einer rahmenähnlichen Plattform aus Bambusstäben verbunden, auf der die Handels- und Tauschwaren während der jährlichen Handelsreisen lagern. Typisch sind die krebszangenförmigen Mattensegel aus Flechtwerk und Blättern des Sagobaumes, jedoch waren auch Segel von viereckiger und elliptischer Form gebräuchlich; nicht selten waren auch Lakatoi mit 5 oder 6 solcher Mattensegel anzutreffen, die jeweils zwischen gaffelähnlichen Ruten gefahren wurden.

Lampeduse: italienisches Fischerboot, das von der südlich Siziliens gelegenen Insel Lampedusa stammt. Die Boote wurden auch durch ihre Verwendung im italienisch-türkischen Krieg (1911) für Truppentransporte und als Landungsboote an der libyschen Küste bekannt.

Lancha, *Lanchia:* ein sehr breit und besonders flach gebautes, großen Flußkähnen ähnliches zweimastiges (seltener dreimastiges) Segelschiff des 19. und 20. Jh. für die Fluß- und Küstenschiffahrt in Mittel- und Südamerika. Der Fockmast stand aufrecht und relativ weit vorn, und der hintere Mast war sehr stark nach hinten geneigt und ragte über das Schiffsende hinaus. An jedem Mast führte das gut segelnde Fahrzeug ein viereckiges Segel. In Brasilien gab es auch Lanchas, die mit 10 bis 18 Riemen an jeder Seite gerudert wurden.
Die Schiffe wurden meistens für Viehtransporte verwendet, bei Personentransporten und zum Schutz für die Besatzung befand sich achtern eine Hütte oder ein Sonnendach. Für die Flußschiffahrt, insbesondere auf Flüssen mit stark wechselnden Wasserständen und verhältnismäßig hohen Strömungsgeschwindigkeiten – wie auf dem Rio Apure – war die flache und leichte Bauweise günstig. Beim Auflaufen auf Untiefen oder auf Sandbänke konnte die Besatzung das Fahrzeug dadurch wieder frei bekommen, daß sie an Deck von Bord zu Bord laufend oder im flachen Wasser stehend, das Schiff in Rollbewegungen brachte.
In Spanien wurden kleine Fischerboote mit 2 Luggersegeln, die für die Haken- und Langleinenfischerei benutzt wurden, als Lancha bezeichnet. Unter der gleichen Bezeichnung gab es auch portugiesische Fahrzeuge mit Lateinsegeln

Zweimastiger Lakatoi mit krebsscherenförmigen Segeln von Neuguinea, Anfang des 20. Jh. [18]

Einmastiger Lakatoi mit Ausleger und krebsförmigem Segel [18]

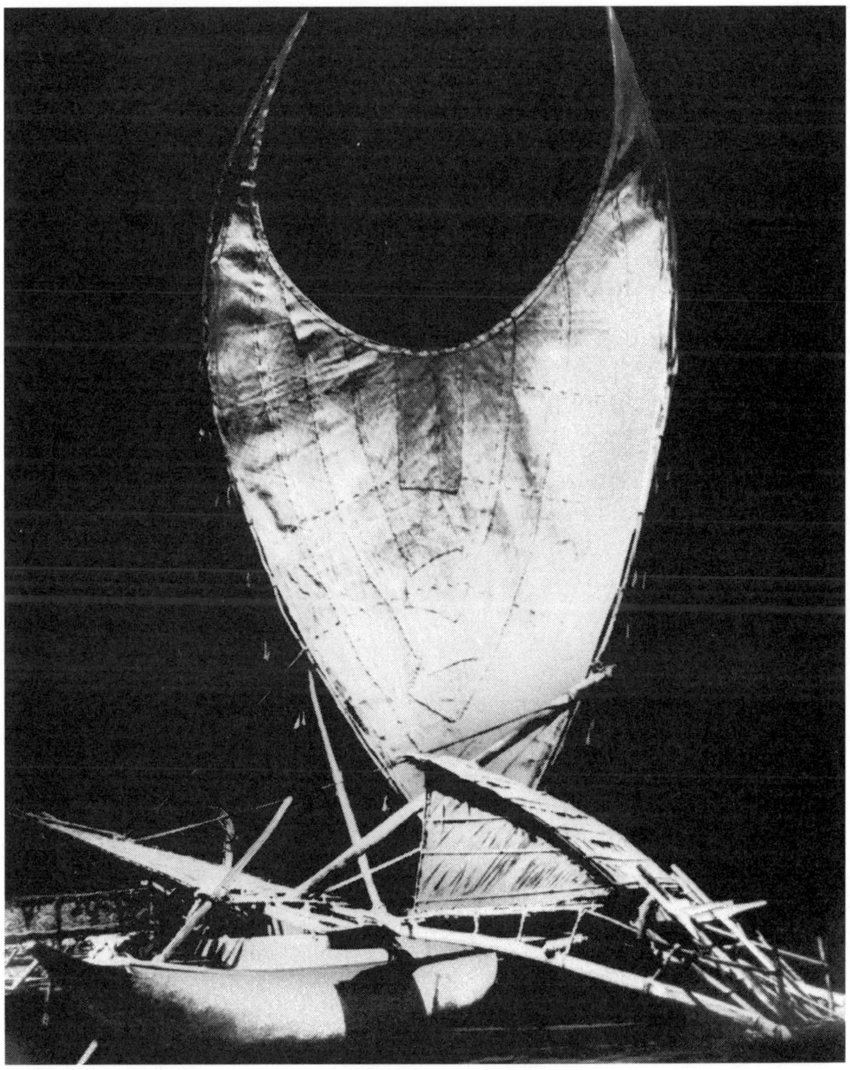

oder trapezförmigen Schratsegeln mit mastfestem Segelhals. Der Schiffstyp war auch an der nordafrikanischen Mittelmeerküste heimisch.

Landfjärden-Schiffsfund: von schwedischen Sporttauchern im Jahre 1959 in der 35 km von Stockholm entfernten Landfjärdenbucht entdeckte und fotografierte Wracks von 3 Wikingerschiffen, die bisher jedoch noch nicht geborgen werden konnten.

Landungsboot: im 19. und 20. Jh. eine allgemeine Bezeichnung für die zur Landung von See aus eingesetzten Boote der Kriegsschiffe. Die Boote wurden gerudert oder zum Ende des 19. Jh. von Barkassen ins Schlepp genommen. Moderne Landungsboote mit Maschinenantrieb gehören seit dem zweiten Weltkrieg zum Bestand der Seekriegsflotten.

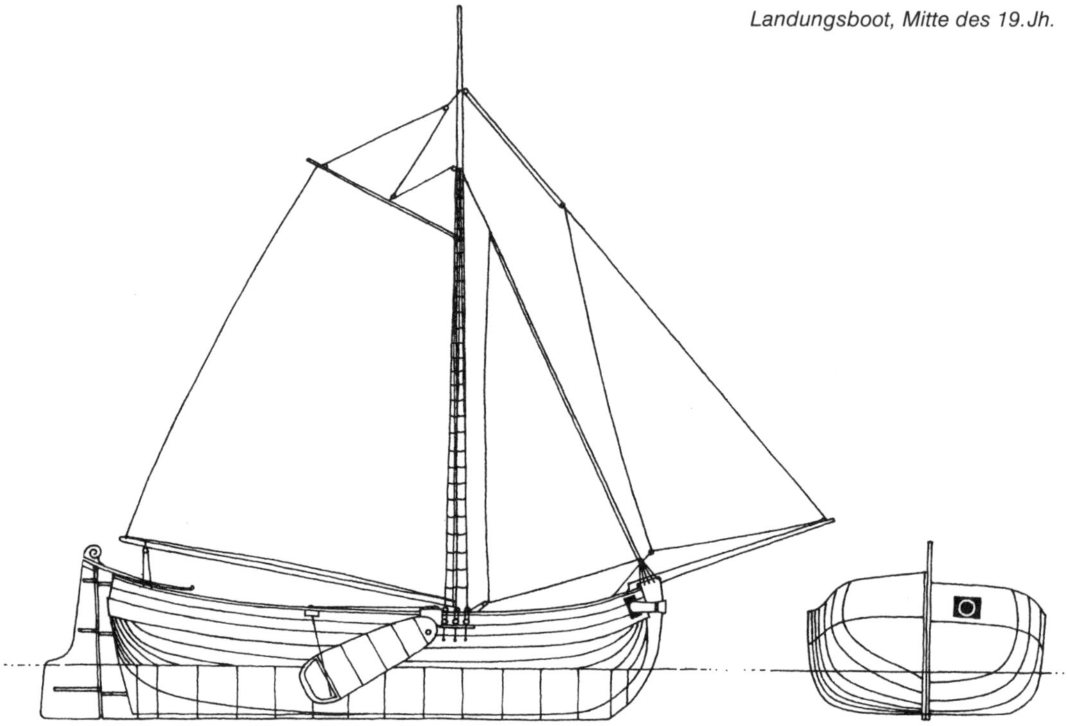

Landungsboot, Mitte des 19. Jh.

Langschiff: allgemeine Bezeichnung für langgebaute *Wikingerschiffe*. Größere Langschiffe der Wikingerzeit (bis zu Dreißigbänker) waren im 9. Jh. die »skeids«. Ebenso wie die kleineren »snekkjas« (s. *Schnigge*) hatten sie eine geringe Breite. An den Steven waren sie höher gebaut, trugen jedoch an den Stevenköpfen meistens keine Verzierungen. Den Skeids ähnlich, aber länger und breiter waren die »dreki«, die *Drachenschiffe* der Wikinger mit den Pferde- und Drachenköpfe darstellenden Stevenenden.

Lanta, *Lantea:* großes chinesisches Last-Ruderschiff mit einer Tragfähigkeit bis zu 800 t und mit 8 Ruderbänken auf jeder Seite. Lantas wurden von Portugiesen benutzt, die von Macao aus den Handel mit Kanton unterhielten. Die Fahrzeuge mußten auch zum Wohnen während der Marktzeit eingerichtet sein, da Fremden während der Nacht der Aufenthalt an Land nicht erlaubt war.

Laoutelle: bis zum Ende des 19. Jh. gebräuchliches sizilianisches Fischerschiff mit Latein- und Dausegel, Stagfock sowie Treibermast. Ein typisches Merkmal war der zurückfallende Vorsteven. Die größten Fahrzeuge waren bis zu 20 m lang und fuhren mit 6 Mann Besatzung.

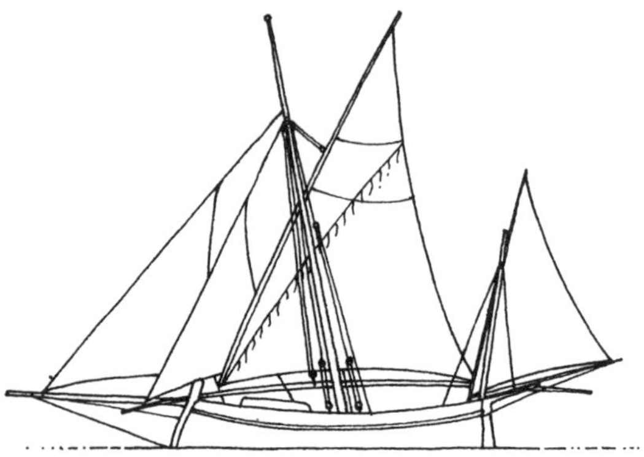

Sizilianische Laoutelle

Ledingschiff: in den skandinavischen Ländern war »Leding« im Kriegsfall die Flottenstellungspflicht aller Orte und Gebiete. Besondere Bedeutung erlangten Ledingschiffe im 10. Jh., als der norwegische König HAAKON (931 bis 951) eine gewaltige Ledingflotte schuf, zu der 30000 bis 40000 Mann gehört haben sollen. Die norwegischen Ledingschiffe waren Rojer-Kriegsschiffe, meistens als Zwanzig- und Fünfundzwanzigbänker, seltener auch als Dreißigbänker gebaut. Die Schiffe wurden jeweils mit bis zu 100 Mann besetzt.

Leichter: Sammelbegriff für verschiedene offene oder gedeckte Wasserfahrzeuge mit oder ohne Besegelung oder andere Antriebe. Diese Schiffsgruppe entstand, um tiefgehenden größeren Schiffen das Einlaufen in Flußmündungen oder Häfen zu ermöglichen, auf Reede liegende Schiffe voll zu beladen oder auf Grund geratene Schiffe freizubekommen. Seit dem 15. Jh. nahm die Größe der Segelschiffe bedeutend zu; es bestanden jedoch nur sehr begrenzte Möglichkeiten, entsprechend vertiefte Fahrrinnen zu schaffen und zu erhalten. Neben der Verwendung von Hebepontons zum Überwinden von Untiefen in flachen Flußmündungen, wie der *»Kamele«* in den Niederlanden, fanden Leichter allgemein als kleinere Fahrzeuge mit glatten Boden zum Ladungstransport von und zu den größeren Schiffen Verwendung. In der modernen Fluß- und Seeschiffahrt werden schwimmfähige Großbehälter ebenfalls als Leichter bezeichnet.

Gedeckter Kahnleichter

Dreimastiger Segelleichter

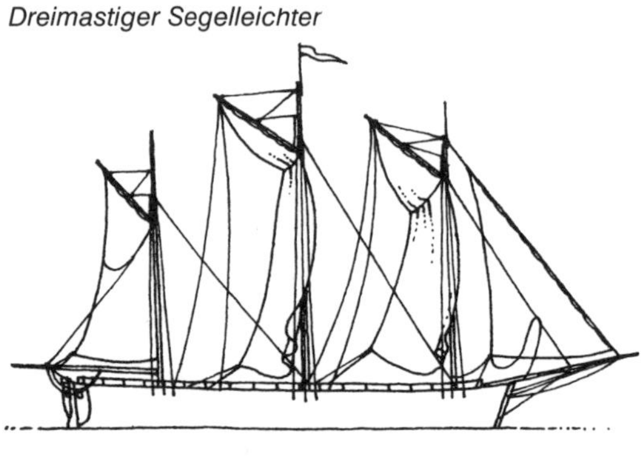

Lemster Aak, *Lemmer Aak:* ein friesländisches Fischereifahrzeug im 1900. Wie bei den meisten aus den Niederlanden übernommenen Typen lag auch bei diesem Fahrzeug die größte Breite am Ende des vorderen Drittels der Schiffslänge. Die erste aus Stahl gebaute Aak lief in Ijlst um 1898 von Stapel. Die Länge betrug etwa 15 m bei dem Längen-Breiten-Verhältnis von 3 bis 3,3 : 1.

Liburne: ein dalmatinisches Kampf- und Seeräuberschiff, das in dem als »Liburnia« benannten Gebiet zwischen Istrien und Dalmatien an der adriatische Küste entstand. Zur Zeit der Punischen Kriege (um 240 v. u. Z.) diente die illyrische Liburne als Vorbild für leichte und schnelle römische Ruderkampfschiffe.
Die römische Liburne hatte bis zu 3 Riemenreihen und an jedem Riemen ruderten 2 oder 3 Ruderer. Damit wurden höhere Geschwindigkeiten als mit anderen zu jener Zeit bekannten Kampfschiffen erreicht. Aus der Liburne wurde die *Dromone* und schließlich die *Galeere* entwickelt.

Ligger: bis in die ersten Jahrzehnte des 20. Jh. an Flüssen und Flußmündungen der Ostsee, insbesondere in Pommern gebräuchlicher pontonartiger hölzerner Bootskörper mit durchlöcherten Außenwänden, um lebende Aale längere Zeit aufbewahren zu können. In den Liggern, die im fließenden Wasser oder an Schleusen festmachten, konnten jeweils einige hundert Zentner Aal für die Wintermonate gehalten werden.

Linienfahrtschiff: ein Fracht- oder Fahrgastschiff, das regelmäßig oder nach Fahrplan eine bestimmte Route befährt. Für kürzere Seeverbindungen fanden zwar seit mehreren Jahrhunderten regelmäßige Fahrten statt, die Linienfahrt gewann aber erst im Überseeverkehr Europa – Nordamerika mit der 1816 eröffneten »Paketfahrt« zur Postbeförderung an Bedeutung.
Bis zur Mitte des 19. Jh. versahen nahezu ausschließlich Segelschiffe den Liniendienst. Nach-

Dalmatinische Liburne mit 2 Riemenreihen

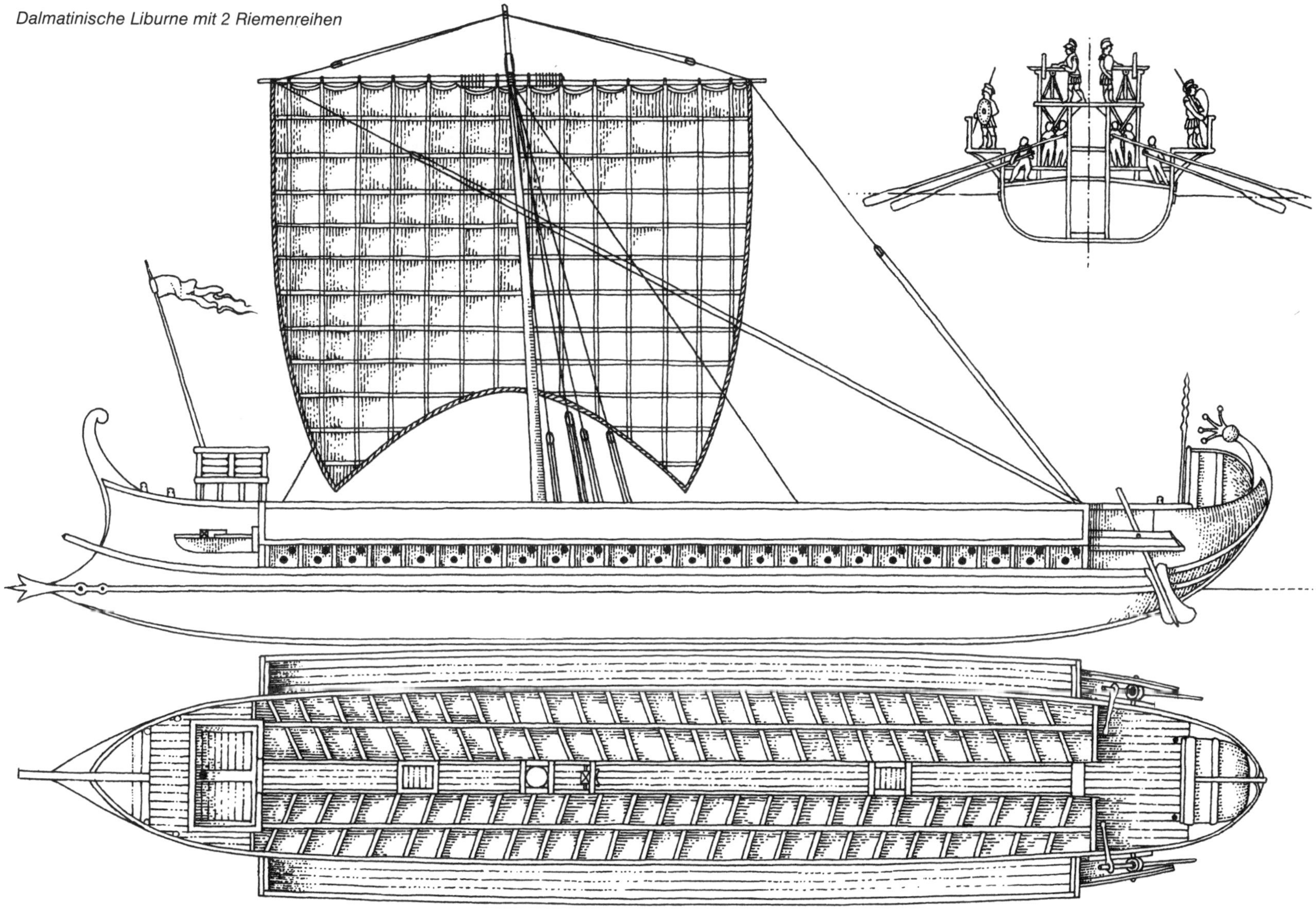

dem im Jahre 1847 das erste in der Linienfahrt eingesetzte Dampfschiff, die »WASHINGTON«, von Bremen nach New York abgegangen war, begann der fast ein Jahrhundert andauernde Wettbewerb schneller maschinenangetriebener Linienfahrtschiffe. Im heutigen Seetransport ist die Linienschiffahrt hoch entwickelt.

Linienschiff: die Bezeichnung entstand in der Mitte des 17. Jh., als sich eine bestimmte, in Kiellinie fahrende Gefechtsanordnung der breitseits mit Kanonen bestückten Kriegsschiffe herausbildete. Diese Gefechtstaktik wendeten zuerst der englische Admiral BLAKE und der niederländische Admiral DE RUYTER an. Vom 18. bis zur Mitte des 19. Jh. waren Linienschiffe meistens Kampfschiffe mit etwa 1200t Verdrängung, später wurden Schiffe von 2000 bis 3000t Verdrängung bevorzugt. Kennzeichnend für die Linienschiffe war die Anordnung und Verteilung der Batterien. Je nachdem, ob die Vorderladerkanonen auf 2, 3 oder 4 Decks übereinander aufgestellt wurden, unterschied man Zwei-, Drei- oder Vierdecklinienschiffe. Die Besatzungsstärke konnte auf Linienschiffen bis zu 1300 Mann betragen.
Ende des 18. Jh. war in den Kriegsflotten das 70-Kanonen-Schiff als Linienschiff vorherrschend, danach wurde die Zahl der Kanonen weiter auf 90 bis 120 Stück erhöht.

Linienschiffe in der Schlacht bei Abukir, 1798. Gemälde von NICHOLAS POCOCK (1741 bis 1821) [26]

Englisches Linienschiff »H. M. S. NELSON« 1814, Modell

Zu den ersten englischen Linienschiffen mit 3 durchlaufenden Batteriedecks gehörten die 1610 erbaute »PRINCE ROYAL« mit 1200t Verdrängung, bestückt mit 64 Kanonen, und »THE SOVEREIGN OF THE SEAS«, erbaut 1657, mit etwa 1630t Verdrängung und 100 Kanonen.
In der Seeschlacht bei Kap Trafalgar standen sich 1805 die schweren Segel-Linienschiffe letztmalig in großer Anzahl mit 15 spanischen und 18 französischen gegen 26 englische Schiffe im Gefecht gegenüber. Aus dieser Seeschlacht, in der England über die vereinigte spanisch-französische Kriegsflotte siegte, ist das Flaggschiff von NELSON, Admiral und Befehlshaber der englischen Flotte, die »VICTORY« (s. *Admiralschiff*), der Nachwelt erhalten geblieben. Dieses berühmte Schiff wurde zum Museumsschiff und steht in einem Trockendock in Portsmouth zur Besichtigung. Die eigentlich letzte Schlacht unter Beteiligung von Segel-Linienschiffen (4 englische, 4 französische und 4 russische gegen 7 türkische Linienschiffe) war 1827 bei Navarino.
Zu Ende des 18. bzw. Anfang des 19. Jh. unterschied die englische Admiralität 3 Rangeinheiten von Linienschiffen:
Zum I. Rang gehörten die Schiffe mit 2000t und mehr Verdrängung, 100 bis 130 Geschützen und 850 bis 900 Mann Besatzung.
Der II. Rang umfaßte Schiffe von 1650 bis 1950t, 84 bis 90 Geschützen und 750 bis 850 Mann.
Zum III. Rang zählte man kleinere Linienschiffe mit 1200 bis 1600t Verdrängung, 64 bis 80 Geschützen und 520 bis 750 Mann. Alle Geschütze waren noch Vorderlader, die schwersten Geschütze waren 32- bis 48-Pfünder, die wegen ihrer großen Masse so tief wie möglich auf dem untersten Geschützdeck standen, so daß die Geschützpforten nur knapp über der Schwimmwasserlinie des Schiffes lagen. Nach einer Salve dauerte es etwa eine halbe Stunde, bis die schweren Geschütze nachgeladen und wieder in Stellung gebracht waren. Für jede Kanone benötigte man bis zu 10 Mann Bedienung. Die Reichweite betrug ungefähr einen Kilometer. Die zweite Batterie mittelschwerer Kanonen stand an Oberdeck. Bei Dreideckern befanden sich darüber die leichteren Geschütze, die Karonaden und Büchsen für den Nahkampf auf einem laufbrückenähnlichen Halbdeck.
Linienschiffe mit Dampfantrieb gewannen in der Mitte des 19. Jh. größere Bedeutung, und erst am Ende des 19. Jh. wurde gänzlich auf die zusätzliche Besegelung für Marschfahrten verzichtet. Mit der Erfindung der Sprenggeschosse, Hinterladergeschütze, der Schiffsaußenhautpanzerung und der Anordnung drehbarer Geschütztürme erfuhr das Linienschiff bedeutende Wandlungen. Obwohl die Gefechtstaktik des Linienschiffes damit überholt war, verschwand die Bezeichnung erst allmählich.

Ljungström-Yacht: ein zu Ende des 19. Jh. vom schwedischen Konstrukteur LJUNGSTRÖM entwickeltes Segelboot mit drehbarem Mast ohne Stagen und Wanten. Das aus 2 Teilen bestehende Segel konnte durch Drehungen des Mastes am Mast aufgerollt werden. Bei beiderseitig voll ausgebrachter Segelfläche für Fahrt vor dem Wind ähnelte die Besegelung ausgebreiteten Schmetterlingsflügeln, so daß auch die Bezeichnung »Schmetterlingssegler« für diese Yacht verwandt wurde. Die Idee des drehbaren Mastes wurde häufig unabhängig voneinander aufgegriffen, sie ist aber bisher konstruktiv noch nicht befriedigend gelöst.

Lodka, *Lodje:* im östlichen Ostseebereich zur Hansezeit ein im Vergleich zur *Kogge* kleines gedecktes Segelschiff für die Flußschiffahrt mit 3 bis 4 Mann Besatzung. Die Fahrzeuge waren ein- oder anderthalbmastig und zum Teil auch für die Küstenschiffahrt geeignet. Vor allem war es die Aufgabe einer Lodka, von den Koggen, die bestimme See- und Flußgebiete wegen ihres Tiefgangs nicht mehr befahren konnten, Waren zu übernehmen und weiter zu befördern. Eine interessante bauliche Besonderheit weist der Fund eines Wracks auf, das am Ufer der Aa bei Treyden in Livland entdeckt wurde und wahrscheinlich eine Lodka war. Das Deck bestand aus einer doppelten Bohlenlage, zwischen der dicke wollene Gewebe eingelegt waren, um das Eindringen von Deckswasser zu verhindern. Im Russischen ist »Lodka« die allgemeine Bezeichnung für Boot, Kahn oder Nachen. Demzufolge findet sich unter der Bezeichnung »Lodka« eine große Gruppe unterschiedlicher Fluß- und Küstennutzfahrzeuge für Güter- und Personentransporte

Kanonenaufstellung auf einem Zweideckerlinienschiff

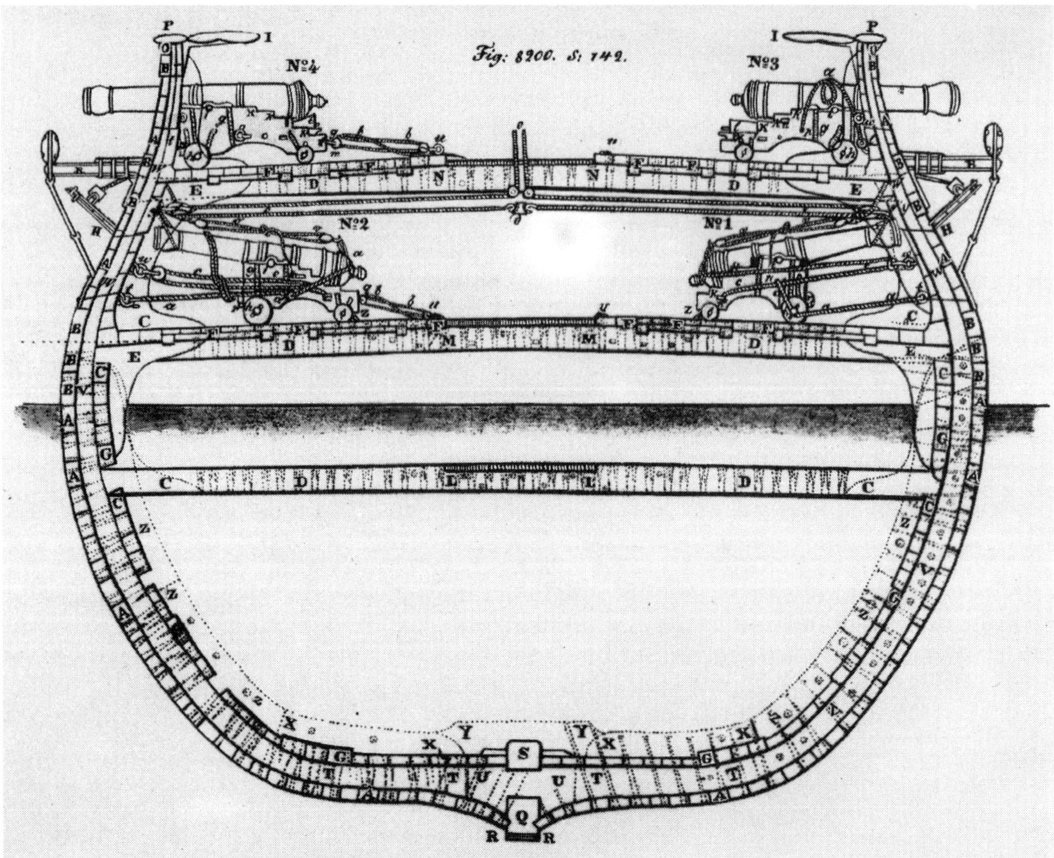

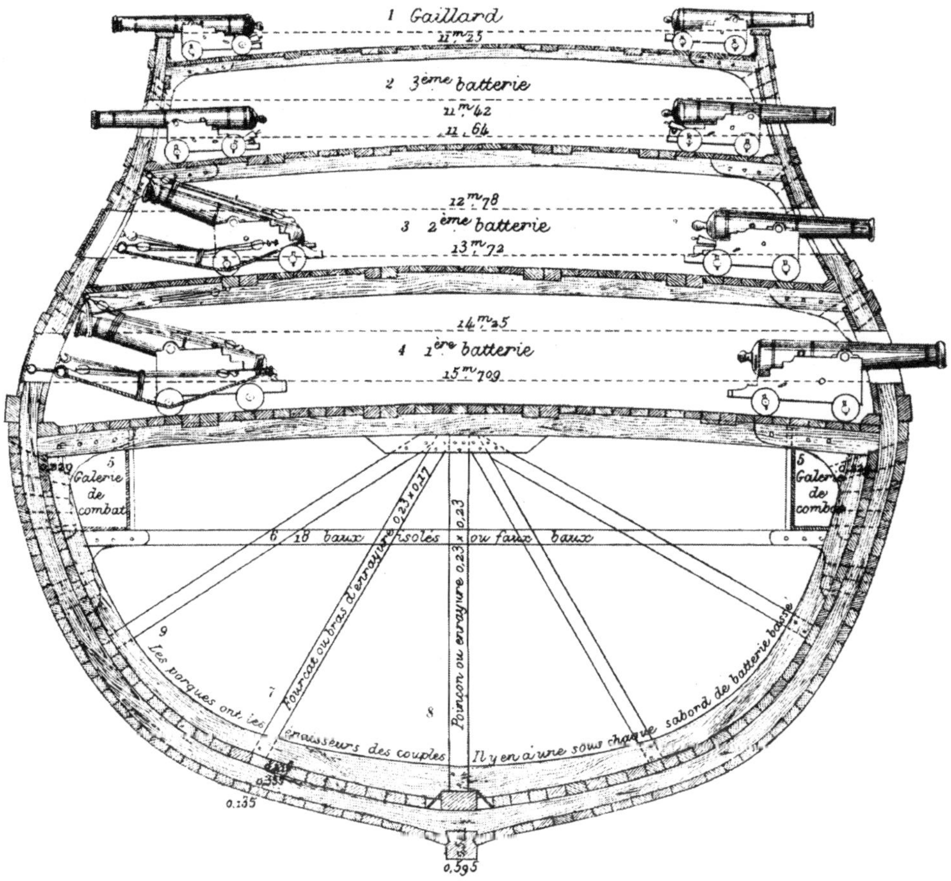

Anordnung der Kanonen auf einem Vierdeckerlinienschiff

und für die Fischerei; beispielsweise gab es diesen Schiffstyp auch an den Flußmündungen des Schwarzen Meeres und des Kaspischen Meeres.

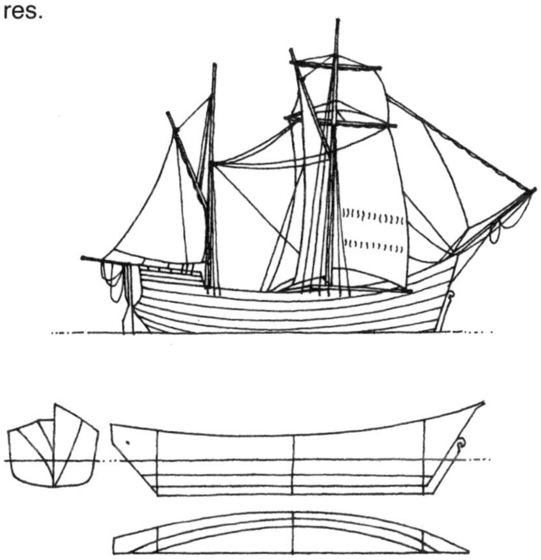

Russische Lodka

Löffelbugschiff, *Löffelbugyacht:* eisgehendes Schiff und große *Yacht* mit lang vorgebautem Vorsteven, der löffelähnlich konvex gerundet ist. Dieser Löffelbug unterscheidet sich vom ebenfalls weit vorragenden Klippersteven.
Unter bestimmten Seebedingungen, wie bei langer Dünung, verringert der vorgelagerte Verdrängungsanteil des Löffelbugs das zu tiefe Eintauchen des Vorschiffes bei Stampfbewegungen. Außerdem verbessern die größeren Wasserlinienbreiten im Vorschiff die Stabilitätseigenschaften. Löffelbugyachten waren in der Zeit um 1895 noch im Vergleich zu anderen Bauweisen durch ältere Vermessungsformeln begünstigt, bei denen nur die Länge der Yacht in der Konstruktionswasserlinie berücksichtigt wurde.
International bekannte Löffelbugyachten wurden erstmals vom amerikanischen Yachtkonstrukteur N. A. HERRESHOFF entworfen und gebaut.

Log Canoe: in der Chesapeak-Bay (USA) benutzter, 8 bis 11 m langer und 1,6 bis 2,7 m breiter *Einbaum*, dessen Bezeichnung von »log« für Holzbock (Stamm) abgeleitet war. Die häufig mit 2 kleineren Masten und Segeln versehenen Fahrzeuge wurden vorwiegend zum Austernsammeln und zum Fischfang benutzt.

Logger, *Lugger, Lougre:* aus Frankreich stammender, mit »Lougre« bezeichneter Schiffstyp, der dort im 18. Jh. als kleines schnellsegelndes Depeschen-, Kanonen- oder Kaperfahrzeug diente sowie als ein vielseitig verwendbares Küstenfrachtschiff unterschiedlicher Größe für 20 bis 70 Lasten (40 bis 140 t Tragfähigkeit) eingesetzt wurde. Die Fahrzeuge waren relativ scharf und auf Kiel gebaut.
Eine Besonderheit, die auch zur Bezeichnung »Lougre« führte, stellten Mastanordnung und Besegelung dar. Der ursprüngliche Lougre führte

Französischer dreimastiger Logger um 1775

Schiffslinien eines französischen Kanonenloggers um die Mitte des 19. Jh.

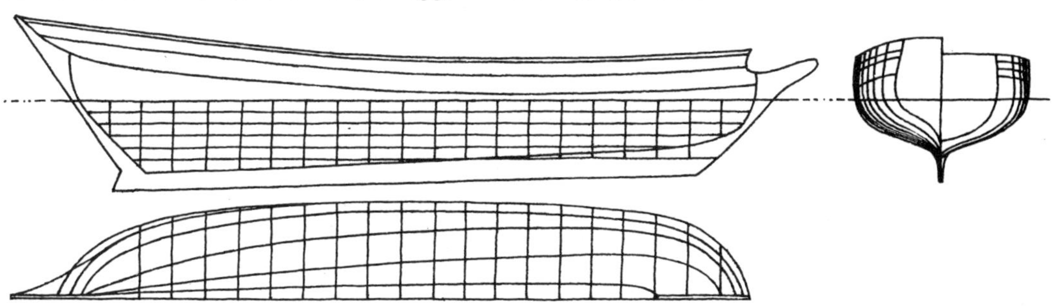

3 nicht sehr hohe Maste, die beiden vorderen, etwa gleich großen Maste waren umlegbar, und der dritte, kleinere Besanmast stand relativ weit hinten am Heck. An allen 3 Masten wurde eine besondere vereinfachte Form des Gaffelsegels, das sogenannte Luggersegel gefahren. Das Luggersegel war trapezförmig und wurde mit einer oberen schrägen fierbaren Rah gefahren, die jedoch nicht in der Mitte, sondern auf etwa einem Drittel ihrer Länge mit einem Ring am Mast befestigt und geführt wurde.
England übernahm den Schiffstyp unter der Bezeichnung Lugger als zwei- bis dreimastigen Schnellsegler, insbesondere für den Postdienst, wobei die typischen, trapezförmigen Segel beibehalten wurden.
Etwa um 1865 wurde der Schiffstyp über Holland in Norddeutschland allgemein in der Küstenschiffahrt, Fischerei und im Lotsendienst üblich. Mit der im 19. Jh. erfolgten Ausweitung der Treibnetzfischerei entstand aus dem vielseitig verwendbaren Grundtyp des dreimastigen Segelloggers der anderthalbmastige *Segel-Fischereilogger*.

Englischer Fischereilogger (Hastingslugger) Ende des 19. Jh.

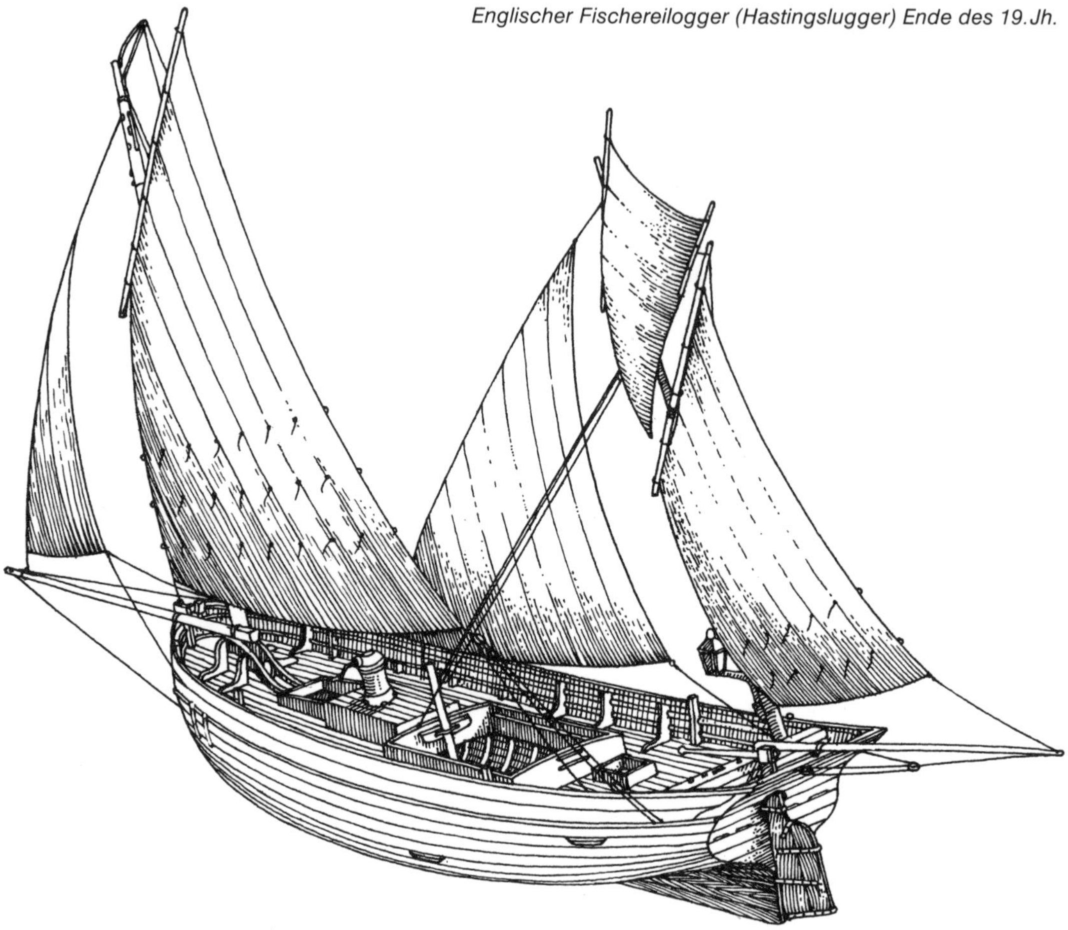

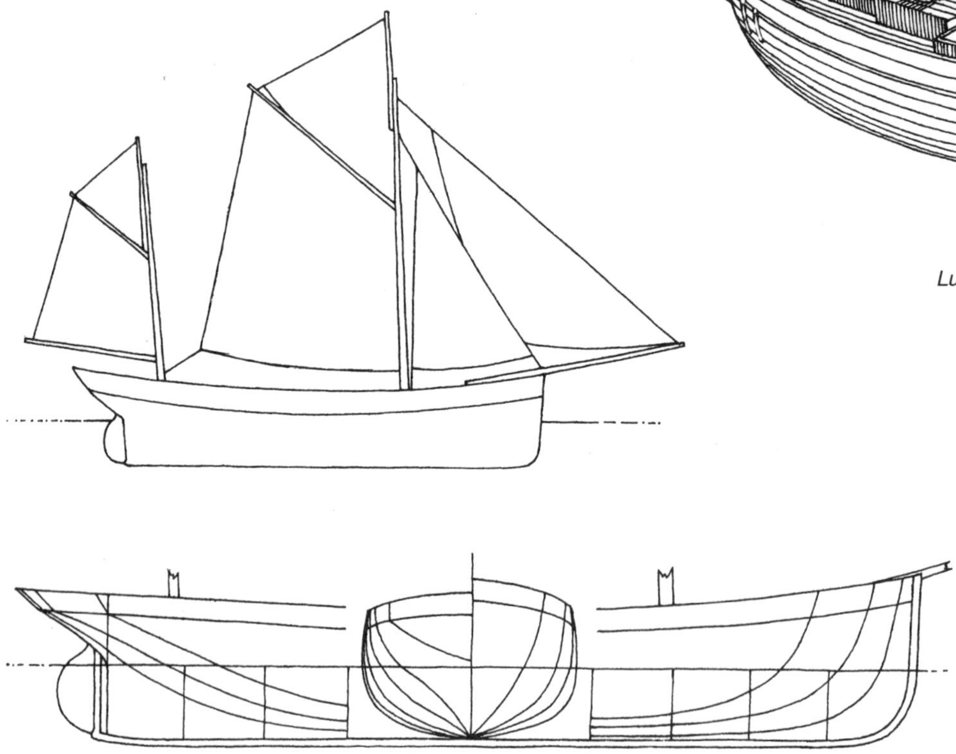

Anderthalbmastiger eiserner Logger zu Anfang des 20. Jh. von 24 m Länge, 6,5 m Breite und 3,5 m Seitenhöhe

Luggersegel

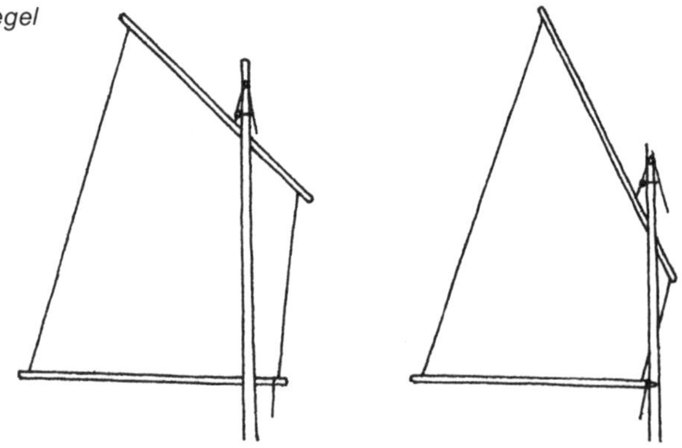

Lomme: Flundernboot oder allgemeines Fischerboot auf dem Frischen Haff (Wislahaff) von 5 bis 7 m Länge, das mit 2 Sprietsegeln getakelt war, wobei der vordere Mast eine sehr starke Neigung nach vorn hatte. Außerdem gab es Küstenfrachtsegler unter der gleichen Bezeichnung, die auf dem Haff bereits im 18. Jh. bekannt waren. Es handelte sich um sehr völlige und breite Fahrzeuge in starker Bauart mit Spiegelheck, meistens mit Heckdavits für ein Beiboot. Die sogenannten »Lommenyachten« führten früher nur einen Mast, seit der Mitte des 19. Jh. hatten die größeren Lommen Groß- und Besanmast mit Gaffelsegeln und am Großmast ein leichtes Rahsegel. Am Bugspriet waren 1 bis 2 Klüver gesetzt. Die Fahrzeuge hatten Seitenschwerter und waren trotz der völligen Bauart mit der hohen Takelung gute Segler.

Londra, *Londrus, Londre:* vom 13. bis zu 15. Jh. kleines galeerenähnliches Ruder-Segel-Schiff des Mittelmeeres. Im 17. Jh. war es demgegenüber ein niedrigbordiges, relativ schwerfälliges Ruder-Segel-Schiff mit Lateinsegeln und mit 25 Ruderbänken an jeder Seite. Die Fahrzeuge waren mit leichten Kanonen bestückt.

Longboot: ein schmales Langboot auf den Samoainseln für traditionelle Wettkämpfe. Die üblicherweise mit 48 Mann besetzten Boote wurden nach dem Takt einer Trommel durch Stechpaddel angetrieben.

Loskielschiff: Schiff in Holzbauweise mit einem festen Balkenkiel, unter dem ein zusätzlicher, abnehmbarer Kielbalken aufgeschraubt wurde. Dieser »Loskiel« schützte den eigentlichen Kiel vor Beschädigungen und wurde, falls erforderlich, nach Bodenberührungen erneuert.

Lotsenboot; *Lotsenbarkasse, Lotsenkutter:* speziell für den Lotsendienst ausgerüstetes und gekennzeichnetes Fahrzeug, auch als »Lotsenversetzboot« bezeichnet. Es dient dem Lotsen als Beförderungsmittel zwischen der Lotsenstation oder Lotsenschiffen und den ein- bzw. auslaufenden Schiffen. Lotsenboote sind durch Beschriftungen, Lotsenflaggen und ringsum scheinendes Lotsentopplicht gekennzeichnet.
Die kleineren Lotsenboote waren Ruderfahrzeu-

ge, die durch Korkeinbauten oder wasserdichte Luftkästen unsinkbar gemacht wurden. Lotsenboote mußten auch bei stürmischem Wetter und schwerer See für Hilfeleistungen einsetzbar sein. Lotsenboote können verschiedenen Typs sein, zur Segelschiffszeit wurden insbesondere ruderbare Segelbarkassen, Segelkutter und kleinere Schoner *(Lotsenschoner)* verwendet. Als Takelage wurde die einfach handhabbare Kuttertakelung bevorzugt. Lotsenboote mußten unter allen Umständen imstande sein, für die Schiffe Lotsendienste zu leisten oder Hilfe zu bringen; deshalb wurde besonderer Wert auf das Seeverhalten, die Kursstabilität und die Steuereigenschaften gelegt. Die Lotsenboote mußten sich gut wenden lassen, dicht am Wind liegen und leichte Anlegemanöver ermöglichen. Eine bevorzugte Größe dieser wendigen und seetüchtigen Fahrzeuge lag zwischen 10 und 15 m.

Warnemünder Lotsenkutter unter Segel

Lotsenschoner: für den Lotsendienst zunächst an der amerikanischen Ostküste entstandener schneller und seetüchtiger *Schoner*, der auch einen längeren Aufenthalt mehrerer Lotsen an Bord möglich machte. Dieser Typ versah bis in die dreißiger Jahre des 20. Jh. seinen Dienst. Nach Anlaufen der zu lotsenden Schiffe wurde jeweils ein Lotse mit einem kleineren Ruder-Lotsenboot übergesetzt. Der amerikanische Lotsenschoner wurde zu einem Vorläufer der modernen *Schoneryacht*. Wegen der besonderen Vorzüge der leicht handhabbaren Schonertakelung waren bis zum Ende der Segelschiffszeit auch die Mehrzahl aller nordeuropäischen Lotsenfahrzeuge schnelle Zweimast-Schoner.

Loude: eineinhalbmastiges arabisches Fischereischiff des 19. Jh. mit stark nach achtern geneigten Masten und Luggersegeln. Die Loude war bei einer Breite von 2 m bis zu 11 m lang und hatte eine Tragfähigkeit bis zu 4 t.

Lühe-Ewer: ein norddeutscher *Ewer*, der hauptsächlich zur Obstbeförderung und für den Obsthandel gebaut und ausgerüstet wurde. Äußerlich wurde auf diese Besonderheit durch bunte Bug- und Klüsenbackenbemalung mit Obstzweigen und Früchten aufmerksam gemacht. Lühe-Ewer wurden vorwiegend im 19. Jh. an der Lühe – einem Nebenfluß der Elbe bei Hamburg – in den Orten Grünendeich, Mittelkirchen, Höhen und Borstel gebaut.

Warnemünder Lotsenboot unter dem Kommando von STEPHAN JANTZEN, Lotsenkapitän von 1866 bis 1903

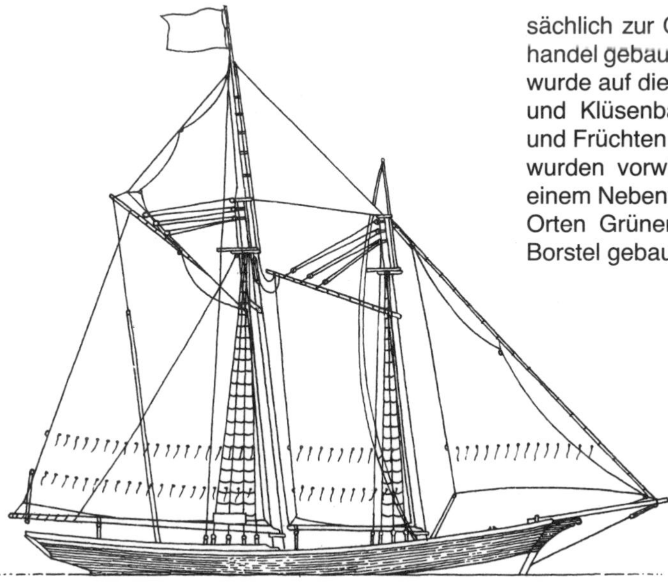

Nordamerikanischer Lotsenschoner Ende des 19. Jh.

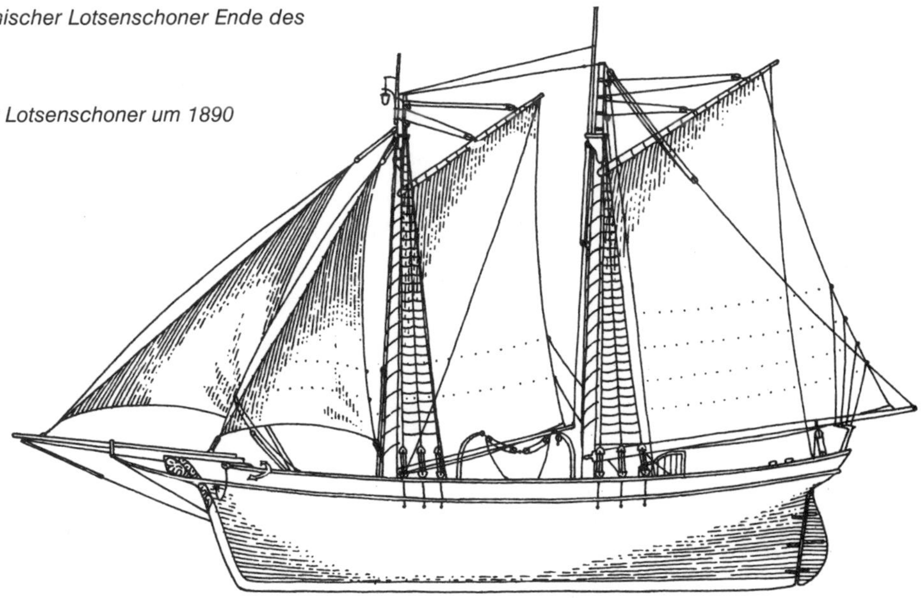

Holländischer Lotsenschoner um 1890

Lühe-Jolle: ein bis ins 20.Jh. häufig auf der Niederelbe, hauptsächlich für den Obsttransport verwendeter Bootstyp, auch als *»Altenlanderjolle«* oder »Kirschenjolle« bekannt. Das Boot war im Verhältnis zur Länge sehr breit und wurde ohne Seitenschwerter auf relativ hohem Kiel gebaut. Die Lühe-Jolle war etwa 9 bis 12,5 m lang und 3,2 bis 4,2 m breit. Bei einer Raumtiefe von 1,3 bis 1,8 m ergab sich ein Raum von 7 bis 17 RT. Ein umlegbarer Pfahlmast trug ein Gaffelsegel und eine Stagfock. Das Fahrzeug konnte von 2 Mann bedient werden. Ein zusätzlicher Klüver am Bugspriet wurde nur an größeren Jollen gefahren, die auch als *»Seejollen«* bezeichnet wurden.

M

Mahaila: zur Gruppe der arabischen *Dau* gehörender kleiner einmastiger Küstensegler. Der Rumpf hatte nur im Vorschiff ein kurzes Deck und auf dem Hinterschiff eine gedeckte Poophütte. An dem etwa auf halber Fahrzeuglänge stehenden, vorgeneigten Pfahlmast fuhr man das trapezförmige Dausegel an einer Schrägrah. Vereinzelt verkehren derartige Segler auch heute noch im Roten Meer und an den Ostküsten Afrikas.

Mahaila von der Lamuküste, Modell [13]

Malteserkreuzer: siehe Einheitsboot

Manche: zu den Frühtypen der arabischen *Dau* gehörender anderthalbmastiger Schnellsegler in arabischen Seegebieten und im Indischen Ozean. Der noch aus genähten Plankengängen, jedoch bereits durch Spanten ausgesteifte, aber ungedeckte Rumpf hatte einen im Verhältnis zur Gesamtlänge des Fahrzeuges kurzen Kiel mit weit vorgeneigtem Vorsteven, etwas steilerem Achtersteven und Spitzgatt. Der Großmast und der um ein Drittel kleinere Besanmast waren Pfahlmaste mit einem parallelen Vorfall von etwa 20 bis 23 Grad. Seit dem 16.Jh. wurden an beiden Masten die typischen trapezförmigen Dausegel an Schrägrahen gefahren. Zu Ende des 18.Jh. kamen noch Bugspriet und ein Stagsegel am Großmast hinzu.

Manche mit genähten Plankengängen [13]

Man-Boot: ein auslegerloses *Plankenboot* der Salomoninseln mit hochgezogenen Bug- und Heckteilen. Als Kriegsfahrzeuge konnten die Boote bis zu 90 Mann aufnehmen.

Man of war: traditionelle englische Bezeichnung für *Kriegsschiff.*

Maona: im 16. und 17.Jh. der *Galeasse* ähnliches großes türkisches Lasttransportschiff mit Ruder- und Segelantrieb. An jedem Riemen arbeiteten 5 oder 6 Ruderer. Im Unterschied zu den im Mittelalter gebräuchlichen dreieckigen Lateinsegeln hatten die nicht in großer Zahl vorhandenen Fahrzeuge Viereckseegel.

Marinekutter: siehe Kutter

Marketenderboot: im 19.Jh. Bezeichnung für Boote, mit denen Lebensmittel, Früchte und andere Versorgungsgüter an eingelaufene Schiffe auf Reede herangebracht wurden.

Marktschiff: ein Schiff von zweckmäßiger Bauweise für den Personentransport an Markttagen oder mit Einrichtungen für den Warentransport und -verkauf. Die ersten relativ regelmäßig fahrenden Marktschiffe verkehrten zwischen verschiedenen Marktorten an europäischen Flüssen etwa Anfang des 12.Jh. Zu Beginn des 15.Jh. wurde z.B. zwischen den Städten Mainz und Frankfurt eine spezielle Ordnung zur Benutzung von Marktschiffen vereinbart.
Auf den Marktschiffen war ein jahrmarktähnliches Treiben, Musiker spielten, und es wurden Wein und andere Waren angeboten. Auf den an den Landungsplätzen festgemachten Fahrzeugen befanden sich zeitweilig mehr als hundert Menschen. Auf dem Rhein verkehrten bis zur Französischen Revolution Marktschiffe von Mainz nach Bingen, Oppenheim, Nierstein oder Mannheim-Worms. Auf der Donau verkehrten Marktschiffe bis vor wenigen Jahrzehnten. Sehr beliebt waren die zwischen Wien und Regensburg fahrenden, als »Ordinarischiffe« bezeichneten Marktschiffe.

Marssegelschoner: siehe Toppsegelschoner.

Maschhuf: ein irakisches *Plankenboot* mit hochgezogenem, schnabelähnlichem Bug. Dieser hochgezogene Bug eignete sich besonders gut zum Fahren durch mit Schilf bewachsene Gewässer. Das Boot wurde aus einer breiten Bodenplanke und je einer Seitenplanke gebaut, innen war es mit Spanten und kräftigen Querhölzern ausgesteift.

Maschwa, *Mashuw, Muchwa:* allgemeine Bezeichnung für ein kleineres, teilgedecktes Ruder- und Segelboot von 5 bis 9m Länge mit Spiegelheck und stark vorgeneigtem Vorsteven an der arabischen und indischen Küste. Zur Fortbewegung dienten 2 oder 3 Paar Riemen oder trapezförmige Dausegel *(Dau)* an einer Schrägrah und einem stark nach vorn geneigtem Mast.
Unter der gleichen Bezeichnung gab es im Gebiet von Bombay außerdem größere zweimastige Fahrzeuge von 18m Länge und bis zu 35t Tragfähigkeit, die ebenfalls mit trapezförmigen Schratsegeln in der Küstenfahrt und Fischerei fuhren. Diese Schiffe waren als schnelle Segler bekannt. Sie hatte einen stark vorgeneigten Vorsteven, ein scharf gebautes Vorschiff und ein relativ völliges Hinterschiff mit gerundetem Heck.

Mastschiff: ein spezielles Schiff für den Transport von Holzstämmen zum Anfertigen von Untermasten und Stengen. Diese Fahrzeuge hatten in Bug und Heck rechteckige Pforten, um die langen Hölzer innenbords fahren zu können. Im 17. und 18.Jh. wurde zunächst aus den waldreichen Ostseeanliegerstaaten Mastholz nach England, Frankreich und Spanien transportiert, später im 19.Jh. von Nordamerika nach Europa. Es wurden Versuche, die allerdings fehlschlugen, unternommen, um die für den Mastbau benötigten Hölzer floßähnlich zu einer groben Schiffsform zusammenzufügen und mit Segelhilfe über den Atlantik zu befördern.

Mator: im südöstlichen Irak verwendetes, der *Maschhuf* ähnliches, kleineres Plankenboot für 2 bis 3 Personen mit hochgezogenem, schnabelähnlichem Bug. An der Bodenplanke waren je 2 Seitenplanken angesetzt und durch Spanten versteift.

Westarabische Maschwa, Modell [13]

Mehrdeckschiff: ein Schiff, bei dem im Unterschied zum »Eindeckschiff« zusätzlich zum Wetterdeck noch ein weiteres Deck oder mehrere über die gesamte Schiffslänge durchlaufende feste Zwischendecks vorhanden sind. Das oberste durchlaufende Deck ist meistens das für die Schiffsfestigkeit, Deckstadung und Seetüchtigkeit wichtigste Deck und wird daher als »Hauptdeck« bezeichnet.

Mehrrumpfschiff: siehe Katamaran, Trimaran

Meshejmok: im 19.Jh. die Bezeichnung für einen auf der Wolga verwendeten Frachtkahn, dessen Vortrieb durch ein großes Rahsegel erfolgte.

Milchewer: ein auf der Niederelbe (bereits 1634 erwähnter) und bis zum Ende des 19.Jh. anzutreffender kleiner und schneller Segler, speziell für den Milchtransport nach Hamburg. Dieser *Ewer* war mit Sprietsegel getakelt und meistens mit Spitzgatt gebaut, aber etwas kleiner als der auch auf der Niederelbe beheimatete »Gemüseewer« (s. *Lühe-Ewer*).

Russischer Meshejmok

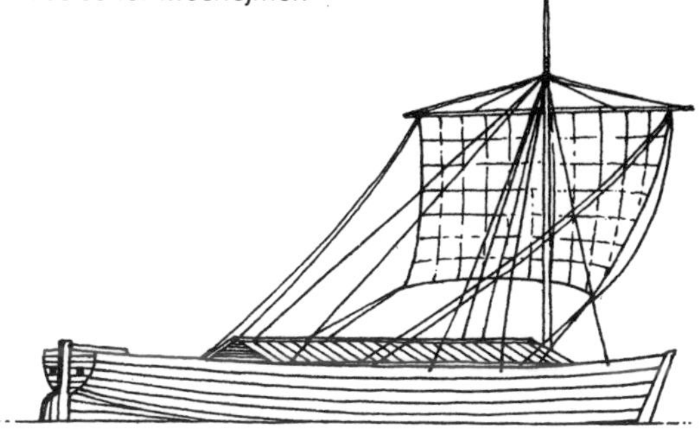

Mistico, *Mistique:* im 18. und 19.Jh. zwei- und auch dreimastiger Küstenfrachtsegler des Mittelmeeres, insbesondere an den katalanischen und tunesischen Küsten gebräuchlich. Die Schiffe wurden jedoch auch bewaffnet und häufiger von Seeräubern benutzt. Es gab sie mit reiner Lateintakelung und auch mit Rahsegeln und kombinierter Besegelung, wobei stets 2 Fockstagsegel gefahren wurden. Auf dem Hinterschiff war häufiger ein erhöhtes Halbdeck mit aufgesetzter Schanz-

Mistico mit Lateinsegel

verkleidung und Durchbrüchen für Ruder- und gegebenenfalls auch für Geschützpforten. Die Bezeichnung wurde im Mittelmeer außerdem für eine Vielzahl ähnlicher Fahrzeuge gebraucht, die sich zum Teil in der Bauweise und der Takelung deutlich unterschieden.

Mokschana: ein auf der Mokscha (Zufluß der Oka, UdSSR) übliches Boot des 19. Jh.

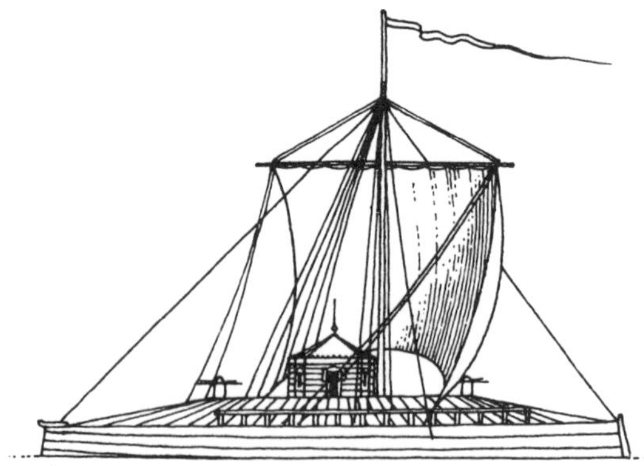

Russische Mokschana

Monere: in der Antike bei Griechen und Römern die allgemeine Bezeichnung eines Schiffes, auf dem an jeder Seite eine Reihe Riemen vorhanden war.

Mor-Pankhee: ein mit Stechpaddeln fortbewegtes Vergnügungsfahrzeug mit tempelartigem Aufbau und stark hochgezogenem Hintersteven, von dem aus das Boot mit Hilfe eines großflächigen Steuerriemens gelenkt wurde.

Mor-Pankhee aus Burma

»Moses-Boot«: im seemännischen Sprachgebrauch während der Segelschiffszeit das kleinste an Bord von Schiffen oder Yachten mitgeführte Beiboot, das analog zum jüngsten Schiffsjungen als »Moses« bezeichnet wurde. Es kann vermutet werden, daß damit auf die biblische Darstellung des kleinen Moses in einem schwimmfähigen Körbchen Bezug genommen wurde.

Mtepe: ein Frühtyp der arabischen *Dau* aus der Zeit zwischen dem 6. und 10. Jh. mit kurzem Kiel, weit vorfallendem Vorsteven, etwas weniger geneigtem Achtersteven, scharfem Achterschiff und Spitzgatt. Bei der Frühform war der ungedeckte, aus vernähten Plankengängen bestehende Bootskörper ohne Spanten gebaut, die Queraussteifung erfolgte durch Rundhölzer zwischen den Bordwänden oder durch Hölzer, die querbalkenähnlich die Außenhaut durchstießen. Das Ruder, seit dem 15. Jh. ein Heckruder, war an Tauschlingen aufgehängt. Der Mast war etwas nach vorn geneigt und hatte bereits den für die späteren Dautypen charakteristischen Mastzurrung, jedoch noch ein Kokosmattensegel an einer Querrah und noch nicht das typische Dausegel. An der ostafrikanischen Küste, insbesondere im Bereich der Insel Lamu, gab es bis zur Mitte des 20. Jh. eine einmastige Mtepe bis zu 20 m Länge und 30 t Tragfähigkeit, die bis zu 20

Griechische Monere auf einer rotfigurigen Vase aus dem 5. Jh. v. u. Z. mit dem Schiff des ODYSSEUS und den Sirenen

Mtepe, älterer Dautyp [13]

Mann Besatzung hatte. Die Plankengänge des scharf gebauten Rumpfes waren noch miteinander vernäht, jedoch waren zusätzliche Spanten eingebunden. Am Mast wurde auch noch das viereckige Mattensegel gefahren. Hinter dem Mast befand sich eine bambusgedeckte Hütte.

Mufferdeibrigg: siehe Schonerbrigg

Muleta: ein portugiesisches Fischerboot mit besonders stark gerundetem Vorsteven und nur etwas weniger rundlichem Hintersteven. Das Schiff fuhr Lateinsegel. Eine typische Besonderheit waren das weit über den Vorsteven hinausragende Bugspriet und ein achtern bedeutend über die Bootslänge reichender Baum oder Schrägmast und damit die für Boote dieser Größenordnung beachtliche Gesamtsegelfläche. So hatte z. B. 1888 eine Muleta von 13 m Länge eine Segelfläche von 170 m^2.

Museumsschiff: schwimmendes oder gedocktes Traditionsschiff, das zur Besichtigung und zu musealen Zwecken zur Verfügung steht. Bekannte Museumsschiffe sind u. a. die *»VICTORY«* (*Admiralschiff, Linienschiff,* 1765) und die *»CUTTY SARK«* (*Klipper, Vollschiff,* 1869) in Großbritannien; die *»CONSTITUTION«* (*Fregatte,* 1797), die »CHARLES W. MORGAN« (Vollschiff, 1841), die »EMERY RICE« (*Bark,* 1876) und die »FALLS OF CLYDE« (Viermast-Vollschiff, 1878) in den USA; die »SEUTE DEERN« (Bark, 1919) in der BRD; die »JYLLAND« (Vollschiff, 1860) und die »GRÖNLAND« (Rahschlup, 1867, zeitweise noch in Fahrt) in Dänemark; die »AF CHAPMAN« (Vollschiff, 1888), die »GERDA« (*Brigg,* 1869), die »JARAMAS« (Vollschiff, 1900) in Schweden und die »POMMERN« (Viermast-Bark, 1903) in Finnland.

Mutte: in Ostfriesland und Oldenburg sehr kleines einmastiges, mit flachem Boden und relativ schmal gebautes Fluß- und Kanalschiff für Frachtgut- und Torffahrt. Alle Mutten hatten als flachgehende Schiffe Seitenschwerter, einen umlegbaren Mast mit Gaffelsegel und -baum, Gaffeltoppsegel und Stagfock; gesegelt wurden sie von 1 oder 2 Personen. Nach Bauweise und Verwendungszweck wurde zwischen den rundgebauten, tjalkähnlichen Torfschiffen *(Tjalk)* und den für Personen- und Frachtfahrt an den Schiffsenden spitzgebauten Spitzmutten unterschieden. Im 17. Jh. waren die üblichen Abmessungen 11 bis 14 m Länge und 2,5 bis 3,5 m Breite. Der Raumgehalt stieg von 8 bis 16 RT bis zur zweiten Hälfte des 19. Jh. auf 15 bis 18 m Länge und 4 bis 4,5 m Breite bei einem Raumgehalt von 20 bis 40 RT.

Portugiesische Muleta mit langen Spriетbäumen an Bug und Heck

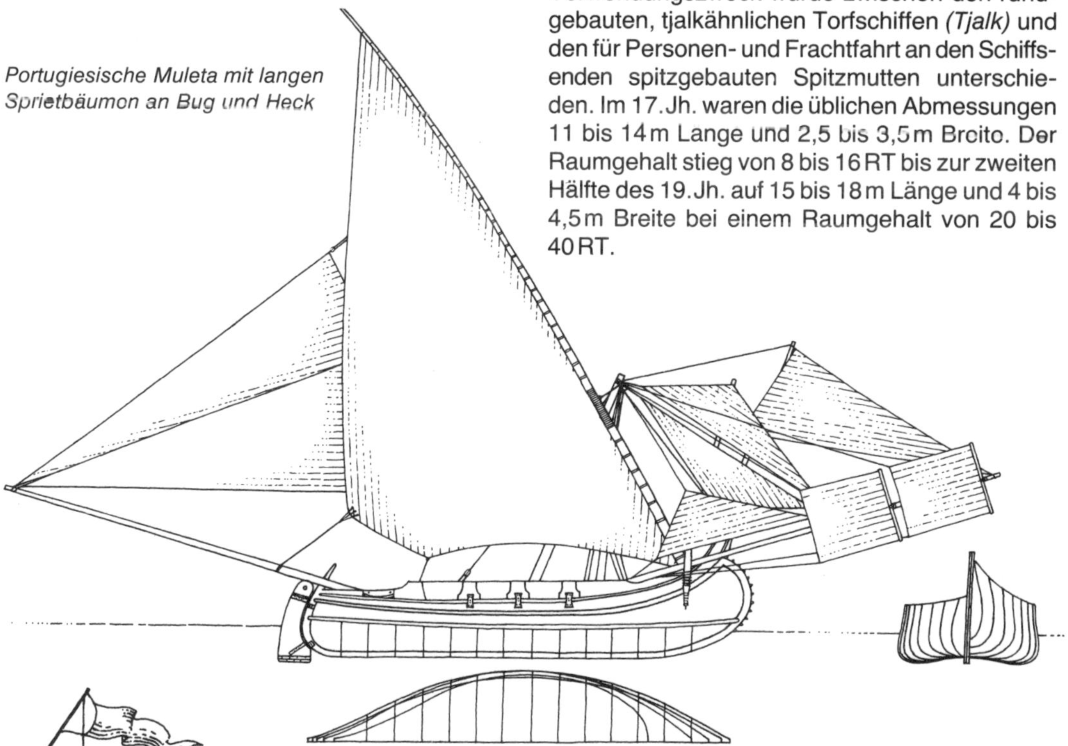

Portugiesische Muleta des Tejodeltas vor dem ausgesetzten Schleppnetz treibend

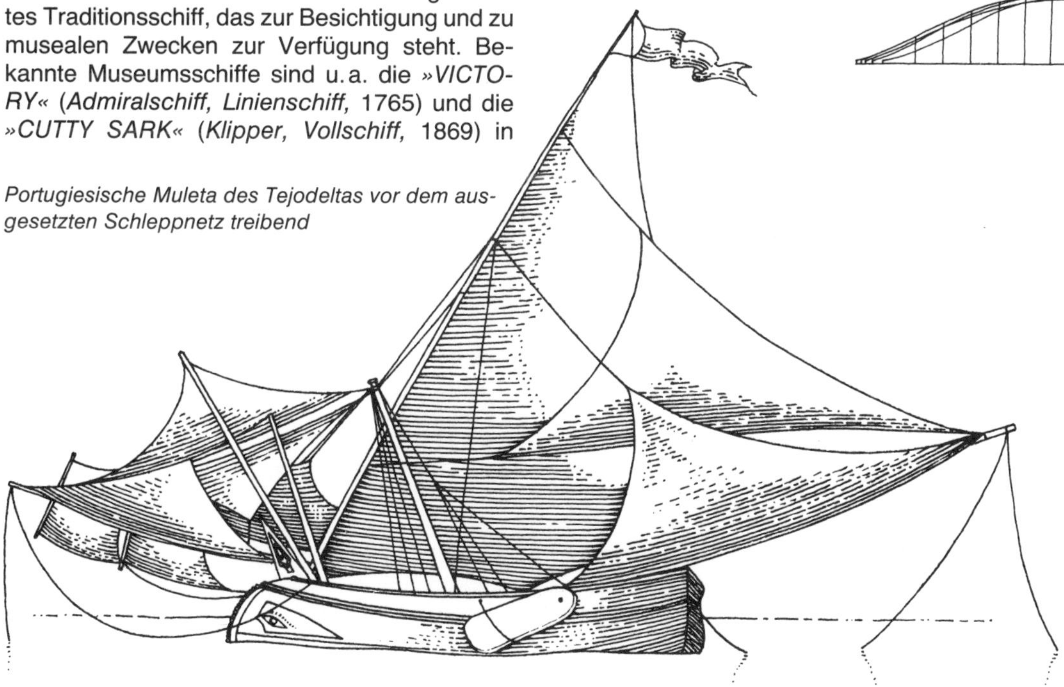

Ostfriesische Mutte

Naboinaja: allgemeine russische Bezeichnung für einen kleinen *Kahn* oder *Nachen*.

Russische Naboinaja

Nachen: kleiner flachbodiger Kahn, der durch Staken oder Ruder fortbewegt wird. Im Althochdeutschen wurde mit »nacho« ein kleines, muldenförmiges Boot bezeichnet; der Begriffsursprung kann bis zu den kleinen Einbäumen zurückgehen.

Nähe: größere, flachgehende *Fähre* mit ebenem Boden zum Übersetzen von Personen und Tieren, im 15.Jh. insbesondere an Rhein und Neckar verwendet.

Katalonische Nao um 1450, Modell des Prins Hendrik Museum, Rotterdam

Nao, *Nave, Nau:* ein portugiesisch-spanischer Segelschiffstyp mit einer längeren Entwicklungsgeschichte. Während der Kreuzzüge gingen im 11. und 12.Jh. Einflüsse von der als Kreuzfahrerschiff bevorzugten *Nef* aus, die aus Nord- und Westfrankreich stammt. Außerdem gab es vielfältige Vergleiche mit italienischen Schiffstypen, so daß im Laufe der Zeit die Bezeichnungen *»Nef«*, »Nao«, *»Nave«* oder *»Nau«* zu einem allgemeinen Begriff für größere völlige und mehrmastige Schiffe wurden. Im 14.Jh. gab es die Nao als zweimastiges Schiff und danach meistens als Dreimaster. Bevor Spanien als Seemacht Weltgeltung erlangte, hatten die ausgedehnten portugiesischen Seefahrten und Entdeckungen zur Entwicklung dieses Schiffstyps geführt. Eines der ältesten aus dieser Zeit der überseeischen portugiesischen Fahrten erhalten gebliebenen Schiffsmodelle aus dem 15.Jh. ist die »KATALANISCHE NAO«. Das Originalmodell befindet sich im Maritimen Museum »Prins Hendrik« in Rotterdam.
Das Modell läßt verschiedene Konstruktionen erkennen, die sonst nur aus Beschreibungen und Abbildungen bekannt sind. Im 15.Jh. war die Nao ein häufig anzutreffendes spanisches Schiff, das etwas schwerer und größer als eine *Karavelle* gebaut war. In seinem Tagebuch sprach KOLUMBUS bei der *»SANTA MARIA«* stets von einer Nao, während er die beiden anderen Schiffe, die »NINA« und »PINTA«, Karavellen nannte.

Nationale Jolle, *Nationale Binnenjolle, Nationale Küstenjolle:* als Nationale Jolle wurde in Deutschland die erste Renn-Jollenklasse mit 22 m² Segelfläche entwickelt. Diese Jolle hat sich schnell durchgesetzt und als 22 m² Rennjolle unter dem Klassezeichen »J« im Segel internationale Bedeutung erlangt. Die Nationale Binnenjolle weist demgegenüber einige fahrtgebietsbedingte Besonderheiten auf. Vom Deutschen Seglerverband wurde gleichzeitig für die Küstenfahrt eine stärker gebaute Segeljolle mit Lufttanks und Außenballast als sogenannte »Nationale Küstenjolle« entwickelt, die heute jedoch nur noch selten gesegelt wird.

Nationale Kreuzerklasse: verschiedene, in der Zeit vor 1914 in Deutschland sehr beliebte Segelkreuzer mit Segelflächen von 35 und 45 m² und dem Segelzeichen »P«. Die noch größeren Segelkreuzer hatten 75 m² und das Segelzeichen »O« und die Binnenkreuzer 60 m² mit dem Segelzeichen »A«. Die wenigen heute noch segelnden Kreuzer dieser Größe werden den *Altersklassen* zugeordnet.

Nationale Sportsegel-Klassenboote: im Unterschied zu *Internationalen Klassenbooten* sind Nationale Klassen nur in einzelnen Ländern zum Regattasegeln zugelassen. Zu den bekanntesten in Deutschland entwickelten und zur Nationalen Klasse zugelassenen Sportsegelboote gehören: Rennjollen mit 10, 15, 20 und 22 m² Segelfläche; Wanderjollen mit 10 und 15 m² Segelfläche; Jollenkreuzer mit 15, 20 und 30 m² Segelfläche; Renn-Kielklasse mit 30 m² Segelfläche; Seefahrtskreuzer mit 30, 40, 50, 60, 80, 100, 150 und 250 m² Segelfläche; die Jugendklasse mit 5 und 10 m² Segelfläche; die Einheitskielyacht mit 25 m² (s.a. *Malteserkreuzer*, *Altersklasse*) und das Einheitsboot mit 30 m² Segelfläche (s.a. *Vertenskreuzer*).
Bis 1945 gab es in Deutschland etwa 80 Segel- und Motor-Sportbootstypen der Nationalen Klasse. Für die DDR wurden später vom Deutschen Segelsportverband und dann vom Bund Deutscher Segler die folgenden 8 Segel-Bootstypen für den Massen- und Leistungssport ausgewählt: Konstruktionsklassen 4 KR; 4,5 KR; 5 KR und 5,5 KR; Jugendklasse 10 m² (*Piratenjolle*, *Einheitsklasse*); Wanderjolle 15 m² *(Konstr.-klasse)*; Jollenkreuzer 15 und 20 m² (Konstr.-klasse).
Der internationalen Entwicklung folgend, werden heute vom Bund Deutscher Segler der DDR die Jollen-Klassen *Optimist*, *Cadet*, *420er*, *Pirat*, H-Jolle, *Y-Jolle*, *O-Jolle*, die 15- und 20-m²-Jollenkreuzerklassen, das Delta-Segelbrett sowie die nach IOR vermessenen Seekreuzer der Klassen I bis VII, sowie die Vierteltonner neben den Olympischen Bootsklassen gefördert.

Nau, *Naue, Nauen:* vom lat. »navis« stammende allgemeine Bezeichnung für größere Wasserfahrzeuge, die mit den Römern nach dem Norden gekommen, jedoch in Westeuropa für unterschiedliche Boote verwendet worden ist. So war in der Schweiz die Naue ein kleines Fischerboot. Im 15. und 16.Jh. wurde im bayrisch-schwäbischen Gebiet ein kleiner Kahn mit »Naffe« und im Elsässischen mit »Naf«, »Nawe«, oder »Naue« bezeichnet. Im Donaugebiet war es die Bezeichnung für ein kleines Fährboot. Man sprach dort von der Naufahrt, wenn die Talfahrt ohne eigenen Antrieb gemeint war. Auf dem Vierwaldstätter See war »Nauen« die Bezeichnung für einen großen hölzernen Kahn, der ursprünglich durch Riemen und Segel und im 20.Jh. durch Propeller angetrieben wurde.

Nave: vom lat. »navis« stammende Bezeichnung für große Segelschiffe, die im Mittelmeergebiet während des Mittelalters fuhren. Vom 11. bis 13.Jh. galt z.B. ein Kreuzfahrerschiff als groß, wenn die Ladefähigkeit etwa 90 Personen erreichte. HEINRICH VON LETTLAND beschrieb 1227 aus eigener Anschauung in einer Chronik Fahrten und Schiffe des Ostseegebietes. Obwohl im nordeuropäischen Sprachgebrauch die Bezeichnung nicht allgemein üblich war, bezeichnete er mit »naves« oder »naviculae« vorwiegend Schiffe, die auch stromaufwärts fahren konnten, also gesegelt wurden.

Navis: lateinische allgemeine Bezeichnung für größere Schiffe und Boote. Entsprechende Zusätze erläutern jeweils die Charakteristik oder den Typ des Fahrzeuges, wie *»navis longa«* oder »navis constrata« (Schiff mit Verdeck).

Navis longa: vom Altertum bis in das Mittelalter verwendete lateinische Bezeichnung für Kampfschiffe. deren Kennzeichen eine relativ lange und schmale Bauweise war. So hatten die geruderten griechischen und römischen Kriegsschiffe (*Moneren*, *Dieren* und *Trieren*), die nordischen Kriegsschiffe der Wikinger und die Galeeren große Längen und relativ geringe Breiten, das Verhältnis Länge zur Breite einer attischen Triere betrug 10:1 und das einer Galeere aus Venedig über 8:1 (s.a. *navis oneraria*).

Navis oneraria: im Unterschied zu einer *»navis longa«* ebenfalls bis ins Mittelalter hinein verwendete lateinische Bezeichnung für eiförmige, kurze, rund und völlig gebaute Lastschiffe. Mit dem Übergang vom geruderten zum gesegelten Schiff und der damit erforderlichen größeren Querstabilität wurden die Schiffe breiter und kürzer gebaut. Charakteristische Schiffstypen waren u.a. die römischen Getreidetransportschiffe. So besaß die römische *Corbita* ein Längen-Breiten-Verhältnis von etwa 3,6:1.

Nef: allgemeine französische Bezeichnung für »Schiff«, speziell für ein einmastiges Frachtschiff, das sich vom 11. bis zum 16.Jh. in verschiedenen Entwicklungsstufen wandelte. Als Nef wurden an der westfranzösischen Küste vom 11. bis 13.Jh. koggenähnliche Schiffe bezeichnet, die sich als Mischtyp aus Normannenschiffen und völligeren Schiffstypen romanischer Länder entwickelten.
Während der Kreuzzüge wurden Nefs häufig als Kreuzfahrerschiffe benutzt, so daß sie im Mittelmeer mit verschiedenen Schiffstypen und an den Küsten Nordfrankreichs mit der ursprünglichen Kogge in Berührung kamen. Daß es sich um einen weit verbreiteten Schiffstyp handelt, zeigt sich an den bildlichen Darstellungen auf den Stadtsiegeln von La Rochelle 1308, Lübeck 1230, Sandwich 1238, Dunwich 1269, Dover 1281, Pool 1315 u.a. Miniaturen aus der Biskaya, von Portugal und Spanien sowie aus dem 13.Jh. auch auf Island.
Obwohl, zeitlich und örtlich bedingt, Unterschiede auftraten, war das Nef nach jahrhundertalter Gepflogenheit ein auf Kiel in Klinkerbauweise

Darstellung einer Nef auf dem ältesten Siegel der südenglischen Hafenstadt Winchelsea, 13. Jh. [9]

Bergung des in den Jahren 37 bis 41 u.Z. erbauten Nemisee-Prunkschiffes des römischen Kaisers CALIGULA

breit und bauchig gebautes Schiff. Gegenüber der nordischen *Kogge* waren stärker gerundete Stevenformen üblich. Der oberste Plankengang verlief über den größten Teil der Schiffslänge fast ohne Sprung, stieg aber an den Schiffsenden zu den Steven steil empor.
Nach dem 11.Jh. bekam das Nef vorn und hinten größere balkengerüstartige Aufbauten (Kastelle), die im Laufe der Zeit beplankt und in den Schiffskörperverband einbezogen wurden. Das einmastige Schiff fuhr mit einem Rahsegel; zu Ende des 13.Jh. kam ein Bugspriet hinzu. Nach dem Beispiel der Kogge wurden die ursprünglich vorhandenen 1 oder 2 Seitenruder ebenfalls um diese Zeit durch das Heckruder ersetzt. Obwohl bis zum 15.Jh. das Nef der Kogge sehr ähnelte, blieben die Bezeichnungen »Nef«, *»Nao«*, *»Nave«* und *»Nau«* allgemein für größere völlige Schiffe üblich. Die Abmessungen lagen etwa bei 18 bis 20 m Länge, 6 bis 7 m Breite und 2,5 bis 3 m Seitenhöhe.
In seiner Blütezeit hatte auch Venedig Anteil an der Weiterentwicklung des Nefs zum Großschiff. Die in Venedig gebauten Nefs erreichten die für die damaligen Verhältnisse beachtliche Tragfähigkeit von 200 t bei einer Länge bis zu 42 m, 13 m Breite und 7,5 m Seitenhöhe. Im 16.Jh. wurden die Nefs von der *Galeasse* verdrängt.

Nemisee-Schiffsfund: prunkvolles Haus- oder Wohnschiff, das der Nachfolger des römischen Kaisers TIBERIUS, der Kaiser CALIGULA, in den Jahren 37 bis 41 zu seiner Verwendung auf einem Kratersee in den Albanerbergen, dem Nemisee unweit Roms, erbauen ließ. Ähnliche große Hausschiffe, *»Thalamegi«* genannt, die wie Paläste mit Säulenhallen, Tempeln, Speisesälen, Schlafgemächern, künstlichen Gärten und Teichen erbaut waren, hatte es schon vor CALIGULA gegeben. Der an Verfolgungswahn leidende Kaiser wählte seinen schwimmenden Palast als Zufluchtsstätte. Ein zweites, weniger reich geschmücktes Schiff diente zum Aufenthalt des Gefolges und der Dienerschaft. Trotz dieser Vorsichtsmaßnahmen wurde der Kaiser nach nur vierjähriger Herrschaft ermordet.
Wie Darstellungen aus aufgefundenen Bleistempeln mit dem Namen CALIGULAS zeigen, müssen die Schiffe von besonderer Größe und Pracht gewesen sein. Dennoch sind sie wohl bald nach seinem Tode ohne Wartung leck geworden und gesunken. Nach dem Wiederauffinden der Schiffe stellten Taucher fest, daß offensichtlich schon erfolglos versucht worden war, das größere Schiff an Land zu ziehen.
Erste Hebeversuche wurden danach um die Mitte des 15.Jh. unternommen. Kardinal PROSPERO COLONNA wollte die Schiffe heben lassen und wieder nutzbar machen. Er beauftragte das berühmte Universalgenie LEON BATTISTA ALBERTO aus Florenz, einen vor LEONARDO DA VINCI lebenden Meister, mit diesem Unternehmen. ALBERTO ließ aus Genua Taucher kommen und erbaute ein großes, auf leeren Fässern ruhendes Floß, auf das er Hebewerkzeuge aufstellte. Es konnten mehrere Teilstücke gehoben werden, beim Versuch, das Hauptschiff herauszuheben, zerbrach jedoch der Schiffskörper, und der Versuch mußte aufgegeben werden. Hundert Jahre später unternahm der Festungsingenieur FRANCESCO DE MARCHI einen erneuten Versuch, den er sorgfältig ausarbeitete und beschrieb. Auch er konnte mit seinen Winden nur Stücke aus dem Schiffsrumpf reißen, ohne das Schiff zu heben. Ein dritter erfolgloser Versuch wurde 1828 durch den Ingenieur ANNESIO FUSCONI unternommen. Danach ließ der italienische Fürst ORSINI im Jahre 1895 durch Taucher einige Stücke des bronzenen Schiffsschmuckes bergen. Dazu gehörten ein Medusenhaupt, mehrere Löwen- und Wolfsköpfe, die einst die Enden großer Schiffsbalken schmückten, sowie vom zweiten Schiff eine bronzene Platte zur Balkenverzierung mit einer darauf dargestellten ausgestreckten Hand, die als Abwehrzeichen gegen den »bösen Blick« galt. Außerdem wurden ein bronzenes Gitter, Marmorteile und Intarsien geborgen. Die Funde befinden sich heute im römischen Museo Nazionale. Erst im Jahre 1928 konnte endlich die Bergung der Schiffswracks beginnen. Einige Jahre davor hatte der frühere Generaldirektor der Künste, CORRADO RICCI, einen Plan ausgearbeitet, um das Wasser des Nemisees bis zu einer Tiefe von 22 m durch einen 2 km langen antiken Entwässerungsstollen in den 31 m tieferen Albanersee ab-

Dreimastiger französischer Neufundland-Schoner um 1930 mit mehreren Rahsegeln am Fockmast [24]

zuleiten. Am 20. Oktober 1928 begannen elektrisch angetriebene Pumpen zu arbeiten. Jeden Tag konnte der Wasserspiegel des Nemisees um 5 cm abgesenkt werden. Nach 170 Tagen kamen die Überreste des Kaiserschiffes zum Vorschein. Das zweite Schiff lag noch etwa 6 m tiefer im Schlamm.

Mit vielen Vorsichtsmaßnahmen wurde das Kaiserschiff in Teile zerlegt, konserviert und in einem eigens dazu eingerichteten Museum in der Nähe des Nemisees wieder zusammengefügt. Das Prunkschiff hatte eine Länge von 70 m und eine Breite von 17,5 m. Beide Schiffsrümpfe sind kraweelbeplankt, die Planken wurden durch Holzdübel verbunden. Soweit erforderlich, wurden die Spanten nach der Beplankung eingesetzt. Die Außenhaut wurde mit geteertem Wollstoff und darüber aufgenagelten Bleiplatten verkleidet. Die Decksstützen für das obere Deck bestanden aus gebrannten Tonrohren. Das Kaiserschiff war außen besonders reich mit Bronzefiguren und wertvollen Hölzern und Schnitzereien zur Verehrung der Göttin DIANA geschmückt. Innen waren mehrere Räume reich ausgestattet und mit Marmor ausgelegt. Vom einstigen Mosaikschmuck waren nur noch Bruchstücke vorhanden. Sie zeigten vorwiegend die heiligen Farben der Göttin DIANA: Grün, Weiß und Rot.

An Ausrüstungen und Teilen wurde ein 1400 kg schwerer Anker, eiserne Querbalken, eine auf Rollen bewegliche Plattform, Blei- und Bronzeplatten, Ziegel, Tonröhren, Türen mit bronzenen Angeln, Gitter, Nägel, Münzen und verschiedene andere Einzelteile wie tönerne Lampen und Gefäße oder Angelgeräte gefunden. Des weiteren waren Reste eines hölzernen Wasserbehälters mit einem gut erhaltenen bronzenen Wasserhahn sowie Teile eines Schöpfwerkes und einer hölzernen Pumpe erhalten geblieben. Zu den künstlerisch wertvollen Großbronzen gehören mehrere Löwenköpfe, ein Wolfskopf und der Kopf eines Panthers. Das gefleckte Pantherfell ist eindrucksvoll durch verschiedene Metalle nachgebildet. Durch Kriegseinwirkungen wurde leider ein Teil der Fundstücke zerstört.

Neufundland-Schoner: zweimastiger Hochseefischereischoner mit einem Rahsegel im Vortopp. Da die Mehrzahl dieser Schoner in Gloucester (Massachusetts, USA) gebaut und beheimatet waren, wurden sie auch als »Gloucester-Schoner« bezeichnet. Weitere Teile der Schonerflotte hatten in Halifax (Neuschottland) und St. Jones (Neufundland) ihre Heimathäfen. Von diesen Häfen segelten die relativ schnellen Neufundland-Schoner mit ihren Beibooten *(Doriboot)* zu den fischreichen Schelfgebieten, den Neufundlandbänken oder Großen Bänken. In den kalten Gewässern des Labradorstromes wurden seit Jahrhunderten in den Monaten April bis Oktober reiche Kabeljau-, Herings- und Makrelenfänge gemacht. Auch europäische Länder fischten seit langem vor Neufundland. So fuhren jährlich aus Nordfrankreich die Bretonen zu den Neufundlandbänken. Auch die portugiesische »Große Bankfischerei« hatte eine jahrhundertelange Tradition.

New-Guy's-House-Bootsfund: Fragmente eines römisch-britischen Flußbootes der Zeit römischer Besetzung Englands aus dem 2. Jh., die nahe der London Bridge beim Guy's Hospital gefunden wurden. Durch gleichfalls gefundene Münzen konnte das Alter des Bootes zuverlässig bestimmt werden. Es war ein kraweelgebautes, flaches Eichenholzboot von etwa 12 m Länge und 4,20 m Breite. Die Seitenhöhe betrug auf halber Bootslänge etwa 1,20 m. Verwendet wurden sehr breite, 2,5 cm dicke Eichenplanken, die untereinander mit Haselnußzweigen verbunden und abgedichtet waren. Von außen war das Boot durch Pechanstrich geschützt. Hinsichtlich der Bauweise bestehen viele Ähnlichkeiten mit dem *Blackfriars-Schiffsfund*.

Nike-Diere-Statue von Samothrake mit Rumpf und Ausleger der griechischen Diere aus der Zeit um 300 v. u. Z.

Niederelbe-Ewer: Sammelbezeichnung für die relativ große Zahl verschiedener Ewertypen, die an der Niederelbe entstanden und dort beheimatet waren, wie *Lühe-Ewer*, *Milchewer* u.a.

Nike-Diere-Statue: auf der griechischen Insel Samothrake gefundene Statue, die als Botin des Zeus die Siegesgöttin Nike auf dem vorderen Teil einer *Diere* stehend darstellt. Schiffsgeschichtlich ist dieser Fund durch die Darstellung der Vorschiffsform einer Diere mit den seitlichen Auslegern für die Riemen sehr aufschlußreich. Seit 1879 befindet sich die Statue in Paris im Louvre. Da es ein Siegesdenkmal war, wird angenommen, daß DEMETRIUS POLIOKETES (336 bis 283 v.u.Z.), der als Städteeroberer bekannt war, zur Erinnerung seines im Jahre 306 v.u.Z. über MENELAUS in Zypern errungenen Sieges das Standbild errichten ließ.

Nimrud-Schiffsrelief: eine Reliefplatte etwa aus dem 8.Jh. v.u.Z. mit der Darstellung der phönizisch-assyrischen Flotte. Die Platte wurde im Ruinenhügel der alten assyrischen Stadt Kalach, etwa 40km südlich der früheren Hauptstadt Ninive des Königs SANHERIB (705 bis 681 v.u.Z.), gefunden. (s.a. *Ninive-Schiffsrelief* und *Phönizierschiffe*).

Ninive-Schiffsreliefdarstellung: das Bruchstück einer Reliefplatte aus dem 8.Jh. v.u.Z. mit dem Bug eines phönizischen zweireihigen Ruder-Kampfschiffes im assyrischen Dienst; zur Zeit der Darstellung auf der Reliefplatte waren die am Mittelmeer lebenden Stämme der Phönizier von den Assyrern unterjocht. Die Hauptstadt Assyriens Ninive unter dem König SANHERIB (705 bis 681 v.u.Z.) lag am Ostufer des Tigris gegenüber dem heutigen Mosul und wurde 612 v.u.Z. von den Babyloniern total zerstört. Ausgrabungen in den Ruinen begannen bereits 1820, die Reliefplatte wurde 1843 gefunden.

Nordisches Volksboot: ein *Kielboot* der *Einheitsklasse* in Klinkerbauweise mit einer Segelfläche von 22 m² und einem großen »F« als Segelzeichen. Die Länge über alles betrug 7,64m und die Länge in der Konstruktionswasserlinie 6m bei einer Breite von 2,2m. Mit 1,2m Tiefgang hatte das Boot 2,2t Verdrängung.

Normannenschiff: Zwischenstufe vom offenen geruderten und gesegelten schlanken *Wikingerschiff* zum gedeckten völligen Frachtschiff. Die Schiffsform war völliger, ähnelte jedoch mit den hochgezogenen Schiffsenden noch deutlich dem Wikingerschiff, demgegenüber war jedoch die Breite bereits wesentlich größer, das Segel hatte an Bedeutung gewonnen, und die Riemen waren schon mehr ein Hilfsantrieb. Besonders bekannt wurde das Normannenschiff während der Regierungszeit WILHELMS DES EROBERERS (1027 bis 1087), Herzogs der Normandie, später Königs von England. Für seine Eroberungsfahrt zur Invasion in England im Jahre 1066 ließ er eine große Flotte von Normannenschiffen bauen, die für die Überfahrt neben den Kriegsleuten auch Pferde und Kriegsgerät tragen konnten. Eine sehr eindrucksvolle Darstellung der Flotte während der Überfahrt vermittelt der berühmte Wandteppich von Bayeux *(Bayeux-Schiffsdarstellung).* Das Normannenschiff stellte bereits eine Zwischenstufe zu den späteren Kreuzfahrerschiffen, insbesondere zum Schiffstyp *Nef* dar.

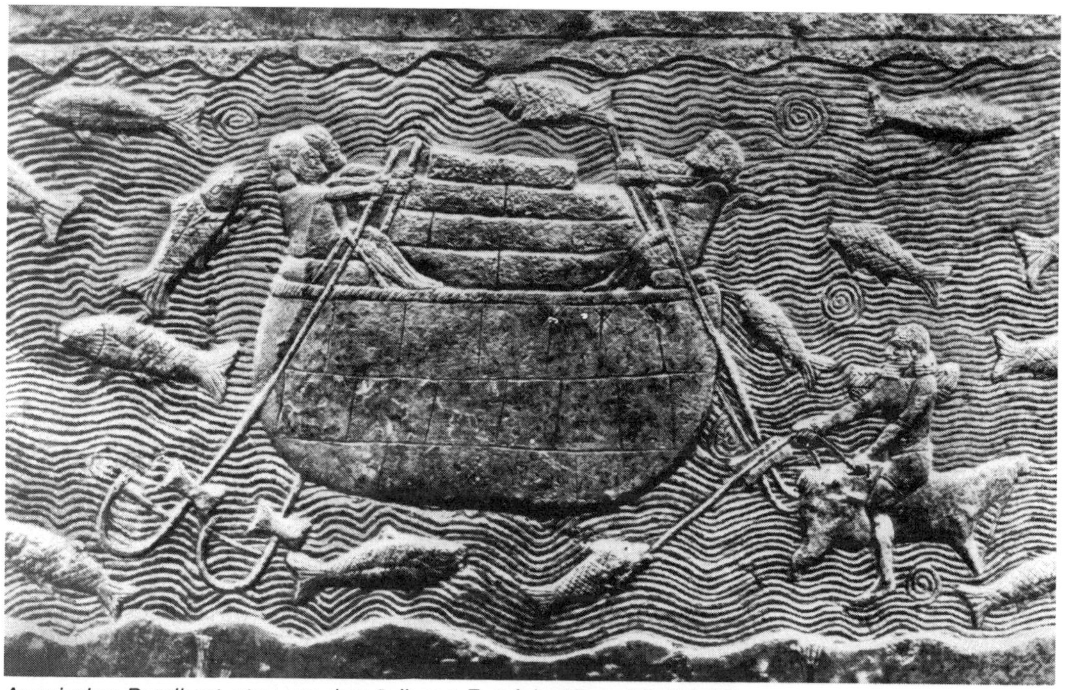
Assyrisches Rundboot, etwa aus dem 8.Jh. v.u.Z. auf der Nimrud-Reliefplatte

Phönizisch-assyrisches Zweiriemenreihen-Ruderkriegsschiff (Diere) aus dem 8.Jh. v.u.Z. auf der Ninive-Reliefplatte

North-Ferriby-Schiffsfund: Reste von Booten, die an der englischen Humbermündung in den Jahren 1938, 1940 und 1963 in North Ferriby gefunden und untersucht wurden. Das 1940 gefundene Boot stammt aus der frühen nordeuropäischen Eisenzeit um 150 v.u.Z. Es handelt sich um ein Flußfahrzeug von 15m Länge und 2,6m Breite mit einem flachen, aus 3 Planken bestehenden Boden. Die mittlere, längere Planke wurde an den Enden nach oben gebogen. Die Bordwände bestanden je Seite aus 3 Planken. Die Planken stoßen an ihren Längsseiten kraweel gefügt stumpf aufeinander. Sämtliche Planken wurden in kleinen Abständen durch Bänder aus dem elastischen und gleichzeitig sehr festen Eibenholz zusammengezogen. An den Innenfugen wurden jeweils Leisten aus Eschenholz mit eingebunden. An den Schiffsenden waren zusätzliche Tauwerksumwicklungen angebracht, wie sie ähnlich noch auf verschiedenen mittelalterlichen Siegelbildern dargestellt sind. Um ein Abgleiten der sehr weit hinten liegenden Heckumwicklung am halbrunden Schiffsende mit der runden Kaffe zu verhindern, war unten am Heckauslauf eine Klampe vorhanden.

Normannenschiffe nach den Städtesiegeln Dam (1226) und Dover (1281)

Rekonstruiertes Nydam-Boot [3]

Linienriß des Nydam-Bootes

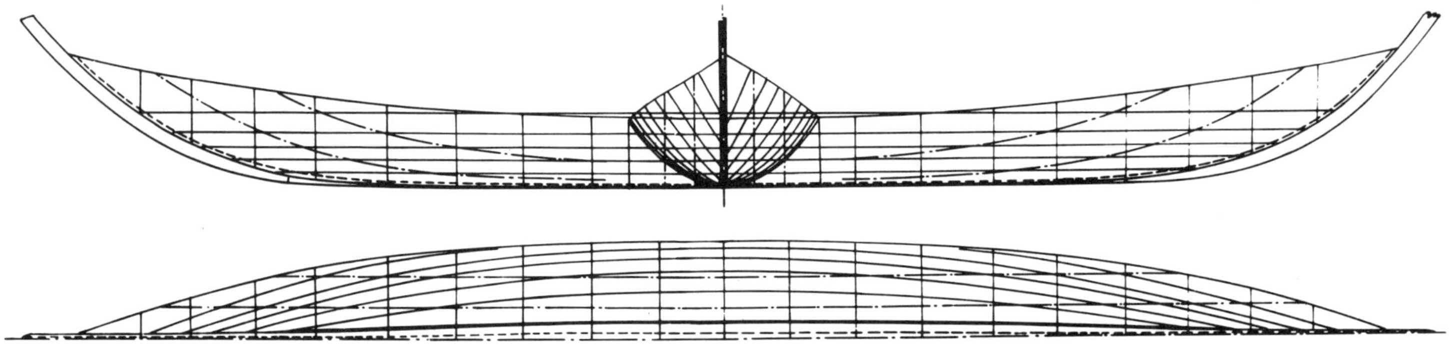

Nydam-Bootsfund: Reste von 2 Booten, die im Jahre 1863 in Schleswig-Holstein am Westufer des Alsensundes in einem Moor bei Nydam gefunden wurden. Das Alter des größeren Bootes konnte durch den Beifund von Bronze-Gewandnadeln auf das 3. Jh. bestimmt werden. Das kleinere Boot soll aus Fichtenholz gewesen sein und einen Doppelsteven gehabt haben, ähnlich dem Boot des *Hjortspringsfundes*. Die Reste dieses Fundes sind jedoch im preußisch-österreichisch-dänischen Krieg 1864 verloren gegangen.

Das erhalten gebliebene Boot ist aus Eichenholz. Es hat eine Länge von 22,84 m, eine Breite von 3,26 m, und die Seitenhöhe beträgt 1,06 m. Die Außenhülle besteht aus 10 durchgehenden, nicht zusammengesetzten Eichenplanken von 35 bis 45 cm Breite und 2,2 bis 2,5 cm Dicke. Die Planken sind untereinander mit eisernen Rundkopfnägeln und innenliegenden, viereckigen Niet-Unterlegscheiben in etwa 14 bis 18 cm Abständen in Klinkerbauweise vernietet. Die Fugen wurden mit harzgetränktem Moos abgedichtet.

An die kürzere Kielplanke von 14,32 m Länge sind an den Enden die leicht gekrümmten Steven von je 5,40 m Länge mit 2zölligen Holznägeln angelascht. Das Boot hat keinen Balkenkiel oder Mastschuh, es wurde demnach ausschließlich gerudert. Die Aussteifung des Bootskörpers erfolgt durch 19 Querspanten aus naturgewachsenem Eichen-Krummholz in Abständen von etwa 1 Meter. Die Spanten sind mit den Boden- und Seitenplanken nicht durch Nägel, sondern durch Bastschnüre verbunden. Zum Anbinden sind bei der Bearbeitung an den Planken hervorstehende Stege oder Klampen stehen gelassen worden. Die 40 cm langen und etwa 7 bis 8 cm hohen Klampen sind nahe den Spanten quer durchbohrt. Die zum Anbinden verwendeten Bastschnüre wurden durch diese Klampenbohrungen und entsprechende Löcher in den Spanten hindurchgezogen. Die obersten Planken haben an jeder Bootsseite außerdem eine verstärkte Dollbordkante, auf der zwischen den Spanten die Ruderdollen oder Keipen (altnord. Keipr) mit Lederriemen angebunden wurden. Gerudert wurde mit 14 je 3,5 m langen Riemen an jeder Seite, also mit insgesamt 28 Rojern. Die Rojer (Ruderer) saßen dazu auf lose auf den einzelnen Querspanten aufgelegten Brettern. Das Seitenruder ist 3,20 m lang, und das Ruderblatt hat eine strömungsgünstige Form. Am oberen Ende des Ruderschaftes befindet sich ein Vierkant, auf dem ein besonderes Holz mit Quer- und Längsgriff aufgesetzt ist, das »Helmholz« oder der »Ruderhelm«. Der Nydam-Bootsfund wird im Schloß Gottorp in Schleswig aufbewahrt; auf der Yachtwerft Abeking & Rasmussen wurde 1934 ein Nachbau des Nydambootes hergestellt.

Oar: englische Bezeichnung für den hölzernen Riemen, aber auch für ein kleines einfaches Ruderfahrzeug noch im Anfang des 20. Jh. zum Übersetzen über die Themse.

Obelisken-Transportschiff: siehe Antike Großschiffe

Oblassa: eine Barke, die auf der nördlichen Dwina im 19. Jh. verwendet wurde.

Oblasse von der Dwina

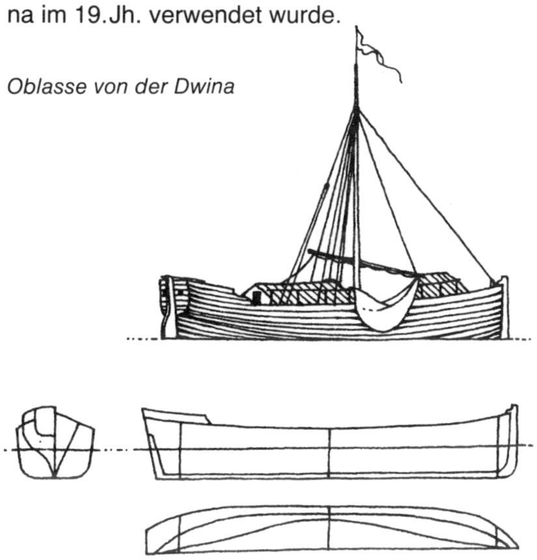

Oeresundboot: Fischereiboot, das zunächst offen, zu Ende des 19. Jh. jedoch auch gedeckt für die Garn- und Treibnetzfischerei eingesetzt wurde. Die einmastigen Fahrzeuge waren mit rechteckigem Sprietsegel, mit Dreiecktoppsegel, einer Stagfock sowie einem Klüver am losen Klüverbaum getakelt. Die etwa 9 m langen und 3,5 m breiten Boote hatten runde Vor- und Achtersteven, waren klinkerbeplankt und hatten eine Bünn.

Ohra-Bootsfund: Reste von 3 slawischen Ruderbooten aus dem 10. und 11. Jh., die in einem Moor bei Danzig-Ohra (Gdańsk-Orunia) im Jahre 1933 gefunden wurden. In ihrer Bauweise entsprachen die geborgenen Boote den Wasserfahrzeugen der Wikinger, da der Fundort im damaligen See- und Handelsbereich der Ostseewikinger liegt. Die flachen Bootskiele deuten auf die vorwiegende Verwendung für Haffahrten hin. Die Bootslängen betragen 11,0, 12,30 und 12,76 m; die entsprechenden Breiten sind 2,27, 2,46 und 2,37 m.
Zwei der gefundenen Boote waren schnelle Mannschaftsschiffe mit je 20 Ruderplätzen. Ein Boot hatte nur 6 Ruderplätze, es dürfte für den Transport von Frachten bis etwa 3,5 t benutzt worden sein.

O-Jolle: siehe Olympiajolle

OK-Jolle: ein vom dänischen Yachtkonstrukteur K. OLSEN entworfenes und seit 1966 allgemein anerkanntes Einheits-Nachwuchsausbildungsboot und Jugendregattaboot. Die OK-Jolle ist 4 m lang und 1,42 m breit, hat ein ausschwenkbares Schwert und einen ziemlich weit vorn stehenden Mast. Je nach Altersklasse werden 5,0 m^2 oder 8,5 m^2 Segelfläche gesetzt.

Olympia-Jolle: eine vom deutschen Yachtkonstrukteur STRAUCH im Jahre 1936 entworfene Einmann-Rundspantjolle, die später zur *Internationalen Einheitsklasse* gehörte und 1952 letztmalig bei den Olympischen Spielen gesegelt wurde. Das Schwertboot hatte 5 m Länge und 1,66 m Breite, bei einer Masse von 140 kg betrug der Tiefgang 1,06 m. Die Olympia-Jolle führte als Segelzeichen einen roten Ring in dem 10 m^2 großen Segel.

Olympia-Jolle

Olympia-Klassenboot: Sammelbezeichnung für Segelboote, die für olympische Segelwettkämpfe durch die IYRU zugelassen sind. Zu den neueren Olympia-Schwertbooten gehören die *Finn-Dingi-Klasse*, *Flying-Dutchman-Klasse* und die *470er Klasse*.
Die Finn-Dingi segelten erstmalig bei den Olympischen Spielen 1952 in Finnland als Einmannjolle und lösten danach die bis dahin zugelassene Olympiajolle ab.
Die Flying-Dutchman-Klasse ist seit den Olympischen Spielen in Rom (1960) anstelle der vorhergehenden 12-m^2-Scharpie-Jolle zugelassen. Für die Olympischen Spiele 1972 und 1976 kam durch Beschluß der IYRU 1969 als sechste Bootsklasse die Tempest-Klasse hinzu.
Zu den zugelassenen Kielbooten gehören die Starklasse und die Solingklasse. Die Starklasse ist die älteste Olympische Bootsklasse und von 1932 bis 1972 und wieder seit 1980 bei den Olympischen Spielen vertreten. Mit dem Wegfall dieser Bootsklasse für die Olympiade 1976 wurde der Katamaran *Tornado* als Olympische Bootsklasse bestätigt. Da die IYRU nach der Olympiade 1976 die *Tempestklasse* wieder aus dem Programm strich, kam es erneut zur Bestätigung der Starklasse für 1980 und 1984.
Von 1948 bis 1972 war die *Drachenklasse* eine olympische Kielbootklasse. Sie hatte die bis 1936 als Olympiaklasse bestätigte 6-m-Kielyacht abgelöst. Für 1976 wurde statt der Drachenklasse eine weitere Jolle, die *470er Jolle*, olympische Bootsklasse wegen der relativ hohen finanziellen Aufwendungen, die für die Drachenklasse erforderlich waren und um den sportlichen Wert der Wettfahrten zu erhöhen.
Die Solingklasse ersetzte die von 1948 bis 1968 als Olympiaklasse anerkannte 5,5er Kielyacht. Die 5,5er Kielyacht hatte die 1936 noch als Olympiaklasse bestätigte 8-m-Kielyacht abgelöst.
1980 wurde für die Olympiade 1984 das Surfen (Brettsegeln) olympische Sportart. Die IYRU entschied sich für den Typ »Windglider« des Konstrukteurs OSTERMANN (BRD).

Opiumklipper: siehe Klipper

Optimist-Jolle: eine Kleinjolle für die Besetzung mit nur einem Jugendlichen, in Scharpiebauweise gebaut. Die Jolle ist nur 2,3 m lang und 1,3 m breit und hat mit ausgeschwenktem Schwert 0,77 m Tiefgang. Die Optimistjolle gehört zur Einheitsklasse mit dem Segelzeichen »O« in der 3,5 m^2 großen Segelfläche. Das segelbare, aus Sperrholz oder glasfaserverstärkten Polyesterharzen hergestellte Boot hat eine Masse von 32 kg. Über die Vorgeschichte der Optimist-Jolle wird berichtet, daß der dänische Architekt A. DAMGARD die Anregung für ein kleinstes Segelsportboot für Kinder ab 6 Jahre aus Clearwater (Florida) von damals dort üblichen Straßenrennen mit Kisten und kleinen Segeln sowie Wettbewerben mit sehr kleinen Booten nach Dänemark brachte.

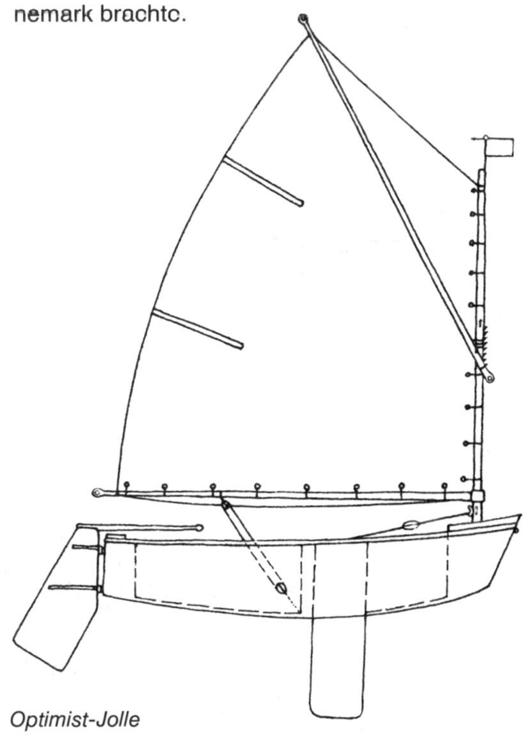

Optimist-Jolle

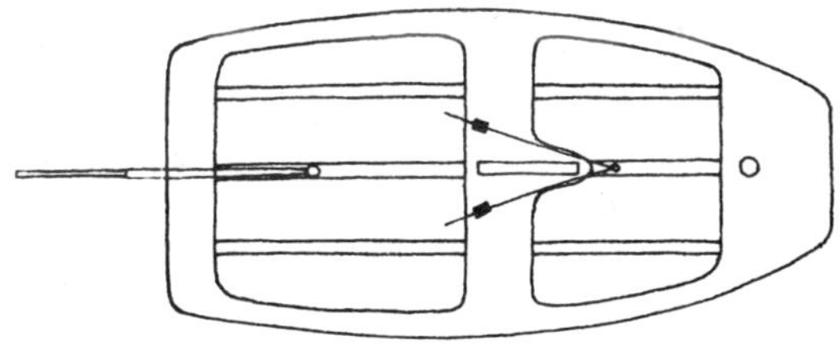

Orembai: auf den Molukken noch heute übliches Verkehrs- und Fischereifahrzeug mit Riemen- und Segelantrieb. An den Planken des Bootskörpers waren Klampen zum Anbinden der nachträglich eingebogenen Spanten mit Palmbast. Auffällig waren auch die stark hochgezogenen verzierten Steven. Bei der Takelung, insbesondere dem Gaffelsegel mit Baum und Stagfock sowie dem Klüver am Bugspriet, zeigte sich bereits der europäische Einfluß. Kleinere Fahrzeuge faßten etwa 10 und größere bis zu 30 Fahrgäste.

Orlogschiff, *Orlogsman:* vom 17. bis Anfang des 19.Jh. eine allgemeine holländische und englische Bezeichnung für Kriegsschiffe und Kriegsflotten (Orlogflotten). Obwohl kein bestimmter Schiffstyp damit gekennzeichnet wurde, nannte man bevorzugt Kriegsschiffe I. Ranges »Orlogschiffe«.

Oseberg-Schiffsfund: im Jahre 1903 aus einem Hügelgrab am Westufer des Oslo-(Kristania-)Fjordes geborgenes großes fürstliches Ruder-Segel-Wikingerschiff (eine *Karfe*). Das Schiff hatte eine Länge über alles von 21,4m, eine Kiellänge von 17,7m, eine Breite von 5,1m und 1,3m Seitenhöhe.

Mit diesem Schiff wurde in der Zeit um etwa 850 der Leichnam der Königin ÅSA, Tochter des Königs HARALD ROTBART, bestattet. Gemäß dem Brauchtum beim Anlegen von Schiffsgräbern lag der Kiel in Nord-Süd-Richtung, mit dem Bug nach Süden weisend. So, wie Schiffe an Land festgemacht wurden, war auch dieses Schiff mit einem dicken Tau an einem großen Stein vertäut.

Die umgebende Torferde hatte einen nahezu luftdichten Abschluß und damit die Erhaltung des Schiffes, seiner Ausrüstungen und Beigaben über mehr als ein Jahrtausend bewirkt. Obwohl das Grab im Laufe der Zeit verfallen und sein Inhalt zusammengedrückt war, gelang aus den Originalteilen in sorgfältiger Kleinarbeit eine eindrucksvolle Rekonstruktion. Der Osebergfund gilt als Zeugnis sowohl der schiffbaulichen Fähigkeiten der Wikinger als auch ihres allgemeinen handwerklichen Könnens.

Die Hauptteile des Schiffes sind bis auf den Fichtenmast aus Eichenholz gebaut. Die Bauart entspricht der des *Gokstad-Schiffsfundes*. An einem T-förmigen, aus einem einzigen Eichenstamm gehauenen Kiel sind an jeder Schiffsseite 12 Planken angesetzt. Der Kiel ist jedoch nicht gerade, sondern so gekrümmt, daß auf halber Schiffslänge ein Durchhang von 0,30m und ein entsprechend vergrößerter Tiefgang vorhanden ist. Ob dieser Kielverlauf absichtlich oder durch Zufall entstand, ist nicht eindeutig bestimmbar, er bewirkte jedoch gute Manövriereigenschaften.

Die obersten Planken beider Bordseiten haben jeweils 12 Riemenlöcher mit Ausklinkungen für die Ruderblätter. Die Planken liegen geklinkert übereinander, sind vernietet und an 17 krummgewachsene Spantenhölzer angebunden. Zum Anbinden wurden beim Aushauen der Planken Befestigungsklampen wie beim *Nydam-Bootsfund* oder bei anderen nordischen Schiffen stehen gelassen. Die Fugen waren mit gesponnener Schafwolle abgedichtet.

Zur Queraussteifung und als Auflage für die frei aufliegenden und teilweise angenagelten kurzen Decksplanken sind an den oberen Spantenden Querbalken angesetzt. Die Eckverbindung zwischen Spanten und Querbalken erfolgte durch Kniehölzer, die jeweils über 2 Außenhautplanken reichen und durch Nägel aus Eichenholz festgenagelt sind.

Gesteuert wurde mit einem um seine vertikale

Oseberg-Schiff am Ausgrabungsort

Hintersteven des Osebergschiffes

Das teilrekonstruierte Osebergschiff

Achse auf einem Zapfen drehbaren Seitenruder von 3,18 m Länge. Der Ruderschaft wurde zusätzlich mit Weidenruten am Schiffskörper angebunden und außerdem an einer besonderen Klampe unten am Achterschiff befestigt.
An Ausrüstungen und Werkzeugen befand sich im Vorderteil des Schiffes ein 1,2 m langer und 9,8 kg schwerer stockloser eiserner Anker. Außer dem Tau, an dem das Schiff symbolisch festgemacht lag, war noch etwa 100 m verhältnismäßig guterhaltenes Tauwerk vorhanden. Eine 6,9 m lange Fichtenbohle mit eingearbeiteten Rillen diente als Verbindungssteg zwischen dem Schiff und der Anlegestelle. Weiter waren im Schiff ein hölzerner Schöpfbottich mit Griff (ein Ösfaß) zum Wasserausschöpfen, sowie Dechsel, Messer, Kehlmesser, Stechbeitel und Ahle waren dem Schiff beigegeben.
Etwas hinter der Schiffsmitte befand sich die überdachte Grabkammer mit den Grabbeigaben, zu denen u. a. mehrere eichene Truhen gehörten. Für ihre letzte Reise gab man der toten Königin außerdem einen zweiachsigen Wagen, 4 reichverzierte Schlitten sowie Opferreste von 15 Pferden und mehreren Hunden mit.
In Anbetracht der kulturhistorischen und schiffsgeschichtlichen Bedeutung des Fundes wurde auf der Halbinsel Bygdøy bei Oslo ein Schiffsmuseum errichtet, in dem der Oseberg-Fund mit dem Gokstad-Schiffsfund und anderen bedeutsamen historischen Objekten ausgestellt ist.
Zur Rekonstruktion wurden die Einzelteile systematisch fotografiert und außerdem maßstabgerechte Zeichnungen, Gipsabdrücke oder Kopien angefertigt. Der Zusammenbau erfolgte weitgehend aus den Original-Holzteilen, Eisenteilen und Beschlägen. Entsprechend dem Zustand und den einzelnen Holzarten waren unterschiedliche Konservierungsmethoden erforderlich. Während für die Eichenholzteile meistens ein Bedampfen mit anschließender Kreosatbehandlung genügte, erwies sich bei Buchen-, Tannen-, Fichten- und Lindenhölzern nach sorgfältigen Experimenten eine 12- bis 16stündige Alaunkochung und nach anschließender Trocknung die Konservierung mit Leinöl und Mattlack als günstigste Lösung.

Ostfriesische Mutte: siehe Mutte

Ostia-Fresko-Schiffsdarstellung: ein etwa um die Zeitenwende entstandenes Fresko einer Grabstätte mit der Darstellung eines kleineren römischen Handelsschiffes mit dem Namen »ISIS GIMINIANA«. Das Fresko wurde in der Nähe von Ostia, dem zweiten Hafen Alt-Roms, entdeckt, der im Jahre 335 v. u. Z. an der einstigen Tibermündung für den Getreideumschlag und für Truppenverschiffungen angelegt wurde. Mit der Versandung der Tibermündung verlor er an Bedeutung und verfiel im 5. Jh.
Die Dauerhaftigkeit der Freskobilder ist darauf zurückzuführen, daß die Malerei auf frischem Kalkputz und mit Kalkwasser angesetzten Farben ausgeführt wurde, damit die Farbe tief in den Putz eindrang und sich unlöslich verband. Durch diese Malweise blieben insbesondere aus der ägyptischen und römischen Zeit verschiedene Freskomalereien bis in die heutige Zeit erhalten. Bei dem auf dem Ostia-Fresko dargestellten Schiff handelt es sich wahrscheinlich um ein Schiff, das für den Getreidetransport auf dem Tiber von Ostia nach Rom bestimmt war. Der Mast des Schiffes ist ziemlich hoch und weit vorn aufgestellt, ein Anzeichen dafür, daß es zum Treideln, d. h. für das Ziehen vom Flußufer aus durch Zugtiere oder Menschen eingerichtet war. Das Zugseil wurde beim Treideln in entsprechender Höhe am Mast befestigt, damit es durch den Bewuchs an den Ufern nicht festkam.
Das Fresko veranschaulicht die Besitzverhältnisse und das Laden von Getreide. Wahrscheinlich ist der auf dem Bild dargestellte ARASCANTUS der Eigentümer des Schiffes, zu dessen Ehren das Grabfresko gemalt wurde. Der Kapitän des Schiffes ist FARNACAS, und ein Träger sagt gerade »Feci«, d. h. »Ich habe die Arbeit getan«.

Ostindienfahrer: für die Ostindienfahrt gebaute Schiffe, auch »Ostindische Kompanieschiffe« genannt (s. a. *Indien-Schnellsegler*), wie sie von einzelnen Staaten für den Handel mit Indien durch privilegierte »Ostindische Kompanien« eingesetzt wurden. An Ostindischen Kompanien gab es die Holländische Ostindische Kompagnie. (1602 bis 1795), die Englische (1600 bis 1858), die Französische (1664 bis 1770), die Schwedische (1731 bis 1806), sowie auch Dänische, Österreichische und Preußische Kompanien.
Dem Typ nach waren Ostindienfahrer kombinierte Kanonen- und Frachtschiffe mit 1 oder 2 Decks, die zu ihrem eigenen Schutz entsprechend den damaligen Möglichkeiten vorzüglich bestückt waren. Die Schiffe hatten eine Verdrängung von 1100 bis 1200 t bei einer durchschnittlichen Länge von etwa 40 m; getakelt waren sie wie *Pinaßschiffe* oder *Fregatten* mit besonders hohen Masten und großen Segelflächen, so daß etwa eine Schiffsbreite von 10 m erforderlich wurde.
Nach den niederländischen und englischen Vorbildern der Orlogschiffe wurden die Schiffshecks reichlich durch Schnitzwerk verziert.

Ostsee-Ewer: siehe See-Ewer

Otter: ein belgisches pleit- oder tjalkähnliches Binnen-Frachtschiff mit etwa 100 t Verdrängung bei einer Schiffslänge von rund 18 m und 5 m Breite. Der Otter wurde einmastig oder als

Otter, Seiten- und Decksansicht

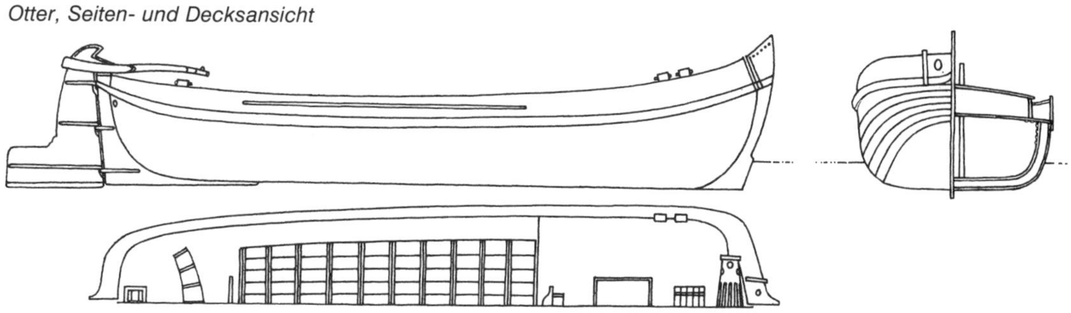

Otter von der Schelde, 19.Jh., Modell

Anderthalbmaster mit Gaffelsegel gefahren. Die Bezeichnung gab es bereits zu Anfang des 17.Jh., zu Anfang des 20.Jh. fuhren noch einige Hundert aus Holz gebaute »Otter«.

Outriggerboot: aus der englischen Sprache übernommene seemännische Bezeichnung für Ruder-Sportboote mit seitlichen Auslegern für Riemen und Skulls.

P

Paddelboot: kleines, leichtes Wasserfahrzeug, in dem die Insassen in Fahrtrichtung stehend, kniend oder sitzend ein- oder zweiblättrige Paddel benutzen, die im Unterschied zu Riemen oder Skulls freihändig bewegt werden. Paddelboote sind besonders für das Befahren von schlecht schiffbaren, flachen und schmalen sowie stark strömenden Wasserläufen geeignet.

Padoucann: zwei- oder dreimastiges malayisches Segelschiff. Die zweimastigen Fahrzeuge waren gewöhnlich 15m lang und hatten bis zu 50t Tragfähigkeit, während die dreimastigen bei einer üblichen Länge von etwa 23m bis zu 100t trugen. Die im Moluckengebiet segelnden Schiffe hatten im 18. und 19.Jh. zum Kampf mit Seeräubern vorn und hinten je 2 Kanonen.

Paketboot, *Paketschiff:* ein besonders für die Postbeförderung eingesetztes Boot oder Schiff. Im 18.Jh. waren es hauptsächlich schnelle *Avisos*, die im Staatsdienst oder von Privatpersonen betrieben den Postdienst zu den Kriegsschiffen versahen. Die transatlantische »Paketfahrt« nahm ihren Anfang im Februar 1836, als erstmals ein für die Paketbeförderung bestimmtes Segelschiff von Hamburg nach New York fuhr. Die Bezeichnung Paketschiff ist darauf zurückzuführen, daß die zu befördernde Briefpost damals – ebenso wie andere Sendungen – nicht in Postsäcken, sondern zu Paketen gebündelt befördert wurden. Die von R. M. SLOMAN organisierte Postbeförderung über den Atlantik erfolgte bereits 1837 in einem regelmäßigen Dienst mit 4 Schiffen und 14täglichen Abfahrten. Die Anzahl der in der Paketfahrt von der Slomann-Reederei eingesetzten und als Paketboote oder Paketschiffe bezeichneten Segler erhöhte sich bis 1845 auf 7 Schiffe. Obwohl bereits 1847 die »WASHINGTON« als erstes Dampfschiff von Bremen nach New York abging, fuhren noch über mehrere Jahrzehnte Segelschiffe in der Paketfahrt nach New York, anderen amerikanischen und auch australischen Häfen. Später bezeichnete man insbesondere in Deutschland und England allgemein schnellsegelnde Post- und *Auswandererschiffe* als Paketschiffe.

Palme: anderhalbmastiges Kauffahrteischiff für die Ostindienfahrt mit niedrigem Vor- und Achterschiff, das zur Verteidigung auch mit Kanonen bestückt wurde und bis in das 19.Jh. in Fahrt war. Am Großmast wurden das Großsegel, ein Mars- und ein Schratsegel und am sehr kleinen Besanmast ein Besansegel gefahren. Außerdem hatte die Palme einen Klüver und ein Stagfocksegel.

Pamban-Manchés: ein sehr leichtes an der indischen Westküste aus Baumrinde hergestelltes, bis zu 20m langes Boot. Ein solches leichtes Fahrzeug konnte mit 30 bis 40 Paddlern infolge der schlanken Bootsform kurzzeitig Geschwindigkeiten von 10 bis 12kn erreichen.

Pamphile: byzantinischer Kriegsschiffstyp des 9.Jh. mit 1 Reihe Ruderer an jeder Bordseite. Die Pamphile stellt einen Nachfolgetyp der *Liburne* dar; sie war mit etwa 20m Länge etwas kleiner als die zur selben Zeit häufigere *Dromone*.

Papyrusfloß: ein aus Paryrusbündeln geformtes Floß, das infolge der geringeren Dichte des zum Bau verwendeten Papyrus schwimmfähig ist. Anstelle der auch gebräuchlichen Bezeichnung »Papyrusboot« ist der Begriff »bootsförmiges Papyrusfloß« zutreffender, da die Schwimmfähigkeit nicht wie bei einem Boot durch die Verdrängungswirkung einer Bootshohlform, sondern infolge der geringeren Dichte des Floßmaterials entsteht. Bootsförmige Papyrusflöße für Fahrten auf dem Nil zählen zu den ältesten, seit Jahrtausenden von Menschen ständig genutzten Wasserfahrzeugen.
Die damals in großen Mengen am Nil wildwachsende Papyrusstaude (Cyperus papyrus) ist ein binsenähnliches Halbgras, das mehr als 3m hoch wird. Der dreiecksähnliche Halmfuß kann Dicken bis zu 15cm erreichen. Neben der Verwendung der Papyrusstaude für den Bau von Hütten und Flößen nutzten die Ägypter auch das Mark der Schilfpflanze, indem sie es kreuzweise zusammengelegt zu Papyrusbogen preßten, so daß es sich zum Beschriften eignete. Wildwachsend kommt die Papyruspflanze kaum noch vor.
Papyrusfahrzeuge konnten einfach und mit nur wenigen Werkzeugen gebaut werden. Je nach Dicke der Halme und Größe des beabsichtigten Fahrzeuges wurde eine bestimmte Anzahl (10, 20 oder mehr) Pflanzen an den Spitzen fest zusammengebunden. Vor der nächsten Abbindung schob man weitere Halme in das erste Büschel hinein. In entsprechender Weise fuhr man fort, bis eine ausreichende Dicke des ellipsenförmigen Bündels erreicht war, um danach durch weniger und in umgekehrter Richtung eingebundene Halme einen ebenso schlanken Auslauf des spindelförmigen Schwimmkörpers zu erhalten. Durch weitere, auf den elliptischen Mittelkörper seitlich oder oben aufgesetzte Bündel vergrößerte sich die Seitenhöhe, und es entstand eine geschützte decksähnliche Nutzfläche. Um dem

durch Wasseraufnahme bedingten Absinken der Fahrzeugenden vorzubeugen, die Steuereigenschaften zu verbessern und das Floß besser an Land und über seichte Stellen ziehen zu können, wurden die Floßenden hochgezogen und bei größeren Fahrzeugen durch ein nachspannbares Tauwerk gehalten.
Die Fortbewegung erfolgte durch Paddel, Staken oder durch Segel an einem Zweibeinmast.
In neuerer Zeit untersuchte der Norweger THOR HEYERDAHL, ob in der Antike Atlantiküberquerungen und die Überwindung anderer weiter Seestrecken mit den damaligen Wasserfahrzeugen möglich waren. Zu diesem Zweck ließ er mit Unterstützung durch Afrikaner bzw. Aymara-Indianer vom Titicacasee (Peru), die noch heute Binsenfahrzeuge *(Balsa-Floß)* herstellen und benutzen, 2 bootsähnliche Papyrusflöße bauen. Nach der altägyptischen Sonnengottheit nannte er die Fahrzeuge »RA I« und »RA II«. Jedes der Fahrzeuge hatte eine Masse von etwa 15t, einen Zweibeinmast mit Segel und bestand aus etwa 200000 Papyrushalmen, die durch Hanftaue zusammengehalten wurden. »RA I« war 15m lang und 5m breit; die Fahrt mußte jedoch wegen Schäden am Fahrzeug vorzeitig abgebrochen werden. Mit der 12m langen und 5m breiten »RA II« gelang es HEYERDAHL, von Mai bis Juli 1970 mit einer Gruppe von 7 Personen die Seestrecke von 6300km von Marokko zur Insel Barbados vor der Küste Venezuelas in 57 Tagen zu überwinden.

Papyrusfloß

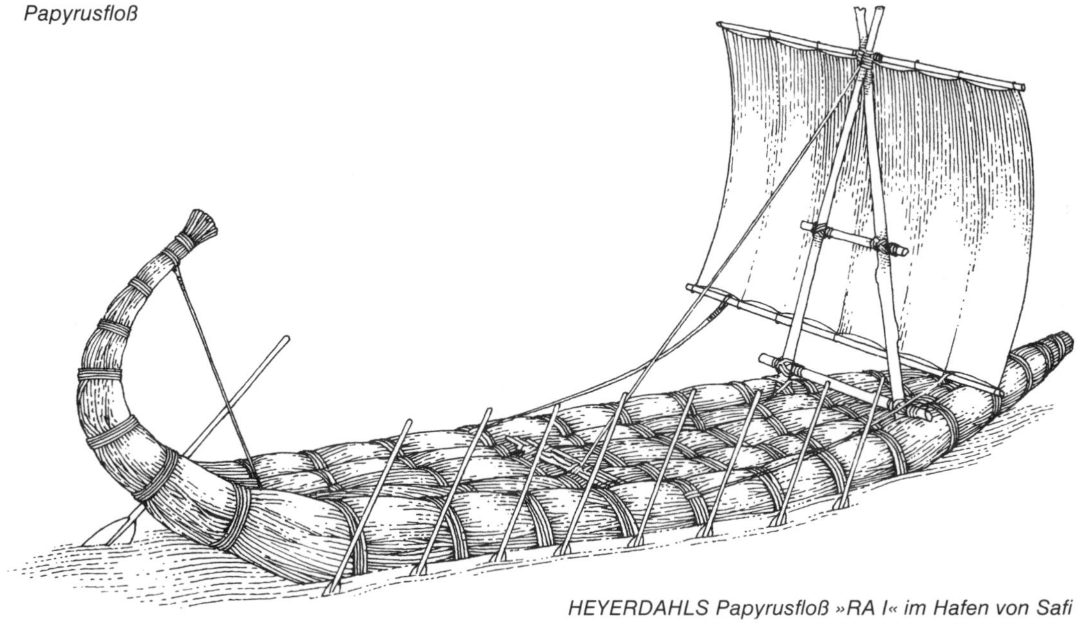

HEYERDAHLS Papyrusfloß »RA I« im Hafen von Safi

Paranzella: einmastiges italienisches Fischereifahrzeug des 18. und 19.Jh. von etwa 12m Länge mit Lateinsegel, abgerundetem Steven und besonders auffälligem, hochgezogenem Bug. Häufig erhielten diese Fahrzeuge schmückende Bemalungen der Steven und Segel.

Paredgia: zu Ende des 19.Jh. ein anderthalbmastiges italienisches Schiff mit Lateinsegel.

Italienische Paredgia

Patache: französisches und englisches Schutz- oder Wachtschiff für die Zollaufsicht in den Küsten- und Hafengewässern, meistens eine große *Sloop* oder ein größerer *Kutter* mit einigen Kanonen. Jedoch werden unter dieser Bezeichnung bereits zu Anfang des 17.Jh. ein türkisches Kriegsfahrzeug und Ende des 16.Jh. ein kleines Schiff von bis zu 60t in der spanischen Armada erwähnt.

Patilè: indisches Transportschiff im Flußgebiet des Ganges im 19. bis Anfang des 20.Jh.

Pattamar: ein zur Gruppe der *Daus* zählender Segelschiffstyp aus dem beständigen Teakholz der indischen Malabar- und Koromandelküste, das früher auch an den Küsten Burmas beheimatet war. Kleinere Pattamars ohne Deck oder mit Halbdeck waren wegen ihrer guten Segeleigenschaften besonders in der Küstenfahrt und Fischerei geschätzt. Mittelgroße und große Pattamars hatten Tragfähigkeiten von 200 bis 300t und wurden mit einem durchgehenden Deck und teilweise zusätzlichem Achterdeck gebaut. Es waren hochseetüchtige Schiffe mit ausgezeichneten Segeleigenschaften, die aber vornehmlich in Küstennähe segelten. Sie gefährdeten nur selten das mit arabischen *Bums*, *Bagallas* und *Sambuks* errichtete arabische Handelsmonopol durch größere Seereisen.
Wie bei allen Dau-Arten wiesen die Schiffsform und die Besegelung charakteristische Besonderheiten auf. Das Verhältnis der Länge in der Wasserlinie zur Breite am Hauptspant wurde bei den Pattamars in dem günstigen Verhältnis 3,8 : 1 gewählt. Gemessen an der Gesamtlänge und der Kiellänge des Schiffes hatte der sehr lange vorfallende Bug einen geraden Vorsteven, der bis unter die Kiellinie heruntergezogen wurde. Durch Anschluß an den nach oben gekrümmten Kiel entstand im Vorschiffsbereich ein schlankes, schwertähnliches Profil, das eine besonders gute Kursstabilität bei geringer Abdrift und geringen Rollbewegungen bewirkt. An den vom mittleren Schiffsbereich wieder nach unten gezogenen Kiel schloß der gerade, weniger geneigte und unten ebenfalls sehr schlanke Achtersteven an. Am Überwasserschiff war das Achtergatt relativ völlig und abgerundet.
Gesegelt wurden kleinere und mittelgroße Schiffe als Anderthalbmaster, es gab jedoch auch große dreimastige Fahrzeuge. Die Masten standen um etwa 20° (und darüber) parallel nach vorn geneigt, und die typischen trapezförmigen Dausegel fuhr man an langen Schrägrahen, die teilweise aus mehreren zusammengesetzten Spieren bestanden. Üblicherweise betrug die Länge der Besanrah etwa 2/3 der Großrahlänge.
Wegen seiner vorzüglichen Segeleigenschaften

Große indische Pattamar, Modell [13]

wird dieser Schiffstyp an den indischen Küsten auch heute noch gesegelt, und in besonderen Fällen findet sich die Pattamar-Rumpfform und -Besegelung auch noch bei Segelyachten.

Peakeboot: ein vom Engländer PEAKE besonders für den Rettungsdienst an den englischen Steilküsten entwickeltes schweres, aus Holz gebautes Küstenrettungsboot. In der zweiten Hälfte des 19.Jh. wurde in England nahezu ausschließlich dieser schwere Typ verwendet. Infolge der relativ großen Masse von 1500 bis 2000 kg erforderte das Zuwasserbringen der Boote in den Rettungsstationen vorbereitete Ablaufbahnen oder genügend Personen oder Zugkräfte. Für die flachen deutschen Küsten war deshalb das leichtere *Francisboot* geeigneter; s. a. *Rettungsboot*.

Pehenukarelief-Schiffsdarstellung: auf einer Reliefplatte vom Grabe des PEHENUKA (Altägyptisches Reich, 5. Dynastie, 2770 bis 2270 v. u. Z.) dargestelltes größeres ägyptisches Reiseschiff. Das Relief befindet sich im Berliner Vorderasiatischen Museum. Das Schiff muß etwa 80 ägyptische Ellen (etwa 42 m) lang gewesen sein. Es handelt sich um ein aus Holz gebautes Plankenschiff mit geradem, ebenem Schiffsboden und geraden Schiffsenden, ähnlich dem Schiffsrumpf auf dem *Sakkararelief*. Das ebenfalls dargestellte Deckshaus für mitreisende Beamte oder Kaufleute gilt als typisches Merkmal eines Langreisefahrzeuges. Die an jeder Seite sichtbaren 30 Ruderer und 5 Steuerleute sowie der Zweibeinmast (Bipodmast) mit schmalem hohem Segel kennzeichnen ein schnelles Ruder-Segel-Schiff des alten Reiches.

Peitschenmast-Boot: Sportsegelboot – insbesondere Nationaler Kreuzer und Schärenkreuzer –, das in den dreißiger Jahren dieses Jahrhunderts relativ hohe Maste fuhr, dessen oberes Teil peitschenähnlich derart nach hinten gebogen war, daß die Steilgaffel für das hochgetakelte Großsegel entfallen konnte. Das Achterliek des Großsegels verlief bei dieser Takelung fast geradlinig. In gewisser Weise stellte dieser Bootsmast eine Vorstufe zur modernen Bermudatakelung dar, bei der an einem noch höheren, geraden Mast das Mastliek gerade hochgeführt wird, jedoch das Achterliek bogenförmig verläuft und das Segel durch Segellatten ausgesteift wird.

Pelota: südamerikanisches *Fellboot* oder *Korbboot*, das insbesondere auf den Gewässern der Pampas bis hin nach Matto Grosso verwendet wird. Das aus Weiden oder anderen Zweigen bestehende Boot ist mit Rindsfellen überspannt. Kleinere Fahrzeuge werden zuweilen nicht gepaddelt oder gerudert, sondern vom schwimmenden Benutzer gezogen oder geschoben.

Pentekontere: ein nach dem Vorbild der phönizischen Ruderschiffe etwa um 500 v. u. Z. gebauter griechischer Fünfzigruderer, d. h. 25 Riemen an jeder Seite. Antike Autoren wie HERODOT, THUKYDIDES, DIODORUS u. a. berichten von diesem Typ.

Pentekore: griechisches Ruderkampfschiff aus der Zeit der trojanischen Epoche etwa 1000 v. u. Z. Das floßartige, mit flachem Boden, vorn und hinten verjüngt gebaute Fahrzeug wurde mit 50 Ruderern besetzt. Vom griechischen Dichter HOMER wurde es als »langes unsinkbares Schiff« bezeichnet; es soll durch zahlreiche wasserdichte Schotte unterteilt und versteift gewesen sein. Die Länge kann etwa das Siebenfache der Breite betragen haben.

Pentere: zuerst wahrscheinlich von DIONYSIUS I. von Syrakus Anfang des 4. Jh. v. u. Z. gebautes Schiff mit 5 Ruderreihen oder 5 Ruderern je Riemen. In den Punischen Kriegen (240 v. u. Z.) errang Syrakus damit die Überlegenheit über die gegnerischen dreireihigen *Trieren*. Die Römer bauten diese Penteren nach und rüsteten sie zusätzlich mit Enterbrücken aus, um ihre Erfahrungen und Überlegenheit im Landkampf auch im Schiffsgefecht zu nutzen.

Peotta, *Peota:* schneller Segler und Avisschiff in der Blütezeit der italienischen Seestädte bis ins 17. Jh. Die Peotta war eine schwach bemannte, kleine und leichte *Schaluppe*. Es ist auch die Bezeichnung für ein plattbodiges Fahrzeug zum Weintransport mit nahezu rundem Bug und Heck und kleinem Segel. Außerdem wurden die gondelähnlichen, jedoch größeren und breiteren Begleitfahrzeuge des *Bucintoro* so bezeichnet.

Peramo: nur im Mittelmeer (Ägäis) für den Personen- und Warentransport in den Häfen sowie für Küstenfahrten und Fischfang noch Anfang des 19. Jh. verwendetes kleines Segelfahrzeug.

Petroleum-Klipper: Segelschiffe der Nordatlantikroute, die um 1860 erstmals eine verhältnismäßig kleine Anzahl von Petroleumfässern (Barrels) von den nordamerikanischen Häfen Philadelphia, New York und Baltimore nach Europa fuhren. In Deutschland wurde das erste Petroleum im Jahre 1862 über Bremen eingeführt. Der europäische Petroleumbedarf nahm insbesondere für Beleuchtungszwecke sehr schnell zu, so daß bereits in den 70er Jahren des 19. Jh. Petroleum zu einem bedeutenden Frachtgut wurde. Eine größere Anzahl von Segelschiffen war ausschließlich für den Transport von Petroleumfässern eingesetzt. Jedes dieser Schiffe fuhr dann als Ladung meistens ausschließlich mehr als 1000 Barrel Petroleum. Infolge des Petroleumsgeruchs wurden die verwendeten Fahrzeuge für die meisten anderen Ladungen bis auf Holz, Kohle oder Koks unbrauchbar. Aus diesem Grunde benutzte man selten neu gebaute Schiffe, sondern möglichst preisgünstig aufgekaufte, bereits ein oder zwei Jahrzehnte alte Fracht- oder Auswandererschiffe. Obwohl zu den Petroleumfahrern neben einer größeren Anzahl von Klippern auch verschiedene andere Segelschiffstypen gehörten, war im seemännischen Sprachgebrauch der letzten 3 Jahrzehnte die Bezeichnung Petroleum-Klipper unabhängig von Bauweise und Takelung für alle Faßpetroleum fahrenden Segelschiffe gebräuchlich.
Zu den echten Petroleum-Klippern gehört u. a. der amerikanische Originalklipper »DONALD MCKAY«, der von der Bremer Reederei BARTLING aufgekauft wurde und im Mai 1879 mit der seinerzeit größten Ladung von 14450 Barrel fuhr, das sind 728365 amerikanische Gallonen (1 amerik. Gallone entspricht 3,785 Liter) und somit 2756862 Liter bzw. 2756,862 m^3. Da die Ver-

frachtung in Barrels sehr arbeits- und zeitaufwendig war und außerdem viel Schiffsraum erforderte, begannen die ersten Transportversuche in fest eingebauten Tanks und damit die Entwicklung des Segeltankers bereits 1877.

Petschili: eine seetüchtige, chinesische *Dschunke*, die im Unterschied zur allgemein üblichen Dschunkenbesegelung einen kleinen Fockmast, einen Großmast mit Großsegel und einem darüber befindlichen kleinen Toppsegel sowie auf dem achtern lang überhängenden Deck 2 Besanmaste fuhr.

Pfahlewer, *Pfahlgaleasse, Pfahlkuff:* einmastiger *Ewer* mit einteiligem Mast (Pfahl), der nicht durch aufgesetzte Maststengen verlängert war. Die Pfahlewer fuhren noch bis zum Ende des 19. Jh. mit der einfachen Takelung, die aus einem großen Rahsegel bestand. Bei anderen Schiffstypen, wie der *Galeasse* und der *Kuff*, die ebenfalls mit unverlängerten Masten fuhren, war der Zusatz »Pfahl« gebräuchlich, weil er auf die einfache Mastbauweise hinwies.

Phönizier-Schiffe: seetüchtige Ruder- und Segelschiffe der Phönizier. Das uns als Phönizier bekannte Volk bezeichnete sich selbst mit Kanaanäer bzw. Sidonier nach ihrer Hauptstadt, von den Griechen wurden sie nach HOMER Phoinikes und von den Römern Phoenices oder Poeni, d. h. Punier, genannt. Die Phönizier waren ein semitisches Bauern- und Handelsvolk, das um 2000 v. u. Z. die Küstengebiete des heutigen Libanons und Nordisraels bis nach Syrien hinein besiedelte. Es gibt nur wenige, unmittelbar von den Phöniziern stammende historische Funde von Schiffen oder Schiffsdarstellungen, die wesentlichsten Kenntnisse über die phönizischen Schiffe kommen aus ägyptischen, assyrischen und griechischen Nachweisen.
Gestützt auf historische Berichte und Funde trug insbesondere C. BUSLEY die Kenntnisse über phönizische Schiffe zusammen, die wahrscheinlich als erste Schiffe der Welt für Reisen benutzt wurden, die mehrere Jahre dauerten. So schildert HERODOT (484 bis 425 v. u. Z.), daß phönizische Schiffe im Auftrage des ägyptischen Königs NECHO (609 bis 595 v. u. Z.) innerhalb von drei Jahren ganz Afrika umschifften. Aus ägyptischen Darstellungen kann als erwiesen angesehen werden, daß in den Siedlungsgebieten der Phönizier für den Schiffbau geeignetes Holz, insbesondere die Zeder, in reichlichem Maße wuchs. Ägypten beschaffte sich für seinen Schiffbau und andere Bauwerke das begehrte Holz und transportierte es auf dem Seewege, dadurch lernten die Phönizier frühzeitig ägyptische Schiffe kennen und überboten schließlich die Ägypter im Bau von seegehenden Schiffen und in der Schiffahrt.
Die Phönizier kannten wahrscheinlich frühzeitig verschiedene Schiffsarten und unterschieden völligere Handelschiffe und schlankere Kriegsschiffe mit Rammsporn. Die durchschnittliche Länge der Transportschiffe kann etwa 30 bis 33 m betragen haben, da die Mehrzahl der im Schiff verladenen und bei ägyptischen Schiffsfunden nachgewiesenen Längen der Zedernstämme etwa bei 20 m lag. Diese Transportschiffe hatten eine Breite von etwa 10 m und gingen ungefähr 2 m tief, so daß die Verdrängung zwischen 200 und 300 t betrug.
Es wird angenommen, daß die Schiffe in Schalenbauweise, d. h. durch Herstellung des Schiffsrumpfes mit Kraweelbeplankung und nachträglichem Spanteneinbau hergestellt waren. Die Beschaffung von ausreichenden Mengen naturkrummer Hölzer, z. B. der reichlich vorkommenden krummgewachsenen Mangroven und anderer Holzarten, erscheint infolge der weitreichenden Handelsbeziehungen und Seeverbindungen durchaus möglich. Die noch häufig anzutreffende Vorstellung, daß die Ägypter weder Spanten noch Kiel kannten, ist nicht sicher belegt und wahrscheinlich auch nicht zutreffend. Unter anderem geht aus den Beschreibungen des griechischen Historikers HERODOT hervor, daß ihm »Schiffsrippen« (Spanten) durchaus bekannt waren. Im Unterschied zu ägyptischen Schiffen, die hauptsächlich für die Schiffahrt auf dem Nil vorgesehen waren und deshalb nur in besonderen Fällen Kiel und Aussteifungen benötigen, waren phönizische Schiffe hauptsächlich für Küstenfahrten gebaut und mußten entsprechend seetüchtig sein. Obwohl eindeutige Nachweise fehlen, kann angenommen werden, daß die Phönizier auf dem Entwicklungsstand des ägyptischen Schiffbaues aufbauten und die bei ägyptischen Lastschiffen und anderen Fahrzeugen gelegentlich angewendete Aussteifung durch Spanten zu einer bei ihren Schiffen allgemein angewendeten Kiel- und Spantenbauweise weiterentwickelten.
Die phönizischen Seeschiffe waren trotz ihrer Größe noch ruderbare Segelschiffe, sie hatten einen Mast mit einem großen Rahsegel und an jeder Heckseite einen angebauten Steuerriemen. Nach griechischen Darstellungen unterschieden sich die phönizischen Schiffe in Lastschiffe (Gauloi) und Kampf- bzw. Kriegsschiffe, (Hippoi, Pferd, Kampfpferd). Die auf dem assyrischen *Khorsabadrelief* und dem ebenfalls assyrischen *Nimrudrelief* dargestellten bottichähnlichen Schiffe sind wahrscheinlich phönizische Handelschiffe, und die auf dem Nimrudrelief und auf dem *Ninive-Relief* mit Rammsporn dargestellten Fahrzeuge somit phönizische Kampfschiffe. Da zur Zeit der Reliefdarstellungen die Phönizier von den Assyriern beherrscht wurden,

Phönizisch-assyrische Flotte auf der Nimrud-Schiffsreliefplatte aus dem 8. Jh. v. u. Z.

nimmt man an, daß die Darstellung dieser phönizisch-assyrischen Flotte eine gemeinsame erfolgreiche Unternehmung würdigen sollte. Nach der fortgesetzten Unterjochung durch die Assyrier siedelten die Phönizier in verschiedene, an den Mittelmeerküsten neu geschaffene Ansiedlungen um, vor allem in das 814 v. u. Z. entstandene Karthago (phöniz. Karthada, Neustadt).

Piahiap: leichtes zweimastiges Seeräuberboot des Molukkengebietes von 20 bis 40 Fuß (etwa 6 bis 12 m) Länge und 25 bis 75 Mann Besatzung, das dem größeren *Balour* auf Raubzügen folgte. Der Rumpf war schlank gebaut, so daß bei ruhiger See das Boot mit den beiden wie bei der *Chasse-marée* gesetzten Segeln schnell war. Der Fockmast war etwas nach vorn und der Großmast etwas nach hinten geneigt.

Pielsteert-Galiot: seemännische Bezeichnung für eine meistens niedersächsische *Galiote* mit Schonertakelung aus der Zeit des Aufkommens von Dampfschiffen um 1860, die ähnlich wie die größeren *Briggs*, *Barken* und *Vollschiffe* mit einem auffällig überragenden Heck (plattdt. Pielsteert, steil in die Höhe stehender Schwanz) gebaut war.

Pinasse: eine wahrscheinlich zu lat. pinus, Fichte, gehörige Bezeichnung für ein aus Fichtenholz gebautes Wasserfahrzeug. Im Mittelmeerraum war »pinacea« ein kleines, aus Fichte gebautes Ruderboot mit 5 bis 6 Duchten (Ruderbänken). Bei der französischen und deutschen Marine gab es die Pinasse als zweitgrößtes Beiboot, etwa vom Typ einer schnellen *Schaluppe*. Die Größen waren den jeweiligen Rängen der Kriegsschiffe angepaßt, die Pinassen waren i. allg. kleiner und schlanker gebaut als die *Barkassen*. Ruderpinassen konnten bei einer Länge von 10 bis 12 m bis zu 90 Personen befördern. Die meisten Pinassen hatten zusätzlich eine einfache Besegelung. Im Unterschied zu den Bootspinassen wurde in der Mitte des 19. Jh. in Indien ein mittelgroßes Segelschiff ebenfalls als Pinasse bezeichnet, wahrscheinlich handelt es sich um eine Kurzbezeichnung für das *Pinaßschiff*.

Pinaßschiff: im 16. und 17. Jh. in Holland, Frankreich und England eine Sammelbezeichnung für kleinere, etwa 35 m lange und bewaffnete Dreimastschiffe, bestückt mit anfangs 18, später bis etwa 30 Geschützen. Die größten Pinaßschiffe von etwa 45 m Länge stellten den Hauptteil der holländischen *Ostindienfahrer*. Der Schiffskörper ähnelte dem der unbewaffneten *Fleute*, war jedoch schlanker, hatte ein bis unter die Schwimmwasserlinie heruntergezogenes Spiegelheck, und die Heckgalerie schloß achtern meistens mit einer überhohen und pompösen Tafel ab, es waren 2 durchlaufende Decks sowie eine Back und achtern ein Halbdeck vorhanden. Getakelt fuhren die beiden vorderen Maste mit je 2 Rahsegeln, der Besanmast hatte ein Rah-Marssegel und an der Besanrute ein Lateinsegel. Unter dem Bugspriet befand sich ein kleines Rahsegel (die Unterblinde) und darüber die Bovenblinde (Oberblinde), ebenfalls ein kleines Rahsegel, das an einem senkrechten Kurzmast auf der Nock des Bugspriets gesetzt wurde.

Syrisch-römisches Lastschiff aus dem römisch besetzten Libanon auf einem sidonischen Sarkophag (2. bis 3. Jh.)

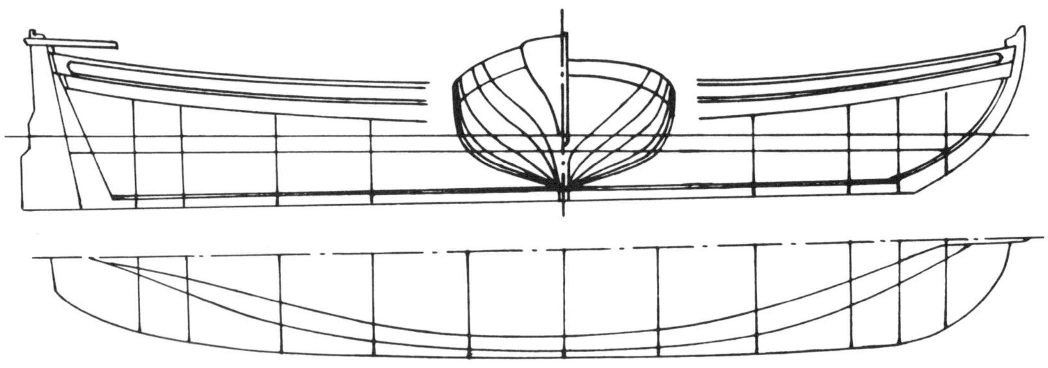

Ruderpinasse um 1760

Pinaßschiff aus dem 17. Jh., bereits mit 3 übereinandergefahrenen Rahsegeln

Im Hafen ankerndes Pinaßschiff, Gemälde von BONAVENTURA PEETERS, 1636 [22]

Pinke, *Pinkschiff:* im westlichen Mittelmeergebiet etwa im 15. Jh. zur gleichen Zeit mit der *Karavelle* entstandener dreimastiger 200 bis 300 t großer Küstensegler, den es bis zum Ende des 19. Jh. gab. Das Vorschiff lief an Deck besonders spitz aus, und auf dem Achterschiff waren besonders ausgedehnte hohe Aufbauten, die die Hütte und eine geschlossene Kajüte einbezogen. Vor- und Hintermast hatten auseinanderstrebenden Mastfall, die langen Ruten der üblicherweise gefahrenen Lateinsegel konnten für weite Fahrten an Deck gelegt und durch Querrahen ersetzt werden.

Piragua: siehe Piroge

Piraten-Jolle: als Jugend-Sportsegelboot mit Knickspanten vom deutschen Bootskonstrukteur C. MARTENS 1938 entwickeltes Holzboot für 2 Mann Besatzung. Die Piraten-Jolle ist für Wander- und Regattasegeln gut geeignet und beliebt. Sie gehörte mit 10 m^2 Segelfläche und dem roten Enterbeil als Segelzeichen zur deutschen *Einheitsklasse*. Bei Regattasegeln und Rennen ist der Spinnaker erlaubt. Die Länge des Bootes beträgt 5 m bei 1,6 m Breite. Die Jolle geht mit gefiertem Schwert 0,85 m tief.

Piroge, *Piragua, Pirogua, Pirogue:* Einbaum, dessen Seitenwände durch aufgesetzte Plankengänge erhöht wurden. Diese einfache Bootsbauart gab es unabhängig voneinander in verschiedenen holz- und gewässerreichen Erdgebieten, u. a. in Europa, in Mexiko, der amerikanischen Nordwestküste, den Santa-Barbara-Inseln, auf den Kleinen Antillen, den Salomoninseln, den Tongainseln und allgemein in der Südsee. Das Aufsetzen und Befestigen der Seitenplanken erfolgte in unterschiedlicher Weise. Relativ häufig ließ man, wie bei den nordischen Booten (s. a. *Nydam-Bootsfund* und *Wikingerschiff*), beim Aushauen der Planken Klampen stehen, durchlöcherte sie und band Spanten und Planken zusammen. Auf den Tongainseln war es üblich, jeweils eine kleinere und eine größere Piroge in einem bestimmten Abstand parallel zueinander durch eine Plattform zu verbinden, so daß eine Art Zweirumpffahrzeug entstand. Kriegspirogen der Südseeinsulaner waren häufig am Bug durch holzgeschnitzte Menschenköpfe und manchmal außerdem an den Seiten reichlich verziert. Fortbewegt wurden sie durch 30 bis 40 Personen, die schaufelförmige Paddel im Gleichtakt benutzten.

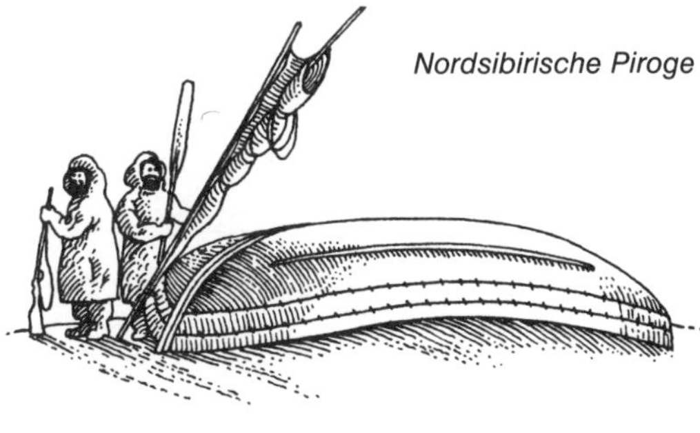

Nordsibirische Piroge

Plankenboot: einfache Form eines Bootes, wie es u. a. lange Zeit in Südostasien benutzt wurde. Das Plankenboot bestand aus einer Bodenplanke und mindestens 2 Seitenplanken. Diese ohne Kiel und Spanten gebauten Fahrzeuge hatten meistens nur am oberen Bootsrand einfache Quersteifen. Bei Lastbooten, Fähren und Fischerbooten setzte man auch einen Mast mit einem einfachen Segel.
Neben den einfachen Plankenbooten gab es, besonders auf Flüssen und Binnengewässern, eine Vielzahl unterschiedlich großer, aus vielen Planken gebauter Plankenboote und -schiffe. Dem Bauprinzip nach gehört auch die seetüchtige, über Jahrhunderte bewährte chinesische *Dschunke* mit ihrem flachen Boden zu den Plankenbooten (s. a. *Boot*).

Plattboot: nordfranzösisches militärisches Wasserfahrzeug aus der Mitte des 18. Jh. für den Transport von Infanterie- und Kavallerieeinheiten. Das etwa 30 m lange und 8 m breite Fahrzeug hatte einen ganz flachen Boden; die Seitenhöhe betrug etwa 2,5 m.

Platte: völlig gebautes, flachgehendes anderthalbmastiges, mit Lugger- und Vorsegel fahrendes nordfranzösisches Fischerfahrzeug aus der Mitte des 19. Jh. Bei einer Länge von 9,3 m und 3,1 m Breite hat es etwa 10 t Verdrängung. An der französischen Atlantikküste waren solche Fahrzeuge auch noch im 20. Jh. für die Austern- und Muschelfischerei in Gebrauch.

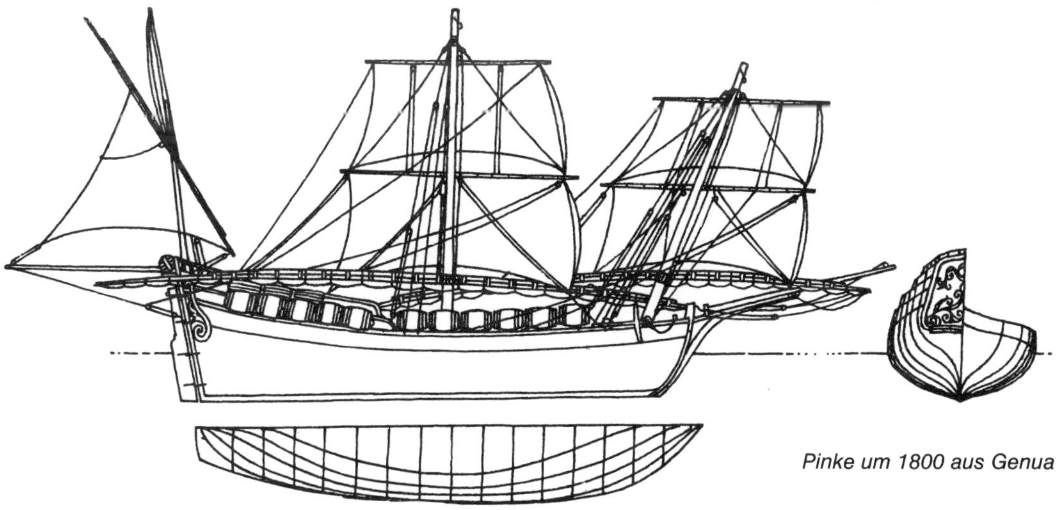

Pinke um 1800 aus Genua

Plätte: im salzburgischen Gebiet noch bis Ende des 19. Jh. auf Gebirgsflüssen gebräuchliches einfaches Transportmittel für den Transport des Steinsalzes von hochgelegenen Abbaurevieren. Die prahmähnlich mit flachem Boden gebauten, vorn und hinten spitz auslaufenden Fahrzeuge wurden ähnlich wie Holzflöße durch Bootsleute mit langen riemenartigen Stangen talwärts gesteuert. Außer der Ladung wurde am Ankunftsort auch das Bootsholz verkauft.

Plattgattschiff: Schiff mit plattem Heck (Gatt), das meistens, wie z. B. bei den *Fregatten* des 17. Jh., mit einem eckigen Übergang zum Heckspiegel, dessen unterer Rand in den Achtersteven übergeht, gebaut wurde. Neben der einfacheren Bauweise entsteht am Schiffsende eine meistens erwünschte breitere Decksfläche. Bei begrenzter Eintauchtiefe des Spiegels kann sich außerdem die hydrodynamisch wirksame

Schiffslänge vergrößern und damit die Strömungsablösung am Hinterschiff beeinflußt werden.

Pleit, *Pleyt:* zur Zeit der Hanse, insbesondere im 15. Jh. ein Küsten-Frachtsegler bis etwa 80 Lasten (160 t). In den Niederlanden und in Belgien waren die Bezeichnungen Flämischer und Brabanter Pleit wohl noch älter. Während die großen Pleiten seegehend, zumindest in der Küstenfahrt eingesetzt wurden, waren die kleineren, bereits im 13. Jh. urkundlich erwähnten Fahrzeuge Binnenschiffe. Ende der dreißiger Jahre dieses Jahrhunderts wurde eine Pleit vor dem Abwracken mit einer Länge von 23,5 m vermessen. Die Pleit war der niederländischen *Tjalk* ähnlich, aber kleiner, jedoch größer als der belgische *Otter*.

Pluut: Variante des kleinen holländischen *Schokkers* oder des *Punt-Bootes*. Das Boot hatte eine Länge über alles von 8 bis 10 m; in der holländischen Yachtflotte gab es diesen Bootstyp noch vereinzelt bis in die jüngere Zeit.

Pollacca, *Polacka, Polacker:* ein im Mittelmeer im 16. und 17. Jh. gebräuchliches italienisches Segelschiff mittlerer Größe, dessen Großmast ein Pfahlmast (Pollaccamast, Pfahlmast ohne Maststengen) war, an dem ein Rahsegel gefahren wurde, während an den anderen Masten noch bis ins 19. Jh. Lateinsegel blieben. Über viele Jahrhunderte fuhren die Mittelmeerschiffe grundsätzlich mit lateingetakelten Masten. Der Abgang vom ausschließlich üblichen Lateinsegel und der Übergang zu einer Mischtakelung mit den aus Nordeuropa übernommenen Querrahsegeln vollzog sich nur allmählich. Der rahgetakelte Pfahlmast wurde in dieser Übergangszeit bevorzugt, da am glatten Mast (ohne Eselshaupt für die Stengen) die obere Rah von Deck aus ähnlich wie bei der Lateinertakelung fast bis an die Unterrah gefiert werden konnte.
Dreimastige Schiffe, deren Untermasten aus einem Stück bestanden, die im übrigen jedoch wie eine Bark getakelt fuhren, wurden als »Polackabark« bezeichnet. Dementsprechend nannte man zweimastige Schiffe mit Pfahlmasten und Briggtakelung »Polackabrigg«. In neuerer Zeit wurden durchgehende Pfahlmaste aus Metall ebenfalls als »Polackamasten« bezeichnet.

Dreimastige Pollacca um 1650

Polka-Bark: eine seemännische Bezeichnung für einen dreimastigen *Schoner* mit Rahsegeln am Fockmast, Rah- und Gaffelsegeln am Mittelmast sowie Gaffelsegel am hinten stehenden Kreuzmast. Unter dem Einfluß der amerikanischen Schonerentwicklung entstanden etwa um 1840 solche kombinierten Takelungen, um die Segelhandhabungen zu vereinfachen.

Polt, *Pult:* auf der Insel Rügen bekanntes einfaches Knickspantboot unterschiedlicher Länge zwischen 3 und 6 m. Das Boot hat einen flachen Boden, ist fast ohne Sprung und mit einem leicht nach hinten geneigten Spiegelheck oder auch mit Spitzgatt gebaut. Das Boot wird gerudert, gewriggt *(Wriggboot)* oder auch gestakt *(Stakboot)*.

Polyere: altgriechische Schiffe mit mehreren Reihen Ruderbänken, sogenannte »Mehrreihenruderer«, im Unterschied zur *Monere*, dem griechischen Schiff mit einer Ruderbankreihe.

Pomorboot, *Pomorschiff:* im 19. Jh. entstandene Bezeichnung für russische Segelschiffe, die sich auf den Handel mit nordnorwegischen Fischern spezialisiert hatten. Dieser »Pomorhandel« war vorwiegend ein Tauschhandel von russischen landwirtschaftlichen Produkten gegen Trocken- und Salzfisch im nordnorwegischen Hafen Hammerfest.

Pompejisgraffito-Schiff: Darstellung eines Segelfrachtschiffes mit einem nachgeschleppten Beiboot auf einer Sgraffito-Dekoration an der Hauswand eines römischen Kaufmanns. Pompeji war eine seit Ende des 5. Jh. v. u. Z. bekannte, am Vesuv bei Neapel gegründete italische Stadt, die im Jahre 79 durch einen Ausbruch des Vesuvs zerstört und verschüttet wurde. Bereits seit 1748, verstärkt seit 1806 gab es Ausgrabungen in Teilen der Stadt. Die Funde gaben einen ungewöhnlich tiefen Einblick in die Lebensgewohnheiten und die Kultur der römischen Kaiser-

Russisches Pomorschiff um 1890 im Hafen von Hammerfest

zeit. Zu den für den Schiffbau bedeutendsten Funden gehört auch die Sgraffito-Dekoration aus der Zeit um etwa 50 v. u. Z. Sgraffito (ital. sgraffiare, kratzen) ist eine Wandputzdekoration, bei der verschiedenfarbige, fast frische Kalkputzschichten übereinander aufgebracht werden, so daß durch unterschiedlich tiefe Abtragungen oder Ritzungen mehrfarbige Bilder entstehen.
Das dargestellte römische Last-Segelschiff ist wahrscheinlich eine *Corbita*, die eingeritzte Beschriftung »Europa« könnte der Name des Schiffes gewesen sein. Die Besegelung entspricht der damals üblichen Art; am Großmast ist ein Viereck-Großsegel und am Bug an einem kleinen, vorgeneigten Mast ein viereckiges Vorsegel, das Artemon.

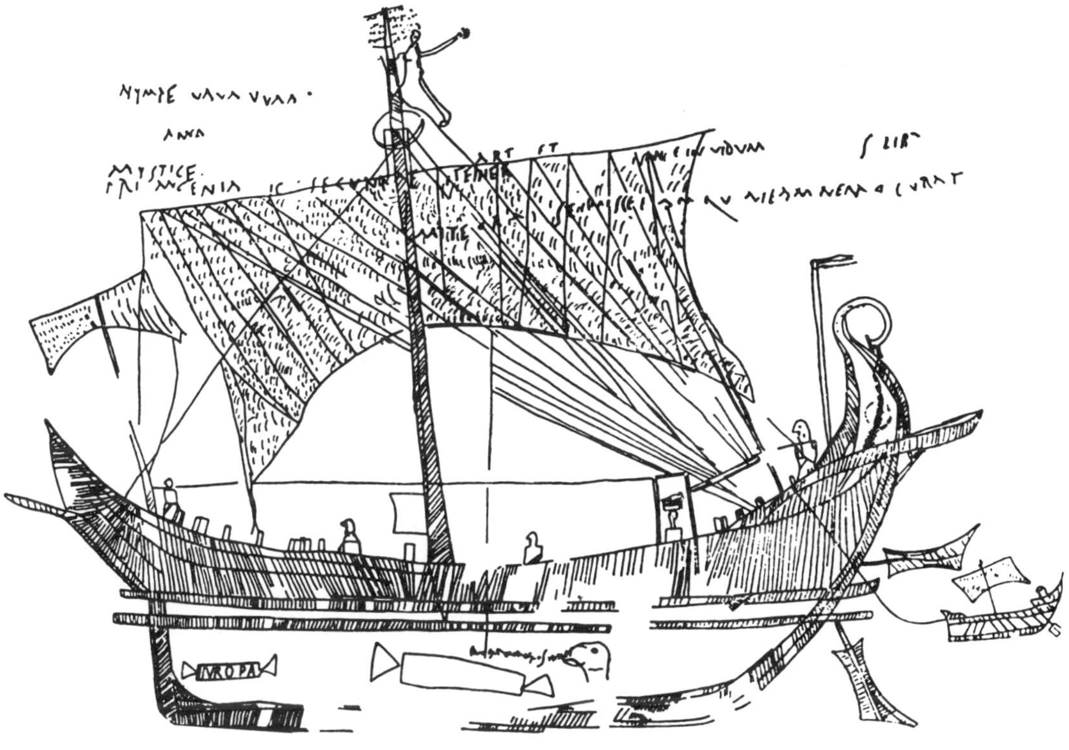

Pompeji-Sgraffito, römisches Frachtschiff um 50 v. u. Z.

Ponto: gallisches Schiff des frühen Mittelalters, das hochbordig und schwer gebaut war.

Ponton, *Schwimmponton:* Wasserfahrzeug mit einem nahezu kubischen Schwimmkörper mit flachem Boden, senkrechten Seitenwänden und ebenflächigen senkrechten oder geneigten Bug- und Heckteilen. Bei Pontons wird vorwiegend die Tragfähigkeit genutzt, wie bei Anlegestegen, Pontonbrücken oder Hebepontons, und weniger Wert auf die Fahreigenschaften gelegt.

Poon: Sammelbezeichnung für tjalkähnlich gebaute südholländische Binnen-Frachtsegelschiffe wie die Seeländische Zeeuwsche Poon, die Paviljoen Poon und andere Poontypen. Die Rumpfform entspricht der *Tjalk* mit der völligen Bauweise und dem flachen, fast kiellosen Boden, jedoch mit Seitenschwertern. Die Fahrzeuge hatten im Vergleich zur Tjalk einen stärkeren Sprung und große Ladeluken. Sie fuhren einmastig, ursprünglich mit Spriet-, später mit einem großen Gaffelsegel und vorn mit einem oder zwei Dreiecks-Schratsegeln; ältere Schiffe hatten keinen Bugspriet.
Nach einer Darstellung von LECOMTE (1831) wurden diese Schiffe in Alblasserdam, Boskoop, Dortrecht, Ijsselmonde, Willemstad und verschiedenen kleineren Orten an der Ijssel in Größen von 16 bis 60t Tragfähigkeit gebaut. Ein mittlerer Poon hatte etwa eine Länge von 15m bei einer Breite von 4,5m.

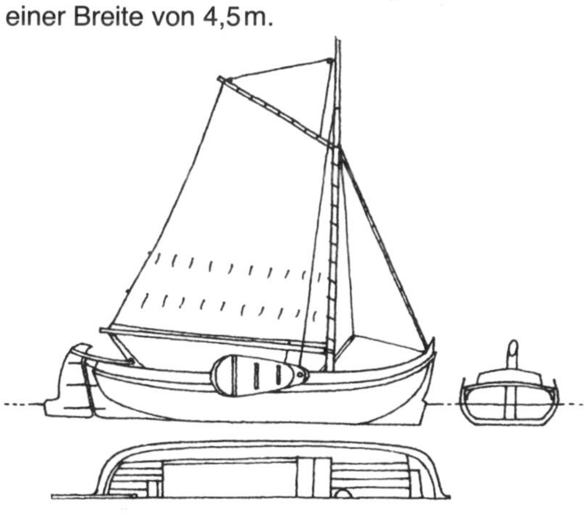
Poon ohne Bugspriet mit Gaffelsegel

Prahik: ein Zweirumpffahrzeug Tahitis aus 2 parallel nebeneinander liegenden *Pirogen*, dessen beide Bootskörper durch eine Plattform mit aufgesetzter Hütte verbunden wurden. Das Prahik wurde ähnlich wie die neuseeländischen Pirogen am Bug, teilweise auch am Heck durch Holzschnitzereien verziert.

Prahm, *Pram:* pontonähnliches, meistens ungedecktes Fahrzeug. Mehrere Fundorte von frühen pontonähnlichen Fahrzeugen *(Ponton)* belegen, daß die relativ einfache Prahmbauart unabhängig voneinander in verschiedenen Siedlungszentren auch für größere Fahrzeuge bekannt war. So ergaben die auf Falsterbo *(Falsterbo-Prahmfund)*, in Dänemark aufgefundenen Reste eines eichenen Prahms, daß das Fahrzeug etwa 13,5m lang und 3,5m breit war.
In der Hansezeit wurden Prahme häufig als Leichterfahrzeuge verwendet. So finden sich die Bezeichnungen »präm« und »praam« bereits in der Stralsunder Hafenordnung von 1278 und anderen Hafenpapieren für flache Fahrzeuge mit niedrigem Bord. Die Bezeichnung und der Schiffstyp waren im gesamten Ostseegebiet und

Poon mit Bugspriet und Sprietsegel, Ende 18. Jh., Modell

Paviljoen-Poon mit Gaffelsegel, 19. Jh., Modell

an der Nordseeküste in Holland und in Frankreich verbreitet. In Holland verwendete man die Bezeichnung u. a. für ein einmastiges, mit flachem Boden und an den Schiffsenden besonders völlig gebautes Frachtschiff mit Seitenschwertern für flache Gewässer, insbesondere für die Wattenfahrt.
Später entfiel die Besegelung, und der Prahm wurde allgemein zu einem vielfach verwendeten pontonähnlichen Hilfsfahrzeug, das besonders völlig, breit und niedrig, ohne Schanzverkleidung und mit einfach geformten Schiffsenden ohne Eigenantrieb gebaut ist.

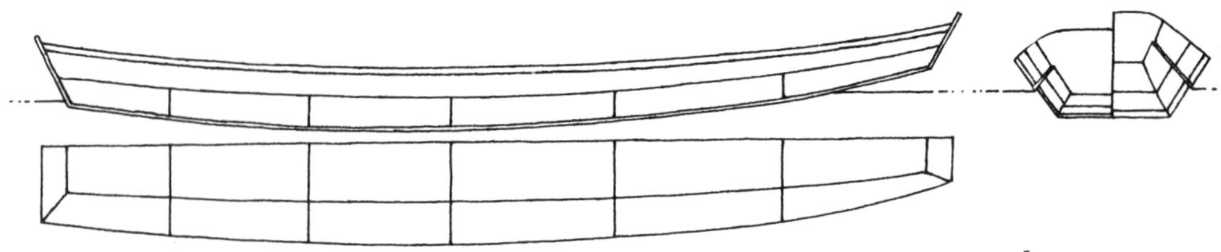

Kleiner schwedischer klinkerbeplankter Prahm um 1760

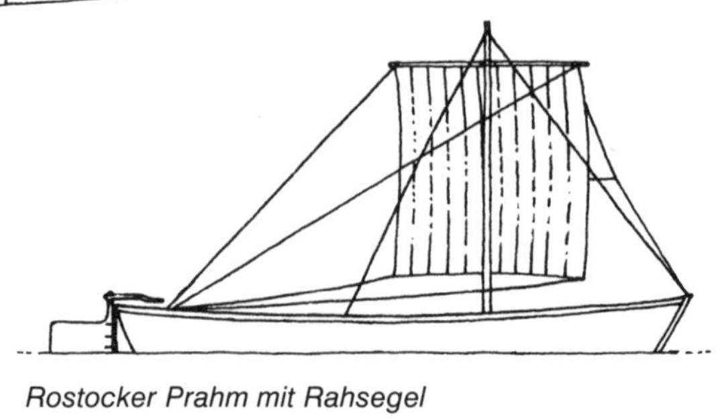

Rostocker Prahm mit Rahsegel

Präneste-Schiffsrelief: in der Ruine des Fortunatempels bei Präneste unweit Roms erhaltenes Flachrelief, das etwa 30 Jahre v. u. Z. gestaltet wurde. Das Relief stellt ein Ruderschiff dar, von dem angenommen wird, daß es das *Admiralsschiff* des römischen Feldherrn und Staatsmannes MARCUS ANTONIUS (82 bis 30 v. u. Z.) war. Auf dem Schiff sind römische Legionäre mit Kurzschwertern kampfbereit dargestellt. Bisher wurde das Reliefbild als römische *Bireme* gedeutet. Neuere Forschungen deuten das Relief als *Trireme*. Diese Version stützt sich darauf, daß auf dem seitlichen Ausleger (parodos, Beiläufer) 2 stehende Krieger dargestellt sind, zu deren Füßen die Blätter der eingeholten dritten Ruderreihe liegen könnten. Da Admiralsschiffe i. allg. besonders kampffähige große Schiffe waren und die Römer über weitgehende Kenntnisse vom griechischen Kampfschiff verfügten, kann diese Annahme durchaus zutreffen. Am Bug des Schiffes ist ein Krokodil dargestellt; es könnte das Emblem einer ägyptischen Legion sein, da Ägypten sich vom Jahre 30 v. u. Z. bis um 395 u. Z. unter römischer Herrschaft befand.

Prau, *Proa:* im Malayischen »perahu«, im Englischen »prow« und im Niederländischen »prauw« genanntes Auslegerboot im Malayischen Archipel. Die Prau fand bei den europäischen Seeleuten allgemeine Bewunderung; sie war ein etwa 10 bis 12 m langes, ungewöhnlich schmales, etwa nur 0,8 m breites Boot mit bogenförmigen Bug- und Heckformen. Der Boden des Bootes bestand aus einem spindelförmig bearbeiteten Baumstamm aus leichtem Holz, an dem man Bordseiten aus Baumrinde anband bzw. annähte. Häufig hatten die Boote einen spindelförmigen Ausleger aus massivem leichtem Holz, der beim Segeln stets auf der Luvseite (Windseite) gefahren wurde, damit die Windquerkraft eine möglichst geringe Eintauchtiefe und entsprechend geringen Fahrwiderstand bewirkte. Außerdem war die Leeseite des Bootskörpers häufig flacher und weniger gerundet als die andere Seite gebaut, um die Abdrift zu mindern. Größere und langsamere Fahrzeuge hatten auch Ausleger an jeder Bootsseite; die Verbindungsstangen zu den Auslegern wurden dann durch zusätzliche Bambusstangen und Mattengeflechte zu einer Plattform, auf der eine kleine überdachte Hütte stand.
Durch den Ausleger konnte ein ungewöhnlich großes Flechtmatten- oder Basttuchsegel gefahren werden. Das nach oben krebsscherenähnlich auseinandergespreizte, spitz auslaufende Segel wurde zu einem Symbol für schnelle *Südseeschiffe*, die bei Praurennen Spitzengeschwindigkeiten bis zu 20 kn erreicht haben sollen. Es gab auch Fahrzeuge mit Segeln, die dem Lateinsegel ähnelten. Gesegelt wurde nur bei günstigem Wind, die leichten Fahrzeuge wurden bei Windstille oder widrigen Winden gepaddelt (s. a. *Südseeschiffe*).

Prise, *Priseschiff:* ein im Kriege als Seebeute aufgebrachtes Schiff und dessen Ladung, das mit einem an Bord gesetzten Prisenkommando für Zwecke des Aufbringers (Versorgung u. ä.) genutzt wurde. Ebenso wurden Schiffe eines neutralen Staates als Prisen beschlagnahmt, wenn sie Konterbande an Bord führten.

Punt-Boot: kleines, flachbodiges Paddel-Sportboot, das ursprünglich gestakt wurde. Die Schwimmwasserlinie ist fast rechteckig, sie verjüngt sich nur unmittelbar an den Bootsenden. Der flache Bootsboden verläuft über der halben Länge gerade und ist vorn und achtern fast in voller Breite über je ein Viertel der Bootslänge schräg ansteigend, so daß eine flachgehende kaffenartige (s. *Kaffenkahn*) Form entsteht.

Holländischer Segelprahm um 1800, Modell

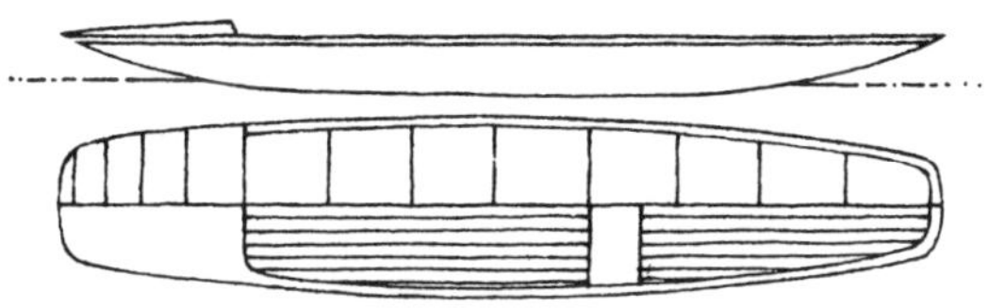

Paddelsport-Puntboot

Pünte: relativ flachgehendes, fast rechteckig gebautes Küsten- oder Flußschiff mit Rahsegeln an einem oder zwei Masten. Die Schiffsenden waren entweder rund (Rundpünte) oder spitz (Spitzpünte) gebaut. Spitzpünten waren im Unterschied zu den rund gebauten Flußpünten für die Küstenfahrt auf Kiel gebaut. Mit Kuttertakelung fuhren die bis 150t großen Schiffe in der Nord- und Ostsee.

Puschenboot: zur *Einheitsklasse* gehörendes, auch als »Mickyboot« bekanntes Jugend-Sportsegelboot mit 8 m² Segelfläche und einer Mickymaus als Segelzeichen. Konstruiert wurde es von E. LEHFELD für den Bau aus Sperrholz mit einer Länge von 3,8 m, von 1,35 m Breite und einer Masse von 92 kg. Als Rennbesatzung sind 2 Jugendliche zugelassen.

Q

Quadergha, *Quadirgha:* türkische Bezeichnung für die *Galeere*.

Quadrireme: römisches antikes Ruderkriegsschiff mit 4 Mann je Riemen oder entsprechend lat. quadri, vier, und remus, Riemen, sowie analog zu *Bireme (Diere)* und *Trireme (Triere)*, ein Schiff mit 4 übereinanderliegenden Ruderreihen; s. a. *Quinquereme*.

Quaiq: sehr leichtes und schnelles Boot für den Personenverkehr, insbesondere im Bosporus. Der Vortrieb erfolgte durch 1 oder 2 Riemenpaare. Da die Boote nur geringe Formstabilität hatten, mußten die Fahrgäste auf dem Bootsboden Platz nehmen; s. a. *Kaik*.

Quarterboot: meistens ein leichtes Schiff-Beiboot, das auf dem hinteren Deck, dem Quarterdeck, gefahren wurde. Bei Segelschiffen handelt es sich oft um das Kapitänsgig (s. a. *Gig*).

Quase: ein noch bis Ende des 19. Jh. besonders in der Kieler und Flensburger Förde gebräuchliches zwei- bis dreimastiges Fischerfahrzeug von 9 bis 10 m Länge und etwa 3 m Breite mit Sprietsegeln, seltener mit Gaffelsegeln.

Quase von 1885 mit Spriettakelung

Quatze, *Quatz, Seequatze:* bis in das 20. Jh. auf Rügen und an der Pommernküste benutztes sehr breit gebautes, offenes, halb- oder ganzgedecktes Segelfahrzeug für die Aufbewahrung und den Küsten- und Seetransport lebender Fische.
Die Schiffe hatten eine geklinkerte Außenhaut. In der durch Querschotte abgegrenzten 5 bis 8 m langen Bünn (dem Lebendfischraum) befanden sich in der Außenbeplankung Durchbrüche, so daß die Bünn ausreichend vom frischen Seewasser durchströmt wurde. Nachgewiesen ist diese Art der Fischaufbewahrung seit dem Anfang des 17. Jh. Lebendfischtransporte von der Insel Rügen sind seit 1860 bekannt. Mit der Quatze wurden insbesondere Zander, Plötzen, Barsche und Hechte zu den Hauptbinnenmärkten Stralsund, Greifswald, Wolgast und Barth gebracht, aber auch von Dänemark und Schweden, bisweilen sogar von Norwegen und Finnland nach Aufkauf von den dortigen Fischern geholt.
Gebaut wurden die etwa 12 bis 17 m langen Quatzen in Wolgast, Ueckermünde, Neuwarp und Wollin. Die Takelung bestand aus einem dikken Pfahlmast und einem Gaffelsegel ohne

Quatze vom Oderhaff, Anfang 20. Jh.

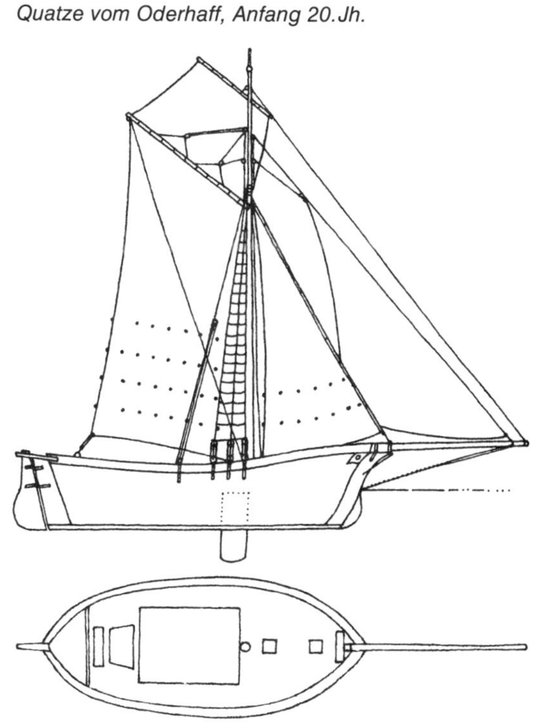

Giekbaum. Besonders bekannt wurde die kleine bewaffnete Quatze »COLBERG« ex »SPECULANT«, die im Juli 1812 als Festungswachschiff für Kolberg (Kolobrzeg) angekauft wurde. Die »COLBERG« war 12m lang und 4m breit, die Raumtiefe betrug nur 0,78m, so daß etwa 7 Commerzlasten Tragfähigkeit erreicht wurden. Das einmastige Fahrzeug wurde 1812 mit 2 Sechspfündern und 1813 mit 2 Dreipfündern Vorderlader bestückt. Obwohl nach 1918 einige Quatzen mit Hilfsmotoren gebaut wurden, gibt es den Schiffstyp seit etwa 1930 nicht mehr.

Quesche: kleines Segelschiff mit einem Deck und Gabelmast.

Quinquereme: römisches Schiff mit 5 Ruderkechten an jeden Riemen. Die wörtliche Übersetzung »Fünfriemenschiff« kennzeichnet ein Ruderschiff mit 5 höhengestaffelten Riemenreihen, analog zu *Bireme*, *Trireme*, *Quadrireme*. Nur mit der damals sehr kurzen, ruckartigen Riemenhandhabung und höchstens um etwa eine halbe Körperhöhe versetzten Ruderbänken waren solche »Fünfdecker« möglich; s.a. *Römisches Schiff*.

R

Rahschoner, *Rahsegelschoner:* zwei- oder mehrmastiger Rahsegelschoner, der am Fockmast und bei einigen Schiffstypen auch an weiteren Masten im Unterschied zum ausschließlich gaffelgetakelten Schoner Rahsegel führt, wie beispielsweise das *Vinnen-Segelschiff*. Auch sogenannte Toppsegelschoner, die an einem oder mehreren Masten an den Stengen nicht Gaffeltoppsegel sondern Rahtoppsegel fuhren, zählen zu den Rahschonern.

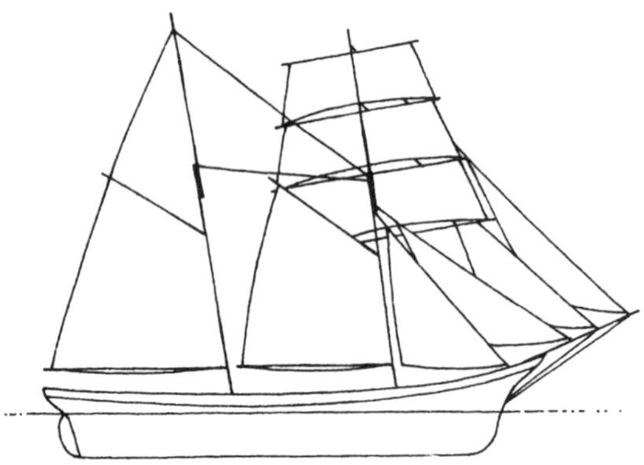

Zweimast-Focktopp-Rahschoner

Rahsegelschiff, *Quersegelschiff:* allgemein gebräuchliche Bezeichnung für Segelschiffe, bei denen die segeltragenden Rundhölzer (Rahen) sowie Spieren in Ruhestellung quer zur Schiffslängsebene angebracht sind. Den markantesten Unterschied zu dieser Segelanordnung stellt das Längs- oder *Schratsegelschiff* dar, dessen Segel sich in der Schiffslängsebene befinden.
Bis zum Mittelalter wurden im Mittelmeer Schratsegel (Lateinsegel) und in Nordeuropa Querrahsegel bevorzugt. Danach setzten sich nach und nach vorteilhaftere Kombinationen von Quer- und Schratsegeln durch, so daß in der Blüte der Segelschiffszeit kaum ein größeres Schiff ausschließlich Querrahsegel fuhr. Unabhängig von den zusätzlichen Schratsegeln wird bei überwiegender Rahtakelung die Bezeichnung »Rahsegelschiff« beibehalten und zuweilen zu einer eigenständigen Schiffsbezeichnung wie bei »*Raseyl*«.

Rammsporn-Ruderkriegsschiff: Ruder- und teilweise Segelkriegsschiff der Phönizier, Griechen, Karthager und Römer, das i.allg. mit Rammsporn gebaut wurde. Die Rammsporne waren mehr oder weniger spitze oder abgestumpfte, unter der Schwimmwasserlinie liegende Verlängerungen des Vorstevens aus Hartholz mit oder ohne Metallbewehrung.
Konnte der Gegner nicht schnell genug ausweichen, so durchbrach der Sporn beim Auftreffen die feindliche Bordwand. Bei schrägem Aufprall bestand die Taktik darin, durch Zerstören der Riemen das gegnerische Schiff manövrierunfähig zu machen. Anfang der zweiten Hälfte des 19.Jh. fand der Rammsporn bei den Panzerschiffen erneute Anwendung.

Raoul-Schwammfischereitauchboot: vom französischen Abbé RAOUL um 1910 entwickeltes Tauchboot von 5m Länge und 1,6m Breite, das handangetrieben mit Rädern auf dem Meeresboden fahren sollte, um den Schwammfischern an der Mittelmeerküste die Arbeit zu erleichtern. Es sollten sich jeweils 2 Personen im Tauchboot befinden, die aus dem Bootsinnenraum mit mechanischen Greifgeräten die Schwämme in Behälter zu sammeln hatten.

Raseyl: auf die vorwiegende Besegelung mit Rahsegeln bezogene Bezeichnung für die dreimastigen Hanseschiffe des 15. und 16.Jh. Insbesondere wurde auch der etwa 100 bis 125 Lasten (200 bis 250t) fassende, um 23m lange und 7 bis 8m breite *Hulk* als Raseyl *(Rahsegelschiff)* bezeichnet. Diese im Vergleich zur *Kogge* größeren, mehrmastigen Schiffe unterscheiden sich auch in der Beplankungsart und der Heckform. Sie waren kraweelbeplankt und hatten ein Spiegelheck, während die Kogge klinkerbeplankt mit Spitz- oder Rundgatt gebaut war.

Regatta-Boot: an offiziellen Bootswettfahrten teilnehmendes Wettkampfboot. Die Bezeichnung »Regatta« hängt mit dem italienischen »riga« zusammen, das sinngemäß »Reihe« (in einer Reihe starten) bedeutet. Bereits im 14.Jh. veranstaltete Venedig Wettfahrten mit *Gondeln*. Wegen der begrenzten Gewässerbreite starteten nicht alle Gondeln gleichzeitig, sondern nacheinander Reihe für Reihe. Auch heute werden alle Sportfahrzeuge (Ruder-, Segel- und Motorboote), die an Wettbewerbsfahrten (Regatten) teilnehmen, als Regatta-Boote bezeichnet, obwohl sich die Wettkampfbedingungen wesentlich verändert haben.

Remenboot, *Rojerboot:* ältere seemännische Bezeichnung für Ruderboote mit seitlich in Dollen geführten Riemen (Remen). Die Bezeichnung »Rojerboot« war insbesondere bei den Wikingern gebräuchlich. In den verschiedenen Siedlungsgebieten entstanden sehr verschiedenartige Formen, Anordnungen und Handhabungen der Ruder. Für das Remenboot ist sowohl das Pullen (engl. pull, ziehen, reißen) mit dem Einmann-Einzelriemen als auch mit dem Einzelmann-Riemenpaar (Skull) charakteristisch.

Rennjolle: eine für möglichst hohe Segelgeschwindigkeiten konstruierte, rundspantige offene oder halbgedeckte Segeljolle, die anfänglich mit 10, 15 und 20 m² Segelfläche als »freie«, d.h. nicht durch Konstruktionsvorschriften gebundene *Jolle*, speziell für Binnengewässer entstand, später aber auch als Küstensegler gebräuchlich wurde.
Die 20-m²-Rennjolle führt das Segelzeichen »Z«, hat eine zugelassene Nennsegelfläche von 20 m² (ohne Spinnaker, der aber bei Rennen erlaubt ist), ist 8,5m lang, 1,8m breit und wird von 3 Personen als Rennbesatzung gesegelt.
Eine der ältesten, etwa seit 6 Jahrzehnten bewährten deutschen Binnenjollen war die frühere »Nationale Jolle« mit 22 m² Segelfläche, die heute noch als 22-m²-Rennjolle anzutreffen ist. Zu den Rennjollen gehören insbesondere die *Olympiajolle*, die *Piratenjolle* u.a., die in ihrer Ausführung vollständig den Vorschriften der *Einheitsklasse* entsprechen müssen.

Rennklasse-Yacht: zu jeweils einer Rennklasse zählende, untereinander annähernd gleichwertige Yachten, die ohne Zeitvergütung bewertet werden. In der Regel sind solche Yachten nach den für die jeweilige Klasse verbindlichen Bauvorschriften gebaut und entsprechen der *Einheitsklasse*. Unter bestimmten Bedingungen können jedoch auch sogenannte »Freie Yachten«, d.h. solche, die nicht nach Vorschrift gebaut sind, und »Beschränkte Rennklassen« an Rennen der Rennklasse-Yachten teilnehmen.

Renn-Ruderboot: seit dem Altertum bekanntes Sportboot, das früher insbesondere bei Volksfesten und anderen gesellschaftlichen Anlässen an Wettfahrten teilnahm. Aus dem Mittelalter sind die in Venedig um 1300 bis 1500 sehr beliebten Gondelwettfahrten weithin bekannt geworden. Das moderne sportliche Rudern entstand aus den Skullen der Schiffer, Fischer und Fährleute und wurde zunächst besonders in England gefördert. Aus dem Englischen stammt auch die Bezeichnung »scull« für kurzes Rudern. Bereits seit 1715 wurden in England regelmäßig Rennen im *Einer* ausgetragen.
Die frühe Entwicklung des Riemenruderns zur Mannschafts-Sportdisziplin sind durch die englischen Universitäten maßgeblich beeinflußt worden; das erste Achterrennen wurde im Jahre 1811 in Eaton ausgetragen. Seit 1823 findet das inzwischen weltbekannt gewordene Achterrennen der Universitäten Oxford und Cambridge regelmäßig statt.
Erster deutscher Sportverein war der 1836 gegründete »Hamburger Ruder-Club«. Die erste deutsche Regatta fand 1844 in Hamburg statt, und 1867 starteten anläßlich der Pariser Weltausstellung die ersten deutschen Ruderer im Ausland. In Berlin wurde der Rennrudersport erst ab 1876 populär. Nach 1883 war der Deutsche

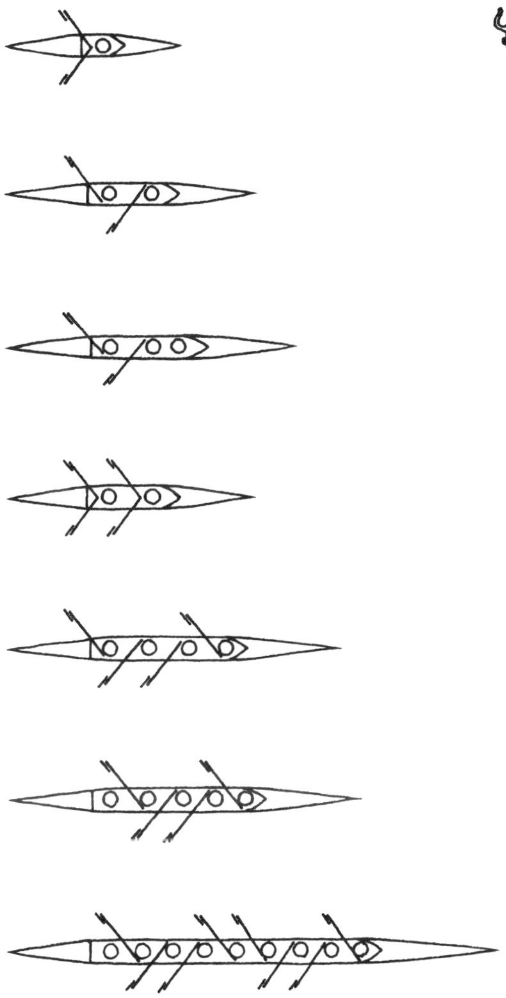

Riemen- und Skullboote

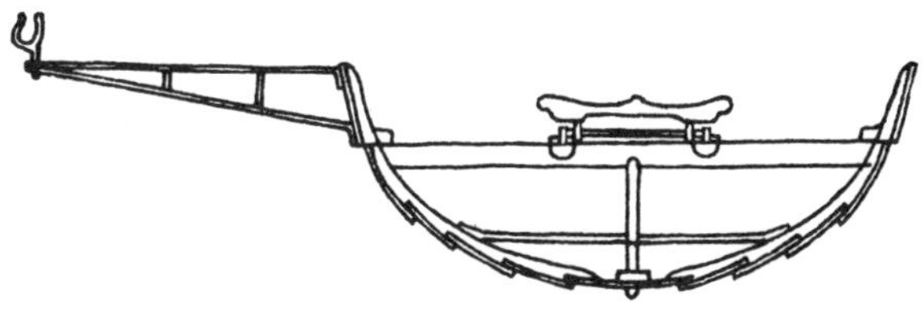

Querschnitt eines Renn-Ruderbootes

Ruderverband (DRV) bestrebt, die Wettkampfregeln und Bootsarten der verschiedenen Rudervereine zu vereinheitlichen.

Die internationale Vereinigung, in der die nationalen Rudersportverbände Mitglieder sind, ist die »Fédération Internationale des Sociétés d'Aviron« (FISA). Von der FISA werden die jährlichen Europa- und Weltmeisterschaften organisiert sowie die olympischen Ruderwettbewerbe vorbereitet.

Im Verlaufe der mehr als ein Jahrhundert währenden Suche nach Bootstypen und -formen mit möglichst geringem Widerstand, hoher Kursstabilität und besten Rudereigenschaften für Ruderregatten bildeten sich 2 unterschiedliche Bootsgruppen heraus, das *Gig* und das eigentliche Ruder-Rennboot.

Das Gig dient im Rudersport bevorzugt als Ausbildungs- und Übungsboot. Es ist klinkerbeplankt und mit Außenkiel gebaut und überträgt mit dieser Bauweise und auch hinsichtlich der Bootsform einige Konstruktionsprinzipien der Wikingerboote auf den modernen Rudersport. Die Bootskörper werden bevorzugt aus leichten Hölzern wie Fichte, Zeder oder Lärche gebaut.

Die Gig-Übungsboote werden in Riemen- und Skullboote, Boote mit oder ohne Steuermann sowie nach Anzahl der Ruderer eingeteilt. Riemenboote sind als Gig-Zweier, Gig-Vierer und Gig-Achter alle mit Steuermann.

Zu den Skullbooten gehören der Gig-Einer ohne und mit Steuermann, der Gig-Doppelzweier ohne und mit Steuermann sowie der Gig-Doppelvierer und der Gig-Doppelachter, beide mit Steuermann. Die Unterschiede zwischen Riemen und Skull bestehen in der Handhabung sowie in den Abmessungen und Massen. Mit dem Riemen erfolgt jeweils ein einseitiger Bootsantrieb, der Einzelriemen wird mit beiden Armen bewegt. Beim Skullen werden jeweils 2 Skulls benutzt, so daß der Antrieb an beiden Seiten gleichförmig erfolgt.

Um beide Ruderarten zu trainieren, sind Gigs teilweise mit Doppeldollen zur Benutzung von Riemen oder Skulls je nach Übungsart versehen. Übliche Maße eines Riemens sind 3,75 m Länge, 14 bis 16 cm Blattbreite und 4 kg Masse. Ein Skull ist demgegenüber 2,95 m lang mit einer Blattbreite von 15 cm und einer Masse von 2 kg.

Zu den bekanntesten Ruder-Rennbooten gehören die Riemenboote: Zweier mit und ohne Steuermann, Vierer mit und ohne Steuermann sowie Achter mit Steuermann. Skullboote sind: Einer (skandinavische Bezeichnung: »Skiff«), Doppelzweier, Doppelvierer mit und ohne Steuermann.

Der Bootskörper eines Ruder-Rennbootes ist sehr leicht aus Sperrholz oder Plaste, sehr schmal und schlank gebaut. Die aufrechte Schwimmlage wird infolge der geringen Breite und hohen Massemittelpunktslage des besetzten Bootes nur durch die Einwirkung (Querstabilität und Trimm) der Insassen ermöglicht. An die Formsteifigkeit, die Außenhautdicke von wenigen Millimetern und die Oberflächenbeschaffenheit werden besondere Anforderungen gestellt. Die Dollen sind auf leichten Auslegerstreben befestigt. Der Ruderer sitzt auf einem längsverschieblichen Rollsitz und stemmt die Füße gegen ein fest eingestelltes Stemmbrett, so daß durch Vorrollen und Rückstemmen der Ruderschlag verlängert wird. Inzwischen gibt es auch schon Sportboote mit feststehendem Sitz und längsverschieblichen Auslegern. Während die Ruderer mit dem Rücken zur Fahrtrichtung sitzen, liegt bei Booten mit Steuermann der möglichst leichte Steuermann meistens hinten mit Blick nach vorn.

Übliche Schlagzahlen liegen zwischen 32 und 36 Schlägen in der Minute, können jedoch auch bis auf 44 pro Minute erhöht werden. Zwischen den Bootstypen, Schlagzahlen und Geschwindigkeiten bestehen etwa folgende Zusammenhänge:

Bootstyp	Schlagzahl je min.	Geschwindigkeit in km/h
Einer (Länge 6 ··· 7 m)	25 ··· 30	13,5
Zweier (Länge etwa 10 m)	28 ··· 32	15
Vierer (Länge etwa 12 ··· 13 m)	30 ··· 34	16
Achter (Länge etwa 16 ··· 18 m)	35 ··· 40	17,5

Rettungsboot: traditionelles Hauptrettungsmittel an Bord von Schiffen, wobei bis zum 18. Jh. die unterschiedlichsten Beibootstypen zusätzlich als Rettungsboote bei Seenot dienten. Das erste, mit Luftkästen und Korkeinlagen ausgerüstete spezielle Rettungsboot war eine 1784 vom Engländer L. LUKIN mit einem eisernen Kiel versehene *Jolle.* 1786 wurde ebenfalls von LUKIN das erste spezielle Rettungsboot für die Tyne-Mündung gebaut. Im Jahre 1810 meldete der Franzose ROUAN ein kentersicheres Rettungsboot in Paris zum Patent an. Die Entwicklung selbstlenzender und selbstaufrichtender Rettungsboote, die Möglichkeiten des Aussetzens bei Seenot und die Vorschriften zur Ausrüstung der Schiffe mit einer ausreichenden Anzahl einsatzbereiter Rettungsmittel zur Rettung von Besatzung, Passagieren und Schiffbrüchigen wurden seitdem ständig vervollkommnet.

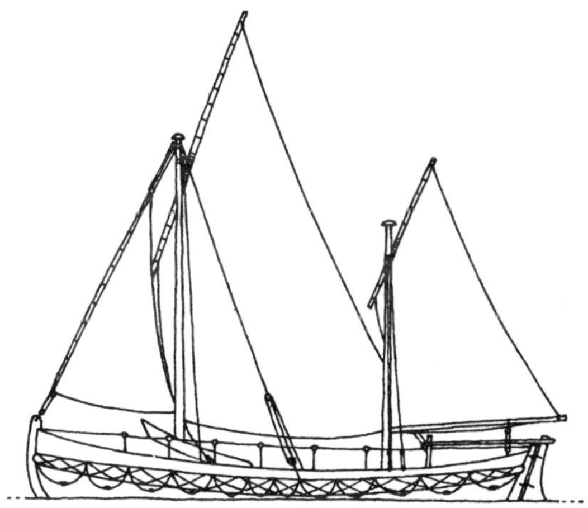

Englisches Segel-Rettungsboot um 1900

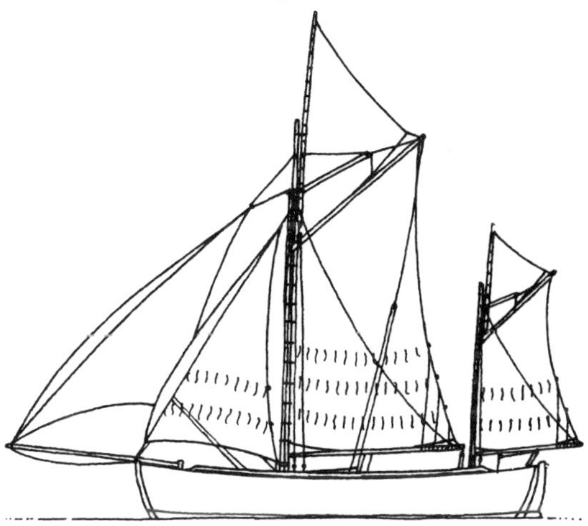

Norwegisches Segel-Ruderboot, 1893

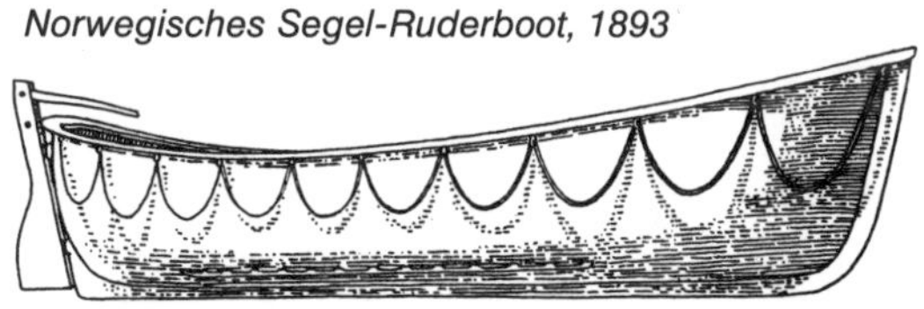

Ruder-Rettungsboot um 1940

Revierklasse-Boot: Sportsegelboot, dessen Bauweise speziellen Bedingungen eines bestimmten Segelreviers besonders angepaßt wurde und das auch nur in diesem Revier als *Klasseboot* gilt.

Rheinschiffe, *Historische Rheinschiffe:* zusammenfassende Bezeichnung der auf dem Rhein

für den Handel und die Personenbeförderung dienenden Wasserfahrzeuge. Obwohl es auf dem Rhein bereits relativ früh eine recht bedeutende Schiffahrt gab, stammen die meisten erhalten gebliebenen Nachweise erst aus dem späten Mittelalter. So sind auf einem Stadtbild von Köln aus dem Jahre 1548 plump wirkende geruderte Rheinschiffe mit Mast dargestellt. Aus dem Jahre 1615 stammende Abbildungen lassen demgegenüber bereits eine schlankere Bauweise erkennen. Auf zeitgenössischen Städtebildern von Blaeu aus dem Jahre 1640 sind verschiedene kleinere Rheinsegelschiffe, u. a. auch als *Anderthalbmaster*, dargestellt.
Der Amsterdamer Bürgermeister NICOLAS WITSEN (1641 bis 1717) nennt in seinem 1671 erschienenen Werk über den damaligen Schiffbau »Aeloude en hedendaagsche scheepsbouw en bestier« als Schiffstypen des Rheins die »Samoreuzen« *(Samoreusen)* und »Beitelschepen« *(Beitelschiffe)* ohne detaillierte Angaben. 1697 zählt VAN IJK in einem Kapitel »Die Binnenschiffe des Rheins« Brabants *Pleiten* sowie die Overijsselschen und Gelderschen Samoreusen zu den größten Rheinschiffen.
1831 gab LE COMTE eine ausführliche Beschreibung historischer Rheinschiffe und stellte ebenso wie 160 Jahre vor ihm N. WITSEN fest, daß die Rheinschiffe besonders lang und niedrig gebaut waren. Er unterschied die älteren Rheinschiffe nach ihrer Tragfähigkeit in die 3 Gruppen mit 100, 150 und 300 Lasten (200, 300 und 600 t). Außerdem vermerkte er, daß Rheinschiffe auch nach der Anzahl der Plankengänge größenmäßig unterschieden wurden, wobei i. d. R. 9 bis 12 Plankengänge je Schiffsseite üblich waren. Die häufigsten Schiffslängen lagen zwischen 20 und 24 m, die Breiten betrugen 3 bis 4 m, und die Raumtiefe (Innenraumseitenhöhe) war etwa 2 bis 2,4 m.

Rhin-Ewer: norddeutscher *Ewer* des 18. Jh. und noch des 19. Jh., der besonders am Hershorner und Kremper Rhin, bei Elmshorn und in Glückstadt an der Niederelbe für den Gemüsetransport als flachgehendes, relativ niedrig und schmal gebautes, schnellsegelndes Fahrzeug von 12,5 bis 15 m Länge und 3,5 bis 4 m Breite gebaut wurde. Die Rhin- oder Gemüseewer waren häufig durch Bugbemalungen, die Blüten oder Zweige darstellten, kenntlich gemacht.

Riddarsholmen-Schiffsfund: bei Baggerarbeiten in Nordberg (Schweden) aufgefundene Schiffsreste aus der Zeit um 1375. Es handelt sich um ein klinkergebautes Fahrzeug von 15 m Länge und 4,5 m Breite mit Planken und Spanten aus Eiche. Im Unterschied dazu war das etwa 7 m lange Kielschwein (der auf dem Kiel innen aufgesetzte Längsbalken) aus Kiefernholz.

Rindenboot: in vielen waldreichen Gebieten der Erde von der einfachsten bis zur handwerklichen kunstvollen Ausführung infolge seiner einfachen Herstellung mit vielerorts verfügbaren Mitteln weit verbreitetes Flußboot von Naturvölkern. Rindenboote wurden wie Einbäume gepaddelt, gestakt oder zuweilen auch gesegelt. Als Baumaterial diente die in einem Stück von geeigneten Baumarten als Halbrundschale gewonnene

Historische Rheinschiffe

1 Rheinschiff auf dem Stadtbild von Köln aus dem Jahre 1548

2 Ein Samoreus aus »Binnenschiffe des Rheins«, veröffentlicht 1697 von VAN IJK

3,4,5 Rheinschiffe auf dem Stadtbild von Blaeu aus dem Jahre 1640

Baumrinde. Mehrere Rindenstücke und die Bootsenden wurden mit präparierten Wurzeln, Bastfasern oder Lederriemen zusammengenäht (s. a. *Genähtes Schiff*) und die Nähte mit Harz, Asphalt oder anderen wasserdichten Stoffen abgedichtet.
Die indianischen Volksstämme im Norden Amerikas verwendeten die Rinde der Kiefer und der Tanne, die weiter südlich siedelnden nordamerikanischen Indianer bevorzugten Birkenrinde. Die Algonkinindianer im Gebiet der Hudsonbay und auf Labrador bauten ihre Boote ebenfalls aus Birkenrinde, nähten mit präparierten gespaltenen Kiefernwurzeln und dichteten die Nähte mit Harz ab. Von den Irokesen ist bekannt, daß sie ihre Boote kunstvoll aus der Rinde der Ulme bauten. Die bei den indianischen Booten durch das seitliche Zusammenziehen hochgezogene Bug- und Heckpartie wurde zum Vorbild für moderne *Kanadierboote*.

Im Nordosten Sibiriens zwischen dem Jenissej und dem Ochotskischen Meer sowie im Amurgebiet war das Rindenboot allgemein gebräuchlich. Hinsichtlich der Bauweise bestehen Ähnlichkeiten zu den nordamerikanischen Rindenbooten, die sibirischen Boote wurden jedoch meistens mit einem aussteifenden Spantengerüst und mit Längsleisten gebaut; genäht oder gebunden waren sie mit Weidengeflecht.
In Afrika kam das Rindenboot in einfacher Form in den Gebieten des Sambesi, des Kuneno und in Seengebieten Ostafrikas vor. An den Küsten Moçambiques baute man auch größere Rinden-

Bildtafel aus dem »Livro das Armadas« der Lissaboner Akademie der Wissenschaften mit den 12 Schiffen der portugiesischen Expeditionsflotte, die nach Erkundung des Seeweges durch VASCO da GAMA am 9. März 1500 unter CABRAL nach Indien ausliefen und von denen 5 Schiffbruch erlitten.
Horacio de Sousa, Lissabon [1]

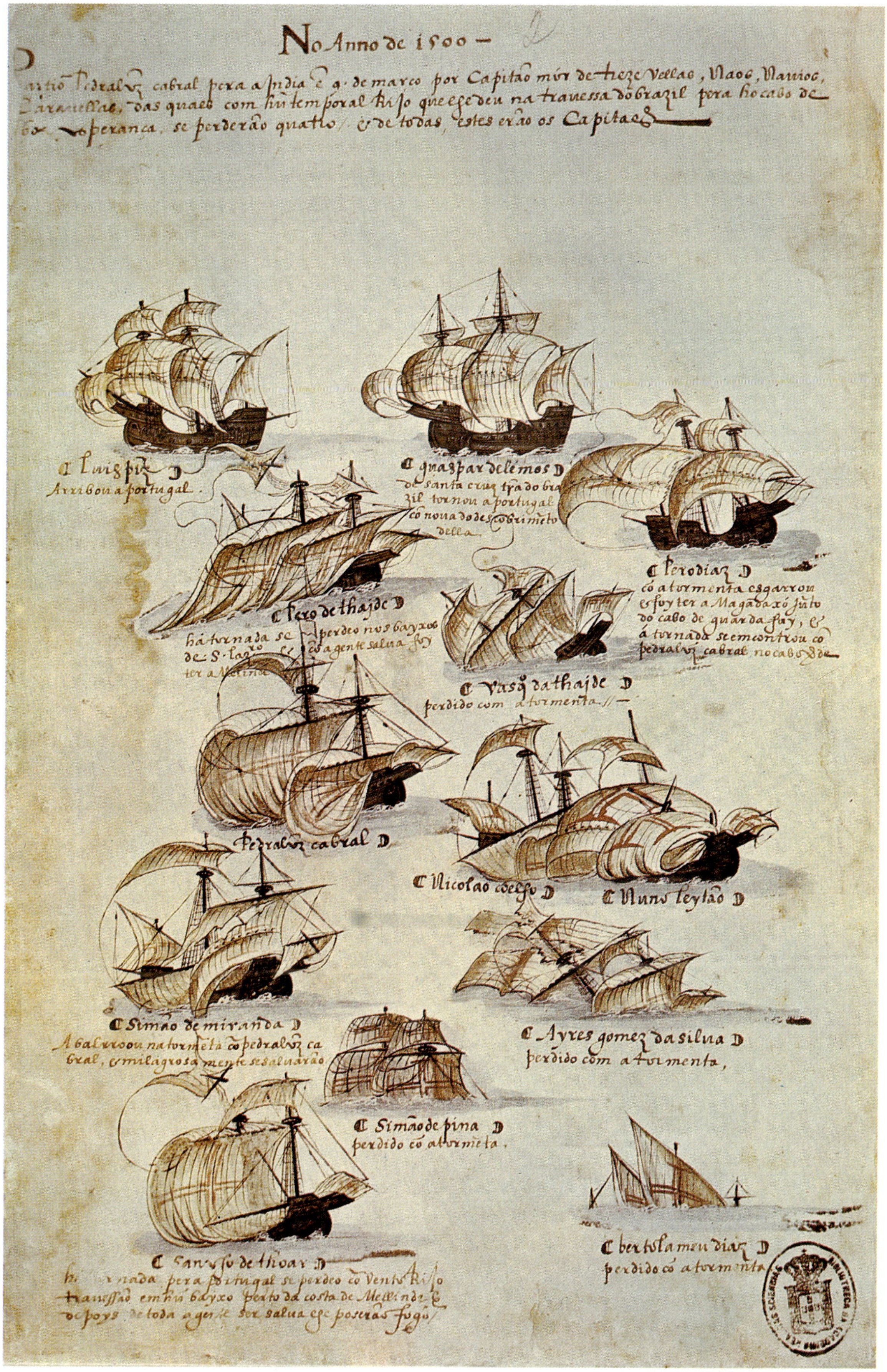

Ostindienfahrer »OOSTRUST«, Amsterdam 1721, Modell.

Fregatte »MADAGASKAR« der holländischen Ostindischen Kompagnie um 1820.

Die glückliche Heimkehr von JACOB CORNELISZ van NEXKS zweiter Expedition von Ostindien am 15. Juli 1599«, Gemälde von HENDRIK CORNELISZ VROOM. Rijksmuseum, Amsterdam [1]

Gemälde von ANTOINE ROUX 1801. Die »BELLA AURORA«, ein griechischer Polacker mit schlankem Körper, gemischter Takelung und tiefliegenden Marsrahen vor Marseille.
Jos Mel, Marseille [1]

Nachbau der »SANTA MARIA« 1492, Flaggschiff des CH. COLUMBUS.

boote mit Spanten, Ruderbänken, Mast und Segel. Auch für die Gebirgsflüsse der Insel Borneo und im Nordwesten Australiens bauten die Ureinwohner Boote aus Baumrinden. Die leichten Rindenboote – ein Einmann-Rindenboot aus Birkenrinde wog etwa 20 kg – konnten über größere Landstrecken getragen werden und boten Schutz vor Witterungsunbilden.

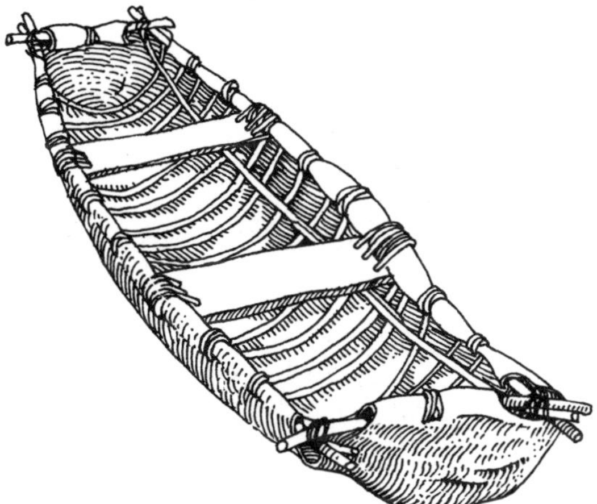

Südamerikanisches Rindenboot

Nordische Felszeichnung aus Ekensberg, Ostgotland [11]

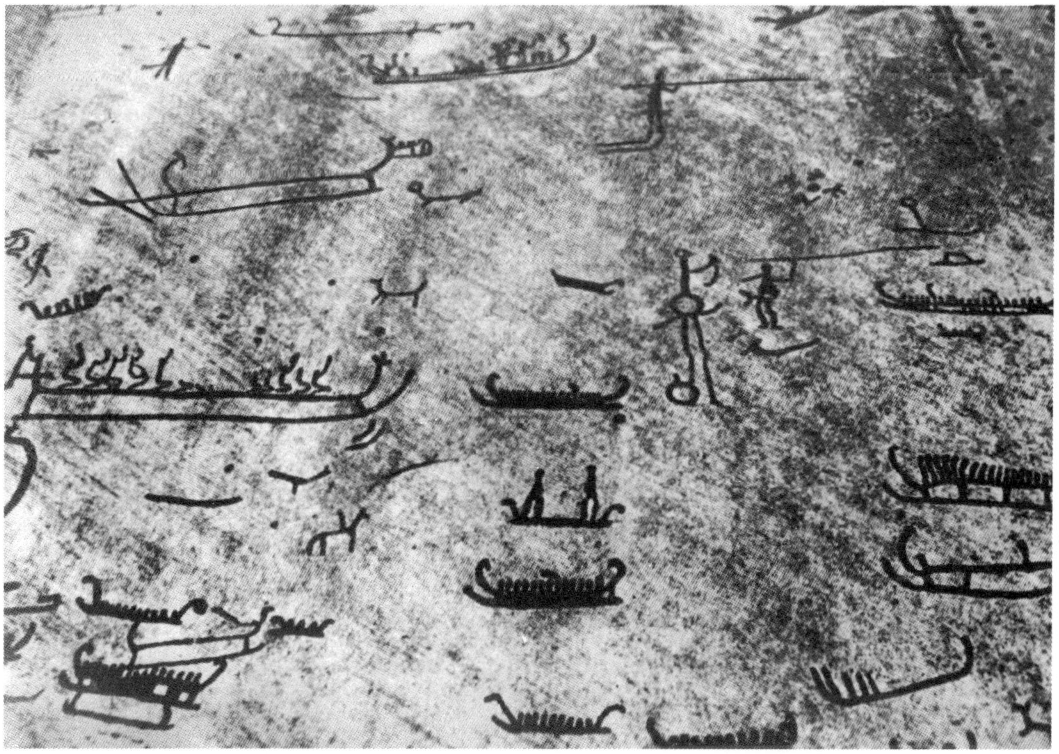

Felsritzungen aus Bohuslän, Südschweden [11]

Ringwaden-Logger: ein speziell für die Ringwadenfischerei ausgerüsteter Fischereilogger *(Logger)* mit einer dem *Seiner* ähnlichen Fangmethode. Die Ringwade wird beim Ringwadenlogger über die Bordseiten an Deck genommen (Seitenfang).

Ritzzeichen-Bootsdarstellungen, *Felsritzungen, Felszeichnung, Steinritzungen:* Darstellungen kultischer Symbole, Szenen und Schiffe durch Ritzungen auf Steinen oder Felsen aus frühen menschlichen Siedlungsgebieten. Für die frühgeschichtliche Erforschung auch des nordeuropäischen Siedlungsraumes gehören Steinritzungen zu den bedeutendsten erhalten gebliebenen Nachweisen, da es selbst aus dem ersten Jahrtausend der Zeitrechnung und den nachfolgenden Jahrhunderten nur wenig schriftliche Überlieferungen gibt. Zu den bedeutendsten Berichten mit Anmerkungen zur frühgeschichtlichen Entwicklung gehören die Darstellungen des römischen Geschichtsschreibers TACITUS in der »Germania« (98 u. Z.), die des arabischen, aus Cordova stammenden Kaufmannes AT-TARTUSCHI, der seinen Aufenthalt in Haithabu um 950 beschreibt, des Domherrn ADAM V. BREMEN, gestorben 1085, und der altnordischen Skaldenpoetik »Edda« aus dem 13. Jh.
Der skandinavische Siedlungsraum ist reich an Felsritzungen, von denen einige bereits aus der jüngeren Steinzeit stammen können, die Mehrzahl entstand jedoch in der Bronze- und frühen Eisenzeit etwa 2000 bis 800 v. u. Z. Besonders häufig sind Felsritzungen im westlichen Schweden nördlich Göteborg in der Provinz Bohuslän zu beiden Seiten der Seestraße (Bohuslän hieß in älterer Zeit Alfheimar und war von dem als Seeräuber berüchtigten Elfragrimar bewohnt). Weitere Felszeichnungen, schwedisch »hällristningar«, finden sich hauptsächlich im südöstlichen Schonen, in Ostgotland und auf der dänischen Insel Bornholm.

Die skandinavischen Ritzungen befinden sich stets auf fast ebenen Flächen von Felsplateaus, die von Gletschern glattgeschliffen wurden und wahrscheinlich als Kultstätten dienten, niemals jedoch auf senkrechten Felswänden. Die Annahme, daß es sich um Kultstätten handelte, stützt sich darauf, daß auf den Felsplateaus Brandstellen von Opferfeuern oder Totenverbrennungen nachgewiesen wurden. Neben Sonnenriten, rituellem Pflügen, Opfer- und Kampfszenen, Waffen, Wagen, Tieren, Menschen und Göttergestalten, die Vorstellungen und Leben der Bauernstämme symbolisieren, sind Hunderte unterschiedliche Schiffsbilder eingeritzt, die von der Verbundenheit der Menschen mit dem Meer zeugen. Da es sich um kultische Darstellungen handelt und diese außer den irdischen Objekten eine große Anzahl runder Punkte zeigen, die wahrscheinlich Sterne symbolisieren sollen, vermuten Historiker, daß die Schiffe als zwischen den Gestirnen fahrende »Gestirnschiffe« gedacht waren. Die Vorstellung, daß Sterne ihre eigenen Schiffe hätten, war im Altertum in Europa allgemein verbreitet. Eine Felsritzung aus Backa (Bohuslän) zeigt ein großes Himmelsbild mit Mond und Sonnenrädern und ein flaches Schiff mit 36 aufragenden Zeichen, die Personen oder Spanten darstellen sollen.
Besonders auffällig sind der häufig dargestellte Doppelsteven sowie die kultischen Bug- und Heckköpfe. Eine andere Ritzung stellt ein Gestirnschiff mit höherem Bord dar, das ein Gestirn trägt und von Sterngeistern getrieben wird, und ein weiteres Gestirnschiff aus dem Kirchspiel Bradstad (Bohuslän) zeigt an jedem Schiffsende eine ham-

merschwingende Göttergestalt und in der Schiffsmitte eine sich überschlagende Figur. Andere Darstellungen heben das Schiffsgerüst besonders hervor.
Ähnliche Darstellungen mit einfachen Felsritzungen vom Norden der Insel Bornholm beim Allinge enthalten die entsprechenden Elemente der Darstellungen von Bohuslän.
In Brandskogen am Mälarsee bei Stockholm blieb eine Felsritzung aus der Zeit um 1000 bis 800 v.u.Z. erhalten. Dieses als Brandskogboot bekannt gewordene Fahrzeug stellt ein Boot mit Doppelsteven und 6 in Fahrtrichtung stehenden Personen mit Paddeln, wahrscheinlich je Bootsseite gedacht, dar. An den hochgezogenen geschwungenen Stevenenden sind elchskopfähnliche Stevenköpfe zu erkennen. Unter dem Hintersteven ist symbolisch die Gestalt einer helfenden Gottheit dargestellt. Eine jüngere Ritzdarstellung, nicht auf Stein, sondern auf Holz aus dem 13.Jh., die bei Ausgrabungen bei Bergen geborgen wurde, befindet sich im Historisk Museum im norwegischen Bergen und stellt ein typisches nordisches *Drachenschiff* dar.
In der Kirche von Fide auf Gotland befindet sich ein erst vor einigen Jahrzehnten entdeckter Stein mit einer Ritzung aus der Mitte des 13.Jh., auf dem eine Frühform der *Kogge* bereits mit Heckruder dargestellt ist. Im Vergleich zu den nordeuropäischen Ritzdarstellungen gibt es in anderen frühen Siedlungszentren Ritzungen, die mehrere Tausend Jahre früher entstanden. Zu den ältesten Ritzzeichnungen der Welt zählt die etwa 8000 Jahre alte Darstellung eines Fahrzeuges mit Segel im südlichen Teil der heutigen Nubischen Wüste. Es stellt wahrscheinlich ein Papyrusfahrzeug dar, wie es auf dem Nil noch Jahrtausende später gebräuchlich war.

Verschiedene wiederkehrende Ritzsymbole

R-Klasse-Yacht: internationale Klasse von Segelsportyachten der *Konstruktionsklasse* mit festem, tiefgehendem Kiel, deren Bewertung nach einer im Jahre 1906 anläßlich der Gründung der IYRU eingeführten Rennwertformel

$$R = \frac{L + B + 1/2G + 3d + 1/3\sqrt{S} - F}{2}$$

erfolgte. Es bedeuten: L – Länge zwischen festgelegten Umfangsmaßen; B – Breite; G – Umfang im Bereich der größten Breite; d – Differenz zwischen der Länge eines straff um den Umfang gespannten Drahtes und dem tatsächlichen Umfang an gleicher Stelle; S – Segelfläche; F – ein Freibordmaß. So wurden die Yachten so ausgelegt, daß sich jeweils Rennwerte für R nach der Rennwertformel gerade unter 6, 8 oder 12 ergaben. Eine spätere Vermessungsformel wurde

1920 festgelegt mit $R = \frac{L + 2d + \sqrt{S} - F}{2{,}37}$

die als »International Rule« (engl. rule, Regel, Vorschrift) bekannt ist. Der von 1/2,0 auf 1/2,37 veränderte Faktor sollte die Veränderungen in den Konstruktionswasserlinienlängen berücksichtigen. Yachten einer Rennklasse sollen so gleichwertig sein, daß sie ohne Zeitvergütung (im Unterschied zu Ausgleichsklassen) starten und bewertet werden.
Bekannte R-Klassen waren die 5-, 5,5-, 6-, 8-, 10-, 12- und 14,5-m-R-Klasse. Der Rennwert einer Yacht ergibt sich unter Berücksichtigung von m in Meter und dem errechneten Formelwert R. Von der 8-m-R-Klasse aufwärts handelt es sich um Yachten mit Kajüte und Schlafplätzen. Im Laufe der Zeit setzten sich insbesondere die 3 Größen 6-, 8- und 12-m-R-Klassen durch. Die 14,5-m-R-Größe hatte noch bei der Regatta um den Amerika-Pokal Bedeutung, wegen ihrer Größe (20m bzw. 65 Fuß Länge in der KWL) schied sie nach 1950 aus den Rennen aus. Die 12-m-R-Yacht als nunmehr größte R-Klasseyacht hat in der KWL etwa eine Länge von 13,5m (44 Fuß), so daß auch die Boote der CR-Klasse (Cruiser-Racer) an Yachtrennen mit der R-Klasse teilnehmen können. Das internationale Segel-Klassezeichen der R-Klasse ist eine große schwarze Zahl, die den Rennwert angibt. Die Zahl gibt jedoch nicht direkt die Länge der Yacht in Metern an, sondern die Umrechnung nach der Rennwertformel. So hat z.B. ein 6-m-R-Boot das Segelzeichen »6«, eine Länge über alles von 10,5 bis 11,8m und eine Länge in der KWL von 6,5 bis 7,2m. Die Breite liegt zwischen 1,8 und 2,08m, der Tiefgang bei 1,56 bis 1,68m und die Verdrängung zwischen 3,6 und 4,3t. Zur Rennbesatzung gehören 5 Mann, die Segelfläche beträgt 42 bis 44,3 m^2. Seit 1956 gehört das 6-m-R-Boot nicht mehr zur Olympiaklasse. Eine Yacht der 8-m-R-Konstruktionsklasse fährt mit 6 Mann Rennbesatzung, die Länge über alles beträgt 15m und die Länge in der KWL 9,5m. Bei einer Breite von etwa 2,5m und etwa 2m Tiefgang wird eine Segelfläche von etwa 80 m^2 gefahren.

Römisches Schiff, *Altrömisches Schiff:* klassisches römisches Seeschiff der Antike. Die Entwicklung des römischen Reiches zu einer das Mittelmeergebiet umfassend beherrschenden Seemacht drückt sich in der römischen Bezeichnung »mare internum« (inneres Meer) für das Mittelmeer aus. Dieser Entwicklung war der Niedergang der athenischen Vormachtstellung im östlichen und mittleren Teil des Mittelmeeres nach den Niederlagen in den Landkämpfen gegen ALEXANDER DEN GROSSEN vorangegangen. Mitte des 13. Jh. v. u. Z. begann Rom, die vorher von den Phöniziern, Griechen und Karthagern beherrschten Seeverbindungen auszubauen. Obwohl Rom wenige Jahre vor Ausbruch des 1. Punischen Krieges im Jahre 264 v. u. Z. mit Karthago (der letzte Punische Krieg fand 148 bis 146 v. u. Z. statt) kein nennenswertes Seewesen besaß, errang eine vom griechischen Geschichtsschreiber POLYBIOS (210 bis 127 v. u. Z.) beschriebene, aus 100 *Penteren* und 20 *Triremen* bestehende römische Kriegsflotte bereits im Jahre 260 v. u. Z. in der Seeschlacht bei Mylae, dem heutigen Milazzo (Sizilien), gegen die Karthager einen bedeutenden Sieg und versenkte bzw. eroberte 50 karthagische Schiffe. Die Landmacht Rom vollbrachte damit die erstaunliche Leistung, innerhalb weniger Jahre ohne eigene Erfahrungen eine schlagkräftige Kriegsflotte zu schaffen. Die im römischen Machtbereich verfügbaren Schiffe und fremde Seeleute wurden in römische Dienste übernommen und vor allem für Truppentransporte genutzt. Ebenso konsequent übernahm man von den in Jahrhunderten entstandenen griechischen Schiffstypen insbesondere die wendigen *Trieren*, die in der römischen Flotte »Triremen« genannt wurden. Es ist anzunehmen, daß die von POLYBIOS erwähnten 20 Triremen keine Neubauten, sondern vorhandene Schiffe süditalienischer Städte waren.

Ausschlaggebend für den Seesieg bei Mylae war jedoch die von den Römern aus den Landkämpfen auf den Seekrieg übertragene Kampftaktik. Um die vielfach erprobte Landkriegsstrategie des konzentrierten Einsatzes römischer Krieger auch in Seegefechten anwenden zu können, waren jedoch Schiffe mit im Vergleich zu den Trieren größerer Tragfähigkeit für mehr Fußsoldaten erforderlich.

Vorbild für diesen größeren Schiffstyp wurde die karthagische *Pentere*. Von einem auf dem Festland gegenüber Messina gestrandeten feindlichen Schiff wurden die Abmessungen und Bauweisen übernommen und Penteren (von den Römern *»Quinqueremen«* genannt) in kurzer Zeit in einer größeren Anzahl nachgebaut. Hinsichtlich der Schiffstypen glich man damit die fehlenden eigenen Erfahrungen durch den Nachbau bewährter fremder Schiffstypen aus. Den Mangel an erfahrenen Schiffszimmerern konnte Rom durch die in Süditalien ansässig gewordenen Griechen und Etrusker, aber auch durch eigene Zimmerleute aus dem Brücken- und Gebäudebau schnell überwinden.

Für die damaligen Verhältnisse erscheint auch die an Land erfolgte Vorausbildung der erfoderlichen Ruderer bemerkenswert. So berichtet POLYBIOS, daß die Ruderer zur Ausbildung an Land auf Rudergerüsten saßen, die dieselbe Anordnung der Sitze wie die auf den Schiffen selbst hatten. In ihre Mitte stellten sie den Rudermeister und übten allen ein, sich zugleich zurückzulegen und dabei die Hände an sich zu ziehen und dann wieder sich vorzubeugen, die Arme zu strecken und nach dem Takt des Rudermeisters zu beginnen und aufzuhören.

Als bedeutendste von den Römern eingeführte technische Neuheit ist eine auf den Quinqueremen angebrachte schwere, drehbare Enterbrücke von etwa 9 m Länge und 1,20 m Breite, der sogenannte »Corvus« (lat., Brechstange), anzusehen. Die Erfindung wird dem römischen Konsul und Flottenführer G. DUILIUS zugeschrieben, der mit seiner Flotte den Seesieg über die Karthager errang. Diese Enterbrücke war um einen auf dem Vorschiff stehenden Pfosten (Pfahl) drehbar, während das vordere Ende, an dem sich ein Dorn befand, durch ein Takel hochgefahren wurde. Hatte eine römische Quinquereme sich einem feindlichen Schiff ausreichend genähert oder versuchte ein feindliches Schiff zu rammen, so ließ man die Enterbrücke auf das Deck des Gegners fallen, und der spitze Dorn bohrte sich ein. Über diese Brücke erstürmte das römische Fußvolk das feindliche Schiff und war dann dem Gegner meistens im landähnlichen Nahkampf überlegen.

Römisches Frachtschiff aus der Kaiserzeit auf dem Ostia-Torlonia-Relief [11]

Nach den Punischen Kriegen erforderte die sich schnell ausweitende römische Handelsschiffahrt den Schutz gegen das im Mittelmeer stark angestiegene Seeräubertum. Im 1. Jh. v. u. Z. wurden deshalb die als schnelle Piratenschiffe der illyrischen Liburner bekannte Liburnen mit einer Ruderreihe auf einem durchgängigen geschlossenen Deck nachgebaut.

Später entstand aus der *Liburne* die *Diere* (Zweireiher), von den Römern *»Biremen«* genannt.

Auf den verschiedenen römischen Kriegsschiffen wurden auch erstmalig gefechtsturmähnliche Aufbauten oder Deckshäuser errichtet. Zeitliche Datierungen von Veränderungen der römischen Kriegsschiffstypen sind jedoch relativ unsicher, da Rom im Unterschied zu den Landheeren, auf die sich das mächtige Imperium stützte, nur selten eine ständige Kriegsflotte über mehrere Jahrzehnte unterhielt. Es gilt jedoch als sicher, daß die Flotte des OCTAVIAN, die in der Seeschlacht bei Actium die Flotte des ANTONIUS schlug, hauptsächlich aus Liburnen bestand.

Die römischen Kriegsschiffstypen (Liburne, Diere, Trireme, Quinquereme) waren Ruderschiffe mit zusätzlicher Besegelung und im Unterschied zu den vorwiegend gesegelten völligeren Lastschiffen relativ schmal gebaut, mit geringer Seitenhöhe und geringem Tiefgang, als »naves longae«, d.h. als »Langschiffe« – wie die Kriegsschiffe bezeichnet wurden – gebaut. Nach der Ausdehnung der römischen Macht auf den gesamten Mittelmeerbereich hatte die römische Handelsschiffahrt bedeutende Verbindungs- und Versorgungsaufgaben wahrzunehmen. Allein für die Versorgung der immer größer werdenden Stadt mit Weizen, Fleisch, Wein, Früchten und

Roskilde-Lastschiff, Länge 15,5m, Breite 4,5m

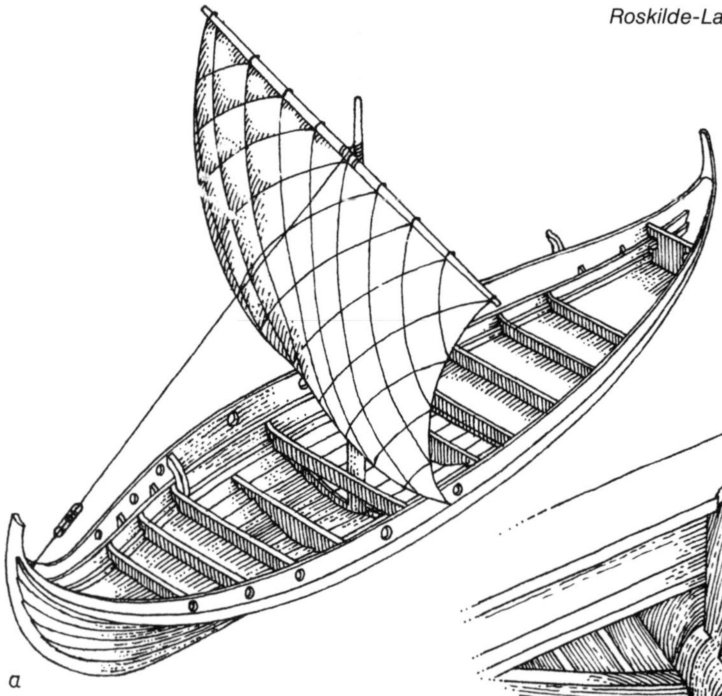

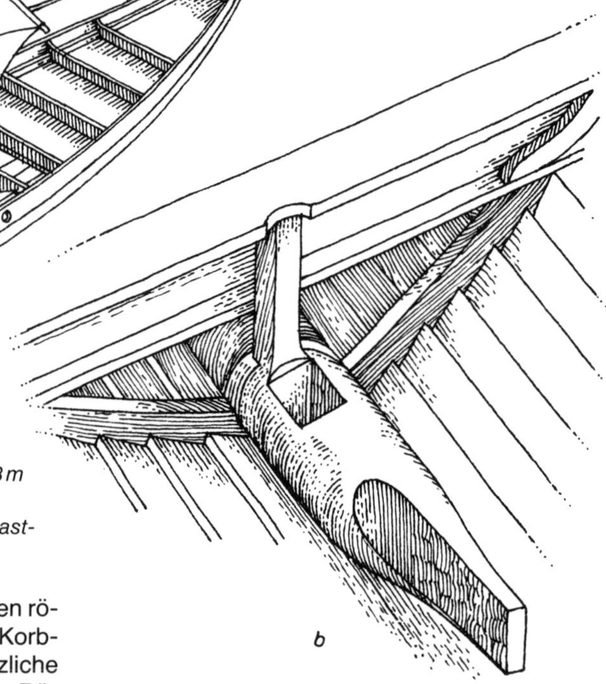

a) Roskilde-Lastschiff, Länge 13,3m, Breite 3,3m

b) Abgestützter Mastschuh auf den Roskilde-Lastschiffen

Edelhölzern, aber auch für die Sklaventransporte baute Rom den Hafen Ostia und benötigte eine ganze Flotte. Infolge der großen Anzahl von Frachtschiffen und ihrer schweren Bauweise sind bedeutend mehr Nachweise von römischen Frachtschiffen gegenüber den leicht gebauten Kriegsschiffen erhalten geblieben. Verschiedene Quellen, u.a. J. HAUSEN, geben mehr als 40 nachgewiesene Funde römischer Frachtschiffe an, meistens mit Datierungen sowie Angaben zu Schiffsgröße, Abmessungen und Beladung.
Römische Frachtschiffe hatten demnach Tragfähigkeiten zwischen 60 und 300t. Bevorzugt wurden Schiffe mit 200 bis 300t Tragfähigkeit, deren Länge etwa 20m bei 6m Breite und 3m Tiefgang betrug. Die völlig gebauten Lastschiffe mit gerundetem Spantprofil hießen »naves onerariae« (lat. onerarius, Last tragend). Die Bauweise der Schiffe entspricht der des östlichen Mittelmeergebietes. Der auf Kiel gebaute Rumpf war grundsätzlich kraweelbeplankt, auf Spanten und mit durchgesteckten Decksbalken gebaut. Ob die Spanten vor oder nach dem Zusammenfügen der Außenhautplanken eingebaut wurden, ist nicht sicher bekannt. So zeigt z.B. ein Grabstein aus Ravenna einen Zimmermann beim Behauen eines Spantteiles vor einem fertig beplankten Schiff. Im durchgehenden, für den Getreidetransport sorgfältig abgedichteten Deck befanden sich Ladeluken. Am Vorschiff war ein vorstehender Balken für die Ankerhandhabung bzw. als Standplatz zum Loten, mitunter war auch ein kleines Vorstevengerüst vorhanden. Auf dem Achterschiff befand sich ein Deckshaus, zuweilen mit einer Galerie für die Schiffsführung und mitreisende Kaufleute oder Passagiere sowie zur kultischen Götterehrung häufiger ein geschwungener Schwanenhals mit vergoldetem Schwanenhaupt. Die beidseitigen Steuerruder waren durch eine gangbordähnliche Verschalung etwas geschützt und konnten bei schwerem Seegang gehievt werden, damit sie nicht zerschlugen.
Wenn die Gegebenheiten es erlaubten, verliefen auch die römischen Seewege hauptsächlich in Küstennähe, so daß häufiger an Land übernachtet werden konnte. Für das Kochen an Bord gebrauchte man transportable Kohlepfannen. Von der Zeitdauer solcher Seereisen und den Verhältnissen auf römischen Schiffen berichtet u.a. der Apostel PAULUS. So schildert er eine ungünstige Reise mit einem römischen Schiff von Phönizien (etwa dem heutigen Libanon) nach Rom, die 5 Monate dauerte. Die Größe des Schiffes und die beengten Verhältnisse kann man daran ermessen, daß insgesamt 276 Reisende mit ihrer Habe und mit Haustieren auf dem Schiff reisten.
Neben den Schiffsfunden zeigen verschiedene Darstellungen, u.a. Mosaikbilder in einem Hause bei Ostia *(Ostia-Schiffsrelief, Torlonia-Schiffsrelief)* aus dem 1.Jh., die Besegelung der römischen Handelsschiffe. Die hochbordigen, völligen, von altersher als *»Corbitae«* bezeichneten Schiffe waren bereits reine Segelschiffe, bei denen Riemen nur noch als Manövrierhilfe benutzt werden konnten. An einem abgestagten Pfahlmast wurde ein großes viereckiges Rahsegel und über dem Großsegel ein kleines Dreieckssegel gefahren. An einem kurzen Schrägmast trug das Vorschiff ein weiteres, kleineres Rahsegel, das Artemon. Als kleine Beiboote führten römische Schiffe an Deck lederbezogene Korbboote mit, die sie »Carabi« nannten. Zusätzliche Einsichten in das schiffbauliche Können der Römer vermittelt auch der *Nemisee-Schiffsfund*.

Roskilde-Schiffsfund: Schiffsfund in der Fahrrinne des Roskildefjords bei Skuldelev in der Nähe des historischen Roskilde auf der dänischen Insel Seeland, der aus Wrackteilen einer sich aus 5 im 8. bzw. 9.Jh. versenkten Wikingerschiffen zusammensetzenden Schiffssperre besteht. Während der Wikingerzeit um 1000 bis 1100 war Roskilde eine bedeutende Handelsstätte mit einem Königshof und einer Domkirche. Um feindliche Schiffe an der Einfahrt zu hindern, hatte man eigene Schiffe mit Steinen beladen und neben und teilweise übereinander versenkt.
Das dänische Nationalmuseum begann 1957 mit den archäologischen Untersuchungen und veranlaßte, daß 1962 die Fundstelle von etwa 1600 m^2 durch eine Spundwand umgrenzt und trockengelegt wurde, da durch starke Strömungen Taucherbergungen nicht möglich waren. Unter Leitung von O. OLSEN und O. CRUMLIN-PEDERSEN untersuchten und bargen etwa 20 Archäologen in mühevoller Kleinarbeit ungefähr 50000 vorwiegend aus Eichenholz bestehende Einzelstücke. Um die Teile zu erhalten, wurden sie zunächst feucht gehalten, danach mit einer Formalinlösung besprüht, in Plastfolien verpackt und anschließend je nach Größe zwischen 6 Monaten und 2 Jahren in Polyäthylenglykol-Konservierungsbädern gelagert. Für die Aufstellung der rekonstruierten Schiffe wurde am Roskildefjord ein modernes Museum errichtet. Bei allen 5 Fahrzeugen handelt es sich um typische Wikingerschiffe aus dem 8. bzw. 9.Jh., ähnlich den *Nydam-*, *Oseberg* oder *Gokstad-Funden.*
Das größte der Wracks war ein Dreißigbänker-Langschiff (Kriegsschiff) für 50 bis 60 Krieger von etwa 28m Länge. Dieses typische Schiff für ausgedehnte Wikinger-Entdeckungs- und -Raubfahrten hat als Ruderschiff Riemenlöcher über die ganze Schiffslänge und ist zusätzlich zum Segeln ausgerüstet.
Zu den Funden gehört weiter ein kleineres, ebenfalls schlank gebautes Kriegsschiff, wie es für küstennähere Fahrten in der Ost- und Nordsee häufiger benutzt wurde. Es ist 18m lang und etwa 4,0m breit; Riemenlöcher sind für insgesamt 24 Ruderer eingearbeitet.
Außerdem gehören auch 2 Lastschiffe zu den Funden. Das größere hat eine Länge von 15,5m und ist 4,5m breit, die Bordhöhe (Seitenhöhe) beträgt 1,9m. Über etwa ein Drittel der Schiffs-

länge sind die Schiffsenden jeweils durch einen weiteren, nicht durchgehenden Plankengang verstärkt. Es handelt sich um einen der *Knorr* (Vortyp der *Kogge*) entsprechenden Segel-Ruder-Schiffstyp, der sich durch seine Bauweise bereits gut für den Transport einer größeren Personenzahl mit Hausrat und Haustieren über größere Seestrecken, zum Beispiel nach Island und Grönland, eignete.
Das zweite Lastschiff ist mit 13,3 m Länge, 3,3 m Breite und 1,6 m Bordhöhe kleiner; in der Bauweise bestehen keine wesentlichen Unterschiede. Es ist ebenfalls segelbar und könnte im Ostseebereich als Küstensegler benutzt worden sein. Das fünfte Wrack war wahrscheinlich ein Fischer- oder Fährboot von 12 m Länge, 2,5 m Breite und 1,2 m Bordhöhe. Es ist ebenfalls segelbar, Anzeichen für Riemenführungen wurden nicht festgestellt.
Gegenüber früheren, etwa 100 Jahre älteren Wikingerschiffen sind einige Verbesserungen vorhanden. Die Planken der klinkerbeplankten Schiffe sind ähnlich wie bei früheren Wikingerfahrzeugen miteinander vernietet, die Spanten sind an der Plankeninnenseite jedoch bereits sägenartig dem Plankenprofil angepaßt und fest angenietet. Diese Bauweise findet sich auch beim *Ladby-Schiff* (Fünen, Dänemark, 9. bis 10. Jh.), dem *Baumgarth-Boot* (ehemals Westpreußen, 10. bis 11. Jh.) oder am *Kalmar-Boot* (Südschweden, Mitte 13. Jh.).
Auch die Mastaufstellung zeigt Fortschritte. Der Mast steht nicht mehr frei in einem großen Mastschuh, sondern wird an seinem Unterteil durch eine mit dem Schiffsverband fest verbunden ausgearbeiteten Dwarsbalken abgestützt. Statt der Kniehölzer wurde der Querbalken durch Längshölzer an den oberen Plankengängen befestigt.

Ruderboot: Sammelbezeichnung für alle Arten mittels Riemen (Remen) oder Skulls geruderter Boote. Für Ruderer ist auch der ältere Ausdruck »Rojer« noch gebräuchlich. Das Rudern wird seemännisch auch als »Pullen« (engl. to pull, ziehen, reißen) bezeichnet, »Pullen« wird jedoch nicht auf das Sportrudern angewandt.
Beim Rudern sitzt der Ruderer mit dem Rücken zur Fahrtrichtung im Unterschied zum Paddeln oder Wriggen. Der Riemen wird mit beiden Armen bewegt, beim Sportrudern ist er etwa 3,75 m lang und hat eine Masse von ungefähr 4 kg. Im Unterschied zum Riemen gibt es die paarweise je mit einem Arm bewegten kleineren Skulls, deren Länge etwa 2,95 m bei einer Masse von ungefähr 2 kg beträgt. Das Auf- oder Einlegen der Riemen oder Skulls auf die Bordwand kann in Dollen oder Einschnitten (Dollen- oder Inriggerboot) oder auf seitlichen Auslegern (Auslegeroder Outriggerboot) erfolgen.
Beim modernen Rudern werden die Riemen oder Skulls lang durchgezogen. Diese Rudertechnik war aber im Altertum und auch im frühen Mittelalter auf Fahrzeugen mit vielen Ruderern nicht üblich. Die Ruderer saßen auf dicht angeordnteten Ruderbänken und bewegten die Riemen in kurz anreißender Bewegungsart, die auch als »Türkisch Rudern« bezeichnet wird. Bei der Längenbeurteilung der türkischen, arabischen oder römischen Ruderschiffe aus der Anzahl der Ruder in einer Ruderreihe ist diese Besonderheit zu beachten. Auch bei Wikingerschiffen und Galeeren wurde noch kurz gerudert.

Ruderkanonenboot: siehe Kanonenboot

Rundgattschiff, *Rundgattewer:* allgemeine Bezeichnung für Schiffe, bei denen das Heck im Unterschied zum Spitzgattschiff und *Plattgattschiff* mit Spiegelheck im hinteren Decksbereich stark abgerundet ist. So war z.B. der Rundgattewer einer der jüngsten Frachtewertypen. Durch den Eisen- und Stahlschiffbau und den späteren Propellerantrieb wurde das sogenannte »Rundgatt« (»Rundheck« bzw. »Dampferheck«) gebräuchlich. Die in der bisherigen Holzbauweise mit dem weniger arbeitsaufwendigen Spiegelheck gebauten *Ewer* wurden diesem Stil angepaßt oder neuere Stahl-Frachtewer mit Rundgatt gebaut. Zahlreiche Holzewer mit Rundgatt baute man von 1900 bis 1909 in Stade und in Gräpel (Oste).

Rundspantboot: auf die Spantform bezogene Bootsbezeichnung. Rundspante werden bei den meisten Sportbooten angewendet. Im Unterschied zum Rundspant gibt es weitere Spantformen, wie Knickspante beim *Knickspantboot.*

Rybniza: russische Bezeichnung für einen kleinen Fischerkahn ohne Mast und Segel oder mit einem Luggersegel an einem kurzen Mast.

Russische Rybniza

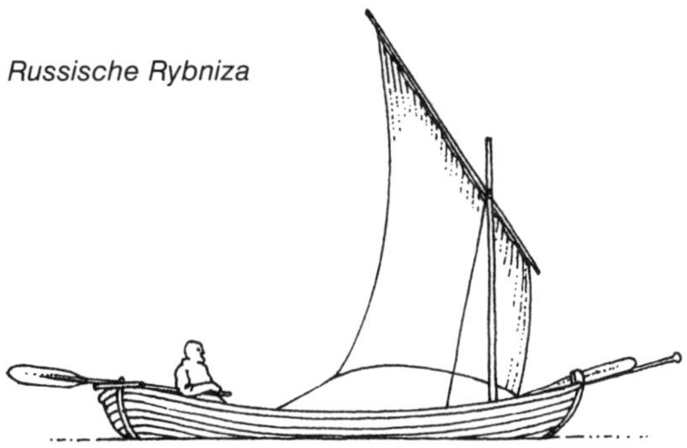

S

Sachsenschlupp: siehe Sprietkahn

Sacksicken, *Fischsicken:* an der südlichen Ostsee ein mit Sprietsegeln fahrendes zweimastiges Sohlenkielboot *(Kielboot)* von 5 bis 7 m Länge, 1,5 bis 2,5 m Breite. Je nach Größe des Bootes bestand die geklinkerte Außenhaut aus 3 oder 4 Plankengängen. Der kürzere Mast stand sehr weit vorn. Der Sicken, ein mit dem Außenwasser in Verbindung stehender Fischbehälter (s.a. *Bünnboot*), befand sich im mittleren Bootsteil.

Sackspantboot: siehe U-Spantboot

Sadka: im 19. Jh. die Bezeichnung für eine große russische *Barke* (russ. sadok, Behälter) zum Holztransport in das damalige St. Petersburg (Leningrad). Die grob und klobig gebauten Fahrzeuge fuhren mit einem großen Rahsegel.

Saetta, *Saettia:* arabisch-algerisches Ruder-Segelboot von etwa 15 m Länge mit einem lateinbesegelten Mast.

Sagitta, *Sagittia:* im 12. und 13. Jh. ein im Vergleich zu den *Galeeren* relativ kleines schnelleres Schiff, dessen Antrieb sowohl durch Segel als auch durch Riemen erfolgte. In den genuesischen und sizilianischen Flotten wurde es als Kurier- und Aufklärungsschiff eingesetzt, aber auch allgemein als Handels- und Fischereischiff verwendet. In den zeitgenössischen Berichten wird von 48 und 58 Ruderern gesprochen; es werden jedoch keine speziellen Unterscheidungsmerkmale zur Galeere genannt.

Sahu-Re-Relief-Schiffe: detaillierte Darstellungen damaliger seegehender ägyptischer Schiffe auf Reliefplatten und Inschriften des 1907/08 durch die Deutsche Orient-Gesellschaft bei Abussir gefundenen Grabtempels des Pharao SAHU-RE aus der 5. Dynastie (etwa 2500 v.u.Z.). Teile der Reliefs befinden sich in Berliner und Hamburger Museen.
Die Schiffe waren mit den ermittelten Abmessungen von etwa 18 m Länge, 4 m Breite und 1,2 m Tiefgang verhältnismäßig klein im Vergleich zu anderen Nachweisen der gleichen Epoche, wie den Hatschepsut- oder den etwa 42 m langen Pehenukaschiffen. Aus den Inschriften geht hervor, daß mit diesen Schiffen im dreizehnten Regierungsjahr des SAHU-RE eine erfolgreiche Fahrt nach dem Lande Punt unternommen wurde, von dem sie mit 80000 Maß Myrrhe, 6000 Maß Elektrum (Goldlegierung) und 2600 Stämmen einer seltenen Holzart zurückkehrten. Möglicherweise erklärt dieses Reiseziel die geringe Schiffsgröße, da andere Quellen besagen, daß man Schiffe in Einzelteile zerlegte und über Land vom Nil an die Küste des Roten Meeres brachte.
Im Unterschied zu den schlank auslaufenden, den bootsförmigen Papyrusflößen ähnlichen Bootsenden der Nilfahrzeuge sind die Steven pallusartig senkrecht aufsteigend, so daß sich die Schiffslänge und damit die Belastung an den Enden bei Seegang entsprechend verringert. Zur Entlastung des Schiffskörpers, insbesondere um das Absenken der Schiffsenden zu vermeiden, diente eine dicke Trosse, die als Spanntau über 2 gabelartige Stützen vom Bug zum Heck führte und durch einen Drehknüppel gespannt wurde. Um den Schiffsrumpf war außerdem der von früheren ägyptischen Schiffen bereits bekannte doppelte Trossengürtel mit der zickzackförmig verlaufenden dünneren Abstandstrosse gelegt. Der ebenfalls übliche Bipodmast (A- bzw. Zweibeinmast) ist niedergelegt dargestellt, da die Schiffe während der Abreise und nach der Heimkehr gezeigt werden.

Sakkara-Relief-Schiffe: auf Grabreliefs des hohen Beamten TI aus der 5. Dynastie (2480 bis 2350 v.u.Z.) nahe der altägyptischen Stadt Memphis entdeckte detaillierte Darstellungen von Schiffen, die sich noch im Bau befanden. Die Reliefs zeigen verschiedene Schiffsgrößen und Bauweisen mit flachem Boden und einfachen Schiffsenden sowie schlankere, abgerundete Schiffskörper. Außerdem werden Handwerker bei schiffstypischen Holzarbeiten, wie Zurechtsägen von Balken, Einarbeiten von Dübellöchern, Aufsetzen der Planken und glättendem Behauen des fertigen Schiffsrumpfes mit dechselähnlichen Werkzeugen, dargestellt. Auf dem Relief sind verschiedene handwerkliche Einzelheiten erkennbar, so eine an einem Seil

Ägyptische Mittelmeerschiffe um 2500 v. u. Z., Relief aus dem Pyramidengrab des Pharao Sahu-Re

Ausschnitt aus dem Sakarra-Relief vom Grabe des hohen Beamten TI, Bau ägyptischer Holzfahrzeuge um 2500 v. u. Z.

hochgezogene Planke mit 7 Dübeln, die durch 2 Arbeiter und den anleitenden Vorarbeiter angesetzt wird. Wie auf ähnlichen Darstellungen üblich, sind die Personen im Vergleich zu den Schiffen überproportional groß dargestellt.

Sakoleva: schlankes zwei- bis dreimastiges mittelgroßes Segelschifff des östlichen Mittelmeeres. In abweichender Bauweise und Takelung gab es diesen Schiffstyp bis zum Ende der Segelschiffszeit bei den Griechen, Ägyptern, Türken und Syriern. Allen Arten gemeinsam waren der auffällig große Sprung und die beibehaltenen Pfahlmaste. Beim dreimastigen Schiff stand der größte Mast auf halber Schiffslänge mit Neigung nach vorn und führte an Querrahen Mars- und Bramsegel. Die anderen beiden Maste oder zweimastige Schiffe fuhren mit Schrägrah- oder Gaffelsegeln.

Zweimastige Sakoleva

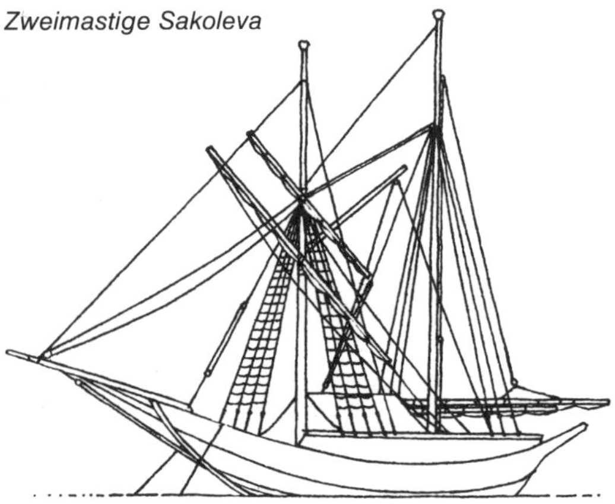

Salerno-Corbitarelief

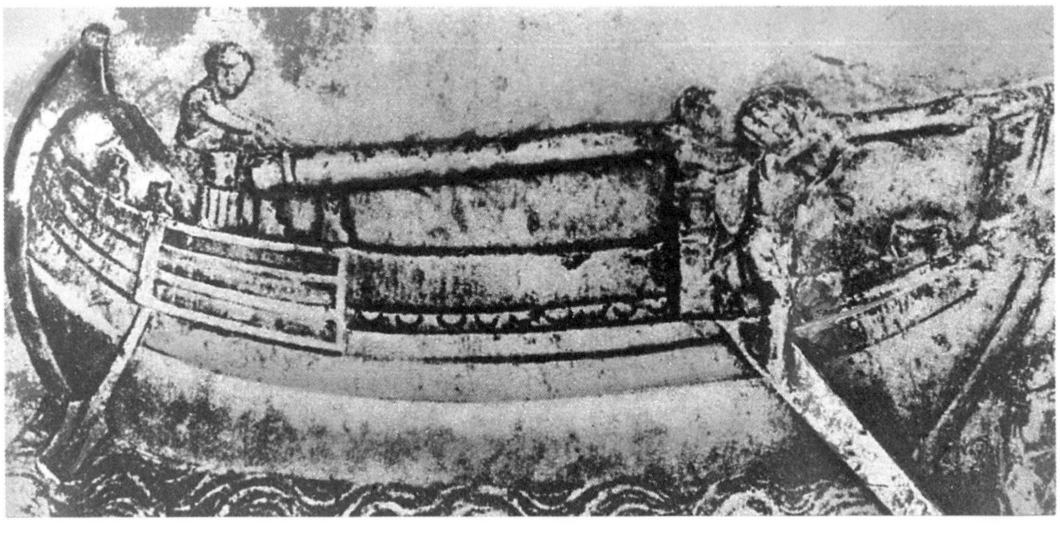

Salamba: ein Floß aus Bambusstämmen auf Manila, auf dem ein schräg ausladendes Zweinbeingerüst montiert ist, mit dem die Fischer das an langen Bambusstengen eingehängte Netz aufholen.

Salerno-Corbitarelief: Flachrelief in der Kathedrale von Salerno nahe Venedig, das das römische Frachtschiff, die *Corbita*, beim Löschen einer Sackladung zeigt. Eine Besonderheit ist an dem umgelegten Mast zu erkennen: Er ist beidseitig mit Holzklötzen zur Erleichterung des Mastbesteigens versehen.

Sambuk, *Sambuke:* zu den arabischen Dautypen zählendes zweimastiges schnelles Segelschiff. Neben *Baggala* und *Bum* gehört die Sambuk oder Sambuke noch heute zu den bekanntesten Dauarten *(Dau)* an den arabischen, ostafrikanischen und indischen Küsten. Der hochseetüchtige Segler hat einen scharf gebauten, niedrigen Schiffsrumpf, dessen Länge über alles das 4,2fache der Schiffsbreite beträgt. Die Länge in der Schwimmwasserlinie hat etwa die 3,7fache Schiffsbreite. Die Fahrzeuge hatten Tragfähigkeiten zwischen 15 und 50t. Hinsichtlich der Schiffslinien ähnelt die Sambuk sehr der viel kleineren *Khalissa*. Das Heck endet beim Unterwasserschiff in einem Spitzgatt und verbreitert sich oberhalb der Wasserlinie zum Plattgatt. Ein durchgehendes Deck erstreckt sich bis an die achtern stehende kurze Poophütte mit dem tiefer liegenden Hüttenboden. Der in der Höhe des Hauptspants stehende Großmast ist etwa um 10° nach vorn geneigt und trägt an der aus 2 oder 3 Spieren zusammengesetzten schrägen Großrah das trapezförmige Dau-Großsegel. Der wesentlich kleinere Besanmast mit dem kleineren Besan-Dausegel hat im Unterschied zum Großmast keinen oder nur geringen Vorfall. Zwischen der Sambuke und der portugiesischen *Karavelle* des 15. Jh. sind hinsichtlich der Schiffsformen einige Ähnlichkeiten unverkennbar. Während die größeren westeuropäischen Segelschiffe bis zur Mitte des 15. Jh. besonders kurz, breit und völlig mit hohen Vor- und Achterkastellen wie die *Nao* oder die *Karacke* gebaut waren, kam mit der Karavelle ein völlig anderer Typ des leichteren und wendigeren Schnellseglers in Westeuropa auf, der sich gut für Entdekkungsfahrten eignete. Da die iberische Halbinsel über viele Jahrhunderte von arabischen Mauren beherrscht war und sich erst im 15. Jh. die Rückeroberung (Reconquista) durch Christen vollzog, kann die arabische Sambuke in verschiedener Hinsicht als Vorbild für die Karavelle angesehen werden.

Samoreus: siehe Rheinschiffe

Sampan: dem malayischen Raum entstammende Bezeichnung, die aus dem chinesischen Ausdruck »shan-pan« entstanden ist, der sinngemäß soviel wie »drei Planken« bedeutet. Diese Bezeichnung charakterisiert treffend die Bauweise der auf chinesischen Flüssen weit verbreiteten, aber auch in Indien, Malaya und Japan vorkommenden 3 bis 10 m langen und einfach gebauten Plankenboote mit flachem Boden und vorn spitz ohne Spanten zusammengeführten Seitenplanken. Am breiten, ungedeckten Heck waren i. allg. die oberen seitlichen Planken länger als der eigentliche Bootskörper, so daß ein Überhang entstand, an dem ein relativ langer Wriggriemen befestigt war, mit dem gleichzeitig gesteuert wurde. Im seemännischen Sprachgebrauch wurde später daraus eine zum Teil abwertende Bezeichnung für alle Arten einfacher Wasserfahrzeuge.
Außer der chinesichen Grundform gab es größere Sampans in ähnlicher Bauweise als Wohn- und Transportboote. Die größeren Sampans hatten meistens ein geschlossenes Deck mit Aufbauten und wurden durch Riemen und Segel an 1 oder 2 Masten angetrieben oder durch Ruderboote geschleppt bzw. durch Menschen und Zugtiere auf Treidelpfaden neben den Flüssen gezogen. Die typischen Matten- oder Baumwollsegel wurden mit Ober- und Unterbäumen sowie dazwischenliegenden Bambusstangen am freistehenden Mast ohne Wanten und Stagen gefahren. Der etwas schräge Oberbaum, die Stangen und der Unterbaum waren rackähnlich am freistehenden Pfahlmast je nach Windeinfall und -stärke schwenk- und reffbar. Angeregt durch europäische und nordamerikanische Schiffe mit maschinenangetriebenen Schaufelrädern gab es auf chinesischen Flüssen auch einige Plankenschiffe mit Schaufelrädern, die durch »Tretmühlen« von Menschen angetrieben wurden.

Sambuke, ein schnellsegelnder jüngerer Dautyp, Modell [13]

Bei Kanton gefundenes Tonmodell eines Sampan aus dem 1. Jh. u. Z.

Sandale: ein- oder zweimastiges, mit Lateinsegeln getakeltes arabisches Fischerei- und Frachtfahrzeug des 19. und 20. Jh. von etwa 12 m Länge und 3 m Breite.

Chinesischer Sampan zur Personenbeförderung mit Wrigg-Riemen

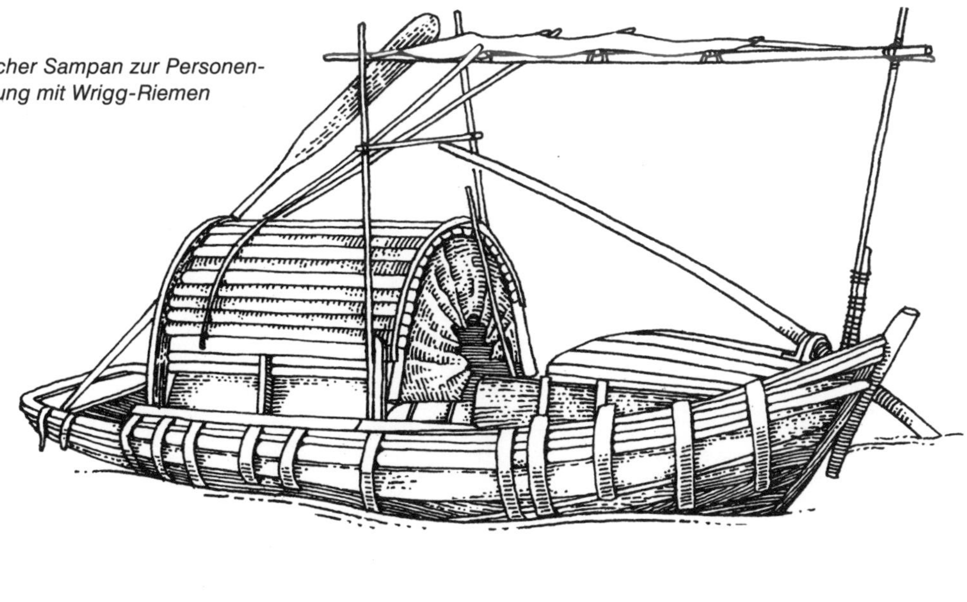

Einmastige arabische Sandale

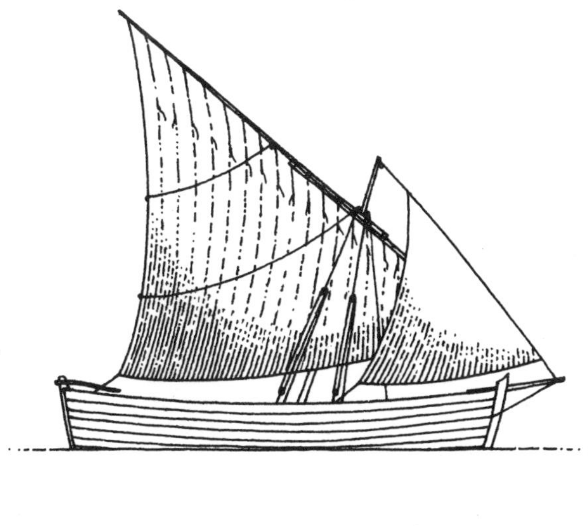

Zweimastige arabische Sandale

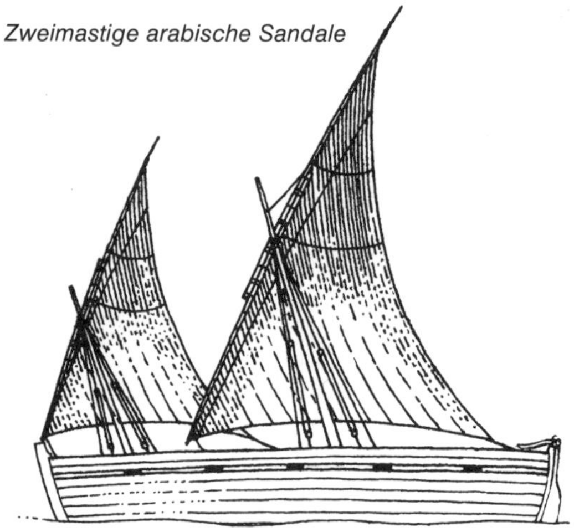

Sandboot, *»Sandbagger«:* um die Mitte des 19.Jh. gefahrene übertakelte Segelyacht, die zur Verringerung der aus dem übermäßigen Segeldruck resultierenden Krängung an Deck als Ausgleichsballast handliche Säcke mit je 25 kg Sandfüllung geladen hatte. Bei Segelmanövern mußten auf diesen als »Sandboote« bezeichneten Seglern die Sandsäcke durch die Mannschaft jeweils auf die Luvseite (Windseite) gebracht werden. Im seemännischen Sprachgebrauch war wegen dieses Umstauens auch die Bezeichnung »Sandbagger« üblich. Da es zu häufigen Kenterunfällen bei plötzlichen Änderungen der Windrichtung kam, wurde ab 1885 auf Yachten das Fahren von transportablem Ballast untersagt.
Als Sandboote wurden an der mecklenburgischen Küste außerdem Boote bezeichnet, die für die Kies- und Sandgewinnung aus der See verwendet wurden. Diese Boote waren von sehr unterschiedlicher Bauart, und ihre Tragfähigkeit konnte 2t, aber auch 25t betragen. Die meistens von 2 Personen gefahrenen Boote waren mit Sprietsegel, später auch mit Gaffelsegel ohne Giekbaum getakelt.

Sangara: an der Küste des Roten Meeres ein aus Baumstämmen hergestelltes Fahrzeug, das noch im 19.Jh. Personen und Lasten beförderte.

Sanitätsboot: besonders gekennzeichnetes Boot, das im 19.Jh. in Häfen und auf Reede zur Beförderung der Hygieneaufsichten und des medizinischen Personals an Bord der einlaufenden Schiffe diente.

Santorin-Schiff: siehe Thêra-Fresko-Schiffsdarstellung

Sayke, *Sayken:* siehe Tschaike

Scamparia: im 19.Jh. die italienische Bezeichnung für ein kleines, ungedecktes Paketboot, das jedoch zum Schutz vor Seeräubern mit einer Kanone versehen war.

Scapha: aus dem Griechischen übernommene lateinische Bezeichnung für Kahn, Boot oder Nachen; im wesentlichen also ein kleines Fahrzeug, dessen Antrieb durch Riemen oder Paddel erfolgte. Das germanische »Schiff« ist etymologisch mit diesem Wort verwandt.

Schachtur: ein auf dem Euphrat (Irak) gebräuchliches 7 bis 10 m langes, einfaches kastenförmiges Bretterboot mit flachem Boden und geraden Seiten- und Stirnwänden.

Schaluppe: Bezeichnung aus der Segelschiffszeit, insbesondere um die Mitte des 19.Jh. für das größte oder zweitgrößte an Bord mitgeführte ruderbare oder mit 1 oder 2 niedrigen Masten gesegelte Beiboot. Andere Beiboote waren *Barkasse*, *Jolle* und *Gig* sowie später der *Kutter*, der die Schaluppe infolge seiner günstigeren Eigenschaften ersetzte. Auf Kauffahrteischiffen diente die Schaluppe zur Verbindung mit dem Land, zur Übernahme von Wasser und Proviant und zum Ankerausbringen.
Grönlandfahrer hatten 6 bis 7 Schaluppen an Bord, und Kriegsschiffe fuhren je nach Größe mehrere Schaluppen. In der deutschen Marine hieß das größte Beiboot »Labberboot« und auf englischen Kriegsschiffen »barge«. Außerdem unterschied man die dem Kapitän und den Offizieren vorbehaltene Kapitänsschaluppe von den für allgemeine Aufgaben und Mannschaftsfahrten eingesetzten Travaljeschaluppen.
Nach ihrer Form und Bauweise waren es relativ kurze und breite, auf Kiel mit aufkimmendem Boden und mittelscharfen Spanten kraweel- oder klinkergebaute Boote. Der Vorsteven war senkrecht oder leicht vorfallend, und das Achterschiff lief in ein spitzes, gerundetes oder abgeplattetes Heck aus. Neben den Schaluppen-Beibooten gab es verschiedene selbständig operierende Schaluppentypen für Häfen-, Küsten- und Zollzwecke oder als Badeschaluppen. Eine gewisse Bedeutung erlangten die Kanonenschaluppen. Es waren schwer gebaute Ruderboote mit 30 bis 40 Rudern und Hilfsbesegelung, die ein relativ großes Buggeschütz (i.d.R. einen 24-Pfünder) führten, wie die französische Chaloupe-Canonnière im Mittelmeer. Durch ihre Wendigkeit, Schußrichtung und -weite konnten sie selbst größeren Schiffen gefährlich werden.
Außerdem gab es einmastige Schaluppen als Fischereischiffe bis etwa 40t Verdrängung in der Nordsee und als Frachtsegler bis zu 50t Tragfähigkeit im Ostseeraum. Im Unterschied zum Kutter waren die Schiffe gröber gebaut und einfacher ausgerüstet und besegelt. Sie fuhren statt der 2 oder 3 Vorsegel des Kutters meistens nur ein Vorsegel an dem nach hinten geneigten, durch eine Stenge verlängerten Mast.
Aus den verschiedenen Formen der Schaluppe wurde für Sportzwecke die einfache Sluptakelung für Slupyachten übernommen. In der ersten Jahrhunderthälfte gab es auch noch modernere, als »Slup«, »Slop« oder »Sloop« bezeichnete Schaluppen-Frachtsegler.

Schärenkreuzer: eine für die ostschwedischen und finnischen Küstengewässer mit den vielen vorgelagerten flachen Felseninseln (Schären) entwickelte schwere Kreuzeryacht mit langen Überhängen und einer auffallend großen Länge im Verhältnis zur Schiffsbreite. Ausreichende Querstabilität erhielt der Schärenkreuzer durch einen schweren, tiefgehenden Ballastkiel, so daß eine besonders hohe, aber schmale Takelage gefahren werden konnte. Dieses zwischen 1920 und 1935 für schnelle Segelyachten neue Konzept beeinflußte nachhaltig den Yachtbau der Ostseeanlieger. Mit den Schärenkreuzern (22 m^2, 30 m^2, 40 m^2, 55 m^2 und 75 m^2 Segelfläche) entstand eine vollständige Schärenkreuzer-Klasse. Davon gehört der 30-m^2-Schärenkreuzer der Internationalen *Konstruktionsklasse* an und trägt das Segelzeichen »30« für 30 m^2 Segelfläche. Seine Verdrängung beträgt 2t bei 11,35 m Länge über alles und 7,65 m in der Konstruktionswasserlinie, 2 m Breite und 1,35 m Tiefgang. Gesegelt wird mit 3 Mann Besatzung.

Scharpie, *Sharpie:* Knickspant-Segelboot mit plattem Boden, eckiger Kimm sowie senkrechten oder schräg ausfallenden Seitenwänden. Bei einer

Segelregatta deutscher 30-m^2-Schärenkreuzer

Schaluppe

1 *Chaloupe Canonnière*
2 *Österreich-ungarische Schaluppe, 17.Jh.*
3 *Schaluppe mit geteiltem Rahsegel, nach Tiedemann 1880*
4 *Chaloupe-Pilote*
5 *Französische Lotsenschaluppe*
6 *Kleine Schaluppe mit Doppelriemen, 1880*
7 *Kleine Schaluppe mit Einzelriemen, 1880*
8 *Draufsicht und Seitenansicht einer Schaluppe nach Pâris*
9 *Schaluppe 1768 nach Chapman*
10 *Duchten und Dollen von Beiboot-Schaluppen*
11 *Spantbauweise einer Schaluppe*
12 *Aussetzen und Anbordnehmen einer Schaluppe mit Stag-Ladetakel*
13 *Angeschlagener Violinblock, Teil der Aussetztakelung*

Schebecke

1 *Spanische Schebecke von 1735*
2 *Französische Pinke nach Lascallier, 1790*
3 *Französische Polacker-Schebecke nach Jean Jouve, 1679*
4 *Verschiedene Masttoppen*
5 *Wantentakel mit Knebel*
6 *Masttopp mit Fall für die Lateinrah, Rack, obere Blöcke der Pardunen sowie Gordings-Leitblöcke*
7 *Französische Schebecke, 18. Jh.*
8 *Rumpfschnitt in Hauptmastnähe*
9 *Riß einer französischen Schebecke, 18. Jh.*

anderen Bauweise ist der Boden des Bootes V-förmig. Beide Bauformen sind einfach herstellbar, eignen sich jedoch nur für kleine und leichte Binnenfahrzeuge. Unter »Leicht-Scharpie« (L-Scharpie) wird ein Segelsportboot in Knickspantbauweise für 3 Mann Besatzung verstanden.

Scharpie-Knickspantformen:

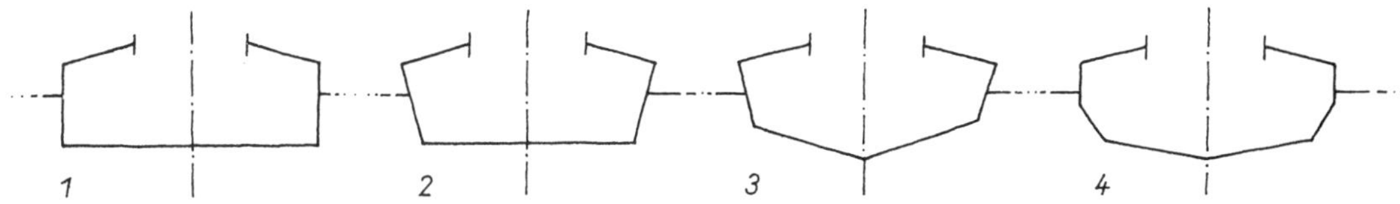

Schebecke, *Chebec:* ein noch ruderbares dreimastiges Segelschiff des Mittelmeeres von arabisch-türkischem Ursprung, das später auch an der algerischen Küste als Piratenschiff und in der französischen Marine sowie als französisches und portugiesisches Handelsschiff verwendet wurde. »Chebec« bedeutet soviel wie »kleines Schiff«, obwohl sie als Kriegs- oder Piratenschiffe auf dem durchgehenden Deck mit 20 bis 40 Kanonen mit dazwischenliegenden Ruderbänken bestückt waren. Eine Kanonen-Schebecke war bis zu 40 m lang und 10 m breit, so daß sie bei einem Tiefgang von 3 m und leichter, schlanker Bauweise etwa 300 t Geschütze und Mannschaften aufnehmen konnte. In der Schebecke finden sich verschiedene unverkennbare Merkmale der Mittelmeergaleere wieder, die sie in gewisser Weise als einen Galeere-Nachfolgetyp charakterisieren. Gegenüber der *Galeere* war jedoch die länger und stärker gebaute Schebecke wesentlich seetüchtiger, stärker bewaffnet und besegelt. Obwohl das Prinzip der Galeerentakelung beibehalten wurde, galten Schebecken infolge ihrer ausgereiften Schiffsformen und Takelung als schnellste und wendigste Segler des Mittelmeeres. Wegen dieser entscheidenden Vorteile in Seegefechten ließ der »Sonnenkönig« LUDWIG XIV. (1643 bis 1715) in Frankreich Schebecken nachbauen. Eine authentische Modellnachbildung einer französischen Schebecke aus der Zeit um 1650 bis 1700 befindet sich im Pariser Marinemuseum. Noch im 18. Jh. galt es in der französischen Marine als besonders ehrenhaft, wenn ein Offizier auf einer Schebecke gefahren war. Sowohl der arabisch-türkische als auch der frühe französische Typ fuhren an 3 Pfahlmasten Lateinsegel. Ab 1750 gab es auch Schebecken mit gemischter Besegelung von Latein- und Rahsegeln an verlängerten Masten. Bei diesen als Schebekken mit *Polacker*-Takelage oder als Halb-Schebecken bezeichneten Schiffen wurden entweder nur am Großmast oder an den beiden vorderen Masten Rahsegel gefahren, unterstützt durch ein Rah-Toppsegel am Besan. Als typisches Merkmal aller Schebecken gilt der weit vorragende Vorsteven-Vorbau, der später durch einen Bugspriet mit Klüverbaum ergänzt wurde. Dadurch konnte der Fockmast sehr weit vorn in der Nähe des Vorstevens aufgestellt werden. Der vordere Mast war außerdem zur Ausnutzung der Schiffslänge sehr stark nach vorn geneigt. Eine erhöhte, weit ausladende Heckgalerie ermöglichte in entsprechender Weise die Aufstellung des kleineren achteren Mastes und eine günstige Segelhandhabung. In der Ostsee gab es einige schwedische Schebecken und nach dem Jahre 1789 auch von Schweden erbeutete russische Schebecken sowie russische Nachbauten von 120 Fuß Länge, 40 Rudern und 32 bis 50 Kanonen. Außerdem wurden sogenannte »Halb-Schebecken« von etwa 76 Fuß Länge gebaut.

Algerische Schebecke des 18. Jh., Modell [14]

Scheik: urspünglich im 17. Jh. ein einmastiges Ruder- und Segelschiff von etwa 15 m Länge und 3,5 m Breite für Truppentransporte auf dem Schwarzen Meer. Das Fahrzeug fuhr mit einem Rahsegel an einem Pfahlmast und konnte bis zu 70 Personen befördern. Zu Anfang des 19. Jh. war die Scheik ein kurzes, völlig gebautes Boot mit Sprietsegel und einem Fockstagsegel, das zum Fischfang und zur Austernfischerei diente.

Schelch: im 17. und 18. Jh. flachbodiger, offener Binnenlastkahn für Warentransporte auf dem Main. Es gab die beiden Größen von etwa 28 m und 12 m Länge.

Schifazzo: zwei- bzw. dreimastiges italienisches und sizilianisches Segelschiff des 19. Jh. mit besonders steilen (fast lotrechten) Vor- und Achtersteven, das mit Lateinsegeln und zum Teil mit einer Stagfock fuhr. Es diente vor allem zum Getreide- und Weintransport, war aber auch in der Fischerei eingesetzt. Die Schiffe waren 10 bis 15 m lang, 3,5 bis 5 m breit und hatten Tragfähigkeiten bis zu 35 t.

Schiff: Sammelbezeichnung für die verschiedenartigen, unter Ausnutzung des Auftriebs (Archimedisches Prinzip) schwimmfähigen größeren Wasserfahrzeuge, ausgenommen Flöße, Boote und einfache Auftriebskörper. Die Hauptgliederung der Vielzahl von Schiffstypen erfolgt vorwiegend nach Verwendungszweck, Schiffsgröße, Antriebsart, Bauweise und Fahrtgebiet. Weitere Feingliederungen berücksichtigen die Vielfalt spezifischer Merkmale wie Ladungsarten bei Frachtschiffen oder Fangtechniken bei Fischereischiffen, Unterteilungen des Gesamtschiffes u. a. Die Entstehungsgeschichte des Schiffes ist eng mit der Entwicklungsgeschichte der Menschheit in den frühen Entwicklungszentren verbunden. In der Hochkultur am Nil führte der Weg vom gebundenen bootsförmigen Papyrusfloß zum gebundenen bzw. genähten, kraweelbeplankten Holzschiff, wie eine Vielzahl von Reliefdarstellungen und Schiffsfunden (z. B. *Cheops-Bestattungsschiff* u. a.) zeigt. Es gilt heute als sicher, daß auf dem unteren Nil und im östlichen Mittelmeer bereits im 3. Jahrtausend v. u. Z. aus Holz gebaute Schiffe fuhren. An den Flüssen und Küsten Nordeuropas mit seinen härteren klimatischen Bedingungen setzte der Entwicklungsprozeß mehrere Jahrtausende später ein und vollzog sich vom Einbaum (*Dümmersee-Einbaumfund*, etwa 3000 v. u. Z.; hällristningar, 2000 bis 800

v. u. Z.; *Hjortspring-Bootsfund*, 300 v. u. Z. u. a.) über das Setzbordschiff zum klinkerbeplankten Holzschiff. Die verschiedenen Kulturkreise schrieben die Entstehung des Schiffes mythologischen Gottheiten zu, wie GILGAMESCH bei den Babylonern, PALLAS ATHENE bei den Griechen oder ODIN bei den Germanen. Sie betrachteten ihre Schiffe als lebendige Wesen und gaben ihnen entsprechende Eigennamen. Das den Schiffen zugedachte Wesen spiegelt sich auch eindrucksvoll in den Sagen der Völker wider. Nach den Sagen sprachen die Schiffsführer zu ihren Schiffen, wie ORPHEUS zu dem Schiff »ARGO«, das die menschliche Sprache verstand und selbst antworten konnte. Ähnliches wird in nordischen Sagen berichtet, nach denen FRIDHIOFR seinem Schiff nur zuzurufen brauchte, was es tun sollte, oder in der altenglischen Sage vom König HORN, der seinem Schiff die Erlaubnis zur Heimkehr gibt und ihm Gruß und Botschaft aufträgt.
Seit den Anfängen des Schiffes bis in unsere heutige Zeit war die vieltausendjährige Geschichte des Schiffes in seinen jeweiligen Entwicklungsstufen stets von einem besonderen Verhältnis des Menschen zu seinen Schiffen begleitet. Auch heute sind der Stapellauf und die Taufe eines Schiffes durchaus etwas Besonderes, und auch der moderne Mensch kann sich dem imposanten Eindruck eines Schiffes auf See oder im Hafen nicht verschließen.
Seit dem Ende des 16. Jh. verstand man unter dem Begriff Schiff im engeren Sinne eine Kurzbezeichnung für Vollschiff, d. h. für große seegehende Fahrzeuge mit voller Rahtakelung an allen Masten. In entsprechender Weise war Schiff auch eine Kurzbezeichnung für große *Linienschiffe* mit etwa 100 Kanonen.

Schiffsboot: siehe Beiboot

Schiffsbrücke: behelfsmäßiger brückenähnlicher Flußübergang, bei dem Flöße, Boote, Pontons oder Schiffe im Flußlauf dicht oder in Abständen nebeneinander durch Land- und/ oder Stromanker festgemacht und in geeigneter Weise mit Fahrbahnen belegt werden.

Schiffsfähre: siehe Fährschiff

Schiffsjolle: siehe Beiboot und Jolle

Schiffsmühle: in strömenden Gewässern verankertes Wasserfahrzeug, das zur Ausnutzung der Wasserkraft für den Antrieb von Getreidemühlen verwendet wurde. Erstmalig sollen Schiffsmühlen im Jahre 536 während der Belagerung Roms nach Zerstörung der Zuflüsse und der an Land befindlichen Mühlen durch die Goten verwendet worden sein. Danach wurden auf Befehl des römischen Feldherrn BELISAR Mühlräder und Mahlwerke auf großen Schwimmkähnen aufgebaut, um so die Bevölkerung mit gemahlenem Getreide zu versorgen. Bis ins späte Mittelalter gab es auf vielen Flüssen der Erde Schiffsmühlen. Die Schiffsmühle bestand i. d. R. aus 2 in der größten Strömung fest verankerten prahmartigen Schwimmkörpern. Auf dem größeren »Hausschiff« befanden sich der Mühlenmechanismus, die Vorräte und die Bootsanlegestelle, während auf dem zweiten Schwimmkörper das äußere Ende der Schaufelradwelle gelagert war. Zwischen beiden Schiffen befand sich das entsprechend breite, halbgetauchte Schaufel-Wasserrad. Eine Schiffsmühle war bis 1920 auf der Mulde bei Eilenburg in Betrieb, bis sie durch Feuer zerstört wurde. Ende der 30er Jahre dieses Jahrhunderts waren noch in der Nähe von Budapest auf der Donau einige Schiffsmühlen zu sehen. Die letzte deutsche Schiffsmühle war die Bergschiffsmühle bei Bad Düben-Alaunwerk. Sie wurde noch nach 1945 benutzt, danach an Land genommen, restauriert und als Mühlenmuseum bei Bad Düben aufgestellt. In Rumänien wurden im Jahre 1957 noch 29 in Betrieb befindliche Schiffsmühlen gezählt.

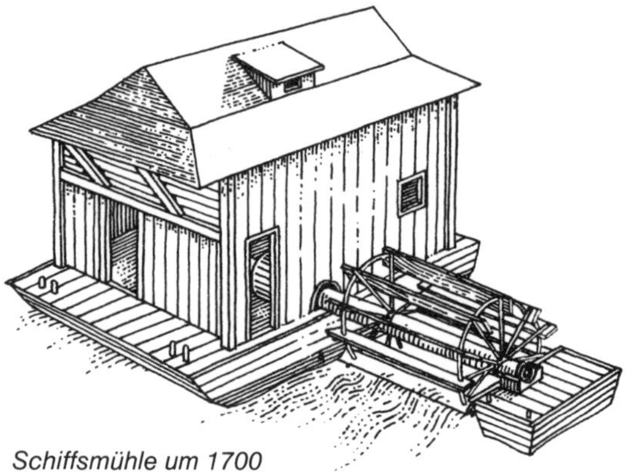
Schiffsmühle um 1700

Schiffspost: spezielles Beiboot größerer Segelschiffe, das für den regelmäßigen Posttransport eingesetzt wurde. Mit dem Postboot, der »Schiffspost«, wurden eilige Sendungen vor dem zeitaufwendigen Einlaufmanöver des Schiffes an Land gebracht.

Schikarra: Wassertaxi aus Kaschmir, auch als schwimmender Verkaufsstand für Händler oder schwimmende Werkstätte genutzt.

Schilffloß, *Schilfboot:* aus neben- und übereinander verschnürten Schilfbündeln bestehendes bootsförmiges *Floß* mit spitzen, hochgezogenen Floßenden und muldenförmigem Mittelteil. Da der Auftrieb nicht durch die Verdrängungswirkung einer teilgetauchten wasserdichten Außenschale, sondern infolge der geringeren Masse der getauchten Schilfrohre gegenüber dem Wasser entsteht, handelt es sich dem Prinzip nach um bootsförmige Flöße.
Schilfflöße gab es und gibt es auch heute noch wegen ihrer Einfachheit in verschiedenen wasserreichen, aber holzarmen Erdgebieten Ostafrikas, am Persischen Golf, auf dem Ganges und anderen indischen Gewässern.
Zu den bekanntesten frühen bootsförmigen Schilfflößen gehören das ägyptische *Papyrusfloß*, die *Totoras* auf dem Titicacasee oder die altperuanischen *Caballitos*. Älteste fernöstliche Darstellungen solcher bootsförmigen Schilfflöße wurden in Mohendscho Daro am unteren Indus auf einem Siegelamulett und einer Topfscherbe aus der Zeit um 3000 bis 2500 v. u. Z. entdeckt. Das eine der dargestellten Schilfflöße zeigt bereits eine kleine Deckshütte und das andere sogar einen Mast mit 2 Rahen. Tragfähigkeit und Haltbarkeit der Schilfflöße sind wegen der Saugfähigkeit und Fäulnis des Schilfes gering. Aufgrund dieser Nachteile wurden verschiedentlich bootsförmige Schilfflöße mit Tierfellen überspannt. Für diese Fahrzeuge ist die Bezeichnung Schilfboot eher zutreffend, da sie durch die Bespannung zu Verdrängungsfahrzeugen wurden. So berichtete bereits der Geschichtsschreiber HERODOT von häuteüberzogenen ägyptischen Papyrusbooten.

Schipjackboot: Boot mit speziellen Knickspanten, bei denen durch 3 oder mehr Knicke gekrümmte Spanten vermieden und durch gerade Spant-

»RA I«, Nachbau eines großen Papyrus-Schilffloßes von 15 m Länge, 5 m Breite und 15 t Eigenmasse zur Atlantik-Überquerung im Jahre 1969 von THOR HEYERDAHL [29]

stücke ersetzt werden. Gegenüber der einfachen Scharpie-Spantform mit nur 2 Knicken bzw. Ecken im Spantverlauf ist eine bessere Annäherung an hydrodynamisch günstige Formen möglich.

Schitik: russischer Flußlastkahn des 19.Jh. auf Wolga und Don von etwa 15m Länge mit einem Mast, großem Rahsegel und einer hüttenähnlichen Überdachung des Laderaumbereiches. Ursprünglich waren es »genähte« Fahrzeuge (russ. schitj, nähen); s.a. *Genähte Schiffe*. Bei den Kosaken wurde ein bis etwa 1930 benutztes leichtes Setzbordboot, ähnlich der *Piroge*, ebenfalls als Schitik bezeichnet. Der Bootsboden bestand aus einem muldenartig ausgehöhlten Stamm der Pappel. Zur Vergrößerung der Seitenwände wurden seitlich zusätzliche Plankengänge aufgesetzt und mit dem Boden und untereinander durch Lederriemen verbunden.

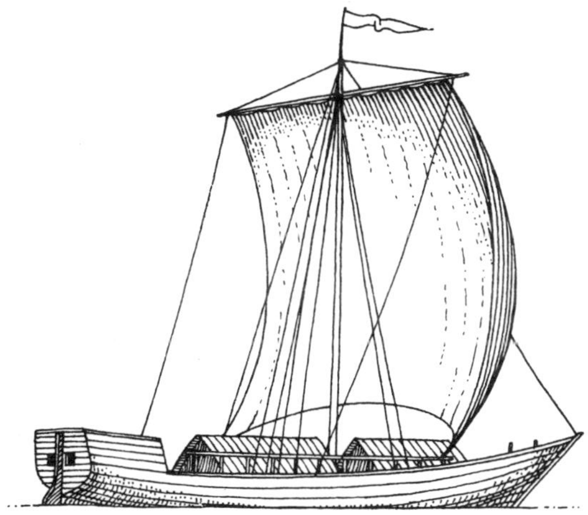

Schitik, Wolgalastkahn des 19.Jh.

Japanisches Schleppnetz-Fischereischiff mit Oberleinen an der Rah [18]

Schleppnetz-Fischereischiff: Fischereischiff, das im Unterschied zur Langleinen-, Stellnetz- oder Ringwadenfischerei hauptsächlich für den Fischfang mit Schleppnetzen ausgerüstet ist. Zu den wichtigsten Segelschiffen der Schleppnetzfischerei gehörten *Ewer* und *Kutter*. Die mit entsprechend großer Segelfläche ausgelegten Fangschiffe schleppten das aus seitlichen Netzflügeln und einem trichterförmigen Netzsack (Steert) bestehende Schleppnetz quer- oder längsschiffs hinterher. Die Netzflügel wurden dementsprechend durch Bug- und Heckspriet oder seitliche Bäume (Kurren) gespreizt. Das moderne Grund- und Pelagial-Schleppnetz mit Scherbrettern für Einzel- und Gespannfischerei wurde in der modernen Hochseefischerei zum Hauptfanggerät der Fischereitrawler.

Schlepp-Segelkahn: Fluß-Lastkahn oder Lastschiff mit Segeleinrichtung, das flußauf oder wegen Behinderung durch Brücken streckenweise geschleppt wurde. Jahrhundertelang stellten die Binnenwasserstraßen die Hauptverbindungswege für den Warentransport zwischen den Hafenstädten und den an Flüssen gelegenen Binnenstädten dar. In den nordeuropäischen Ländern wurden die verschiedenen Kahntypen (s.a. *Aak*, *Kahnaak*, *Haff-Kahn*, *Steven-Kahn*, *Tjalk*) zum Haupttransportmittel für Erzeugnisse des Landesinnern (Getreide, Kohle, Torf, Holz, Erze, Salze, Fertigprodukte) und ausländische Waren. Das Schleppen (Treideln) der Lastkähne erfolgte durch Zugtiere oder Menschen von den Treidelpfaden an den Flußufern. Das Schleppseil mußte wegen des Uferbewuchses und zur Verhinderung des Eintauchens oben an einem relativ weit vorn stehenden Mast festgemacht werden. Die Abmessungen der Schlepp-Segelkähne ergaben sich aus den jeweiligen Schiffahrtsbegrenzungen wie Wassertiefen und Schleusenbreiten. So hatte die Tjalk meistens eine Tragfähigkeit von 140t bei 1,80m Tauchtiefe, 25m Länge über alles und 5,0m Breite. Die Haremer *Punte* trug 180t bei 1,75m Tiefgang, 26m Länge über alles und 5,7m Breite, und das Lahnschiff faßte 220t bei 1,90m Tiefgang, 34m Länge und 5,2m Breite.

»Schlickrutscher«: auch als *»Kahnschlitten«* bezeichnetes kleines Boot der Watten- und Muschelfischer mit plattem Bootsboden, der zum Vorsteven hin flach hochgezogen ist, damit das Boot leicht über den Grundschlamm (Schlick) gezogen werden kann. Im seemännischen Sprachgebrauch wurde die Bezeichnung bald abwertend für alle sehr einfach gebauten Küsten- und Flußschiffe verwendet.

Schlup: siehe Slupgaleasse

Schmack, *Schmackschiff, Smak:* einmastiger, flachbodiger holländischer Küstensegler aus dem 16. bis 19.Jh. mit Klüverbaum. Getakelt fuhr die Schmack i.d.R. mit Gaffelsegel und Breitfock am Mast sowie Stagfock, Klüverfock und Jager am Klüverbaum. In einigen Fällen wurde achtern ein relativ kleiner Besanmast mit kleinem Gaffelsegel gesetzt, womit ein Übergangstyp zur *Kufftjalk* entstand.

»Schmetterlingssegler«: bildhafte Bezeichnung für ein zweimastiges arabisches Segelschiff mit Lateinsegel. Optisch ähneln die beiden nach den Schiffsseiten geneigten langen Ruten (Schrägrahen) mit ihren dreieckigen Segeln, von vorn oder

Holländische Schmack nach CHAPMAN um 1768

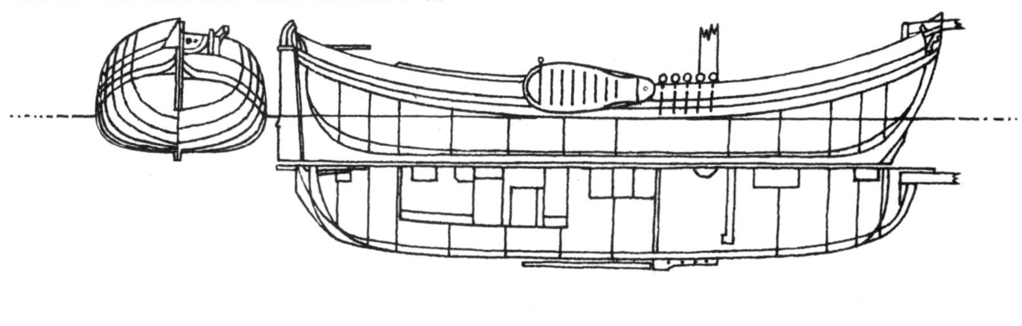

Anderthalbmastige Schmack mit Breitfock und Gaffelsegel um 1676, Modell

achtern gesehen, überdimensionalen ausgebreiteten Schmetterlingsflügeln.

»Schnabelschiff«: auf die spornartige, schnabelförmige und weit vorragende Gestaltung des oberen Bugteils hinweisende Sammelbezeichnung mittelalterlicher Schiffstypen wie *Galeere*, *Schebecke* oder *Feluke*. Auf dem auffällig langen und schmalen hochgelegenen Vorbau ruhte lediglich der Bugspriet; er konnte weder als Rammsporn noch als Enterbrücke dienen.

Schnau, *Schnaumastschiff:* nordeuropäisches zweimastiges Rahsegelschiff aus dem 18. und 19. Jh. mit etwas schärferen Vorschiffsformen als bei der *Brigg* und mit briggähnlicher Takelung. Unmittelbar hinter dem Großmast, an dem das achtere Gaffelsegel ohne Giekbaum gefahren wurde, befand sich jedoch der zusätzliche Schnaumast, ein leichter Hilfsmast für das Gaffelsegel. Wegen der einfacheren Segelhandhabung wurden des öfteren verschiedene Typen von Schratsegelschiffen mit Schnaumasten gebaut.
In der brandenburgischen Marine gab es im 17. und 18. Jh. als Schnau bezeichnete dreimastige vollgetakelte leichte *Fregatten* bis zu 20 m Länge und 5 m Breite, die im Vergleich zu den größeren Fregatten schlanker gebaut waren, kein erhöhtes Halbdeck und keine erhöhte Back hatten.
Auch in der russischen Marine gab es im 18. Jh. als Schnau bezeichnete, leichte und scharf gebaute Glattdecker. Diese leichten Fregatten waren jedoch voll rahgetakelte Zweimaster von 25 bis 30 m Länge, die 10 bis 18 Kanonen an Bord hatten.

Schnigge, *Schnikke, Snigge:* ein in Nordeuropa vom 10. bis zum 19. Jh. in verschiedenen Formen vorkommendes schnelles Ruder- bzw. Segelschiff. Der Schiffstyp hatte bereits im 10. bis 12. Jh. weite Verbreitung gefunden, wie die ähnlichen Bezeichnungen aus verschiedenen Sprachräumen, z. B. mittelhochdt. »snegge« oder »snekke«, Schnecke, erkennen lassen. Nicht die Langsamkeit, sondern die Art der Fortbewegung der Schnecken, das Gleiten, wurde zum Namensgeber für diese Schiffe, die schnell über das Wasser »glitten«.
An den skandinavischen Küsten war die »Snekkja« meistens ein schnelles, scharf gebautes Zwanzigbänker-Ruderschiff mit 90 Mann Besatzung und zusätzlicher Besegelung. Im Mittelalter verstand man unter Schnigge allgemein ein kleines Ruder-Segelboot, während in der Hanse die Schnigge ein kleineres schnellsegelndes Depeschen- und Kriegsschiff für etwa 30 bis 50 Lasten (60 bis 100 t) war.
Noch im 18. und 19. Jh. gab es den Schiffstyp als kleineren Frachtensegler, häufig mit zusätzlichen örtlichen Bezeichnungen wie *Eiderschnigge*, *Helgoländer Schnigge* u. a. An der deutschen Nordseeküste gab es Schniggen auch als einmastige, seltener anderthalbmastige Fischerfahrzeuge.

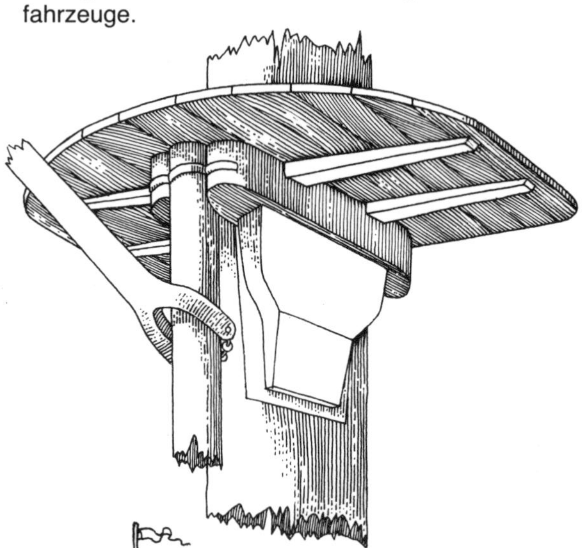

Untermast mit Saling, Schnaumast und Gaffel

Schnaumastschiff nach CHAPMAN 1768

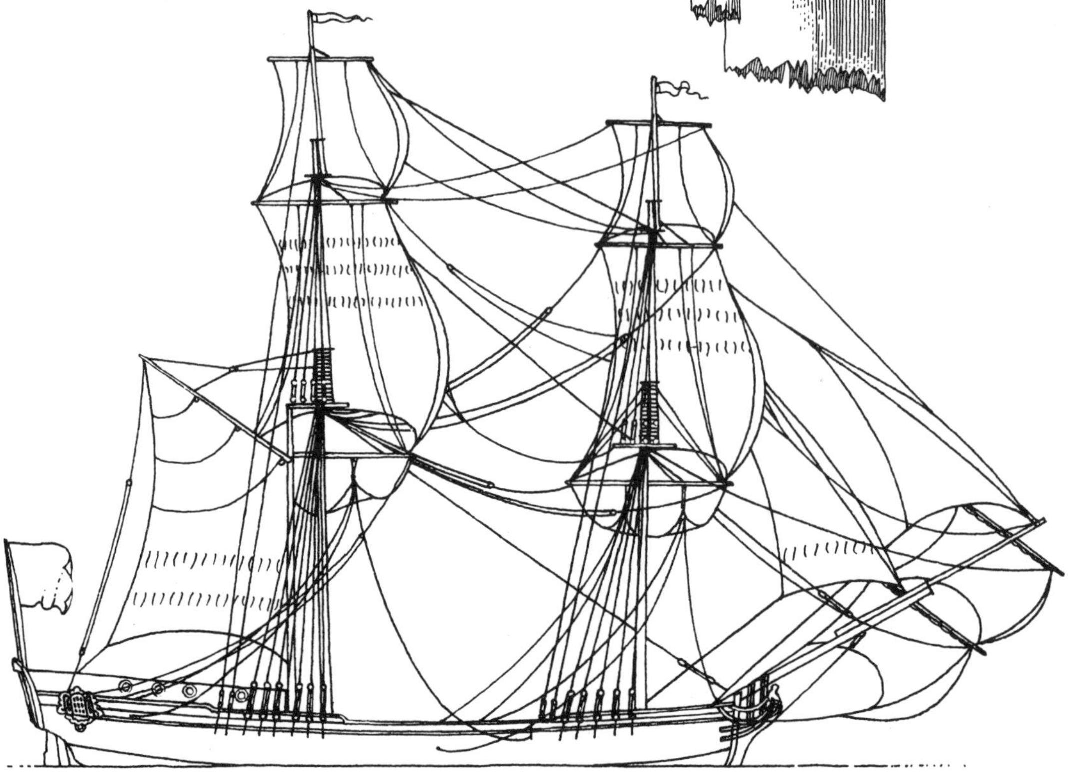

Schnigge um 1800, Modell

Schnjaka, *Chniaka:* russisches Segellastschiff des 19. Jh. aus dem Gebiet des Weißen Meeres. Das Schiff fuhr am Großmast ein großes Rahsegel und am kleineren Treibermast ein Gaffelsegel.

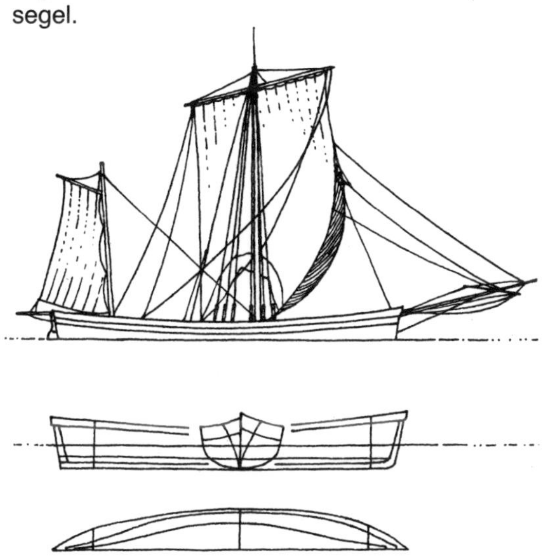

Russische Schnjaka des 19. Jh.

Schokker: niederländisches Fischereisegelschiff verschiedener Entwicklungsstufen vom 13. bis ins 19. Jh. Der Schokker entstand ursprünglich für den Fischfang in der Zuidersee, wobei die Bezeichnung von der in der Zuidersee gelegenen Insel Schokland herrühren kann. Ein typisches späteres Merkmal war der Schokkerbaum, ein seitlich über die Schiffsseite hinausschwenkbarer Baum für den Fang mit Schleppnetzen. Aus dem 13. und 14. Jh. ist der ursprüngliche Schokker hauptsächlich aus Siegelbildern bekannt. Darstellungen aus dem Jahre 1600 wurden zusammen mit einigen anderen Schiffstypen ähnlicher Art auf einer Totenbahre von Workum in Friesland gefunden.

In den Archiven von Groningen wird im Jahre 1789 auch ein Schokker erwähnt. In den 40er Jahren dieses Jahrhunderts wurde ein damals etwa 70 Jahre alter plattbodiger Schokker aus Vollenhove vom Holländer SOPERS vermessen und aufgezeichnet. Während die früheren Schokker i. allg. sprietgetakelt waren, handelt es sich bei dem vermessenen Schiff um ein einmastiges gaffelgetakeltes Fahrzeug mit einem leicht nach hinten geneigten Mast von 10 m Masthöhe über Deck, einem 5,16 m langen Giekbaum und 2,15 m langen Gaffelbaum. Die Länge des Schiffskörpers betrug 10,75 m über alles und 8,5 m in der Schwimmwasserlinie bei einer Breite von 3,6 m. Der starke Vorsteven hatte an der Steuerbordseite einen Einschnitt (snoes) mit einer Rolle für das Ankertau.

Aus den Abmessungen dieses vermessenen Fahrzeuges kann allerdings nur bedingt auf die vorhergehenden Größen dieses Schiffstyps geschlossen werden.

Einmastiger Schokker

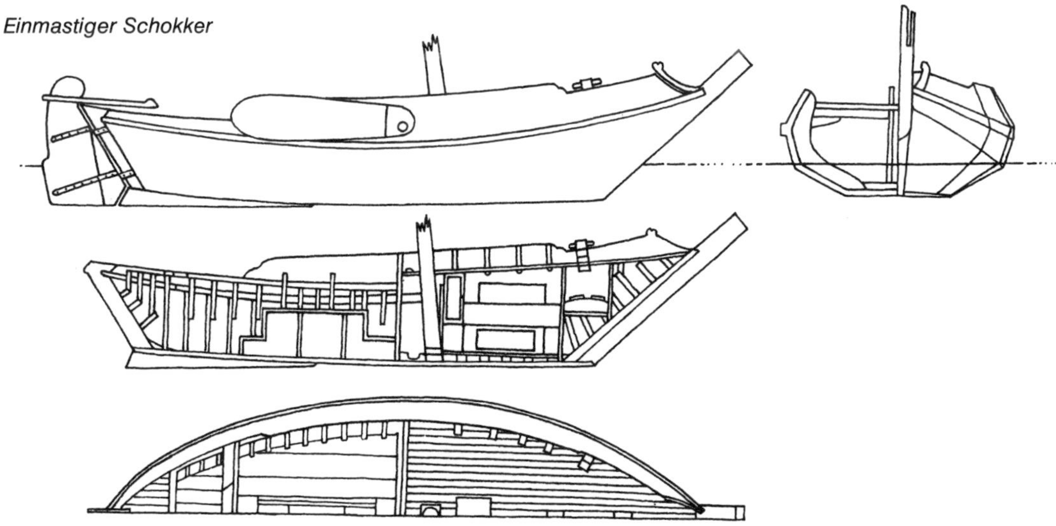

Schonenfahrer: im 15. und 16. Jh. von den Hansestädten des Ostseeraums vorwiegend für den Heringstransport in Fässern von der schwedischen Provinz Schonen eingesetzte Schiffe. Obwohl dazu verschiedene Schiffstypen verwendet wurden, waren es hauptsächlich dreimastige Schiffe, insbesondere *Hulks*.

Schoner, *Schooner, Schuner:* vorwiegend mit Längssegeln (im Unterschied zu Quer- bzw. Rahsegeln) getakelte Segelschiffstypen. Die Schonerentwicklung wurde 1713 im nordamerikanischen Gloucester (s. a. *Gloucesterschoner*) durch den Schiffbauer A. ROBINSON eingeleitet. Der nach seinen Plänen gebaute kleine Schnellsegler war ein zweimastiges Schiff von etwa 30 bis 32 m Länge. Das Schiff erhielt eine im Vergleich zu Rahsegeln außerordentlich leichte Takelage mit 2 leicht nach hinten geneigten Masten, wobei der hintere Mast höher als der vordere war. An beiden Masten wurden große Gaffelsegel statt der sonst üblichen Rahsegel gefahren, um die Segelhandhabung zu vereinfachen und trotz reduzierter Segelmannschaft die Manövrierfähigkeit und Wendigkeit zu verbessern. Zusätzlich erhielt der vordere Mast eine Breitfock oder 2 einfache Rahsegel über dem Gaffelsegel. Die Segeleigenschaften, insbesondere Kursstabilität, Abdrift und Schnelligkeit, wurden wirkungsvoll durch den im Verhältnis zur Schiffslänge bis dahin ungewöhnlich großen Tiefgang bei besonders schlanken Schiffslinien sorgfältigster Formgebung beeinflußt. Durch diese Verbesserungen konnte der relativ kleine Segler Geschwindigkeiten bis zu 18 kn erreichen und erwies sich auch bei größeren Windstärken überlegen.

In den folgenden Jahren entstand wegen der

Schokker von Vollenhoven, Ende des 19. Jh., Modell

Kombination von Gaffel- und Rahtoppseglern die Bezeichnung *Rahsegelschoner*. Um 1760 trugen außerdem beide Maste obere Rahsegel, und zu dem noch schnittiger nach vorn vorragenden Klüverbaum führten 3 bis 4 Vorsegel. Gaffeltoppsegler waren damals noch nicht gebräuchlich, sie kamen erst um 1880 auf.
In den 30er Jahren des 19. Jh. wurde der von den Schiffbauern der nordamerikanischen Chesapeake Bay entwickelte *Baltimore-Schoner* weltweit berühmt, auch als Virginia-Schoner bzw. Virginia-Lotsenschoner bekannt. Insbesondere war die Weiterentwicklung der Schiffskörperformen für den damaligen Entwicklungsstand revolutionär und richtungweisend. Durch die weit überragenden Vor- und Achtersteven wurde die nutzbare Deckslänge bedeutend vergrößert, das Schiff erhielt einen Kielfall und somit einen größeren achteren Tiefgang mit nach hinten verschobenem Mittelpunkt der Lateralplanfläche (der Projektionsfläche des Unterwasserschiffes) zur besseren Übereinstimmung mit dem Segelmittelpunkt sowie eine starke Aufkimmung im Mittelschiffsbereich mit entsprechend veränderten, mehr V-förmigen Spantquerschnitten statt der bisher meistens bevorzugten Rund- oder U-Spanten. Diese konstruktiven Merkmale wurden auch für die später entwickelten *Schoneryachten* übernommen.
Dank seiner vorzüglichen Eigenschaften und der geringeren Bedienungsmannschaft wurde der Schoner bald auf allen Meeren zu einem beliebten Schnellsegler für wertvolle oder leicht verderbliche Frachten. Auch für den Passagiertransport als Küsten- und Hochseesegelschiff eignete er sich wegen seiner schnellen Einsatzfähigkeit und Anpassung an veränderte Witterungsbedingungen. Auch als hochseefähiges Fischereisegelschiff bewährte sich der Schoner über viele Jahrzehnte bis in die neuere Zeit. Berüchtigt wurden Schoner als Opiumschmuggler, Sklavenjäger und Freibeuter.
Nach der Anzahl der Masten gab es den zweimastigen Schoner-Grundtyp sowie drei- bis fünfmastige Schoner sowie sechsmastige und sogar einen siebenmastigen Gaffelschoner. Ursprung oder Verwendungszweck werden durch die Zusätze wie Gloucesterschoner, Baltimoreschoner, Lotsenschoner u. a. gekennzeichnet. Schließlich weisen kombinierte Typenbezeichnungen wie *Schonergaliot* oder *Schonerkuff* auf Mischvarianten der Schiffskörperformen hin. siehe Vorsatz
Um die Vorzüge der Rahsegler mit denen der Schoner zu kombinieren, entstanden aus dem Grundtyp des anfänglich zweimastigen Schoners viele Kombinationen von Rah- und Längssegelriggs mit ebenso vielen unterschiedlichen Bezeichnungen. Deshalb nannte man z. B. in Nordamerika – dem Entstehungsland des Schoners – vereinfachend alle Schoner mit irgendwelchen Rahsegeln über den Längssegeln »Toppsegelschoner«.
Etwa um 1880 hatte sich das Schratsegel (Längssegel) so weit durchgesetzt, daß die Zwei- und Mehrmaster mit einem überwiegenden Anteil an Schratsegeln bevorzugt wurden und die anderen Rah-Schoner nach und nach an Bedeutung verloren. Bei den Zweimastern dominierte die *Schonerbrigg* mit ihrem voll rahgetakelten Fockmast einschließlich Mars- und Bramstenge und dem voll gaffelgetakelten Großmast.
Bei den Mehrmastern war es die *Schonerbark* mit nur voll rahgetakeltem Fockmast einschließlich Mars- und Bramstenge und mit Schratsegeln an allen anderen Masten. Dem gegenüber wurden die *Brigantine*, die auch an der Großmaststenge noch Rahsegel fuhr und auch die *Toppsegelbrigg* (auch »Fock- und Großrahtopp-Schoner« wegen der Rahsegel an den Fock- und Großmaststengen) nicht mehr so häufig gebaut. Schließlich wurde die Bezeichnung Toppsegelschoner noch für Zweimaster gebräuchlich, die nur noch an der Fockstenge Rahsegel und sonst ausschließlich Längssegel führten. Nach Größe und Unterteilung der Mars- und Bram-Fockrahsegel unterschied man »Marssegelschoner« und »Bramsegelschoner«.
Bei den Drei- und Mehrmast-Rahschonern gab es noch die *Barkantine* (Fockmast mit Mars- und Bramstenge voll rahgetakelt sowie rahgetakelte Großstengen, alles andere Schratsegel). Weiter waren noch Rahschoner mit voll rahgetakeltem Fock- und Großmast und sonst nur Schratsegel bekannt. Eine weitere Kombination mit Rahtoppsegeln nur an den Stengen des Fock- und Mittelmastes eines Fünfmasters trug die Bezeichnung »Vinnentakelung«.

Schonerbark, *Rahschoner:* drei- oder mehrmastiger Rahschoner, bei dem der vordere Mast, der Fockmast, voll mit Rahsegeln getakelt ist und kein Gaffelsegel fährt. I. d. R. hat der Fockmast eine Mars- und Bramstenge. An den anderen Masten und Stengen werden Schratsegel (Gaffel- und Gaffeltoppsegel) gefahren, s. S. 52 Schonerbark »CARL MAX«. Die Schonerbark gab es als Drei- und Viermaster, *Fünfmaster* und *Sechsmaster*. Der als *Barkantine* bezeichnete Rahschoner unterschied sich von der Schonerbark durch weitere Rahtoppsegel an den Großmaststengen anstelle von Gaffeltoppsegeln.
Ein mindest dreimastiger Rahschoner mit Gaffelsegeln an allen Untermasten, Rahtoppsegeln nur an den Fockstengen und Gaffeltoppsegeln an den anderen Masten wäre ein Focktopp-Rahschoner. Weitere Rahschonervarianten waren *Polka-Bark* und *Jakassbark*.

Schonerbrigg, *Halbbrigg:* Schonerbrigg und Brigg sind Zweimaster, s. a. *Brigantine*. Die Bezeichnung Halbbrigg verdeutlicht die unterschiedliche Takelung der Schonerbrigg im Vergleich zur Brigg. Bei der Schonerbrigg ist wie bei der Brigg der Fockmast (vordere Mast) voll rahgetakelt, der Großmast (hintere Mast) führt jedoch keine Rah- sondern Gaffelsegel. Mit dieser »halben« Rahtakelung gehört die Schonerbrigg als Rahschoner zu den Mischtypen von Rahseglern und Schonern, zuweilen auch als Hermaphrodit-Brigg (Zwitterbrigg) bezeichnet.
Schonerbriggs, die als Frachtsegler relativ völlig gebaut waren, gab es in Holland bereits im 17. Jh. Bis zur Mitte des 19. Jh. wurden in großer Zahl Schonerbriggs von 100 bis 300 BRT in Europa und Nordamerika gebaut.

Schonergaliot: eine *Galiot* mit schärfer gebautem Schiffsrumpf, vorfallender Bugform und Schonertakelung. Dieser Schiffstyp wurde um 1830 in Holland entwickelt und auch in Ostfriesland und Oldenburg gebaut. Die zweimastigen Schiffe fuhren entweder mit Toppsegelschoner- oder Schonerbriggtakelungen. Im Unterschied zu den Galioten war der hintere Mast wie beim

Schoner größer als der vordere Mast. Zur deutschen Handelsflotte gehörten nach SZYMANSKI im Jahre 1873 insgesamt 121 Schonergalioten und 1913 gab es nur noch 4 im Dienst befindliche Schiffe dieses Typs.

Schoneryacht: Weiterentwicklung des in den dreißiger Jahren des 19.Jh. entstandenen nordamerikanischen *Baltimore-Schoners* (auch als *»Virginia-Lotsenschoner«* bekannt). Während diese Vorgängertypen noch teilsweise mit Rahtoppsegel fuhren, wurden Schoneryachten nur mit Schratsegel getakelt. Nach Einführung der Hochsegel entfielen die bis dahin gebräuchlichen Gaffel- und Gaffeltoppsegel, und der Großmast erhielt ein Hochsegel. Neben den zumeist zweimastigen Schiffen mit einer Gesamtsegelfläche von etwa 1000 m² gab es auch dreimastige Schoneryachten wie die *»ATLANTIC«* mit einer Segelfläche von 1720 m². Von den zweimastigen Schiffen wurde die nordamerikanische Schoneryacht *»AMERICA«* (s.a. *Yacht*) durch ihre überragenden Segeleigenschaften und die Erringung des Amerika-Pokals seit 1851 weltweit berühmt.

Schonerkuff: eine *Kuff* mit entsprechend völlig gebautem Schiffskörper und Schonertakelung. Bei den zweimastigen Schiffen war gegenüber der Kuff wie beim *Schoner* der hintere Mast höher als der vordere. Dieser Schiffstyp entstand in den zwanziger Jahren des 19.Jh. im holländischen Groningen und wurde bevorzugt als Toppsegelschoner getakelt (s. *Schoner*). In Deutschland wurden nach SZYMANSKI Schonerkuffen nur bis 1868 in Papenburg, Leer und Emden gebaut.

Schratsegelschiff: Sammelbezeichnung für alle Segelschiffstypen, die mit längsschiffs stehenden Segeln (Längs- oder Schratsegler) gefahren werden im Unterschied zu Schiffen mit querschiffs stehenden Segeln (Quer- oder Rahsegler). Zu den bekanntesten Schratsegelschiffstypen gehören *Ewer*, *Gaffelschoner*, *Galiot*, *Ketsch*, *Kutter*, *Logger* und *Tjalk*. Alle Stagsegel wie Stagfock, Klüver, alle Gaffel- und Gaffeltoppsegel sowie Spitz- und Hochsegel sind Schratsegel.

Schratz-Boot: süddeutsches Sportsegelboot der Einheits-Revierklasse in Rundspant- sowie in Flachbodenbauweise mit einer Segelfläche von 15 m². Die Abmessungen des Bootes sind: 6 m Länge über alles, 5,20 m in der Konstruktionswasserlinie, 1,68 m Breite und etwa 1 m Tiefgang. Die Segelfläche trägt als Segelzeichen den Piranhafisch.

»Schuhboot«: im Küstenbereich Ostindiens übliches Segelboot mit einem Rahsegel, dessen Name auf die eigentümliche, schuhähnliche Formgebung hinweist. Der Mast steht auf etwa einem Viertel der Bootslänge, von vorn gehaltert von dem bis dahin reichenden Deck. Auf dieser Länge hat das Boot auch seine größte Breite.

Schulschiff: siehe Segelschulschiff

Schuner: siehe Schoner

Holländische »Wasserschute« für Frischwassertransporte zu Brauereien oder Solefahrten zu Salzsiedereien [6]

Besanschute, Mitte 19.Jh., Modell

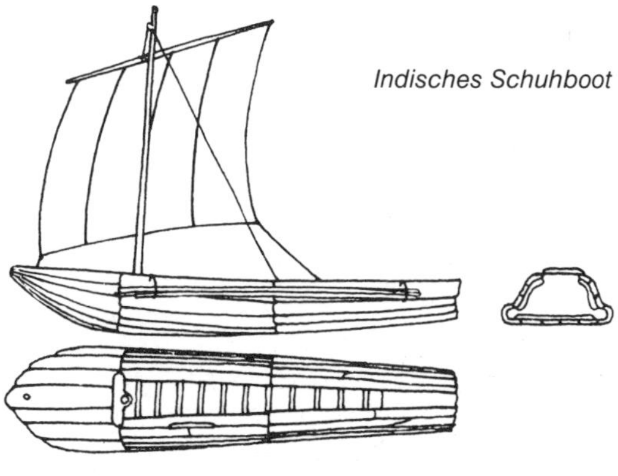

Indisches Schuhboot

Schute, *Schuite, Schüte:* prahmartiges, meistens ungedecktes Wasserfahrzeug ohne Eigenantrieb, das in See- und Binnenhäfen und auf geschützter Reede vorwiegend zur Aufnahme und Zwischenlagerung von Schüttgütern sowie zum Bord-Bord-Umschlag verwendet wird; dementsprechend ist auch die Bezeichnung Hafenschute gebräuchlich. Im Unterschied dazu dienen die verschiedenen Baggerschuten zur Aufnahme und zum Transport des Baggergutes (s.a. *Schimmbagger*).

Unter »Schute« verstand man zu verschiedenen Zeiten unterschiedliche Boots- und Schiffstypen. Ursprünglich tauchte der Begriff um 900 in Nord-

Amsterdamer Modder-Mole (Schlamm- oder Moddermühle) mit Handspillrad um 1600 [6]

Kratzer, Handbaggerschaufel, erste Baggermaschinen

europa, vom altnordischen »skuta« herrührend, für ein Remenboot auf. Im späteren Mittelalter wurde daraus ein Sammelbegriff für schnellsegelnde Depeschen-, Aufklärungs-, Proviant-, Versorgungs- und Begleitfahrzeuge der Orlogflotten; diese Begriffsverwendung ist mit »Schott«, »Schutt« und »Schießen« verwandt, das Fahrzeug »schießt« schnell voran, und schließlich wurden auch Leichter- und Fischerfahrzeuge so genannt. Die in der Hansezeit an den deutschen und holländischen Küsten gebräuchlichen Schuten, bei den Holländern als »Schyte«, »Schuite« oder auch »Scheute« bezeichnet, waren wie die meisten Vorgängertypen geklinkert, flachbodig und ungedeckt. Im 19. Jh. war Schüte in Nordeuropa eine übliche Bezeichnung für die in der Binnenschiffahrt eingesetzten Frachtkähne. Sie waren meistens ohne Eigenantrieb, es gab jedoch auch solche mit einem Mast und einfachem Rahsegel. Im Ostseegebiet bezeichnete Schüte auch einen breiten, vorn und hinten spitz zulaufenden marslosen Dreimaster.

Schwertboot, *Schwertyacht:* flachbodiges Segelboot, das zur Verringerung der Abdrift und verbesserten Kursstabilität oder Kentersicherheit mit höhenveränderlichen plattenähnlichen »Schwertern« versehen ist. Durch diese Zusatzflächen wird bei ausgefahrenen Schwertern die Lateralplanfläche vergrößert und der Flächenmittelpunkt nach unten verschoben. Durch Einziehen oder Einklappen der Schwerter bleibt der geringe Tiefgang der Schwertboote zum Befahren flacher Gewässer erhalten. Es gibt Seitenschwertboote mit außenbords liegenden Schwertern und Kimmschwertboote mit binnenbords angeordneten Schwertern. Die binnenbords liegenden Schwerter befinden sich in sogenannten »Schwertkästen«, die bis zur Seitenhöhe bzw. zu den maximalen Tiefgängen des Bootes wasserdicht sein müssen.
Von einem Kielschwertboot oder Kielschwertkreuzer spricht man, wenn bei einem auf Kiel gebauten Boot zusätzlich ein schwenkbares oder ausfahrbares Schwert hindurchführt. Eine gleiche Anordnung der Schwerter hat die Schwertyacht, sie unterscheidet sich von den kleineren Fahrzeugen hauptsächlich durch den yachtähnlichen Schiffskörper mit auffälligen vorderen und achteren Überhängen. Im Unterschied zur Schwertyacht hat die *Kielyacht* kein bewegliches Schwert, sondern einen festen Kiel, der i. allg. zusätzlichen Ballast erhält.

Schwertkielboot, *Schwertkielyacht:* siehe Schwertboot, Schwertyacht.

Schwimmbagger, *Muskel-, Wind-* und *Wasserkraftbagger:* Schwimmfahrzeug mit muskel- oder naturkraftbetriebenen Geräten zur Reinigung und Vertiefung von Fahrrinnen und Liegeplätzen bzw. zur Förderung von Kies, Ton, Torf u. a. Rohstoffen. Infolge der Versandung mußten die Fahrrinnen schiffbarer Flüsse bereits im Mittelalter vertieft werden. Dazu bediente man sich zunächst bei genügender Strömung eiserner Rechen (Baggerrechen, Kratzer), die von Schiffen oder auch von Land mit einfachen Seiltrommeln über den Flußgrund gezogen wurden, um den Boden aufzulokkern, wie eine zeitgenössische Darstellung aus dem Jahr 1550 zeigt. Für sandigen Grund benutzte man auch sogenannte »Sackbagger«, muldenförmige Schaufeln, die an entsprechend langen Stangen so befestigt waren, daß man mit ihnen nach dem Aufsetzen durch Seilzug schürfen konnte. Handbagger und lange Stangen mußten wegen der ständigen Bildung und Verlagerung von Untiefen außerdem von allen Binnenschiffen mitgeführt werden.
Die Bezeichnung »Bagger« bzw. »Backert« kommt aus dem niederländischen Sprachgebiet. Die älteste Nachricht über Baggermaschinen stammt aus einer Veröffentlichung des Italieners VERANTIUS aus dem Jahre 1617. Im Jahre 1724 beschrieb LEUPOLD im »Theatrum machinarium hydrotechnicarum« einen holländischen Hafenräumer, genannt »Modder Mole« (Moddermühle), der als Vorläufer des Eimerkettenbaggers anzusehen ist.
Der windgetriebene Radbagger und wasserradgetriebene »Vertiefungsmaschinen« traten nachweisbar erst in der Mitte des 18. Jh. auf. Die erste Baggermaschine, angetrieben durch eine Dampfmaschine von Boulton & Watt, gab es im Jahre 1796. In der zweiten Hälfte des 19. Jh. gab es noch das Baggertretrad. Während sich auf einem prahmartigen Fahrzeug ein drehbar gelagertes Tretrad für 2 Arbeiter mit Trommel und Seilgreifer befand, wurde der Greiferinhalt jeweils in einen zweiten Transportprahm entleert.

Schwimmkran, betätigt mit Muskelkraft: schleppbares, schwimmendes Fahrzeug mit speziellen Hubeinrichtungen zur Ausnutzung physikalischer Hebelgesetze durch Muskelkraft ist zumindest seit ARCHIMEDES (210 v. u. Z.) bekannt. So benutzte man *Hebeschiffe* zur Bergung gesunkener Fahrzeuge durch Überbordgeben von Steinballast. Des weiteren waren Rollen, Blöcke und Flaschenzüge an geeigneten Kranbalken, Masten oder Bäumen der Segelschiffe zur Be- und Entladung schwerer Güter bekannt. Nachdem in bedeutenden Umschlaghäfen der Fluß- und Seeschifffahrt die ersten Hafenkrane mit Trettrommeln in Betrieb genommen worden waren, gab es auch prahmartig breite Wasserfahrzeuge mit aufgebauten Kranwerken, angetrieben durch Trettrommeln. So sind u.a. auf einem Holzschnitt der Stadt Köln aus dem Jahre 1499 mehrere solcher schwimmenden Krane dargestellt.

Scow: englische Bezeichnung für *Leichter* oder *Prahm*. Die mit flachem Boden und nahezu eckiger Kimm gebauten Fahrzeuge wurden im 19.Jh. sowohl zum Leichtern seegehender Schiffe als auch für den Fährverkehr und Personentransport in Küstennähe als geschleppte oder geruderte Fahrzeuge verwendet. Außerdem ist die Bezeichnung für ein prahmartiges, mit plattem Boden, geradem flachem Bug und Heck sowie relativ breit gebautes, aus Nordamerika stammendes *Kimmschwertboot* gebräuchlich. Infolge der gleitbootähnlichen flachen Bauweise sind vor dem Wind hohe Segelgeschwindigkeiten erreichbar. Auffällig ist auch der Decksverlauf mit negativem Sprung, d.h. mit zu den Schiffsenden leicht abfallender Deckslinie.

Sechsmaster: Oberbegriff für die sich durch ihre Takelung unterscheidenden großen Segelschiffe mit 6 Masten. Sie wurden als *Schonerbark* oder *Gaffelschoner* getakelt. Dabei führte die *Schonerbark* an den 5 hinteren Masten Schratsegel und am Fockmast Rahsegel; die Schonerbark mit 6 Masten kam erst 1918 auf. Der Sechsmastgaffelschoner fährt an allen Masten Schratsegel; s. Tafel S. 22.

See-Ewer: auch als »Ostsee-Ewer« bezeichneter norddeutscher *Ewer*. Der Schiffstyp entstand Anfang des 19.Jh. und fuhr als *Besanewer* getakelt. Das Längen-Breiten-Verhältnis lag zwischen 3 und 3,5. Ebenso wie der Binnen- und Küstenewer führte der See-Ewer Seitenschwerter, war jedoch in den Verbänden des Schiffskörpers bedeutend stärker gebaut.

Seefahrtskreuzer: ein veralteter Typ der hochseefähigen, schweren, schlank mit langen Überhängen gebauten nationalen Kreuzeryachten. Bis 1940 waren in Deutschland 30-m²-, 40-m²-, 50-m²-, 60-m²-, 80-m²-, 100-m²-, 150-m²- und 250-m²-Seefahrtskreuzer gebräuchlich.

Seekadetten-Schulschiff: siehe Segelschulschiff

Seekreuzer, *Seekreuzeryacht:* hochseefähiger *Kreuzer* der Yachtgruppe, der für längere Fahrten auf See konstruiert und ausgerüstet ist. Im Vergleich mit Rennyachten ist der Seekreuzer den Langzeitbeanspruchungen auf See durch eine stabilere Bauweise, weniger ausladende Vor- und Achtersteven sowie einfachere Takelung besser angepaßt.

Seeleichter: ein antriebsloser *Leichter*, der im Unterschied zur Hafenschute oder zum Hafenleichter auf Reede und unter bestimmten Bedingungen auch auf See infolge der größeren Seitenhöhe bzw. eines größeren Freibords einsetzbar ist. Außerdem sind meistens die Lukenöffnungen durch seefeste Lukenabdeckungen gesichert.

Scow, zweimastiger englischer Leichter des 19.Jh.

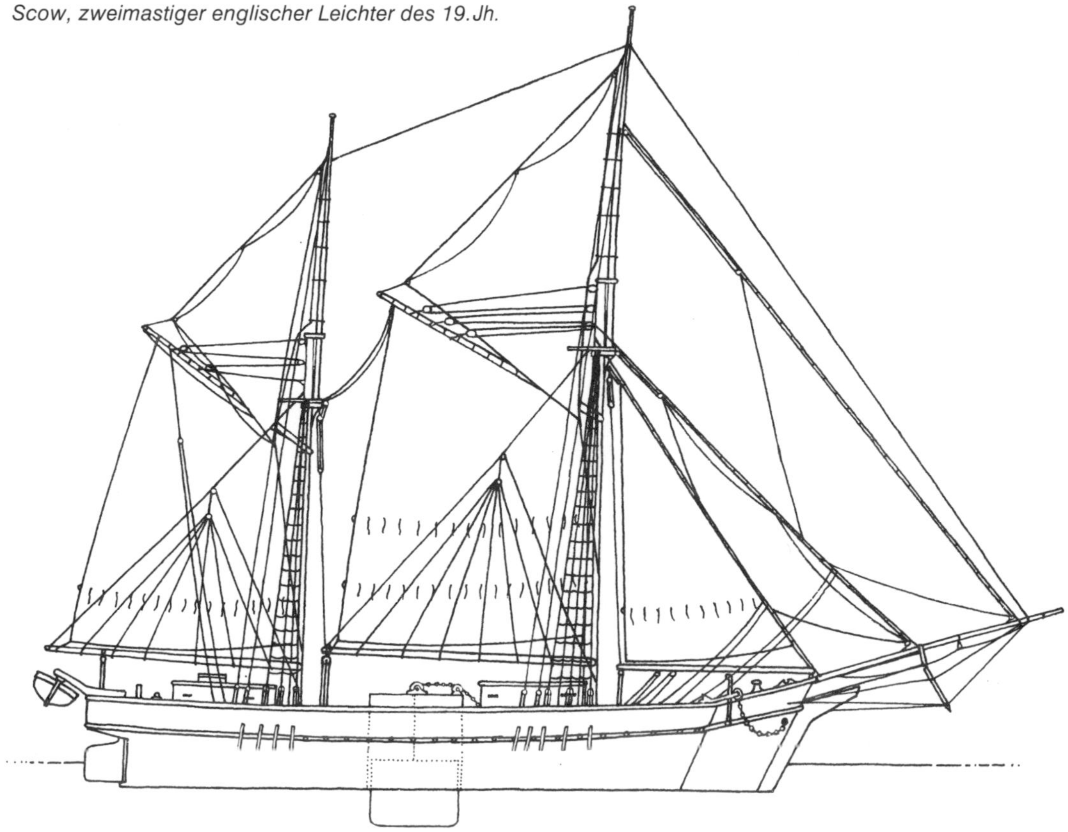

Kreuzeryacht »IDUNA«

Seenot-Ruderboot: speziell für den Seenot-Küstenrettungsdienst gebautes und ausgerüstetes größeres Ruderboot; s.a. *Küstenrettungsboot*.

Seeschlup, *Seeslup:* siehe Slup

Segelboot: Sammelbezeichnung für alle Segelbootstypen bis zu einer bestimmten Größe (etwa 12m Länge) in offener, teil- und vollgedeckter Bauweise. Entwurf, Konstruktion und Ausrüstung der einzelnen Segelbootstypen sind insbesondere den jeweiligen Fahrtgebietsbedingungen (Binnengewässer oder Seegebiete) bzw. internationalen Regeln anzupassen. Ein optimaler Leichtbau des Bootskörpers aus Stahl, Holz, Plast oder in Kompositbauweise bei genügender Festigkeit, hydrodynamisch günstige Bootsfor-

Kleine Tourenyacht »CATALINA« [29]

men zur Verringerung des Schiffswiderstandes bei hoher Kursstabilität und ausreichender Querstabilität, guten Steuereigenschaften und Bewegungen des Bootes sowie vor allem die effektivste Ausnutzung der Windkraft bei den hauptsächlich vorkommenden Segelbedingungen mit jeweils angemessenem Bedienungsaufwand sind in ihrer Kombination nicht maximal erfüllbar. Der Flächenmittelpunkt der Segel und des Lateralplanes (Orthogonalprojektion des Unterwasserteils des Bootskörpers) müssen bestimmte Proportionen und Lagen zueinander haben. Aus Gründen der Querstabilität kann der Segelmittelpunkt nicht beliebig hoch liegen, andererseits ergeben aber hochgelegene Segel mehr Vortrieb. Hinsichtlich der Kursstabilität sind Boote luvgierig, d. h., sie drehen in den Wind, wenn der Segelmittelpunkt hinter dem Lateralmittelpunkt liegt, und sie sind leegierig, wenn der Segelmittelpunkt vor dem Lateralmittelpunkt liegt. Die notwendige Querstabilität (seitliches Wiederaufrichtvermögen) kann durch entsprechend breite Bootskörperformen, wie bei *Jollen*, oder durch zusätzliche tiefgelegene Massen, wie bei *Kielbooten*, erfolgen. Die Abdrift wird entweder durch Schwerter (s. a. *Schwertboot*) oder durch Kiele oder Flossenkiele begrenzt.

Bei heutigen Segelbooten ist die früher allgemein übliche Kuttertakelung mit Gaffelsegel, Toppsegel, Fock und Klüver nur noch selten anzutreffen, so daß die »Hochtakelung« in verschiedenen Formen dominiert. Durch die weniger unterbrochenen, aufeinander abgestimmten Segelflächen der Hochtakelung kann sich der durch die Anströmung erzeugte Überdruck auf der Luvseite (Windseite) und der Unterdruck auf der Leeseite (dem Wind abgekehrte Seite) ungestörter ausbilden. Um die Ausbildung aerodynamisch günstig gewölbter Segelflächen zu unterstützen, verlaufen bei modernen Segelschnitten bestimmte Segelkanten (Lieks) nicht gerade, sondern gekrümmt.

Stimmen Fahrtrichtung des Bootes und Windrichtung völlig überein oder weichen nicht sehr voneinander ab, so segelt man »vor dem Wind«. Bei Fahrt vor dem Wind setzen Sportsegelboote, soweit es die Wettbewerbsbedingungen zulassen, zusätzlich ein Vorsegel, den Spinnaker (engl. to spinn, rollen, strömen). Erstmalig wurden Versuche mit einem Vorwindsegel 1866 auf der englischen Segelyacht »SPHINX« gefahren. Aus diesem relativ breiten und kurzen Vorwindsegel entstand der heute noch gebräuchliche hohe und schmale Spinnaker.

Bei schräg von achtern einfallendem Wind segelt man mit »raumem Wind«, und von »halbem Wind« spricht man bei seitlich einfallendem Wind. Spezielle Spinnaker werden heute auch für diese Windrichtungen gefahren. Trifft der Wind spitzwinklig von vorn auf das Boot, so segelt man »am Wind« oder »beim Wind«. Je nach der Art des Bootes und der Takelung können Segelboote bis zu 30° und weniger gegen den Wind ansegeln. Dabei muß im Zickzackkurs gegen den Wind in Kreuzschlägen, kurze Schläge genannt, und Wenden gesegelt werden.

Segelgig: siehe Gig

Segelkatamaran: ursprünglich nur ein Fahrzeug aus 2 Schwimmkörpern, die durch eine Plattform verbunden waren. In der einfachen Form wurde dieses Fahrzeug schon sehr frühzeitig im Gebiet des Pazifischen Ozeans mit Segeln versehen. In den letzten Jahren wurde dieser Segelkatamaran ein Sportfahrzeug. Bei den Doppelrumpfbooten brauchen die einzelnen Rümpfe nicht unbedingt getrennt zu sein, sondern werden auch als Bodenlängswülste unterhalb einer Plattform ausgebildet.

Segelschiff: Sammelbegriff für die Mehrheit aller Typen von Wasserfahrzeugen, deren Antrieb hauptsächlich durch Windkraft in Verbindung mit Segeltakelage erfolgt und die sich hinsichtlich ihrer Größe und Bauweise von den meistens kleineren *Segelbooten* unterscheiden. Die Vielzahl der Segelschiffstypen läßt sich verschiedenen charakteristischen Merkmalen, wie Hauptverbreitungsgebiet, Verwendungszweck und -zeitraum, Formgebung und Bauweise von Schiffskörper, Steuerorganen und Aufbauten, Anzahl der Maste und Art der Takelung, zuordnen. Nach Art und Stellung der Segel lassen sich Segelschiffe in die beiden Hauptgruppen *Rahsegler* und *Schratsegler* einteilen. Rahsegel (auch Quersegel genannt) werden an schwenkbaren Quer- oder Schrägrahen gefahren und durch Brassen in die erfoderliche Segelstellung gebracht. Demgegenüber sind Schratsegel (auch Längssegel genannt) in Ruhestellung in der Längsmittelschiffsebene des Segelschiffes aufgespannt. Schratsegel werden an Masten, Gaffeln, Stagen oder Stagleitern gefahren und durch Schot, Läufer und Leinen in den Wind gebracht. Auf »Vollschiffen«, d. h. voll rahgetakelten Schiffen und größeren Segelschiffen, sind beide Segel-Grundarten anzutreffen und so miteinander kombiniert, daß entsprechend den unterschiedlichen Windbedingungen jeweils die bestmögliche

Ausnutzung der Windkraft bei günstiger Segelhandhabung erreicht wird.
Zu den ältesten Darstellungen des Segels gehört eine Felszeichnung aus dem Süden der Nubischen Wüste aus der Zeit um etwa 6000 v. u. Z., auf der als Rumpf eines Fahrzeuges ein Stierkörper gezeigt wird, auf dem sich ein Mast und ein Segel befinden. Wie spätere altägyptische Funde zeigen (Cheopsschiff u. a.) vollzog sich unter den günstigen Bedingungen der frühen ägyptischen Hochkultur die Entwicklung zum Segelschiff über das besegelte bootsähnliche *Papyrusfloß* zum gebauten bzw. »gebundenen« oder »genähten« Plankenboot und Plankenschiff. Im nordischen Sprachraum sind die Wörter für geruderte Boote und Schiffe bedeutend älter als die Ausdrücke für Mast und Segel. Der erste schriftliche Nachweis eines Segels bei germanischen Stämmen stammt von TACITUS (55 bis 120) aus dem Jahre 70, der Zeit des Aufstandes der an der Rheinmündung ansässigen Bataver. TACITUS berichtet, daß die Barbaren ihre bunten wollenen Kriegsmäntel zu Segeln zusammennähten. Etwa aus der gleichen Zeit schildert der römische Gelehrte PLINIUS, daß germanische Frauen Segeltuch webten. Im Norden entstand, aus dem Romanischen übernommen, altnord. »mastr«, auch »mazdo«, russ. »macta« für Mast, und für Segel gehören roman. »sigla« und altnord. »segl« zu den ältesten Bezeichnungen. An den nordischen, insbesondere skandinavischen Bootsfunden ist das Segel erst aus der Zeit des Beginns größerer Fahrten über See, etwa ab 400 u. Z., allgemein nachweisbar.
Bis in das 16. Jh. hinein gehörte die Kunst des Baus hölzerner Segelschiffe zu den hochgeschätzten Leistungen erfahrener Zimmermannsmeister. Die überlieferten Bauerfahrungen wurden von Generation zu Generation übernommen und waren streng gehütete Geheimnisse. Erst mit der im 16. Jh. beginnenden Darstellung der Schiffsformen, des Kiel-, Steven- und Decksverlaufs, einiger Abmessungen und Details verbreiteten sich die Kenntnisse, entstanden Vergleichs- und Entwicklungsmöglichkeiten. Bis zum Anfang des 19. Jh. beschränkte sich jedoch die Darstellung zumeist auf die Hauptabmessungen, Formen und hauptsächlichsten Zimmermannsarbeiten am Schiffsrumpf. Für einzelne Schiffstypen, wie venezianische Schiffe (s. *Galeere*) oder Kriegsschiffe, die in größerer Zahl unter zentraler Regie gebaut wurden, gab es aber bereits wesentlich früher exaktere Aufzeichnungen der Holzbauteile, Verbindungen, Ausrüstungen und der Takelung. Für den hölzernen Schiffsrumpf, für Maste und Rundhölzer wurden je nach Anforderungen bis zu 20 Holzarten verwendet. Die Dauerhaftigkeit der aus Eiche gebauten Schiffskörper wurde nur noch vom indischen Teakholz übertroffen. Solche gegen Fäulnis sehr widerstandsfähigen Schiffe waren bei guter Pflege zwischen 30 und 50 Jahren in Betrieb, während bei Verwendung von Buche oder leichteren Nadelhölzern bereits nach 15 Jahren die Verbindungen und damit die Festigkeit und Dichtigkeit nachließen. Für das Oberdeck eigneten sich besonders harzreiche Kiefernhölzer, wie das Holz der nordamerikanischen Pitchpine. Mit der Größenzunahme der aus Holz gebauten Segelschiffe konnten die höheren Belastungen des Schiffskörpers und der hölzernen Verbände nur noch durch den völligen Übergang von der Klinker- zur Kraweelbauweise, durch den Ersatz naturgewachsener Krummhölzer durch gebogene und entsprechend stark gebaute Spanten und Eckverbindungen in einer hochentwickelten Holzbauweise beherrscht werden. Die zeitweilig führende Position des Segelschiffbaues der Niederlande (s. a. *Fleute*) oder des nordamerikanischen Schiffbaues (s. a. *Klipper*) in der Entwicklung neuer Schiffstypen bedingte einen entsprechend hohen Stand des Schiffszimmererhandwerks.
Mit der von England ausgehenden Einführung der Kompositbauweise, bei der eiserne Spanten und Decksbalken mit Schiffsplanken aus Holz beplankt wurden, vereinfachten sich die Anforderungen an die Holzverarbeitung auch für größere Segelschiffe, und es erhöhten sich die Festigkeit und Dichtheit, so daß gut gebaute Kompositschiffe ca. 40 Nutzungsjahre erreichten.
Der um die Mitte des 19. Jh. einsetzende Übergang zur Verwendung von Eisen und später von Schiffbaustahl auch für die Beplattungen hatte tiefgreifende Umstellungen der Bauweisen und Schiffbautechnologien von Holz auf Stahl und den Niedergang einer Vielzahl früher im Holzschiffbau führender Werften zur Folge.

Segelschulschiff: ein vorzugsweise für die Ausbildung des seemännischen Nachwuchses von Kriegs- und Handelsmarinen dienendes Segelschiff. In Deutschland wurde in Bremen im Jahre 1900 der »Deutsche Schulschiff-Verein« gegründet, dem für die Ausbildung 3 eigene Segelschulschiffe zur Verfügung standen, die vollgetakelten (Rah- bzw. Vollschiffe) »GROSSHERZOGIN ELISABETH«, »PRINZESS EITEL FRIEDRICH« und »GROSSHERZOG FRIEDRICH AUGUST«. In der Zeit von 1901 bis 1925 wurden auf diesen Schiffen fast 5000 Seeleute für die Handelsflotte ausgebildet. Die vielseitige Ausbildung umfaßte alle vorkommenden Segel- und Bootsmanöver, den Sicherheitsdienst, Verhalten bei Havarien und Unfällen sowie alle sonstigen seemännischen Arbeiten. Für den seemännischen Nachwuchs der DDR dient viele Jahre das Segelschulschiff *»WILHELM PIECK«*, eine *Schonerbrigg* der Gesellschaft für Sport und Technik.

Segelsurfer: siehe Windsurfer

Segeltanker: erster Typ des Öltankschiffes, auch als Tanksegler bezeichnet. Im Unterschied zu den *»Petroleumklippern«*, die Petroleum in Fässern fuhren, waren Tanksegler Segelschiffe mit fest eingebauten, untereinander mit Rohrleitungen verbundenen größeren Blechbehältern (Tanks). Als einer der ersten Segeltanker gilt der amerikanische Segler »CHARLES«, der in den Jahren von 1869 bis 1872 zwischen den USA und Europa fuhr.

Seilfähre: siehe Seilschiff und Fährschiff

Seilschiff: eine spezielle Vorgängervariante des späteren maschinengetriebenen Kettenschleppschiffes. Seilschiffe wurden bereits von J. MARIANO 1438 skizziert und auch von K. KYESER in Eichstädt erwähnt. Auf dem Seilschiff befand sich eine querschiffs liegende Welle mit großen Schaufelrädern an jeder Bordseite. Die teilgetauchten Schaufelräder wurden wie bei unterschlächtigen *Schiffsmühlen* angeströmt und bewirkten, meistens unterstützt durch Muskelkraft, ein Auftrommeln des in Fahrtrichtung voraus festgemachten Seiles auf die Welle und so eine Fortbewegung des Schiffes gegen den Strom.

Seiner: Fischfangschiff, das hauptsächlich für den Gebrauch von Ringwadennetzen (engl. purse seine) ausgerüstet ist. Ringwadennetze ähneln großen Schwimm- oder Treibnetzen, werden jedoch ringförmig als Umschließungsnetz um einen Fischschwarm ausgesetzt und danach an der Unter- und Oberleine korbförmig zusammengezogen, so daß der Fischschwarm am Entweichen gehindert und räumlich konzentriert wird. Das Aussetzen des Netzes wird durch an Bord mitgeführte *Doriboote* unterstützt. Auf den älteren Seinern werden die Ringwaden seitlich neben dem Schiff zusammengeholt und je nach Größe des Fanges durch Handkescher ausgeschöpft oder an Bord gezogen. In der modernen Fischerei sind Seiner, Trawler und ihre Kombination die bedeutendsten Fangschiffstypen.

Seitenfänger, *Seitenfangschiff:* aus der Netzhandhabung auf Fischereischiffen herrührende Bezeichnung für alle Fischereifahrzeuge, die Netze an den Bordseiten ausbringen und einholen im Unterschied zu der erst wenige Jahrzehnte gebräuchlichen Heckfangtechnik. Die auf Trommeln oder Winden an Deck aufgetrommelten Kurrleinen (Trossen) laufen über Umlenkrollen und sogenannte »Fischgalgen« – das sind über die Bordseite hinausragende Ausleger mit Rollen – zum Netz. Nach dem Aussetzen und Schleppen des Netzes und Einholen des Vorgeschirrs wird das an die Bordwand herangezogene Netz zum größten Teil von Hand oder durch handgetriebene Netztrommeln über die Reling gezogen. Diese besonders auf kleinen Fischereischiffen seit Jahrhunderten zu verrichtende schwere körperliche Arbeit konnte erst in der ersten Hälfte des 20. Jh. durch Netztrommeln mit Maschinenantrieb abgelöst werden. Zu den bedeutendsten Segel-Fischfangschiffen mit Seitenfangausrüstung gehörte der *Fischkutter*.

Seitenfang-Kutter: siehe Seitenfänger

Seitenfang-Trawler: siehe Seitenfänger

Seitenschwertboot: holländische und norddeutsche Küsten-Segelschiffe, Wattenfahrer, Boote und Flußkähne, wie *Aaken*, *Bojer*, *Ewer*, *Kuffen*, *Mutten*, *Ottern*, *Poons*, *Prahme*, *Pünten*, *Schniggen* sowie weitere Typen, bei denen aus Gründen der Tiefgangsbegrenzung außen an beiden Bordseiten drehbare Seitenschwerter gefahren wurden. Die Seitenschwerter bestanden aus mehreren miteinander zu einer Platte verbundenen Planken. Die drehbare Befestigung erfolgte durch Schwertbolzen oder Tauverbindungen etwa auf halber Fahrzeuglänge an Deck. Durch Ketten oder Taue wurde entsprechend der Stärke des Seitenwindes bzw. Abdrift das an der Leeseite befindliche Seitenschwert auf die erforderliche Tiefe eingestellt, so daß der Fahrtwiderstand des Schiffes möglichst wenig anstieg. Infolge der Größe und der auffälligen seitlichen Anordnung beeinflußten Seitenschwerter in erheblichem Maße die Seitenansicht der Schiffe, sie wurden deshalb häufig durch Schnitzereien und Bemalungen verziert. Die moderne Form sind innenliegende ausschwenkbare oder absenkbare Schwerter bei Kimm- bzw. *Kielschwertbooten*.

Selander, *Schelander:* im 9.Jh. ursprünglich ein byzantinischer Mischtyp von *Dromone*, *Pamphile* und *Galee*, den Nachfolgern der byzantinischen *Liburne*. Wie die meisten Kampfschiffe des antiken Seewesens wurden die Selandertypen als kombinierte Ruder- und Segelfahrzeuge vorwiegend gerudert, das vorhandene Lateinsegel benutzte man bei günstigem Wind und längeren Seereisen. Während der Kreuzzüge diente der in den italienischen Seestädten als Selander gebaute Schiffstyp als Transport- und Kampfschiff. Im 13.Jh. entsprach die Schiffsgröße etwa einer Rudermannschaft von 22 bis 26 Personen.

Senkkasten: siehe Taucherglocke

Setzbordschiff: Einbaum mit seitlich auf beiden Bordseiten aufgesetzten Plankengängen, dem Setz- oder Schälbord. Das Setzbordschiff stellt somit eine höhere Entwicklungsstufe gegenüber dem Einbaum in Richtung auf das aus Planken erbaute Schiff dar, obwohl die Seitenplanken meistens noch nicht an durchgehenden Spanten befestigt waren. Das Setzbordschiff gab es in verschiedenen Erdteilen, insbesondere in Nordeuropa, Ostasien und der Südsee; s.a. *Piroge*. An älteren Ruderbooten findet man heute zuweilen noch Setzbordplanken als obersten Plankengang mit den ausgearbeiteten Ausklinkungen (Rundseln) für die Riemen. Auch auf halbgedeckten Booten sind die oberen Abschlußplankengänge manchmal noch Setzborde.

Sidonische Sarkophag-Schiffsdarstellung: aus dem 2. und 3.Jh. stammende Flachreliefdarstellung eines auf Kiel und Spanten gebauten syrisch-römischen Lastsegelschiffes auf einem Sarkophag. Der Sarkophag (in der Antike und in frühchristlicher Zeit ein steinerner Sarg zur Beisetzung der Begüterten) wurde in der Stadt Saida (früher Sidon) an der libanesischen Küste aufgefunden und stammt aus der Zeit, in der Libanon unter römischer Herrschaft stand.

Siebenmast-Gaffelschoner: einziges, 1902 in den USA mit 7 Masten gebautes Schiff mit dem Namen »THOMAS W. LAWSON«. Das 117m lange und 15m breite Schiff hatte 5218 BRT, war aus Stahl und fuhr mit 16 Mann Besatzung.

Skagenboot: ursprünglich offenes, zweimastiges Fischerboot, das zum Ende des 19.Jh. auch gedeckt gebaut wurde und zur Fischerei mit Fangleinen und Treibnetzen diente.

Skiff: schlankes und leichtes Einmann-Rennruderboot ohne Steuermann. Die Bezeichnung stammt aus Skandinavien und entspricht der altengl. Bezeichnung »scip«. Die Bezeichnung »Skiff« ist außerdem noch in verschiedenen Ländern für andere leichte Boote gebräuchlich. So wird z.B. ein kleines offenes, geklinkertes Segelboot als »Orkney-Skiff« bezeichnet; in Nordamerika gibt es u.a. die Bezeichnung »Delaware-Sturgeon-Skiff« für ein 7,5m langes Fischerboot für den Störfang. Es handelt sich um ein zweimastiges Kielboot mit gerundeten Spanten und einem Heckspiegel, das i.allg. mit Sprietsegeln gefahren wird.

Aufbringung des Sklavenschiffes »SUNNY SOUTH« (ex »EMANUELA«) durch H.M.S. »BRISK«, 1860 Holzstich von G. SMITH

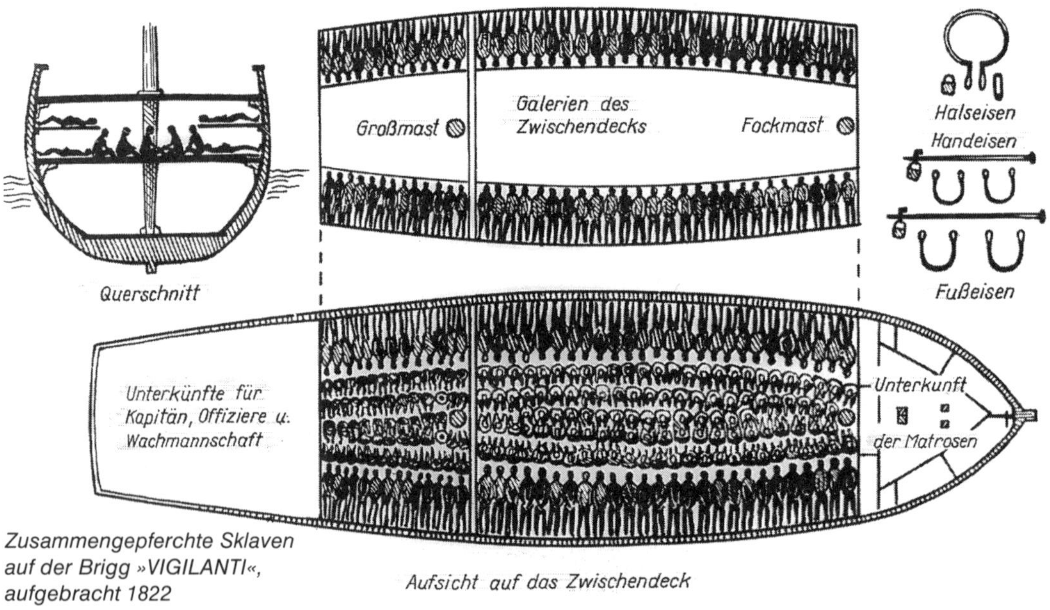

Zusammengepferchte Sklaven auf der Brigg »VIGILANTI«, aufgebracht 1822

Aufsicht auf das Zwischendeck

Sklavenschiff: leichtgebaute schnelle *Briggs* oder *Schoner*, die noch im 19.Jh. aus Afrika Sklaven nach Amerika verschleppten, obwohl der Sklavenhandel bereits von allen Staaten verboten war und Kriegsschiffe vor der Küste patrouillierten. Schiffe von etwa 250t Tragfähigkeit pferchten unter Deck bis zu 500 Sklaven eng zusammen, so daß für jeden einzelnen nur ein schmaler Liegeplatz blieb. Da außerdem die Verpflegung unzureichend war, starben in vielen Fällen bis zu 50% der Sklaven bereits während der Überfahrt.

Skuldelev-Schiffsfund: siehe Roskilde-Schiffsfund

Skullboot, *Skuller:* Renn-Ruderboot, bei dem jeder Ruderer ein Paar kurze leichte Riemen (2 Skulls) benutzt. Im Unterschied zum Skull wird ein Riemen von einem Mann mit beiden Armen bewegt. Ein Skull für Sportzwecke ist etwa 2,95m lang und hat eine Eigenmasse von 2kg.

»Skyscraper«: allgemein gebräuchliche englische Bezeichnung für den *Klipper* mit seinen hohen, »wolkenkratzenden« Masten. Außerdem war es die Bezeichnung für das auf rahgetakelten Schiffen bei Schönwetter oberhalb des Skysegels gefahrene kleine Dreieckssegel.

Slof: großes, etwa 45m langes, ungedecktes Rheinschiff des 19.Jh. von einfacher Konstruktion mit einem umlegbaren Mast. Um im beladenen Zustand das Überkommen von Wasser zu vermeiden, wurden hohe Setzborde gefahren.

Sloop, *Marinesloop:* im 18. Jh. besonders in der englischen Marine als »Navy sloop«, »Sloop of war« (Kriegssloop) verwendeter *Zweimaster*. Diese Schiffe fuhren bis etwa 1760 an beiden Masten entweder Schnau-, Ketsch- oder Brigantine-Takelung und hatten bis zu 12 Stück 6-Pfünder, so daß sie dem Range nach hinter den Schiffen 6. Ranges eingeordnet wurden. Nachdem 1760 dreimastige vollgetakelte kleine Fregatten gebaut und zunächst als »Fregatten mit 16 Lafettenkanonen« bezeichnet wurden, gab es bald die Bezeichnung »Sloop« mit einem Nachsatz, der die Anzahl der Kanonen angab. Als um 1780 Briggs in den Marinen eingeführt wurden, unterschied man in den Schiffslisten der Marine Schiffe von etwa 20 bis 35 m Länge in Sloops, die vollgetakelt fuhren, und solche, die eine Briggtakelung hatten, (s. a. *Slupgaleasse*).

Slup, *Schlup:* einmastiges Sportsegelboot, dessen Bezeichnung von dem Schiffstyp *Schaluppe* (engl. sloop) stammt. Kennzeichen der Slup ist die Slup-Takelung, bestehend aus nur einem Groß- und einem Vorsegel, der heute für kleine Sportboote allgemein üblichen Takelung. Das Großsegel kann ein Hochsegel (auch als Spitzsegel bezeichnet) oder ein Gaffelsegel sein. Das Hochsegel hat seinen Ursprung in den Segeln der Bermudaboote und fand um 1920 in Europa Eingang. Daher gibt es auch die noch bei größeren Yachten anzutreffende Bezeichnung Bermuda- oder Marconisegel. Die Gaffel wird mitunter auch zur Steilgaffel, d. h., sie reicht nahezu lotrecht noch über den Masttopp hinaus.
Slups gab es bereits im 16. Jh., wobei zu dieser Zeit sowohl reine Riemenboote als auch kombinierte Riemen-Segelboote so bezeichnet wurden. Entsprechend den späteren vielseitigen, zeitlich und örtlich verschiedenen Verwendungen für Handels-, Fischerei- und Kriegszwecke waren die Fahrzeuge unterschiedlich getakelt. In der Nord- und Ostsee war die Bezeichnung »Slop« und »Sloop« insbesondere für kleinere Fischereifahrzeuge gebräuchlich, und in der britischen Marine nannte man ein kleines seetüchtiges Geleit- und Bewachungsfahrzeug *Sloop*.

Sluptakelung mit Steilgaffel

Ältere Takelung mit Gaffeltoppsegel

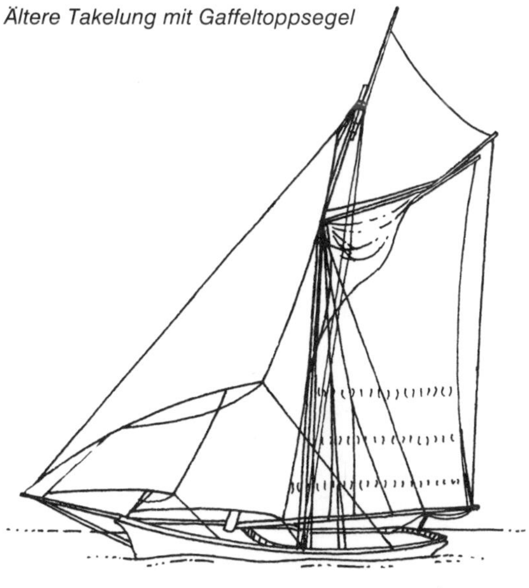

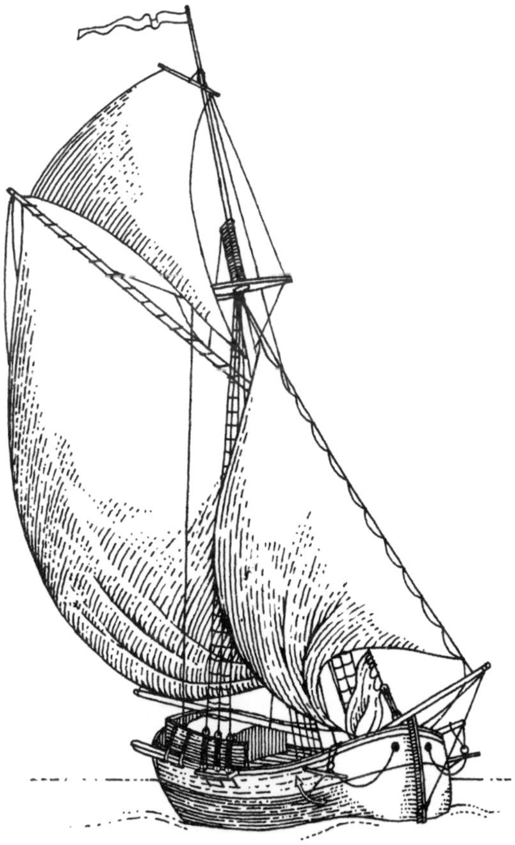

Handelsslup mit Gaffeltoppsegel

Slupgaleasse: im ersten Drittel des 19. Jh. mit einem kleinen Besanmast versehene *Slup*, aus der sich um 1850 die Slupgaleasse entwickelte. In der Form der Slup führte sie außer dem Slupmast einen hohen, weiter vorn stehenden Besan mit langer Stenge. An den beiden Masten waren große Gaffelsegel und Gaffeltoppsegel, ferner am Großmast 3 Rahsegel, eine Stagfock und am Bugspriet mehrere Klüver. Im Ostseebereich war die Slupgaleasse ein seltener Schiffstyp.

Smake: siehe Schmack

Snape-Bootsfund: in England bei Suffolk gefundenes typisches klinkerbeplanktes Lastboot aus dem 6. bis 7. Jh. Das Boot war 14,5 m lang und 3 m breit. Es hatte eine Seitenhöhe von 1,2 m und war mit flachem Boden ohne Kiel gebaut.

Snekkja: im nordeuropäischen Raum vom 10. bis 14. Jh. verwendeter Schiffstyp mit relativ scharfen Formen, mit dem als Ruderfahrzeug schnelle Fahrten gemacht werden konnten. Die Snekkjas wurden vielfach als Kampffahrzeug, unter anderem in England, eingesetzt. Ihre Größe entsprach im 13. Jh. etwa derjenigen der *Koggen*. Bereits im 14. Jh. ging die Bedeutung stark zurück; so wurden Snekkjas als Beischiffe im Kriegsfalle mitgeführt.

Snipeboot: ein 1931 entwickeltes nordamerikanisches Sportsegelboot in Knickspantbauweise mit einer Schnepfe als Segelzeichen. Die Bootslänge beträgt 4,73 m über alles und 4,12 m in der Konstruktionswasserlinie bei einer Breite von 1,52 m. Das Boot gehört zur Internationalen Einheitsklasse, hat 10 m^2 Segelfläche und wird von 2 Mann Rennbesatzung gesegelt.

Snurrewadenboot: Fischerboot zum Plattfischfang. Die Snurrewade oder Schnurwade ist ein Zugnetz speziell zum Fang von Plattfischen. Um 1875 ging man an der Nordseeküste zum Schollenfang mit der Snurrewade über und baute zu diesem Zweck einen neuen Schiffstyp mit rundem Vorsteven und rundem, spiegellosem Heck, um eine besonders große Decksfläche zu erreichen. Die Boote besaßen eine große Bünn. Die Anderthalbmastertakelung bestand aus Gaffelgroß- und Gaffeltoppsegel, Stagfock, Klüver und Flieger sowie Besan mit Besantoppsegel. Die Fahrzeuge waren etwa 15 bis 20 m lang und 4,5 m bis 5,5 m breit.

Sohlboot, *Flachboot:* Fahrzeug mit geringem Tiefgang und flachem ebenem Boden für flache Gewässer, geeignet als Wattenfahrer.

Soling-Klassenboot: Sportsegelboot (Kielboot) der Einheitsklasse, entworfen vom norwegischen Bootskonstrukteur J. LINGE. Seit 1972 gehört die Soling zur Olympia-Klasse und trägt als Segelzeichen den stilisierten griechischen Buchstaben »Ω« (Omega). Das Boot ist 8,15 m über alles und 6,10 m in der Konstruktionswasserlinie lang, 1,90 m breit, hat eine Verdrängung

Soling, Einheits-Kielboot der Olympia-Klasse, Seiten- und Takelriß

von 1000 kg bei 580 kg Kielballast. Der Tiefgang beträgt 1,30 m; die Rennbesatzung besteht aus 3 Mann. Das Großsegel hat 15,95 m^2, die Fock 8,35 m^2 und der Spinnaker 32,65 m^2. Das moderne Einheitsklassenboot soll nur in Plastbauweise nach der von der IYRU (International Yacht Racing Union) entwickelten Mutterform mit erhöhter Sinksicherheit durch abgeschottete und ausgeschäumte Hohlräume an den Bootsenden gebaut werden. Der Segelmast besteht meistens aus höherfesten Leichmetallegierungen.

Somp: niederländisches einmastiges und flachbodiges Fracht-Segelfahrzeug. Bei einer Länge von 12 bis 15 m betrug das Verhältnis Länge zur Breite etwa 5. Es gab diesen Typ mit völlig ebenem Schiffsboden, eckig angesetzten und auffällig an den Schiffsenden hochgezogenen Seiten seit dem 17. Jh. Um trotz der geringen Seitenhöhe im Mittelschiffsbereich den nutzbaren Tiefgang zu vergrößern, wurden beidseitig auf dem oberen Plankengang zusätzlich senkrecht stehende breite Platten als Setzbord aufgesetzt. Diese Platten waren an ihrer Unterkante dem Deckssprung angepaßt und entsprechend den jeweiligen Spantbreiten einfach gekrümmt. Neben der Erhöhung der Seitenhöhe dienten sie auch zur Lagerung der Seitenschwerter. Am lotrechten Hintersteven befand sich das verhältnismäßig große Ruder. Der Vordersteven verlief gekrümmt mit zurückgezogenem oberen Steventeil. Als Somp wurde ebenfalls ein schwedisches Seefischerboot aus dem Stockholmer Gebiet bezeichnet, für das Zeichnungen von CHAPMAN 1768 veröffentlicht sind. Es waren sowohl größere Fahrzeuge von 13 m Länge und 3,75 m Breite als auch kleinere von nur 5,4 m Länge und 1,8 m Breite. Beide Bootsgrößen waren mit Spitzgatt auf Kiel gebaut und infolge der achteren auf halber Schiffslänge angeordneten *Bünn* (schwedisch somp) häufig hecklastig. Die Besegelung bestand aus Gaffelsegel und Stagfock. Der große Somp hatte das mit Haken am Dollbord einsetzbare lose Setzbord gegen überkommendes Spritzwasser, war im vorderen Teil gedeckt und hatte um den Mast herum eine kleine Kajüte.

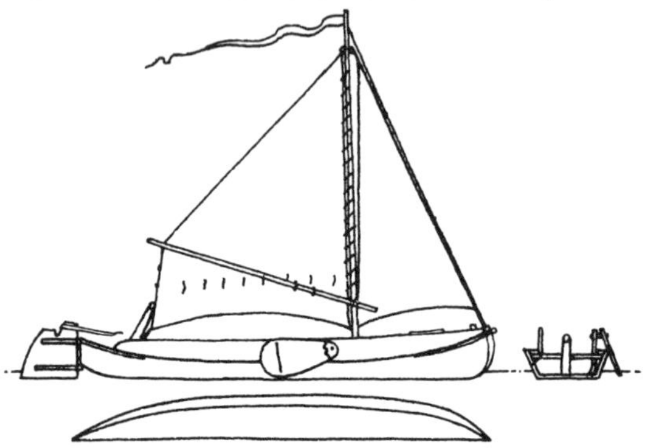

Flachbodiger niederländischer Somp

Sonderklasse-Boot: eine um 1900 in Deutschland entwickelte und vor dem ersten Weltkrieg sehr bekannte *Yacht* der *R-Klasse*. Es waren flachbodige kajütenlose Fahrzeuge, die zur Zulassung an Rennen drei Konstruktionsbedingungen erfüllen mußten. Erstens durfte der Summenwert von Länge, Breite und Tiefgang nicht den Wert 9,75 überschreiten ($L_{KWL} + B + T \leqq 9{,}75$), zweitens betrug die maximale Segelfläche 51 m^2, und drittens war eine Mindestmasse von 1830 kg gefordert. Entsprechend diesen Forderungen ergaben sich sehr schmale, lange Yachten, die zwar bei Glattwasser hohe Geschwindigkeiten erreichten, bei bögem Wind und Seegang jedoch unbrauchbar waren. Die Konstruktionsforderungen des Sonderklasse-Bootes gelten daher als Beispiel unzulänglicher Vermessungsfestlegungen.

Speronare: ein mit Sprietsegel an einem weit vorn stehenden Mast versehenes kleines, ungedecktes Segelboot, dessen Ursprünge weit zurückreichen und das noch im 19. Jh. an den Küsten Siziliens und Maltas verwendet wurde. Außerdem gab es noch zweimastige Speronaren, die sogenannten »Drahisfas«.

Spiegelschiff: allgemeine Bezeichnung vor allem im 16. und 17. Jh. für diejenigen Schiffe, deren Achterschiff unterhalb des Hecks oder Heckbordes durch eine Fläche aus horizontal glatt verlegten Planken, die den »Spiegel« bildeten, abgeschlossen wurde. Die Bezeichnung wurde auch direkt für das *Pinaßschiff* verwendet.

Spielyacht: Bezeichnung für die in den Niederlanden zu Beginn des 17. Jh. aufkommenden Vergnügungsfahrzeuge. Sie wurden meistens als Zweimaster gefahren, wobei der vordere Mast direkt im Bug stand. Die Takelung bestand aus Besansegeln mit sehr kurzer Gaffel, Stagsegel wurden noch nicht gefahren. Ein stark hochgezogener Spiegel schützte mit den ebenfalls hochgezogenen Bordseiten gegen Wind und See von achtern, während vorn ein Teildeck bis zum Mast reichte. Die Spielyachten hatten schmale, meistens verzierte Seitenschwerter.

Spitzgattboot: Boot mit spitz bis zum Achtersteven auslaufenden Wasser- und Deckslinien. Beim typischen Spitzgattboot schließt das Ruder unmittelbar an den ebenfalls spitz auslaufenden Achtersteven an. Neben dem Spitzgatt gibt es das Rundgatt und das Platt- oder Spiegelgatt.

Spitzmutte, *Fehnmutte, «Halbe Mutte«:* siehe Spitzgattboot und Mutte

Spitzpünte: siehe Spitzgattboot und Pünte

Sport-Katamaran: in die »Divisionen« A bis C eingeteilte Segelkatamarane *(Katamaran)*. Die Gruppe (Division) »A« umfaßt alle Einmann-Katamarane, zu »B« gehören alle Zweimann-Katamarane mit 6,10 m Länge und 21,83 m^2 Segelfläche, und die Gruppe »C« umfaßt alle Zweimann-Katamarane von 7,62 m Länge und 27,88 m^2 Segelfläche. Außerdem gehören zur Gruppe »C« alle Dreimann-Katamarane bis zu 46,43 m^2 Segelfläche.
Ein derzeit moderner Segelkatamaran ist die zur Division »B« zuzuordnende Olympische Bootsklasse »Tornado«. Seegehende Katamarane nehmen heute an zahlreichen Seeregatten, wie z.B. an Transatlantikregatten, teil.

Sportsegelboot: siehe Tafel »Sportsegelboote« und die alphabetisch eingeordneten Sportsegelbootstypen

Spreekahn: noch heute auf der Spree, insbesondere im Spreewaldgebiet, für Personenbeförderungen und Rundfahrten sowie Kleintransporte, mit Stakstangen fortbewegte flachgehende Kähne. Ursprünglich dienten sie dem Transport von Gemüse, Obst und anderen Erzeugnissen nach Berlin.

Spreizgaffelschiff: siehe Vamarie-Schiff

Sprietewer, *Sprietkahn:* mit Sprietsegel fahrender *Ewer* bzw. *Kahn*. Sprietewer wurden erstma-

Sport-Tourenkatamaran »EILAND-HOPPER«

Olympische Sportsegelbootsklassen seit 1936

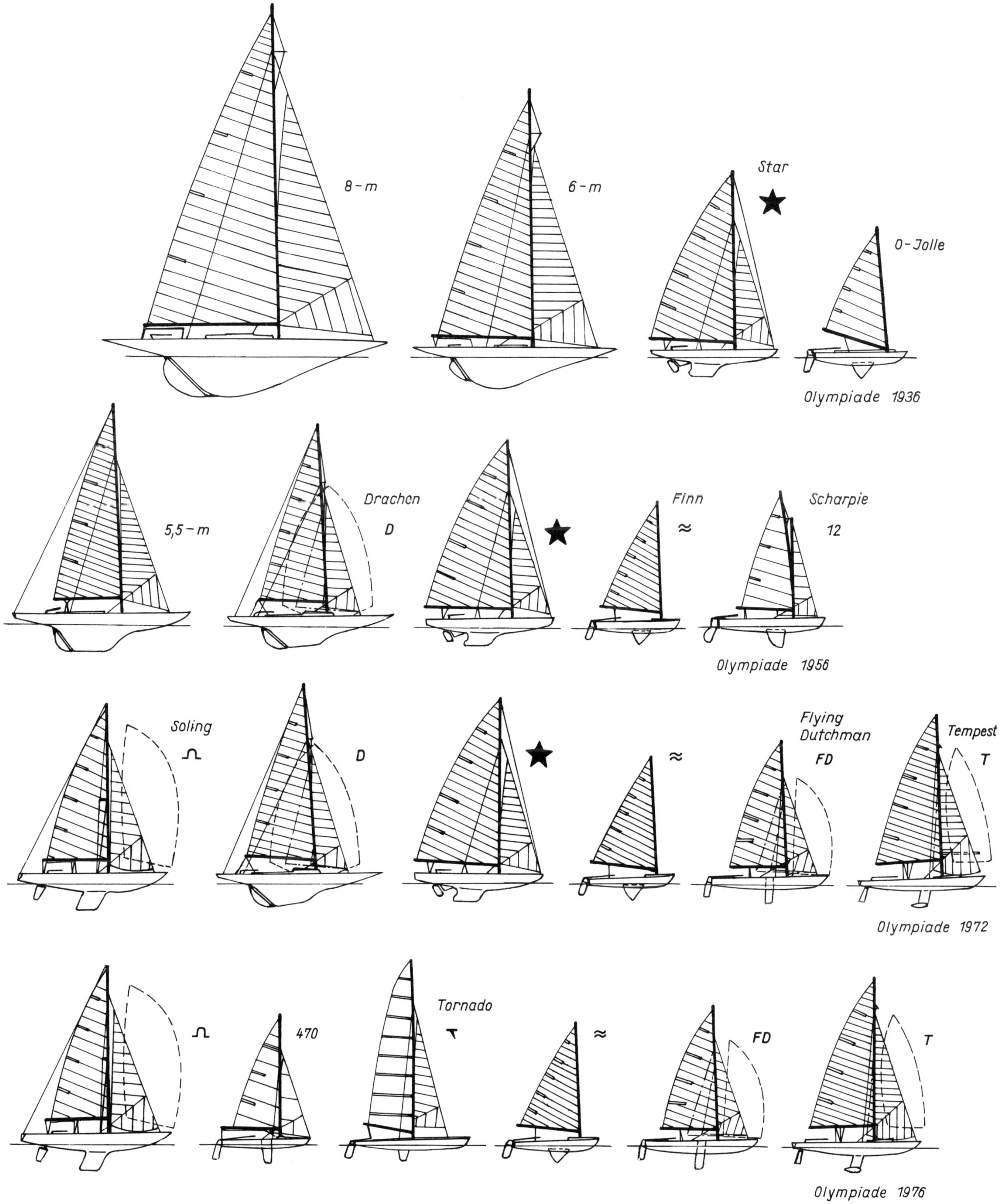

lig zu Ende des 17. Jh. in Holland erwähnt. Auf der Elbe gab es Sprietewer erst zu Ausgang des 18. Jh. Das Spriet, auch als »Spreize« bezeichnet, ist eine Stange oder auch ein Rundholz, mit dem nahezu rechteckige Segel ausgespannt bzw. gespreizt werden. Es führt vom Mastunterteil diagonal zur oberen äußeren Segelecke. Viereckige Sprietsegel mit Sprietbaum gab es im Mittelmeerraum etwa gleichzeitig mit dem dreieckigen Lateinsegel. Wegen der einfacheren Segelhandhabung im Vergleich zu den bis zur Mitte des 19. Jh. in Nordeuropa gebräuchlichen Rahsegeln wurden zunehmend Küsten-und Flußschiffe, wie Ewer und Binnenlastkähne, mit Sprietbäumen und Sprietsegeln ausgerüstet. Besonders bekannt waren die auf Elbe und Oder mit Kohleladung fahrenden Spriet-Lastkähne von etwa 200t Tragfähigkeit. Die leeren Kähne wurden stromauf getreidelt und benötigten vollbeladen bei der Talfahrt unter den unsicheren Wasserverhältnissen nur geringe Segelunterstützung und schnelle Segelhandhabung. Da es eine öffentliche Fahrrinnenkennzeichnung noch nicht gab, wurden für jede Fahrt Lotsen benötigt. Der »Lotser« (»Haupter« oder »Mummenstecker« genannt) fuhr jeweils mit einem kleinen Boot voraus und steckte die passierbare Strecke mit Wegstangen (den »Mummen«) ab. Ein »Stockpflücker« fuhr mit einem zweiten Boot den Lastkähnen nach und zog die Mummen heraus. Da sich der Fahrrinnenverlauf häufig änderte, hütete jeder Lotse die neuesten Fahrwasserkenntnisse als Berufsgeheimnis. Um die anteiligen Lotsengebühren klein zu halten, fuhren Sprietlastkähne häufig im Verband. Es wurden auch 5 bis 8 Sprietkähne so zusammengekoppelt, daß die Kähne etwa um halbe Längen versetzt an ihren Bordseiten verbunden waren. Infolge des zeitraubenden Kennzeichnens des Fahrwassers konnte nur langsam gefahren werden, so daß in solchen gekoppelten Verbänden (»Elb-Kompanien«) nur auf den vorderen und hinteren Kähnen Segel gesetzt wurden.

Spree-Lastkähne

Spree-Touristenkähne

Staatsbarke: staatlichen Repräsentationen dienende *Barke*, die das Staatswappen führt und die zu entsprechenden Anlässen durch Matrosen in Galauniformen gerudert wurde. Einzelne, noch in jüngerer Zeit benutzte Staatsbarken waren meistens Nachbauten historischer Barken mit reichlichem Schnitzwerk und Malereien.

Staatsie-Poon: siehe Poon

Stagsegelketsch: siehe Ketsch

Stagsegelschoner: siehe Schoner

Stahlkutter: siehe Kutter

Stakkahn: durch Staken fortbewegter Fischer- und Binnenlastkahn. Für kleine Boote und geringe Wassertiefen genügen zum Staken einfache dünne Stangen, wobei der Stakmann meistens auf einem festen Platz im Kahn steht. Demgegenüber werden für schwere Lastkähne lange und kräftige Schubbäume benötigt, an deren oberem Ende sich ein Querholm befindet, gegen das der Stakmann sich mit der Schulter stemmt. Damit durch den Einsatz der Stakstange der Stakkahn möglichst weit vorangetrieben wird, befinden sich auf dem Lastkahn fast über die ganze Länge beidseitig Laufplanken für den Stakmann. Um auch bei unterschiedlichem Grund ein sicheres Ansetzen der Stakstangen bzw. Stakbäume zu gewährleisten, ist das untere Ende mit Spitzen und tellerähnlichen Widerlagern versehen, die den Spitzen und Schneetellern am Skistock ähneln.

Stak- und Ruderfähre: vom Mittelalter bis in das 19. Jh. in Mitteldeutschland zur Überquerung von Flüssen mit relativ geringem Wasserstand gebräuchliche Flußfähren. In der *Fähre* saßen vorn in Fahrtrichtung gesehen an jeder Seite mehrere Ruderer, die der achtern stehende Steuermann, meistens der Fähreigner, mit einer langen Stakstange unterstützte und die Richtung hielt.

Starboot: offenes *Wulstkielboot* der Internationalen Einheitsklasse in Knickspant-Scharpiebauweise. Die Konstruktion des Erstbootes von Yachtkonstrukteur W. GARDNER wurde in der Bootswerft von J. SMITH bei New York gebaut. Das Erstboot hatte nur eine Länge von 6m, so daß es infolge des relativ geringen Verhältnisses Länge zur Breite spöttelnd als »Wanze« bezeichnet wurde. Seit 1911 hat das Boot die auch heute noch gültige Länge über alles von 6,90m. Das heutige Starboot ist in der Konstruktionswasserlinie 4,72m lang, 1,73m breit und geht mit seinem Wulstkiel von 400kg Masse 1,015m tief. Anfangs hatte es ein niedriges Gaffelsegel. Im Jahre 1921 erhielten die Starboote die damals neue Hochtakelung, und 1929 wurde das Rigg bei verlängertem Mast und höher gesetztem Segel nochmals modernisiert. Seitdem hat die Segelfläche 26 m^2, wobei besonders erwähnenswert ist, daß die Fock in allen Entwicklungsstufen unverändert blieb. Als Segelzeichen führt das Boot einen großen roten, fünfzackigen Stern (engl. star). Die Rennbesatzung besteht aus 2 Personen; bei Rennen wird ohne Spinnaker und Genuafock gesegelt.
Das Starboot setzte sich international allgemein durch, so daß bereits 1922 eine weltweite eigene

Organisation der Starbootsegler, die International Star Class Yacht Racing Association (ISCYRA), gegründet wurde. 1923 wurde die erste Weltmeisterschaft in der Starbootsklasse ausgetragen. Das Starboot gehört zu den langjährigsten Sportsegelbooten der Olympia-Klasse. Es nahm erstmalig 1932 an den Olympischen Spielen in Los Angeles teil und war bis 1972 an allen Olympischen Spielen beteiligt. 1979 wurde dem Starboot wiederum der Status einer Olympia-Klasse erteilt.

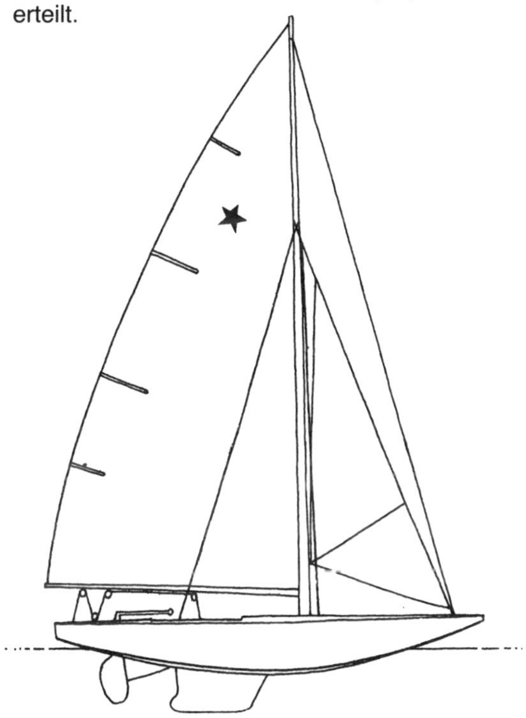

Star, Zweimann-Einheitskielboot der Olympia-Klasse

Starrsegelschiff: Sammelbezeichnung für verschiedene neuzeitliche Versuchsschiffe, die zur Nutzung der Windenergie für den Schiffsantrieb nicht die konventionellen nichtstarren Tuchsegel, sondern fest eingespannte Segel oder profilierte Tragflügel oder andere Starrsegelformen verwenden. Zu den einfachsten Varianten gehört das in Rahmen fest eingespannte und mit dem Rahmen entsprechend der Windrichtung schwenkbare Tuchsegel (Festtuchsegel). Bei einer anderen Variante werden profilierte, mit Segeltuch oder ähnlichen Bezügen überspannte, den Flugzeugflügeln ähnlich profilierte und anstellbare Tragflügel verwendet. Zu den modernsten Lösungen zählen profilierte, nicht völlig starre Plastsegel, die mit geringem Bedienungsaufwand und Verschleiß einen relativ günstigen Vortrieb ergeben.

Staverse Jol, *Staverse Jolle:* seetüchtige holländische Segeljolle mit plattem Boden und besonders breitem Bug, aber ohne Seitenschwerter. Die *Jolle* ist 5,50 bis 8,50 m lang, 2,40 bis 3,00 m breit und hat eine Segelfläche von insgesamt etwa 25 m^2. Sie entwickelte sich aus einem seit etwa 1870 gebräuchlichen holländischen Herings- und Sardellenfischerboot. Um 1950 gab es keine Staverse Jollen mehr.

Stecknitzkahn: Lastkahn für 6,25 Lasten (12,5 t) Tragfähigkeit, dessen Bauweise und Abmessungen den besonderen Fahrwasserverhältnissen

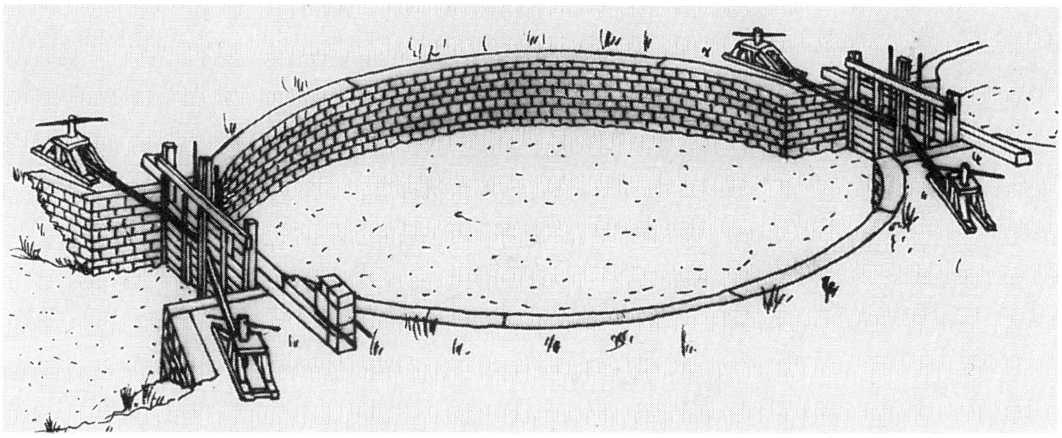

Eine der gemauerten Schleusenkammern des Stecknitzkanals [7]

des Stecknitzkanals speziell angepaßt waren. Der Stecknitzkanal wurde auf Kosten der Stadt Lübeck in den Jahren 1391 bis 1398 als Wasserverbindung zwischen Hamburg und Lübeck bzw. zwischen der Nord- und der Ostsee erbaut. Der Kanal verbindet Elbe und Trave; er ist insgesamt 59 km lang, jedoch nur 4,66 m breit und 0,9 m tief und hat 13 Schleusen. Der Gütertransport über diesen Kanal mit Stecknitzkähnen ist bis zum Jahre 1820 nachweisbar. Wegen der besonderen Bedeutung einer kurzen Wasserverbindung zwischen Nord- und Ostsee wurde in der Zeit von 1525 bis 1550 von hamburgischer Seite eine gegenüber dem Stecknitzkanal noch kürzere Verbindung unter Nutzung der Alster und Beste geschaffen. Unter dem Dänenkönig CHRISTIAN VII. entstand 1777 bis 1785 der 45 m lange Eiderkanal. Er verband Rendsburg mit der Kieler Bucht bei Holtenau und konnte von Schiffen bis zu 32 m Länge und 3 m Tiefgang benutzt werden.

Steilgaffelboot, *Steilgaffelyacht: Boot* oder *Yacht* mit einem dreieckigen Großsegel, das an einer nahezu senkrechten Gaffel bis zum Masttopp geheißt wird. Die steil gefahrene Gaffel wirkt wie eine Verlängerung des Mastes. Zu den bekannten Sportsegelbooten mit Steilgaffel gehört u. a. die *H-Jolle*. Die Steilgaffeltakelung hatte ihr Vorbild in den auf indianischen Segelkanus *(Kanu)* und *Dingis* gebräuchlichen Huarisegeln. In Europa entstand daraus zunächst eine Takelungsart, die als »Sliding-Gunter-Hochtakelung« bzw. »Gunter-Rigg« bekannt wurde. Die Bezeichnung nimmt Bezug auf den Mathematiker E. GUNTER (1581 bis 1626), dem die Erfindung des Rechenschiebers (Sliding rule) zugeschrieben wird. Das Gunter-Rigg verwendete ein ähnliches Schieberprinzip. An einem relativ kurzen Mast wurde ein senkrecht stehender langer Baum (Stenge) gefahren, der mit dem daran befestigten Hochsegel hochgezogen wurde. Wegen des bei dieser Takelung umständlichen Reffens größerer Dreieckssegel setzte sich mehr und mehr die am Mast gleitende Steilgaffel durch und verdrängte die vorher dominierenden Gaffel-Toppsegel und Gunter-Riggs.

Steinewer: norddeutscher *Ewer*, der speziell für den Transport von Mauersteinen gebaut wurde und wegen der kompakten, schweren Ladung und des Aufsitzens auf Grund besonders starke Holzverbände benötigte. Im Vergleich zu anderen Ewertypen war der Steinewer kurz und gedrungen mit relativ großem Tiefgang. Die Fahrzeuge mußten so fest gebaut sein, daß sie bei Ebbe in beladenem Zustand auf Grund aufliegen konnten, ohne undicht zu werden. Die zweimastigen Steinewer von 15 bis 16 m Länge, etwa 5,2 m Breite und 1,6 m Raumtiefe wurden im 19. Jh. in größerer Zahl besonders in Dornbusch, Wischhafen, Gauensiek, Stade und Cranz gebaut. Wegen der Brückendurchfahrten waren die Maste zuweilen umlegbar.

Steinfischer: kleineres Hafen- und Küstenfahrzeug, das mit Hebebäumen und Greifzangen zum Heben von Steinen aus dem Hafenbecken oder dessen Zufahrten ausgerüstet war, so daß es sich um einen speziellen Vorläufer des *Schwimmkrans* handelt.

Sternboot: siehe Starboot

Stevenkahn: flachbodiger Plankenkahn mit längsverlaufenden Bodenplanken ohne Balkenkiel, bei dem die mittlere, meistens an den Enden etwas hochgezogene Bodenplanke vorn und achtern mit Balkensteven verbunden ist.

Stintewer: ein- oder zweimastiger Fischerewer der Niederelbe für den Stintfang, der auch als Hamenewer bezeichnet wurde. Diese Ewer waren etwa 14 m lang und 4,5 m breit.

Störprahm: für den Holztransport auf der Stör im 18. und 19. Jh. gebräuchlicher flachbodiger und besonders stark gebauter Segelprahm. Das Fahrzeug hatte sehr große Seitenschwerter und einen umlegbaren Pfahlmast. Gefahren wurden Sprietsegel, Stagfock und Klüver. Das letzte Fahrzeug wurde 1911 abgewrackt.

Strandboot: bis etwa 1930 besonders im Küstengebiet Vorpommerns gebräuchliches gedecktes Küstenfischereifahrzeug, das auch als »Schörboot« oder »Schörer« bezeichnet wurde, bis der Begriff *Kutter* bzw. *Fischkutter* üblich wurde. Die Takelung war örtlich und entsprechend den Fahrzeuggrößen unterschiedlich, es wurden bis zum Anfang des 19. Jh. sowohl lose Luggersegel (z.B. auf Usedom) als auch feste Luggersegel und in der neueren Zeit Sprietsegel (z.B. auf Rügen) oder Gaffelsegel gefahren.

Strohewer: *Ewer* mit Seitenschwertern aus dem hannoverschen Elbgebiet, der zu Anfang des

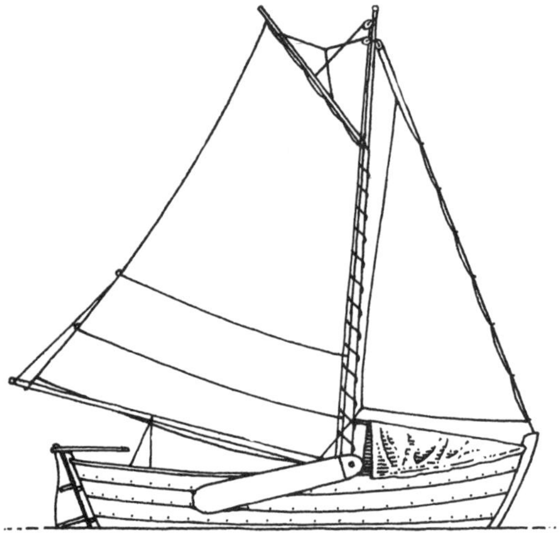

Strandboot mit Gaffelsegel um 1900 von Usedom

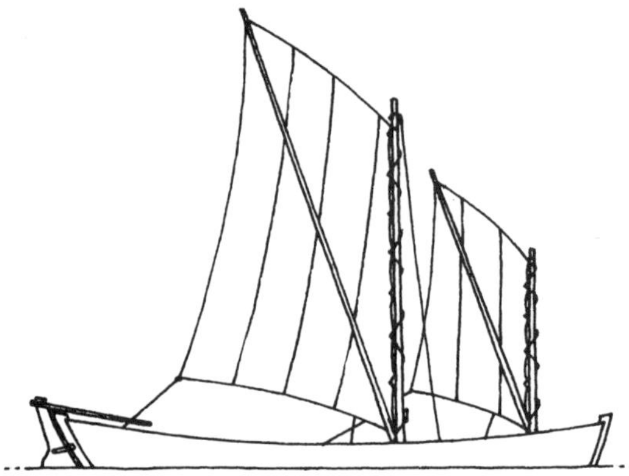

Strandboot mit Sprietsegeln von Rügen

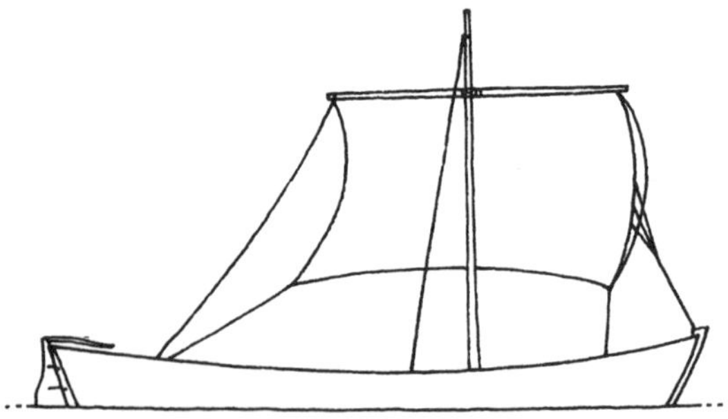

Usedomer Strandboot mit fierbarem Rahsegel

19. Jh. aufkam und von Neuland (Harburg) bis Hoopte neben anderen landwirtschaftlichen Erzeugnissen hauptsächlich Stroh und Heu nach Hamburg-Altona fuhr. Angepaßt an die spezielle Ladung, hatte der Strohewer vorn und hinten jeweils nur ein kurzes Deck, im Mittelbereich war er offen. Die Fahrzeuge waren bis zu 20 m lang und fuhren mit einem Gaffelsegel bzw. niedrigem Gieksegel und Stagfock.

Struse: Schiff der Hansezeit, besonders auf der Düna bekannt. Es diente dem Transport von Getreide und anderen feuchtigkeitsempfindlichen Ladungen; deshalb war das Deck zusätzlich durch eine Lehmschicht abgedichtet. Gesteuert wurde es mit 2 großen, lose eingehängten Riemen. Auch in der schwedischen Flotte gab es um 1630 mehrere Strusen von etwa 16 m Länge und 20 bis 36 Lasten, die zumeist mit 6 bis 9 Mann Besatzung fuhren. Außerdem gab es unter der gleichen Bezeichnung größere seegehende Schiffe wie z.B. das aus Danzig (Gdansk) stammende englische Kriegsschiff »STRUSE OF DAWSKE« von 450 ts, angekauft im Jahre 1544.

Strujok: ein im 18. und 19. Jh. auf der Wolga verwendeter kleiner Kahn, der stehend mittels Doppelpaddel mit lanzenförmigen Paddelblättern fortbewegt wurde.

Strujok, russischer Flußkahn im 18. und 19. Jh.

Südseeboote: Wasserfahrzeuge (Boote und Schiffe) des südlichen Teils des Stillen Ozeans, das die Hauptgebiete Melanesien (Schwarzinselgebiet), Mikronesien (Kleininselgebiet) und Polynesien (Vielinselgebiet) mit etwa 3000 Inseln von rd. 250000 km^2 Landfläche umfaßt und sich von Neuguinea bis zu den Osterinseln und von Hawaii bis Neuseeland erstreckt. Bis zur Berührung mit den Europäern kannten die Boots- und Schiffbauer der Südsee nur steinzeitliche Werkzeuge und Hilfsmittel für den Bau ihrer Wasserfahrzeuge. Sie verwendeten ein Querbeil (ähnlich dem europäischen Dechsel), an dem vorn eine drehbare Muschel-Hohlklinge als Schneide (meist Schalen der Riesenmuschel Tridacna gigas) eingeklemmt wurden. Gebohrt wurde mit Drillbohrern, deren Spitze aus länglichen Schneckengehäusen bestanden. Während des gemeinschaftlichen Baues größerer Boote hatte eine Person ständig die Werkzeuge neu zu schärfen. Auf holzreichen Inseln wurden die 8 bis 12 m langen Bootskörper hauptsächlich als Einbäume mit oder ohne angenähte Seitenplanken gebaut. Demgegenüber baute man auf den holzarmen Atollen Polynesiens, wie den Tuamotu-Inseln oder den zu Mikronesien zählenden Marshallinseln die Rümpfe aus dünneren und kürzeren Einzelstämmen. Die einzelnen Bauteile wurden dabei meistens so paßgerecht bearbeitet und die Plankenstücke und -gänge mit Kokosfaserschnüren so sorgfältig zusammengebunden, daß die Fugen ohne zusätzliche Dichtmittel und ohne Kalfatern dichtquollen (s.a. *Genähtes Schiff*). Häufiger wurden die sonst offenen Bootskörper auch mit hölzernen Abdeckplatten völlig wasserdicht verschlossen. Das geschah ohne Verwendung von Nägeln mittels hölzerner Abdeckplatten und untergelegter Pandunasblattstreifen, die bis auf eine Abschlußplatte von innen mit Seilen aus Kokos-, Lygodium- oder Rotanfasern und Knebeln angepreßt wurden. Vor jeder großen Fahrt wurde der Schiffsrumpf mit einer aus kalkhaltigen Algen gewonnenen Flüssigkeit zum Schutz vor Bewuchs und aus kultischen Gründen weiß gestrichen.
In der Südsee waren der *Einbaum* und das *Auslegerboot* die gebräuchlichsten Wasserfahrzeuge. Bis auf einige Gebiete Indonesiens, die nördlichen Salomoninseln und Westneuguinea, wo der Doppelausleger bevorzugt wurde, fuhr man die Auslegerboote mit Einzelauslegern. Zur besseren Seetüchtigkeit wurden die Seiten der Einbäume durch aufgesetzte und mit Fasern angebundene und mit Harzen abgedichtete Seitenborde *(Setzbordboot)* erhöht. Da der Wasserwiderstand des Auslegers bewirkt, daß die Boote mit einseitigen Auslegern nicht auf geradem, sondern leicht gekrümmtem Kurs laufen, wurden auf verschiedenen Inseln (z.B. Mariannen-, Palau-, Sandwich- und Gilbertinseln) auch unsymmetrische Bootskörper gebaut. Dabei war jeweils die vom Ausleger am weitesten entfernte Bootsseite zum Ausgleich ebener und weniger gekrümmt als die Innenseite, eine im Bootsbau nicht häufige Lösung, die von guter Beobachtungsgabe zeugt. Zu den Südseebooten gehört weiter das aus dem Auslegerboot entstandene Doppelboot. Bei diesen Fahrzeugen tritt an die Stelle des zur Stabilisierung dienenden Auslegerstammes ein zweiter auftriebsfähiger Einbaum, dessen Abmessungen meistens geringer waren als die des Hauptbootes. Außerdem gab es die als *Katamarane* bekannten Boote mit 2 gleich großen, in einem Abstand miteinander verbundenen Bootskörpern. Die Plattform, die durch die Querstangen des Doppelbootes oder Katamarans entsteht, diente für Personen und Fracht oder trug bei größeren Fahrzeugen auch eine Hütte. Die Fortbewegung erfolgte je nach Bootsgröße und Zweck durch Paddel oder Segel. Dabei weist insbesondere das Einzel-Auslegerboot eine Reihe von Besonderheiten auf. Da der Ausleger wegen des möglichst geringen Wasserwiderstandes stets auf der Luvseite (der dem Wind zugekehrten Seite) gefahren wird, damit er nur wenig eintaucht, unterscheidet sich die Segelhandhabung grundsätzlich von allen anderen Booten. Es muß jeweils die mit einem Gabelende versehene schräge Rahspiere auf das andere Bootsende umgesteckt und angebunden und auch das Steuerpaddel an das andere Bootsende umgesetzt werden. Für die Kreuzfahrt wechseln somit jeweils das vordere und das hintere Bootsende. Die Segel bestanden hauptsächlich aus Flechtmatten von Fasern und Blattstreifen der Pandunaspalme und des Sagobaumes.
Hinsichtlich der Segelformen lassen sich 3 Hauptformen, das dreieckige (oder ozeanische Lateinsegel), das typische krebsscherenförmige in verschiedenen Formen und das rechteckige Rahsegel unterscheiden. Beim Rechteck-Rahsegel besteht die Möglichkeit, daß es erst später nach europäischen Vorbildern entstand. Als Steuer dienten meistens seitenruderähnliche, an den Fahrzeugenden beweglich eingehängte größere Paddel.
Die Seefahrtkunst sowie die Stern-, Wetter- und Meereskenntnis der Südseevölker, insbesondere der Mikronesier und Polynesier, waren relativ hoch entwickelt. So gab es frühzeitig auf den Marshallinseln einheimische Navigationsschulen. Unter anderem dienten aus Palmblattrippen geknüpfte Karten als Lehrmittel, die durch aufgebundene Seeschneckenschalen die Lage der Inseln und Atolle des Marshallarchipels, die Entfernungen und die einzuhaltenden Kurse zeigten. Zu den erstaunlichsten seefahrerischen Leistungen der Südseevölker ist auch zu rechnen, daß bereits im 13. Jh. zwischen Tahiti und Hawaii über eine offene Seestrecke von fast 4000 km regelmäßig Fahrten unternommen wurden. Daß verschiedene Südseevölker auch den Bau größerer Fahrzeuge beherrschten, geht u. a. aus den Be-

richten G. FORSTERS über die Entdeckungsfahrten J. COOKS (um 1770) hervor. So berichtet G. FORSTER über Kriegsboote mit 144 Ruderern, 8 bis 10 Steuerleuten und ca. 30 Kriegern.

Surfing: siehe Windsurfer

Sutton-Hoo-Schiffsfund: in einer Reihe von 11 Hügelgräbern 1938/39 bei Sutton-Hoo 120 km nordöstlich von London aufgefundenes Schiffsgrab eines Königs der Angeln. Es handelt sich wahrscheinlich um das Grab des Angelnkönigs READWALD, der im Jahre 630 beigesetzt wurde. Trotz der nahezu völligen Vermoderung ließen sich durch systematische Untersuchungen die Abmessungen und Formen des Schiffes insbesondere aus den in der ursprünglichen Lage abgezeichneten Nieten rekonstruieren. Das Schiff war etwa 27,4 m lang, 4,3 m breit und hatte eine Raumtiefe von etwa 1,4 m. Es war aus Eiche mit einer Kielplanke (ohne Balkenkiel) und 26 Querspanten gebaut. Der Antrieb erfolgte durch Riemen, deren Klampenaufleger noch erkennbar waren. Die Schiffsformen lassen sich als Zwischenstufe zwischen *Nydamboot* und *Wikingerschiffen* einordnen. Mit den reichlichen Grabbeigaben, zu denen insbesondere Waffen, Gold- und Edelsteinschmuck gehören, zählt dieser Schiffsfund zu den wertvollsten Funden Englands und wird im National Maritime Museum in Greenwich bei London aufbewahrt.

Sutton-Hoo-Schiffsfund, Fundstelle und Abdruck eines Schiffes aus der ersten Hälfte des 7. Jh. [3]

Svoiskaja Lodka: im 19. Jh. auf den westlichen russischen Flüssen verwendeter, zweimastiger offener Lastkahn, dessen 2 Pfahlmaste jeweils ein fierbares einfaches Schräg-Rahsegel fuhren. Die Steuerung erfolgte durch Ruder mit Pinne, die gegebenenfalls vom Bug und Heck durch Staken oder lange Riemen unterstützt wurde.

Svoiskaja Lodka, russischer Fluß-Lastkahn des 19. Jh.

T

Tafahanga: *Auslegerboot* von 6 bis 9 m Länge, mit aufgesetzten Seitenplanken *(Piroge)* und an den Enden gedecktem Rumpf im polynesischen Inselgebiet Tongatupu.

Tafahanga, polynesisches Auslegerboot

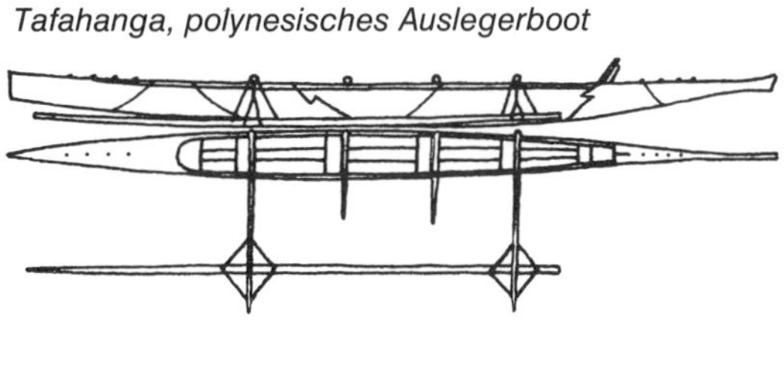

Taforea: im 15. und 16. Jh. für verschiedene Aufgaben verwendeter Schiffstyp, der sowohl auf der Iberischen Halbinsel wie auch in Frankreich und Italien bekannt war. Außer dem üblichen Warentransport diente er auch zur Beförderung von Pferden und Artillerie. Ein besonderes Merkmal war die geringe Bordhöhe; so soll die Taforea keinen höheren Bord als eine *Galeere* oder eine *Galiote* gehabt haben.

Taglerpolten, *Tagler:* für die kleine Tuckfischerei eingesetzter einmastiger Haff-Fischerkahn. Es gab die 3 Größen von 11,5 bis 15 m Länge und 5 bis 6 m Breite, von 10 m Länge und 4 bis 4,2 m Breite, und der kleinste war etwa 8 m lang und 3 m breit. Der Vorsteven war S-förmig; ein Mittelschwert war meistens nur bei den großen Taglerpolten vorhanden. Am Pfahlmast wurde ein baumloses Gaffelsegel und darüber ein Gaffeltoppsegel gefahren. Außerdem gab es die Stagfock und an einem langen Klüverbaum einen relativ großen Klüver.

Tanka: kleines Boot auf den Gewässern Kantons für den Ausflugsverkehr, ähnlich der *Gondel* in Venedig. Im mittleren Bootsteil befindet sich eine kleine Überdachung für 4 oder 5 Fahrgäste. Der stehende Bootsmann bewegt das Boot mit Riemen vorwärts.

Tanka, chinesisches Ausflugsboot

Tanksegler: siehe Segeltanker

Tanqua, *Tankwa:* einfaches *Papyrusfloß* am äthiopischen Tanasee. Die leichten Flöße tragen 3 bis 4 Personen und werden mit Bambusstangen gestakt. Größere Flöße werden bis zu 10 m Länge und etwa 3 t Tragfähigkeit gebaut.

Taride, *Tareta, Tareda, Tarta:* ein Ruder-Segel-Schiff des Mittelmeeres vom frühen Mittelalter bis in das 14. Jh., das anfänglich in größerer Anzahl für die Kreuzzüge gebaut wurde. So wurden 1246 für LUDWIG DEN HEILIGEN 12 Tariden mit je 3 Segeln und 40 Riemen in Auftrag gegeben. Außerdem sollte Platz für 20 Pferde an Bord sein. Die Länge der Fahrzeuge wurde mit etwa 36 m angegeben und die Breite des flachen Bodens mit etwa 3,3 m. 30 Jahre später wurden für den Bau einer Taride in Genua die Kiellänge mit 17 m, die Länge über alles mit 26,8 m und die Breite mit 8,7 m genannt. Die stärker als *Galeeren* und mit größerer Tragfähigkeit gebauten Schiffe gab es auch in der sizilianischen Flotte.

Tartane: im Mittelmeer und in arabischen Seegebieten vom 17. bis in das 19. Jh. häufig für Schiffahrt und Fischerei verwendetes zweimastiges und später auch einmastiges Segelschiff. Das aus dem Arabischen ins Italienische übernommene Wort »tartana« (kleines Schiff) nimmt Bezug auf die geringe Schiffsgröße. F. H. CHAPMAN stellt die Tartane um 1768 als kleines zweimastiges Schiff mit stark abgerundetem Bug dar, das an beiden Pfahlmasten Lateinsegel führt und dessen vorderer, kleinerer Mast auffällig weit nach vorn geneigt ist. Die etwa 100 Jahre spätere Zeichnung von E. PARIS (1882) zeigt demgegenüber schnittiger gebaute einmastige italienische Tartanen mit weit vorragendem Klüverbaum, 3 Vorsegeln und 1 großen Lateinsegel.

Tauchapparat, *Taucherglocke, Senkkasten:* seit dem 16. Jh. bekannte und ständig verbesserte Apparate, glocken- oder kastenförmige Hohl-

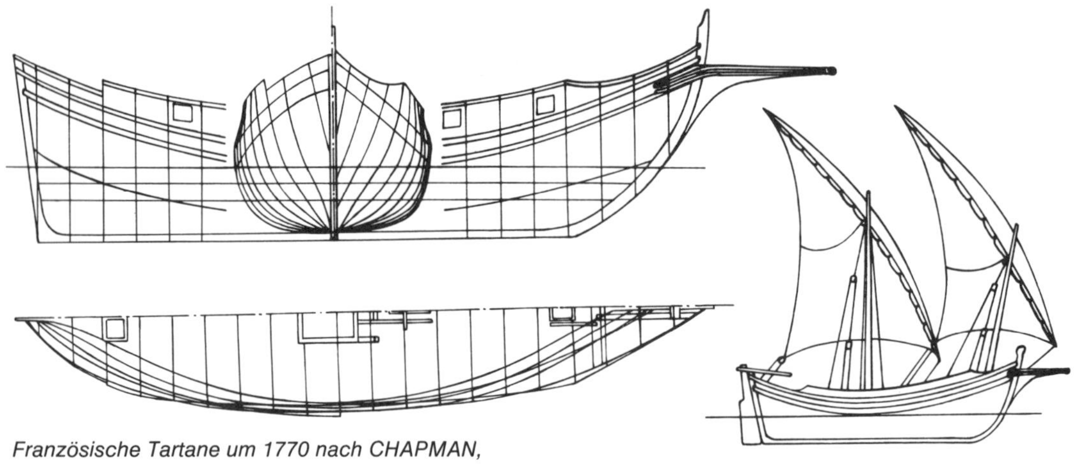

Französische Tartane um 1770 nach CHAPMAN, 62 1/4 Fuß Stevenlänge, 17 7/12 Fuß Breite auf Spant und 6 2/3 Fuß Tiefgang

körper mit unterer Öffnung, aus denen beim Absenken in das Wasser die Luft nicht entweichen kann, wodurch ein zeitweiliger Aufenthalt von Personen ermöglicht wird. Die luftdichte Taucherglocke, deren Masse größer sein muß als die verdrängte Wassermasse, wird mit der unteren Öffnung auf das Wasser gesetzt und abgesenkt, wobei infolge der in der Glocke befindlichen Luft das Wasser von unten nur entsprechend der vom Außendruck abhängigen Luftkompression eindringen kann. Der Taucher kann im Bereich des Glockenbodens Verrichtungen vornehmen oder die Glocke verlassen. Die älteste bekannte Konstruktion einer Taucherglocke stammt aus dem Jahre 1535 vom Italiener G. DI LORENA. Ein anderer Tauchapparat in Glockenform wurde 1662 nach dem Entwurf des englischen Zimmermanns WILLIAM PHIPPS aus Holz gebaut, zusätzlich beschwert und an einer Kette abgesenkt.
Um den Luftvorrat und damit die Aufenthaltsdauer der Personen unter Wasser zu verlängern, verwirklichte man im folgenden Jahrhundert den 1716 vom englischen Mathematiker und Astronomen E. HALLEY (1656 bis 1742) unterbreiteten Vorschlag, zusätzlich Luft in gesonderten und beschwerten sowie durch Schläuche mit der Glocke verbundenen Fässern auf den Grund abzusenken. Durch den auf die Fässer wirkenden Wasserdruck strömte der Taucherglocke die durch das Wasser verdrängte Luft zu. Nachdem man in der Lage war, Druckluft durch Pumpen zu erzeugen, wurde diese Methode durch die direkte Frischluftzuführung über Schläuche abgelöst. Der englische Wasserbauingenieur JOHN SMEATON baute 1778 eine als »Senkkasten« bezeichnete, verbesserte Taucherglocke, deren Konstruktionsprinzip bis ins 19. Jh. beibehalten wurde. So war z. B. bis zur Mitte des 19. Jh. für Hafenarbeiten in Hamburg noch ein Senkkasten mit einem gußeisernen kastenartigen Hohlkörper von 2 m Höhe sowie 1,75 und 1,25 m Seitenlänge in Gebrauch. Der Innenraum des Senkkastens reichte für 2 Arbeiter aus, die auf Grätingen am unteren Kastenrand standen. Die Luftzufuhr zum Senkkasten und die Druckregelung erfolgten entsprechend der Tauchtiefe durch handbetätigte Luftpumpen und Schläuche von Land oder vom *Taucherprahm*.
Zur Vergrößerung des Arbeitsbereiches der Taucher war seit Anfang des 18. Jh. bereits der »englische Tauchapparat«, ein lederner Ganzkörperanzug mit Kopfteil und Augengläsern, bekannt. 1797 verbesserte der deutsche Ingenieur KLINGERT den Einstieg und die Dichtigkeit dieses Taucheranzugs durch einen von ihm entwickelten abnehmbaren Metallhelm. Diesem Prinzip entsprechen auch die heutigen Schlauch-Taucheranzüge, die Skaphander, mit denen ein Aufenthalt von mehreren Stunden bis etwa 40 m Wassertiefe möglich ist. Für größere Tauchtiefen bis 90 oder in besonderen Fällen kurzzeitig bis 140 m wird der schlauchlose Skaphander, der sogenannte »Dräger-Tauchapparat« (1912 entwickelt von den deutschen Ingenieuren B. und H. DRÄGER) und für noch größere Tiefen bis etwa 200 m der druckfeste »Gallsche Tauchpanzer« benutzt. Für den Einsatz einer größeren Zahl von Arbeitern bei Bau- und Räumungsarbeiten in geringen Wassertiefen entwickelte sich aus der Taucherglocke bzw. dem Senkkasten um die Mitte des 19. Jh. der *Taucherschacht*.

Taucherglocke im 17. und 18. Jh.

Taucherglocke im 19. Jh.

Tauchboot: erste Entwicklungsstufe von Unterwasserfahrzeugen, deren Antrieb hauptsächlich durch Muskelkraft als Vorläufer für maschinengetriebene Unterseeboote und Unterseeschiffe erfolgte, wie z. B. beim *»Brandtaucher«*.

Taucherprahm, *Taucherboot:* prahmartiger *(Prahm)* schwimmender Stützpunkt mit niedrig gelegenem Arbeitsdeck für Taucherarbeiten in geschützten Gewässern. Zur Ausrüstung gehören neben den unmittelbaren Taucherausrüstungen wie Taucheranzügen und Luftpumpen spezielle Winden, Hebemittel und Werkzeuge für Unterwasserarbeiten.

Taucherschacht, *Hersent-Taucherschacht:* Weiterentwicklung der Taucherglocke bzw. des Senkkastens *(Tauchapparat)*. Das Prinzip des ersten Taucherschachtes wurde im Jahre 1850 in Frankreich von CAVE entwickelt. Dazu wurde an einem größeren Schiff ein schachtähnlicher äußerer Anbau oder ein Innenschacht angeordnet, dessen untere freie Öffnung bis unter die Schwimmwasserlinie reichte und der zur Führung und Aufnahme des eigentlichen, an Ketten absenk- und aufholbaren Senkkastens diente. Durch diese Anordnung wurden das Besteigen und Verlassen des Senkkastens sowie die gesamte Handhabung sicherer, und die Abmessungen konnten vergrößert werden.
Für den Bau des Hafens in Brest entwarf der französische Ingenieur H. HERSENT 1879 den ersten selbstschwimmenden Taucherschacht; dieser bestand aus einem pontonähnlichen Schwimmkörper, der durch Fluten verschiedener Tanks absenkbar war und dessen Boden durch heruntergezogene Seiten-, Vorder- und Hinterwände einen größeren Unterwasser-Arbeitsraum bildete. Im Arbeitsraum des erstgebauten Hersent-Taucherschachtes von 10 m Länge und 8 m Breite, der für 12 m Wassertiefe eingesetzt wurde, konnten 20 bis 25 Personen arbeiten. Arbeitsraum und freies Deck waren durch 3 Schächte mit Luftschleusen für Mannschaften und Materialtransporte verbunden.

Teeklipper: siehe Klipper

Tempest-Klassenboot: offenes Sportsegel-Kielboot von 6,70 m Länge über alles, 5,87 m Länge in der KWL, 1,92 m Breite, 1,10 m Tiefgang und 23 m² Segelfläche und einem Spinnaker von 18,8 m². Das vom englischen Konstrukteur J. PROCTOR entworfene Boot war von 1969 bis 1976 von der IYRU (International Yacht Racing Union) als *Olympisches Klassenboot* mit dem großen schwarzen »T« als Segelzeichen und 2 Mann Rennbesatzung bestätigt. Beim Tempest-Klassenboot läßt sich der Kiel ähnlich einem Schwert hochholen, bei Rennen ist das jedoch nicht erlaubt. Zur Gewährleistung gleicher Wettbewerbsbedingungen werden die Boote nach einer Einheitsform aus glasfaserverstärktem Plast hergestellt.

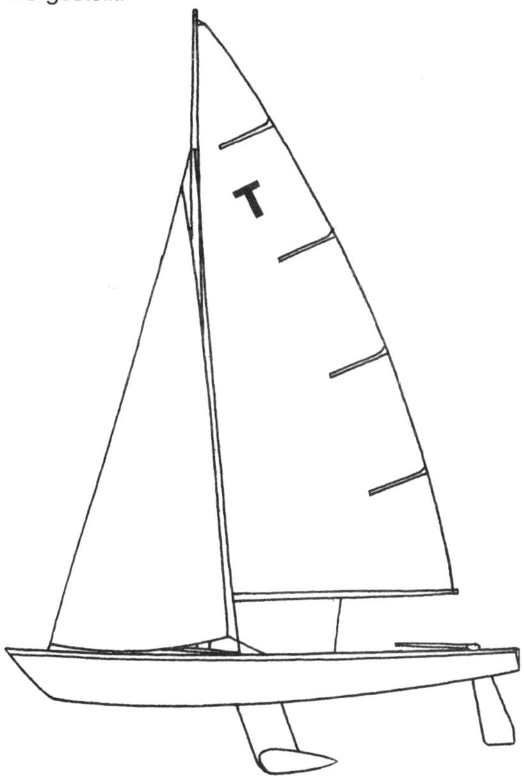

Tempest, 2-Mann-Kielboot der Olympia-Klasse, 1952 und 1976

Terrada: nordafrikanisches *Plankenboot*, ähnlich gebaut wie ein *Maschhuf*. Diese Bootsbezeichnung ist bereits seit dem 16. Jh. für kleine Fahrzeuge bekannt. Die Planken der sorgfältig gebauten Boote wurden mit Naturasphalt abgedichtet, Fahrzeuge von Stammeshäuptlingen hoben sich durch Holzschnitzereien und eingeschlagene Ziernägel besonders hervor.

Tessarakontere: antikes griechisches Großschiff, das etwa um 250 v. u. Z. unter dem makedonischen Heerführer PTOLEMÄOS als 40-Reiher erbaut worden sein soll. Dieses Schiff soll 124 m lang und 17 m breit gewesen sein, und die Höhe soll vorn 21 m und hinten 23,5 m betragen haben. Obwohl diese Abmessungen nicht belegbar sind, müssen sie infolge der notwendigen Mindest-Längsabstände zwischen den Ruderbänken von etwa 1 m bedeutend über denen üblicher Schiffe der damaligen Zeit gelegen haben.

Thalamegus: großes und prunkvolles römisches Hausschiff wie das des römischen Kaisers CALIGULA; siehe *Nemisee-Schiffsfund* und *Antike Großschiffe*.

Thera-Fresko-Schiff: nach der griechischen Kykladeninsel Thera (heute Santorin) benanntes Schiff auf Freskenzeichnungen.
Durch ein Erdbeben mit vulkanischem Ausbruch in der Zeit um 1500 v. u. Z. senkte sich ein Teil der Insel unter den Meeresspiegel, die Stadt wurde verschüttet, und ein Ascheregen machte viele Inseln bis Kreta für längere Zeit unbewohnbar. In der teilweise wieder ausgegrabenen Stadt fand man in einem Gebäude, von dem angenommen wird, daß es Flottenführer bewohnten, ein etwa 2,5 m langes und 0,4 m hohes Fresko. Dargestellt sind mehrere gleichartig gebaute, festlich mit Girlanden geschmückte Schiffe verschiedener Größe während einer wahrscheinlich kultischen Szene.
Die Fahrzeuge haben spitz hochgezogene Vorsteven, ähnlich den altgriechischen Darstellungen der Schiffshecks. Vier größere Fahrzeuge fallen durch eine weitere Besonderheit auf. Sie haben am Achtersteven eine spornartige Verlängerung mit seitlich an den Schiffsrumpf geführten Balken. Die Bedeutung dieser Verlängerung ist nicht eindeutig geklärt, für den Transport nachgeschleppter Baumstämme könnte er nützlich gewesen sein. Die größeren Fahrzeuge wurden von etwa 20 Mann an jeder Seite in paddelnder Stellung fortbewegt, an einem kleineren Boot sind jedoch deutlich Ruderer zu erkennen. Auf dem Deck sind ähnlich den ägyptischen Reiseschiffen Sonnendächer für mitreisende Priester, Beamte oder Kaufleute dargestellt.

Tierbalgfloß, *Tierhautkellek:* unter Verwendung von aufgeblasenen und ausgestopften Tierbälgen hergestellte Schwimmbehelfe und Flöße. Solche Schwimmkörper waren bereits vor Jahrtausenden von Vorderasien bis China allgemein gebräuchlich. Die abgezogenen Tierbälge wurden mit der Innenseite nach außen gekehrt, mit Salz und Fetten wasserdicht gemacht, mit leichtem Füllmaterial ausgestopft oder nach Abbinden der Balgöffnungen aufgeblasen. Auf verschiedenen Nebenflüssen des Euphrat und des Tigris waren bis in die jüngere Zeit aufgeblasene Schaf- und Ziegenbälge gebräuchlich, wie sie u. a. auf dem *Khorsabad-Relief* aus dem assyrischen Reich um 880 v. u. Z. dargestellt sind. Auf dem oberen Tigris wurden auch große Tierbalgflöße zum Waren- und Viehtransport benutzt, die aus vielen (bis zu mehreren Hundert) mit Binsen- oder Rohrstroh ausgestopften und durch Stangengerüste zusammengehaltenen Tierbälgen bestanden.
In Zentral- und Nordtibet gab es noch im 20. Jh. besonders große Tierbalgflöße aus 600 bis 700 Schafbälgen und bis zu 150 Ochsen- oder Yakbälgen. Auf ihnen beförderte man Wolle, Häute, Pelze und Salz in drei- bis vierwöchiger Fahrt zur etwa 700 km entfernten Eisenbahnlinie Paotow – Peking. Am Ende der Floßfahrt trocknete man die Tierbälge und brachte sie mit Tragtieren zurück.
In Afrika waren Tierbalgflöße nicht sehr verbreitet. Die hauptsächlich am Roten Meer von Strandfischern benutzten Fahrzeuge werden auf Einflüsse der benachbarten arabischen Länder zurückgeführt.

Tigari: Boote und Flöße auf dem Ganges, die aus halbkugelförmigen gebrannten Tongefäßen von etwa 1 m Durchmesser hergestellt werden. Diese einfachen Schwimmkörper werden stromauf gepaddelt, bei Talfahrt läßt man sie mit der Strömung treiben. In den Flußdörfern dienen diese Fahrzeuge für alle Arten des Wassertransportes, sie werden u. a. auch von Kindern für den Schulbesuch benutzt.

Tikwinka: einmastiger russischer Lastsegler des 19. Jh., der mit einem relativ schmalen und

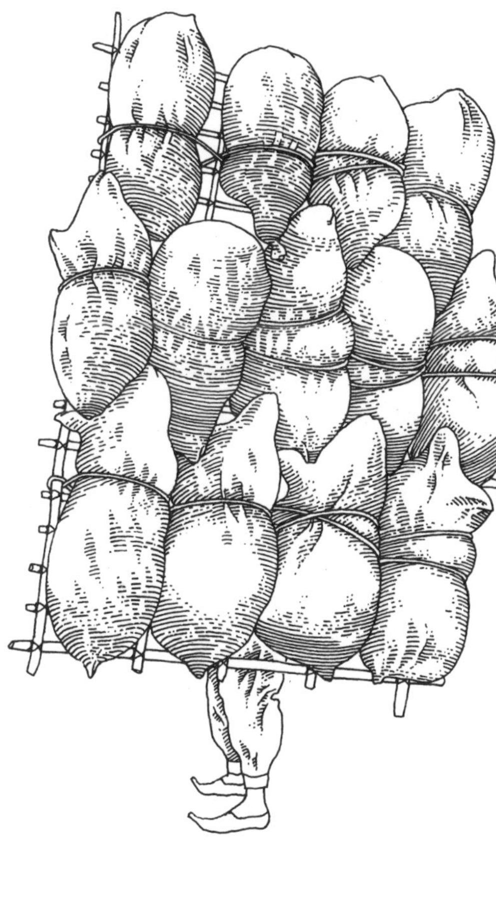

Tierbalgfloß aus Tibet

hohen Rahsegel am weit vorn stehenden Pfahlmast auf den Zuflüssen des Schwarzen Meeres fuhr.

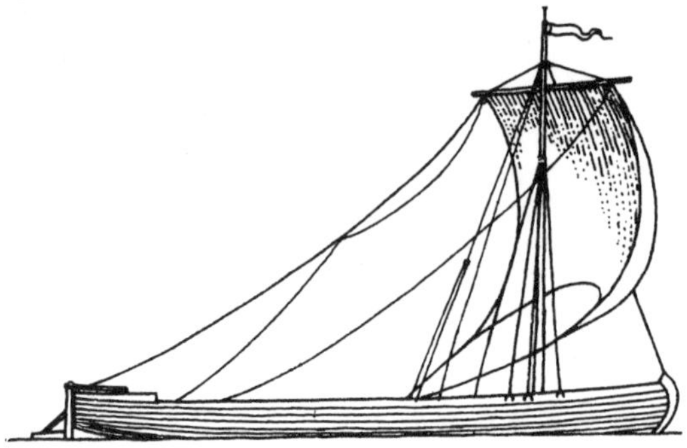

Tikvinka, russischer Lastsegler des 19. Jh.

Tjalk mit Sprietsegel und Rah-Toppsegel um 1768 nach CHAPMAN

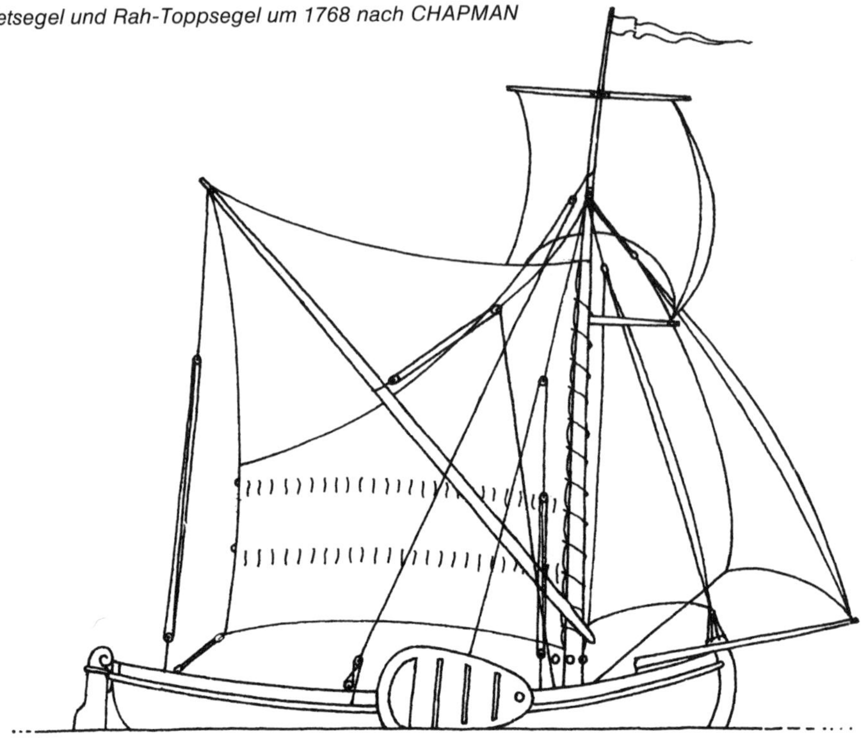

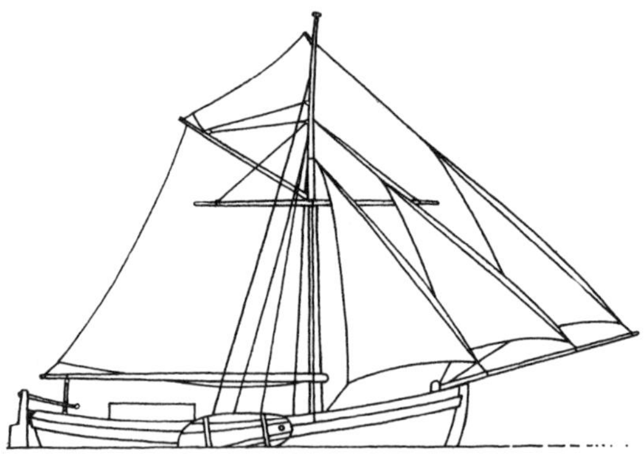

Tjalk mit Gaffelsegel um 1860 nach MIDDENDORF

Heck einer Tjalk

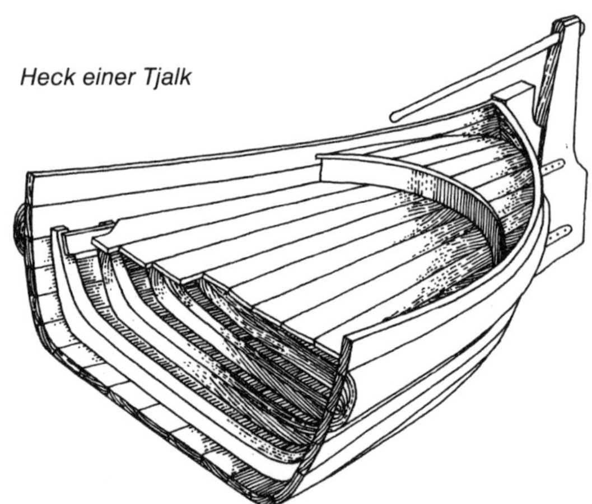

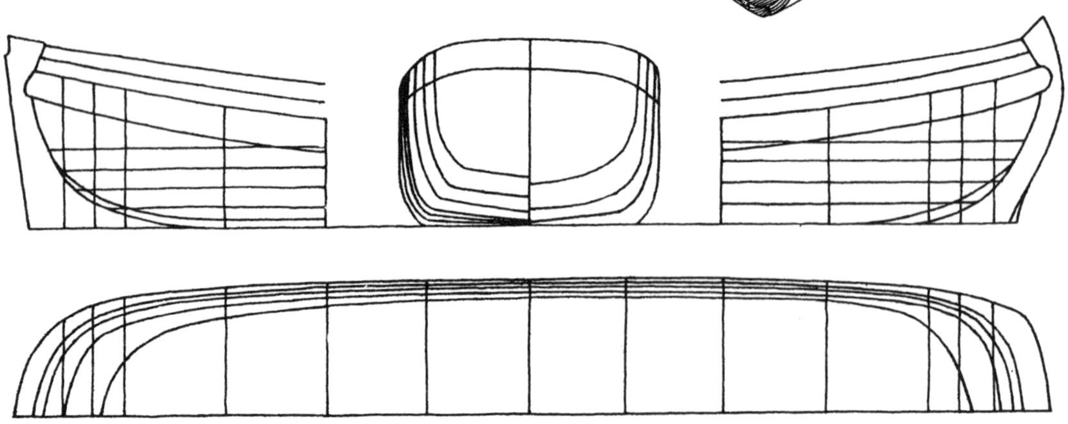

Schiffslinien einer Tjalk um 1907

Tjalk: typischer holländischer Wattensegler, dessen Ursprung auf den älteren, ebenfalls holländischen *Bojer* zurückgeführt wird und dessen Hauptmerkmale sich bei den nachfolgenden Schiffstypen, wie *Kuff-Tjalk, Kuff, Poon* und *Huker*, wiederfinden. Die Tjalk war ebenso wie der Bojer völlig und mit gänzlich flachem Boden ohne Balkenkiel zum »Trockenfallen« bei Ebbe, d.h. zum stabilen Aufsitzen auf Grund, gebaut. Durch ihre im Verhältnis zu den anderen Hauptabmessungen große Breite und ihre Völligkeit hatte die Tjalk nur geringen Tiefgang und eignete sich gut zum Befahren seichter Kanäle und Priele. Die Bezeichnung »tjalk« tauchte erstmals 1673 in einem friesischen Dokument und 1690 im Werk »Architectura Navalis« des Holländers N. WITSEN auf. Die häufige Darstellung auf Karten, Städte- und Landschaftsbildern sowie Gemälden des 16. und 17. Jh. zeigt die Tjalk als oft verwendetes, robustes und einfach gebautes Vielzweckschiff. Zur eigentlichen Tjalktakelung mit dem großen Gaffelsegel, einer auffällig kurzen Gaffel und einem langen Großbaum kamen bis zum 19. Jh. verschiedene andere Varianten. So zeigt F. CHAPMAN eine holländische »Chalk« aus der Zeit um 1768 mit Spriettakelung. Im 19. Jh. wurde eine kleinere Tjalk besonders häufig im ostfriesischen und oldenburgischen Emsgebiet gebaut. Die völligen, flachbodigen Schiffe waren mit etwa 12 Registertonnen vermessen und hatten einen relativ weit vorn stehenden, umlegbaren Pfahlmast.
Das zu Anfang des 19. Jh. gefahrene Sprietsegel wurde etwa in Jahrhundertmitte durch das große Gaffelsegel mit kurzer Gaffel und langem Giekbaum, einem Gaffeltoppsegel sowie mehreren Vorsegeln abgelöst. Neben den kleineren Fahrzeugen gab es auch seetüchtige See-Tjalken mit größerem Sprung oder *Hecktjalken* mit einer Hecköffnung für den Ruderholm.
Nach H. SZYMANSKI gab es um 1900 in Norddeutschland etwa 160 hölzerne und 28 eiserne See- und Binnentjalken. Die ausschließlich auf holländischen Werften gebauten eisernen Tjalken bewährten sich sehr gut; im Jahre 1928 gehörten noch 189 eiserne Tjalken mit einer durchschnittlichen Tragfähigkeit von 140 t zur deutschen Binnenflotte.

Tjalkyacht: einmastige tjalkartige *(Tjalk)* holländische Yacht, die als repräsentatives Gebrauchsfahrzeug wohlhabender Holländer zur Personenbeförderung, für Kirch-, Besuchs-, Einkaufs- und leichte Frachtfahrten verwendet wurde. Die in großer Anzahl gebauten Tjalkyachten waren bis zu 15 m lang, hatten völlige breite Formen mit abgerundeten und verzierten Schiffsenden und fuhren mit Gaffel-, Besan- und Dreieckssegel. Wegen der pavillonähnlichen Aufbauten bezeichnete man sie als »Paviljoenyacht« *(Pavillonyacht)*.
Größere und bedeutend reicher verzierte Tjalkyachten mit entsprechenden Aufbauten dienten vorwiegend der Repräsentation als *Staatenyacht* oder Prunkyacht.

Tjotter: plattbodige, einmastige holländische Sportsegelyacht mit langem Klüverbaum, die etwa seit 1900 gebaut wird und einem seit Anfang des Jahrhunderts bekannten Fischerboot ähnelt. Traditionsgemäß fuhr die mit 4,80 m Länge und

Schiffe und Boote zu Ende des 17. Jh. vor Amsterdam. Hinter der Ruderyacht eine Staatenyacht der Admiralität und ein Kriegsschiff. Gemälde von A. STORK. Quelle: Crone, Nederlandsche Jachten, Swets und Zeitlinger, Amsterdam 1926.

Schiffe und Boote zu Ende des 17. Jh. auf der Maas vor Rotterdam. In Bildmitte eine englische Yacht vom Typ der holländischen Staatenyachten. Links ein dreimastiges holländisches Kriegsschiff unter Staatsflagge. Quelle: Mollema, J. C., Geschiedenis van Nederland ter Zee, Bd. 1, N. V. Uitg. Mij Joost van den Vondel, Amsterdam 1939/42.

Yacht »HEINRICH«, 20 Lasten, 30 NRT, erbaut 1862, Heimathafen Barth.

Vollschiff »ENNERDALE«, 1233 RT, Rostock. Erbaut von W. H. POTTER & CO. Liverpool 1874.
Quelle: Museumsheft, Schiffahrtsmuseum Rostock.

Japanisches Schleppnetzfischerboot unter Rahsegel. Quelle: Rudolph, W., Boote – Flöße – Schiffe, Urania-Verlag Leipzig 1974.

Gemälde von LOUIS LE BRETON, einem Seemann und Künstler, gest. 1866. Amerikanischer Walfänger mit Fangbooten, rechts im Bild eine mit halbem Wind ablaufende Fregatte.
National Maritime Museum, Greenwich [1]

Ankunft der Staatenyachten in Rotterdam. Gemälde von L. VERSCHUIER (1630 bis 1686).
Quelle: Kunstsammlung Weimar.

Tjalk mit Krummgaffel, 19. Jh., Modell

Holländische Tjalkyacht

2,50 m Breite sehr kurz und breit gebaute *Yacht* Seitenschwerter und eine relativ große Segelfläche von 25 m².

Tonkrug-Kellek: Floß aus dem Gebiet des Zweistromlandes (Euphrat und Tigris), bei dem Tonkrüge als Schwimmkörper in ein Floßgerüst aus Holzstangen eingebunden werden. Fahrzeuge dieser Art wurden bereits vor mehreren Tausend Jahren verwendet, und es gibt sie auch heute noch vereinzelt.

Tonner-Yacht: ursprünglich eine Rennsegelyacht mit einer Verdrängung von 1 t. Diese relativ kleinen Yachten von etwa 17 Fuß (5,2 m) in der Leichtwasserlinie segelten erstmals 1899 um einen eigens gestifteten Pokal, den »One Ton Cup«. Die Regatten fanden im Wechsel bei Cowes oder in der Seinemündung statt. Mit der Einführung der IYRU-International-Rule segelten 6-m-R-Yachten bis 1962 um die Trophäe. 1965 wurde der Pokal neu ausgeschrieben und festgelegt, daß Yachten mit einem maximalen IOR-Rennwert von 27,5 Fuß um diesen Pokal segeln dürfen. Das entspricht im metrischen System einem Rennwert von 8,38 m. Für Yachten, die diesen Rennwert erreichen, wurde der Begriff »Eintonner« beibehalten. Eine Eintonner-Yacht hat beispielsweise bei einer Länge über alles von 11,13 m, 8,35 m in der Wasserlinie und 6,32 t Verdrängung eine vermessene Segelfläche von 54,80 m².
Der Sinn dieser Festlegung bestand darin, im Seesegeln Einheitsklassen zu schaffen, die ohne Zeitvergütung gegeneinander segeln. Dieses Ziel ist nicht erreicht worden. Heute gibt es neben dem Eintonnerpokal solche für Halbtonner mit einem Rennwert von 21,6 Fuß (6,58 m), Vierteltonner 18 Fuß (5,49 m) und auch Zweitonner.

Topfboot, *Topffloß:* halbkugelförmiges größeres Tongefäß für Einzelpersonen bzw. aus mehreren Tongefäßen und Bambusgerüsten bestehendes Floß (eigentlich Mehrrumpf-Boot infolge der offenen Auftriebskörper). Derartige Wasserfahrzeuge gab es besonders in Gebieten, in denen aus religiösen Gründen die Verwendung von Rinderhäuten oder anderen Tierbälgen (s. *Tierbalgfloß*) unzulässig ist, wie in verschiedenen Gebieten Indiens oder auf dem unteren Ganges.

Toppmastkuff: siehe Kuff

Toppsegelkuff: siehe Kuff

Toppsegelschoner, *Marssegelschoner:* siehe Schoner, Schonerbark, Schonerbrigg

Torfewer: offener, sehr flach und breit gebauter *Ewer* unterschiedlicher Größe, der besonders im 19. Jh. in großer Anzahl die an Flüssen gelegenen Großstädte, wie Hamburg und Bremen, mit Torf versorgten. Einige Torfewer hatten für den Schiffer entweder achtern oder vorn eine kleine Kajüte.

Torfkahn: ein in niederländischen Fluß- und Kanalgebieten eingesetzter, teilweise mit Sprietsegel fahrender Binnenkahn für den Transport von Torf.

Torloniarelief-Schiffsdarstellung, *Ostia-Relief:* im Hafen des antiken Rom, Ostia (gegründet 335 v. u. Z., seit dem 5. Jh. versandet), gefundenes Marmorrelief aus dem 1. bis 2. Jh., genannt nach dem Besitzer, der römischen Familie Torlonia (18. bis 19. Jh.). Das Relief zeigt ein typisches römisches Frachtsegelschiff sowie im Hintergrund Hafenanlagen und Leuchtfeuer. Bei dem dargestellten Schiff handelt es sich um eine *Corbita*, eines der sogenannten »Rundschiffe«, die vorwiegend der Getreideversorgung Roms dienten. An der Schiffsseite sind durch die Bordwand reichende Decksbalken als Merkmal des für den Getreidetransport notwendigen Decks über dem Laderaum zu erkennen.
Nach den Proportionen und Details des Reliefs handelt es sich um ein Schiff von etwa 25 m Länge und 6 bis 7 m Breite mit einer Tragfähigkeit von 80 bis 100 t und damit um eine Corbita mittlerer Größe. Am Achterschiff ist ein schweres Ruder an einer Talje erkennbar. Diese Talje war nötig, um das Ruder bei schwerer See hochzuziehen, damit es nicht zerschlagen wurde. Der Platz des Rudergängers befand sich auf dem hinteren, hüttenähnlichen Aufbau. Die Art der Besegelung entspricht mit einem großen Rahsegel und einem darüber gefahrenen dreieckigen Toppsegel am Großmast anderen bekannten römischen Schiffsdarstellungen, wie z. B. der auf dem *Sidonischen Sarkophag*. Die Fläche beider Segel kann etwa 150 bis 180 m² betragen haben. Der schräg nach vorn geneigte Fockmast führte auf See ebenfalls ein Rahsegel. Wie die Reliefdarstellung zeigt, wurde der Fockmast im Hafen mit einem Flaschenzug am Topp außerdem für die Be- und Entladung genutzt.
Auf römischen Schiffen kam zur Gesamtsegelfläche noch das am Bug als Rahsegel gefahrene Artemon mit einer Segelfläche um 15 m² hinzu. Auf dem großen Rahsegel des Reliefs sind die legendären Brüder ROMULUS und REMUS mit der sie säugenden Wölfin dargestellt (s. *Ostia-Fresko-Schiffsdarstellung*).

Tornado: aus England stammendes Katamaran-Sportsegelboot, das von der IYRU seit 1968 als Boot der internationalen Einheitsklasse anerkannt ist. Die Bezeichnung nimmt Bezug auf das spanische Wort für Wirbelsturm. Der Tornado wurde 1976 als Olympia-Bootsklasse anerkannt.

Er hat eine Länge über alles von 6,10 m und ist in der Konstruktionswasserlinie 5,85 m lang. Das 3,05 m breite Fahrzeug hat eine Rumpfmasse von 127 kg, eine Segelfläche von 21,80 m^2 und wird von 2 Mann Rennbesatzung gesegelt (s. *Sportsegelboot*, Tafel *Olympia-Klassenboote*).

Totenschiff: Sammelbegriff für Originalschiffe und Boote, Schiffs- und Bootsmodelle oder Nachahmungen für die kultische Totenehrung durch Schiffsbeisetzungen, Schiffsgräber, Grabbeigaben oder letzte Schiffsfahrten.
Symbolische Totenschiffsbestattungen gehörten in verschiedenen Frühkulturen bei hochgestellten Toten zu den kultischen Handlungen für ihre Fahrt ins Jenseits und das dortige Weiterleben. Zu diesem Zweck gab man den Toten zum Geleit Rüstungen, Waffen, Zugtiere, Hausgeräte, Schmuck und Nahrung mit auf den Weg. Zu den ältesten gefundenen Königsgräbern mit Schiffsbeigaben gehört das 5000 Jahre alte sumerische Königsgrab bei Ur. Es handelt sich um ein Grab zur Bestattung eines Königs mit seinen gefallenen Kriegern. Neben 74 Skeletten von Menschen, die vor ihrer Bestattung reich mit goldenen, silbernen und edelsteinbesetzten Gegenständen geschmückt waren, fand man zwei etwas über 60 cm lange Schiffsmodelle. Das eine, aus Kupfer hergestellte Modell war völlig zerstört, das andere aus Silber jedoch gut erhalten. Dieses 5000 Jahre alte Modell zeigt einen schlanken Bootskörper mit hochgezogenem Bug und Heck, Ruderbänken und einer Überdachung in Fahrzeugmitte, außerdem ist noch ein Blattruder erhalten geblieben. Das Modell ist damit bereits den Fahrzeugen ähnlich, die es bis in die Neuzeit auf dem Unterlauf des Euphrats gab.
Viele aufschlußreiche Totenschiffe und Modelle aus Holz, Ton oder Metall entstammen altägyptischen Grabstellen. In der altägyptischen Religion der Sonnenanbetung kam Totenschiffen die Aufgabe zu, die Seele des Verstorbenen am Tage im Dunstkreis der Sonne von Osten nach Westen über die Erde zu tragen und bei Nacht von Westen nach Osten unter der Erde hindurchzuführen. Eine große Sammlung der reichlich aufgefundenen ägyptischen Grabbeigaben, auch als Sonnenschiffe oder Sonnenbarken bezeichnet, befindet sich im »Sonnenbarken-Museum« in Kairo. Die ältesten oberägyptischen Gräbern entstammenden Modelle sind aus rotem Ton gebrannt und wurden etwa 4200 v. u. Z. den Toten beigegeben. Die noch roh und plump wirkenden Boote haben teilweise bereits eine Art Baldachin oder Hütte. Ein anderes, etwa um 3000 v. u. Z. einem ägyptischen Grab beigelegtes Totenschiff ist ein aus Knochen geschnitztes Modell eines bootsförmigen Papyrusfloßes.
Zu den bedeutendsten aufgefundenen ägyptischen Original-Totenschiffen gehören das *Cheops-Bestattungsschiff* (um 2650 v. u. Z.) und der *Dahschur-Bootsfund* (um 1850 v. u. Z.)
Auch in der germanischen Mythologie ging die Fahrt ins Jenseits über das Meer nach Walhall (Aufenthaltsort für die im Kampf gefallenen Krieger). Zu den bekanntesten germanischen Totenschiffen, die in Grabhügeln beigesetzt sind und infolge günstiger Bodenbeschaffenheit zumindest teilweise erhalten blieben, gehören u. a. das *Oseberg*- und das *Gokstadschiff*. Die Lage des Totenschiffes war in allen nordischen Schiffsgräbern gleich, Bug und Kurs mußten stets nach Süden weisen, denn dort lag Walhall.
In Nordwestborneo wurden in einer Kalksteinhöhle 18 kunstvoll bearbeitete Holzflöße aus dem 3. Jh. gefunden, die einen Menschenkörper tragen konnten. Für die Fahrt in die Ewigkeit wurden die Toten auf die Flöße gelegt, und bei einer nächtlichen Bestattungszeremonie trieben sie auf den in Brand gesetzten Flößen auf das Meer hinaus. Aus Kalimantan und Sumatra sind außerdem kleine Totenschiffe bekannt, die man mit der Asche der Toten die Flüsse hinabtreiben ließ.

Ägyptisches Totenschiff, etwa um 1300 v. u. Z., Modell

Totora-Floß: bootsförmiges Binsen- oder Schilffloß *(Floß)* der indianischen Stämme am Titicacasee. An diesem Hochgebirgssee (3812 m ü. NN) gibt es kaum noch Baumwuchs, so daß seit langem nur Schilffahrzeuge für den Fischfang möglich sind. Der Bau der Flöße erfolgt aus vorher getrockneten und gebundenen Totoraschilfbündeln, die nachfolgend zu einer bootsähnlichen Floßform mit einer Mulde und zugespitzten Enden zusammengezogen werden (s. a. *Balsafloß* und *Binsenfloß*). Die Ähnlichkeit mit den bootsförmigen Papyrusflößen auf dem Nil ist sicher ausschließlich auf das ähnliche Baumaterial zurückzuführen. Größere Flöße hatten einen zweibeinigen Mast und ein viereckiges, aus Schilfgeflecht bestehendes Segel.

Trabakel, *Trabaccolo:* adriatisches, speziell dalmatinisches zweimastiges Segelschiff mit »Halbrahsegeln« im 17. und 18. Jh., ein Allzwecksegler für die Küstenfahrt und den Fischfang zwischen den vorgelagerten Inseln und dem Festland. Ähnlichkeiten bestehen zwischen diesem Schiffstyp und der kleineren *Brazzera*. Halbrahsegel waren große Rechtecksegel, die an Pfahlmasten und einer oberen waagerechten, jedoch nur einseitigen Rah (halbe Rah), einer horizontal stehenden Gaffel ähnlich, gefahren wurden. Über dem Halbrahsegel befand sich an jedem Mast noch ein kleines Rah-Toppsegel, und am Bugspriet wurde ein großer Klüver gefahren. Die Fahrzeuglänge betrug etwa 30 m und die Breite etwa 6 m, ein typisches Merkmal war der einfallend gebogene Vorsteven. Küstensegler hatten zwischen den Masten ein durchlaufendes Deck mit großer Luke.

Trebisonde: im 19. Jh. nach der türkischen Handelsstadt Trapezunt (Trebisond) benanntes, einmastiges und mit Rahsegeln fahrendes Frachtschiff für die Fahrt zwischen Konstantinopel (Istanbul) und den Häfen des Schwarzen Meeres.

Treckschute, *Treckyacht:* Flußboot, -schute oder -yacht, die vorwiegend durch Trecken (Ziehen) und nicht durch Ruder oder Segel bewegt wird. Die Treckschuten bis zu 15 m Länge hatten insbesondere für den Lasttransport und für die

Personenbeförderung in Kajütbooten auf den vielen schmalen Binnenwasserstraßen der Niederlande größere wirtschaftliche Bedeutung. Sie wurden entweder durch Menschenkraft (Treckeknechte) oder durch Zugtiere gezogen.
Im 16., 17. und 18. Jh. gab es auf den Wasserläufen der meisten europäischen Großstädte Treckschuten, -boote oder staatliche und private Treckyachten mit unterschiedlichen Ausstattungen und Verzierungen. So gab es auch für den Personenverkehr in und um Berlin Treckschuten holländischer Art, fest, flachgehend und völlig gebaut. Der jetzige Berliner Schiffbauerdamm hieß vor 1738 Treckschutendamm. Zeitgenössische Schilderungen aus der Mitte des 18. Jh. berichten z. B. von täglichen mehrmaligen Treckschutenpassagen zwischen Berlin und Charlottenburg.

Holländische Treckschute, 19. Jh., Modell

Größere holländische Treckyacht Ende des 18. Jh., Modell

Holländische Treckyacht, 2. Hälfte des 18. Jh.

Treidelschiff: durch Zugtiere oder Menschenkraft von Treidelpfaden aus gezogene größere Fluß-Lastschiffe; s. a. *Treckschute*.

»Die Wolgatreidler«, Gemälde von ILJA REPIN

Ein Treidel-Postschiff auf dem Rhein um 1815, das auch Passagiere beförderte

Tretboot: einfaches, für Vergnügungsfahrten auf geschützten Binnengewässern über Tretkurbel und Schaufelräder angetriebenes Wassergefährt. Zwischen 2 katamaranähnlich *(Katamaran)* angeordneten rohr- oder kastenförmigen Auftriebskörpern befinden sich die Sitzbank und der Pedalantrieb.

Triakontere: um 500 v.u.Z. ein griechischer Dreißigruderer. Zur Anordnung der Ruderreihen und Ruderbänke gibt es verschiedene Auslegungen. Da i.allg. auf die größtmögliche Zahl Bezug genommen wurde, ist die Annahme berechtigt, daß die Schiffe von je 15 Ruderern je Bordseite und damit von 30 Ruderern insgesamt gerudert wurden.

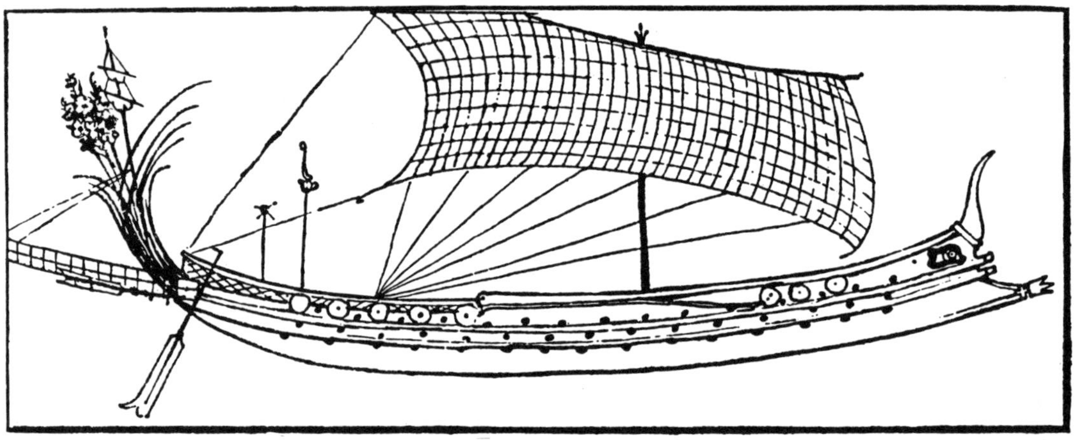

Triere von Delos, im Jahre 88 v.u.Z. dargestellt

Triere, *Attische Triere:* altgriechisches Ruder-Kriegsschiff mit Hilfsbesegelung und 3 übereinanderliegenden Ruderreihen. An der Entwicklung des altgriechischen Seewesens und Schiffbaues waren verschiedene frühe griechische Stadtstaaten beteiligt, unter denen Athen eine führende Stellung einnahm. Zur Zeit des athenischen Politikers THEMISTOKLES (524 bis 459 v.u.Z.) veränderte der Schiffbauer AMENOKLES aus Korinth die Konstruktion der seinerzeitigen großen griechischen Ruder-Pentekonteren durch die Anordnung von 3 Reihen Ruderern bzw. 3 in der Höhe gestaffelt liegenden Ruderbänken, so daß sich die Schnelligkeit und Kampfkraft bedeutend erhöhte.
Aus Rekonstruktionen, Bootshäuserabmessungen und anderen indirekten Nachweisen kann man die wahrscheinlichen Abmessungen der Trieren heute mit 40 bis 45 m Länge, 4,5 bis 5,0 m Breite und etwa 1 m Tiefgang angeben. Die Ruderer der obersten Reihe wurden »Thraniten«, die der mittleren »Zygiten« und die zuunterst sitzenden »Thalamiten« genannt.
Den Kiel der Triere baute man aus Steineiche und die Planken aus dem leichteren Rotbuchen- oder Lindenholz. Das Vorschiff war besonders kräftig und ging in einen mit Bronze oder Eisen beschlagenen Rammsporn über, der »Embolon« genannt wurde. Oberhalb des Rammsporns befand sich ein kleinerer Sporn und zwischen beiden eine Querbohrung zur Durchführung eines Taues, der kräftige Vorsteven endete in einer oberen Verzierung. Der Hintersteven war löffelförmig und dessen oberer Abschluß, das »Aphlaston«, nach vorn gezogen. Gesteuert wurde die Triere mit Hilfe von Steuerrudern an beiden Seiten des Hinterschiffes.
Ursprünglich waren Trieren offene Schiffe; zum Schutz der Ruderer gegen Sonne und Unwetter dienten zusammenrollbare Matten an beiden Schiffsseiten. Später wurden Trieren mit einem festen Schanzkleid und einem über die höchste Ruderreihe verlegten festen Deck gebaut, auf dem die an Bord befindlichen Soldaten ihren Platz hatten. Für längere Reisen hatte die Triere eine zusätzliche Besegelung mit einem Großsegel an einem senkrecht stehenden Mast und einem kleineren Segel an dem nach vorn geneigten kleineren Bugmast. Maste und Segel wurden vor dem Kampf niedergelegt oder von Bord entfernt.
Die Trieren bewährten sich als Kampfschiffe im Mittelmeer über Jahrhunderte. Anfänglich bestand die Besatzung aus etwa 170 Ruderern, ungefähr 20 Matrosen und Führungskräften sowie etwa 10 Seesoldaten. Die Ruderer setzten sich zumeist aus »Theten« zusammen, verarmten Freien ohne Grundbesitz, die sich um Lohn zu Sklavenarbeiten verdingten, also auch als Ruderer; im Kriege dienten sie als Leichtbewaffnete. Schwerbewaffnete, »Hopliten«, bildeten den kleineren Teil der Soldaten; es waren meistens Grundbesitzer, die sich eine eigene Rüstung leisten konnten: den großen Schild, den ehernen Helm und den Harnisch, Beinschienen, einen kurzen Säbel und einen langen Speer.
Dem griechischen Trierenkapitän, dem »Trierarchen«, standen der Erste Offizier, der »Kybernetes« (griech., Steuermann) und der »Keleustes« (griech., Rudermeister) zur Seite. Im Kampf suchten Trieren hauptsächlich die unmittelbare Begegnung mit dem gegnerischen Schiff. Die Kampftaktik bestand im wesentlichen darin, entweder durch nahes Vorbeifahren die Riemen des feindlichen Schiffes zu zerbrechen und es damit bewegungsunfähig zu machen oder es seitlich zu rammen. Aus der Kenntnis über die Bauweise und die Ruderzahl ist zu schließen, daß Trieren bis zu 6 kn, also 11 km/h, erreichen konnten.
In den folgenden Jahrhunderten wurde die Triere auch von anderen Mittelmeervölkern nachgebaut. Nachbauten der Römer bezeichnete man als *»Trireme«*.

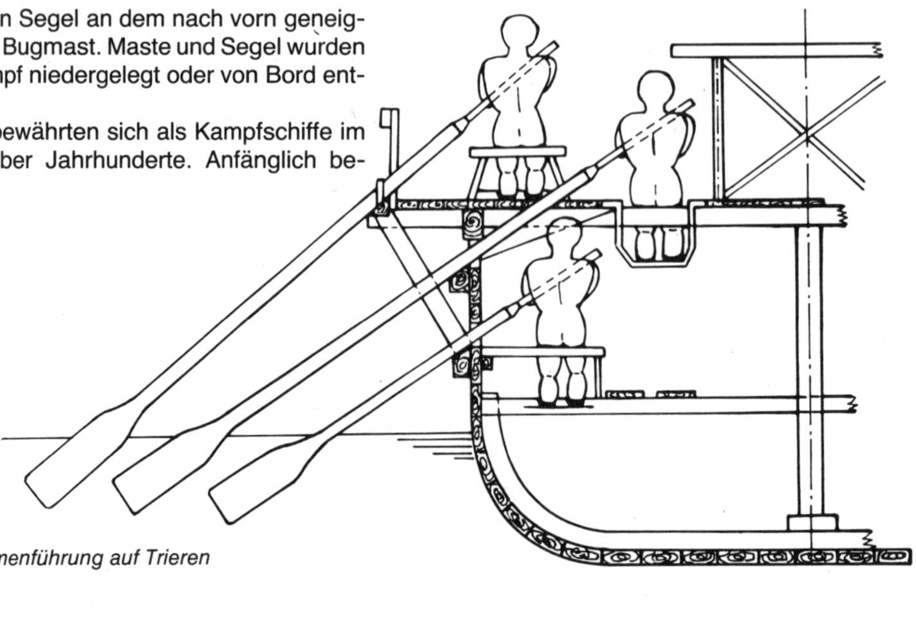

Mögliche Riemenführung auf Trieren

Trimaran: Dreirumpf-Fahrzeug, ursprünglich von Neuguinea stammend. Trotz des gegenüber Zweirumpf- und besonders Einrumpfschiffen und -booten größeren Wasserwiderstandes können in besonderen Fällen die geringen Roll- und Schlingerbewegungen und die günstigere Festigkeitsverbindung gegenüber Zweirumpfschiffen vorteilhaft sein. Sport-Segeltrimarane wurden versuchsweise in verschiedenen Ländern gebaut, wobei entweder alle 3 Rümpfe gleich oder unterschiedlich groß sein können. Unter den nicht sehr häufigen modernen Segeltrimaranen haben sich solche mit einem mittleren größeren Rumpf und kleineren seitlichen Rümpfen am besten bewährt.

Trimaran »PEN DUICK IV« [29]

Trireme: eines der ersten römischen größeren Kampfschiffe mit 3 Riemenreihen je Bordseite nach dem Vorbild der griechischen *Triere*. Der Aufbau einer bedeutenden römischen Kriegsflotte setzte erst im Zusammenhang mit den Kämpfen um Karthago (146 v. u. Z.) ein. Trotz der geringen eigenen Erfahrungen wurden in kurzer Zeit die im Mittelmeer bewährten griechischen Trieren in großer Zahl nachgebaut und an den römischen fortgeschrittenen Holzbau und an die bei den Landtruppen bewährte Kampftechnik angepaßt. Die Trireme war auf Spanten gebaut, kraweel beplankt und erhielt einen Mast mit großem Rahsegel. Als römische Neuerung kam die Enterbrücke hinzu, die auf dem Vorschiff an einem starken Mast drehbar gelagert war. Bei Annäherung an das gegnerische Schiff ließ man die Enterbrücke mit dem am äußeren Ende befindlichen Dorn auf das feindliche Schiff herabfallen, so daß die in Landkämpfen Mann gegen Mann erprobten römischen Krieger über die fest eingerammte Enterbrücke zum Nahkampf stürmen konnten. Die römischen Triremen wurden nicht von Sklaven, sondern von freien römischen Bauern und Plebejern gerudert.

Römische Trireme mit Enterbrücke

Troinik: kleines nordrussisches gerudertes oder gesegeltes Fischerboot mit stark gerundetem Vor- und Achtersteven.

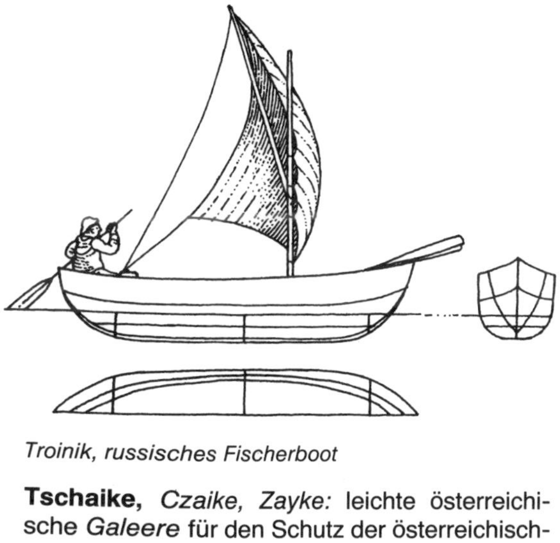

Troinik, russisches Fischerboot

Tschaike, *Czaike, Zayke:* leichte österreichische *Galeere* für den Schutz der österreichisch-ungarischen Flußgrenzen an Donau, Save und Theiß gegen die Türken. Im 16. Jh. wurden bereits etwa ab 1530 bis 1547 in Gmunden in Oberösterreich für die österreichischen Donaustreitkräfte nach dem Vorbild der ungarischen Nassaden Tschaiken gebaut. Während des 17. Jh. und bis zur Mitte des 18. Jh. gab es »Ganztschaiken« von etwa 24 m Länge, 2,4 m Breite und etwa 0,5 m Tiefgang mit 26 Riemen sowie »Halbtschaiken« von 12,3 m Länge und etwa 2 m Breite mit 20 Riemen und außerdem »Doppeltschaiken« von etwa 27 bis 28 m Länge. Im 18. Jh. kamen »Vierteltschaiken« hinzu, die bis 1763/64 in Gmunden gebaut wurden. Ab 1766 erfolgte der Bau von Musterschiffen für die österreichische Marine in Klosterneuburg und der Serienbau im Tschaikistenbataillon in den Größengruppen:

– Ganztschaiken von 20,2 m Länge, 3,9 m Breite und 0,37 m Tiefgang beladen, mit 24 bis 26 Riemen und einem teilweise klappbaren Mast,
– Halbtschaiken von 11,2 m Länge, 2,45 m Breite und 0,37 m Tiefgang beladen sowie
– Doppeltschaiken von 27,23 m Länge, 3,76 m Breite und 0,57 m Tiefgang beladen, mit 32 bis 34 Riemen und 2 Masten.

Die letzten Typen von Tschaiken wurden etwa ab 1832/35 gebaut in den Größengruppen:

– zweimastige Ganztschaike von 20,2 m Länge, 4,07 m Breite, 0,65 m Tiefgang und 11,1 t Tragfähigkeit, angetrieben durch 30 Riemen,
– ein- oder zweimastige Halbtschaiken von 14,81 m Länge, 2,71 m Breite und 0,60 m Tiefgang mit 5,4 t Tragfähigkeit,
– einmastige Vierteltschaiken von 10,35 m Länge, 2,35 m Breite und 0,51 m Tiefgang mit 2,6 t Tragfähigkeit; außerdem gab es
– Vedettentschaiken von 10 m Länge, 1,6 m Breite und 0,4 m Tiefgang.

Die Tschaiken fuhren teils mit Rah-, Lugger- oder Sprietsegel, im Gefechtseinsatz wurde ausschließlich bei umgelegten Masten gerudert. Ihre Bewaffnung bestand hauptsächlich aus leichten Geschützen, die in der charakteristischen Bullgabel gelagert waren, und aus ein oder zwei 7- bis 10pfündigen Drehlafetten-Haubitzen.

Tschikirne, *Tchektirme:* einmastiger, völliger türkischer Küstenfahrer, der vorwiegend im Bosporus und in den Dardanellen verkehrte. Die kleineren Fahrzeuge fuhren eine Bermudatakelung, dazu als Vorsegel Stagfock, Klüver und Außenklüver. Größere hatten einen Mast mit aufgesetzter Stenge. Außer 2 Rahsegeln und einer Stagfock war hinter dem Mast ein großes Sprietsegel gesetzt. Wegen des niedrigen Mittelschiffes war ein Setzbord aufgesetzt.

Tsernik: einmastiges griechisch-türkisches Segelschiff zu Ende des 19. Jh., das an einem langen Sprietbaum ein sehr großes Sprietsegel und darüber ein Rahsegel fuhr.

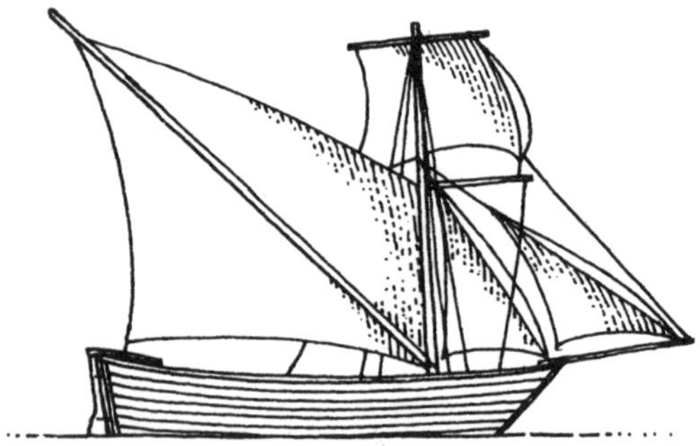

Tsernik, griechisch-türkischer Segler des 19. Jh. mit großem Sprietsegel

Tuckzeese, *Tuckerkahn:* ein klinkergebautes Schleppnetz-Fischerboot für Haffgewässer. Meistens waren es gedeckte Fahrzeuge bis zu 21 m Länge, 6,5 m Breite und 2 m Seitenhöhe. Beide Steven waren mit Knien auf den Balkenkiel aufgesetzt. In der hinteren Schiffshälfte befanden sich ein trockner und ein wasserdurchspülter Fischbehälter. Die Takelung bestand aus einem Luggersegel, dessen Rah nur wenig nach vorn geneigt war, sowie einem Stagfocksegel. Die Tuckzeesenfischerei läßt sich urkundlich bis in das erste Viertel des 16. Jh. nachweisen und gehört somit zu den ältesten Methoden der Schleppnetzfischerei (s. a. *Zeesenboot*).

Tuna-Bootsfund: 1952 in Schweden bei Badelunda in der Nähe des Mälarsees in einem älteren bekannten Gräberfeld in sieben Schiffsgräbern aufgefundene Bootsreste aus dem 8. Jh. Eines der geborgenen Boote befindet sich im Museum der Stadt Västeras. Die Fundteile zeigen ebenso wie das *Osebergschiff* und andere *Wikingerschiffe* kunstvoll geschnitzte Tierornamente im sogenannten Vendelstil aus dem 7. und 8. Jh., so benannt nach dem nördlich von Upsala gelegenen Ort Vendel.

Tune-Schiffsfund: im Jahre 1867 an der Ostküste des Oslofjords auf der Insel Rølvsøy unter einem 5 m hohen Grabhügel gefundene Reste eines Wikingerschiffes aus dem ausgehenden 9. Jh., das dem *Gokstadschiff* ähnelt. Trotz starker Vermoderung der oberen Schiffsteile war die vollständige Rekonstruktion möglich. Das rekonstruierte Schiff ist gemeinsam mit dem Gokstadschiff und dem *Osebergschiff* im Wikingermuseum bei Oslo auf der Halbinsel Bygdøy ausgestellt. Der aus Eichenholz gebaute Rumpf ist 19,8 m lang und 4,27 m breit. Der Tiefgang war wie bei allen Wikingerschiffen relativ gering. Das Schiff konnte gesegelt werden und war für 11 Paar Riemen ausgerüstet.

Tune-Schiffsfund, Wikingerschiff aus dem 9. Jh., erhalten gebliebene Teile

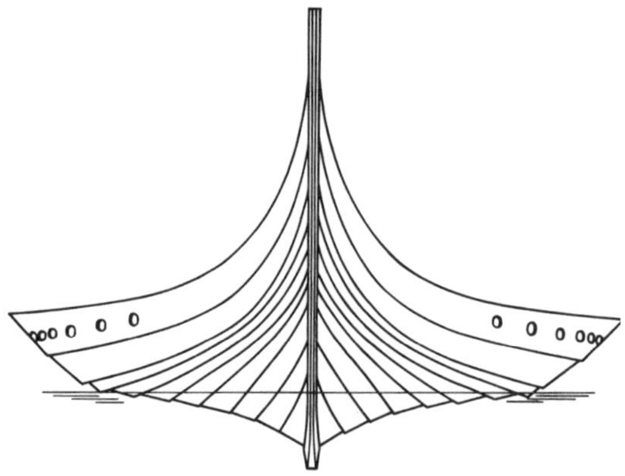

Buganansicht des rekonstruierten Tune-Schiffs

U

Udema: in der zweiten Hälfte des 18. Jh. in den schwedischen und finnischen Schärengebieten eingesetztes Kriegsschiff mit einer Art Dreimast-Polackertakelung *(Polacker)*, bei der jeweils 2 Rahsegel an Fock- und Großmast und ein Gaffelsegel am Besanmast gefahren wurden. Die etwa 37 m langen und 9 m breiten Schiffe konnten notfalls auch durch 20 Paar Riemen fortbewegt werden. Die Bewaffnung bestand aus 2 Stück 18-Pfündern, 11 Stück 12-Pfündern, 2 Stück 8-Pfündern sowie mehr als 20 Stück 3-Pfündern.

Umjak, *Umiak:* eine typische Fellbootart Grönlands, die auch in den Polargebieten Nordamerikas bis zu den Aleuten gebräuchlich war. Das ähnliche *Fellboot* Nordsibiriens wurde mit *»Baidara«* bezeichnet. Der Umjak, auch als Eskimo-Frauenboot im Unterschied zum *Kajak* (Männerboot) bekannt, und die Baidara waren relativ große offene Boote von 7 bis 10 m Länge und etwa 1,5 m Breite. Sie wurden bei Fahrten, mit denen ganze Familien oder Sippen die Wohnplätze wechselten, oder bei anderen Transportaufgaben häufig von Frauen gepaddelt oder gerudert, zuweilen war vorn ein kleiner Mast mit einem aus Renntierfellen genähten viereckigen Segel aufgestellt. Die Umjaks wurden von Männern in den leichten, schnellen Kajaks begleitet.
Außerdem benutzte man die großen Fellboote zum Robbenfang und zur Waljagd. Das Bootsgerippe mit innen liegendem Kiel bestand aus Zweigen und Walknochen, die durch Lederriemen oder Sehnen zusammengebunden und danach mit Seehundfellen oder Walroßleder bespannt waren. Das relativ leichte Boot konnte 12 Personen aufnehmen, und an Land vermochten es 6 Personen zu tragen.

Grönländisches Fellboot Umjak (Umiak), das Frauenboot der Eskimo

Eskimo-Sommerquartier unter einem Umjak

Usciere, *Hussiers:* völlig gebautes Segel-Lastschiff des Mittelmeeres, dessen Vorbild die römischen Pferdetransporter (lat. hippagogoe) waren. Am Heck und an den Schiffsseiten der zweimastigen Schiffe befanden sich verschließbare Öffnungen für das Ein- und Ausladen der Pferde. Zum Anlanden wurde eine Art Landungssteg an Bord mitgeführt. Die meistens als Zweidecker gebauten Schiffe konnten bis zu 100 Pferde transportieren. Häufiger fuhr man jedoch nur auf einem Deck Pferde und auf dem anderen Wagen und Kriegsgerät.

Utrecht-Schiffsfund: im Jahre 1930 bei Bauarbeiten am Van-Hoorne-Kai bei Utrecht in Holland im Flußbett eines ehemaligen Rheinarmes gefundene Reste einer Hulk-Ursprungsform, die konserviert und im Städtischen Zentralmuseum Utrecht ausgestellt wurden. Die C-14-Analyse ergab, daß es sich um einen Fund aus der Zeit um 790 u. Z. handelt.
Die Gesamtlänge des rekonstruierten Schiffes beträgt 17,20 m bei einer Breite von 3,60 m und 1,34 m Seitenhöhe. Hinsichtlich der Schiffsform und der Bauweise unterscheidet sich das Utrechtschiff wesentlich von bekannten Wikingerfahrzeugen aus gleicher Zeit. Der untere Teil des Utrechtschiffes hat weder Kiel noch Steven, sondern besteht aus einem ausgehöhlten Eichen-Einbaum von 14,30 m Länge und 1,95 m Breite, an dessen Enden Verlängerungen angelascht wurden. Auf jeder Seite des Einbaumes sind 3 etwa 0,5 m breite Planken aufgesetzt; die mittleren Planken unterscheiden sich von den anderen durch halbrundförmige Querschnitte, die nach außen bargholzähnlich vorstehen.
In der Seitenansicht und in der Draufsicht verlaufen alle Planken zwischen den Schiffsenden bogenförmig. Der obere Abschluß der Seitenborde erfolgt durch Halbrundhölzer von 14 × 8 cm, die sogenannten »Reehölzer«.
Zur Verbindung der Seitenplanken mit dem Boden-Einbaum wurden nach der Beplankung insgesamt 38 Spanten eingesetzt und mit Holznägeln befestigt. Die Spanten reichen nicht über den ganzen Querschnitt, sondern sind abwechselnde Halbspante, so daß auf einem vom Boden bis etwas über die halbe Seitenhöhe reichenden Spant ein anderer Halbspant folgt, der von der oberen Seitenplanke über die halbe Bordhöhe hinunterreicht. In einem 4,80 m von vorn gelegenen Spant befindet sich ein Spurloch für einen kleinen Mast. Neben den anderen baulichen Merkmalen deutet diese sehr weit vorn vorgesehene Maststellung auf den Verwendungszweck des Fahrzeuges als Flußschiff hin, um das Zugseil zum Flußaufwärtsziehen festzumachen.
Beim Utrecht-Schiffsfund handelt es sich damit um eine Ursprungsform der im Mittelalter in Westeuropa weit verbreiteten Art von Flußschiffen, die als *»Hulk«* bezeichnet wurde und aus verschiedenen bildlichen Darstellungen bereits vor dem Fund bekannt war. So wurden unter dem französischen Herrscher LUDWIG DER FROMME (814 bis 840) in Dorestad Münzen mit einem hulkähnlichen Schiffsbild geprägt. Einige Jahrhunderte später war offensichtlich der Schiffstyp auch in England bekannt, denn er ist auf einem Taufstein der Kathedrale von Winchester aus dem Jahre 1180 dargestellt.

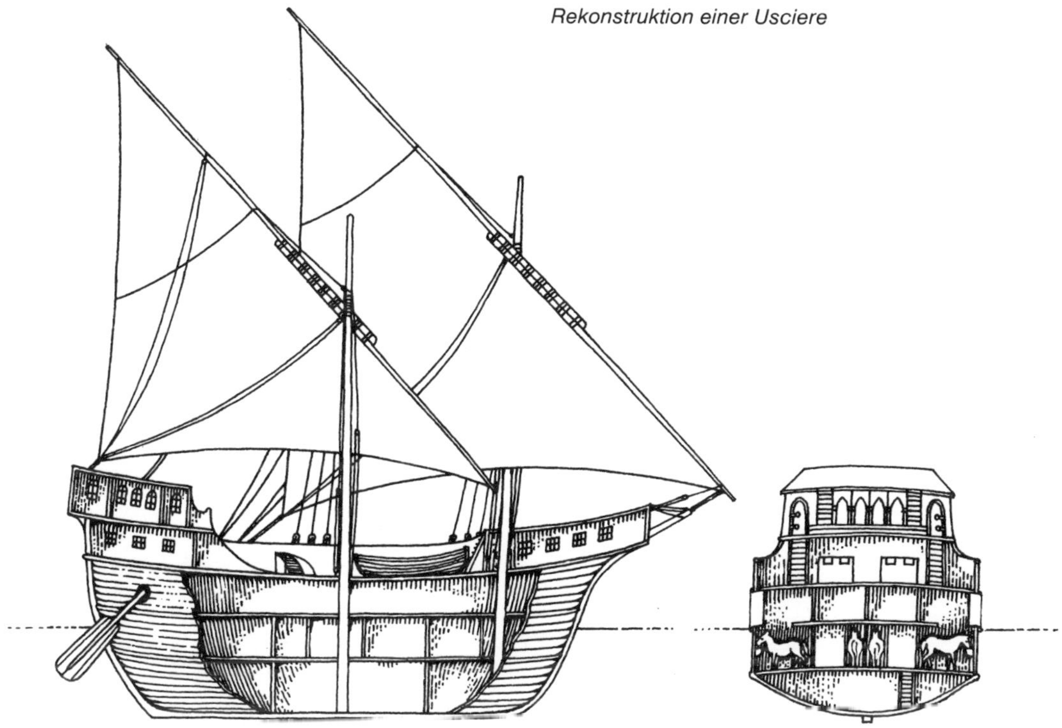

Rekonstruktion einer Usciere

Uxel: Bezeichnung eines maurischen Schiffes, das um 1340 in den Kämpfen gegen die Spanier eingesetzt wurde. Das Schiff war 50 m lang und 10 m breit und konnte mit 50 Pferden beladen werden. Vermutlich war es ein Ruder-Segel-Schiff und hinsichtlich seiner Bauweise ein Vorläufer der Mittelmeer-Galeasse (s. *Galeasse*) mit Aufbauten in Schiffsmitte sowie an Bug und Heck. Die Tragfähigkeit dieser Schiffe war für etwa 280 Bewaffnete zusätzlich zur Besatzung ausreichend.

V

Vaaler Einbaumfund: in einem früheren Wasserlauf durch das Vaaler Moor am Elbenebenfluß Wilsterau im Jahre 1878 gefundener, an beiden Enden spitz auslaufender *Einbaum* von 12,29 m Länge, 1,3 m Breite und 0,62 m Seitenhöhe. Der Stamm war am Boden bis auf eine Dicke von 5 cm und an den Seiten bis auf 4 cm dicke Seitenwände ausgehöhlt. Zur Aussteifung des Einbaumes waren 11 Spanten stehen gelassen. Am Dollbord waren zwischen den Spanten Verdickungen im Holz belassen worden, die durchbohrt waren. Es kann sich dabei um einfache, dollenähnliche Widerlager für Riemen handeln.

Vamarie-Stagsegelschiff, *Spreizgaffelsegler, Wishbone-Segler:* erstmalig 1933 an der amerikanischen *Yacht* »VAMARIE« ausgeführte Takelung mit Spreizgaffeln (Spreizgaffelsegler), der im seemännischen Sprachgebrauch auch als »Wishbone-Segler« bekannt ist (im Engl. bedeutet »wishbone« etwa »Geflügelbrustknochen«). Spreizgaffeltakelungen gibt es nur auf zweimastigen Längssegelschiffen (Schrat- oder Stagseglern) wie Stagsegelschonern oder Stagsegelketschs. Bei der üblichen Takelung werden die Schratsegel hauptsächlich an den Stagen gefahren. Oberhalb des Großstags befindet sich dann ein Gaffeltoppsegel, ein Flieger o. ä.
Auf den Vamarie-Seglern, wie z. B. der Spreizgaffel-Ketsch, liegt die lange Segelkante vom Mastfuß bis zum Topp am Großmast an. Die etwa auf halber bis zwei Dritteln Großmasthöhe befindliche Spreizgaffel führt seitlich an dem aus einem Stück bestehenden Großsegel mit den leicht gebogenen Einzelgaffeln vorbei. Die Toppenden der Gaffel laufen wieder zusammen. Mit dem durch die Spreizgaffel aufgespannten Großsegel kann besonders hoch am Wind gesegelt werden.

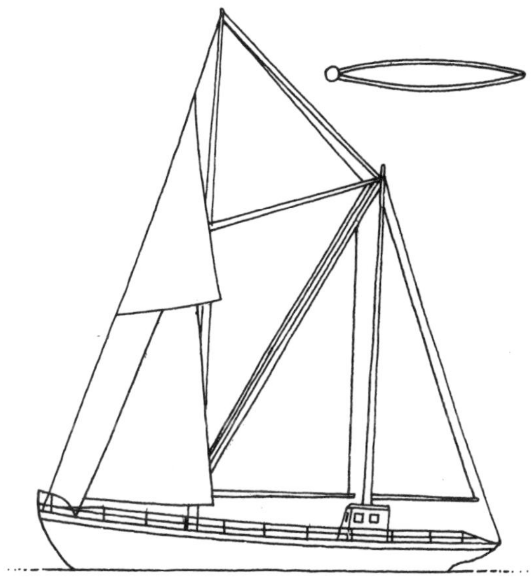

Ketsch mit Spreizgaffel-Vamarietakelung

Vaurien-Boot: eine 1952 in Frankreich von I. HERBULOT entwickelte *Knickspantjolle* mit einer Segelfläche von 8,1 m², 4,8 m Länge und 1,47 m Breite. Als Sportsegelboot fand das Vaurien-Boot (franz., »Taugenichts«) größere Verbreitung und wurde in verschiedenen Ländern z. B. in den Niederlanden 1963 als nationale Bootsklasse anerkannt.

V-Bodenboot, *V-Spantboot, V-Spantschiff:* typische Bauweise für Boote oder Schiffsbereiche, bei der die Spantformen von der Mittschiffs-Bodenlinie V-ähnlich nach oben ansteigen. V-Spanten werden häufiger mit der Knickspantbauweise kombiniert, so daß die gerade ansteigenden Bodenlinien in Kimm- oder Schwimmwasserlinienhöhe durch einen oder mehrere Knicke an die mehr senkrechten Spantabschnitte anschließen. Aus der vereinfachten Knick- oder Mehrfachknickbauweise ergeben sich ungünstigere hydrodynamische Eigenschaften.

Verdrängungsschiff, *Verdrängungsboot:* Verdrängungsschiffe unterscheiden sich von Wasserfahrzeugen, bei denen der Auftrieb überwiegend durch dynamische Wirkungen wie bei Tragflügel-, Gleit-, Stufen- oder Luftkissenfahrzeugen entsteht, hauptsächlich dadurch, daß ihre Schwimmfähigkeit auf dem hydrostatischen Auftrieb beruht. Das erstmalig durch ARCHIMEDES formulierte und nach ihm benannte »Archimedische Prinzip« besagt, daß ein ganz oder teilweise in eine Flüssigkeit getauchter Körper eine der Schwerkraft entgegengesetzt gerichtete Auftriebskraft erfährt, deren Größe der Gewichtskraft = Masse m · Dichte ϱ · Erdbeschleunigung g der verdrängten Flüssigkeit entspricht.

Vertenskreuzer: von der Vertenswerft entwickelte *Kielyacht* der Nationalen Einheitsklasse von 9,50 m Länge über alles, 6,45 m Länge in der KWL, 2,0 m Breite, 1,30 m Tiefgang und 2,5 t Verdrängung. Die Segelfläche unterteilt sich in 23 m^2 Großsegel, 8,3 m^2 Vorsegel und 21 m^2 Spinnaker. Der unter dem Segelzeichen Karo-As zugelassene Kreuzer wird in Rennen von 3 Mann gesegelt.

Vierdecker: ein nur selten gebautes großes *Linien-Kriegsschiff* mit 4 gedeckten im Schiffsrumpf übereinander angeordneten Batteriereihen, wobei die Kanonen auf dem offenen Deck nicht einbezogen waren. Ein bekannter spanischer Vierdecker war die »SANTISSIMA TRINIDAD«, die 1805 bei Kap Trafalgar gegen die englische Flotte kämpfte. Viele der großen Kriegsschiffe dieser Zeit waren jedoch Dreidecker.

Vierer: Kurzbezeichnung eines Rennruderbootes für 4 Ruderer. Den Vierer gibt es ohne Steuermann und auch als Vierer mit dem zusätzlichen Steuermann (Riemenvierer mit oder ohne Steuermann). Im Unterschied zum *Riemenboot* werden *Skullboote* als »Doppelvierer« bezeichnet.

Vierhundertzwanziger-(420er-)Jolle: international beliebte *Segeljolle*, deren Länge über alles 420 cm beträgt.

Viermaster, *Viermastschiff:* Kennzeichnung für alle Segelschiffstypen mit 4 Masten. Nach der Art der Takelung unterscheiden sich Viermast-Vollschiff, Viermast-Bark, Viermast-Schonerbark, Viermast-Rahschoner, Viermast-Jakassbark, Viermast-Gaffelschoner und Viermast-Schoner. Während nur das Viermast-Vollschiff mit 4 voll rahgetakelten Masten (Fock-, Groß-, Mittel- oder Hauptmast und Kreuzmast) fährt, haben alle anderen Viermaster eine Kombination von Quer- und Längssegelanordnungen bzw. ausschließlich Längssegel. Während der langen Zeit der aus Holz, Eisen und Stahl gebauten Viermastschiffe war die Bezeichnung der Masten in den verschiedenen Ländern nicht völlig einheitlich. Bei 3 vollgetakelten Masten (Viermastbark) waren auch die Bezeichnungen Vorderer und Hinterer Fockmast, Großmast und (für den vierten hinteren Mast) Besanmast üblich.

Viermast-Vollschiff

Viermast-Bark

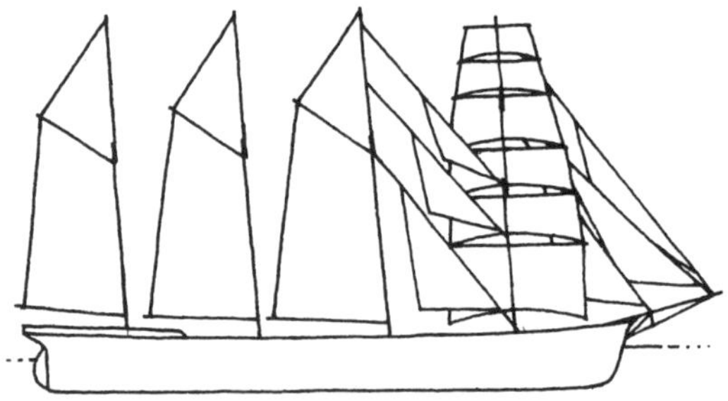
Viermast-Schonerbark

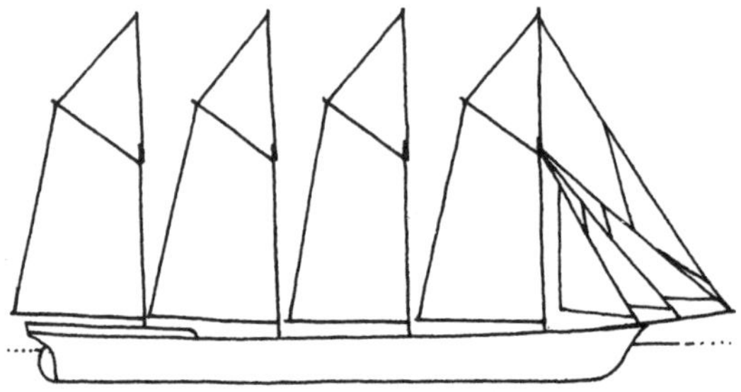
Viermast-Gaffelschoner

Vinnen-Segelschiff: eine nach der Reederei F. A. Vinnen & Co, Bremen, bezeichneter jüngerer Typ großer Segelschiffe, bei dem in besonderer Weise Rah- und Schratsegel kombiniert wurden. Die Vinnen-Reederei ließ 1922 5 Fünfmast-Gaffelschoner bauen, die zusätzlich 3 Rahsegel nach der Art des Toppsegelschoners am Fock- und Mittelmast fuhren.

Vinnen-Takelung, kombinierte Rah- und Gaffelsegel

Vollenhovense Bol: um 1900 im holländischen Vollenhove (Hafenstadt an der Zúidersee) erbaute Bootskombination des *Schokkers* und *Botters*. Vom Schokker übernahm man den platten Boden und vom Botter den gekrümmten Vorsteven, so daß eine entsprechende Vorschiffsform entstand. Die zwischen 8 und 10 m langen Segelboote mit Seitenschwertern waren vorwiegend Fischerboote, es gab jedoch bis in die neuere Zeit auch einige holländische Bol-Yachten.

Viermast-Vollschiff »PETER RICKMERS«, 4500 t Tragfähigkeit, 1889 von RUSSEL für RICKMERS gebaut.

Vollschiff, *Vollgetakeltes Schiff, Vollrigger:* ein mindestens dreimastiges Segelschiff, auf dem alle Maste vollgetakelt sind. Die Bezeichnung »Vollschiff« entstand in der zweiten Hälfte des 19. Jh. vorwiegend für dreimastige vollgetakelte Handelsschiffe nach dem Vorbild der vorhergehenden, im 17. Jh. entstandenen *Fregatte* und dem Fregattschiff.

Im seemännischen Sprachgebrauch ist die Bezeichnung »Vollrigger« gleichbedeutend. Als vollgetakelt wird ein Mast bezeichnet, der aus Untermast, Marsstenge, Bramstenge und auf den größten Segelschiffen noch aus der Skysegelstenge besteht und mit einem vollständigen Satz Rahsegel ausgerüstet ist. Je nach Größe des Schiffes trägt damit jeder Mast 4 bis 8 Rahsegel.

Die 3 Maste des Vollschiffes heißen Fockmast (der vordere Mast), Groß- und Kreuzmast. Der achtern stehende Kreuzmast fährt außer Rahsegel noch ein Gaffelsegel, das Besansegel.

Beim Übergang zum Vollschiff wurde das bis dahin am achteren Mast vorhandene Lateinsegel durch ein Gaffelsegel ersetzt, so daß zusätzliche Rahsegel in höherer Segellage darüber gefahren werden konnten. An die Stelle des kleinen Vormastes mit der Bovenblinde trat der verlängerte Bugspriet (der Klüverbaum) mit den Stagsegeln. Das bisher unter dem Bugspriet gefahrene kleine Rahsegel, die Unterblinde oder Blinde, wurde noch eine Zeitlang beibehalten. Durch die unterstützende Wirkung geeigneter Schratsegel zwischen den Masten wurde das Vollschiff zu einem der schnellsten Segelschiffe der Welt.

Außer dem typischen dreimastigen Vollschiff gab es in der Blütezeit der Segelschiffszeit eine Anzahl Viermast-Vollschiffe sowie ein einziges Fünfmast-Vollschiff, die *»PREUSSEN«*.

Vollschiff »ORSONO« um 1900, Tragfähigkeit 3000 t, aus Stahl in der Werft Tecklenborg gebaut

Votivschiffe, *Weiheschiffe:* Schiffsmodelle, die den Kirchen als Geschenk übergeben wurden und dort zum Teil über Jahrhunderte erhalten geblieben sind.

Votiv- und Weihegaben haben ihren kultischen Ursprung in der frühgeschichtlichen Götterverehrung (Weiheopfer). Griechen und Römer erbaten vor Beginn eines Unternehmens, vor Schlachten und Gefahren oder bei Krankheiten den Beistand der Götter und legten Gelübde zur Besänftigung des göttlichen Zorns oder für die erbetene Hilfe ab. Im Christentum gehen Votiv- und Weihegeschenke bis in das 5. Jh. zurück. Neben kostbaren Gaben aus Silber und Gold wurden auf Holz oder Gewebe gemalte Bilder (sog. Votivgaben) z. B. von Seeleuten, Fischern oder Kaufleuten nach gelungener Reise oder überstandenen Schiffskatastrophen als Opfergaben gespendet. Historisch aufschlußreicher als diese bildlichen Darstellungen sind jedoch die Votiv- oder Weiheschiffe. Zu den weltbekanntesten Votivschiffen gehört die *»KATALONISCHE NAO«* aus dem Jahre 1450. Es ist das älteste bisher bekannte Modellschiff aus der Zeit zu Beginn

Votivschiff, Modell eines Vollschiffes in der Marienkirche zu Rostock

Votivgemälde eines unbekannten Meisters vom Ende des 15. Jh. im Artushof von Gdansk

der überseeischen portugiesischen Entdekkungsfahrten. Es wurde einem Heiligen geweiht und befand sich, bis es Ende der zwanziger Jahre dieses Jahrhunderts entdeckt wurde, an der katalonischen Küste in der Kapelle San Simòn von Matarò. Heute befindet sich das 123cm lange und 45cm breite Modell als ein bedeutender historischer Nachweis im Prins-Hendrik-Museum in Rotterdam.
An den Küsten seefahrender Länder und teilweise bis tief ins Binnenland hinein gehören Votivschiffsmodelle aus verschiedenen Jahrhunderten zum Kirchenschatz. Votivschiffe gehörten auch zu Grabbeigaben. So wurden in einem Grab in Nordjütland ungefähr 100 ineinanderlegbare, kajakähnliche Weiheschiffchen aus der Zeit um 1200 v.u.Z. gefunden, die aus dünnem Goldblech getrieben und mit Sonnensymbolen verziert waren.
Auch in den Kulturkreisen Afrikas sowie im Nahen und Fernen Osten gehörten Weiheschiffe zum kultischen Gebrauch. So läßt man seit altersher in Japan Mitte Juli zum buddhistischen Allerseelenfest kleine Schiffchen mit angezündeten Papierlaternen ins Meer hinaustreiben, s.a. *Totenschiff.*

Vollgetakeltes Walfangschiff

W

Wachtboot, *Wachtkutter, Wachtschiff:* Wasserfahrzeuge für den Aufsichtdienst der Hafenpolizei, des Zolls oder anderer Behörden. Für den Küstenschutz wurden häufig umgerüstete Fischkutter von etwa 70t Verdrängung als Wachtkutter eingesetzt. U.a. hatte Preußen 1812 als Zollwachtschiffe die »SCHWALBE«, einen Rahschoner von 16,3m Länge und 5m Breite, leicht bewaffnet mit 3- und 4-Pfünderkanonen, sowie den dreimastigen Lugger »ADLER«.
Zum Schutz gegen das Einschleppen der Cholera von See setzte die Regierung 1831 auch angemietete Schiffe als Wachtschiffe ein, wie z.B. die Schlup »DER JUNGE CARL« von 33 Lasten, die Schlupgaleaß »LENA«, 45 Lasten, und die Brigg »FANNY« mit 61 Lasten. Diese Schiffe hatten alle einlaufenden Fahrzeuge zu stoppen und auf die Quarantäneliegeplätze zu bringen.

Wai-Pi-Ku: chinesisches Flußboot ohne Mast und Segel auf den stromschnellenreichen Flüssen. Eine Besonderheit waren 2 unterschiedlich große Steuerruder für ruhiges Wasser und für Stromschnellen. Das große Stromschnellenruder war ein bis zu 15m langer Baum, wie er auch auf großen Holzflößen üblich war. Der Steuermann stand mittschiffs auf einer erhöhten Brücke oberhalb der Hütte. Stromaufwärts wurde das Boot vom Ufer mit Tauen gezogen.

Walboot: eine heute zur Altersklasse gehörende Einheitsklassen-Kielyacht in Knickspantbauweise mit 27m^2 Segelfläche und 23m^2 Spinnaker mit dem Wal als Segelzeichen. Die Yacht ist 8,5m lang über alles, 7,2m in der KWL, 2,20m breit und hat 1,3m Tiefgang. Die Bezeichnung und das Segelzeichen haben keinen Bezug zum Walfangboot vergangener Zeiten oder zu einer dem Walfangboot ähnlichen schlanken Spitzgatt-Kielschwertyacht für Küstengewässer.

Amerikanischer Walfänger »ALICE MANDEL« von 1851 mit der Trankocherei unter dem Back-Schutzdeck, Modell [14]

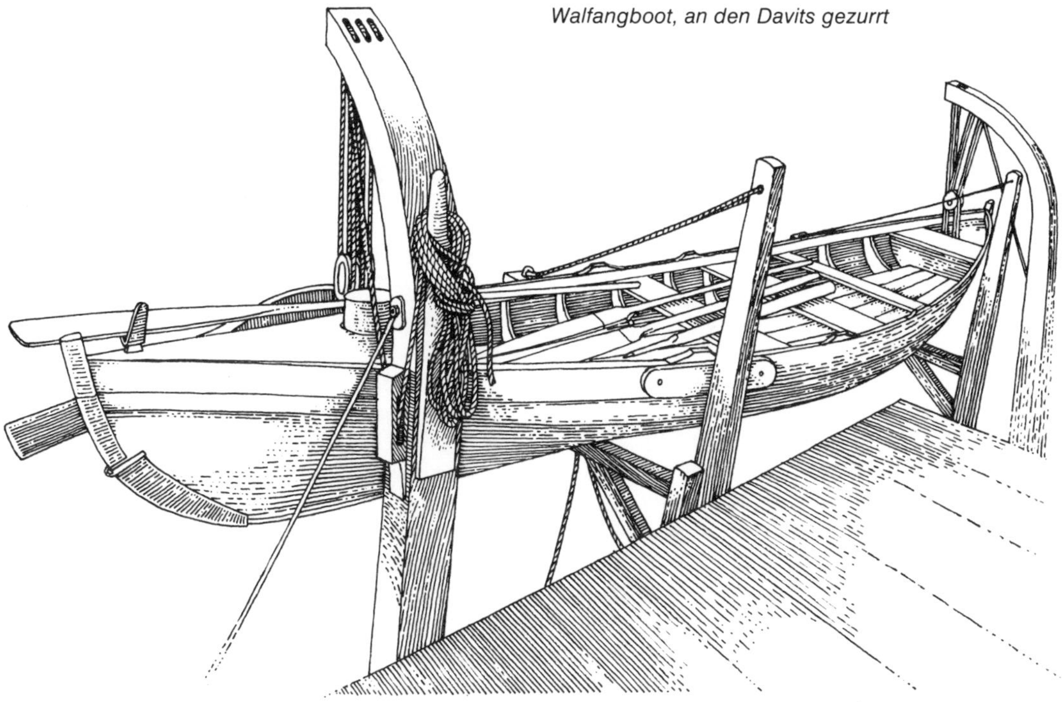

Walfangboot, an den Davits gezurrt

Walfänger, *Walfangboot, Walfangschaluppe:* in der Segelschiffszeit für den Walfang mit der Handharpune verwendete kleine Ruderboote, teilweise mit Hilfssegel (s. a. *Fangboot* bzw. *Grönlandfahrer*). Nach der Erfindung der Granatharpune durch den Norweger SVEN FOYN im Jahre 1868 und der Verwendung von Harpunenkanonen und mit der Vervollkommnung der Schiffsmaschinen entstand das maschinengetriebene 30 bis 60 m lange Walfangboot.

Wanderboot, *Wanderfaltboot:* für Wasserwanderungen auf Binnengewässern geeignetes Boot. Bei Wanderfaltbooten werden *Einer* (Abk. WF I) und *Zweier* (Abk. WF II) unterschieden; s. a. *Faltboot*.

Wanderjolle: insbesondere für Wanderfahrten entwickelte kräftig gebaute 10-m^2- und 15-m^2-Jolle der deutschen Jollenklasse, die zur *Konstruktionsklasse* gehörten und mit 2 Mann Rennbesatzung und zusätzlichem Spinnaker an Rennen teilnehmen konnten.
Die 10-m^2-Wanderjolle hat 10 m^2 Segelfläche ohne Spinnaker, eine Takelungshöhe von etwa 6 m, ist 5,25 m lang und 1,50 m breit und fuhr unter dem Segelzeichen »z«. Auf der größeren 15-m^2-Wanderjolle beträgt die Takelungshöhe etwa 7,50 m, die Länge 6,20 m und die Breite 1,70 m. Als Segelzeichen fuhr man ein schwarzes »H«; daher war auch die Bezeichnung H-Jolle gebräuchlich.

Warnemünder Jolle: *Jolle* mit der sogenannten »Twei-Smacker«-Takelung, bei der der höhere Großmast vorn auf etwa 1/4 der Schiffslänge und der niedrigere Achtermast etwa auf halber Schiffslänge stand. Beide Maste fuhren Sprietsegel. Am Vorstag und Klüverbaum wurde ein Klüver gefahren. Die Bezeichnung Jolle war bereits zu Anfang des 16. Jh. üblich.

Warnowprahm: ein seit dem 13. Jh. auf den Flüssen der mittleren Ostsee bekannter Leichterprahm *(Prahm)*, der anfänglich getreidelt wurde, später ein einmastiger Segelprahm auf der Warnow. Noch zu Ende des 19 Jh. wurden Warnowprahme mit einfachem Rahsegel gesegelt, aber auch getreidelt oder mit Staken fortbewegt. Um 1900 wurde der bis dahin übliche Querplankensteven durch einen Balkensteven ersetzt.

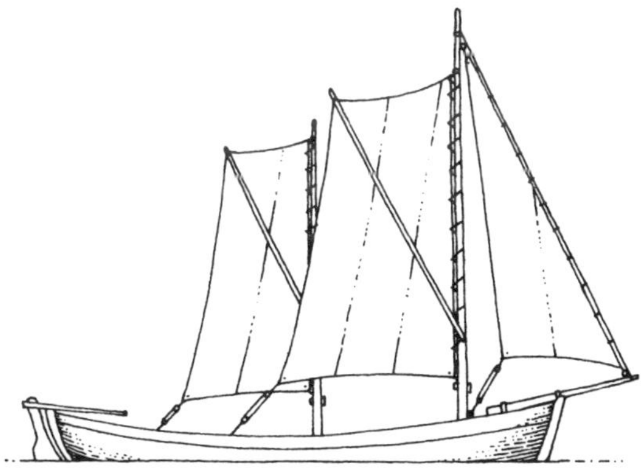

Warnemünder Jolle mit Sprietsegeln

Warpschiff: besondere Art der Seil-Schleppschiffahrt über kürzere, stromschnellenreiche Flußstrecken oder häufig sich verlagernde Untiefen, bei der durch Boote Anker und Ankertrossen ausgebracht und versetzt wurden. Die Fortbewegung des Warpschiffes erfolgte danach jeweils durch Einholen der ausgebrachten Trossenlängen. Im Unterschied zum hauptsächlichen Antrieb beim Warpschiff führten alle Segelschiffe Warpanker und Warpleinen zum gelegentlichen Verholen auf Reede oder an Landungsstellen an Bord mit.

Wasserboot, *Wasserprahm:* ein meistens völlig oder prahmähnlich gebautes Hilfsfahrzeug mit fest eingebauten Tanks für die Versorgung der im Hafen und auf Reede liegenden Schiffe mit Frischwasser. Wasserboote hatten zuweilen auch eigene Besegelung und übernahmen auch andere Versorgungsdienste ähnlich den *Bumbooten*.

Wasserdiligence: von franz. diligence (Schnelligkeit) abgeleiteter Begriff, etwa gleichbedeutend mit Eilwagen oder »Eilschiff«. Die Bezeichnung entstand im 18. Jh. für Personentransporte auf den größeren westeuropäischen Flüssen und besonders in der Rheinschiffahrt. Die Schiffe waren segelbar, bei ungünstigen Stromverhältnissen und Fahrten gegen den Strom wurden sie von Zugtieren an den Ufern getreidelt (s. a. *Treidelschiff*) oder auch durch Ruderboote gezogen.

Wasserlinien-Schiffsmodell, *Halbmodell:* maßstabgerecht (vorzugsweise 1:25, 1:50 oder 1:100) verkleinertes Überwasserschiff im Unterschied zum ganzen Schiffsmodell oder Schiffskörpermodell. Die Modelle werden i. d. R. auf einer den Wasserspiegel darstellenden Grundplatte aufgestellt, die zuweilen ein nachgebildetes Wellenprofil zeigt. Hauptzweck solcher Halbmodelle ist die Demonstration der Bewaffnung oder der Decks- und Aufbautengestaltung sowie der Ausrüstung.

Wattenfahrer, *Wattenewer:* besonders flach gebautes Boot oder Schiff der Küstenschiffahrt, besonders geeignet für die Wattenmeerfahrt. Das von Holland bis Schleswig-Holstein der Nordseeküste vorgelagerte Schelfgebiet ist über größere Bereiche nur bei Flut oder in den Flutgräben (Prielen) mit sehr flachgehenden Schiffen (Wattenfahrern bis höchstens 2 m Tiefgang) befahrbar. Zu den an der Nordseeküste entstandenen typischen Wattenfahrern zählen insbesondere die Schiffstypen *Tjalk*, *Kuff*, *Schmake* und *Schnigge*. Bei Ebbe kommen die Wattenfahrer dennoch mit ihrem flachen Schiffsboden auf Grund fest, so daß sie mit flachem Boden gebaut sein müssen. Außerdem gab es im 19. Jh. an der Westküste von Schleswig-Holstein und auf den nordfriesischen Inseln den Wattenewer als speziellen, besonders flachgehenden und meistens einmastigen Typ des norddeutschen *Ewers*. Relativ selten wurden Wattenewer auch als *Besanewer* gebaut.

Wegerechtschiff: Wasserfahrzeug, das infolge begrenzter Steuereigenschaften, seiner Größe oder seines Tiefgangs einem anderen auf Kollisionskurs entgegenkommenden Fahrzeug nicht auszuweichen braucht, also »Wegerecht« hat. Das Wegerechtschiff führt nach international abgestimmten Seewasserstraßen- und Wegerechtordnungen besondere Kennzeichen. Bei Tageslicht ist z. B. am Vortopp ein gut sichtbarer schwarzer Zylinder und nachts an gleicher Stelle ein rundum scheinendes rotes Licht zu fahren.

Werftklasse-Boot: bewährte Eigenentwicklung einer Yacht- oder Schiffswerft, die von Segelverbänden bei besonderer Eignung als Klassebootstyp anerkannt werden kann. Man spricht dann von einer Eintyp-Klasse, einem Werftmodell oder einer Werftklasse. Solche Werftklassenboote wurden häufiger zum Ausgangstyp für Nationale und Internationale Klassenboote.

Weserkahn, *Bremer Kahn:* der Weser- oder Bremer Kahn war ein typisches Leichterfahrzeug für größere Schiffe auf der Unterweser, insbesondere für den Warentransport zwischen Bremen, Vegesack und Bremerhaven. Einige größere Weserkähne fuhren auch als Küstenschiffe. Nach H. SZYMANSKI gab es 1840 in Bremen 173 Weserkähne, und 1866 wurden in Oldenburg 252 gezählt, im Jahre 1934 waren nur noch wenige veraltete Weserkähne vorhanden.

Der Weserkahn war ein Ein- oder auch *Anderthalbmaster* mit großen Seitenschwertern und 12 bis 25 m Länge, 4 bis 7 m Breite und 1,25 bis 2,75 m Raumtiefe bei 20 bis 120 BRT Schiffsraum. Die Fahrzeuge hatten einen flachen Spiegel, einen auffällig großen vorderen Sprung und große Ladeluken mit spitzdachähnlichen Lukenabdeckungen. Die Besatzung bestand je nach Schiffsgröße aus 2 bis 4 Personen.

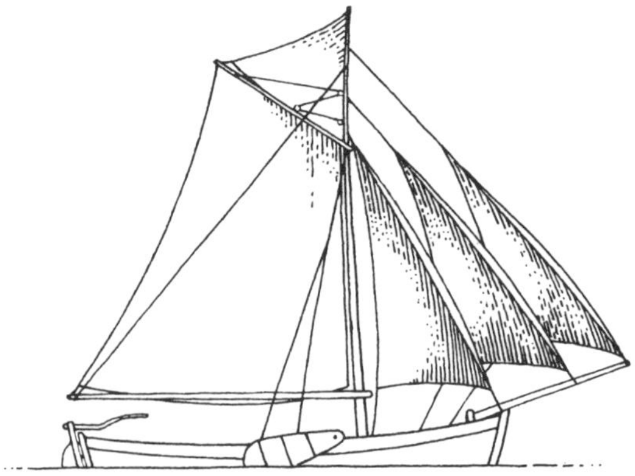

Weserkahn mit großem Gaffelsegel und 3 Vorsegeln

Die »VIKING«, ein Nachbau des Gokstadschiffes im Hafen von Sandefjord vor der Atlantik-Überquerung im Jahre 1893 [3]

»ORMEN FRISKE«, ein schwedischer Nachbau des Gokstadschiffes, nach mehreren erfolgreichen Hochseefahrten 1950 auf einer Fahrt von Stockholm nach Rotterdam verschollen

Wikingerschiff, *Wikingerboot:* kombiniertes Ruder- und Segelschiff der skandinavischen Wikingerstämme. Als Wikingerzeit wird etwa der Zeitraum vom Ende des 8. Jh. bis in das 11. Jh. hinein bezeichnet. Die in Südskandinavien auf Seeland, Schonen, Halland und Jütland lebenden Volksstämme waren schon viele Jahrhunderte vorher als gute Seefahrer bekannt, wie u. a. TACITUS in der »Germania« um 98 v. u. Z. berichtet. Vom Beginn des 4. Jh. bis in das 8. Jh. sind eine Vielzahl von Raubfahrten, insbesondere zur englischen Küste bekannt. Nach der im 8. Jh. vollzogenen Bildung von Königtümern auch in den südskandinavischen Siedlungsräumen landeten größere Wikingerheere in England (825), plünderten erstmals London (836) und Hamburg (845, 857 und 861).

Wikinger siedelten um 800 aut den Färöer- und bereits im Jahre 802 auf den Orkney- und Shetlandinseln. Die Entdeckung und Besiedelung Islands begann 861. Nach der isländischen Erik-Raude-Saga (um 1200 von HAUK ERLENDSON aufgeschrieben), gelangt ERIK RAUDE 983 nach Grönland, und sein Sohn LEIF ERIKSON erreicht im Jahr 1000 Nordamerika in der Höhe des heutigen Boston etwa am 42. Breitengrad. Die für diese Zeit außergewöhnlichen Unternehmungen erforderten ungewöhnliche Tatkraft und eine große Zahl seetüchtiger Schiffe. In der Wikingerzeit erreichte die in vielen vorhergehenden Jahrhunderten entstandene Geschicklichkeit im Bau von Booten und Schiffen einen Höhepunkt der nordischen Schiffbaukunst. Neben dem geruderten Langschiff, das als Kriegsschiff besonders lang und schmal gebaut war, kannten und bauten sie breitere Ruderschiffe mit zusätzlicher Besegelung und auch wesentlich breitere Segel-Lastschiffe.

Wikingerschiffe waren i. d. R. zwischen 10 und 30 m lang. Als Kriegsschiffe faßten sie mehr als 100 Mann Besatzung. Die Rojermannen saßen in dem flachbordigen Schiff dicht hintereinander und ruderten mit relativ leichten und kurzen Riemen in ruckartigen Bewegungen, wie es um diese Zeit und auch noch bei den *Galeeren* auf den Schiffen des Mittelmeeres üblich war, dort auch als »türkisch rudern« bezeichnet. Gesteuert wurden die Wikingerschiffe mit einem profilförmigen Seitenruder an der Steuerbordseite. Bei einer Verdrängung von durchschnittlich 50 t hatten die Schiffe infolge der großen Länge einen verhältnismäßig geringen Tiefgang, so daß auch seichte Küstengewässer und kleinere Flüsse befahren werden konnten. Eine Besonderheit war außerdem der in Längsrichtung auf halber Schiffslänge um etwa 30 cm durchhängend gebaute Kiel. Die hochgezogenen Schiffsenden und der größere Tiefgang des Mittelschiffs wirkten sich günstig auf die Wendigkeit der Schiffe aus.

Die für nordische Schiffe typische geklinkerte

Wikingerschiffe

1 Rekonstruktion des Gokstad-Schiffsfundes unter Segel
2 Aufhängung der Schilde
3 Plankenknaggen und Spantbindung beim Gokstad-Schiffsfund
4 Deckel für die Riemenpforten
5 Befestigung der Wanten
6 Lochblock
7 Dollbord des Nydam-Schiffes mit Keipe und obere Planken mit Knaggen
8 Hjortspring-Boot
9 Nydam-Schiff
10 Oseberg-Schiff
11 Steuerruder des Gokstad-Schiffes
12 Plankennaht und Abdichtung beim Hjortsspring-Boot
13–16 Kielformen
13 Nydam-Schiff
14 Hjortspring-Boot
15 Kvalsund-Schiff
16 Oseberg-Schiff
17 Steuerruder des Nydam-Schiffes
18 Riemenpforte und Riemenblatt beim Oseberg-Schiff
19 Mittelteil des Gokstad-Schiffes mit Mastfischung

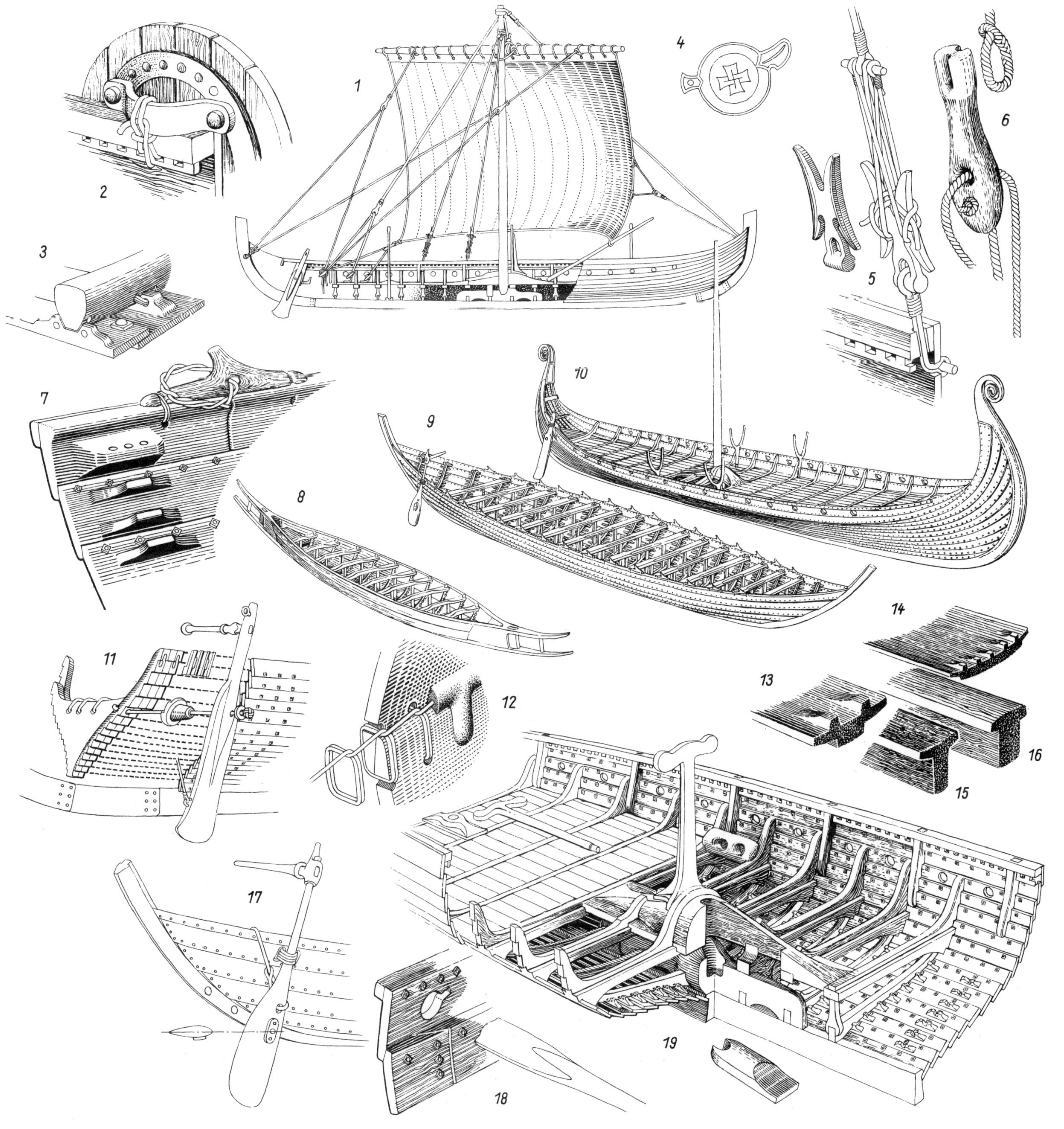

Bauweise mit Spanten findet sich bei allen Schiffsfunden aus der Wikingerzeit. Zu den bedeutendsten gehören das 1880 gefundene *Gokstadschiff*, das 1904 entdeckte *Osebergschiff*, das *Tuneschiff* sowie die Funde bei Kvalsund und Skuldelev. Von den verschiedenen originalgetreuen Nachbauten wurde besonders die »ORMEN FRISKE«, ein norwegischer Nachbau des Gokstadschiffes, durch ihre Fahrt im Jahre 1893 unter Kapitän MAGNUS ANDERSEN von Bergen nach Nordamerika zur Weltausstellung bekannt.
Ein späterer schwedischer Nachbau unter gleichem Namen unternahm mehrere erfolgreiche Hochseefahrten, strandete aber 1950 auf einer Fahrt von Stockholm nach Rotterdam aus ungeklärter Ursache bei der Insel Pellworm. Dabei kamen 15 Besatzungsmitglieder ums Leben.

Wildwasserboot: Spezialboot für Fahrten auf Wildwasser, wie Gebirgsbächen und -flüssen mit natürlichen starken Gefällen und Hindernissen, oder für Wettkämpfe auf entsprechend angelegten Gewässern. Wildwasserrennen werden über Strecken zwischen 4 und 15 km im Kanadier-Einer und -Zweier (WRC I und WRC II) und im Faltboot-Einer (WRF I) ausgetragen (s. a. *Kanadier*).

Wilsterau-Ewer: einer der kleinsten norddeutschen *Ewer*, der vorwiegend in Wilster für den Frachtverkehr auf dem kleinen Fluß Wilsterau relativ breit und flachgehend gebaut wurde. Diese Ewer waren etwa 11 bis 15 m lang, 3 bis 3,5 m breit und hatten einen umlegbaren Mast.

Windjamer, *Windjammer, Windjamber:* seemännische Bezeichnung für größere Segelschiffe, die vom englischen »to jam the wind« herrührt und svw. Wind stauen, sich gegen den Wind stemmen oder Wind pressen bedeutet. Von den Engländern wurden die um 1500 allgemein aufkommenden Rahsegler »Windjamer« genannt, weil sie mehr Segelfläche setzten und auch besser gegen den Wind ankreuzen konnten als Segler mit Lateinsegel.
Auf Initiative des internationalen Segelschiffsverbandes »Sail Training Association« findet in zweijährigen Abständen jeweils an verschiedenen Orten ein sportliches Wettsegeln der in der Welt noch vorhandenen Großsegler statt. An dieser »Windjammerparade« nehmen derzeitig noch etwa 60 bis 80 Segelschiffe teil. Zu den bekanntesten Schiffen gehören u. a. die Schonerbrigg »BLACK PEARL« (USA), »DUENNE« (GB) und »WILHELM PIECK« (DDR); die Dreimast-Barken »TOWARISCHTSCH (UdSSR), »EAGLE« (USA), »GLORIA« (Kolumbien) und »GORCH FOCK« (BRD); der Dreimast-Gaffelschoner »BELLE ESPOIR« (Frankreich); die Ketsch «SEUTE DEERN« (BRD); die Viermastschonerbark »ESMERALDA« (Chile); die Vollschiffe »CHRISTIAN RADICH« (Norwegen), »DANMARK« (Dänemark) und das Viermast-Vollschiff »DAR POMORZA« (VRP).

Windsurfer, *Segelbrett:* brettähnlicher, meistens aus glasfaserverstärktem Plast hergestellter bootsförmiger Floßkörper mit festgelegten Abmessungen und Auftriebswerten und einem drehbaren, mit einem Gelenk am Mastfuß versehenen unverstagten Steckmast. Die Wassersportart Windsurfing oder Brettsegeln hat ihren Ursprung im Brandungswellenreiten und verbreitete sich seit etwa 1970 sehr schnell und weltweit. An der Unterseite des Segelbrettes befindet sich eine kleine feste oder einstellbare Heckflosse. Die Kursstabilität wird außerdem durch ein Steckschwert in Brettmitte verbessert. Das am Mast befestigte Segel wird mit einem Gabelbaum, einer Spreizgaffel ähnlich, getrimmt. Mast und Gabelbaum sind i. d. R. ebenfalls aus glasfaserverstärktem Plast oder aus Leichtmetallegierungen hergestellt. Der auf dem Segelbrett quer zur Segelrichtung stehende Segler reguliert die Segelstellung mit dem Gabelbaum und muß durch Verlagerungen seiner Eigenmasse eine stabile Schwimmlage erreichen. Dabei wird der auf dem Brett allseitig schwenkbar gelagerte, etwa 4,25 m hohe Mast gestützt und mit der Spreizgaffel das etwa 5 m^2 große Dreieckssegel in die beabsichtigte Segelstellung gebracht. Die Gesamtmasse von Segelbrett, Mast und Segel beträgt etwa 25 bis 30 kg. Zum Ansegeln gibt es verschiedene Möglichkeiten; meistens liegen Mast und Segel auf dem Wasser und werden beim Besteigen des Segelbretts mit einer am Gabelbaum angebrachten Leine aufgerichtet. Geübte Surfer überquerten bei niedrigen Windstärken (1 bis 3) ohne größere Schwierigkeiten den 33 km breiten Ärmelkanal. Es gibt auch Doppelsurfer für 2 hintereinanderstehende Personen mit 2 Masten und etwa 7 m langen Schwimmbrettern. Diese Tandemform kann bei geeigneten Windverhältnissen Geschwindigkeiten bis zu 50 km/h erreichen, erfordert jedoch bedeutend höhere sportliche Leistungen.
International gibt es eine große Vielfalt von Segelbrettypen. Die IYRU erkannte dem Typ »WINDGLIDER« des Konstrukteurs OSTERMAN (BRD) den Status einer Olympia-Klasse für 1984 zu. Der »WINDGLIDER« hat bei einer Länge von 3,89 m eine Beite von 0,64 m und einen Tiefgang mit Schwert von 0,46 m, die Segelfläche beträgt 5,8 m^2.

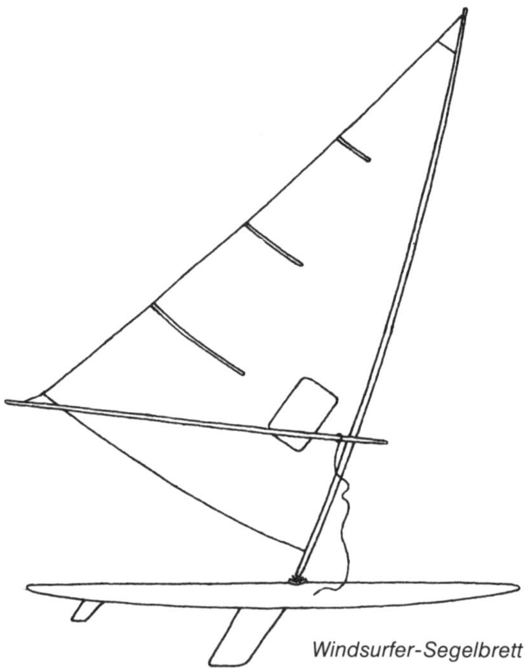

Windsurfer-Segelbrett

Windsurfing, Brettsegeln auf der Müritz

Wrack-Feuerschiff: auf stark befahrenen Schiffahrtswegen aus Sicherheitsgründen gut sichtbares *Feuerschiff*, das zeitweilig in der Nähe schiffahrtsgefährdender Wracks stationiert wird. Wrack-Feuerschiffe sind durch große weiße Buchstaben W und meistens zusätzlich durch den Namen des gesunkenen Schiffes gekennzeichnet. Weniger die Schiffahrt gefährdende Wracks werden durch verankerte Wrackbojen oder Wracktonnen gekennzeichnet; Kardinalseezeichen bei größerer und Einzelgefahrseezeichen bei kleinerer Ausdehnung.

Wracksuchschiff: insbesondere während der

Segelschiffszeit zur Suche nach gesunkenen Silber- und Goldtransportschiffen der spanischen Atlantikflotte ausgerüstetes und ausgesandtes Schiff. Heute richtet sich das Interesse stärker auf die Entdeckung und Bergung historischer Schiffswracks. Während die früheren Suchschiffe hauptsächlich mit Taucherglocken ausgerüstet waren, befinden sich auf den modernen Suchschiffen verschiedene Ortungsgeräte und Bergungsmittel.

Wriggboot: kleines Binnen- oder Küstenboot, vielfach eine *Jolle*, die mittels Wriggriemens von einer stehenden Person bewegt wird. Der Wriggriemen ist am Spiegelheck des Bootes in einer Wriggdolle oder einem Wriggrundsel eingehängt. Mitunter ist die Halterung ausmittig angebracht, so daß bei rechtshändigem Wriggen die Dolle etwas nach Backbord versetzt angeordnet ist. Die Wriggtechnik zur Führung des Riemenblattes auf der Bahn einer liegenden 8 erfordert einige Übung. Durch die rhythmische Hin- und Herbewegung unter Beachtung der in den verschiedenen Riemenstellungen unterschiedlichen Schubwirkung wird die Vorwärtsbewegung ähnlich wie bei der Schwanzflossenbewegung des Fisches (Fischpropulsion) erreicht.

Wulstkiel-Boot, *Wulstkiel-Yacht:* Segelboot oder Segelyacht mit flachem, jollenförmigem Rumpf, an den zur Vergrößerung der Lateralplanfläche und des Außenballastes seit etwa 1900 zusätzlich ein Wulstkiel angebaut wurde. Dieser bestand im Unterschied zum hydrodynamisch mit der Schiffsform eine Einheit bildenden Flossenkiel aus einer ebenen schweren Platte (meistens Stahlplatte), die durch geeignete Winkel am Bootsboden angeschlossen wurde. An der unteren Plattenkante befand sich ein Wulst aus Gußeisen, Stahl oder Blei. Eines der bekanntesten Sportsegelboote, das sich über Jahrzehnte mit dem Wulstkiel gut bewährt hat, ist das *Starboot*.

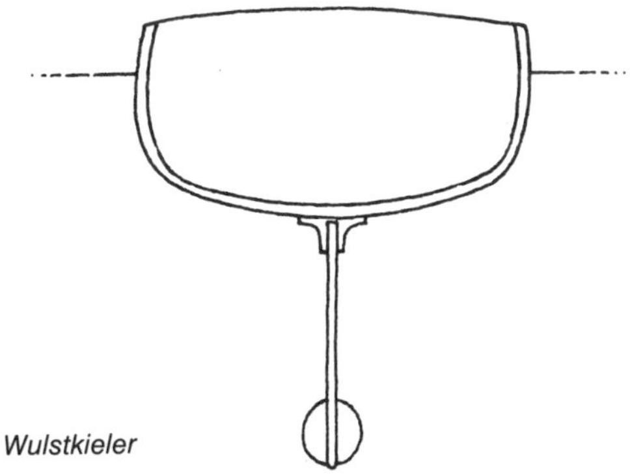

Wulstkieler

Die »WASA« nach der Bergung auf dem 56 m langen und 21 m breiten Betonponton

* * *

»WASA«: durch Untergang während seiner ersten Fahrt berühmt gewordenes schwedisches Kriegsschiff des 17. Jh. Am 24. April 1961 konnte nach 333 Jahren und schwierigen Bergungsarbeiten das am 10. August 1628 auf der Jungfernfahrt gesunkene schwedische Realschiff »WASA« (größtes Schiff der Kriegsflotte) gehoben werden. Damit wurde erstmalig ein Originalschiff des frühen 17. Jh. geborgen, dessen Rumpf noch nahezu erhalten ist und einen ausgezeichneten Einblick in den Schiffbau der damaligen Zeit ermöglicht. Das Schiff hatte 4 Decks, von denen das 2. und das 3. Deck als Batteriedecks für die

Längsschnitt der »WASA«, Rekonstruktion [12]

48 Stück 24-Pfünder dienten. Außerdem waren an Kanonen und leichteren Stücken noch vorhanden: 8 Stück 3-Pfünder, 2 Stück 1-Pfünder, 1 Stück 16-Pfünder, 2 Stück 62-Pfünder und 3 Stück 35pfündige sogenannte Sturmstücke. Alle Kanonen waren aus Bronze. Für ein Schiff von 57,0 m Länge, 11,7 m Breite, etwa 8,5 m Seitenhöhe und einer Segelfläche von etwa 380 m^2 bei einer Höhe des Großmastes über Kiel von etwa 49 m hatte das Schiff eine für die damalige Zeit sehr schwere Bewaffnung. Die Besatzung bestand aus 133 Mann und etwa 300 Seesoldaten. Die unteren Geschützpforten lagen nur etwa 1,2 m bis 1,5 m über dem Wasserspiegel, so daß in der Seegerichtsverhandlung im September 1628 festgestellt wurde, daß bei starker Krängung nach Lee und einer zusätzlichen Krängung durch eine einfallende Bö die unteren Pforten zu Wasser kamen und durch das eindringende Wasser das Schiff kenterte. Bei dieser Verhandlung wurde kein Schuldiger festgestellt. Es kam auch der gefahrene Ballast zur Sprache. Der bei der Bergung noch vorgefundene Ballast war offensichtlich nicht ausreichend, um dem Schiff die nötige Kentersicherheit zu geben; das Schiff hatte keine ausreichende Querstabilität.

Die »WASA« hatte 3 Maste und fuhr am Fock- und Großmast je 3 Rahsegel. Der Besanmast hatte nur 1 Rahsegel über dem Lateinsegel. Am Bugspriet wurden die Ober- und Unterblinde gesetzt. Am Heck des Schiffes befand sich auf dem Oberdeck ein Aufbau mit den Wohnräumen der Offiziere. Entsprechend dem vorgesehenen Rang war die »WASA« reichlich mit Skulpturen und Schnitzereien versehen, die vor allem auf Galerien des Achterschiffes, auf Geschützpforten und die Galionsfigur verteilt waren. Die Funde von Werkzeugen, Bekleidung, persönlichen Gegenständen und Ausrüstungen vermitteln ein anschauliches Bild der damaligen Lebensumstände auf großen Kriegsschiffen.

Eine 24pfündige Kanone auf dem unteren Batteriedeck der »WASA«

Y

Yacht: in der zweiten Hälfte des 17. Jh. von England, ausgehend von dem Geschenk der beiden holländischen Staatsjagden »BEZAN« und »MARY« im Jahre 1660 an den englischen König KARL II. (s. a. *Jaghd*), einsetzende Entwicklung spezieller Schnellsegler.

Englische Yachten und Segelwettbewerbe erlangten in den folgenden Jahrhunderten Weltberühmtheit. Begünstigt durch ausreichende Wassertiefen bauten die Engländer ihre Yachten auf Balkenkiel und ohne Seitenschwerter, verwendeten sie als schnellsegelnde Post-, Melde- und Depeschenfahrzeuge in der Marine und für kommerzielle Aufgaben und entwickelten die Anfänge des Yachtsports. Bereits 1775 gründete der Herzog von Cumberland die »Cumberland Fleet or Sailing Society« und stiftete die Pokale für Regattasieger. Das Regattasegeln war im 19. Jh.

Holländische Yacht um 1800, Modell

Yacht, Ende 17. Jh., Modell

ein weit verbreiteter internationaler Sport von allgemeinem Interesse.
In der Mitte des 19. Jh. traten die Nordamerikaner ebenso wie bei den schnellen Großseglern, den *Klippern*, auch im Yachtbau mit kleineren Schnellseglern in Erscheinung, die eine Weiterentwicklung der *Lotsenschoner* bzw. *Kutteryachten* von der amerikanischen Ostküste darstellten. Der nordamerikanische Schiffbauer GEORGE STEERS konstruierte und baute eine besonders gelungene zweimastige *Schoneryacht* »AMERICA«, die mit einem großen Vorsprung von 20 Minuten am 15. August 1851 die bei England um die Insel Wight ausgetragene Regatta um den Amerika-Pokal (Pokal der Queen) gewann. Neben der günstigeren Formgebung zeigte sich bei diesem Rennen erstmalig ein neues, haltbares und leichtes Baumwollsegeltuch den bis dahin benutzten Segeln aus Flachsleinen überlegen.
Ab 1895 wurden in Deutschland mit einigen Unterbrechungen in Kriegszeiten in den Sommermonaten Segelregatten wie die »Kieler Woche«

Zweimast-Schoneryacht »AMERICA« 1851, Modell

Dreimast-Schoneryacht »CREOLE«

Yacht I

1 Niederländische Statenyacht um 1680
2 Niederländische Statenyacht mit Spreizgaffel, Anfang des 17. Jh.
3 Heck einer Statenyacht
4 Besanyacht
5 Einziehbarer Bugspriet einer Kutteryacht
6 Steuerrad mit Seilwinde und losen Rollen
7 Kutteryacht
8 Längsschnitt einer Kutteryacht

1

2

4

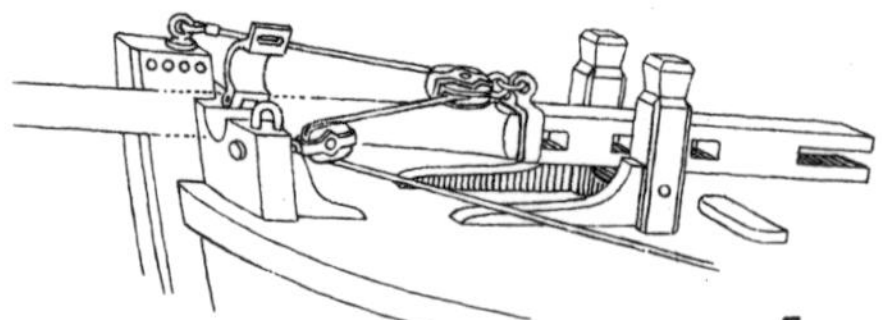
5

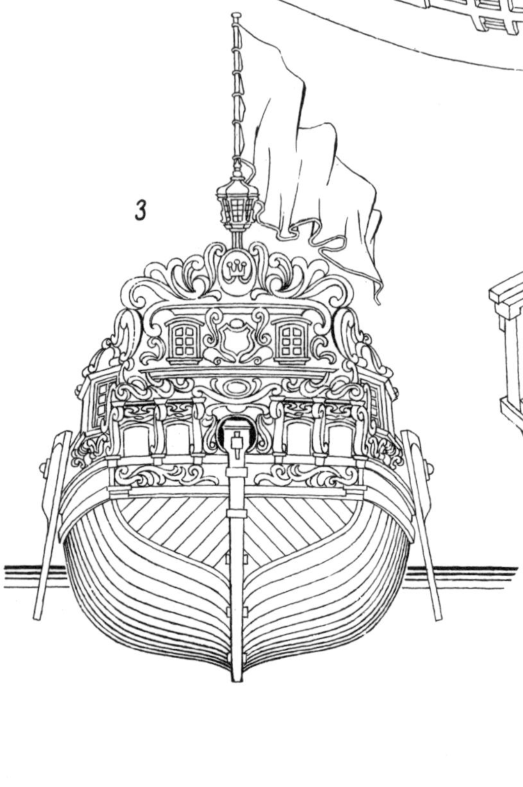
3

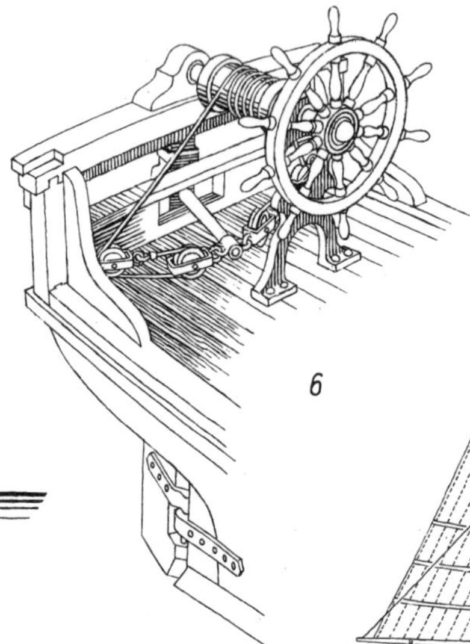
6

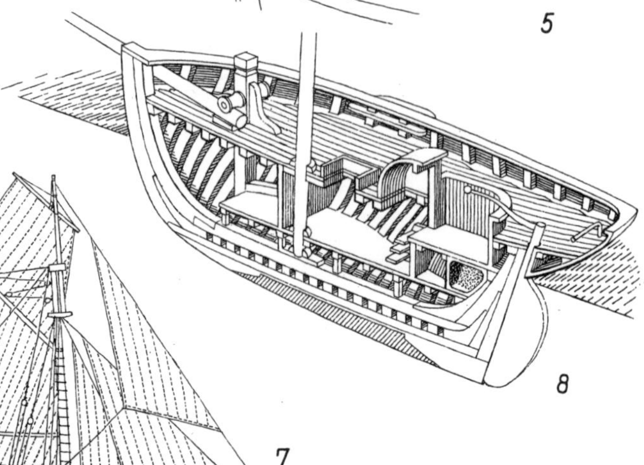
8

7

Yacht II

1 Skandinavische Handelsjagt um 1840, Rumpfansicht
2 Skandinavische Handelsjagt mit voller Besegelung
3–6 Risse von Yachten (Entwicklung der Linien)
3 »SHORT FOOT«, England Anfang 19. Jh.
4 Schoneryacht »AMERICA«, USA 1851
5 »JULIANAR«, England 1875
6 »GLORIANA«, Entwurf Herreshoff, um 1900
7 Segelriß der Schoneryacht »METEOR V«
8 Neuzeitliche Yacht mit Sluptakelung
9 Gaffel- und Sluptakelung im Vergleich
10 Britische Yacht »CREOLE« 1890 mit Gaffeltakelung
11 Schwertboot mit Schwertkasten
12 Längsschnitt einer Luxus-Hochseeyacht, 19. Jh.
13–17 Einzelheiten von Hochsegel und Baum moderner Yachten
13/14 Halshorn
15 Führung der Lieken in Hohlkehle
16 Führung mit Rutschern auf einer Schiene
17 Lagerung des Baumes

America-Cup-Yacht »SHAMROCK V« [29]

12-m-Regatta-Hochseeyacht, Länge in der Wasserlinie etwa 14,20 m, 3,80 m Breite, 2,75 m Tiefgang, 27 m^3 Verdrängung, 165 m^2 Segelfläche [29]

Tourenyacht »MONSUN«, Länge über alles etwa 8,0 m, 2,35 m Breite, 1,25 m Tiefgang, 2,5 m^3 Verdrängung, 31,5 m^3 Segelfläche [29]

mit Yachten unterschiedlicher Größe ausgetragen. Auch nach der Übergangszeit zum Maschinenantrieb behielt der Yacht-Segelsport weiterhin seine allgemeine Beliebtheit. So finden u.a. in englischen Gewässern seit 1925 regelmäßig Hochseeregatten unter der Bezeichnung »Fastnet-Race« um den »Admiral's Cup« von einem englischen Kanalhafen aus um die Fastnet-Rock-Felseninsel an der Südspitze Irlands und zurück statt.

Während an früheren Segelregatten vorwiegend große Yachten von 30 bis 300 t Verdrängung teilnahmen, ist die neuere Yachtentwicklung durch Begrenzungen der zugelassenen Größen gekennzeichnet. So empfehlen die neueren Richtlinien seit 1957 als obere Grenze etwa 21 m lange Yachten mit einer Gesamtsegelfläche von 180 bis 200 m^2.

Moderne Segelyachten sind auffällig schnittige, nicht mehr ruderbare und meistens eingedeckte Sport- oder Erholungsfahrzeuge mit einer Deckslänge, die üblicherweise größer als 8 m ist. Verglichen mit gleichgroßen anderen Segelschiffstypen ist die Unterwasserform i.allg. schnittiger, die Segelfläche größer, und die Segeleigenschaften sind für höhere Geschwindigkeiten ausgelegt.

Nach der Bauform des Kieles werden Kielyacht und *Kielschwertyacht* unterschieden. Die Kielyacht hat durch ihre besonders beschwerte, tiefgehende Kielflosse eine günstige Stabilität, so daß die Breite klein gehalten werden kann. Es ist eine große Unterwasserlateralplanfläche gegen Abdrift vorhanden; wegen des größeren Tiefganges kann die Kielyacht jedoch nicht in flachen Gewässern segeln. Bei der Kielyacht sind – außer der älteren Form mit geradem Kiel – weitere, nach Form und Befestigung des Kiels unterschiedliche Kielformen sowie speziell geformte Flossenkiele und Wulstkiele vorhanden.

Bei der für flache Gewässer besser geeigneten Kielschwertyacht kann der Ballast nicht so tief angeordnet werden, so daß eine größere Breite des Schiffskörpers erforderlich ist. Zur Vergrößerung der Lateralplanfläche wird der feste Kiel durch ein ausklapp- oder einziehbares Schwert ergänzt.

Hinsichtlich der Überwasserform sind der heute bevorzugte löffelartig vorragende »Löffelbug«, der scharfe gerade »Yachtsteven« oder der der-

Seestück mit Fischern. Gemälde von P. UMBIER (verst. 1670).
Quelle: Museum für Bildende Kunst, Leipzig.

Das schwedische Linienschiff »CARL XIII« und das dänische Linienschiff »DANNEBORG« 1853 beim Geschwindigkeitsvergleich.
Quelle: Hägg, E., Under Tretungard Flagga, Aktiebolaget Svensk Litteratur, Stockholm 1941.

Gemälde von WILLIAM JOHN HUGGINS (1781 bis 1845). Die »ASIA«, ein Ostindienfahrer der englischen Ostindienkompanie vor Hongkong.
National Maritime Museum, Greenwich [17]

Schwedisches 68-Kanonenschiff »PRINS GUSTAV« im Gefecht mit russischen Schiffen am 17. Juli 1788 bei Hoghland.
Quelle: Hägg, E., Under Tretungard Flagga, Aktiebolaget Svensk Litteratur, Stockholm 1941.

Schwedisches 60-Kanonenschiff »VASA«. Das 1778 gebaute Schiff hatte bei 49 m Länge, 14 m Breite und 6 m Tiefgang etwa 1800 t Verdrängung.
Quelle: Hägg, E., Under Tretungard Flagga, Aktiebolaget Svensk Litteratur, Stockholm 1941.

Die auf der kleinen Insel Onrust nahe Batavia gelegene Schiffswerft im Jahre 1699. Vom 17. bis zum 19. Jh. war diese mit Bauplätzen, Holzsägemühlen, Kranen und einem Zeughaus ausgerüstete Werft ein mächtiger Flottenstützpunkt der Ostindischen Kompagnie.
Quelle: Mollema, J. C., Geschiedenis van Nederland ter Zee, Bd. 4, N. V. Uitg. Mij Joost van den Vondel, Amsterdam 1939/42.

Eine japanische Darstellung der »SCHALLACH«, eines 1736 gebauten Ostindienfahrers der holländischen Ostindischen Kompagnie, der zwischen 1741 und 1744 Japan anlief.
Quelle: Mollema, J.C., Geschiedenis van Nederland ter Zee, Bd.4, N.V. Uitg. Mij Joost van den Vondel, Amsterdam 1939/42.

zeitig nicht mehr so häufige hohlgeschwungene »Klippersteven« anzutreffen. Als Heckform ist i.d.R. das Yachtheck dominierend, bei skandinavischen Fahrtenyachten ist auch das Spitzgattheck gebräuchlich.
Als *Kreuzeryacht*, Kreuzer, See- oder *Seefahrtskreuzer* werden Segel- oder Motoryachten für Kreuzfahrten bezeichnet.

Yachtewer: siehe Ewer

Yachtgaleaß: ein Segelschiffs-Mischtyp, der hinsichtlich des Schiffskörpers yachtähnlich war, jedoch wie eine *Galeaß* getakelt fuhr.

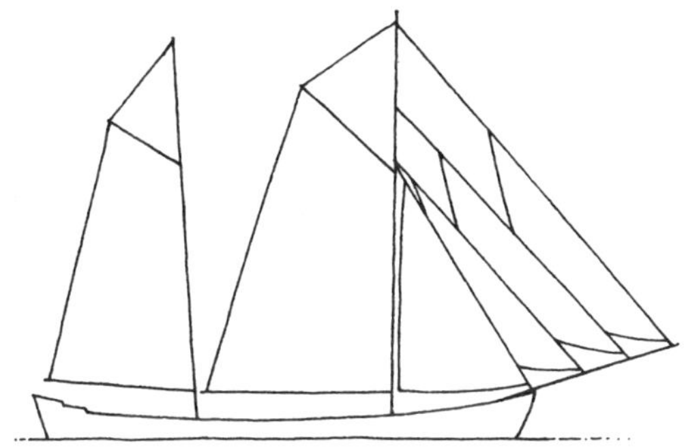

Yachtgaleaß, eine Yacht mit Galeaßtakelung

»Yacht-12«-Regattaklassenyacht: eine Regattayacht, deren Rennwert nach der Vermessungsformel einen Wert von 12 m ergibt. Diese Zahl wird auch als Segelzeichen geführt. Die Yacht hat eine Länge von 21 m, ist 4 m breit, geht 2,7 m tief, und die Segelfläche beträgt rund 180 bis 200 m^2. Seit 1957 wurden diese Yachten anstelle der größeren *Jot-Yachten* für die America-Cup-Regatten zugelassen, und 1958 startete diese Klasse erstmalig um diesen Pokal zu neuen Großyachtrennen, die seit 1937 unterbrochen waren. Die Engländer starteten mit dem 1958 fertiggestellten Yachtneubau »SCEPTRE« des Konstrukteurs DAVID BOYD. Von den ebenfalls erst 1958 neu gebauten amerikanischen Yachten nahmen die »COLUMBIA«, konstruiert von OLIN STEPHENS, die »WHEATHERLY« vom Konstrukteur PHIL ROODES und die »EASTERNER«, entwickelt vom Konstrukteur RAYMOND HUNT, teil.

Yassi-Ada-Schiffsrekonstruktion: rekonstruiertes Wrack eines byzantinischen Transportschiffes aus dem 7.Jh. v.u.Z. Nachdem bereits im Jahre 1958 im Mittelmeer bei Yassi-Ada ein Schiffswrack aus dem 4.Jh. v.u.Z. entdeckt worden war, untersuchte und rekonstruierte eine Archäologengruppe der University of Pennsylvania von 1961 bis 1964 das in der Nähe aufgefundene weitere Schiff. Die Rekonstruktion ergab, daß dieses Schiff mit 18,9 m Länge und 5,2 m Breite und somit bei einem Längen-Breiten-Verhältnis von 3,6 recht völlig gebaut war. Aus den Fundstücken schloß man auch auf ein festes durchgehendes Deck, das oberhalb eines Kochraumes gegenüber dem Decksniveau um 0,7 m erhöht und mit flachen, teilweise zum Rauchabzug durchlöcherten Ziegeln dachartig abgedeckt war. Aus den aufgefundenen Teilen der Kochstelle konnte gefolgert werden, daß auf einer dicken, durch Eisenstangen verstärkten Tonschicht eine aus Ziegeln errichtete Feuerstelle stand.

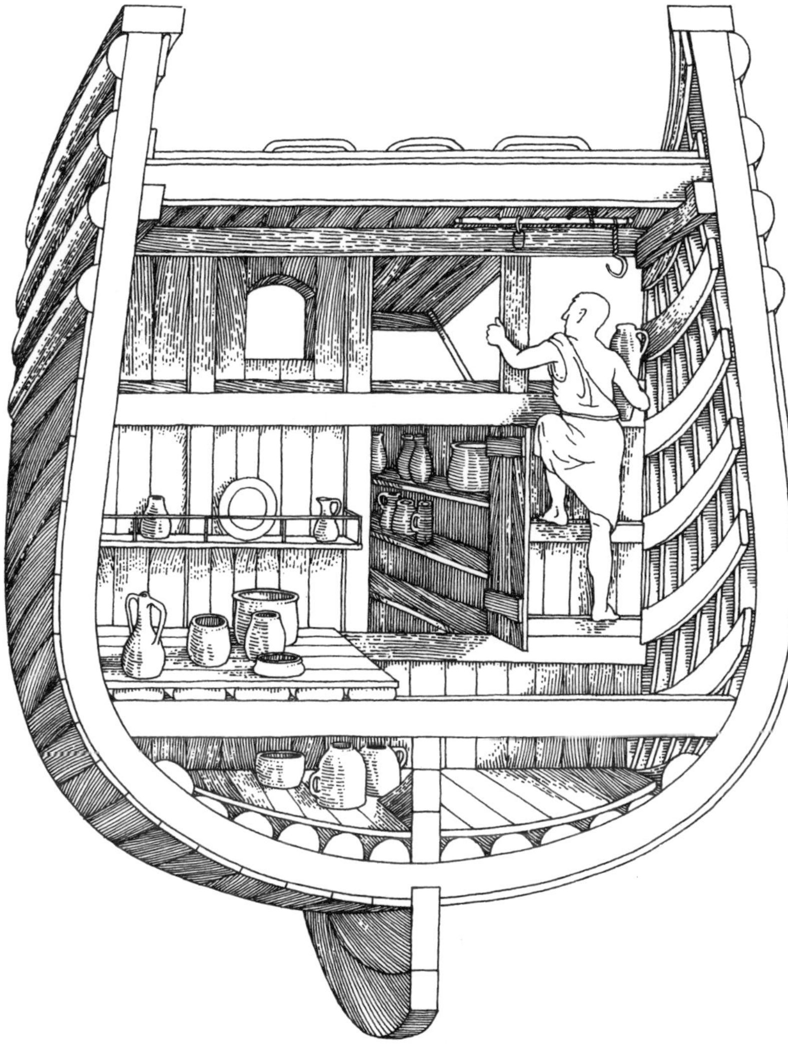

Rekonstruktion eines byzantinischen Transportschiffes aus dem 7. Jh. v.u.Z. nach dem Wrackfund bei Yassi-Ada

An Hausgerät fand man verschiedene Gegenstände aus Stein, Terrakotta (porös gebrannter Ton), Glas und Metall, darunter Mörser und Stößel, Töpfe verschiedener Größen und Formen, Kupferkessel und Eßgeräte.
Zu den interessanten Fundstücken gehörte auch eine metallene Laufgewichtswaage, die auf ein Handelsschiff hindeutet. Diese Waage hing wahrscheinlich unter dem Deck, ihre Aufschrift »NAUKLEROS GEORGIOS« kennzeichnet sie als Eigentum des Schiffspatrons GEORGIOS. Die von der Forschergruppe aus den Fundstücken rekonstruierte Darstellung zeigt die Bauweise des Schiffsrumpfes und der Queraussteifungen im Bereich der Kochstelle. Infolge der relativ wenigen aufgefundenen Holzteile konnten die Vorstellungen hinsichtlich des Schiffskörpers nur teilweise historisch fundiert belegt werden.

Yawl: auch als »Heckmaster« bezeichnetes anderthalbmastiges Segelfahrzeug, bei dem der Großmast im vorderen Drittel der Schiffslänge und ein kleiner Heckmast (Besan- oder Treibermast)

Yawl mit dem kleinen, weit hinten stehenden Heckmast

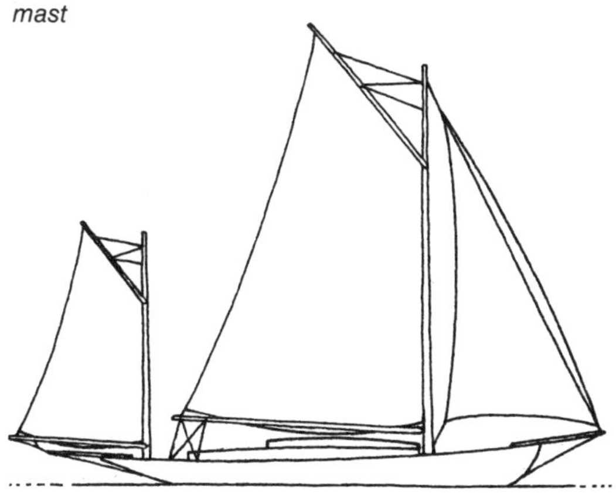

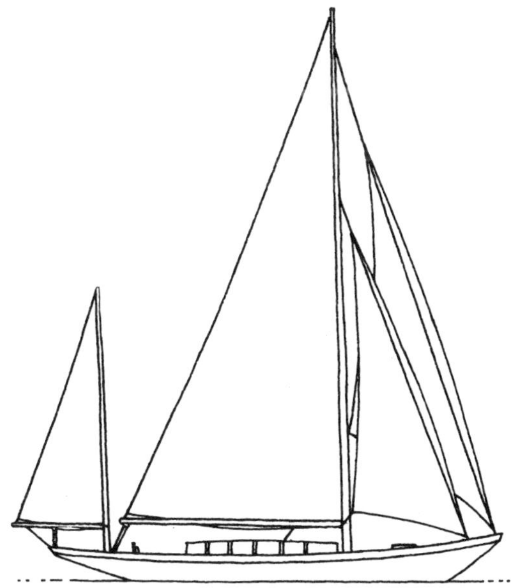

ganz achtern, noch hinter der Ruderachse oder außerhalb der Schwimmwasserlinie steht. Im Unterschied zur Yawl steht bei einer *Ketsch* der Besanmast vor dem Ende der Wasserlinie. Bei der Yawl trägt der Großmast die aus dem Großsegel und ein bis zwei Vorsegeln bestehende Hauptsegelfläche, während das kleinere Besan- oder Treibersegel und zuweilen noch ein Besanstagsegel haupsächlich als Steuersegel wirken. Auf Yachten wird die ältere Yawl-Gaffeltakelung mit Gaffelsegel am Großmast und Besanmast von der neueren Yawl-Hochtakelung unterschieden, bei der sowohl das Groß- als auch das Besansegel ohne Gaffel als Dreiecksegel bis zum Masttopp geführt wird.

Z

Zaruk, *Zaruke:* ein zur Gruppe der arabischen *Dau* gehörendes einmastiges Segelschiff, das häufig im Roten Meer und im Golf von Oman vorkam. Die älteren Bauformen zeigten typische Daumerkmale wie den nur etwa über ein Drittel der Schiffslänge ebenen Kiel, der nach den Schiffsenden in die weitausladenden aufwärts gezogenen Vor- und Achterbalkensteven übergeht und an die Bauweise früher ägyptischer Seeschiffe erinnert. Das Verhältnis Länge in der Wasserlinie zur Breite beträgt etwa 4,4.

Während die kleineren Zaruken überwiegend als Fracht- und Fischerfahrzeuge in Küstennähe benutzt wurden, waren größere Schiffe dieses Typs bis in das 19.Jh. hinein auch berüchtigte Schmuggler- und Sklavenhändlerschiffe.

Der Mastfuß des um 10 bis 15 Grad vorgeneigten Mastes stand auf etwa halber Schiffslänge, er war durch 2 oder 3 Wantenpaare und bei größeren Zaruken auch durch Vor- und Achterstage abgespannt. An der stets aus 2 Spieren zusammengesetzten Schrägrah fuhr man ein großes trapezförmiges Dausegel. Ein arabische Besonderheit stellte auch die Bedienung des Ruders ohne Ruderpinne mit dem hinten angesetzten Rudersporn und den beiden Seitentauen dar. Bei neueren Bauweisen kleinerer, etwa 15m langer Fahrzeuge sind unter europäischem Einfluß einige charakteristische Dau-Merkmale nicht mehr so stark ausgeprägt. Das zeigt sich insbesondere an dem längeren ebenen Kiel und dem zusätzlichen Totholz am Achterschiff zur Vergrößerung des Lateralplanes.

Kleine Zaruk jüngerer Bauart

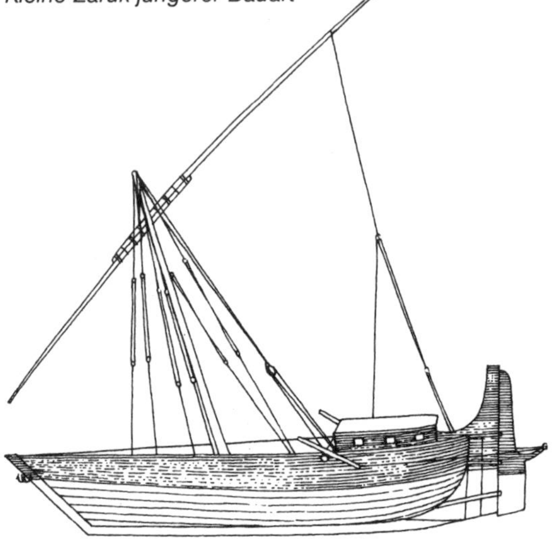

Große Zaruk aus dem Golf von Oman

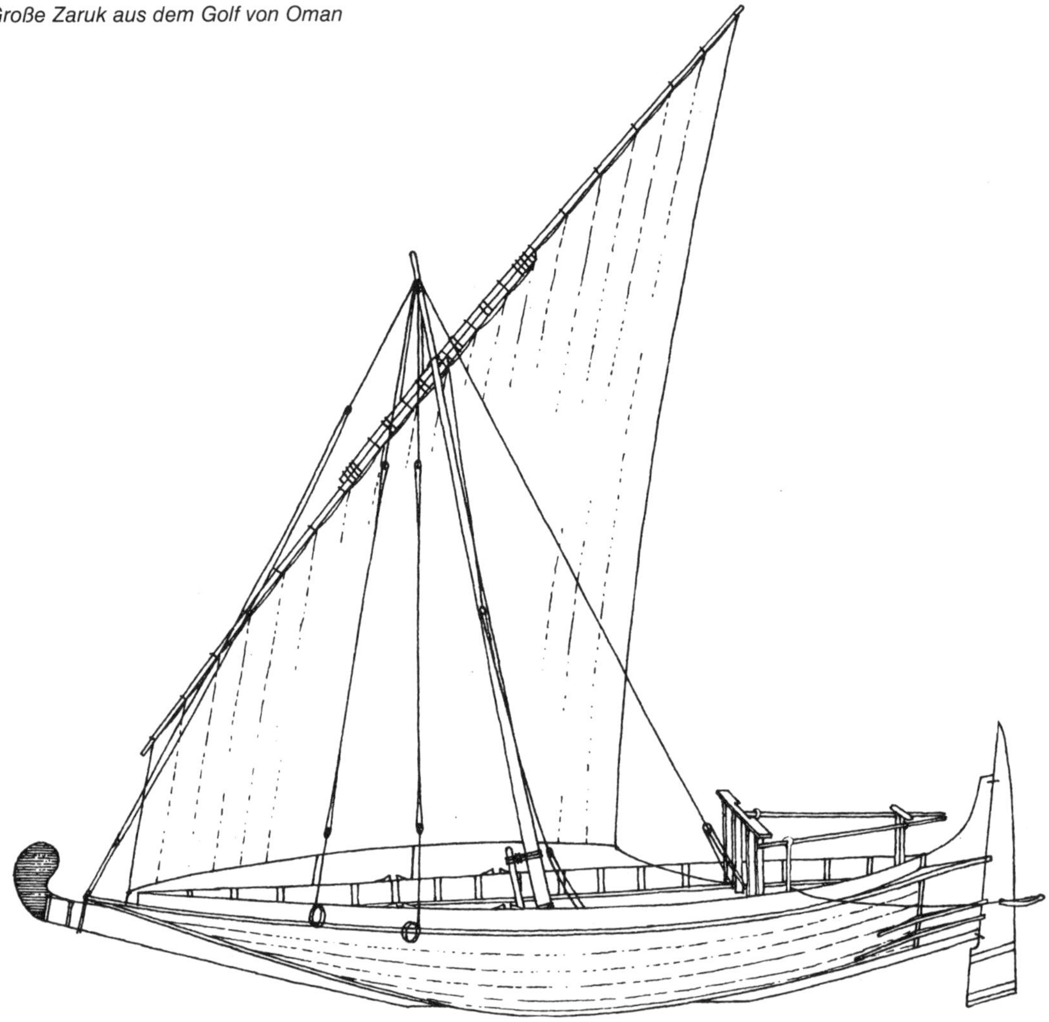

Noch heute segelnde Zaruk [29]

Zeesenboot, *Zeesboot*, *Zeeskahn***:** an der Ostsee auf Haff- und Boddengewässern eines der bekanntesten und bis in die Mitte des 20.Jh. noch benutzten motorlosen Fischerei-Segelfahrzeuge von etwa 10 m Länge zum Schleppnetzfang von Zander und Aal. Die relativ schwer gebauten Holzboote führen am Bug einen etwa 6 m langen ausladenden Bugspriet und außerdem einen etwa gleich langen Ausleger (den Driftbaum) am Heck.
Gefischt wurde mit der Zeese, einem Schleppnetz ohne Scherbrett, wobei 3 unterschiedliche Arten des Zeesenschleppens gebräuchlich waren. Bei der Schleppzeese befand sich das Zeesenboot vor dem Netz und schleppte es in Längsrichtung. Demgegenüber legte sich bei der Treib- oder Driftzeese das Boot mit seiner Breitseite vor den Wind und trieb mit der an den Auslegerenden festgemachten Zeese von etwa doppelter Schiffslänge seitlich (dwars) ab. Als weitere Methode der Zeesen-Segelfischerei war auch bereits die Tuckzeese gebräuchlich, bei der das Netz von 2 Zeesenbooten geschleppt wurde.
Hinsichtlich der Besegelung unterschieden sich insbesondere die Zeesenboote des Darßer Boddens und Rügens von den Zeeskähnen des Oderhaffs.
Die Zeeskähne des Oderhaffs fuhren meistens feste Luggersegel am Groß- und Besanmast, im Unterschied zu den mit Gaffelsegeln am Großmast und festem Luggersegel am Besanmast fahrenden mecklenburgischen Zeesenbooten.
Aus Gründen der Traditionspflege, aber auch wegen der guten Segeleigenschaften der robusten, breit und geräumig aus Holz gebauten Zeesenboote wurden die noch erhalten gebliebenen Fahrzeuge zu beliebten Sportbooten auf dem Darßer und Bodstetter Bodden.

Jüngeres Zeesenboot mit Toppsegel

Zeeskahn mit festen Luggersegeln vom Oderhaff

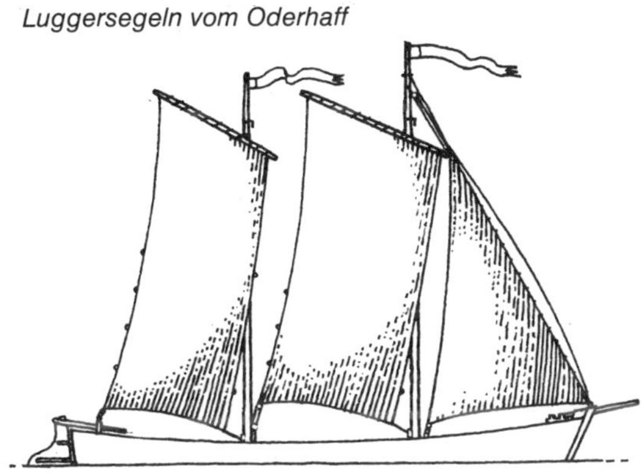

Zeesenboot des Darßer Boddens mit Gaffel- und festem Luggersegel

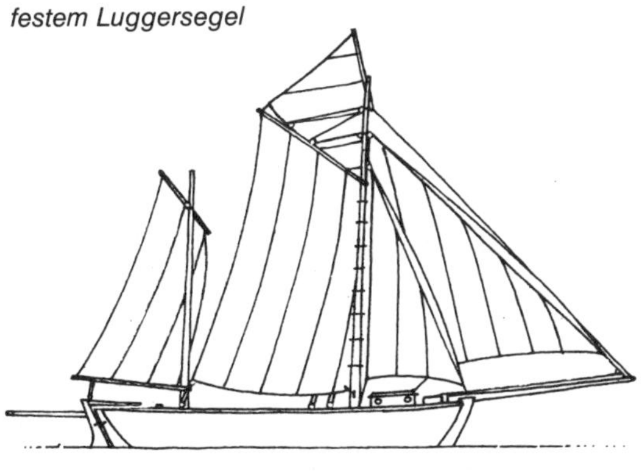

Sportsegeln mit Zeesenbooten auf dem Darßer Bodden [8]

»Ziege«: Bezeichnung eines einmastigen Flußschiffes der polnischen Weichselfahrt des 16. Jh. bis 18. Jh., das unter dem Namen »Koza« (Ziege) bekannt war. Die Fahrzeuge waren bei 7 und 10 m Länge völlig gebaut und fuhren mit einem Rahsegel.

Zille: völlig gebauter, seit Jahrhunderten gebräuchlicher Lastkahn für Binnengewässer. Die mit flachem Schiffsboden aus Holz gebauten, offenen oder nur hinten mit kurzen Decks versehenen Fahrzeuge hatten meistens keine eigene Besegelung, sondern waren Schleppkähne. Über die Herkunft der Schiffsbezeichnung gibt es verschiedene Deutungen; so soll eine Wortverwandschaft zum angelsächsischen und normannischen »ciula« (s. a. *Keel*) bestehen oder die Bezeichnung aus dem Donaugebiet stammen, wo flachbodige Handkähne von Donauschiffen »Züllen« und später lange Donauschiffe »Zeile« genannt wurden.
In einem 1696 im Frankfurt/Main erschienenen »Dictionarium« beschreibt HULSIUS Zillen als Schiffe, die aus 80 Schuh langen Bäumen gemacht werden; er weist die Bezeichnung »Züllen« bis in das 6. Jh. (Schlacht bei Ravenna) nach. Heute wird die Zille noch zuweilen auf der Havel und Elbe als Wohnschiff, sehr selten als Lastfahrzeug genutzt.
Eine Besonderheit gab es beim Transport von Stammhölzern mit Zillen, wobei ein Teil der Stämme nur grob behauen zu Zillen zusammengefügt und mit den restlichen Stämmen beladen wurden. Am Ankunftsort wurden diese provisorischen Schiffskörper zerlegt und das Holz ebenfalls verkauft, diesen Vorgang nannte man »Zillenschlächterei«.

Zisternenschiff: Bezeichnung für die ersten Tank-Segelschiffe mit fest eingebauten Tanks (Zisternen) für Petroleum (s. a. *Petroleumklipper*), Speiseöl u. a. Im Unterschied zum Transport in losen Fässern. Zuweilen wurden auch Wassertanker als Zisternenschiff bezeichnet.

Zuidersee-Q-75-Bootsfund: bei der Trockenlegung der Zuidersee im Planquadrat Q 75 vom holländischen Archäologen VAN DER HEIDE gefundene Reste eines aus dem 12. Jh. stammenden Bootes. Obwohl nur Teile des Bootsbodens erhalten geblieben waren, konnten aus den Spuren im Erdreich ein völlig flacher Boden und die Klinkerbeplankung der Bordwände nachgewiesen werden. Die Bordwände waren nicht durch Spanten ausgesteift, die den Bootsboden verbindenden Bodenwrangen waren abwechselnd an der Backbord- oder Steuerbordseite höher geführt. Diese Bauart unterscheidet sich von der aus Utrecht bei einem Hulkfund (*Utrecht-Schiffsfund*) bekannten Ausführung und den skandinavischen Funden.

Zuli: ein um 1880 eingeführtes schottisches Fischereifahrzeug mit 2 luggergetakelten Masten. Der Rumpf hatte scharfe Vor- und Achterschiffsform, einen senkrechten Vorsteven und einen unter etwa 45 Grad geneigten Hintersteven. Am langen Bugspriet wurde ein Klüversegel gefahren. Die Schot des Besansegels war an einem über das Heck hinausragenden Heckbaum oder

Zuli, schottisches Fischereifahrzeug mit Luggersegeln, Modell

Zweimaster – Schonerbrigg »PHÖNIX

einem Heckspriet, dem »Papageienstock«, festgemacht.

Zweier: Kurzbezeichnung eines Rennsport-Ruderbootes für 2 Ruderer. Es werden Riemen-Zweier mit und ohne Steuermann und Skull-Zweier (Doppelzweier) unterschieden.

Zweimaster, *Zweimast-Schiff, Zweimast-Yacht:* im Unterschied zum *Anderthalbmaster* sind bei einem zweimastigen Segler die Größenunterschiede beider Maste wesentlich geringer. Beide Maste können gleich hoch sein, oder der etwas größere Mast kann als Fockmast oder als zweiter Mast gefahren werden.
Typische Zweimaster sind die an beiden Masten rahgetakelte *Brigg*, die gemischt getakelte *Schonerbrigg*, der Zweimast-Gaffelschoner *(Gaffelschoner)* oder die zweimastige Schoneryacht *(Yacht)* mit dem achteren, höheren Großmast und dem vorderen, kleineren Schonermast.

»Zweimaster im Hafen«, Grafik von CASPAR DAVID FRIEDRICH, um 1815 [22]

Brigg »FRANZ und LUISE« vor Neapel, 1855 von H. DIERLING in Damgarten erbaut, 89 Lasten, 154 RT

ÅKERLUND, H.: Fartygsfynden i den forna hamnen i Kalmar. Uppsala 1951
ÅKERLUND, H.: Nydamskeppen. En studie i tidig skandinavisk skeppsbyggnastkonst. Göteborg 1963
ANGELUCCI, E.; CUCARI, A.: Ships. MacDonald and Jane's. London 1977
ARCHENHOLZ, J.W. von: Die Geschichte der Flibustier. Tübingen 1803
ARCHIMEDES: Werke, mit modernen Bezeichnungen, herausgegeben und mit einer Einleitung versehen von Sir T. L. Heath. Berlin 1914
ARENHOLD, L.: Die allmähliche Entwicklung des Segelschiffes von der Römerzeit bis zur Zeit der Dampfer. In: Jahrbuch der Schiffbautechnischen Gesellschaft, 7. Bd., Berlin 1906
ARENHOLD, L.: Die historische Entwicklung der Schiffstypen vom römischen Kriegsschiff bis zur Gegenwart. Verlag von Lipsius und Tischer. Kiel und Leipzig 1891
ASSMANN, P.: Seewesen. In: Denkmäler des klassischen Altertums. München 1887

BAASCH, E.: Hamburgs Convoyschiffahrt und Convoywesen. Hamburg 1896
BALLARD, G.A.: The Egyptian Obelisk Lighter. In: The Mariner's Mirror 33 (1947), University Press Cambridge. S. 158–164
BALLARD, G.A.: The Transporting of the Obelisks at Karnak. In: The Mariner's Mirror 6 (1970), S. 246–273 und 307–314
BALMER, H.: Die Romfahrt des Apostels Paulus und die Seefahrtkunde im römischen Kaiserzeitalter. Bern, Münchenbuchsee 1905
BARNETT, R.D.: Early Shipping in the Near East. In: Antiquity 32 (1958) 57, S. 220–230
BATHE, B., u. a.: Der Segelschiffe große Zeit. Hrsg. v. J. Jobé. Delius, Klasing & Co. Bielefeld, Berlin 1967
BAUMGARTEL, E. J.: The Cultures of Prehistoric Egypt. Edinburgh 1947
BELL, C.D.J.: The Obelisk Barge of Hatshepsut. In: Ancient Egypt, 1934, S. 107–114
BELL, C.G.J.: Ancient Egyptian Ship Design; Based on a Critical Analysis of the XIIth Dynasty Barge. In: Ancient Egypt, 1933, S. 100–111
BERQUEMAN, A.: Les Musées Belges de Marine. Librairie Encyclopédie. Brüssel 1943
BETHGE, H.-G.: Der Brandtaucher. Ein Tauchboot – von der Idee zur Wirklichkeit. VEB Hinstorff Verlag. Rostock 1968
BEYLEN, J. van: Schepen van de Nederlanden. Van de late middeleeuwen tot het einde van de 17e eeuw. Amsterdam 1970
BILDLEXIKON, NAUTISK. Tre Tryckare (Cagner & Co.). Göteborg 1963
BI-TASCHENLEXIKON SCHIFFBAU/SCHIFFFAHRT. VEB Bibliographisches Institut. Leipzig 1982
BOECKH, A.: Urkunden über das Seewesen des attischen Staates. Berlin 1840
BOTTA, S.E.: FLANDIN, E.: Monuments des Ninivé. 5 Bände. Paris 1849
BREUSING, L.: Die Lösung des Trieren-Rätsels. Bremen 1889
BRIX, A.: Praktischer Schiffbau. Bootsbau. Hrsg.: Akademischer Verein »Hütte«. Ernst & Sohn. Berlin 1921
BRØGGER, A.W.; SHETELIG, H.: The Viking Ships. Their Ancestry and Evolution. Oslo 1951
BRØGGER, A.W.: Winlandfahrten. o. O. 1939
BUSLEY, C.: Schiffe des Altertums. In: Jahrbuch der Schiffbautechnischen Gesellschaft. 20. Bd., Berlin 1919, S. 187–279
BUSLEY, C.: Schiffe des Mittelalters und der neueren Zeit. In: Jahrbuch der Schiffbautechnischen Gesellschaft. 21. Bd., Berlin 1920, S. 602–699

CANBY, C.: Geschichte der Schiffahrt. Editions Recontre u. Erik Nitsche, Inernational. Lausanne 1962
CATALOGUE of the Henry Huddleston Rogers Collection of Ship Models. Annapolis, Maryland, 1954
Beschrijvende CATALOGUS der Scheepsmodellen en scheepsbouwkundige Teckningen 1600–1900 in het Nederlandsche Historisch Scheepvaart Museum. Scheepvaart Museum. Amsterdam 1943
CHAPELLE, H.I.: The History of the American Sailing Navy. New York 1949
CHAPMAN, F.H.: Architectura Navalis Mercatoria. Stockholm 1768
CHAPMAN, F.H. af: Architectura Navalis Mercatoria. Robert Loef Verlag. Burg bei Magdeburg 1957
CHAPMAN, F.H. af: Architectura Navalis Mercatoria. Nachdruck. VEB Hinstorff Verlag. Rostock 1970
CHAPMAN, F. H. af: Tractat om skepps-byggeriet tillaka med förklaring och bevis öfver Architectura Navalis Mercatoria. Stockholm 1775
CHATTERTON, E.K.: Sailing Models Ancient & Modern. London 1934
COUSTEAU, J.-Y.; DIOLÉ, P.: Silberschiffe. Tauchen nach versunkenen Schätzen. München, Zürich 1972
CRAEMER, H.A.: 5000 Jahre Segelschiffe. München, Berlin 1938
CRONE, G.S.E.: Nederlandsche jachten, binnenschepen, vischervaartuigen en darmee verwannte kleine zeeschepen 1650–1900. Swets & Zeitlinger. Amsterdam 1926
CRUMLIN-PEDERSEN, O.: Cog – Kogge – Kaag. Froek af en frisisk skibstypes historie. Helsingør 1965
CULVER, H. B.: The Book of Old Ships and Something of their Evolution and Romance. Garden City Publishing Comp., Inc. New York 1935
CULVER, H.B.; GRANT, G.: Forty Famous Ships. Doubleday, Doran & Comp. New York 1936
CURTI, O.: Schiffsmodellbau. Eine Enzyklopädie. VEB Hinstorff Verlag. Rostock 1972
CUTLER, C.: Greyhounds of the Sea. The Story of the American Clipper Ships. Annapolis, Maryland; United States Naval Institute, Menasha, Wisconsins, Georg Banta Company, Inc. 1960

DAENELL, E.: Die Blütezeit der deutschen Hanse. Hansische Geschichte von der zweiten Hälfte des 14. bis zum letzten Viertel des 15. Jahrhunderts. 2 Bände. Berlin 1905/06
DEBUS, K., u. a.: Kreuzersegeln. Sportverlag. Berlin 1965
DELBRUECK, R.: Südasiatische Seefahrt im Altertum. In: Bonner Jahrbücher 155/6, 1955/56, S. 8–58 u. 229–308
DUDSZUS, A.: Schiffe des Altertums und der Antike. In: Seewirtschaft 14 (1982) 1–11
DUDSZUS, A.; DANCKWARDT, E.: Schiffstechnik – Einführung und Grundbegriffe. VEB Verlag Technik. Berlin 1982
DÜMICHEN, J.: Die Flotte einer ägyptischen Königin aus dem 17. Jahrhundert v. Chr. Leipzig 1868
DUHAMEL DE MONCEAU, H.L.: Eléments de l'architecture navale ou traité practique de la construction des vaisseaux. Paris 1752 (dt. Ausg.: Anfänge der Schiffbaukunst. Berlin 1791)
DURON, M.; ROUGERON, R.: Encyclopédie des bâteaux. o. O. 1978

ECK, O.: Seeräuberei im Mittelalter. München, Berlin 1940
EDEY, M.A.: Anfänge des Seehandels. Amsterdam 1974
EICH, L.; WEND, J.: Schiffe auf druckgraphischen Blättern. Ausgewählte Meisterwerke des 15. bis 17. Jahrhunderts. VEB Hinstorff Verlag. Rostock 1980
EICHLER, C.: Vom Bug zum Heck. Seemännisches Hand- und Wörterbuch. Klasing & Co. Bielefeld, Berlin 1954
EICHLER, C.: Yacht- und Bootsbau für Bootsbauer, Konstrukteure und Segler. 2 Bände. Delius, Klasing & Co. Bielefeld, Berlin 1966
EINBAUM – DAMPFLOK – DÜSENKLIPPER. Urania-Verlag. Leipzig, Jena, Berlin 1969
EISENLOHR, A.: Ein mathematisches Handbuch der alten Ägypter. Lepzig 1877
ENCYKLOPEDIE, MARITIEME. Redaktion J. v. Beylen. 7 Bände. De Boor. Bussum 1970/73
ERBRACH, R.: Forschungen aus der Blütezeit des Baues hölzerner Segelschiffe im 19. Jahrhundert. In: Jahrbuch der Schiffbautechnischen Gesellschaft, Band 45, Berlin 1951, S. 288–299
EWE, H.: Schiffe auf Siegeln. VEB Hinstorff Verlag. Rostock 1972

FALK, H.: Altnordisches Seewesen. Heidelberg 1912
FAULKNER, R.O.: Egyptian Seagoing Ships. In: The Journal of Egyptian Archaeology 26 (1940), S. 3–9
FELDHAUS, F.M.: Die Technik der Vorzeit, der geschichtlichen Zeit und der Naturvölker. Leipzig, Berlin 1914; unveränderter Nachdruck 1970
FIMMEN, D.: Die kretisch-mykenische Kultur. Leipzig 1921
FINK, G.: Die Hanse. Leipzig 1939
FIRCKS, J. von: Wikingerschiffe. Über ihren Bau, ihre Vorgänger und ihre eigene Entwicklung. VEB Hinstorff Verlag. Rostock 1979
FLAMM, O.: Schiffbau. Seine Geschichte und seine Entwicklung. Berlin 1907
FLIEDNER, S.: Die Bremer Kogge. Bremen 1968
FONSECA, Q. da: A caravela portugesa e a prio-

ridade técnica des navegaçoes Henriquins. Imprensa da Universidade. Coimbra 1934
FRANZ, K.: Die ägyptische Gestaltung des Seeschiffes. Berlin 1927
FRANZÉN, A.: The Warship Wasa. Stockholm o. J.
FRIEDERICI, G.: Die Schiffahrt der Indianer. Stuttgart 1907
FRIEDRICHSOHN, J.: Geschichte der Schifffahrt. Hamburg 1800
FURTTENBACH, J.: Architectura navalis / Das ist von dem Schiffsgebäuw / Auf dem Meere und den Seekusten zu gebrauchen. Ulm 1629 (Germanischer Lloyd 1956)

GELOICH, I.: Studien über die Entwicklungsgeschichte der Schiffahrt. Laibach 1882
GEORGEN, O.: Geschichte des Kriegsschiffbaues vom Altertum bis zur Einführung der Dampfkraft. Der Zirkel. Architekturverlag GmbH. Berlin 1919
GERDS, P.; GEHRKE, W.-D.: Und am Bug der Greif. Ein Beitrag zur Geschichte der Rostocker Schiffahrt. VEB Hinstorff Verlag. Rostock 1977
GJESSING, G.: Die Wikinger-Schiffsfunde. Oslo 1951
GOEDEL, G.: Etymologisches Wörterbuch der deutschen Seemannssprache. Verlag von Lipsius und Tischer. Kiel, Leipzig 1902
GRAESER, B.: Seewesen der alten Ägypter. Berlin 1869
GÜNTHER, H.: Die Eroberung der Tiefe. Stuttgart 1928

HAACK, R.: Über attische Trieren. In: Zeitschrift des Vereins deutscher Ingenieure 39 (1885), S. 165–174
HABACHI, B.: Two Graffiti at Sehel from the Reign of Queen Hatshepsut. In: Journal of Near Eastern Studies 16 (1957), S. 88–104
HACKNEY, N. C. L.: Mayflower. VEB Hinstorff Verlag. Rostock 1978
HÄGG, E.: Under tretungad flagga. Vår seglande orlogsflotta och dess män 1750 – 1900. Aktiebolaget Svens Litteratur. Stockholm 1941
HÄPKE, R.: Der Untergang der Hanse. Bremen 1923
HAGEDORN, B.: Die Entwicklung der wichtigsten Schiffstypen bis ins 19. Jahrhundert. (Veröffentlichungen des Vereins für Hamburgische Geschichte, Bd. 1) Verlag von Karl Curtius. Berlin 1914
HAHN, E.: Die Entwicklung des Schiffes und der Schiffahrt nach wirtschaftsgeschichtlichen Gesichtspunkten dargestellt. In: Zeitschrift des Verbandes deutscher Diplom-Ingenieure 2 (1911), S. 617–624
HARDEN, D.: The Phoenicians. London, New York 1962
HARDY, A. C.: The Book of the Ship. London 1947
HAUSEN, J.: Schiffbau in der Antike. Beitrag zur Geschichte des Schiffbaus. Konstruktion und Festigkeit der Schiffe in der Antike. Koehlers Verlagsgesellschaft m. b. H. Herford 1979 (zugleich Diss. TH Aachen 1977)
HEINSIUS, P.: Das Schiff der hansischen Frühzeit. (Quellen und Darstellungen zur hansischen Geschichte. Hrsg. vom Hansischen Geschichtsverein. Neue Folge, Band XII). Verlag Hermann Böhlaus Nachf. Weimar 1956
HENNIG, R.: Abhandlungen zur Geschichte der Schiffahrt. Jena 1928
HENRIOT, E.: Geschichte des Schiffbaues. Urania-Verlag. Leipzig, Berlin 1955
HENRIOT, E.: Kurzgefaßte illustrierte Geschichte des Schiffbaus von den Anfängen bis zum Ausgang des 19. Jahrhunderts. VEB Hinstorff Verlag. Rostock 1971
HENRIOT, E.: Kratkaja illjustrirovannaja istorija sudostroenija. Izdatel'stvo Sudostroenie. Leningrad 1974
HERMAN, F.: Seeräuberei im Mittelmeer. Lübeck 1815
HEYERDAHL, T.: Expedition Ra. Im Papyrusboot über den Atlantik. Verlag Volk und Welt. Berlin 1975
HEYERDAHL, T.: Kon-Tiki. Verlag Volk und Welt. Berlin 1949
HISTROIRE DE LA MARINE. Illustration. Paris 1939
HOBBS, E. W.: How to Make Clipper Ship Models. Brown, Son & Ferguson, Ltd. Glasgow 1938; reprinted 1948 and 1952
HOECKEL, R.: Fleute »Derfflinger« 1675. Robert Loef Verlag. Burg bei Magdeburg 1947
HOECKEL, R.: Fregatte »Berlin« 1674. Robert Loef Verlag. Burg bei Magdeburg 1947
HOECKEL, R.: Jacht »Bracke« 1678. Robert Loef Verlag. Burg bei Magdeburg 1948
HOECKEL, R.: Hamburgisches Konvoischiff »Wappen von Hamburg« 1667 – 1683. Robert Loef Verlag. Burg bei Magdeburg 1958
HOECKEL, R.: Modellbau von Schiffen des 16. und 17. Jahrhunderts. VEB Hinstorff Verlag. Rostock 1965
HOECKEL/JORBERG: Amerikanische Kriegsbrigg 1810. Robert Loef Verlag. Burg bei Magdeburg 1957
HÖHLER, F.: Das Brandskogen-Boot und der Versuch seiner Nachbildung. In: Mannus. Zeitschrift für deutsche Vorgeschichte 30 (1938), S. 193–203
HÖHLER, F.: »Plankenschiff« oder »Spantenschiff«? In: Schiffbau, Schiffahrt und Hafenbau 37 (1936), S. 289–294
HÖVER, O.: Von der Galiot zum Fünfmaster. Unsere Segelschiffe in der Weltschiffahrt 1780 bis 1930. Angelsachsen-Verlag GmbH. Bremen 1934
HÖVER, O.: Deutsche Hochseefischerei. Oldenburg 1936
HÖVER, O.: Von der Kogge zum Klipper. Zur Entwicklung des Segelschiffes. Karl F. Wede Verlag. Hamburg 1948
HÖVER, O.: Deutsche Seegeschichte. Rütten & Loening Verlag. Potsdam 1942
HÖVER, O.: Älteste Seeschiffahrt und ihre kulturelle Umwelt. Hamburg 1948
HORNELL, J.: The Boats of the Ganges. The Fishing Methods of the Ganges. In: Memoirs of the Asiatic Society of Bengal. Vol. VIII, No. 3, Calcutta 1924, S. 171–230
HORNELL, J.: Water Transport, Origins and Early Evolution. Cambridge 1946
HORNSTEIN, A. von: Schiffe und Schiffahrt. (Hallwa-Taschenbücherei, Bd. 53). Bern 1957
HOWARTH, D.: Sovereign of the Seas – The Story of British Seapower. London 1974

JAHNKUHN, H.: Haithabu. Ein Handelsplatz der Wikingerzeit. o. O. 1954
JAL, A.: Glossaire nautique. Firmin Didot Frères. Paris 1848
JOHNSON, G.: Ship Model Building. Cornell Maritime Press. o. O. 1953

KAHLER, P.: Das türkische Seehandbuch des Piri Reis (Bahrije) für das mittelländische Meer vom Jahre 1521. Berlin, Leipzig 1926
KATZEW, M. L.: Das Schiff von Kyrenaia. In: G. F. Bass: Taucher in die Vergangenheit. Unterwasserarchäologen schreiben die Geschichte der Seefahrt. Luzern, Frankfurt 1972, S. 49–53
KEMP, P. K.; KEMP, P.: Famous Ships of the World. Frederick Müller, Ltd. London 1956
KERCHOVE, R. de: International Maritime Dictionary. Nostrand. Princeton, New Jersey 1961
KLEBS, L.: Die Reliefs des Alten Reiches. Heidelberg 1920
KLEBS, L.: Die Reliefs und Malereien des Mittleren Reiches. Heidelberg 1922
KLEBS, L.: Die Reliefs und Malereien des Neuen Reiches. Heidelberg 1924
KLEM, K.: De Danske Vey. Host & Sons. København 1941
KLOESS, H. K.: Über Schiffsformen und ihre Entwicklung. In: Jahrbuch der Schiffbautechnischen Gesellschaft. Band 45 (1951), S. 33ff.
KOEHLER, P.: Die Basler Rheinschiffahrt vom Mittelalter bis zur Neuzeit. (Schriftenreihe der Basler Vereinigung für Schweizerische Schiffahrt, Bd. 1). Basel 1944
KÖSTER, A.: Modelle alter Segelschiffe. Verlag Ernst Wachsmuth AG. Berlin 1926
KÖSTER, A.: Seefahrten der alten Ägypter. In: Meereskunde, Heft 175
KÖSTER, A.: Das antike Seewesen. Berlin 1923
KÖSTER/NISCHER: Das Seekriegswesen bei den Griechen. Das Seekriegswesen bei den Römern. In: Handbuch der Altertumswissenschaft, begründet von Iwan v. Miller, hrsg. von Walter Otto. 4. Abt., 3. Teil, 2. Band: Heerwesen und Kriegsführung bei Griechen und Römern. München 1928
KOHLHAUER, E.: Die griechischen und römischen Schiffe. Leipzig 1903
KONIJENENBURG, E. van: Der Schiffbau seit seiner Entstehung. Internationaler ständiger Verband der Schiffahrtskongresse. Brüssel 1913
KOPECKY, J.: Die attischen Trieren. Leipzig 1890
KORTH, J. W. D.: Die Schiffbaukunst oder die Kunst, den Bau der Kriegs-, Kauffahrtey- und anderer Schiffe nach theoretischen und praktischen Regeln auszuführen. Paulische Buchhandlung. Berlin 1826
KOZÁK, J.; POSPIŠIL, P.; RADA, M.: Taschenatlas der Schiffe. Werner Deusien. Hanau 1975
KRÄMER, W.: Die Geschichte der Entdeckungen unserer Erde. Leipzig, Berlin 1971

KRÁSA, M.: Das Lächeln von Angkor. Artia Verlag. Prag 1962
KUNSTGESCHICHTE DER SEEFAHRT. Hrsg. v. Hans-Jürgen Hansen. Gerh. Stalling Verlag. Oldenburg, Hamburg 1966

LAAS, W.: Die großen Segelschiffe. Verlag von Julius Springer. Berlin 1908
LÄCHLER, P.; WIRZ, H.: Die Schiffe der Völker. Traum, Geschichte, Technik. Walter-Verlag. Olten/Freib. 1962
LAIRD CLOWES, G. S.: Sailing Ships. Their History and Development. Ministry of Education, Science Museum, Her Majesty's Stationery Office. London 1932
LAMBOGLIA, N.: Albenga. In: J. du Plat Taylor: Marine Archaeology. London 1965, S. 33–66
LANDSTRÖM, B.: Das Schiff. Vom Einbaum zum Atomboot. Rekonstruktionen in Bild und Wort. C. Bertelsmann Verlag. Gütersloh 1961
LANDSTRÖM, B.: Die Schiffe der Pharaonen. Altägyptische Schiffbaukunst von 4000 bis 600 v. u. Z. C. Bertelsmann Verlag. Gütersloh 1974
LANDSTRÖM, B.: Segelschiffe. Von den Papyrusbooten bis zu den Vollschiffen in Wort und Bild. Bertelsmann Lexikon-Verlag Reinhard Mohn. Gütersloh 1969
LANITZKI, G.: Amphoren, Wracks, versunkene Städte. VEB F. A. Brockhaus Verlag. Leipzig 1980
LA RONCIÈRE, C. de; CLERC-RAMPAL, G.: Histoire de la Marine Française. Librairie Larousse. Paris 1934
LAUGHTON, L. G.: Old Ships, Figure-Heads and Sterns. London 1925
LA VARENDE, J. de: Die romantische Seefahrt. Rowohlt Verlag. Hamburg 1957
LECHLER, J.: Die Entdeckung Amerikas vor Kolumbus. Leipzig 1939
LEIF, H.: Bordbuch des Satans. Eine Chronik der Freibeuter vom Altertum bis zur Gegenwart. München 1959
LEMKE, H.: Die Reisen des Venezianers Marco Polo im 13. Jahrhundert. (Bibliothek wertvoller Memoiren, hrsg. von Dr. D. Schultze, Band 7). Hamburg 1907
LEWIS, E. V.; O'BRIEN, R.: Schiffe. Rowohlt Taschenbuch Verlag GmbH. Reinbek bei Hamburg 1973
LLOYD, C.: Schiffe und Schiffsvolk. Eine Bildgeschichte von den Winkingern bis zur Gegenwart. Hamburg 1962
LOON, H. W. van: Männer und Meere. Siebentausend Jahre Seefahrt. Ullstein Verlag. Berlin 1936
LUBBOCK, B.: The China Clippers. Brown and Ferguson, Ltd. Glasgow 1919
LUBBOCK, B.: The Colonial Clippers. Brown and Ferguson, Ltd. Glasgow 1924
LUBBOCK, B.: The Opium Clippers. Brown and Ferguson, Ltd. Glasgow 1933
LUBBOCK, B.: The Down-Easters. Brown and Ferguson, Ltd. Glasgow 1930
LUBBOCK, B.: The Blackwall Frigates. Brown and Ferguson, Ltd. Glasgow 1924
LUBBOCK, B.: The Last of the Windjammers. 2 Bände. Brown and Ferguson, Ltd. Glasgow 1927/29; auch 1948
LUČININOV, S. T.: Junyj modellist-korablestroitel' (Der junge Modellschiffbauer). Sudpromgiz. Leningrad 1963
LUSCHAN, F. von: Über Boote aus Baumrinde. In: Aus der Natur. Zeitschrift für alle Naturfreunde. III. Jahrgang, 1. Halbband. Leipzig 1907

MACINTYRE, D.; BATHE, B. W.: Kriegsschiffe in 5000 Jahren. Verlag Delius, Klasing & Co. Bielefeld, Berlin o. J.
MARSDEN, P.: A Roman Ship from Blackfriars. London 1966
MARTIN, J. H.; BENNETT, G.: Das große Buch der Schiffe. Südwest-Verlag. München 1978
MAYDORN, D.: Der Brandtaucher. Das erste deutsche Unterseeboot Wilhelm Bauers. (Meereskunde, Bd. 15, Heft 167). Verlag Mittler & Sohn. Berlin 1926
MICHAELSEN, H.: Riesenschiffe. In: Meereskunde, Heft 3, Berlin 1914
MIDDENDORF, F. L.: Bemastung und Takelung der Schiffe. Springer Verlag. Berlin 1903; Manualdruck 1921
MOELLER, C.; ROELOFFS, R.: Cyclus von Schiffen aller seefahrenden Nationen. Hamburg 1839/40; Nachdruck 1954
MOLL, F.: Das Schiff in der bildenden Kunst. Vom Altertum bis zum Ausgang des Mittelalters. Kurt Schweder Verlag. Bonn 1929
MOLL, C.; SZYMANSKI, H.: Zur Vorgeschichte des germanischen Schiffbaues. In: Beiträge zur Geschichte der Technik und Industrie. Jahrbuch des Vereins deutscher Ingenieure. 11. Band. Berlin 1921
MOLLEMA, J. C.: Geschiedenis van Nederland ter Zee. 4 Bände. N. V. Uitg. Mij. »Joost van den Vondel«. Amsterdam 1939/42
MONDFELD, W.: Die arabische Dau. VEB Hinstorff Verlag. Rostock 1979
MONDFELD, W.: Die Schebecke und andere Schiffstypen des Mittelmeerraumes. VEB Hinstorff Verlag. Rostock 1974
MONDFELD, W. zu: Historische Schiffsmodelle. Das Handbuch für Modellbauer. Mosaik Verlag. München 1978
MOORE, A.: Sailing Ships of War 1800–1860, including the Transition to Steam. Halton & Truscott Smith, Ltd. London; Minton, Balch & Comp. New York 1926
MORRISON, J. S.: The Greek Trireme. In: The Mariner's Mirror 27 (1941), S. 14–44
MOSCATI, S.: Die Phöniker. Zürich 1966
MÜLLER, C. G. D.: Anfangsgründe der Schiffbaukunst. Hamburg 1791
MULACH, G. A.: Die Schiffahrt im Bild. 2 Bände. Dieck & Co. Stuttgart 1925/26
MULACH, G. A.: Die Schiffahrt im Wandel der Zeiten. Dieck & Co. Stuttgart 1925
MULACH, G. A.: Das Segelschiff im Bild. Dieck & Co. Stuttgart 1926

NANCE, R. M.: Sailing Ship Models. A Selection from European and American Collections with Introductory Text. Halton & Truscott Smith, Ltd. London 1924
NEUKIRCHEN, H.: Häfen und Schiffe. VEB Hinstorff Verlag. Rostock 1974
NEUKIRCHEN, H.: Krieg zur See. Deutscher Militärverlag. Berlin 1966
NEUKIRCHEN, H.: Seefahrt gestern und heute. transpress VEB Verlag für Verkehrswesen. Berlin 1971
NEVERMANN, H.: Schiffahrt exotischer Völker. Druck- und Verlagsanstalt H. Wigankow. Berlin 1949
NÖRLUND, P.: Die Wikingersiedlungen in Grönland. o. O. 1937
NOOTEBOOM, C.: Eastern Diremes. In: The Mariner's Mirror 35 (1949) 4, S. 272–275
NORDÉN, A.: Brandskogs-skeppet. In: Fornvännen, 1925, S. 376–391
NORDÉN, A.: Die Schiffbaukunst der nordischen Bronzezeit. In: Mannus. Zeitschrift für deutsche Vorgeschichte 31 (1939), S. 347–398
NORDÉN, A.: Bronsalderns skeppsbyggnadskonst i Norden. In: Teknisk tidskrift 1925, S. 45ff
NOUR, M. Z.; ISKANDER, Z.; OSMAN, M. S.; MOUSTAFA, A. Y.: The Cheops Boats. Part I. Cairo 1960

OLECHNOWITZ, K.-F.: Der Schiffbau der Hansischen Spätzeit. (Abhandlungen zur Handels- und Sozialgeschichte, Bd. 3). Hermann Böhlaus Nachfolger. Weimar 1960
THE OXFORD COMPANION to Ships & the Sea. Edited by Peter Kemp. Oxford University Press. London, New York, Melbourne 1976

PAGEL, K.: Die Hanse. Georg Westermann Verlag 1952
PÂRIS, E.: Segelkriegsschiffe des 17. Jahrhunderts. Von der »Couronne« zur »Royal Louis«. VEB Hinstorff Verlag. Rostock 1975
PÂRIS, E.: Souvenirs de Marine. 6 Bände. Gauthiers & fils. Villach 1882/1908
PÂRIS, E.: Souvenirs de Marine 1882–1892. 1. Auswahl. Hrsg. v. H. Winter. Robert Loef Verlag. Burg bei Magdeburg 1956
PÂRIS, E.: Souvenirs de Marine 1882–1908. 2. Auswahl. Hrsg. von E. Henriot. VEB Hinstorff Verlag. Rostock 1962
PÂRIS, E.: Die große Zeit der Galeeren und Galeassen. Hrsg. v. L. Eich, E. Henriot und L. Langendorf. VEB Hinstorff Verlag. Rostock 1973
PATAKY, D.; MARJAI, J.: Schiffahrt und Kunst. Corvina-Verlag. Budapest 1973
PETREJUS, E. W.: Ships of All Ages. A Set for Sixteen Marine Drawnings. Series A–D (Nbrs. 1–64). »De Esch«, Ltd. Hengelo o. J.
PLASSMANN, J. O.: Wikingerfahrten und Normannenreiche. Jena 1929
PLEYTE, C. M.: Het Schip van Brugge. In: Abhandlungen der Société d'Emulation. Brügge 1936
PLISCHER, H.: Christoph Columbus. Leipzig 1926
PLISCHER, H.: Entdeckungsgeschichte vom Altertum bis zur Neuzeit. (Wissenschaft und Bildung. Band 290) Leipzig 1933
PLISCHER, H.: Vasco da Gama. Der Weg nach Ostindien. (Alte Reisen und Abenteuer) Leipzig o. J.
PLISCHER, H.: Fernão de Magelhães. Die erste Weltumseglung. Leipzig 1922

PÖRTNER, R.: Die Wikinger Saga. Düsseldorf, Wien 1971

POLYBIOS: Historien. In: J. Rehork: Geschichte im Altertum I–XII. V. Hamburg 1944, S. 27 bis 126

RABBENO, G.; SPEZIALE, G.-S.: Die Forschungen im Nemi-See in ihrer Bedeutung für die Geschichte der Schiffbaukunst. In: Jahrbuch der Schiffbautechnischen Gesellschaft 33 (1932), S. 248–279

RADUNZ, K.: Vom Einbaum zum Linienschiff. Streifzüge auf dem Gebiet der Schiffahrt und des Seewesens. Urania-Verlag. Leipzig, Berlin 1912

RAHDEN, H.: Die Schiffe der Rostocker Handelsflotte 1800–1917. Hinstorff Verlag. Seestadt Rostock 1941 (Veröffentlichungen aus dem Rostocker Stadtarchiv, Bd. 2)

REHM, A.: Schiff und See. Seestadt Bremerhaven. Eine fröhliche Verklarung für Küstenbewohner und Landratten. Nordwestdeutscher Verlag Ditzen & Co. Bremerhaven 1971

REINCKE, H.; SCHULZE, B.: Das Hamburgische Konvoyschiff »Wappen von Hamburg III«. Hamburg 1952

RISSE VON SCHIFFEN des 16. und 17. Jahrhunderts. Hrsg. von L. Eich. VEB Hinstorff Verlag. Rostock 1979

RITTER, H.: Mesopotamische Studien. Arabische Flußfahrzeuge auf Euphrat und Tigris. In: Der Islam. Zeitschrift für Geschichte und Kultur des Islamischen Orients. Band IX, Heft 2, S. 121–143. Straßburg 1918

RITTMEISTER, W.; MAHLAU, A.: Die Schiffsfibel. L. Staackmann Verlag. Leipzig 1939

RÖDING, J. H.: Allgemeines Wörterbuch der Marine. In allen europäischen Seesprachen nebst vollständigen Erklärungen. 4 Bände. Licenciat Nemnich. Hamburg; Adam Friedrich Böhme. Leipzig 1793/94

ROGERS, H. H.: Collection of Ship Models. Anapolis, Maryland; United States Naval Academy Museum, United States Naval Institute 1954

ROMALA/ANDERSON: The Sailing Ship. Sixthousand Years of History. London 1926

ROSENBERG, G.: Hjortspringfundet. (Nordiske Fortidsminder. III. Bind, 1. Hefte) Nordisk Forlag. København 1937

RUDOLPH, W.: Boote, Flöße, Schiffe. Edition Leipzig. Leipzig 1974

RUDOLPH, W.: Handbuch der volkstümlichen Boote im östlichen Niederdeutschland. Akademie-Verlag. Berlin 1969

RUDOLPH, W.: Die Insel der Schiffer. Zeugnisse und Erinnerungen von rügischer Schiffahrt. Vom Beginn der Entwicklung bis 1945. VEB Hinstorff Verlag. Rostock 1962

RUDOLPH, W.: Segelboote der deutschen Ostseeküste. (Deutsche Akademie der Wissenschaften zu Berlin. Veröffentlichungen des Instituts für deutsche Volkskunst. Band 53) Akademie-Verlag. Berlin 1969

SALONEN, A.: Die Wasserfahrzeuge in Babylonien. In: Studia Orientalia 8 (1939) 4

SCHÄUFFELEN, D.: Die letzten großen Segelschiffe. Delius & Klasing. Bielefeld, Berlin 1969

SCHARFF, A.: Das Schiff im vorgeschichtlichen Ägypten. In: Der Erdball. Illustrierte Zeitschrift für Länder- und Völkerkunde 5 (1931), S. 412–418

SCHELTEMA, A. von: Der Osebergfund. Leipzig 1938

Alte SCHIFFSMODELLE aus dem Hause der Schiffergesellschaft in Lübeck. 12 Tafeln mit Erläuterungen herausgegeben von Professor Dr. Franz Schulze. Verlag von Bernhard Nöhring. Lübeck o. J.

SCHIFFSRISSE ZUR SCHIFFBAUGESCHICHTE. 1. Teil: Holländische und deutsche Schiffe 1597–1680. Hrsg. v. R. Loef. Robert Loef Verlag. Burg bei Magdeburg 1956

SCHIFFSRISSE ZUR SCHIFFBAUGESCHICHTE. 2. Teil: Englische und amerikanische Schiffe 1577–1810. Hrsg. v. R. Loef. Robert Loef Verlag. Burg bei Magdeburg 1956

SCHLETTE, F.: Germanen zwischen Thorsberg und Ravenna. Urania-Verlag. Leipzig, Jena, Berlin 1977

SCHMÖKEL, H.: Ur, Asur und Babylon. Drei Jahrtausende im Zweistromland. Zürich 1955

SCHWABE, H. R.: Die Entwicklung der schweizerischen Rheinschiffahrt 1904–1954. (Schriftenreihe der Basler Vereinigung für schweizerische Schiffahrt. Band 4) Basel 1954

SCHWARZ, T.: Die Entwicklung des Kriegsschiffbaues vom Altertum bis zur Neuzeit. 2 Bände. Leipzig 1909/12

SEEFAHRT. NAUTISCHES LEXIKON IN BILDERN. Delius, Klasing & Co. Bielefeld, Berlin 1963

Der geöffnete SEEHAFEN... Hamburg 1902; Nachdruck der Seiten 29–175, besorgt von der Schiffbautechnischen Gesellschaft. Schiffbautechnische Gesellschaft. Hamburg 1954

SEEMANNSSPRACHE. Wortgeschichtliches Handbuch deutscher Schifferausdrücke älterer und neuerer Zeit. Hrsg. v. F. Kluge. Halle (Saale) 1908

SPENGEMANN, F.: Petroleumklipper. Bremen/St. Magnus 1951

SPENGEMANN, F.: Von Vegesacker Reedern, Schiffen und Kapitänen. Schiffsgeschichtliche Beiträge. Bremen/St. Magnus 1956

SPENGEMANN, F.: Aus der Segelschiffahrtszeit. Landbotenverlag. Bremen 1948

SPENGEMANN, F.: Bremens Segelschiffe. Bremen 1956

STEIN, P.: Zur Geschichte der Piraterie im Altertum. Bernburg 1894

STEINDORFF, G.: Das Grab des Ti. Leipzig 1913

STEINHAUS, C. F.: Die Schiffbaukunst in ihrem ganzen Umfange. 2 Bände. Hamburg 1848

STEINMANN, A.: Das kultische Schiff in Indonesien. Zürich 1939

STENZEL, A.: Seekriegsgeschichte in ihren wichtigsten Abschnitten mit Berücksichtigung der Seetaktik. 6 Bände. Hahn-Verlag. Hannover, Leipzig 1907/11

STENZEL, A.: Deutsches seemännisches Wörterbuch. Mittler & Sohn. Berlin 1904

STEVENS, J. R.: Old Time Ships. Toronto 1949

SUDER, H.: Vom Einbaum und Floß zum Schiff. Die primitiven Wasserfahrzeuge. (Veröffentlichungen des Instituts für Meereskunde an der Universität Berlin. Neue Folge. B.: Historisch-volkswirtschaftliche Reihe. Heft 7.) Berlin 1930

SVENSSON, S.; MACFIE, G.: Segel durch Jahrhunderte. Delius, Klasing & Co. Bielefeld, Berlin 1961

SZYMANSKI, H.: Der Ever der Niederelbe. Hansischer Geschichtsverein. Lübeck 1932

SZYMANSKI, H.: Alte Schiffstypen Niedersachsens. In: Neues Archiv für Niedersachsen, Heft 13, S. 667–711. Walter Dorn Verlag. Bremen 1949

SZYMANSKI, H.: Deutsche Segelschiffe. Die Geschichte der hölzernen Frachtsegler an den deutschen Ost- und Nordseeküsten vom Ende des 18. Jahrhunderts bis auf die Gegenwart. (Veröffentlichungen des Instituts für Meereskunde an der Universität Berlin. Neue Folge. B.: Historisch-volkswirtschaftliche Reihe. Heft 10) Berlin 1934; Reprint: Verlag Egon Heinemann. Norderstedt – Hamburg 1972

SZYMANSKI, H.: Die Segelschiffe der deutschen Kleinschiffahrt. In: Pfingstblätter des Hansischen Geschichtsvereins. Blatt XX. Lübeck 1929

TARN, W. W.: The Greek War Ship. In: Journal of Hellenic Studies 25 (1905), S. 76–93

TENNE, A.: Kriegsschiffe zu Zeiten der alten Griechen und Römer. Oldenburg 1915

THIEL, H.: Vom Wikingerboot zum Tragflügelschiff. Verlag Junge Welt. Berlin 1966

TIMM, W.: Kapitänsbilder. Schiffsporträts seit 1872. VEB Hinstorff Verlag. Rostock 1971

TIMM, W.: Vom Koggen zum Fünfmaster. Schiffsdarstellungen aus 10 Jahrhunderten nordeuropäischer Segelschiffahrt. Verlag der Kunst. Dresden 1962

TIMM, W.: Schiffe und ihre Schicksale. Maritime Ereignisbilder. VEB Hinstorff Verlag. Rostock 1976

TIMM, W.: Kleine Schiffskunde. Segelschiffsdarstellungen aus zehn Jahrhunderten. Verlag der Kunst. Dresden 1968

TIMMERMANN, G.: Vom Einbaum zum Wikingerschiff. Vergleichende Betrachtung der Bodenfunde von Schiffen als Grundlage der Schiffsgeschichte. In: Schiff & Hafen 8 (1956), S. 130–138, 218–226, 336–342, 403, 412, 431, 545–549, 602–612

TIMMERMANN, G.: Entwicklung des Schiffbaus seit den ältesten Zeiten. In: Jahrbuch der Schiffbautechnischen Gesellschaft 49 (1955), S. 110–118

TIMMERMANN, G.: Zeichnerische Festlegung der Schiffsform in der Vergangenheit. In: Schiff & Hafen 13 (1961), S. 43–47

TIMMERMANN, G.: Vom Pfahlewer zum Motorkutter. (Schriften der Bundesforschungsanstalt für Fischerei, Hamburg. 3. Band) Westliche Berliner Verlagsgesellschaft Hennemann KG. Berlin 1957

TIMMERMANN, G.: Schiffsmodelle. Eine Geschichte der Schiffbaukunst. Urbes Verlag. Hamburg 1958

TIMMERMANN, G.: Die nordeuropäischen Fischereifahrzeuge, ihre Entwicklung und ihre Typen. (Handbuch der Seefischerei Nordeuropas. Band XI, Nachtragsband, Heft 4.)

E. Schweizerbart'sche Verlagsbuchhandlung (Nägele und Obermiller). Stuttgart 1962

TIMMERMANN, G.: Deutsche Seemannsausdrücke. Hamburg 1953

TRANSPRESS-LEXIKON SEEFAHRT. transpress VEB Verlag für Verkehrswesen. Berlin 1977

TREBITSCH, R.: Fellboote und Schwimmsäcke und ihre geographische Verbreitung in der Vergangenheit und Gegenwart. In: Archiv für Anthropologie, hrsg. v. J. Ranke und G. Thilenius. Neue Folge, Band XI. Braunschweig 1912

VOCINO, M.: La Nave nel Tempo. Max Bretschneider. Rom 1942

VOGEL, W.: Geschichte der deutschen Seeschiffahrt. I. Band: Von der Urzeit bis zum Ende des XV. Jahrhunderts. Georg Reiner. Berlin 1915

VOGEL, W.: Zur nord- und westeuropäischen Seeschiffahrt im frühen Mittelalter. o. O. 1917

VOIGT, C.: Von den Kriegsschiffen Kurbrandenburgs. In: Schiffbau, Schiffahrt und Hafenbau 31 (1930), S. 394–397

VOIGT, C.: Niederländischer Schiffbau im 18. Jahrhundert. In: Schiffbau, Schiffahrt und Hafenbau 27 (1926), S. 739–742

VOIGT, C.: Schiffs-Ästhetik. Die Schönheit des Schiffes in alter und neuer Zeit. Verlag der Zeitschrift »Schiffbau« Reinhold Strauss KG. Berlin 1922

WÄTJEN, H.: Aus der Frühzeit des Nordatlantikverkehrs. Studien zur Geschichte der deutschen Schiffahrt und deutschen Auswanderung nach den Vereinigten Staaten bis zum Ende des amerikanischen Bürgerkrieges. Felix Meiner Verlag. Leipzig 1932

WAGNER, W.-D.: Die Fregatten »Peter und Paul« und »Heiliger Paul«. VEB Hinstorff Verlag. Rostock 1965

WARNER, O.: Große Seeschlachten. Gerhard Stalling Verlag. Oldenburg, Hamburg 1963

WENZEL, H.: Mare aeternum. Edition Leipzig. Leipzig 1969

WESTPHAL G.: Lexikon der Seefahrt. Hamburg–Kl. Flottbek 1968

WINTER, H.: Das Hanseschiff im ausgehenden 15. Jahrhundert. VEB Hinstorff Verlag. Rostock 1968

WINTER, H.: Die Kolumbusschiffe von 1492. VEB Hinstorff Verlag. Rostock 1960

WINTER, H.: »Wappen von Hamburg I« (1669) und »Berlin«. VEB Hinstorff Verlag. Rostock 1961

WINTER, H.: Der holländische Zweidecker von 1660/1670. VEB Hinstorff Verlag. Rostock 1967

WITSEN, N.: Aeloude en hedendaegsche Scheeps-Bouw en Bestier. Christoffel Cunradus. Amsterdam 1671

WOSSIDLO, R.: Reise, Quartier, in Gottesnaam. Das Seemannsleben auf den alten Segelschiffen im Munde alter Fahrensleute. VEB Hinstorff Verlag. Rostock 1952

YK, C. van: De neederlandsche Scheepsbouw-Konst opengestellt. C. B. G. Müller. Amsterdam 1697

ZIEBARTH, E.: Beiträge zur Geschichte des Seeraubs und Seehandels im alten Griechenland. (Hamburgische Universität. Abhandlungen zur Auslandskunde. Band 30) Hamburg 1929

ZIMMERMANN, P.: Rheinschiffahrt. Zürich 1950

Verzeichnis der Bildquellen

Wir bedanken uns besonders bei den Verlagen, Institutionen, Museen und Autoren, die freundlicherweise aus verschiedenen Quellen Bildreproduktionen gestatteten, die durch folgende Quellenhinweise gekennzeichnet sind:

[1] Bathe, B.W. u. a.: Der Segelschiffe große Zeit, Delius, Klasing & Co, Bielefeld 1967
[2] Beylen, J. van u. a.: Maritieme Encyclopedie, Bussum de Boor jr. 1970/73
[3] Brøgger, A.W.; Shetelig, H.: The Viking Ships, Dreyers Verlag, Oslo 1951
[4] Canby, C.: Geschichte der Schiffahrt, Editions Recontre und Erik Nitsche, Geneve/Lausanne 1962
[5] DEWAG Berlin
[6] Eich, L.; Wend, J.: Schiffe auf druckgraphischen Blättern, Hinstorff Verlag, Rostock 1980
[7] Einbaum–Dampflok–Düsenklipper, Autorenkollektiv, Urania-Verlag, Leipzig 1969
[8] Eschenburg, Fotohaus Warnemünde
[9] Ewe, H.: Schiffe auf Siegeln, Hinstorff Verlag, Rostock 1972
[10] Hansen, H.J.: Kunstgeschichte der Seefahrt, Stalling-Verlag, Oldenburg–Hamburg 1966
[11] Lächler, P.; Wirz, H.: Die Schiffe der Völker, Walter Verlag, Olten 1962
[12] Macintyre, D. u. a.: Kriegsschiffe in 5000 Jahren, Delius, Klasing & Co, Bielefeld–Berlin 1969
[13] Mondfeld, W.: Die arabische Dau, Hinstorff Verlag, Rostock 1979
[14] Mondfeld, W.: Historische Schiffsmodelle, Mosaik-Verlag, München 1978
[15] Museumsheft, Schiffahrtsmuseum Rostock
[16] Pâris, E.: Die große Zeit der Galeeren und Galeassen, Hinstorff Verlag, Rostock 1973
[17] Pataky, D.; Marjai, I.: Schiffahrt und Kunst, Corvina-Verlag, Budapest 1973
[18] Rudolph, W.: Boote–Flöße–Schiffe, Urania-Verlag, Leipzig 1974
[19] Schäuffelen, D.: Die letzten großen Segelschiffe, Delius, Klasing & Co, Bielefeld 1969
[20] Schlette, F.: Germanen zwischen Thorsberg und Ravenna, Urania-Verlag, Leipzig
[21] Timm, W.: Kapitänsbilder, Hinstorff Verlag, Rostock 1971
[22] Timm, W.: Kleine Schiffskunde, Verlag der Kunst, Dresden 1968
[23] Timm, W.: Vom Koggen zum Fünfmaster, Verlag der Kunst, Dresden 1962
[24] Timmermann, G.: Die nordeuropäischen Fischereifahrzeuge, E. Schweizerbart'sche Verlagsbuchhandlung, Stuttgart 1962
[25] Timmermann, G.: Schiffsmodelle, Urbes Verlag, Gräfeling 1958
[26] Warner, O.: Große Seeschlachten, Stalling Verlag, Oldenburg–Hamburg 1963
[27] Wenzel, H.: Berlin 1972
[28] Winter, H.: Das Hansesschiff, Hinstorff Verlag, Rostock 1968
[29] Yacht, Redaktion Hamburg

Besonders herzlich bedanken wir uns bei den Herren Autoren H. Ewe, Wolfram Mondfeld und Dr. O. Schäuffelen.

Originale der Schiffsmodelle und Gemälde befinden sich vorwiegend in den nachfolgend genannten Museen und Institutionen:
- Altonaer Museum, Hamburg
- Anklam, Heimatmuseum
- Antikvarish-Topografiska Archivet, Stockholm
- Bibliotheque National, Paris
- Britisches Museum, London
- Franz Hals Museum, Haarlem
- Gallerie dell'Accademic, Venedig
- Musée de la Marine, Paris
- Museo Torlonia, Rom/Florenz
- Museum für Bildende Kunst, Leipzig
- National Maritime Museum, Greenwich
- Peabody Museum, Salem
- Rijksmuseum Amsterdam
- Rostock, Archiv der Wilhelm-Pieck-Universität
- Rostock, Schiffahrtsmuseum
- Science Museum, London
- Staatliches Seehistorisches Museum, Stockholm
- Stralsund, Kulturhistorisches Museum
- Warnemünde, Heimatmuseum

Wind- und Seegangsstärken

Windstärke nach der Beaufortskala	Windgeschwindigkeit in m/s	Seegang nach Petersen	Bezeichnung und Art von Wind und Seegang
0	0 · · · 0,2	0	Windstille, spiegelglatte See
1	0,3 · · · 1,5	1	Leiser Zug, ruhige gekräuselte See. Kleine schuppenförmige Kräuselwellen ohne Schaumköpfe.
2	1,6 · · · 3,3	1	Leichte Brise, gekräuselte See, kleine noch kurze Wellen mit ausgeprägteren glasigen Kämmen, die noch nicht brechen.
3	3,4 · · · 5,4	2	Schwache Brise, schwach bewegte See, Kämme beginnen zu brechen, Schaum glasig und vereinzelte kleine weiße Schaumköpfe.
4	5,5 · · · 7,9	3	Mäßige Brise, leichtbewegte See. Wellen noch klein aber länger, verbreiteter weiße Schaumköpfe.
5	8,0 · · · 10,7	4	Frische Brise, mäßig bewegte See. Mäßige Wellen von ausgeprägter langer Form. Allgemein weiße Schaumköpfe, vereinzelt schon Gischt.
6	10,8 · · · 13,8	5	Starker Wind, grobe See. Beginn der Bildung großer Wellen mit brechenden Kämmen, größere weiße Schaumflächen, etwas Gischt.
7	13,9 · · · 17,1	6	Steifer Wind, sehr grobe See. Die See türmt sich mit brechenden Wellen, der weiße Schaum beginnt sich in Streifen in Windrichtung zu legen.
8	17,2 · · · 20,7	6	Stürmischer Wind, sehr grobe See. Mäßig hohe Wellenberge mit langen Kämmen, von denen Gischt abzuwehen beginnt. Der Schaum legt sich in stärker ausgeprägten Streifen in Windrichtung.
9	20,8 · · · 24,4	7	Sturm, hohe See. Hohe Wellenberge, dichte Schaumstreifen in Windrichtung. Die See beginnt zu »Rollen« und die Sicht kann schon durch Gischt vermindert sein.
10	24,5 · · · 28,4	8	Schwerer Sturm, sehr hohe See. Sehr hohe Wellenberge mit langen überbrechenden Kämmen. Die See ist schaumbedeckt weiß. Schweres stoßartiges Rollen der See. Gischt beeinträchtigt die Sicht.
11	28,5 · · · 32,6	8	Orkanartiger Sturm, sehr hohe See. Außergewöhnlich hohe Wellenberge. Durch Gischt herabgesetzte Sicht.
12	über 32,7		Orkan, außergewöhnlich schwere See. Die See ist vollständig weiß. Die Luft ist voller Schaum und Gischt. Die Sicht ist stark herabgesetzt, Fernsicht ist nicht mehr möglich.

Kennzeichnende Wellenhöhen und charakteristische Wellenperioden

Windstärke in Beaufort (Bft)	Kennzeichnende Wellenhöhe in m			Charakteristische Wellenperiode in s		
	westliche Ostsee	Nordsee	Nord-atlantik	westliche Ostsee	Nordsee	Nord-atlantik
3	0,45	1,00	1,70	2,9	4,6	6,3
4	0,60	1,40	1,95	3,4	4,9	6,5
5	0,85	2,00	2,40	3,8	5,4	6,9
6	1,20	3,00	3,10	4,4	6,1	7,4
7	1,60	4,00	4,00	4,8	6,8	8,0
8	1,95	5,60	5,25	5,3	7,7	8,5
9	2,50	6,60	6,45	5,8	8,4	9,1
10	3,15	7,20	7,45	6,0	9,0	9,6
11	3,80	7,50	8,40	6,3	9,6	10,1
12	4,30	7,70	9,20	6,5	10,3	10,6

Entwicklung der Hauptabmessungen, Tragfähigkeiten, Besegelungen und Besatzungsstärken typischer Viermastschiffe in 50 Jahren im Vergleich zwischen der 1854 erbauten »GREAT REPUBLIC« und einer 1904 erbauten Viermastbark.

	GREAT REPUBLIC	Viermastbark
	1854	1904
Länge in der Ladewasserlinie	89,0 m	95,0 m
Größte Breite	15,35 m	14,0 m
Seitenhöhe	12,0 m	8,5 m
Bruttoregistertonnen	4000 BRT	3054 BRT
Verdrängung	5375 m^3	6500 m^3
Tragfähigkeit	3000 t	4500 t
Völligkeitsgrad der Verdrängung	0,458	0,7
Hauptspantfläche unter Wasser	80,4 m^2	88,5 m^2
Hauptspantvölligkeitsgrad	0,837	0,94
Segelfläche am Fockmast	1191 m^2	854 m^2
Segelfläche am Großmast	1286 m^2	855 m^2
Segelfläche am Kreuzmast	923 m^2	866 m^2
Segelfläche am Besanmast	263 m^2	207 m^2
Segelfläche am Bugspriet	457 m^2	241 m^2
Gesamtfläche ohne Stag- und Leesegel	4120 m^2	3023 m^2
Stagsegel	561 m^2	–
Leesegel	700 m^2	–
Gesamtfläche	5381 m^2	3023 m^2
Segelmittelpunktslage über KWL	25,0 m	24,0 m
Segelmittelpunktslage vor Hauptspant	4,0 m	5,10 m
Segelfläche/m^2 Hauptspantfläche	66,92	34,2
Besatzungsstärke in Personen	115	32
Segelfläche pro Mann	47 m^2	95 m^2

Segelfläche und Deplacement wichtiger Segelschiffstypen

Segelschiffstyp	Segelfläche in m^2	Deplacement in t
Zweimast-Rahschoner	um 400	200···400
Zweimast-Gaffelschoner	300···650	200···400
Schonerbrigg	500···600	250···550
Brigg	600···800	400···1000
Dreimast-Schonerbark	1000···1500	700···2300
Dreimastbark	1500···2000	1400···4500
Dreimast-Vollschiff	1800···2500	2500···6500
Viermastbark	2500···3000	4300···8500
Viermast-Vollschiff	3000···4000	6000···10000
Fünfmastbark	3500···5200	8000···10000
Fünfmast-Vollschiff	um 6000	10800
Sechsmast-Gaffelschoner	um 3200	5500···9000
Siebenmast-Gaffelschoner	um 3800	10000

Liste der 1891 und 1892 verschollenen und aufgegebenen Viermast-Segelschiffe
(nach Rundschreiben Nr. 2104 des Internationalen Transportversicherungsverbandes vom 20. Januar 1893)

Schiff Nr.	Name	Reederei	Bauwerft	Baujahr Baumaterial	Abmessungen in engl. Fuß L	B	D	BRT	
1	ROMSDAL	J. & A. ALLAN Glasgow	R. Steele Greenock	1877 Eisen	275,9	41,1	23,5	1887	Auf der Reise: Chittagong–Dundee, Ladung Jute; seit 31. Oktober 1891 verschollen
2	BEN DOURAU	WATSON BROS.	H. Mourray & Co., Pt. Glasgow	1881 Eisen	280,4	40,2	23,6	1950	Auf der Reise: San Francisco – Kanal, Ladung: Getreide; seit 24. April 1892 verschollen
3	FALLS OF EARN	Ship Falls of EARN Co. (Lim.) (Wright a. Breakenridge, Glasgow)	Russel & Co., Greenock	1884 Eisen	302,6	42,1	24,5	2386	Auf der Reise: Penarth–Acheen, Ladung: Kohlen; Juli 1891 im Olehleh-Hafen verloren
4	DUNKERQUE	A. D. BORDERS ET FILS, Bordeaux	Russel & Co., Glasgow	1889 Stahl	329,8	46,2	24,9	3152	Auf der Reise: Cardiff–Rio de Janeiro, Ladung: Steinkohlen; 1891 verschollen
5	STANLEY	SHIP STANLEY Co. (Lim.) G. M. Steeves	Russel & Co., Glasgow	1889 Stahl	278,1	41,9	24,4	2210	Auf der Reise: Philadelphia–Hiogo, Ladung: Petroleum; verschollen
6	INVERTROSSACHS	D. BRUCE & Co., Dundee	Russel & Co., Glasgow	1891 Stahl	305,0	43,2	25,3	2710	Auf der Reise: Philadelphia–Calcutta, Ladung: Petroleum; März 1892 auf See verlassen
7	NATION	W. THOMAS & Co., Liverpool	W. Boxford & Sons, Sunderland	1891 Stahl	294,0	43,0	24,0	2540	Auf Reise: Rangoon–Bremen, Ladung: Reis; seit 24. März 1892 verschollen
8	ASHBANK	A. WAIR &Co., Glasgow	Russel & Co., Greenock	1891 Stahl	278,6	42,0	24,2	2292	Auf der Reise: Algoa-Bay–Newcastle N. S. W., Ladung: Ballast; seit 31. Mai 1892 verschollen
9	THRACIA	W. THOMSON & Co., Liverpool	R. Duncan & Co., Pt. Glasgow	1892 Stahl	282,0	42,0	24,0	2000	Auf der Reise: Greenock–Liverpool, Ladung: Ballast; August 1892 bei Port Erin gekentert
10	MARIA RICKMERS (5 Masten)	RICKMERS REISMÜHLEN, Reederei und Schiffbau A.-G., Bremerhaven	Russel & Co., Greenock	1892 Stahl	375,7	48,0	25,4	3822	Auf der Reise: Saigon–Bremen, Ladung: Reis; seit 24. Juli 1892 verschollen

Anzahl der deutschen Segelschiffe im Jahre 1928 (im Vergleich mit 1914)

Typ	Hölzerne Segler		Eiserne Segler		Insgesamt	
	Anzahl	BRT	Anzahl	BRT	Anzahl	BRT
Viermastbark	–	–	7	22201	7	22201
Vollschiff	–	–	4	6722	4	6722
Bark	–	–	1	2470	1	2470
Fünfmast-Schoner	–	–	4	7404	4	7404
Viermast-Schoner	2	3062	2	808	4	3870
Dreimast-Schoner	15	2285	52	10181	67	12467
Schoner	30	2313	62	7392	92	9705
Logger	30	2849	114	12499	144	15348
Galeasse	19	866	91	7249	110	8115
Galiot	12	667	–	–	12	667
Kufftjalk	1	61	–	–	1	61
Tjalk	36	916	189	12079	225	12995
Ever	130	3900	421	20429	551	24329
Everkahn	12	726	2	118	14	844
Aak	–	–	25	2686	25	2686
Schnigge	3	71	1	71	4	142
Yacht	6	167	–	–	6	167
Mutte	5	114	–	–	5	114
Schlup	5	123	–	–	5	123
Lomme	45	1554	–	–	45	1554
Insgesamt:	351	19674	975	112310	1326	131984
Anzahl im Jahre 1914	1131	56190	1060	370556	2191	426746

Rangeinteilung der Kriegsschiffe um 1800

Rang	Verdrängung in t	Anzahl der Geschütze	Anzahl der Besatzung	Abmessungen in Fuß		
				Länge, 1. Deck	Breite, 1. Deck	Tiefe, 1. Deck bis Kiel
1.	2000···2164	100···130	850···900	178···186	50···52	20···24
2.	1650···1950	84···90	750···850	164···178	48···50	19···21
3.	1200···1660	64···80	520···750	148···170	42···48	16···20
4.	700···1000	44···60	380···500	124···156	36···46	14···18
5.	650···730	32···40	200···300	120···144	32···38	12···15
6.	400···630	20···28	150···200	108···124	28···24	10···12

© 1987 transpress Verlagsgesellschaft mbH
Borkumstr. 2, O-1100 Berlin
Verlagslektor: Dr. Eberhard Heinze
Gestaltung: Günter Nitzsche
Grafiken: Christian Rost, Wolfgang Freitag
Druck und Bindung: Delo – Tiskarna, Ljubljana
Printed in Slovenia
ISBN 3-613-50058-2

Klipper I

1 Linienriß des Klippers »GREAT REPUBLIC«, 1853
2 Hauptspant der »GREAT REPUBLIC«
3 Seitenansicht der »GREAT REPUBLIC«
4 »RAINBOW« 1845, Seitenansicht
5 Linienriß der »RAINBOW«
6 Erste Blackwall-Fregatte »SERINGAPATAM«, 1837
7 Nordamerikanischer Klipper
8 Cunningham-Patentreff
9 Baltimore-Klipper unter vollem Zeug
10 Spannschraube zum Steifsetzen der Wanten, 19. Jh.